Klaus Görner

Technische Verbrennungssysteme

Grundlagen, Modellbildung, Simulation

Mit 225 Abbildungen

Springer-Verlag
Berlin Heidelberg NewYork
London Paris Tokyo
Hong Kong Barcelona Budapest

Dr.-Ing. Klaus Görner
Institut für Verfahrenstechnik und Dampfkesselwesen
Universität Stuttgart
Pfaffenwaldring 23
W-7000 Stuttgart 80

ISBN-13:978-3-540-53947-6   e-ISBN-13:978-3-642-84488-1
DOI: 10.1007/978-3-642-84488-1

Die Wiedergabe von Gebrauchsnamen, Handelsnamen, Warenbezeichnungen usw. in diesem Werk berechtigt auch ohne besondere Kennzeichnung nicht zu der Annahme, daß solche Namen im Sinne der Warenzeichen- und Markenschutz-Gesetzgebung als frei zu betrachten wären und daher von jedermann benutzt werden dürften.

Sollte in diesem Werk direkt oder indirekt auf Gesetze, Vorschriften oder Richtlinien (z.B. DIN, VDI, VDE) Bezug genommen oder aus ihnen zitiert worden sein, so kann der Verlag keine Gewähr für Richtigkeit, Vollständigkeit oder Aktualität übernehmen. Es empfiehlt sich, gegebenenfalls für die eigenen Arbeiten die vollständigen Vorschriften oder Richtlinien in der jeweils gültigen Fassung hinzuzuziehen.

Satz: Reproduktionsfertige Vorlage vom Autor

60/3020-543210

Vorwort

Das vorliegende Buch beschäftigt sich mit der mathematischen Modellierung und der Simulation von technischen Verbrennungssystemen. Hiermit soll sowohl der Hersteller und Betreiber von technischen Verbrennungsanlagen angesprochen werden als auch Wissenschaftler, die sich mit der Berechnung von Verbrennungsvorgängen und der Weiterentwicklung von dafür nötigen mathematischen Modellen befassen.

Von Herstellern und Betreibern wird oft der Wunsch geäußert, mit Hilfe von Simulationsrechnungen feuerungstechnische Fragestellungen zu beantworten. Dies setzt jedoch voraus, daß der Gültigkeitsbereich und die Leistungsfähigkeit der hinter einer solchen Simulation stehenden mathematischen Modelle beurteilt werden kann, um die Tragfähigkeit eines damit gewonnenen Ergebnisses beurteilen zu können. Der Einsatz von Simulationsrechnungen z.B. im Stadium der Projektierung einer Anlage oder zu deren Optimierung (Wirtschaftlichkeit, Schadstoffausstoß u.a.) wird in dem Maß attraktiver, wie mit steigender Rechenleistung die Ergebnisse in kürzerer Zeit vorliegen (Verkürzung der Antwortzeiten für eine Lösung) oder die dahinterstehenden Modelle detailgetreuer und damit aufwendiger werden können. Es drängt sich natürlich die Frage auf, warum Verbrennungsanlagen nicht wie früher mit Hilfe von Kennzahlen oder einfachen "black box"-Modellen ausgelegt werden können. Dies liegt hauptsächlich an den sich rasch ändernden Umweltschutzauflagen, die immer neue Schadstoffe in ihrem Ausstoß begrenzen und gleichzeitig bestehende Grenzwerte immer weiter absenken (Dynamisierungsklausel beim BImSchG). Gleichzeitig wird im Betrieb der Anlage aus ökonomischen Gründen häufiger die Brennstoffherkunft und damit dessen spezifische Eigenschaften geändert. Dies bedeutet, daß das eingesetzte Brennstoffband in dem Maße breiter wird, wie der Weltmarkt für Primärenergieträger enger wird. Ändern sich nun also die Randbedingungen für den Betrieb der Verbrennungsanlage sehr rasch, dann steht nicht genügend Datenmaterial für empirisch abgesicherte Kennzahlen zur Verfügung, der Vertrauensbereich für die Auslegungskriterien wird kleiner. Gerade hier setzen mathematische Modelle an, die nicht spezielle Gegebenheiten beschreiben, sondern physikalische Abhängigkeiten abzubilden versuchen. Dies kann natürlich nie vollständig erfolgen, die Modelle müssen aber einer vorliegenden Fragestellung angepaßt sein. Um beurteilen zu können, ob sie diese Anforderungen erfüllen, bedarf es einer gewissen Kenntnis der Grundzüge solcher Modelle.

Für den Wissenschaftler andererseits, der sich mit speziellen Detailproblemen beschäftigt, ist oft ein Überblick über die Anforderungen an mathematische Modelle aus der Sicht einer industriellen Anwendung hilfreich. In diesem Sinn ist eine knappe Zusammenstellung und Einordnung von technischen Verbrennungssystemen im ersten Abschnitt zu sehen. Darin werden die wichtigsten Kennzahlen von Feuerungen dargestellt und Größenordnungen angegeben. Ein Verständnis des praktischen Prozesses ist Voraussetzung für die Beurteilung der Grenzen der Anwendbarkeit von Modellen, denn es gibt noch eine Reihe von Detailproblemen, die sich beständig einer theoretischen Beschreibung verschließen.

So soll mit diesem Buch wechselseitig der Bedarf an speziellen Kenntnissen wenigstens zum Teil befriedigt werden und damit die Wissensbasis verbreitert werden. Treffen sich Entwickler und Anwender auf einer gemeinsamen Ebene, dann ist der Brückenschlag gelungen, der notwendig ist, um die Modelle in die richtige Richtung weiterzuentwickeln und sie auf der anderen Seite nutzbringend anzuwenden.

Diesen Überlegungen folgend gliedert sich das Buch in 4 Abschnitte. Im ersten wird der Aufbau, die Funktion und die Charakterisierung von technischen Verbrennungseinrichtungen umrissen. Der zweite beschäftigt sich mit der eigentlichen mathematischen Modellierung von physikalischen Grundvorgängen und ihres komplexen Wechselspiels. Dabei ist eine Allgemeingültigkeit schwierig zu erreichen. Schwerpunkte werden durch die bisherigen Arbeiten des Autors gesetzt werden. Im vorliegenden Fall ist dies die Verbrennung im thermischen Kraftwerksbereich und hier speziell der Einsatz von Kohle. Da bei solchen Systemen jedoch mit der turbulenten Zweiphasenströmung, der heterogenen Verbrennungsreaktionen und dem Wärmeaustausch einer Gasphasensuspension schon die wesentlichen Problemkreise enthalten sind, ist eine Adaption auf andere Situationen meist leicht möglich. Spezielle Ansätze für Wirbelschichten können nur angerissen werden, es wird aber versucht, durch Literaturverweise den Einstieg in eine weitere Vertiefung zu geben. Ein dritter Abschnitt beschäftigt sich sehr knapp mit den notwendigsten Grundlagen für eine numerische Lösung. Einige Anwendungsfälle mit typischen Simulationsergebnissen sollen diesen Überblick abschließen. Im Anhang sind Verbrennungseigenschaften von technischen Brennstoffen (Anhang 1), wichtige Stoffgrößen für eine Modellierung (Anhang 3), spezielle Formen der Bilanzgleichungen (Anhang 2) und Eigenschaften statistischer Größen (Anhang 4) zusammengestellt.

Generell sei noch angemerkt, daß zur Verbesserung der Übersichtlichkeit die zu den Kapiteln gehörenden Literaturzitate jeweils an Kapitelende angeführt sind. Dort sind neben den im Text erwähnten Zitaten auch noch eine Reihe von zusätzlichen Stellen zu finden. Durch Teilüberschriften wurde eine Strukturierung vorgenommen, um so das Arbeiten alleine mit den Literaturstellen zu erleichtern.

Auch bei den Formelzeichen wurde eine kapitelbezogene Anführung verwendet. Hiermit soll eine fachspezifische Nomenklatur Berücksichtigung finden können, was bei den zum Teil sehr weit auseinanderliegenden Fachgebieten andernfalls zu häufigen Überschneidungen geführt hätte. Die übergeordnet gültigen Formelzeichen sind in Anhang 6 zusammengestellt.

Das Buch entstand aus einer Vorlesung über "Modellbildung und Simulation technischer Verbrennungssysteme", die der Autor an der Universität Stuttgart hält. Dabei wurde versucht, die bei der mehrjährigen Lesung gemachten Erfahrung zur didaktischen Übermittlung der oft schwierigen und komplexen Zusammenhänge einzuarbeiten. Da ein Buch dieser Art einen gewissen Umfang nicht übersteigen sollte, mußten viele Detailprobleme verkürzt dargestellt werden, obwohl der Kenntnisstand bedeutend tiefer ist. Ergänzende Literaturhinweise sollen dies wenigstens teilweise überbrücken helfen.

Die Arbeiten an Vorlesung und Buch wurden während der Tätigkeit am Institut für Verfahrenstechnik und Dampfkesselwesen der Universität Stuttgart durchgeführt. Dem Institutsleiter Prof. Dr. techn. R. Dolezal möchte ich dafür danken, daß er diese Aktivitäten ermöglicht und ständig unterstützt hat.

Zu Dank verpflichtet bin ich vielen Mitarbeitern des Instituts für wertvolle Diskussionen und auch konstruktive Kritik. Bei der technischen Herstellung haben mich Frau U. Docter beim Schreiben des Manuskripts und Frau B. Vlahov bei der Zeichnungserstellung mit großem Einsatz unterstützt. Auch Ihnen gilt mein besonderer Dank.

Stuttgart, im Januar 1991   K. Görner

Inhaltsverzeichnis

Kontinuumsbeschreibung 83

Einzelpartikelbeschreibung für die Partikel- und Feststoffphase   305

Teil I :

VERBRENNUNGSEINRICHTUNGEN
- AUFBAU, FUNKTION UND CHARAKTERISIERUNG -

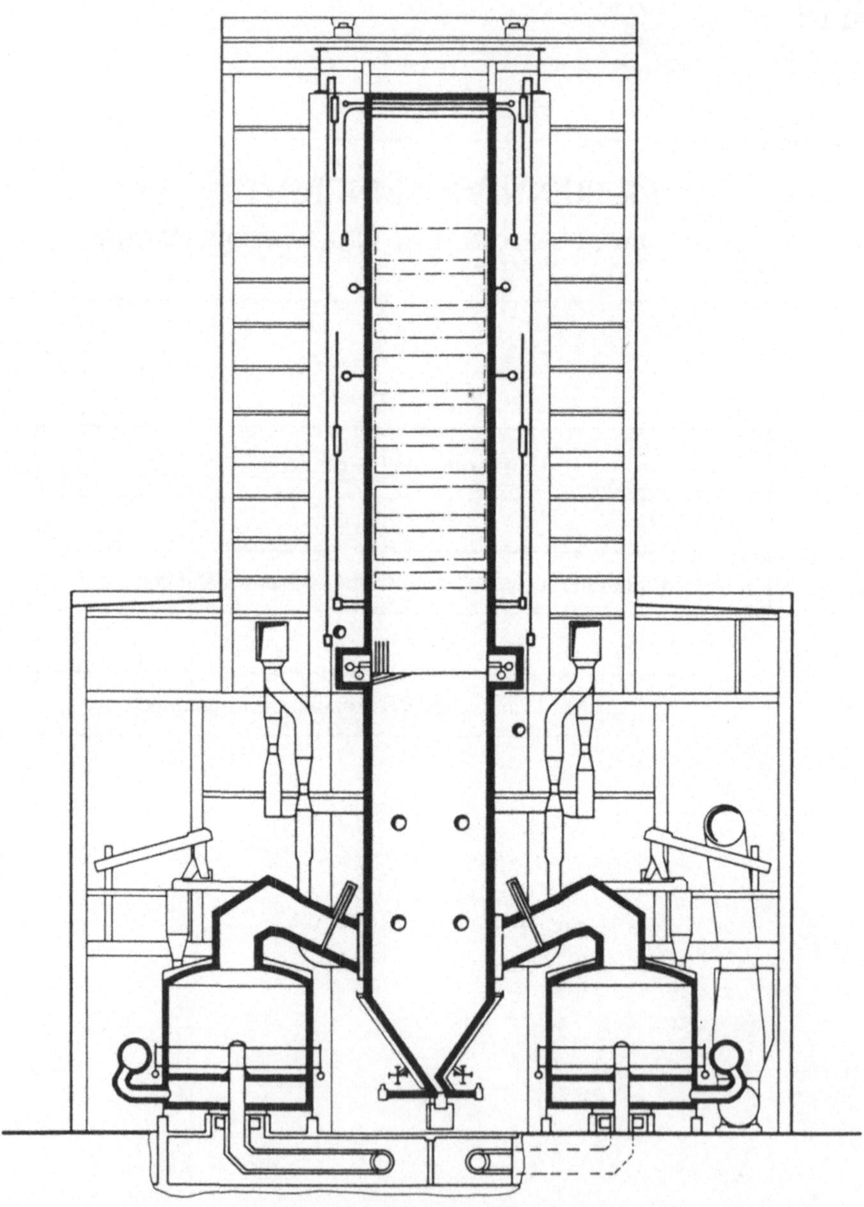

Kohlenstaubfeuerung in Turmbauweise mit zwei Wirbelschichtmodulen
(Modellkraftwerk Völklingen, mit freundlicher Genehmigung der Firma VKW)

Kapitel 1 :

EINFÜHRUNG UND MOTIVATION

1.1 Energiesituation und Konsequenzen für die Verbrennungstechnik

Der Primärenergieverbrauch in der Bundesrepublik Deutschland betrug im Jahr 1988 $390 \cdot 10^6$ t SKE (1 t SKE $\triangleq$ $2{,}93 \cdot 10^7$ kJ) und teilt sich nach Energieträgern gegliedert gemäß Tab. 1.1.1 auf. Danach liegt der Gesamtanteil der fossilen Energieträger bei ca. 85 %. Weltweit liegt er etwa 10 %-Punkte niedriger. Daß der Anteil an fossilen Energieträgern an unserer Energieversorgung sich auch in naher und mittlerer Zukunft bei ca. 75 % stabilisieren wird, läßt eine Prognose des Weltenergieverbrauchs (Bild 1.1.1, bei Unterstellung eines niedrigen Wirtschaftswachstums) vermuten. Da bei vielen Energieumwandlungsverfahren eine Verbrennung am Anfang steht, zeigen schon diese absoluten Zahlen, wie wichtig auch in Zukunft eine sich den Anforderungen anpassende Verbrennungsführung von fossilen Energieträgern sein wird.

Energieträger	Absolute Menge [10^6 t SKE]	Anteil [%]
Steinkohle	75,0	19,2
Braunkohle	31,4	8,1
Erdöl	164,0	42,1
Erdgas	62,5	16,0
Kernenergie	46,9	12,0
Sonstige	10,2	2,6

Tab. 1.1.1: Primärenergieverbrauch der BRD 1988 (/1.1.1/)

4

Die prozentuale Aufteilung des Primärenergieverbrauchs der BRD auf die einzelnen Sektoren stellt sich 1986 wie in Tab. 1.1.2 gezeigt dar. Daraus wird ersichtlich, daß vor allem auf den Industrie- und Kraftwerksbereich ein Hauptaugenmerk zu richten ist, wenn es darum geht, ökonomische und ökologische Randbedingungen miteinander zu vereinen.

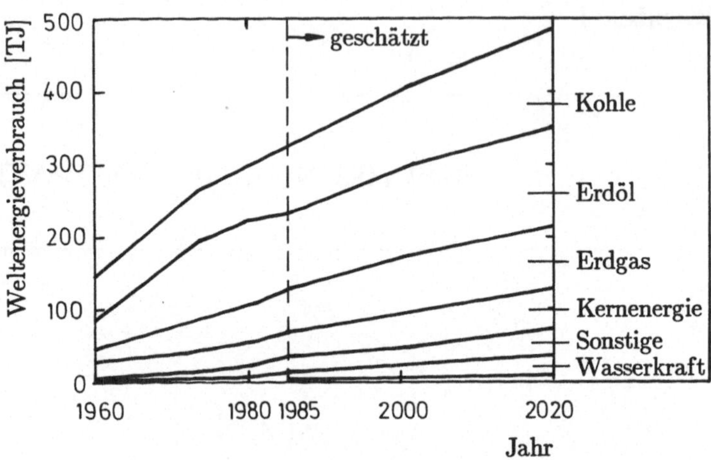

Bild 1.1.1: Entwicklung des Weltenergieverbrauchs (/1.1.1/)

Die Bundesrepublik kann bei ihrer eigenen Förderung von Kohle sowohl auf Stein- als auch auf Braunkohle zurückgreifen (/1.1.4/, /1.1.5/). Bei der Technik der Verbrennung müssen hierdurch jedoch zwei unterschiedliche Linien verfolgt werden.

Nur knapp 40 % des deutschen Primärenergieverbrauchs können durch eigene Förderung gedeckt werden, der Rest muß importiert werden. Bei der Umwandlung zu elektrischem Strom und Heizenergie gehen vom Gesamtprimärenergiebedarf etwa 52 % ver-

Sektor	Anteil [%]
Industrie und Umwandlungsbereiche	44,6 %
Kraftwerke	24,4 %
Haushalte und Kleinverbraucher	19,5 %
Transport	11,5 %

Tab. 1.1.2: Primärenergieverbrauch der BRD 1986 aufgeteilt nach Sektoren (/1.1.3/)

loren, das ist das 1,3-fache der eigenen Förderung (/1.1.6/). Hierin steckt eine enormes Einsparungspotential im Sinne einer rationellen Energienutzung (/1.1.7/). Ausgeschöpft werden kann dies wohl hauptsächlich durch Anwendung von Kombiprozessen (Gas- und Dampfturbinenprozesse, "GuD-Kraftwerk" /1.1.6/,/1.1.12/-/1.1.14/), aber auch die Optimierung des eigentlichen Verbrennungs-/Vergasungsprozesses kann trotz schon hoher Umwandlungswirkungsgrade noch einen erheblichen Beitrag leisten. Kombiprozesse mit dem Einsatz von kohlestämmigem Gas setzen ebenfalls hohe Wirkungsgrade bei der Ent- und Vergasung von Kohle und beim Abbrand des Restkokses voraus, um einen hohen Gesamtwirkungsgrad zu erzielen. Die Gasturbinenabgase (~14% Restsauerstoffgehalt) werden in einer nachgeschalteten konventionellen Feuerung noch als Sauerstoffträger eingesetzt, so daß sich sofort die Frage nach den Konsequenzen für eine Verbrennung bei abgesenktem Sauerstoffpartialdruck stellt.

Auch die Wasserstofftechnologie, die als Sekundenreserve bei der Stromerzeugung diskutiert wird und die auch als CO_2-freie Stromerzeugungsvariante in Frage kommt, stellt neue Anforderungen an die Verbrennungstechnik. Dies trifft auch für die Verbrennung regenerativer Energieträger zu.

Wie schon dieser knappe Überblick zeigt, sind sowohl bei der konventionellen Verbrennungstechnik als auch bei neuen Technologien zur rationellen Primärenergienutzung Einsparungspotentiale vorhanden, oder aber es ergeben sich neue Fragestellungen.

1.2 Umweltschutz und seine Auswirkungen auf Industrie und Kraftwerkstechnik

Ein gestiegenes Umweltschutzbewußtsein und verschärfte Umweltschutzauflagen (vgl. Kap. 9.2) haben natürlich Auswirkungen auf die Ausführung von technischen Verbrennungsanlagen oder bedingen zusätzliche Anlagen zur Rauchgasreinigung, die aber auch in Verbindung mit der Feuerung gesehen werden müssen.

Eine optimierte Gasverbrennung kommt meist ohne jegliche Rauchgasreinigung aus. Manche Anlagen oder spezielle Bedingungen machen jedoch eine Entstickungsanlage erforderlich (Bild 1.2.1). Leichtes Heizöl (Heizöl El) bedingt meist nur den Einsatz einer Entstickung, während schweres (Heizöl S) wegen des höheren Schwefelgehaltes (vgl. Anhang 1) zusätzlich eine Entschwefelung verlangt oder auf schwefelarmes und damit teureres Heizöl zurückgegriffen werden muß.

Bei Kohle muß die gesamte Abgasreinigungspalette angewendet werden. Zusätzlich ist hier noch eine Entstaubung der Rauchgase notwendig. Ebenso muß eine sichere Deponierung der anfallenden Asche gewährleistet werden.

Die Verbrennung von Müll und Industrierückständen bis hin zum Sondermüll stellt noch größere Anforderungen an einen sicheren Betrieb, da sich durch die zeitlich schwankenden Brennstoffbestandteile und die zum Teil erheblichen Anteile an toxischen Stoffen ein stationärer Betrieb nur bedingt erreichen läßt. Dieser ist jedoch Voraussetzung für die Einhaltung der Schadstoffgrenzwerte.

Alle diese zusätzlichen Anlagen verursachen Investitions- und Betriebskosten, die beide für sich minimiert werden müssen. Auch die Gesamtanlagenverfügbarkeit kann durch Rauchgasreinigungsanlagen beeinflußt (verringert) werden.

Bei der Entstickung ist es i.a. wirtschaftlicher, durch Primärmaßnahmen die Stickoxidentstehung in der Feuerung zu vermindern, als durch Sekundärmaßnahmen schon gebildetes NO außerhalb der Feuerung wieder zu reduzieren. Dies setzt jedoch die Kenntnis der Vorgänge bei der Verbrennung und der Reduktion von NO_x durch Ammoniak oder Harnstoff (SNCR-Verfahren) voraus.

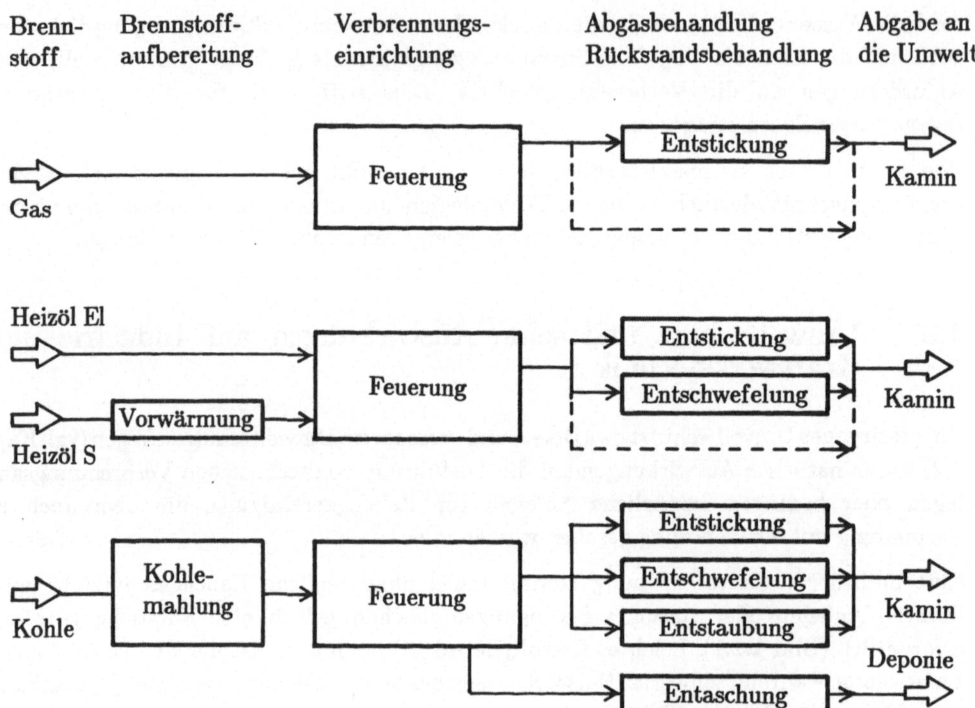

Bild 1.2.1: Grundkomponenten technischer Verbrennungseinrichtungen für verschiedene Brennstoffe

1.3 Hauptvorgänge bei der Verbrennung

Zum ersten Mal wissenschaftlich erfaßt hat den Vorgang der Verbrennung der Engländer M. Faraday in seinen Vorlesungen über die chemische Geschichte einer Kerze (/1.3.1/). Er versuchte den komplexen Gesamtvorgang in überschaubare Einzelvorgänge und deren Zusammenspiel zu zerlegen. Dies ist auch heute noch der einzige Weg eines Zugangs. Bei dieser Betrachtungsweise sind drei Hauptvorgänge zu beobachten: die **Strömung** oder der **konvektive Transport** von Brennstoff, Verbrennungsluft und den entstehenden Rauchgasen, die **Reaktion** oder der **chemische Umsatz** von Brennstoff und Verbrennungsluft zu den Rauchgasen und die thermische **Energieübertragung** innerhalb der Flamme und zwischen der Flamme und der Umgebung durch Strahlung, konvektiven Transport und Leitung (Bild 1.3.1).

Innerhalb dieses Wechselspiels zwischen Strömung, Reaktion und Wärmeübertragung sind eine ganze Reihe weiterer Abhängigkeiten und Einflüssen zu finden. Am Beispiel einer Kohlenstaubflamme soll dies im folgenden Kapitel verdeutlicht werden (Bild 1.4.1).

1.4   Einflüsse auf den Verbrennungsvorgang

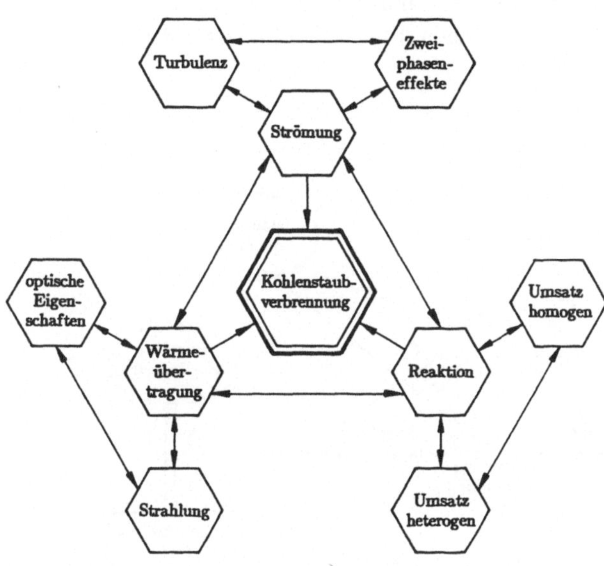

Bild 1.3.1: Hauptvorgänge bei der Verbrennung (Kohlenstaubverbrennung, /1.3.3/)

Die Einflüsse auf den Verbrennungsablauf sind sehr vielschichtig. Dabei ist zwischen Randbedingungen zu unterscheiden, die frei beeinflußbar sind und solchen, die systemimmanent sind. Am Beispiel des Brennstoffs Kohle sei dies erläutert: die Entscheidung, welche Kohle zum Einsatz kommt, hängt meist von wirtschaftlichen Überlegungen ab. Die Kohleeigenschaften legen dann aber bestimmte Feuerungskonzepte fest. Handelt es sich z.B. um eine niederflüchtige Steinkohle, so müssen höhere Verbrennungstemperaturen realisiert werden, man kommt zur sogenannten Schmelzfeuerung. Ebenso ist eine feine Ausmahlung notwendig, um den gewünschten Ausbrand zu erzielen. Bei höherflüchtigen Kohlen kommt neben der trockenentaschten Feuerung (Staubfeuerung) auch eine Wirbelschichtverbrennung in Frage. Hierfür ist nur eine grobe Zerkleinerung notwendig. Abhängig davon, ob die Feuerungsleistung einige Megawatt oder einige hundert Megawatt betragen soll, bietet sich im ersten Fall die Wirbelschicht, im zweiten aber nur eine Staubfeuerung an, wenn man von einem modularen Aufbau absieht. Die Entscheidung für das Feuerungskonzept legt aber natürlich auch die zu erwartenden Emissionen hinsichtlich Art und Konzentration in den Abgasen fest, wodurch sehr stark auch nachgeschaltete Rauchgasreinigungsverfahren beeinflußt werden.

Ein weiterer Punkt bei einer Staubfeuerung ist die Art der Verbrennungsluftzugabe. Die Verbrennungsluft wurde früher ausschließlich über Primär- und Sekundäreinlässe zugeführt. Bei modernen Verfahren zur NO_x-Reduktion im Brennraum (Primärmaßnahmen) wird die Luft entweder am Brenner (Tertiärluftzugabe bei Stufenbrenner) oder im Feuerraum (Ausbrandluftzugabe, over-fire-air) oder in Kombination beider Verfahren zugegeben. Ein weiterer Schritt zu niedrigeren NO_x-Emissionen ist eine zusätzliche räumliche Stufung des Einsatzbrennstoffes. Mit diesen Primärmaßnahmen sind aber auch unerwünschte Effekte verbunden. So wird im allgemeinen der Ausbrand sinken und bedingt durch reduzierende Gebiete im Verbrennungsgebiet, besonders in Wandnähe, ist mit einer erhöhten Korrosionsgefahr der Kesselwände zu rechnen (Bild 1.4.1).

8

Die absolute Strömungsgeschwindigkeit der Rauchgase im Feuerraum sollte in bezug auf
den konvektiven Wärmeübergang möglichst groß sein. Nach oben sind jedoch Grenzen
gesetzt durch steigenden Druckverlust, aber vor allem durch Erosion und Abrasion an den
Feuerungswänden und den konvektiven Heizflächen (Staubfeuerung) oder den Tauchheizflächen (Wirbelschichtfeuerung).

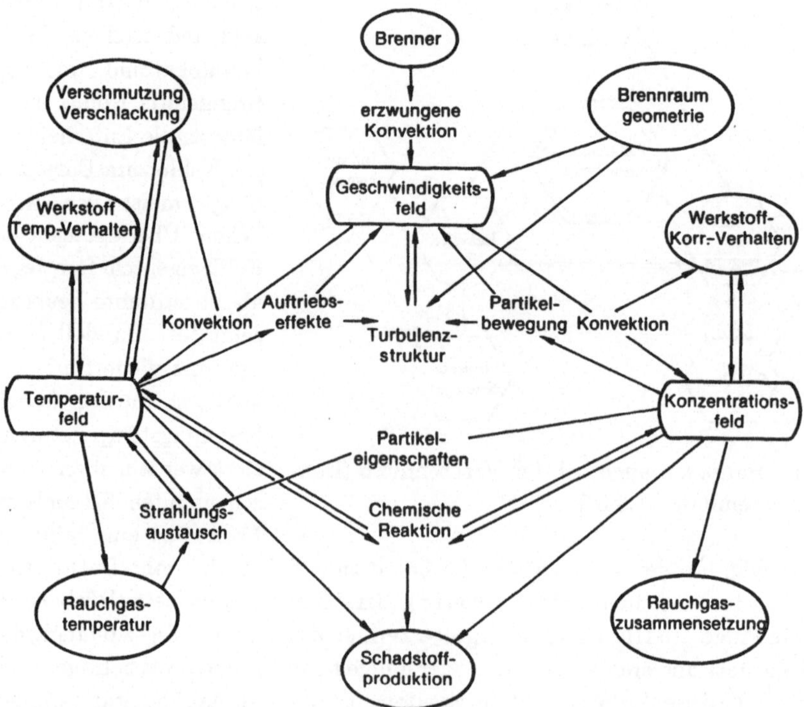

Bild 1.4.1: Wechselwirkungen in der Flamme bzw. in der Feuerung (am Beispiel der
Kohlenstaubverbrennung, /1.4.2/)

Im Bereich der Industrieofenfeuerungen diktiert meist das Ofengut die Brennstoffart und
deren Verbrennungstechnik. So kann bei einer direkten Befeuerung eines Einbrennofens zur
Keramikglasurherstellung keine Kohle eingesetzt werden, da sonst die Gefahr von
Partikeleinlagerungen auf dem Ofengut besteht. Bei der Glasherstellung (Glaswanne für
Glasschmelze) wird zum Beispiel Gas als Brennstoff eingesetzt. Durch eine spezielle
Betriebsweise kann aber die Emissivität der Flamme und damit die Strahlungseigenschaften
und der Energietransfer an das Produkt Glas erhöht werden, indem eine Karbonierung
angewendet wird (/1.4.1/). Dies geschieht durch eine Gasaufbereitung bei hohen Temperaturen unter Luftmangel. Hierdurch wird Ruß gebildet, der rein optisch das Flammenbild von
einer blauen zu einer gelben Flamme verschiebt.

1.5 Motivation für eine mathematische Modellbildung und Simulation

Technische Verbrennungssysteme auszulegen oder zu berechnen ist ein schwieriges Unterfangen, da bei der Verbrennung komplexe Wechselwirkungen einer großen Reihe von Zustandsgrößen auftreten. Darüberhinaus werden große Anforderungen an die Verbrennungsführung gerichtet, die bei einer mathematischen Modellbildung berücksichtigt werden müssen. Am Beispiel der Kohlenstaubverbrennung sind dies:

- wärmetechnische Auslegungsdaten,
- betriebliche Daten und
- Einhaltung von Schadstoffgrenzwerten.

Sie sind in Bild 1.5.1 dargestellt.

Will man schon vor der Inbetriebnahme Aussagen über die Wirtschaftlichkeit, sicherheitstechnische Fragen oder den Schadstoffausstoß machen, dann ist es unumgänglich, sich ein möglichst genaues Abbild des Systems zu verschaffen. Eine Möglichkeit, jedoch mit eingeschränkter Aussagekraft, ist die Ableitung von Kennzahlen (meist empirisch gewon-

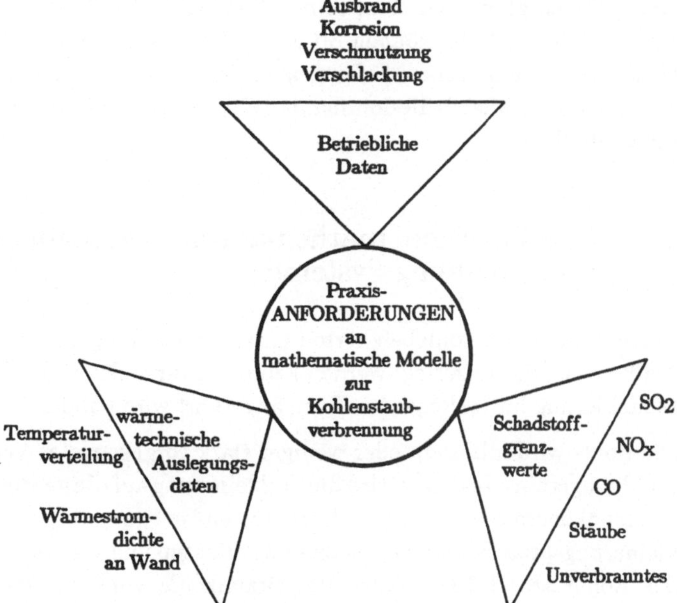

Bild 1.5.1: Anforderungen an mathematische Modelle zur Kohlenstaubverbrennung (/1.3.3/)

nen), die das System in einem bestimmten Problembereich charakterisieren. In Kapitel 3 sind hierzu einige Beispiele angeführt. Da hiermit jedoch nur Teilaspekte erfaßbar sind und sich manche Fragestellungen einer solchen Behandlung ganz entziehen, bestand schon früh der Wunsch nach einer mathematischen Modellierung, die möglichst alle auftretenden Phänomene erfaßt.

Bei einer mathematischen Modellierung wird nach Schöne /1.5.1/ das Gesamtsystem in seine Teilsysteme zerlegt und für diese dann jeweils ein mathematisches Modell aufgestellt. Zusammengesetzt ergeben die Teilmodelle ein Modell des Gesamtsystems.

Unter einem mathematischen Modell seien eine oder mehrere Gleichungen, gewöhnliche oder partielle Differentialgleichungen verstanden, die den physikalischen Prozeß auf der geforderten Genauigkeitsstufe so abbilden, daß das Modell das gleiche Verhalten gegenüber

Eingangsgrößen und Störungen der Eingangsgrößen zeigt wie der tatsächliche physikalische Prozeß. Hiermit verbunden ist die Beschreibung von Eigenschaften im "Innern" des Systems in Raum und/oder Zeit.

Hat man ein solches Gleichungssystem aufgestellt und gelingt eine analytische oder numerische Lösung, dann hat man damit ein Werkzeug zur Hand, das bezüglich seines Gültigkeitsbereichs und seiner Anwendbarkeit eine reine Beschreibung über Kennzahlen übertrifft. Nicht zu verschweigen ist jedoch, daß der Aufwand zur Aufstellung des Modells und zu seiner Auswertung auch entsprechend höher ist. Der wesentliche Vorteil solcher Simulationen gegenüber einer reinen Kennzahlenbeschreibung ist der meist viel größere Gültigkeitsbereich. So können oft auch Betriebszustände beschrieben werden, bei denen bisher keine praktischen Erfahrungen vorlagen. Voraussetzung ist natürlich, daß das mathematische Modell die dominanten physikalischen Prozesse richtig erfaßt und genügend genau abbildet.

1.6 Teilbereiche mathematischer Modellierung bei technischen Verbrennungssystemen

Am Beispiel eines kohlebefeuerten Großdampferzeugers soll erläutert werden, in welche Teilbereiche dieser zerlegt werden kann und für welchen Teilbereich eine mathematische Modellierung im vorliegenden Buch angeführt wird (Bild 1.6.1).

Die Kohle wird mit mehr oder weniger stark vorgewärmter Verbrennungsluft der Kohlenmühle zugeführt. In dieser wird die Zerkleinerung auf die gewünschte, technisch realisierbare oder ökonomisch vertretbare Korngrößenverteilung vorgenommen. Dabei hängt der Zerkleinerungsprozeß vom eingesetzten Mühlentyp und von den mechanischen Eigenschaften der Kohle ab (/1.6.1/,/1.6.2/). Bei Braunkohle wird die Mühle zusätzlich mit heißen Rauchgasen aus dem Feuerraum beaufschlagt, um den kondensierten Feuchtigkeitsanteil zu reduzieren. Es entsteht dabei der Mühlenbrüden (Dampf). Zur Vorhersage des Korngrößenspektrums, der Temperaturen und Konzentrationen am Mühlenaustritt dient ein **Mühlenmodell**. Ein solches wird von verschiedenen Autoren (z.B. /1.6.3/) angeführt, basiert i.a. aber auf einer Reihe von empirischen Korrelationen, gewonnen durch Prozeßidentifikation.

Bei einer direkten Feuerung, wie sie bei Großdampferzeugern vorliegt, gelangt das Primärluftgemisch (Kohle und Primärluft) über Förderleitungen direkt in den Brenner. In den Förderleitungen ändert sich zwar die mittlere Beladung nicht, wenn man von Ablagerungen absieht, aber, bedingt durch Rohrumlenkungen und Massenstromaufteilungen können sich Ungleichverteilungen in der Beladung einzelner Leitungen (Strähnen) oder eine ungleichmäßige Aufteilung der Massenströme zwischen verschiedenen Rohrleitungen (Schieflagen) einstellen. Beide Effekte werden den eigentlichen Verbrennungsvorgang beeinflussen. Die Vorhersage der Strähnenbildung ist ein äußerst komplexes Unterfangen und verlangt die Berücksichtigung einer Reihe von physikalischen Effekten, wie Interaktion zwischen Partikel- und Gasphase bei hohen Beladungen einschließlich turbulentem Einzelteilchenverhalten, Partikeldispersion oder Partikelschwarmverhalten. Gelingt eine Beschreibung auf dieser Ebene, dann können hiermit prinzipiell auch Schieflagen vorhergesagt werden und man hätte damit ein geeignetes **Förderleitungsmodell** gewonnen. Bisher wird in der Literatur aber nur über erste Ansätze in dieser Richtung berichtet.

Der nächste Verfahrensschritt ist nun der eigentliche Verbrennungsvorgang im Strahlungsfeuerraum des Dampferzeugers. Das entsprechende mathematische Modell ist das **Flammen- oder Feuerraummodell**. Setzt man hier die Brennereintrittsbedingungen (Massenströme und Temperaturen des Primärluftgemisches und der Sekundärluft) als bekannt voraus und kennt die entsprechenden Massenströme, Temperaturen und Konzentrationen einer eventuellen Rauchgasrezirkulation (kalte Rauchgase, die hinter dem Luftvorwärmer (Luvo) abgezogen wurden), dann sind mit der Kenntnis der Feuerraumwandtemperaturen die wesentlichen externen Randbedingungen für eine Berechnung bekannt. Die Brennereintrittsbedingungen können i.a. aus einfachen Bilanzrechnungen über die Mühle abgeleitet und explizit als Randwerte

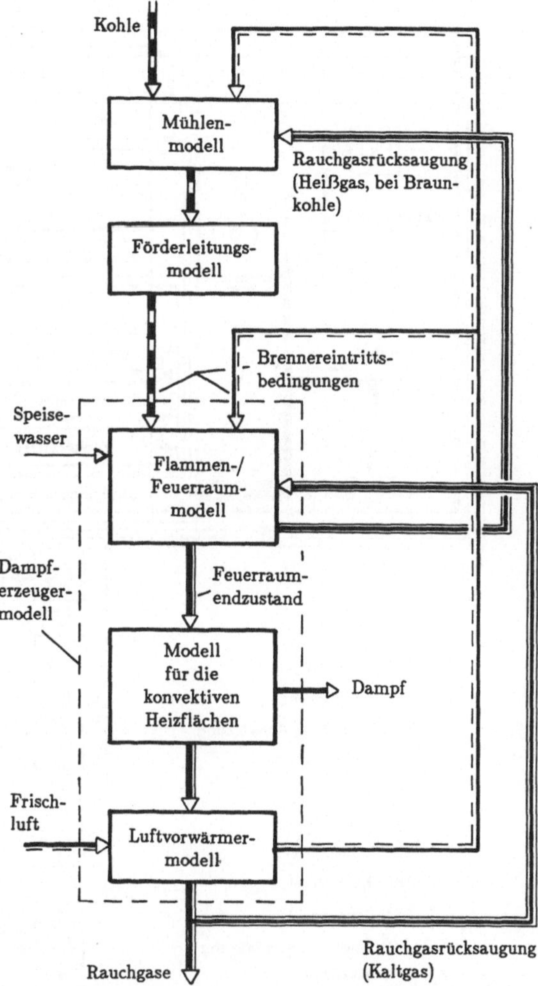

Bild 1.6.1: Grundkomponenten eines Großkesselmodells

vorgegeben werden. Die Feuerraumwandtemperaturen werden sowohl von äußeren Randbedingungen, wie Speisewassermassenstrom und –temperatur, aber auch von internen Größen, wie Temperaturniveau der Rauchgase bzw. Strahlungswärmestromdichte an die Wand beeinflußt. Eine Feuerraumsimulation liefert den Feuerraumendzustand (Geschwindigkeiten, Temperatur, Rauchgaszusammensetzung).

Aus dem Strahlungsfeuerraum treten die Rauchgase in die konvektiven Heizflächen ein und geben dort den Großteil ihren Restenergie (Enthalpie) an die Arbeitsstoffseite (Speisewasser bzw. Dampf) ab. Ein **Modell für die konvektiven Heizflächen** ist deshalb besonders schwierig

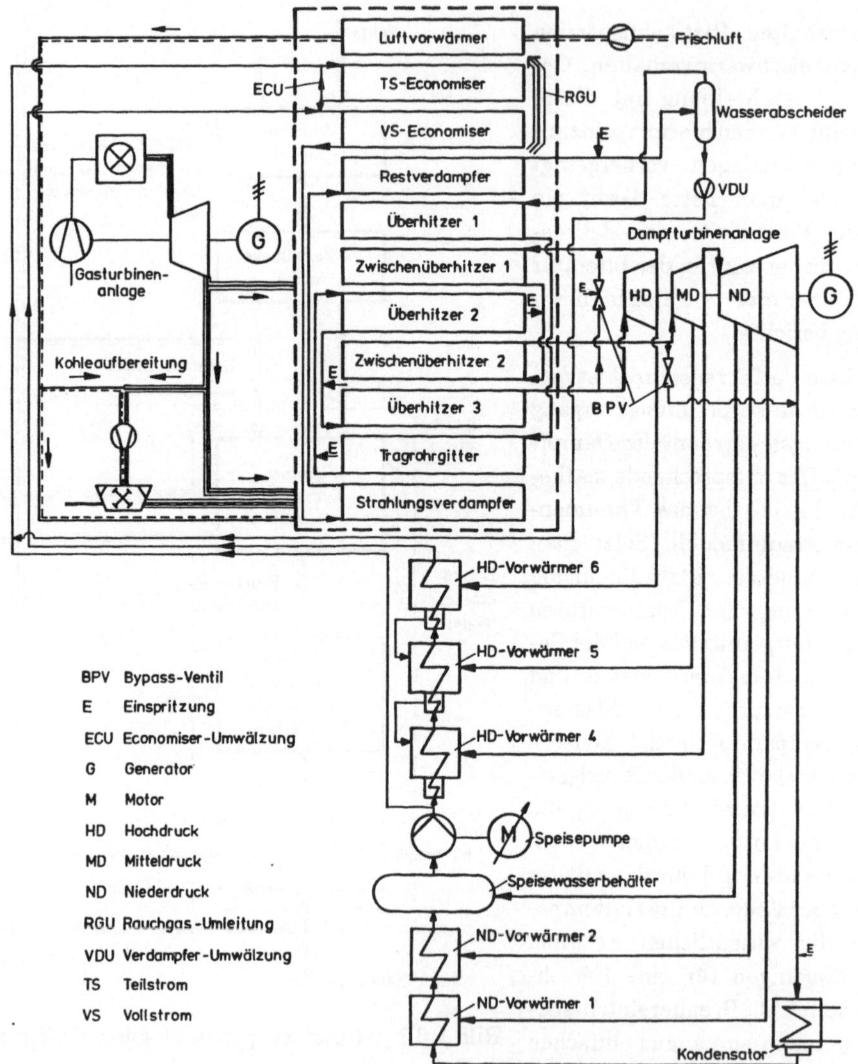

Bild 1.6.2: Grundkomponenten eines Dampferzeugermodells (/1.6.11/)

zu realisieren, da bedingt durch die Einbauten (Rohrbündel) eine geometrische Beschreibung sehr aufwendig ist. Vor allem die Beeinflussung der turbulenten Strömung und damit des konvektiven Wärmeübertragungsverhaltens bereitet hier Schwierigkeiten. Wichtige Fragestellungen betreffen hier die Verschmutzungsneigung durch die Aschefracht der Rauchgase. Über die Konsistenz der Ablagerungen entscheidet im wesentlichen die Materialeigenschaften der Asche und damit die Temperatur-Geschichte der Ascheteilchen im Feuerraum und in den Rohrbündeln.

Zur Bestimmung der Frischlufttemperaturen und der Temperatur der rückgesaugten Rauchgase wird ein **Luftvorwärmermodell** benötigt.

Rauchgasseitig gesehen sind damit die wesentlichen Teilmodelle angesprochen.

Bei Fragestellungen, die mehr auf der Arbeitsstoffseite zu suchen sind, wie beispielsweise die Dynamik des Gesamtkraftwerkes oder Frischdampf- und zwischenüberhitzter Dampfzustand wird meist entlang des Arbeitsstoffes bilanziert und es entstehen dabei die **Dampferzeugermodelle** (/1.6.4/-/1.6.9/). Bei diesen wird meist die Verbrennung global approximiert, da dabei nur wärmetechnische Randbedingungen von Bedeutung sind (Bild 1.6.2).

Eine Beschreibung beider Themenkreise auf annähernd gleichem Niveau und in gekoppelter Form erscheint im Augenblick noch nicht möglich, da solche Modelle aus rechentechnischer Sicht noch zu aufwendig sind. Die modellmäßigen Beschreibungen stehen jedoch zur Verfügung.

o Literatur

/1.1.1/ Ziegler, A.: Die Rolle der Kohle als Energie- und Rohstoffträger. Chem.-Ing.-Tech., 60(1988) Nr.3, S.187-192

/1.1.2/ Donnerbauer, R.: Kohle und Öl dominieren bis ins 21. Jahrhundert. VDI Nachrichten, 40(1989), S.43

/1.1.3/ Daten zur Umwelt 1988/89.(Hrsg. vom Umweltbundesamt), E.Schmidt Verlag, Berlin, 1989

/1.1.4/ Feldmann, J.: Steinkohle im energiewirtschaftlichen Spannungsfeld. Brennstoff-Wärme-Kraft, 39(1987) Nr.5, S.225-232

/1.1.5/ Retschke, W.; Hildebrandt, E.: Braunkohle, wichtiger Energieträger in Gegenwart und Zukunft. Energietechnik, 33(1983) H.4, S.123-126

/1.1.6/ Bitterlich, E.; Adrian, F.: Einsatz von fossilen Brennstoffen zur Energie- und Wärmeerzeugung. Chem.-Ing.-Tech., 60(1988) Nr.2, S.87-93

/1.1.7/ Thöne, E.; Voß, A.: Energiewirtschaftliche Gesamtsituation. Brennstoff-Wärme-Kraft, 41(1989) Nr.4, S.131-136

/1.1.8/ Zukunftsenergien - Fakten und Argumente. VEBA Firmenschrift, 1989

/1.1.9/ Hassmann, K.; Keller, W.: Entwicklungstendenzen des Energieverbrauchs und Möglichkeiten der umweltschonenden Stromerzeugung. Brennstoff-Wärme-Kraft, 41(1989) Nr.7/8, S.315-322

/1.1.10/ Austmeyer, K.; Röver, H.: Energieträger aus nachwachsenden Rohstoffen. Chem.-Ing.-Tech., 61(1989) Nr.1, S.9-16

/1.1.11/ Schiffer, H.-W.: Energiemarkt '88 Primärenergie-Mineralöl-Steinkohle-Braunkohle-Erdgas-Strom. Energiewirtschaftliche Tagesfragen, 39(1989) Nr.3, S.142-159

/1.1.12/ Weinzierl, K.: Untersuchungen zur Optimierung von Kombiprozessen mit integrierter Kohlevergasung. VDI-Fortschrittberichte, Reihe 6, Nr. 205

/1.1.13/ Weinzierl, K.: Neue Kraftwerkskonzepte für Steinkohle. VGB Kraftwerkstechnik, 70(1990)Nr.5, S. 393-399

/1.1.14/ Bergmann, H.; Ewers, J.: Neue Kraftwerkskonzepte für Braunkohle. VGB Kraftwerkstechnik, 70(1990)Nr.5, S. 399-405

/1.2.1/ Frewer, H.: Strukturwandel in der Technik fossilbeheizter Kraftwerke in der BR Deutschland. VGB-Kongreß "Kraftwerke 1985", 1985, S.34-57

/1.2.2/ Schemanau, W.; Schoedel, J.: Fortschrittliche Kohlekraftwerke, Entwicklungstrends. Brennstoff-Wärme-Kraft, 41(1989) Nr.7/8, S.323-327

/1.2.3/ Hebel, G.; Weirich, P.-H.: Kohlekraftwerke der nächsten Generation. VGB Kraftwerkstechnik, 68(1988) H.2, S.103-107

/1.3.1/ Faraday, M.: The Chemical History of a Candle. Griffin, Bohn & Comp., London, 1861

/1.3.2/ Günther, R.: Kraftwerksfeuerungen und Umwelt. Spektrum der Wissenschaft, 1988, Heft 8, S. 70-82

/1.3.3/ Görner, K.; Wirtz, S.: Mathematische ModellierungderKohlenstaubverbrennung. BMFT-Statusseminar und 6. DVV-Kolloquium, Tagungsband, Essen, 1988

/1.4.1/ Günther, R.: Verbrennung und Feuerungen. Springer-Verlag, Berlin, 1984

/1.4.2/ Görner, K.: Strömungsvorgänge in Feuerräumen von Dampferzeugern. VGBKraftwerkstechnik,66(1986)Nr.3, S.224-233

/1.5.1/ Schöne, A.: Simulation technischer Systeme. Band 2: Simulation stetiger Systeme. Carl Hanser Verlag, München, 1976

/1.6.1/ Bohn, Th. (Hrsg): Fossil beheizte Dampfkraftwerke. Technischer Verlag Resch Verlag TÜV Rheinland, Gräfelfing Köln, 1986

/1.6.2/ Bohn, Th. (Hrsg): Konzeption und Aufbau von Dampfkraftwerken. Technischer Verlag Resch Verlag TÜV Rheinland, Gräfelfing Köln, 1985

/1.6.3/ Mosbech, H.; Qvale, B.; Holst, J.: Simulationsmodelle einer Kohlenstaubfeuerungsanlage. VGB-Kongreß "Kraftwerke 1985", Essen, 1985

/1.6.4/ Dolezal, R.: Simulation of Large State Variations in Steam Power Plants. Springer-Verlag, Berlin, 1987

/1.6.5/ Dolezal, R.; v.d.Kammer, G.: Experimentelle Überprüfung des Rechenmodells zur Simulation des Anfahrvorganges bei Dampferzeugern. VGB Kraftwerkstechnik,67(1987)Nr.10,S.707-714

/1.6.6/ Dolezal, R,; Hönig, O.; v.d.Kammer, G.; Rettemeier, W.: Simulation des Anfahrverhaltens eines überkritischen Dampferzeugers mit doppelter Zwischenüberhitzung im Planungsstadium. VGB Kraftwerkstechnik, 65(1985)Nr.11, S.1011-1019

/1.6.7/ Dolezal, R.; Varcop, L.: Process Dynamics. Elsevier Publ. Comp., 1979

/1.6.8/ Profos, P.: Regelung von Dampfanlagen. Springer Verlag, Berlin, 1962

/1.6.9/ Dolezal, R.: Vorgänge beim Anfahren eines Dampferzeugers. Vulkan Verlag, Essen, 1977

/1.6.10/ Wirth, K.-E.: Vertikale Gas-Feststoffströmungen mit Phasenentmischung. Habilitationsschrift Universität Erlangen, 1990

/1.6.11/ Mayer, U.: Simulation und Analyse des Abfahrverhaltens eines 765-MW-Kombikraftwerkes mit einem semianalytischen entkoppelten Rechenmodell. Dissertation Universität Stuttgart, 1990

Kapitel 2 :

EINTEILUNG TECHNISCHER VERBRENNUNGSEINRICHTUNGEN

2.1 Übersicht

Technische Verbrennungseinrichtungen sind in einer Vielzahl von verfahrenstechnischen Prozessen integriert oder sind deren Hauptbestandteil. Zur Untergliederung können nun verschiedene Kriterien herangezogen werden. Hierzu zählen insbesondere

- der verwendete Brennstoff (gasförmig, flüssig oder fest),
- der Einsatzbereich (Industrie, Energieumwandlung, Entsorgung, Verbrennungskraftmaschinen oder sonstige) und
- die absolute thermische Leistung oder als Konsequenz die Anzahl der zum Einsatz kommenden Brenner (Einbrenner- und Mehrbrenneranordnungen).

Bei der Feststoffverbrennung sind darüber hinaus weitere Unterscheidungsmerkmale durch Strömungs- bzw. Transportführung von Gas- und Feststoffphase gegeben. Auch diese sollen knapp gegeneinander abgegrenzt werden.

Im vorliegenden Kapitel 2 soll eine Klassifizierung der Verbrennungssysteme vorgenommen werden mit dem Ziel, hierdurch auf für die einzelnen Systeme charakteristische Probleme bei der Beschreibung bzw. Modellierung hinzuweisen.

2.2 Einsatzbereiche

2.2.1 Einteilung

Die im folgenden Kapitel dargestellten tabellarischen Zusammenstellungen geben eine Aufteilung technischer Verbrennungseinrichtungen in die Hauptgruppen:

- Feuerungen in Industrieöfen,
- Kesselfeuerungen,
- Feuerungen in Entsorgungsanlagen und
- Brennräume in Verbrennungskraftmaschinen.

Dabei wird jede einzelne Gruppe in:

- Zweck der Wärmefreisetzung,
- Bauformen der Verbrennungseinrichtungen und
- Brennstoff- / Beheizungsarten

unterteilt. Die Indizierung in den Tabellen erlaubt eine eindeutige Bezeichnung der Verbrennungseinrichtung bzw. ihres Einsatzgebietes.

Bei **Industrieöfen** wird die Verbrennung als verfahrenstechnischer Schritt eingesetzt um Wärme zu erzeugen (Wärmebehandlung, Änderung von Stoffeigenschaften usw.) oder um Prozeßdampf/Heißwasser herzustellen, die in weiteren Verfahrensschritten zur Stoffänderung oder -umwandlung eines Einsatzgutes benutzt werden.

Bei **Kesselfeuerungen** steht die Energieumwandlung in thermische oder elektrische Energie im Vordergrund. Dabei tritt als Energiezwischenträger fast immer Dampf auf.

In **Entsorgungsanlagen** werden primär umweltgefährdende Stoffe entsorgt, wobei solche Anlagen aber auch zur Energieumwandlung in die thermische und elektrische Energieform genutzt werden.

Unter **Verbrennungskraftmaschinen** sind Gasturbinen und Motoren zusammengefaßt, bei denen der Verbrennungsraum mehr oder weniger stark konstruktiv mit den Anlagenteilen verbunden ist, in denen mechanische Leistung erzeugt wird.

Bei all diesen Einsatzbereichen ist neben einer großen Betriebssicherheit der Anlage bei minimierten Betriebskosten eine größtmögliche Umweltverträglichkeit anzustreben. Dies betrifft vornehmlich Emissionen in die Atmosphäre, aber auch die wasserseitige Abgabe umweltgefährdender Stoffe. Vor allem bei Industriefeuerungen, mit dem Ziel einer Produktherstellung oder -veränderung, kommt außerdem noch die Einhaltung einer bestimmten Produktqualität (Zementherstellung im Drehrohr, Emaillierung u.a.) hinzu.

2.2.2 Feuerungen in Industrieöfen

Feuerungen in Industrieöfen kommen in einer großen Vielfalt zur Anwendung. Diese Vielfalt bezieht sich auf den Zweck der Verbrennung (meist die Wärmefreisetzung, Tab. 2.2.1), die Bauform der Verbrennungseinrichtung (geometrische Form des Ofens, Tab. 2.2.2), aber auch auf den eingesetzten Brennstoff (Gas, Öl, Kohle u.a., Tab. 2.2.3). Auch von der absoluten Anzahl der Verbrennungseinrichtungen ist der industrielle Einsatz dominierend. Der Anteil der Primärenergieträger, die in der Industrie eingesetzt werden, beläuft sich in der BRD im Jahre 1986 auf 44,6% (vgl. Tab. 1.1.2) und stellt damit einen wichtigen Faktor des Primärenergieeinsatzes dar.

I	Industrieöfen		
I.1	Zweck der Wärmefreisetzung durch Verbrennung	Beispiel	Index
	- Trocknung eines Gutes	Lacktrocknung	I.1.1
	- Herstellung von Überzügen auf der Oberfläche eines Gutes	Keramikglasur	I.1.2
	- Veränderung der Struktur eines Gutes	Zement	I.1.3
	- Umwandlung der chemischen Zusammensetzung eines Gutes	Glas,Zement	I.1.4
	- Erwärmung oder Warmhaltung eines Gutes zur Warmverformung oder Verarbeitung	Stahlbearbeitung	I.1.5
	- Stückigmachen eines Gutes	Glas	I.1.6
	- Schmelzen eines Gutes	Glas	I.1.7
	- Behandlung von schmelzflüssigem Gut	Stahlerzeugung	I.1.8
	- Verbrennung eines Gutes (Bestandteiles)	Stahlerzeugung	I.1.9
	- Anderweitige Einwirkung auf ein Gut		I.1.10

Tab. 2.2.1: Anwendungsfälle von Feuerungen im Industrieofenbereich (/2.2.1/)

Viele Anwendungsfälle von Verbrennungsvorgängen im Industrieofenbereich werden von dem zu behandelnden Gut und den an dieses gestellten Anforderungen dominiert. Dies hat in der Vergangenheit dazu geführt, daß manchmal die Wirtschaftlichkeit und der Umweltschutz in den Hintergrund getreten sind. Kostenzwang und gesetzliche Auflagen haben die Situation mittlerweile verändert, so daß bei gleicher Produktqualität der Verbrennungsprozeß nun ökonomisch und ökologisch optimiert wird.

I	Industrieöfen		
I.2	**Bauformen der Verbrennungseinrichtungen**	**Beispiel**	**Index**
	- Ofen mit satzweiser Beschickung eines Gutes in waagrechter Ebene	Stoßofen	I.2.1
	- Ofen mit satzweiser Beschickung eines Gutes in senkrechter Ebene	Schaukelofen	I.2.2
	- Ofen mit durchlaufender Förderung eines Gutes ohne Fördereinrichtung im Ofen	Stoßofen	I.2.3
	- Ofen mit durchlaufender Förderung eines Gutes mit Fördereinrichtung im Ofen	Tunnelofen	I.2.4
	- Ofen mit festem, ausgemauertem oder gestampftem Fassungsraum für ein Gut	Muffelofen	I.2.5
	- Ofen mit herausnehmbarem Fassungsraum für ein Gut	Haubenofen	I.2.6
	- Ofen mit Ofenraum	Trockenofen	I.2.7
	- Ofen ohne Ofenraum	Siemens-Martin-Ofen	I.2.8
	- Dampf-/Heißwasser-Erzeuger	Kessel	I.2.9
	- Luft-/Gas-Erhitzer	Heißgaserzeuger	I.2.10

Tab. 2.2.2: Bauformen von Öfen im Industriebereich (/2.2.1/)

I	Industrieöfen		
I.3	**Brennstoff-/Beheizungs-Arten**	**Beispiel**	**Index**
	- Feste Brennstoffe (z.B. Kohle)/ direkte Beheizung	Zementdrehrohrofen	I.3.1
	- Feste Brennstoffe (z.B. Kohle)/ indirekte Beheizung	Heißgaserzeuger	I.3.2
	- Flüssige Brennstoffe (z.B. Öl)/ direkte Beheizung	Stoßofen	I.3.3
	- Flüssige Brennstoffe (z.B. Öl)/ indirekte Beheizung	Glockentemperofen	I.3.4
	- Gasförmige Brennstoffe (z.B. Erdgas) / direkte Beheizung	Glasschmelzofen	I.3.5
	- Gasförmige Brennstoffe (z.B. Erdgas) / indirekte Beheizung	Großbackofen	I.3.6

Tab. 2.2.3: Brennstoff-/Beheizungsarten im Industrieofenbereich (/2.2.1/)

2.2.3 Kesselfeuerungen

Feuerungen im Bereich der Energieumwandlung werden als Kesselfeuerungen bezeichnet, da hierbei entweder Heizwasser oder -dampf oder Dampf für Dampfturbinen (Turbinendampf) in einem Kessel erzeugt wird. Letzterer wird zur Erzeugung von Elektrizität (und Heizwasser, -dampf) herangezogen. Es ist hier also zwischen:

- Heizwerk (Heizwasser, -dampf),
- Kraftwerk (Elektrizität) und
- Heizkraftwerk (Elektrizität und Heizwasser, -dampf)

zu unterscheiden (Tab. 2.2.4).

K	Kesselfeuerungen		
K.1	**Zweck der Wärmefreisetzung durch Verbrennung**	**Beispiel**	**Index**
	- Erzeugung von Prozeßdampf (verschiedene Druckstufen)	Dampferzeuger Gegendruck-Kraftwerk Anzapf-Kraftwerk	K.1.1
	- Turbinen-Dampf zur Stromerzeugung	Kraftwerk	K.1.2
	- Erzeugung von Heizwasser	Heizwerk	K.1.3
	- Erzeugung von Turbinendampf und Heizdampf	Heizkraftwerk	K.1.4

Tab. 2.2.4: Anwendungsfälle von Feuerungen im Kraftwerksbereich

Nur bei kleinen Einheiten (Blockheizwerke, Hausheizkessel) kommen Einbrenneranordnungen zum Einsatz. Bei größeren Leistungen werden Mehrbrenneranordnungen notwendig, wobei abhängig vom Brennstoff sehr viele verschiedene Brenneranordnungen möglich sind (Tab. 2.2.5).

Auch bei den Primärenergieträgern kommen praktisch alle drei Hauptbrennstoffe (Gas, Öl und Kohle) zur Anwendung, wobei Öl immer mehr in den Hintergrund gedrängt wird. Feste Brennstoffe können, abhängig von ihrer Aufbereitung (Aufmahlung), in verfahrenstechnisch sehr unterschiedlichen Systemen verbrannt werden (Tab. 2.2.6). Daher bedarf dieser Brennstoff einer weiteren Betrachtung und Untergliederung (Kap. 2.3).

Die dezentrale Verbrennung in Hausheizkesseln hat energetische Vorteile, da hierdurch keine Transportverluste der Heizwärme zum Verbraucher auftreten. Vom Standpunkt des Umweltschutzes aus betrachtet stellen viele kleine Einheiten aber ein Problem dar, da der korrekte Betrieb und die Überwachung schwierig zu gewährleisten sind. Bei gleicher installierter Gesamtleistung sind auch die Investitionskosten bei einer großen Anzahl kleiner Einheiten höher.

K	**Kesselfeuerungen**		
K.2	**Bauformen der Verbrennungseinrichtungen**	**Beispiel**	**Index**
	- Gas, Öl (Mehrbrenneranordnung)		K.2.1
		Bodenfeuerung	K.2.1.1
		Deckenfeuerung	K.2.1.2
		Frontalfeuerung	K.2.1.3
		Boxerfeuerung	K.2.1.4
		Eckenfeuerung	K.2.1.5
	- Kohle		K.2.2
	Staubfeuerungen		
	Trockenfeuerungen	Frontalfeuerung	K.2.2.1
	(Mehrbrenneranordnungen)	Boxerfeuerung	K.2.2.2
		Eckenfeuerung	K.2.2.3
		Allwandfeuerung	K.2.2.4
	Schmelzkammerfeuerung	Deckenfeuerung	K.2.2.5
	(Mehrbrenneranordnungen)	(U-Brennkammer)	
		Boxerfeuerung	K.2.2.6
		Zyklonfeuerung	K.2.2.7
		(vertikal und	
		horizontal)	
		Schmelztisch	K.2.2.8
		Schmelztrichter	K.2.2.9
	Rostfeuerungen	Festrost	K.2.2.10
		Wanderrost	K.2.2.11
		Vorschubrost	K.2.2.12
		Rückschubrost	K.2.2.13
	Wirbelschicht	stationäre WS	K.2.2.14
		zirkulierende WS	K.2.2.15
		atmosphärische WS	K.2.2.16
		aufgeladene WS	K.2.2.17

Tab. 2.2.5: Bauformen von Feuerungen im Kraftwerksbereich

K	Kesselfeuerungen		
K.3	**Brennstoff-/Verbrennungs-Arten**	**Beispiel**	**Index**
	- Feste Brennstoffe (z.B. Kohle stückig) / Verbrennung in Ruhe	Rostfeuerung	K.3.1
	- Feste Brennstoffe (z.B. Kohle stückig) / Verbrennung in Bewegung (eindimensional)	Wanderrost	K.3.2
	- Feste Brennstoffe (z.B. Müll) / Verbrennung in Bewegung (mehr-dimensional)	stationäre Wirbelschicht	K.3.3
	- Feste Brennstoffe (z.B. Kohle stückig) / Verbrennung in Schwebe	zirkulierende Wirbelschicht	K.3.4
	- Feste Brennstoffe (z.B. Kohle staubförmig, Asche schmilzt nicht) / Verbrennung im Flug	Trocken-feuerung	K.3.6
	- Feste Brennstoffe (z.B. Kohle staubförmig, Asche schmelzend) / Verbrennung im Flug	Schmelzfeuerung	K.3.7
	- Flüssige Brennstoffe (z.B. Öl)	Flammrohrfeuerung (Hausheizkessel)	K.3.8
	- Gasförmige Brennstoffe (z.B. Erdgas)	Flammrohrfeuerung (Hausheizkessel)	K.3.9

Tab. 2.2.6: Brennstoff-/Verbrennungsarten von Feuerungen im Kraftwerksbereich

Kesselfeuerungen im Industriebereich (mittlere Leistung) sind prinzipiell mit den gleichen Problemen behaftet, jedoch kann durch eine sehr oft realisierbare Kopplung zwischen der Erzeugung von Prozeßdampf (Heizwasser) und von Elektrizität (Kraft-Wärme-Kopplung) ein wirtschaftlicher Betrieb gewährleistet werden.

In großen Kraftwerkseinheiten kann die Wirtschaftlichkeit im Betrieb, ein hoher Wirkungsgrad (CO_2-Minimierung), ein fachgerechter Betrieb, geringe leistungsspezifische Investitionskosten und ein hoher Umweltschutzstandard am besten erzielt werden.

2.2.4 Feuerungen in Entsorgungsanlagen (thermische Zersetzung)

Feuerungen in Entsorgungsanlagen gewinnen zunehmend an Interesse, da Müll und Rückstände im kommunalen wie industriellen Bereich von der absoluten Menge ständig zunimmt und umweltgerecht beseitigt bzw. entsorgt werden muß. Bei manchen Prozessen müssen andere Primärenergieträger zusätzlich zum Einsatz kommen, wenn zum Beispiel der Heizwert der Abfälle für eine sichere Verbrennung zu gering ist oder ein Stoff nur inertisierend eingebunden werden soll (Tab. 2.2.7).

E	**Entsorgungsanlagen (thermische Zersetzung)**		
E.1	**Zweck der Verbrennung**	**Beispiel**	**Index**
	- Volumenreduktion von Abfallstoffen	Hausmüll	E.1.1
	- Massenreduktion von Abfallstoffen	Klärschlamm	E.1.2
	- Resteverbrennung	Altöle	E.1.3
	- Thermische Zersetzung toxischer Stoffe	Sondermüll	E.1.4
	- Inertisierende Einbindung toxischer Stoffe	Schlacken- bzw. Glaseinschluß	E.1.5
	- Restheizwertnutzung	Industrierückstände	E.1.6
	- Entsorgung (allgemein)	Industrieabfälle	E.1.7

Tab. 2.2.7: Zweck der Verbrennung in Entsorgungsanlagen

Die Bauformen der Feuerungen hängen sehr stark von der Konsistenz des Abfalls und der Art und dem Verhalten darin enthaltener toxischer Bestandteile (Hausmüll, Industrierückstände, Sondermüll) ab (Tab. 2.2.8 und 2.2.9).

Bei Hausmüll kann fast immer eine Energieumwandlung (Heizwasser, -dampf oder Elektrizität) mit einbezogen werden, bei Sondermüllverbrennungsanlagen ist dies eher die Ausnahme, da hier die Leistungen kleiner sind und bestimmte Prozeßparameter (Temperaturen und/oder Aufenthaltszeiten) die Prozeßführung diktieren, was eine Energierückgewinnung erschwert.

E	Entsorgungsanlagen (thermische Zersetzung)		
E.2	**Bauformen der Verbrennungseinrichtungen**	**Beispiel**	**Index**
	Rostfeuerung		E.2.1
	- Feststehender Rost	Hausmüll (fest)	E.2.1.1
	- Wanderrost	Hausmüll (fest)	E.2.1.2
	- Stufenwanderrost	Hausmüll (fest)	E.2.1.3
	- Spreader Stoker	Hausmüll (fest)	E.2.1.4
	- Vorschubrost	Hausmüll (fest)	E.2.1.5
	- Rückschubrost	Hausmüll (fest)	E.2.1.6
	- Muldenrost	Hausmüll (fest)	E.2.1.7
	- Walzenrost	Hausmüll (fest)	E.2.1.8
	Drehrohr		E.2.2
	- Pyrolyse	Haus-/Sondermüll, fest, pastös, flüssig	E.2.2.1
	- Verbrennung	Hausmüll, fest	E.2.2.2
	Brennkammer		E.2.3
	- Einbrenneranordnung	Sondermüll, flüssig	E.2.3.1
	- Mehrbrenneranordnung	Sondermüll, flüssig	E.2.3.2
	Wirbelschicht (stationär)		E.2.4
		Hausmüll, fest	E.2.4.1
		Sondermüll, fest, pastös	E.2.4.2

Tab. 2.2.8: Bauformen von Feuerungen in Entsorgungsanlagen

E	Entsorgungsanlagen (thermische Zersetzung)		
E.3	**Brennstoff-/Verbrennungsart**	**Beispiel**	**Index**
	- Hausmüll / heterogen	Rostfeuerung	E.3.1
	- Sondermüll / heterogen, stückig	Drehrohrofen	E.3.2
	- Sondermüll / heterogen, pastös	Wirbelschicht	E.3.3
	- Sondermüll / heterogen, flüssig	Brennkammer	E.3.4
	- Sondermüll / homogen, gasförmig	Brennkammer	E.3.5

Tab. 2.2.9: Brennstoff-/Verbrennungsart bei Entsorgungsanlagen

2.2.5 Brennräume in Verbrennungskraftmaschinen

Verbrennungskraftmaschinen finden oft in Transportsystemen (Straße, Schiene, Wasser und Luft) Anwendung, aber auch der Einsatz in Energieumwandlungsprozessen (Gasturbinen-kraftwerk oder Kombikraftwerk) ist von Interesse (Tab. 2.2.10) und gewinnt dort durch die Möglichkeit einer Wirkungsgradsteigerung zunehmend an Bedeutung. Eine Schadstoffreduktion bei Kraftfahrzeugmotoren ist wegen der großen absoluten Anzahl an Einheiten extrem aufwendig und wegen der großen Lastwechseländerungen und -häufigkeiten technisch auch sehr anspruchsvoll (Katalysator zur NO_x-Reduktion einschließlich Lambda-Sondeneinsatz).

M	Verbrennungskraftmaschinen		
M.1	**Zweck der Wärmefreisetzung durch Verbrennung**	**Beispiel**	**Index**
	Gasturbinen		M.1.1
	- Mechanische Wellenleistung	Turbopropaggregat	M.1.1.1
	- Schuberzeugung	Turboflugtriebwerk	M.1.1.2
	Motoren		M.1.2
	- Mechanische Leistung (immer)	Antrieb von Arbeitsmaschinen und Fahrzeugen	M.1.2.1
	- Thermische Leistung (zusätzlich)	Gasmotor (z.B. im Blockheizkraftwerk)	M.1.2.2

Tab. 2.2.10: Zweck der Wärmefreisetzung in Verbrennungskraftmaschinen

Der dezentrale Einsatz zum Antrieb von Arbeitsmaschinen tritt zunehmend in den Hintergrund. Hierzu werden Elektromotoren eingesetzt und die Verbrennung quasi im Kraftwerk zentralisiert. Vom Standpunkt des Umweltschutzes ist dies eine sehr sinnvolle Entwicklung, da wenige große Einheiten günstiger in Investition und Betrieb sind und auch im praktischen Einsatz wirkungsvoller überwacht werden können.

Als Brennstoffe sind ohne wesentliche Umwandlungsschritte Gas und Öl möglich, jedoch wird im Kraftwerk durch eine vorgeschaltete Teilentgasung oder Vergasung auch die Kohle als Einsatzbrennstoff erschlossen (Tab. 2.2.11).

Die Ausführungsformen reichen von der klassischen Hubkolbenmaschine, der Drehkolben-maschine (Wankelmotor) bis zur Turbine als moderne Hochleistungseinheit. Vor allem bei Flugzeugturbinen muß aus Gewichtsgründen auf eine hohe Verbrennungsdichte und -effizienz geachtet werden. Dies hat wegen der damit verbundenen hohen Temperaturen Auswirkungen auf die Schadstoffentstehung bzw. die Emissionen.

Auf Verbrennungsvorgänge in Raketenantrieben, die auch zu den Transportantriebssystemen zu rechnen sind, sei in diesem Zusammenhang nur hingewiesen.

M	**Verbrennungskraftmaschinen**		
M.2	**Bauformen der Verbrennungseinrichtung**	**Beispiel**	**Index**
	Gasturbinen		M.2.1
	- stationäre Gasturbine (erdgas-, öl-, kohlegasbetrieben)	GT-Kraftwerk	M.2.1.1
	- Fluggasturbine	Flugzeugturbine	M.2.1.2
	Motoren		M.2.2
	Instationärer Einsatz		
	- interne Verbrennung	Ottomotor Dieselmotor	M.2.2.1
	- externe Verbrennung	Sterlingmotor	M.2.2.2
	Stationärer Einsatz		
	- interne Verbrennung	Gasmotor	M.2.2.3
	- externe Verbrennung	Stirlingmotor	M.2.2.4

Tab. 2.2.11: Bauformen der Verbrennungseinrichtungen in Verbrennungskraftmaschinen

M	**Verbrennungskraftmaschinen**		
M.3	**Brennstoff-/Verbrennungsarten**	**Beispiel**	**Index**
	- Gas		M.3.1
	homogen	Gasturbine	M.3.1.1
	homogen / intern	Gasmotor	M.3.1.2
	homogen / extern	Stirlingmotor	M.3.1.3
	- Öl		M.3.2
	Benzin	Ottomotor	M.3.2.1
	Diesel	Dieselmotor	M.3.2.2

Tab. 2.2.12: Brennstoff-/ Verbrennungsarten in Verbrennungskraftmaschinen

2.3 Verfahrenstechnische Einteilung technischer Feststoffverbrennungssysteme

2.3.1 Übersicht

In den folgenden Kapiteln sollen Feststoffverbrennungssysteme nach verfahrenstechnischen Gesichtspunkten eingeteilt werden. Da hierbei Rost-, Wirbelschicht- und Staubfeuerung zum Teil Gemeinsamkeiten aufweisen, werden sie in einem Abschnitt behandelt. Das Drehrohr ist vor allem unter dem Aspekt des Feststofftransportes als alleinstehendes System zu betrachten. Etagentrockner oder -wirbler können auch als Untergruppe der Rostfeuerung aufgefaßt werden, wenn man den mechanischen Transport des Feststoffes heranzieht, beide Systeme sollen jedoch in einem eigenen Kapitel behandelt werden.

Damit lassen sich Verbrennungssysteme für feste Brennstoffe einteilen in:

- Rostfeuerungen,
- Wirbelschichtfeuerungen,
- Flug(staub)feuerung,
- Drehrohrofen und
- Etagenofen oder Etagenwirbler.

2.3.2 Rostfeuerung, Wirbelschichtfeuerung und Staubfeuerung

Das wohl älteste technische Verfahren, einen Festbrennstoff zu verbrennen, ist die **Rostfeuerung**. Hierbei liegt der stückige Brennstoff auf einer ruhenden oder langsam bewegten Rostbahn und bildet dort ein Schüttwerk. Von unten wird der Rost und die Schüttung von Verbrennungsluft durchströmt.

Wird die Gasgeschwindigkeit erhöht, dann wird der Lockerungspunkt (Minimalfluidisierung) der Schüttschicht erreicht (Lockerungsgeschwindigkeit u_L), bei dem der Gesamtdruckabfall in der Schicht (Δp_S) gleich dem Gegendruck durch das Feststoffgewicht ist (Bild 2.3.1). Durch die nun einsetzende Fluidisierung wird der Feststoff intensiv durchwirbelt und die Schüttung (Festbett) geht in eine Wirbelschicht über, man erhält eine **Wirbelschichtfeuerung**. Bei kleiner Gasgeschwindigkeit bleibt diese Wirbelschicht mit einer definierten Bettoberfläche erhalten, man spricht von einer stationären Wirbelschicht. Dieser Begriff ist eigentlich irreführend, da mikroskopisch betrachtet natürlich keine Statio-

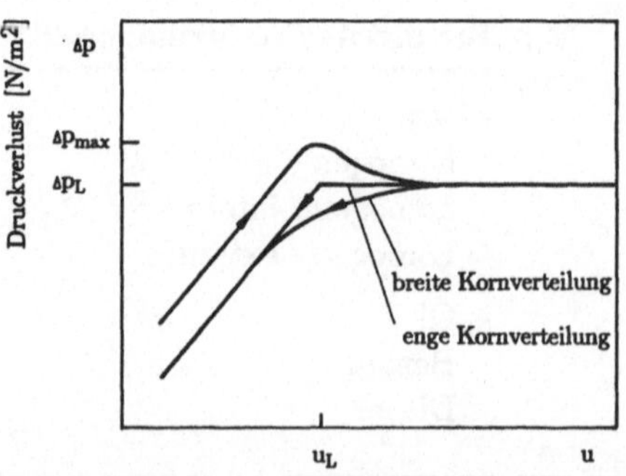

Bild 2.3.1: Druckverlust als Funktion der Anströmgeschwindigkeit (/2.3.1/)

narität vorliegt. Mit ansteigender Anströmgeschwindigkeit expandiert die Wirbelschicht zunehmend und es wird immer mehr Material aus der Schicht ausgetragen, da für kleinere Teilchen die Anströmgeschwindigkeit durch das Fluidisierungsgas größer ist als die Sinkgeschwindigkeit (u_S).

Durch den schnellen Austrag und die damit verbundene geringe Verweilzeit kann ein guter Brennstoffausbrand nicht mehr eingehalten werden. Der ausgetragene Feststoff wird daher über einen Heißgaszyklon von den austretenden Verbrennungsgasen abgetrennt und wieder rückgeführt. Hierbei spricht man von einer **zirkulierenden Wirbelschicht.**

Eine weitere Steigerung der Leerrohrgeschwindigkeit führt über die schnell zirkulierende Wirbelschicht zur **Staubfeuerung.** Hierbei wird der Brennstoff sehr fein ausgemahlen und im Flug bei einem einmaligen Durchgang (Ausnahme: Ascherückführung bei Schmelzfeuerungen) durch die Feuerung ausgebrannt.

Eine schematische Übersicht über diese erste grobe Einteilung gibt Bild 2.3.2.

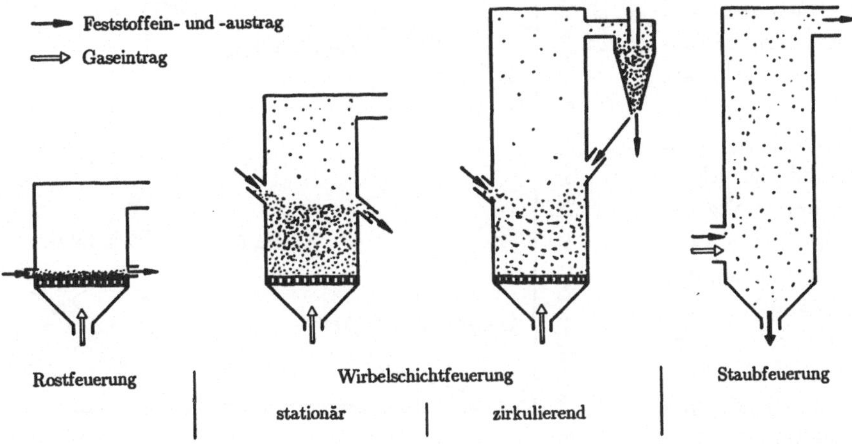

Bild 2.3.2 : Einteilung von Rost-, Wirbelschicht- und Staub-Feuerungen (nach /2.3.2/)

Nach dieser mehr phänomenologischen Unterteilung von Feststoffverbrennungssystemen soll im folgenden auf die strömungsmechanischen Besonderheiten eingegangen werden.

In Bild 2.3.3 sind nochmals die verschiedenen Systeme gegenübergestellt. Im mittleren Bildteil ist der Druckverlust über der Schicht und der Wärmeübergangskoeffizient als Funktion der Gasgeschwindigkeit aufgetragen. Bis zum Erreichen der Lockerungsgeschwindigkeit steigt der Druckverlust (bei laminarer Durchströmung) linear an. In gleicher Weise verhält sich der Wärmeübergangskoeffizient α. Bei Gasgeschwindigkeiten, die zwischen der Lokkerungsgeschwindigkeit der Schüttung und der Sinkgeschwindigkeit der Partikel liegen, bleibt der Druckverlust zunächst konstant, die Austauschkoeffizienten (Wärme- und Stoff-austausch) steigen jedoch sehr schnell an, was auf die intensive Durchmischung der Partikel in der Gasphase und die große Anzahl von Stößen der Teilchen mit der Wand und der Teilchen untereinander zurückzuführen ist. Vor Erreichen von u_S steigt der Druckverlust wieder an, die Austauschkoeffizienten sinken leicht ab. Ersteres ist auf die Wechselwirkung mit der Wand zurückzuführen, der zweite Effekt auf die zunehmende Verdünnung der Partikelphase und der damit verbundenen reduzierten Stoßhäufigkeit innerhalb der Partikelphase.

Bei der Staubfeuerung nähert sich der Druckverlustverlauf dem der Leerrohrdurchströmung an. Auch die Austauschkoeffizienten steigen wegen der Angleichung von Gas- und Partikelgeschwindigkeit nur noch geringfügig an.

Der starke Einfluß der Relativgeschwindigkeit (Schlupf) zwischen Gas- und Feststoffphase ist dem unteren Bildteil zu entnehmen, bei dem die Gasgeschwindigkeit über der Schichtexpansion aufgetragen ist. Dabei nimmt bei sonst gleichen Bedingungen der Schlupf mit steigender Feststoffbeladung zu.

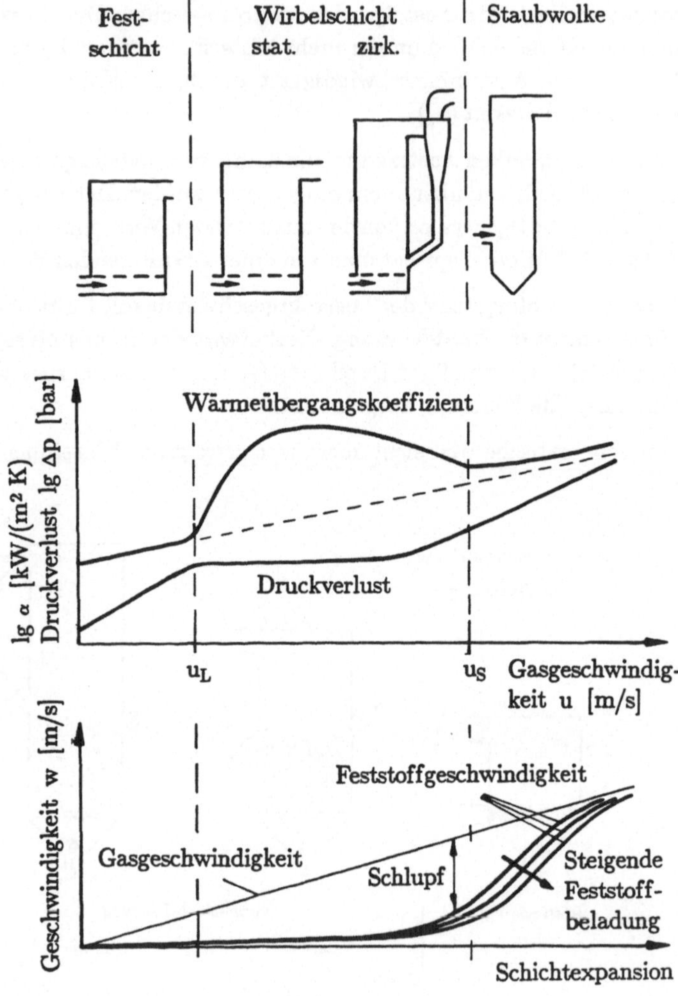

Bild 2.3.3: Strömungstechnische Einteilung der verschiedenen Systeme (/2.3.2/)

2.3.3 Drehrohrofen

Drehrohröfen zeichnen sich durch ihr breites Einsatzspektrum aus. So sind sie bei der Zementherstellung als klassischer Anwendungsfall zu finden, genauso wie bei der Abfall- und Sondermüllverbrennung. Besonders die letztgenannte Anwendung hat das Drehrohr in neuerer Zeit wieder interessant gemacht. Durch die Möglichkeit, die Gasströmung und den Feststofftransport im Gleich- oder Gegenstrom zu führen, kann der axiale Guttemperaturverlauf den jeweiligen Erfordernissen angepaßt werden (vgl. Bild 2.3.4). Beim Feststofftransport ist es wichtig, zwischen rieselförmigem und ansetzendem Gut zu unterscheiden. Im ersten Fall, z.B. bei der Zementherstellung (Bild 2.3.5) wird das Gut ständig umgewälzt, die Feststoffoberfläche damit ständig ausgetauscht. Bei ansetzenden Stoffen (Kunststoffabfälle) bildet sich ein gleichmäßiger Schlackepelz aus, wobei die Oberfläche praktisch nie "erneuert" wird.

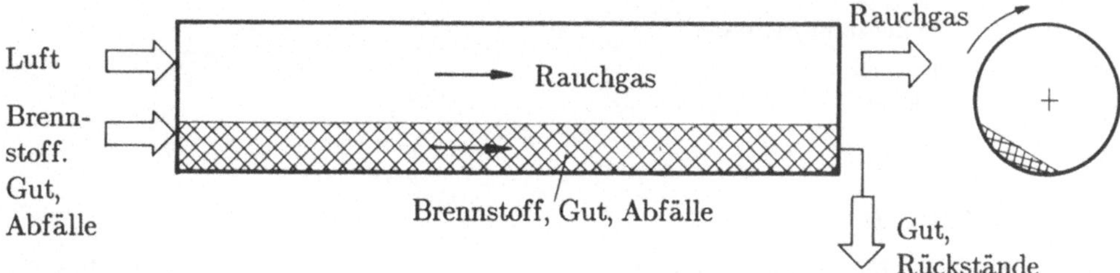

Bild 2.3.4: Schema eines Drehrohrofens (Gut und Rauchgase im Gleichstrom)

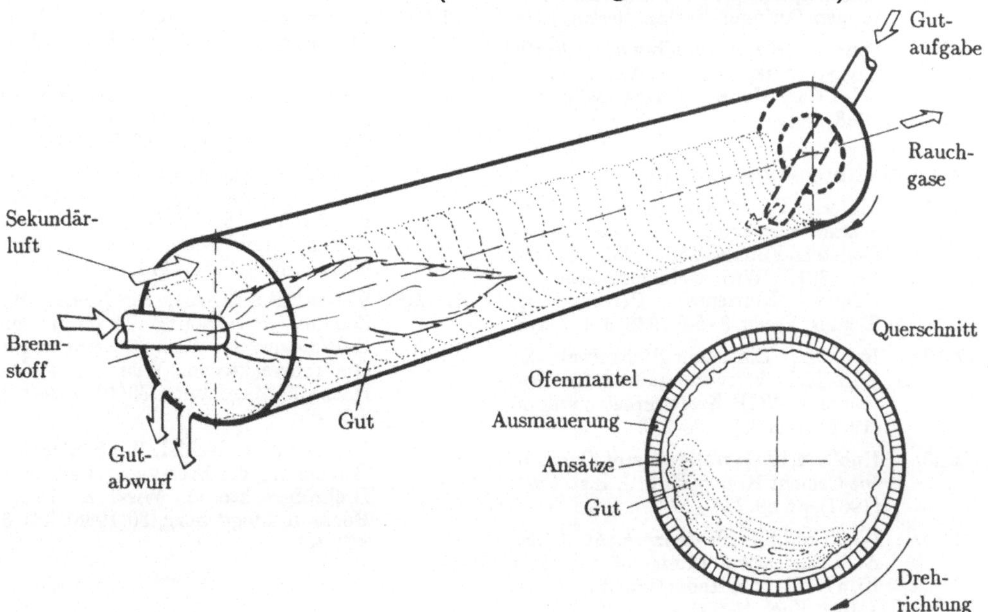

Bild 2.3.5: Drehrohr zur Zementherstellung (Gut und Flamme im Gegenstrom, nach /2.3.6/)

o   Formelverzeichnis

(Kapitelspezifische Formelzeichen;   eine Zusammenstellung übergeordnet gültiger Formelzeichen und Kennzahlen ist in Anhang 6 angeführt;   [*] Dimension hängt von der jeweiligen Verwendung ab)

Symbol	Bedeutung	Dimension
u	Geschwindigkeit	m/s
Δp	Druckverlust	Pa
α	Wärmeübergangskoeffizient	$kW/(m^2 \cdot K)$

Indizes tief

Symbol	Bedeutung
L	im Lockerungszustand
max	maximal
S	Schicht

o   Literatur

/2.2.1/   Brunklaus, Industrieofenbau, Vulkan-Verlag, Essen, 1962

/2.2.2/   Günther, R.: Verbrennung und Feuerungen. Springer-Verlag, Berlin, 1984

/2.2.3/   Spur, G. (Hrsg): Handbuch der Fertigungstechnik, Band 4/2: Wärmebehandeln. Carl Hanser Verlag, München, 1988

Feststoffverbrennungssysteme

/2.3.1/   Molerus, O.: Strömungsmechanik und Wärmeübertragung bei der Gas-/Feststoff-Fluidisation. VDI Berichte Nr. 601, 'Wirbelschichtfeuerung - Bilanz - Konzepte - Perspektiven', Tagung, Essen, 3.-5.6.1986, S. 457-473

/2.3.2/   Reh, L.: Einsatzmöglichkeiten der Wirbelschichtfeuerung als Kraftwerksfeuerung. VGB Kraftwerkstechnik 56 (1976) Heft 8, S. 509-518

/2.3.3/   Ruhland, W.: Investigation of Flames in the Cement Rotary Kiln. J. Inst. Fuel, (1967), pp 69-75

/2.3.4/   Wingfield, S.L.; Prothero, A.; Auld, J.B.: A Mathematical Model of a Rotary Kiln for Partial Reduction of Iron Ore. J. Inst. Fuel, (1974), pp 64-72

/2.3.5/   Moles, F.D.; Watson, D.; Lain, P.B.: The Aerodynamics of the Rotary Cement Kiln. J. Inst. Fuel, (1973), pp 353-362

/2.3.6/   Pearce, K.W.: A Heat Transfer Model for a Rotary Kiln. J. Inst. Fuel, (1973), pp 363-371

/2.3.7/   Steinbach, V.: Ein mathematisches Modell eines Rohrkühlers. Zement-Kalk-Gips. 40(1987)Nr.9, S. 458-462

/2.3.8/   Strauß, F.; Steinbeiß, E.; Wolter, A.: Messungen der Verweilzeiten in Zementbrennanlagen mit Hilfe von Radionukliden. Zement-Kalk-Gips. 40(1987)Nr.9, S.441-446

/2.3.9/   Sontag, R.; Lorenz, R.; Neidel, W.: Zonales Berechnungsverfahren zur Bestimmung der Wärmeübertragung in Drehrohrreaktoren. Wiss. Z. Techn. Hochsch. Magdeburg, 30(1986)Heft 6, S.60-65

/2.3.10/ Mellmann, J.; Neidel, W.; Sontag, R.: Berechnung der Feststoffverweilzeit in Drehrohrreaktoren. Wiss. Z. Techn. Hochsch. Magdeburg, 30(1986)Heft 6, S.78-83

Kapitel 3 :

KENNGRÖSSEN TECHNISCHER VERBRENNUNGSEINRICHTUNGEN

3.1 Charakterisierungsgrundlagen

3.1.1 Strömungstechnische Charakterisierung

Eine grundlegende Unterteilung des Strömungszustandes erfolgt in laminare und turbulente Strömung. Bei technischen Verbrennungssystemen kann davon ausgegangen werden, daß es sich sowohl innerhalb der Flamme als auch im gesamten Feuerraum um eine turbulente Strömung handelt. Von der Turbulenzintensität und -verteilung wird eine Reihe von verbrennungstechnisch wichtigen Punkten berührt. Zu nennen sind hier beispielhaft:

- die globale Strömungsform,
- das Mischverhalten zwischen Brennstoff und Verbrennungsluft,
- das Einmischverhalten von zusätzlichen Strahlen (z.B. zur Eindüsung von NO_x-Reduktionsmitteln),
- lokale Verbrennungsbedingungen,
- Wärme- und Stoffübertragungsvorgänge ganz allgemein oder
- Ablagerungen von oder Abrasion durch Partikel.

Bei der Turbulenzgenerierung und -umverteilung kann der Verbrennungsraum in drei Hauptbereiche unterteilt werden (Beér /3.1.1/):

32

- Strömung im Brenner- oder Düsennahbereich bzw. in der Flamme oder dem Strahl. Turbulenz wird hier durch Scherströmungen erzeugt, die durch große Geschwindigkeitsgradienten hervorgerufen werden.
- Strömung außerhalb der Flamme im eigentlichen Feuerraum. Hier wird die Strömung durch erzwungene und freie Konvektion dominiert.
- Strömung in Wandnähe, wo sich eine Strömungsgrenzschicht einstellt und zusätzliche Effekte durch die Wandkühlung auftreten.

Durch den Brenner tritt das Primärluftgemisch mit Geschwindigkeiten um 20 m/s bei einer Temperatur von 70-100 °C, das Sekundärluftgemisch mit 40-80 m/s und Vorwärmtemperaturen von bis zu 250 (300) °C ein. Hierbei wird eine intensive Vermischung zwischen Brennstoff und Verbrennungsluft herbeigeführt.

Bei partikelbeladenen Strömungen (Kohlenstaub) muß die Geschwindigkeit im Feuerraum groß genug sein, um die Brennstoffteilchen mit sich zu führen, d.h. Schlepp- und Auftriebskräfte müssen größer als die Gewichtskraft sein (vertikale Strömungen). Zwischen der Gasphase und den Partikeln stellt sich eine Relativgeschwindigkeit (Schlupfgeschwindigkeit)

$$\Delta u = u_G - u_P \tag{3.1.1}$$

ein.

Bei zu großen absoluten Geschwindigkeiten nimmt jedoch die Erosion und Abrasion an den Feuerraumwänden und den Einbauten (konvektive Heizflächen) zu. Ebenso steigt der Druckverlust bei der Durchströmung des Feuerraums an, wodurch die notwendige Antriebsleistung des Frischluftgebläses vergrößert wird.

Allgemein läßt sich der Druckabfall als Funktion des Widerstandsbeiwerts ξ, des Staudrucks $\rho u^2/2$ und des Verhältnisses von hydraulischem Durchmesser und Feuerraumhöhe (Ofenlänge oder charakteristischer Abmessung) d_h/H angeben (/3.1.2/):

$$\Delta p = \xi \cdot d_h/H \cdot \rho u^2/2 \tag{3.1.2}$$

Allgemeine Beziehung für den Druckverlust

Abhängig davon um welchen Strömungszustand es sich handelt und wieviel und welche Phasen daran beteiligt sind, können Korrelationen für ξ angegeben werden. Für verschiedene Feuerungssysteme sind solche Ansätze in den folgenden Kapiteln angeführt.

Die Charakterisierung des Strömungszustandes erfolgt über die Angabe der Reynoldszahl Re:

$$Re = \frac{u_G \cdot d_h}{\nu} = \frac{\rho \cdot u_G \cdot d_h}{\mu} \ . \tag{3.1.3}$$

Die Verhältnisse am Öltröpfchen oder Kohlepartikel selbst werden durch die Partikel-Reynolds-Zahl Re_P beschrieben, in die die Relativgeschwindigkeit zwischen Partikel- und Gasphase und der Partikeldurchmesser als charakteristische Abmessungen eingehen:

$$Re_P = \frac{\Delta u \cdot d_P}{\nu} = \frac{\rho \cdot \Delta u \cdot d_P}{\mu} \quad . \tag{3.1.4}$$

Für auftriebsdominierte Systeme spielen die Partikel-Froude-Zahl Fr_P:

$$Fr_P = \frac{u_G^2}{d_P \cdot g} \tag{3.1.5}$$

und das Dichteverhältnis zwischen Gas- und Partikelphase ρ_G/ρ_P noch eine Rolle (z.B. Wirbelschichtfeuerungen).

Durch die Strömur.zsgeschwindigkeit bzw. den Volumendurchsatz durch den Verbrennungsraum ist die mittlere Aufenthaltszeit in diesem bestimmt. Wenn mit V_{BFE} das durchströmte Feuerraumvolumen (Brenner bis Feuerraumende) und mit $\dot{V}_{RG}$ der Volumendurchsatz an Rauchgasen bezeichnet wird, dann ergibt sich der triviale Zusammenhang für die mittlere Verweilzeit $\tau_{RG,VZ}$ der Rauchgase:

$$\tau_{RG,VZ} = V_{BFE}/\dot{V}_{RG} \quad . \tag{3.1.6}$$

Mit dieser Abschätzung kann auf den globalen Ausbrand rückgeschlossen werden. Die lokalen Verhältnisse bestimmen jedoch das augenblickliche Abbrandverhalten, wobei hier hauptsächlich ein mischungskontrollierter Vorgang vorliegt. Natürlich ist die tatsächliche Aufenthaltszeit stark vom Partikeldurchmesser abhängig. Für einen kleinen Flammen- oder Feuerraumbereich (Volumenelement) kann darüber hinaus gezeigt werden, daß die mittlere Aufenthaltszeit dort nicht mit der mittleren Austauschzeit des Inhaltes übereinstimmt (/3.1.3/). Dies motiviert unter anderem die differentielle Beschreibung der Geschwindigkeitskomponenten und anderer Zustandsgrößen.

Die Art des Feststofftransportes und die absolute Korngröße des Brennstoffs (Ausmahlung) bestimmen die notwendige Verweilzeit im Verbrennungsraum. Je gröber die Ausmahlung, desto länger die Ausbrandzeit. Die Abhängigkeit der Feststoffverweilzeit $\tau_{P,VZ}$ als Funktion des Partikeldurchmessers d_P ist in Bild 3.1.1 zu erkennen. Hierin sind typische "Arbeitsbereiche" technischer Verbrennungssysteme eingetragen. Die entsprechenden typischen Aufenthaltszeiten finden sich in tabellarischer Form in den folgenden Kapiteln wieder.

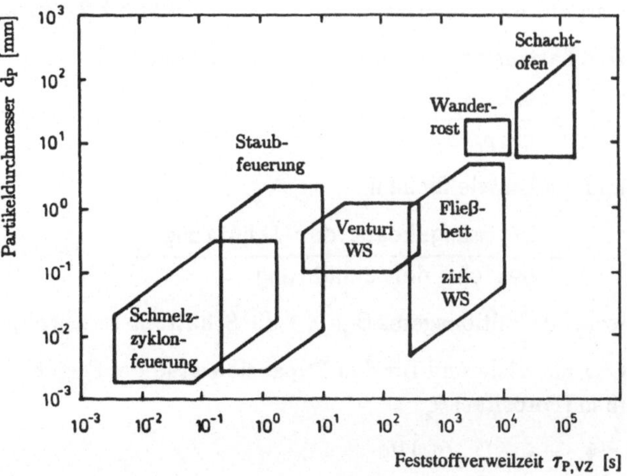

Bild 3.1.1: Typische Partikeldurchmesser und -verweilzeiten für verschiedene Verbrennungssysteme (/3.3.11/)

Da die Systeme Rost-, Wirbelschicht-
und Staubfeuerung von besonderer
Bedeutung sind, soll abschließend
noch eine strömungstechnische Abgrenzung dieser drei angeführt werden. Dies läßt sich sehr anschaulich
an dem von Reh (/3.1.4/) entwickelten
Zustandsdiagramm durchführen (Bild
3.1.2). Zusätzlich zu den strömungsmechanischen Ähnlichkeitszahlen
Re_P (Gl. 3.1.4) und Fr_P (Gl. 3.1.5)
werden hierzu noch der Kehrwert des
Widerstandsbeiwertes $1/c_w$ eines Teilchens:

$$\frac{1}{c_w} = \frac{3}{4}\,Fr_P\,\frac{\rho_G}{\rho_P-\rho_G} \qquad (3.1.7)$$

als Maß für die am Teilchen angrei-
fende Widerstandskraft und die Parti-
kel-Archimedes-Zahl Ar_P:

$$Ar_P = \frac{g d_P^3}{\nu^2}\,\frac{\rho_G}{\rho_P-\rho_G} \qquad (3.1.8)$$

als Maß für die Größen-/Massen-
Verhältnisse benötigt.

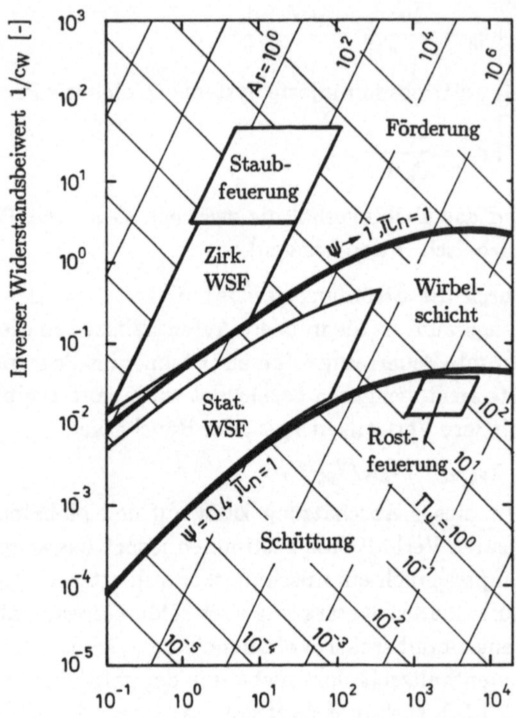

Bild 3.1.2: Zustandsdiagramm nach Reh (/3.1.4/)

Den Lastzustand beschreibt die Geschwindigkeits-Kennzahl Π_u:

$$\Pi_u = \frac{u_G^3}{g\nu}\,\frac{\rho_G}{\rho_P-\rho_G} \qquad (3.1.9)$$

und die Lastvielfache Π_n

$$\Pi_n = \frac{\text{Strömungskraft der Schüttung}}{\text{Gewicht der Schüttung}}\,. \qquad (3.1.10)$$

wobei definitionsgemäß $\Pi_n < 1$ die Schüttung beschreibt ($u_G < u_L$).

Charakterisierend für den Expansionsgrad der Schicht ist das relative Zwischenraumvolu-
men (Porosität) Ψ_z:

$$\Psi_z = \Psi_{z,o}(u_G/u_A)^{1/m} \qquad (3.1.11)$$

mit:

$$m = \ln(Re_L/Re_A)/\Psi_L \,, \qquad (3.1.12)$$

das über die obigen Beziehungen mit den Verhältnissen im Lockerungszustand korreliert werden kann (/3.1.5/, /3.1.6/).

Über den Parameter Porosität Ψ kann nun in Schüttung, Wirbelschicht und Förderung unterteilt werden (Bild 3.1.2). Die Rostfeuerung als Vertreter einer Verbrennung in der Schüttung (ruhende Verbrennung) ist hierbei bei $Ar_p \approx 10^6$ und $\Pi_u \approx 10^1$ -10^3 angesiedelt. Die stationäre Wirbelschichtfeuerung liegt bei $Ar_p \approx 1 - 10^6$, während die zirkulierende Wirbelschicht- und die Staubfeuerung $Ar_p \approx 1 - 100$ aufweisen. Die Porosität Ψ nimmt von der stationären über die zirkulierende zur Staubfeuerung kontinuierlich zu, die Systeme sind zunehmend verdünnt, was auch auf die volumenspezifische Verbrennungsdichte Einfluß hat.

3.1.2 Wärmetechnische Charakterisierung

Die wärmetechnische Auslegung einer Feuerung bedarf der Kenntnis der Verbrennungstemperatur, der Feuerraumaustrittstemperatur und der Wärmebelastung der Umfassungswände. Für die Gewährleistung einer stabilen Verbrennung und die Kontrolle der Schadstoffentstehung sind volumenspezifische Belastungskenngrößen gebräuchlich.

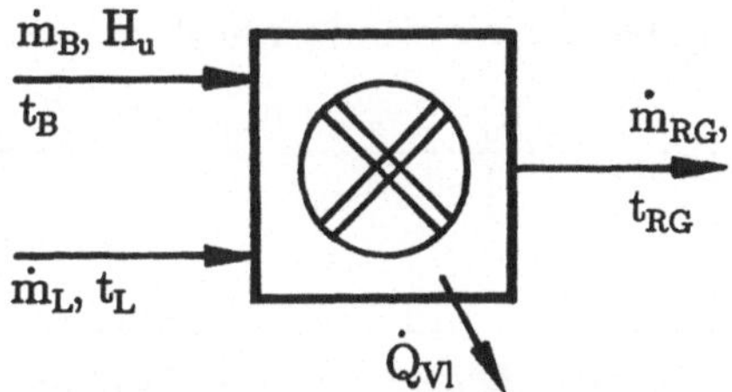

Bild 3.1.3: Schematisierte Feuerung

Zur Herleitung der Beziehungen für die Verbrennungs- bzw. Feuerraumaustrittstemperatur wird eine schematisierte Feuerung (Bild 3.1.3) herangezogen. Daran läßt sich eine Energiebilanz aufstellen, die auf der linken Seite die mit dem Brennstoffmassenstrom $\dot{m}_B$ (Term I) und die mit dem Luftmassenstrom $\dot{m}_L$ (Term II) verbundene Energiezufuhr mit der **Abgabe** (rechte Seite) in Form von fühlbarer Wärme über die Rauchgase (Term III) und über Verluste (Term IV) verknüpft. Verluste können hierbei ungewollte Wandverluste (z.B. bei einem Heißgaserzeuger) oder die gewollte Wärmeabfuhr über Verdampferrohrwände oder konvektive Heizflächen (Dampferzeuger) sein:

$$\dot{m}_B(H_u + \bar{c}_{p,B}t_B) + \dot{m}_L\bar{c}_{p,L}t_L = \dot{m}_{RG}\bar{c}_{p,RG}t_{RG} + \dot{Q}_{Vl} \quad . \tag{3.1.13}$$

$$\text{I} \qquad\qquad \text{II} \qquad\quad \text{III} \qquad \text{IV}$$

Führt man die Gesamtmassenbilanz $\dot{m}_B + \dot{m}_L = \dot{m}_{RG}$ ein und berücksichtigt den Zusammenhang $\dot{m}_L = \dot{m}_B\, n\, L_o$, der sich aus der Verbrennungsrechnung ergibt, dann kann für die Feuerraumaustrittstemperatur der Rauchgase die folgende Beziehung angegeben werden:

$$t_{RG} = \frac{H_u + \bar{c}_{p,B}t_B + nL_o\bar{c}_{p,L}t_L}{(1+nL_o)\bar{c}_{p,RG}} - \frac{\dot{Q}_{Vl}}{\dot{m}_B(1+nL_o)\bar{c}_{p,RG}} \quad . \tag{3.1.14}$$

Bei adiabaten Verhältnissen (ideale Isolation, $\dot{Q}_{Vl} = 0$) ergibt sich die maximal erreichbare Verbrennungstemperatur, die adiabate Verbrennungstemperatur t_{ad}, die gleichzeitig identisch mit der Abgastemperatur ist:

$$t_{RG} = \frac{H_u + \bar{c}_{p,B}t_B + nL_o\bar{c}_{p,L}t_L}{(1+nL_o)\bar{c}_{p,RG}} = t_{ad} \quad . \tag{3.1.15}$$

Typische Werte für verschiedene Brennstoffe sind Tabelle 3.1.1 zu entnehmen. Dabei wurde von einem Luftsauerstoffgehalt von 21 % und keiner Luftvorwärmung ausgegangen. Durch Sauerstoffanreicherung und Luftvorwärmung werden die Werte höher liegen.

Für hohe Temperaturen sind noch Dissoziationseffekte zu berücksichtigen, die dazu führen, daß die tatsächliche Verbrennungstemperatur niedriger liegt:

$$t_{RG,diss} = \frac{H_u + \bar{c}_{p,B}t_B + nL_o\bar{c}_{p,L}t_L - \dot{Q}_{diss}}{(1+nL_o)\bar{c}_{p,RG}} \tag{3.1.16}$$

Berücksichtigt wird dies meist über einen rechnerisch erhöhten Zahlenwert für die integrale spezifische Wärmekapazität $\bar{c}_{p,RG}$. Näherungsweise gilt hierfür:

Brennstoff	H_u [kJ/kg]	t_{ad} [°C]
Feste Brennstoffe	10.000	1625
	20.000	1900
	30.000	2100
	40.000	2100
Flüssige Brennstoffe	40.000	2100
Gasförmige Brennst.	10.000	2100
	20.000	2300
	30.000	2400
	40.000	2400

Tabelle 3.1.1: Adiabate Verbrennungstemperaturen für verschiedene Brennstoffe (/3.1.9/)

$$\bar{c}_{p,RG,diss} = \begin{cases} \bar{c}_{p,RG} & t<1500°C \\[2mm] \bar{c}_{p,RG}\left[1 + \dfrac{0,15}{2200^2-1500^2}\,(t^2-1500^2)\right] & t>1500°C \end{cases} \quad . \tag{3.1.17}$$

Diese Näherung bringt zum Ausdruck, daß bei 1500 °C praktisch keine Dissoziation der Rauchgasbestandteile vorliegt, bei 2200 °C aber 15 %.

Nach dieser Grenzwertbetrachtung seien die Verhältnisse an einer realen Feuerung angeführt. Mit steigender Temperatur im Verbrennungsraum wird, abhängig vom eingesetzten Brennstoff, die Temperatur t die Zündtemperatur $t_{Zünd}$ erreichen. Ab diesem Zeitpunkt wird mehr Energie freigesetzt als verbraucht und die Temperatur steigt an. Durch diese einsetzenden Verbrennungsreaktionen wird ein Energiestrom $Q_{Reaktion}$ freigesetzt, der sich aus der Reaktionsgeschwindigkeitskonstante k mal der Reaktionsenthalpie ΔH_R ergibt:

$$\dot{Q}_{Zu} = \dot{Q}_{Reaktion} \sim k \,\Delta H_R \quad . \tag{3.1.18}$$

Mit steigender Temperatur steigt aber auch der über die Feuerungswände abgegebene Wärmestrom durch Konvektion und Strahlungswärmeaustausch:

$$\dot{Q}_{Ab} = \dot{Q}_{Abfuhr} \sim \alpha(T-T_W) + \sigma\epsilon(T^4-T_W^4) \quad . \tag{3.1.19}$$

Ein stationärer Verbrennungszustand stellt sich bei der Temperatur t_{Verb} ein, bei der Wärmefreisetzung und -abfuhr im Gleichgewicht sind.

$$\dot{Q}_{Zu} = |\dot{Q}_{Ab}| \quad . \tag{3.1.20}$$

In Bild 3.1.4 sind beide Kurvenverläufe schematisch dargestellt. Es ergeben sich prinzipiell zwei Gleichgewichtszustände, wobei nur der obere stabil ist. Im unteren theoretischen Gleichgewichtszustand ist die Zündtemperatur noch nicht erreicht und damit erhält sich die Reaktion nicht selbständig aufrecht, sondern wäre auf eine permanente externe Energiezufuhr angewiesen. Aus Gl. (3.1.19) wird ersichtlich, daß zur indirekten wärmetechnischen Charakterisierung auch die Wärmeübertragungskoeffizienten herangezogen werden können. Hierbei ist zwischen dem Wärmeübergang zwischen der Rauchgassuspension und den Feuerraumwänden und einem solchen zu den konvektiven Heizflächen (Tauchheizflächen bei Wirbelschichten) zu unterscheiden. Auch bei dieser Betrachtungsweise ist die Verbrennungstemperatur identisch mit der Abgastemperatur.

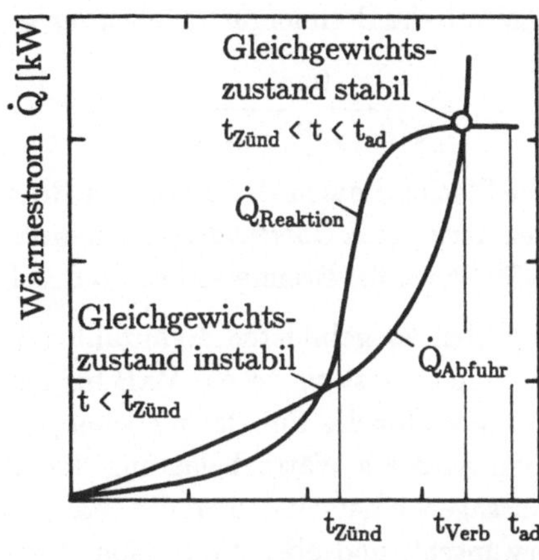

Bild 3.1.4: Thermisches Gleichgewicht bei realen Verbrennungsprozessen

Zur weiteren Charakterisierung dienen noch flächen- und volumenspezifische Kenngrößen. Bezeichnet man mit $\dot{Q}_F$ den thermischen "Input" in die Feuerung (Term I + II in Gl. 3.1.13) und verwendet die Abmessungsbezeichnungen für eine Großkesselfeuerung (Bild 3.1.5), dann können eine Reihe von Größen in der folgenden Form angegeben werden:

Thermische Volumenbelastung $\dot{q}_V$:

$$\dot{q}_V = \frac{\dot{Q}_F}{B \cdot T \cdot (H - 0,5 H_T)} \tag{3.1.21}$$

Thermische Querschnittsbelastung $\dot{q}_A$:

$$\dot{q}_A = \frac{\dot{Q}_F}{B \cdot T} \tag{3.1.22}$$

Thermische Oberflächenbelastung $\dot{q}_0$:

$$\dot{q}_0 = \frac{\dot{Q}_F}{2(B+T) \cdot (H - H_T) + B \cdot H_T + T \cdot H_T \cdot 2,8} \tag{3.1.23}$$

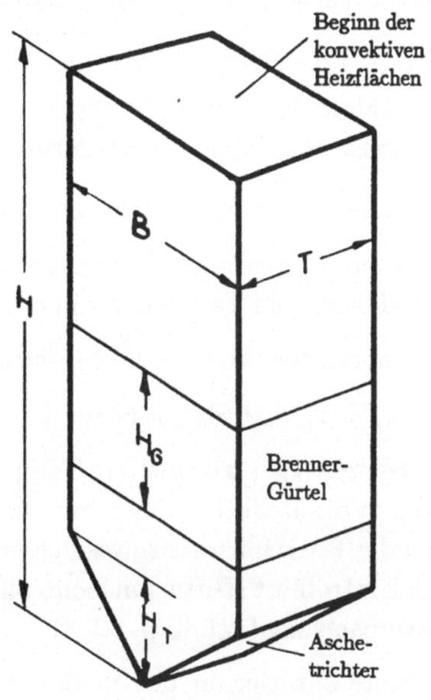

Bild 3.1.5: Abmessungsbezeichnungen für eine Großkesselfeuerung

38

Thermische Brennergürtelbelastung $\dot{q}_{BG}$:

$$\dot{q}_{BG} = \frac{\dot{Q}_F}{2(B+T) \cdot H_G - \Sigma A_{Br}} \quad .$$ (3.1.24)

Die Fläche, die sich als Summe der Brennermundquerschnittsflächen ΣA_{Br} ergibt, ist von der beaufschlagten Oberfläche abzuziehen, da sie im Betrieb durch die Primär- und Sekundärluftströme, bei Brennerstillstand durch die Sperrluft, gekühlt wird.

Aus den so gebildeten Kennzahlen lassen sich eine Reihe von Aussagen treffen: Die Volumenbelastung ist ein Maß für die Verbrennungsintensität, die Oberflächenbelastung ein Maß für die Heizflächenbeanspruchung. Die thermische Brennergürtelbelastung, die man auch als Wärmebelastung der aktiven Verbrennungszone bezeichnen kann, liefert Aussagen einerseits über die Stabilität der Verbrennung (möglichst hoher Zahlenwert erwünscht) und über die Schadstoffentstehung, soweit sie thermisch beeinflußt ist (z.B. thermische NO-Bildung). Hierfür sollte der Wert möglichst gering sein. Zahlenwerte für die Kennwerte sind in den Kapiteln 3.2 und 3.3 für den jeweiligen Feuerungstyp bzw. Brennstoff angegeben.

3.1.3 Reaktionstechnische Charakterisierung

Bedingung für den vollständigen Ausbrand von flüssigen und festen Brennstoffpartikeln ist, daß die Verweilzeit τ_{VZ} des Partikels größer ist als dessen Abbrandzeit τ_{AZ}:

$$\tau_{VZ} \geq \tau_{AZ} \quad .$$ (3.1.25)

Die Abbrandzeit von Öltröpfchen kann näherungsweise mit der Verdampfungszeit gleichgesetzt werden, die wiederum nach der Beziehung (/3.1.7/):

$$\tau_{\ddot{O},AZ} = 300 \cdot M \cdot d_{P,o}^2 / (p_{O_2} \cdot T^{1,75})$$ (3.1.26)

bestimmt werden kann (M ist das mittlere Molekulargewicht des Brennstoffs, p_{O_2} und T sind Partialdruck und Temperatur in der Flammenwurzel).

Die Abbrandzeit von Kohle läßt sich nach Field (/3.1.8/) abschätzen:

$$\tau_{K,AZ} = \nu_{O_2} \cdot \rho_C^M \cdot d_{P,o} / (2 \cdot \nu_C \cdot k_{eff} \cdot c_{O_2}) \quad .$$ (3.1.27)

Hierbei tritt $T_{GS,m}$ als mittlere Temperatur in der Grenzschicht um das Partikel (in k_{eff}) auf, wodurch die Reaktionrate $\dot{r}$ von den lokalen Verhältnissen am Einzelkorn abhängt. Dabei kann die Reaktionsrate sowohl chemisch kontrolliert (Reaktionskinetik) als auch physikalisch kontrolliert (Diffusionskontrolle) sein. ν sind die stöchiometrischen Koeffizienten der Koksumsetzung (vgl. Kap. 8.5.3).

Die erste Limitierung der Reaktionsrate $\dot{r}^{ch}$ ist durch den Temperaturverlauf entlang der Brennstoffpartikel-Flugbahn bestimmt und läßt sich damit über ein Linienintegral beschreiben ($P_{T(x_j)}$ ist die Wahrscheinlichkeitsdichtefunktion für die Temperatur entlang der Flugbahn beschrieben über die Koordinate x_j):

$$\dot{r}^{ch} = \oint k(T) \cdot P_T(x_j) \cdot dx_j \quad . \tag{3.1.28}$$

Eine Diffusionskontrolle ergibt sich durch Diffusionsvorgänge in der Partikelgrenzschicht. Die Grenzschichtdicke und -form ist unter anderem von den Anströmbedingungen des Korns und damit vom Verlauf der Relativgeschwindigkeit Partikelphase - Gasphase abhängig. Es ergibt sich wiederum ein Linienintegral der Form für $\dot{r}^{ph}$:

$$\dot{r}^{ph} = \oint k(D) \cdot P_D(x_j) \cdot dx_j \quad . \tag{3.1.29}$$

Schon aus diesen wenigen Ausführungen wird deutlich, daß eine Beschreibung des Reaktionsablaufs über einfache Kennzahlen praktisch nicht möglich ist. Daher werden meist thermische Kennzahlen verwendet und zusätzlich globale Brennstoffeigenschaften berücksichtigt. Diese Vorgehensweise bedarf jedoch praktischer Erfahrung, da die Brennstoffeigenschaften und damit das Abbrandverhalten nicht über wenige Kennzahlen zu beschreiben sind.

3.2 Feuerungen für gasförmige und flüssige Brennstoffe

Unter dem Gesichtspunkt einer homogenen Verbrennung (Brennstoff und Oxidationsmittel liegen beide in der gasförmigen Phase vor) lassen sich die Gas- und Ölverbrennung zusammenfassen, wenn man von dem örtlich kleinen Bereich der Ölzerstäubung und Tröpfchenverdampfung absieht. Da beide Brennstoffe unter Bedingungen, die der Kohlenstaubfeuerung ähnlich sind, verbrannt werden, sollen hier nur charakteristische Größen für Feuerungen im Kraftwerksbereich angeführt werden (Tab. 3.2.1 und 3.2.2). Kennzahlen lassen sich hierbei meist aus einer Grenzwertbetrachtung (Partikelkonzentration geht gegen null) oder starken Vereinfachungen von Kennzahlen der Staubfeuerung ableiten.

Brennkammern für gasförmige Brennstoffe (Erdgas) im Kraftwerksbereich		
Charakteristische Größe	**Zahlenwert**	**[Dimension]**
Verbrennungstemperatur:	1100-1400	[°C]
Feuerraumendtemperatur:	1000-1100	[°C]
Gasgeschwindigkeit im Feuerraum:	5-10	[m/s]
Verweilzeit der Gase im Feuerraum:	1-3	[s]
Luftzahl:	1,05-1,1	[-]
Thermische Volumenbelastung:	0,25-0,35	[MW/m^3]
Thermische Querschnittsbelastung:	5-8	[MW/m^2]

Tab.: 3.2.1: Charakteristische Größen für gasbefeuerte Brennkammern

Brennkammern für flüssige Brennstoffe (Heizöl EL und S) im Kraftwerksbereich		
Charakteristische Größe	Zahlenwert	[Dimension]
Verbrennungstemperatur:	1100-1400	[°C]
Feuerraumendtemperatur:	1000-1100	[°C]
Gasgeschwindigkeit im Feuerraum:	5-10	[m/s]
Verweilzeit der Gase im Feuerraum:	1-3	[s]
Luftzahl:	1,05-1,2	[-]
Thermische Volumenbelastung:	0,25-0,35	[MW/m^3]
Thermische Querschnittsbelastung:	5-8	[MW/m^2]

Tab. 3.2.2: Charakteristische Größen für ölbefeuerte Brennkammern

3.3 Feuerungen für feste Brennstoffe

3.3.1 Allgemeine Kennzeichnung der Systeme

Ein fester Brennstoff kann in verschiedenen Feuerungstypen verfeuert werden. Dabei kann eine Unterscheidung danach erfolgen, ob die Brennstoffpartikel in Ruhe, heftig bewegt aber mit kleiner mittlerer Axialgeschwindigkeit oder im Flug bei großer axialer Geschwindigkeit verbrennen. Danach wird in:

- Rostfeuerung (Festschicht),
- Wirbelschichtfeuerung und
- Staubfeuerung (pneumatischer Transport)

unterschieden.

Die Abgrenzung zwischen der Festschicht und der Wirbelschicht erfolgt über die Lockerungsgeschwindigkeit, die zwischen Wirbelschicht und pneumatischem Transport über die Sinkgeschwindigkeit (Kap. 2.3.2).

3.3.2 Rostfeuerungen

Eine wichtige Größe für den Betrieb einer Rostfeuerung ist der Druckverlust der Brennstoffschicht, da er die notwendige Pressung des Frischluftgebläses bestimmt.

Führt man in Gl. 3.1.2 für den Widerstandsbeiwert ξ in der Festschicht den Ansatz:

$$\xi = c_{1,FS}/Re_P + c_{2,FS}/Re_P^m + c_{3,FS} \qquad (3.3.1)$$

ein, wobei der erste Term den laminaren, der zweite den turbulenten Anteil erfaßt. Mit dem Konstantensatz (Brauer /3.1.2/):

$$c_{1,FS} = 160 \quad , \quad c_{2,FS} = 3,1 \quad , \quad m = 0,1 \quad , \quad c_{3,FS} = 0 \tag{3.3.2}$$

ergibt sich die Beziehung:

$$\Delta p = 80 \, \frac{\eta}{d_P} \, u_G \, \frac{d_h}{H} + 1,55 \, \frac{\eta^{0,1} \cdot \rho^{0,9}}{d_P^{0,1}} \, u_G^{1,9} \, \frac{d_h}{H} \quad . \tag{3.3.3}$$

Bei laminarer Durchströmung dominiert der erste Term und es ergibt sich ein linearer Zusammenhang mit der Durchströmungsgeschwindigkeit; bei turbulenter Strömung überwiegt der zweite Term und man erhält eine nahezu quadratische Abhängigkeit.
Bei Rostfeuerung handelt es sich um eine laminare Durchströmung, wodurch sich der in Bild 2.3.3 eingetragene lineare Zusammenhang ergibt.

Ein auf experimentellen Untersuchungen basierender Ansatz von Ergun (/3.3.1/) bringt den Druckverlust in Beziehung zu der Porosität Ψ der Schicht:

$$\Delta p = z \left[c_{FS,1} \, f_V \, \frac{(1-\Psi)^2}{\Psi^3} \, \eta \, u + c_{FS,2} \, f_V \, \frac{(1-\Psi)}{\Psi^3} \, \rho_G \, u^2 \right] \quad . \tag{3.3.4}$$

Die Parameterwerte $c_{FS,1}$ und $c_{FS,2}$ können wie folgt angegeben werden:

$$c_{FS,1} = 150 \quad , \quad c_{FS,2} = 1,75 \quad . \tag{3.3.5}$$

f_V ist ein Formfaktor für die Partikelgestalt, der die Oberfläche aller Partikel des Kollektivs zum Volumen aller Partikel in Relation setzt. Dieser Wert muß i.a. experimentell bestimmt werden.

Der Ansatz hat auch Gültigkeit für Wirbelschichten und wird dort eine wichtige Rolle spielen.

Die formale Ähnlichkeit zwischen Gl. (3.3.3) und (3.3.4) ist offensichtlich und auch verständlich, da die Festschicht einen Grenzfall der Wirbelschicht mit kleinstmöglicher Porosität darstellt.

Die mittlere effektive Geschwindigkeit innerhalb der Schüttschicht ist abhängig von der Porosität und ergibt sich zu:

$$u_{eff} = u/\Psi \quad . \tag{3.3.6}$$

Beim Wärmeaustausch in einem Festbett sind konvektiver Transport, Strahlung und Leitung zwischen Partikel, Gas und Wand zu berücksichtigen

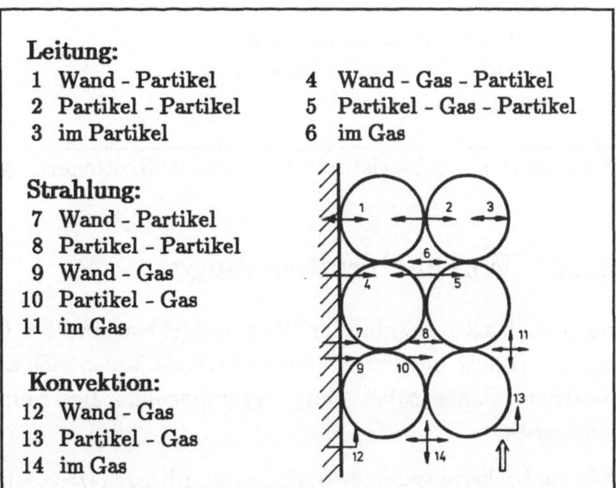

Bild 3.3.1: Mechanismen des Wärmetransportes in einer Festschicht (/3.3.2/)

(/3.3.2/), wodurch sich insgesamt 14 Übertragungsmöglichkeiten ergeben (Bild 3.3.1). Die Wandeinflüsse und damit die Wandwechselwirkungen können bei einem großen Rost vernachlässigt werden. Damit entfallen die Mechanismen 1, 4, 7, 8, 9, 10, 12, 13. Bei den Verhältnissen in der Schüttung der Rostfeuerung dominiert die konvektive Wärmeübertragung in Richtung des Luftdurchsatzes, nur in Querrichtung wird auch Wärmeleitung eine Rolle spielen.

Im Vergleich dazu kann die Strahlung vernachlässigt werden. Für den "inneren" Wärmeübertragungskoeffizienten gibt Schlünder (/3.3.3/) für lange Kontaktzeiten, d.h. voll ausgebildetes Temperaturprofil, den folgenden Zusammenhang an:

$$\alpha_{FS} = \pi^2 \, \lambda_{FS}/(2H) \quad . \tag{3.3.7}$$

Beim Stoffaustausch kann konvektiver und diffusiver Transport auftreten, wobei wiederum der konvektive Anteil dominiert.

Zur orientierenden Einordnung sind in Tabelle 3.3.1 charakteristische Größenordnungen für einige wichtige Auslegungsgrößen angegeben.

Rostfeuerungen

Charakteristische Größe	Zahlenwert	[Dimension]
Verbrennungstemperatur:	1100-1300	[°C]
Feuerraumendtemperatur:	1000-1100	[°C]
Gasgeschwindigkeit im Feuerraum:	4-9	[m/s]
Verweilzeit der Gase im Feuerraum:	1-3	[s]
Luftzahl:	1,3-2,5	[-]
Verweilzeit des Brennstoffs im Feuerraum:	1000-10000	[s]
Thermische Volumenbelastung:	0,15-0,35	[MW/m^3]
Thermische Querschnittsbelastung:	0,5-2,5	[MW/m^2]
Feuerungswirkungsgrad:	92-97	[%]

Tab. 3.3.1: Charakteristische Größen für Rostfeuerungen (/3.2.1/)

3.3.3 Wirbelschichtfeuerungen

Nach Bild 2.3.1 beginnt der Wirbelschichtzustand bei Überschreitung des Lockerungszustandes (Index L). Viele Betriebszustände lassen sich auf die Größen in diesem Zustand beziehen. Daher seien einige grundlegende Beziehungen für den Lockerungszustand angegeben:

Für die Lockerungsgeschwindigkeit u_L gilt nach (/3.3.4/):

$$u_L = \left[\frac{\mu}{d_P \rho_G}\right]\left\{\left[33,7^2 + \frac{0,0408 d_P^3 \rho_G(\rho_P - \rho_G)g}{\mu^2}\right]^{1/2} - 33,7\right\} \quad . \tag{3.3.8}$$

Werther (/3.3.5/) weist darauf hin, daß diese Korrelation mit einem mittleren relativen Fehler von max. 25 % behaftet ist und schlägt vor, die Lockerungsgeschwindigkeit u_L und die Lockerungsporosität ψ_L mit dem interessierenden Feststoff, Luft als Fluidisierungsmedium unter Umgebungsbedingungen zu bestimmen, daraus einen äquivalenten Korndurchmesser abzuleiten und mit diesem in eine Beziehung für u_L einzugehen. Die entsprechenden Beziehungen sind in /3.3.5/ angeführt.

Die Gleichung von Ergun (Gl. 3.3.4) läßt sich analog anwenden:

$$\Delta p = z \left[c_{WS,1} \; f_V \; \frac{(1-\psi)^2}{\psi^3} \; \eta \; u_L + c_{WS,2} \; f_V \; \frac{(1-\psi)}{\psi^3} \; \rho_G \; u_L^2 \right] \quad , \tag{3.3.9}$$

wobei hier die folgenden Parameterwerte einzusetzen sind:

$$c_{WS,1} = 4,17 \quad \text{und} \quad c_{WS,2} = 0,29 \quad . \tag{3.3.10}$$

Der Wert für f_V muß aus einer Messung bestimmt werden.

In diesem Kontext sei noch auf den Zusammenhang der beiden Größen Beladung β, die bei stark verdünnten Systemen Verwendung findet (Staubfeuerung), und Porosität ψ eingegangen. Die Beladung ist als Massenverhältnis zwischen Gas- und Partikelphase definiert:

$$\beta = m_P \; / \; m_G \quad , \tag{3.3.11}$$

während die Porosität als volumenspezifische Größe das Verhältnis zwischen Lückenvolumen und Gesamtvolumen angibt:

$$\psi = V_{Lücken} \; / \; V_{Gesamt} \quad . \tag{3.3.12}$$

Damit ergibt sich ein Zusammenhang der Form:

$$\psi = \frac{1}{1 + \beta \dfrac{\rho_G^M}{\rho_P^M}} \quad , \tag{3.3.13}$$

wobei M die Materialdichten im Gegensatz zu den Kontinuumsdichten (im Grenzfall die Schüttdichte) kennzeichnet.

Nach Überschreitung des Lockerungszustandes stellt sich eine stationäre Wirbelschicht ein, bei der der Partikelaustrag aus der Schicht, abgesehen von kleineren Anteilen, die aber sehr schnell wieder intern zurückgeführt werden (Splash-Zone), zu vernachlässigen ist. Bild 3.3.2 deutet den sehr einfachen Kesselaufbau mit Tauchheizflächen in der Wirbelschicht und konvektiven Heizflächen zum Kesselzug an. Ein Charakteristikum der stationären Wirbelschicht sind die niedrigen Verbrennungstemperaturen von 850 - 900 °C und die sehr gleichmäßige Temperaturverteilung in der Schicht, die kaum eine radiale und nur eine kleine axiale (Höhen-)Abhängigkeit aufweist. Wegen der guten Vermischung sind Feuerraumendtemperatur und Verbrennungstemperatur praktisch identisch. Die Temperaturen nach den konvektiven Heizflächen liegen bei ca. 300 - 350 °C. Mit dieser Temperatur gehen die Rauchgase in die nachgeschaltete Rauchgasreinigungsanlage.

Der größte Teil des Bettmaterials besteht aus inertem Material (Quarzsand, Asche), nur etwa 5 - 10 % sind Brennbares, so daß beim Anfahren mit Anfahrbrennern zunächst dieses Bettgut aufgeheizt werden muß, bevor eine Brennstoffaufgabe erfolgt. Die große Bettmasse hat eine hohe Speicherwirkung, wodurch zwar Heizwert-Schwankungen aufgefangen werden können, wodurch aber die Regelbarkeit des Systems erschwert wird (große Zeitkonstanten).

Charakteristische Werte für stationäre atmosphärische Wirbelschichtfeuerungen sind in Tab. 3.3.2 zusammengefaßt.

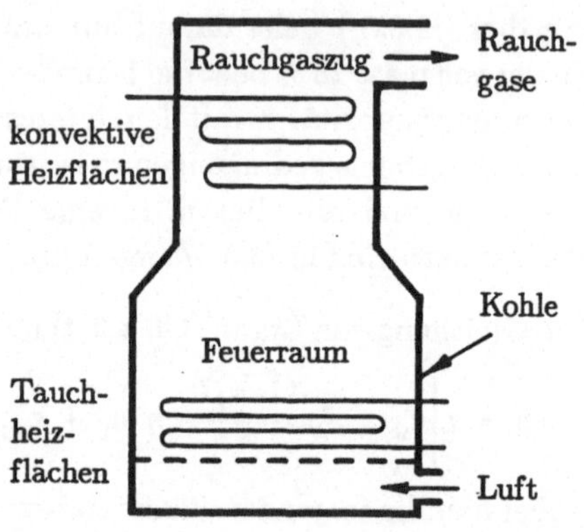

Bild 3.3.2: Stationäre atmosphärische Wirbelschichtfeuerung

Stationäre atmosphärische Wirbelschichtfeuerung		
Charakteristische Größe	**Zahlenwert**	**[Dimension]**
Verbrennungstemperatur:	750-1050	[°C]
gängiger Wert:	850-900	[°C]
Feuerraumendtemperatur:	750-1050	[°C]
Gasgeschwindigkeit im Feuerraum:	0,5-5	[m/s]
gängiger Wert:	1-2,5	[m/s]
Druck:	1	[bar]
Verweilzeit der Gase im Feuerraum:	1-3	[s]
Luftzahl:	1,2-1,4	[-]
Maximaler Aufgabekorndurchmesser:	10	[mm]
Mittlerer Korndurchmesser in der Schicht:	1-3	[mm]
Verweilzeit des Brennstoffs in der Wirbelschicht:	1000-10000	[s]
Verweilzeit des Brennstoffs im Freiraum:	2-5	[s]
Thermische Volumenbelastung:	2-5	[MW/m^3]
Thermische Querschnittsbelastung:	1-2	[MW/m^2]
Wärmeübergangskoeffizient zwischen		
Bett und Wand:	80-200	[W/(m^{2}K)]
Bett und Tauchheizflächen:	250-400	[W/(m^{2}K)]
Feuerungswirkungsgrad:	92-95	[%]

Tab. 3.3.2: Charakteristische Größen für stationäre atmosphärische Wirbelschichtfeuerungen (/3.1.4/,/3.3.22/,/3.3.10/)

Stationäre atmosphärische Wirbelschichtfeuerung			
Ort innerhalb der Feuerungsanlage (Örtliche Mittelwerte)	Feststoff- beladung [kg/kg]	Feststoff- konzentration $[kg/m_N^3]$	Temperatur [°C]
eigentliche Wirbelschicht	2500-3500	800-1000	850
Freiraum über Wirbelschicht	0,05-0,2	0,01-0,5	850
Nach den konvektiven Heizflächen	0,05-0,2	0,01-0,5	350

Tab. 3.3.3: Typische Feststoffbeladungen in einer stationären Wirbelschichtfeuerungen

Bei weiterer Steigerung des Luftdurchsatzes expandiert die Schicht mehr und mehr und es stellt sich ein Partikelaustrag ein. Diese Partikel müssen in einem nachgeschalteten Heißgaszyklon abgeschieden und rückgeführt werden (Bild 3.3.3). Bei einer typischen Verbrennungstemperatur von 850 - 900 °C in der Wirbelschicht weisen die Rauchgase nach dem Heißgaszyklon etwa dieselbe Temperatur auf und werden in einem Kesselzug mit konvektiven Heizflächen auf 350 °C abgekühlt. Bei diesem System findet die Hauptenergie-

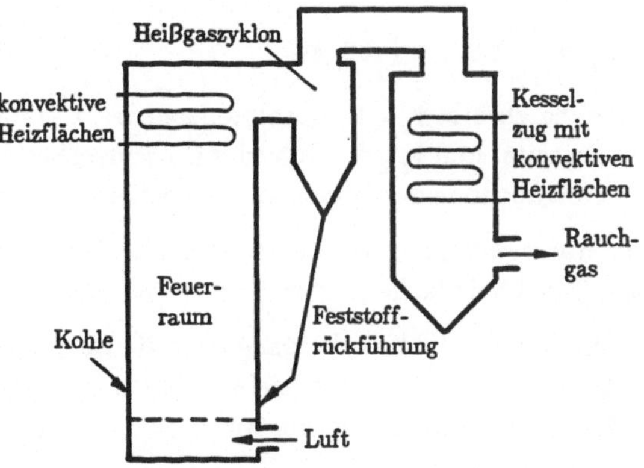

Bild 3.3.3: Zirkulierende atmosphärische Wirbelschichtfeuerung

extraktion im Kesselteil statt. Bei einer weiteren Variante wird in die Partikelrückführung aus dem Zyklon ein Aschekühler (ebenfalls als Wirbelbett) eingeführt, womit gleichzeitig eine Temperaturregelung der zirkulierenden Wirbelschicht verbunden werden kann.

Bei einer zirkulierenden Wirbelschicht ist die Verteilung der Porosität über der Reaktorhöhe ein sehr wichtiger Wert, da z.B. die Anwendbarkeit verschiedener Modellierungsansätze für die strömungsmechanische Beschreibung des Systems von der örtlichen Beladung abhängt. Mit den beiden Porositäten am Reaktorboden ψ_e und am Reaktorkopf ψ_a:

$$\psi_e = 0,756 \ f_\psi^{0,0741} \ , \tag{3.3.14}$$

$$\psi_a = 0,924 \ f_\psi^{0,0286} \ , \tag{3.3.15}$$

$$\Delta\psi_H = \psi_a - \psi_e \tag{3.3.16}$$

46

und der Funktion f_ψ:

$$f_\psi = \frac{18\ Re_P + 2{,}7\ Re_P^{1{,}687}}{Ar} \qquad (3.3.17)$$

ergibt sich die Höhenabhängigkeit der Porosität $\psi(z)$:

$$\psi(z) = \psi_e + \Delta\psi_H\ \frac{f_{\psi,z}}{1+f_{\psi,z}} \qquad (3.3.18)$$

mit der Funktion

$$f_{\psi,z} = \exp\ [(z_{\psi,1}-z)\ /\ z_{\psi,2}] \qquad (3.3.19)$$

und

$$z_{\psi,1} = H - 175{,}4\left[\frac{\rho_P}{\rho_P-\rho_G}\ \frac{1}{d_P g}\right]^{-1{,}922} u_P (u_G-u_P)^{-3{,}844} \qquad (3.3.20)$$

$$z_{\psi,2} = 500\ \exp(-69\ \Delta\psi_H)\ . \qquad (3.3.21)$$

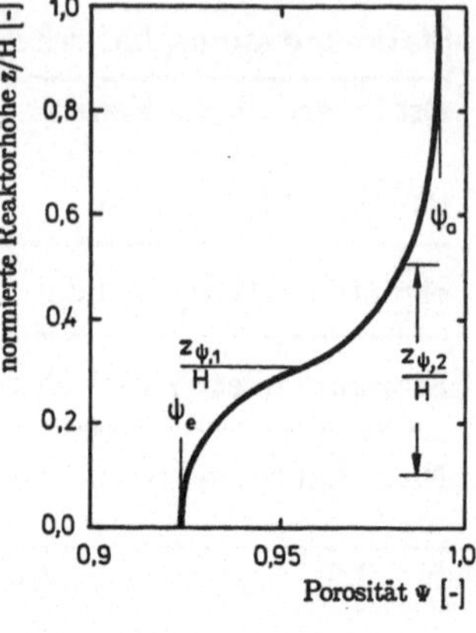

Bild 3.3.4: Verlauf der Porosität über der Reaktorhöhe (/3.3.19/)

Dabei beschreibt $\psi_{z,1}$ die absolute Lage des "Umschlages" der Porosität und $\psi_{z,2}$ die Höhe des Umschlagsbereiches (Bild 3.3.4). $\psi_{z,1}$ kann natürlich mit der Aufgabehöhe des Brennstoffs korreliert werden.

Der Wärmeübergangskoeffizient zwischen den Wirbelschichtmaterial und der Reaktorwand bzw. Tauchheizfläche setzt sich im wesentlichen aus drei Teilen zusammen:

- Anteil durch Wärmeübergang über die Gasphase α_G,
- Anteil durch Partikelwechselwirkungen mit der Wand α_P und
- Anteil durch Strahlungsaustausch α_{St},

womit sich für die Gesamtwärmeübergangskoeffizienten α_{WS} ergibt:

$$\alpha_{WS} = \alpha_G + \alpha_P + \alpha_{St}\ . \qquad (3.3.22)$$

Die einzelnen Anteile lassen sich wie folgt approximieren:

$$\alpha_G = 0{,}009\ \lambda_G\ Pr^{1/3}\ Ar^{1/2}\ /d_P\ . \qquad (3.3.23)$$

$$\alpha_P = (1-\psi)\ \lambda_G\ c_{\alpha,1}\ (1-\exp(-c_{\alpha,2}))\ , \qquad (3.3.24)$$

$$c_{\alpha,1} = \frac{1}{6}\ \frac{(\rho c_P)_P}{\lambda_G}\ \left[\frac{g d_P^3(\psi-\psi_L)}{5(1-\psi_L)(1-\psi)}\right]^{1/2}\ , \qquad (3.3.25)$$

$$c_{\alpha,2} = 0{,}385\ Nu_{WS}\ /\ c_{\alpha,1}\ , \qquad (3.3.26)$$

$$\alpha_{St} = 6{,}4\ 10^5\ \epsilon\ \sigma\ (T_W + T_{WS})\ (T_W^2 + T_{WS}^2)\ . \qquad (3.3.28)$$

Natürlich liegen den Beziehungen für α_P und α_{St} relativ weitreichende Annahmen zugrunde, aber mit den obigen Beziehungen lassen sich Größenordnungen und Anteile der einzelnen Übertragungsmechanismen angeben.

Zirkulierende atmosphärische Wirbelschichtfeuerung		
Charakteristische Größe	**Zahlenwert**	**[Dimension]**
Verbrennungstemperatur:	750-950	[°C]
gängiger Wert:	850-900	[°C]
Feuerraumendtemperatur:	750-950	[°C]
Gasgeschwindigkeit im Feuerraum:	5-8	[m/s]
Druck:	1	[bar]
Verweilzeit der Gase im Feuerraum:	0,5-6	[s]
Luftzahl:	1,12-1,3	[-]
Verweilzeit des Brennstoffs im Feuerraum:	500-1000	[s]
Maximaler Aufgabekorndurchmesser:	1-25	[mm]
Mittlerer Korndurchmesser in der Schicht:	0,15-0,25	[mm]
Thermische Volumenbelastung:	8-20	[MW/m^3]
Thermische Querschnittsbelastung:	2-8	[MW/m^2]
Feuerungswirkungsgrad:	98-99	[%]

Tab. 3.3.4: Charakteristische Größen für zirkulierende atmosphärische Wirbelschichtfeuerungen (/1.2.1/,/3.3.10/)

Zirkulierende atmosphärische Wirbelschichtfeuerung			
Ort innerhalb der Feuerungsanlage (Örtliche Mittelwerte)	**Feststoff-** **beladung** [kg/kg]	**Feststoff-** **konzentration** [kg/m$_N$^{3}]	**Temperatur** [°C]
Wirbelschicht nach Düsenboden	1000-1500	300-400	850-950
Wirbelschicht vor Feststoff-abscheidung (Heißgaszyklon, Fangrinnen u.a.)	20-60	6-16	800-900
Rauchgas nach Feststoffrückführung			
bei Fangrinnenabscheidern	1-3	0,3-0,8	800-900
bei Zyklonabscheidern	0,1-0,3	0,02-0,05	
Nach den konvektiven Heizflächen			
bei Fangrinnenabscheidern	1-3	0,3-0,8	350
bei Zyklonabscheidern	0,1-0,3	0,02-0,05	

Tab. 3.3.5: Typische Feststoffbeladungen in einer zirkulierenden Wirbelschichtfeuerung

Unter Anwendung von erhöhtem Druck (bis 20 bar) kann die volumetrische Verbrennungsdichte weiter gesteigert oder das notwendige Feuerraumvolumen reduziert werden. Hiermit können Anlagenkosten gesenkt werden, man spricht hier von der druckaufgeladenen Wirbelschichtfeuerung. Durch das notwendige Frischluftdruckgebläse FL bietet sich eine Energierückgewinnung auf derselben Maschinenwelle über eine Gasturbine GT an. Im Vergleich zu einer konventionellen Gasturbinenanlage ist hier die Brennkammer durch die Wirbelschicht mit

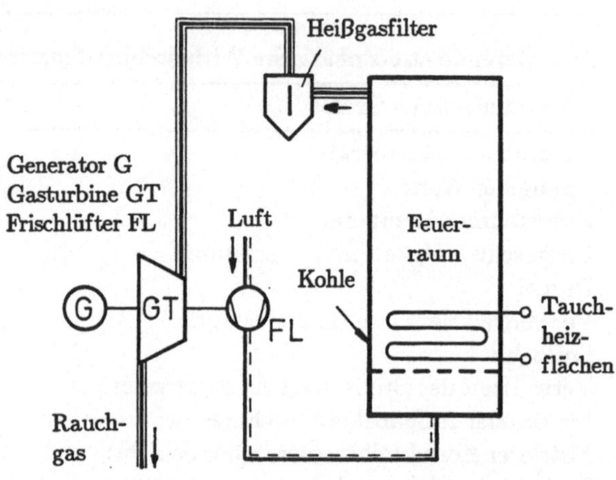

Bild 3.3.5: Stationäre druckaufgeladene Wirbelschichtfeuerung

nachgeschaltetem Heißgasfilter ersetzt. Eine Energieauskopplung geschieht direkt über einen Generator G und über Tauchheizflächen (Bild 3.3.4). Charakteristische Werte für den Wirbelraum (Feuerraum) gibt Tab. 3.3.6 wieder.

Stationäre druckaufgeladene Wirbelschichtfeuerung		
Charakteristische Größe	**Zahlenwert**	**[Dimension]**
Verbrennungstemperatur:	750-950	[°C]
Feuerraumendtemperatur:	750-950	[°C]
Gasgeschwindigkeit im Feuerraum:	0,5-3	[m/s]
Druck:	bis 20	[bar]
Verweilzeit der Gase im Feuerraum:	3-8	[s]
(Wirbelschicht einschließlich Freiraum)		
Luftzahl:	1,2-1,5	[-]
Verweilzeit des Brennstoffs in der Wirbelschicht:	80-400	[s]
Verweilzeit des Brennstoffs im Freiraum:	1-20	[s]
Thermische Volumenbelastung:	20-50	[MW/m^3]
Thermische Querschnittsbelastung:	10-20	[MW/m^2]
Feuerungswirkungsgrad:	95-99	[%]

Tab. 3.3.6: Charakteristische Größen für stationäre druckaufgeladene Wirbelschichtfeuerungen (/1.2.1/)

3.3.4 Staubfeuerungen

Bei der Staubfeuerung wird der Brennstoff Kohle so fein aufgemahlen, daß er im Feuerraum im Flug verbrennt. Abgesehen von kleineren Rezirkulationsgebieten in Brennernähe, im Aschetrichter und an Rücksprüngen, ist dabei die Rauchgasströmung und die Brennstoffbewegung gleichgerichtet, d.h. die Flugbahn des Brennstoffs ist im wesentlichen durch die Gasbewegung bestimmt. Dies setzt einen Aufgabekorndurchmesser von 10 - 100 μm voraus. Eine feine Ausmahlung ist auch deswegen notwendig, um einen möglichst vollständigen Ausbrand bei den relativ kurzen Aufenthaltszeiten von 1 - 3 s zu gewährleisten.

Bei Steinkohle ist zwischen einer trockenentaschten und schmelzflüssig entaschten Feuerung zu unterscheiden. Erstere kommt für Kohlen mit höherer Reaktivität, d.h. höherem

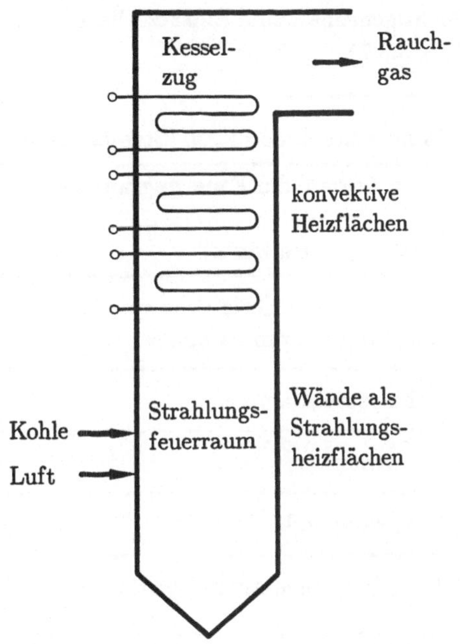

Bild 3.3.6: Staubfeuerung in einem Turmkessel

Staubfeuerung für Steinkohle (trockener Ascheabzug)		
Charakteristische Größe	**Zahlenwert**	**[Dimension]**
Verbrennungstemperatur:	1100-1500	[°C]
Feuerraumendtemperatur:	1050-1250	[°C]
Gasgeschwindigkeit im Feuerraum:	5-10	[m/s]
Verweilzeit der Gase im Feuerraum:	1-3	[s]
Luftzahl:	1,13-1,3	[-]
Verweilzeit des Brennstoffs im Feuerraum:	1-3	[s]
Thermische Volumenbelastung:	0,06-0,3	[MW/m^3]
bei großem Feuerraum:	0,09-0,13	[MW/m^3]
Thermische Querschnittsbelastung:	2-6,5	[MW/m^2]
bei großem Feuerraum:	4,5-6,5	[MW/m^2]
Thermische Oberflächenbelastung:	0,25-1,2	[MW/m^2]
Thermische Gürtelflächenbelastung:	0,6-3	[MW/m^2]
Feuerungswirkungsgrad:	96-99	[%]

Tab. 3.3.7: Charakteristische Größen für Staubfeuerungen (Steinkohle) mit trockenem Ascheabzug (/3.1.9/)

Flüchtigengehalt zum Einsatz. Die Verbrennungstemperaturen liegen hier nicht allzu hoch (Tab. 3.3.7).

Kohlenstaubfeuerungen (Steinkohle, trockener Ascheabzug)			
Ort innerhalb der Feuerungsanlage (Örtliche Mittelwerte)	Feststoff-beladung [kg/kg]	Feststoff-konzentration $[kg/m_N^3]$	Temperatur [°C]
Kohlenstaubförderleitung von der Kohlenmühle zum Brenner	0,3-0,6	0,3-0,6	150
Kohlenstaubflamme	0,3-0,6	0,1-0,25	1500
Feuerraum	0,01-0,05	0,003-0,02	1300
Feuerraumende	0,01-0,05	0,003-0,02	1200
Nach den konvektiven Heizflächen	0,01-0,05	0,003-0,02	150

Tab. 3.3.8: Typische Feststoffbeladungen in einer Kohlenstaubfeuerung

Für Kohlen mit niedrigerem Flüchtigengehalt muß zur Ausbrandsicherung eine höhere Verbrennungstemperatur (Tab. 3.3.9) erreicht werden, wobei der Ascheschmelzpunkt überschritten wird. Hierdurch bildet sich an den Feuerraumwänden eine wärmeisolierende Schlackeschicht. Diese Ascheschmelze läuft an den Wänden ab und wird im Aschetrichter in

Staubfeuerung für Steinkohle (schmelzflüssiger Ascheabzug)		
Charakteristische Größe	Zahlenwert	[Dimension]
Verbrennungstemperatur:	1300-1600	[°C]
Feuerraumendtemperatur:	1000-1150	[°C]
Gasgeschwindigkeit im Feuerraum:	5-10	[m/s]
Verweilzeit der Gase im Feuerraum:	1-3	[s]
Luftzahl:	1,15-1,3	[-]
Verweilzeit des Brennstoffs im Feuerraum:	1-3	[s]
Thermische Volumenbelastung:	0,1-0,4	$[MW/m^3]$
Thermische Querschnittsbelastung:	4-6	$[MW/m^2]$
Thermische Oberflächenbelastung:	0,4-1,2	$[MW/m^2]$
Thermische Gürtelflächenbelastung:	1,5-2,5	$[MW/m^2]$
Feuerungswirkungsgrad:	98-99,9	[%]

Tab. 3.3.9: Charakteristische Größen für Staubfeuerungen (Steinkohle) mit schmelzflüssigem Ascheabzug (/3.2.1/)

einem Wasserbad granuliert. Die höhere Verbrennungstemperatur führt zu einer Erhöhung des Feuerungswirkungsgrades, aber auch zur verstärkten Bildung von thermischem Stickoxid, wodurch die Schmelzfeuerungen an Bedeutung verloren haben. Durch konsequente Anwendung einer Reihe von stickoxidmindernden Maßnahmen ist es gelungen, die primärseitigen Stickoxidemissionen auf Werte einer nicht mit Primärmaßnahmen ausgerüsteten Trockenfeuerung zu bringen (/3.3.6/).

Braunkohle weist gegenüber Steinkohle eine wesentlich höhere Reaktivität auf (höherer Flüchtigengehalt). Daher kann die Ausmahlung wesentlich gröber sein, um einen vergleichbaren Ausbrand zu erzielen. Wegen des viel geringeren Heizwertes und des höheren Wasser- und Aschegehaltes müssen die Feuerräume größer als bei Steinkohle ausgelegt sein, um zu gleichen thermischen Leistungen zu gelangen. Mit Hilfe einer Rückführung von heißen Rauchgasen aus dem Feuerraum direkt in die Kohlemühle wird die Kohle vorgetrocknet und so eine sichere Zündung am Brenner erreicht. Die moderaten Verbrennungstemperaturen (Tab. 3.3.10) haben niedrigere NO_x-Werte zur Folge, die durch spezifische Brennstoffeigenschaften in der Feuerung zusätzlich abgesenkt werden (Reduktion durch heterogen-katalytische Effekte an der Asche). Auch eine direkte SO_2-Einbindung im Feuerraum (Primärmaßnahme) ist durch das niedrige Temperaturniveau möglich. Bei höheren Temperaturen (wie in Steinkohlefeuerungen) würde der eingeblasene Kalkstein "totgebrannt" und damit inaktiv.

Staubfeuerung für Braunkohle

Charakteristische Größe	Zahlenwert	[Dimension]
Verbrennungstemperatur:	1100-1300	[^{o}C]
Feuerraumendtemperatur:	950-1150	[^{o}C]
Gasgeschwindigkeit im Feuerraum:	4-8	[m/s]
Verweilzeit der Gase im Feuerraum:	1-3	[s]
Luftzahl:	1,2-1,5	[-]
Verweilzeit des Brennstoffs im Feuerraum:	1-3	[s]
Thermische Volumenbelastung:	0,06-0,15	[MW/m^3]
Thermische Querschnittsbelastung:	2,5-5	[MW/m^2]
Thermische Oberflächenbelastung:	0,25-0,4	[MW/m^2]
Thermische Gürtelflächenbelastung:	0,4-1	[MW/m^2]
Feuerungswirkungsgrad:	96-99	[%]

Tab. 3.3.10: Charakteristische Größen für Braunkohlestaubfeuerungen (mit trockenem Ascheabzug)

3.4   Feuerungen für Abfallstoffe

3.4.1   Allgemeine Kennzeichnung der Systeme

Feuerungen bzw. Verbrennungseinrichtungen für Abfallstoffe müssen besondere Kriterien erfüllen, die z.T. schärfer gefaßt sind als die für klassische technische Brennstoffe wie Gas, Öl und Kohle. Es sind dies (nach /3.4.1/):

- die Effizienz der Verbrennung (und der Rauchgasreinigung) muß sehr hoch sein, um die Umwelt nicht mit toxischen oder schädigenden Stoffen zu belasten;

- die Betriebssicherheit der Anlagen ist aus den gleichen Gründen auf jeden Fall zu gewährleisten;

- der Verbrauch an Energie, vor allem an Zusatzbrennstoff ist aus ökonomischen Gründen möglichst klein zu halten;

- eine Flexibilität der Anlage bzgl. schwankenden Brennstoffeigenschaften (vor allem Schadstoffgehalte und Heizwert) ist anzustreben, um einen kontrollierten Betrieb über eine große Bandbreite zu erlauben;

- eine Abwärmenutzung ist unbedingt anzustreben.

Bei der Zusammenstellung von Verbrennungseinrichtungen zur Abfallstoffverbrennung wird unterschieden nach dem "Brennstoff":

- Hausmüll (kommunaler Müll),
- Klärschlamm,
- Industrierückstände und
- Sondermüll.

Das klassische System zur Hausmüllverbrennung ist die Rostfeuerung. Der Rost hat sich dabei in verschiedenen Bauformen (z.B. als Walzen- oder Schubrost) und Betriebsweisen (Wander-, Vorschub-, Rückschub- oder Schüttelrost) bewährt. Vor allem unter dem Gesichtspunkt des Umweltschutzes setzen sich zunehmend auch Wirbelschichtsysteme (stationäre WS) durch. Diese eignen sich besonders für eine kombinierte Verbrennung von kommunalen Abfällen mit Klärschlämmen oder pastösen Rückständen. Ein ebenfalls hierfür geeignetes Verfahren ist das sogenannte Schwelbrennverfahren (/3.4.2/), das eine Kombination aus einem Verschwelungsverfahren in einem Drehrohr und einer nachgeschalteten Hochtemperaturverbrennung darstellt.

Für Klärschlämme werden des weiteren auch Etagenöfen oder Etagenwirbler (eine Kombination aus Etagenöfen und Wirbelschicht /3.4.3/) eingesetzt.

Bei der Industrierückstandsverbrennung findet meist der Drehrohrofen Anwendung, wenn es sich um pastöse und feste Stoffe handelt. Gasförmige und flüssige Stoffe werden in Brennkammern entsorgt.

Auch bei der Sondermüllverbrennung sind Drehrohrofen und Brennkammer typische Vertreter, wobei für eine sichere thermische Zersetzung vor allem auf ein ausreichend hohes Temperaturniveau zu achten ist.

Eine für den Bereich Industrierückstands- und Sondermüllverbrennung typische Gesamt-konstellation besteht demnach aus den Einzelkomponenten:

- Drehrohrofen,
- Nachbrennkammer,
- Abhitzekessel und
- Rauchgasreinigung.

Ein solches System ist in Bild 3.4.1 dargestellt.

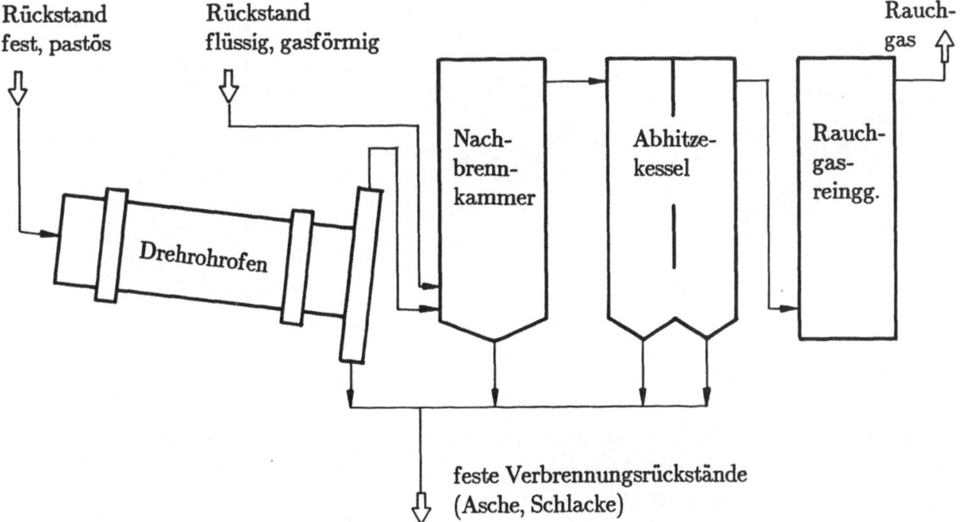

Bild 3.4.1: Hauptkomponenten einer Industrierückstands- und Sondermüllverbrennungs-anlage

3.4.2   Hausmüllverbrennung

Eines der größten Probleme bei der Verbrennung von Hausmüll bzw. von kommunalen Abfällen ist die zeitliche Schwankung der Zusammensetzung und damit des Heizwertes und des Schadstoffgehaltes bzw. -potentials.

Ein Weg, dieses Problem zu lösen, ist die Aussortierung von nichtbrennbaren Bestandteilen (Metalle, Glas) und die Zerkleinerung, Vergleichmäßigung und Kompaktierung (Pelletie-rung, Brikettierung). Der so gewonnene Brennstoff wird "Brennstoff aus Müll", BRAM (/3.4.5/) genannt. Bei einer Garantiebandbreite von Heizwert und Schadstoffen kann damit eine Feuerung optimal ausgelegt werden. Als Verbrennungssystem kommen Rost- und Wirbelschicht zur Anwendung. Bei einer teilweisen Substitution anderer Brennstoffe (Kohle) kommt eine Staubfeuerung ebenfalls in Frage.

Der bislang übliche Weg, Hausmüll zu verbrennen, ist aber die Aussortierung von Metallen, die Zerkleinerung und Homogenisierung mit anschließender Verbrennung auf dem Rost.

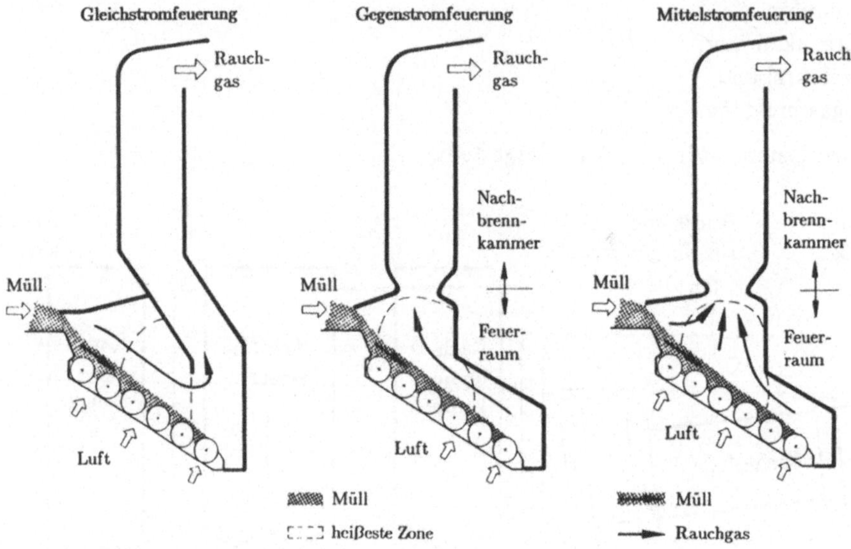

Bild 3.4.2: Feuerraumgeometrien bei der Müllverbrennung auf dem Rost (/3.4.7/)

Bei der Feuerraumgeometrie ist zwischen Gleichstrom-, Gegenstrom- und Mittelstromfeuerung zu unterscheiden (Bild 3.4.2). Die Bezeichnungen ergeben sich aus der Strömungs-bzw. Transportrichtung der Rauchgase bzw. des Mülls. Bei der Gleichstromfeuerung kann der Müll nach der Aufgabe durch eine hohe Primärlufttemperatur sicher getrocknet und gezündet werden, was vor allem bei heizwertarmem Müll wichtig ist. Bei der Gegenstromfeuerung ist dies nicht notwendig, da hier die Primärluft durch die Abbrandzone, die heißeste Zone im Feuerraum, strömt und damit die Rauchgase bei Erreichen der Zündzone sehr heiß sind. Das Problem besteht nur darin, daß Entgasungsprodukte (Pyrolyseprodukte) aus der Zündzone direkt in den ersten Zug gelangen können und dort nicht sicher ausbrennen. Daher wurde als Kompromiß zwischen beiden Varianten die Mittelstrom-

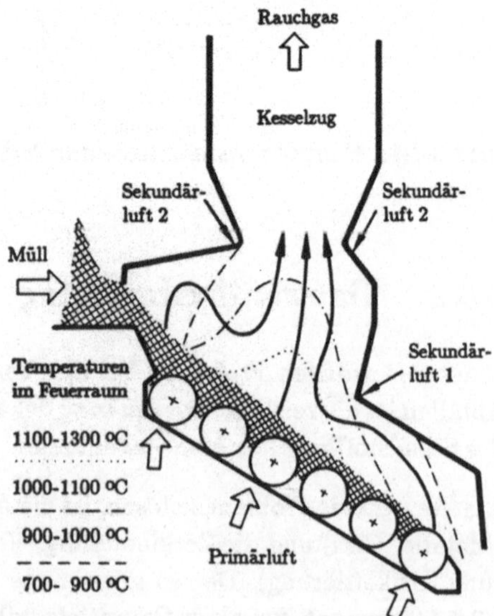

Bild 3.4.3: Rauchgasführung und Temperaturverteilung bei der Mittelstromfeuerung (/3.4.7/)

feuerung entwickelt. Bild 3.4.3 zeigt nochmals eine solche Geometrie mit Müllbahn (Walzenrost), den Sekundärlufteindüsungen und den Hauptrauchgasströmen. In diesem Bild sind auch mittlere Temperaturverteilungen eingetragen, die zeigen, daß in der Hauptverbrennungszone Temperaturen von 1000 - 1300 $^{\circ}$C auftreten. Für den sicheren Abbau von Kohlenwasserstoffen in der dem eigentlichen Feuerraum nachgeschalteten Nachbrennkammer müssen hier ausreichende Aufenthaltszeiten bei hohen Temperaturen vorliegen. Tab. 3.4.1 gibt hierfür typische Anhaltswerte (Heizwert H_u = 8400 kJ/kg).

Große Aufenthaltszeiten in der Nachbrennkammer bedingen bei vertretbarer geometrischer Höhenabmessung eine niedrige Strömungsgeschwindigkeit, die auch aus Gründen einer Limitierung von Erosion und Abrasion durch die Rauchgase wünschenswert ist. Typische Werte liegen bei 4 - 8 m/s. Diese und weitere charakteristische Werte sind in Tab. 3.4.1 angeführt.

Hausmüllverbrennung mit der Rostfeuerung

Charakteristische Größe	Zahlenwert	[Dimension]
Verbrennungstemperatur:	1000-1250	[$^{\circ}$C]
Feuerraumendtemperatur:	1000-1100	[$^{\circ}$C]
Gasgeschwindigkeit im Feuerraum:	3-8	[m/s]
Verweilzeit der Gase im Feuerraum:	3-6	[s]
Luftzahl:	1,5-2,0	[-]
Thermische Volumenbelastung:	0,15-0,35	[MW/m^3]
Thermische Querschnittsbelastung:	1,4-1,6	[MW/m^2]

Tab. 3.4.1: Charakteristische Größen für Hausmüllverbrennungsanlagen (/3.4.6/)

3.4.3 Klärschlammverbrennung

Klärschlamm enthält etwa 95 - 98 % Wasser und muß daher in einer ersten Verfahrensstufe entwässert werden. Der Restwassergehalt liegt danach bei 40 - 80 %. Dieser Schlamm kann dann in einer Wirbelschicht (stationär, /3.4.8/) oder einem Etagenofen verbrannt werden. Charakteristische Betriebsparameter für einen Wirbelschichtofen sind in Tab. 3.4.2 zusammengestellt.

Klärschlamm kann auch in Kombination mit anderen Rückständen oder Müll in den Verbrennungssystemen:

- Rost,
- Etagenofen oder
- Drehrohr

verbrannt werden.

Klärschlammverbrennung in der Wirbelschicht		
Charakteristische Größe	**Zahlenwert**	**[Dimension]**
Verbrennungstemperatur:	750-900	[^{o}C]
Gasgeschwindigkeit in der Wirbelschicht:	1,2-4	[m/s]
Verweilzeit der Gase in der Wirbelschicht:	0,5-2	[s]
Luftzahl:	1,05-1,8	[-]
Verweilzeit des Feststoffs in der Wirbelschicht:	1000-10000	[s]
Thermische Volumenbelastung:	1-3	[MW/m^3]
Thermische Querschnittsbelastung:	0,5-1	[MW/m^2]

Tab. 3.4.2: Charakteristische Größen für Klärschlammverbrennungsanlagen (/3.4.8/)

Auch eine Klärschlammpyrolyse oder -vergasung kann zur Anwendung kommen. Über eine solche Variante wird in /3.4.9/ berichtet.

3.4.4 Industrierückstandsverbrennung

Industrieller Rückstand	Rost	Wirbel-schicht	Dreh-rohr	Etagen-ofen	Brenn-kammer
Fest	2	1	3	1	0
Müll grob	0	2	3	0	1
niedriger Schmelzpunkt	2	3	3	3	0
körnig	2	3	3	3	0
organisch mit viel Asche	2	0	3	0	0
Pastös					
organisch hoch viskos	0	2	3	0	1
organisch wässrig	0	3	3	2	0
Flüssig	0	2	2	0	3
Gasförmig	0	2	2	0	3

0	nicht geeignet	2	geeignet
1	nach Vorbehandlung geeignet	3	sehr gut geeignet

Tab. 3.4.3: Verfahrensauswahl zur Industrierückstandsverbrennung (/3.4.10/)

Die Verbrennung industrieller Rückstände kann in verschiedenen Verbrennungssystemen erfolgen. Hierzu zählen insbesondere:

- Rost,
- Wirbelschicht,
- Drehrohr,
- Etagenofen und
- Brennkammer.

Eine Auswahl des geeigneten Verfahrens muß die Beschaffenheit der Rückstände berücksichtigen. Anhaltswerte für diese Auswahl werden in /3.4.10/ gegeben, die in Tab. 3.4.3 angeführt sind.

Brennkammern zur Verbrennung flüssiger Rückstände werden meist zweistufig ausgeführt. Sie bestehen aus einer Vorkammer und dem eigentlichen Reaktionsraum. In der Vorkammer werden der Zusatzbrennstoff und heizwertreiche Bestandteile umgesetzt, um so bei

Temperaturen von 1200 °C (in Ausnahmefällen bis 1600 °C) eine stabile Verbrennung zu gewährleisten. In den Reaktionsraum werden heizwertarme Rückstandskomponenten eingebracht.

Industrierückstandsverbrennung in Brennkammern		
Charakteristische Größe	**Zahlenwert**	**[Dimension]**
Verbrennungstemperatur:		
Vorkammer:	1200	[°C]
Reaktionsraum:	900-1050	[°C]
Gasgeschwindigkeit im Ofen:	2-5	[m/s]
Verweilzeit der Gase im Ofen:	2	[s]
Luftzahl:	1,2-3	[-]
Thermische Volumenbelastung:	0,1-0,3	[MW/m^3]
Thermische Querschnittsbelastung:	0,1-1	[MW/m^2]

Tab. 3.4.4: Charakteristische Größen für Industrierückstandsverbrennungsanlagen

3.4.5 Sondermüllverbrennung

Nach den Ausführungen in Kapitel 3.4.1 sind die interessierenden Komponenten einer Sondermüllverbrennungsanlage:

- Drehrohrofen und
- Nachbrennkammer.

Auf diese beiden Anlagenkomponenten soll nun kurz eingegangen werden.

Auslegungskriterien für Drehrohre sind nur sehr schwer anzugeben. Der Grund liegt in der variablen Schichtdicke (Pelz) an der Rohrinnenwand, die sehr stark abhängig ist von den Aufgabematerialeigenschaften wie Heizwert, Konsistenz, Erweichungs- und Fließpunkt. Sich ändernde Pelzdicken greifen natürlich sehr stark in den Wärmehaushalt des Drehrohres ein, da sie eine zusätzliche Isolierschicht darstellen. Als anzustrebende thermische Volumenbelastung ist ein Wert von 0,15 bis 0,2 MW/m^3 anzusetzen. Bei einer Gasgeschwindigkeit von ca. 5 m/s ergeben sich damit Verweilzeiten von 1 - 3 s bei einer Drehrohrlänge von 10 m. Bei einem idealen Längen-/Durchmesserverhältnis von 2,5 bis 4 ergibt sich die Rohrlänge aus dem Durchmesser und dieser aus der gewünschten Durchsatzleistung. Tab. 3.4.5 faßt charakteristische Werte für Drehrohröfen zusammen.

Die wichtigste Aufgabe einer Nachbrennkammer ist die möglichst vollständige Zerstörung (thermische Zersetzung) von organischen Bestandteilen und Schadstoffkomponenten. Für die Zerstörungseffizienz sind die wichtigsten Parameter (/3.4.10/):

- Temperatur,
- Sauerstoffkonzentration bzw. Luftzahl und
- Verweilzeit in bestimmten Temperaturbereichen.

Drehrohrofen in Sondermüllverbrennungsanlagen

Charakteristische Größe	Zahlenwert	[Dimension]
Verbrennungstemperatur:		
trockener Ascheabzug:	1000	[°C]
schmelzflüssiger Ascheabzug:	1200	[°C]
Feuerraumendtemperatur:		
trockener Ascheabzug:	1000	[°C]
schmelzflüssiger Ascheabzug:	1200	[°C]
Gasgeschwindigkeit im Ofen:	5	[m/s]
Verweilzeit der Gase im Ofen:	1-3	[s]
Luftzahl:	1,6-3,5	[-]
Verweilzeit des Brennstoffs im Ofen:	1800-7200	[s]
Thermische Volumenbelastung:	0,15-0,2	[MW/m^3]
Thermische Querschnittsbelastung:	1,5-2,5	[MW/m^2]

Tab. 3.4.5: Charakteristische Größen für Drehrohröfen in Sondermüllverbrennungsanlagen (/3.4.10/,/3.4.11/,/3.4.12/)

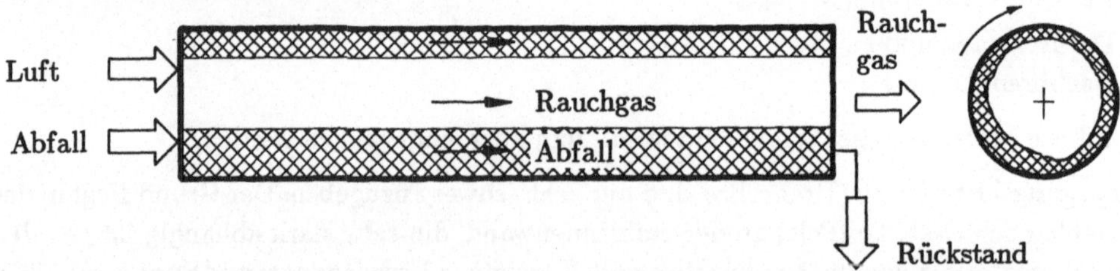

Bild 3.4.4: Schema eines Drehrohrofens zur Sondermüllverbrennung (Gleichstrom)

Der Gesetzgeber schreibt eine Verbrennungstemperatur von mindestens 800 °C vor. Sind chlorierte aromatische Kohlenwasserstoffe in Konzentrationen über 10 mg/kg im Einsatzrückstand vorhanden, dann sollte eine Temperatur von 1200 °C erreicht werden (/3.4.19/).

Für eine Zersetzung von polyzyklischen aromatischen Kohlenwasserstoffen (PAH) und sonstigen organischen Bestandteilen hat sich in der Praxis gezeigt, daß eine Feuerraumendtemperatur von 1050 °C, für polychlorierte Biphenyle (PCB) oder Terphenyle (PCT) eine Temperatur von 1250 °C mindestens erreicht werden sollte (/3.4.10/). Dies hängt damit zusammen, daß diese Stoffe als Vorläufersubstanzen (Precurser) von Dioxinen und Furanen anzusehen sind. Diese Umwandlungsreaktionen laufen bevorzugt bei Temperaturen deutlich unter 800 °C ab.

<table>
<tr><td colspan="3">Nachbrennkammer in Sondermüllverbrennungsanlagen</td></tr>
<tr><td>Charakteristische Größe</td><td>Zahlenwert</td><td>[Dimension]</td></tr>
<tr><td>Verbrennungstemperatur:</td><td>1050-1300</td><td>[°C]</td></tr>
<tr><td>Feuerraumendtemperatur:</td><td>1050-1250</td><td>[°C]</td></tr>
<tr><td>Gasgeschwindigkeit im Ofen:</td><td>2-4</td><td>[m/s]</td></tr>
<tr><td>Verweilzeit der Gase im Ofen:</td><td>3-6</td><td>[s]</td></tr>
<tr><td>Luftzahl:</td><td>>1,4</td><td>[-]</td></tr>
<tr><td>Verweilzeit des Feststoffs im Ofen:</td><td>-</td><td>[s]</td></tr>
<tr><td>Thermische Volumenbelastung:</td><td>0,08-0,35</td><td>[MW/m^3]</td></tr>
<tr><td>Thermische Querschnittsbelastung:</td><td>1-1,5</td><td>[MW/m^2]</td></tr>
</table>

Tab. 3.4.6: Charakteristische Größen für Nachbrennkammern in Sondermüllverbrennungsanlagen (/3.4.21/)

3.4.6 Rauchgasreinigung bei der Abfallverbrennung

Zur Sicherstellung eines umweltgerechten Betriebs einer Abfallverbrennungsanlage ist eine Rauchgasbehandlung unumgänglich. Als Sekundärmaßnahmen, die der eigentlichen Verbrennung nachgeschaltet sind, sollen diese hier nicht behandelt werden. Wegen ihrer Bedeutung wird aber auf weiterführende Literatur hingewiesen: /3.4.20/,/3.4.21/,/3.4.22/, /3.4.23/).

o   **Formelzeichen**

(Kapitelspezifische Formelzeichen; eine Zusammenstellung übergeordnet gültiger Formelzeichen und Kennzahlen ist in Anhang 6 angeführt; [*] Dimension hängt von der jeweiligen Verwendung ab)

Symbol	Bedeutung	Dimension
B	Breite	m
c_p	integrale spez. Wärmekapazität	kJ/(kg·K)
$c_{j,FS}$	Konstanten für Widerstandsbeiwert Festschicht	-
d_h	hydraulischer Durchmesser	m
H	Feuerraumhöhe	m
H_u	Heizwert (unterer)	kJ/kg
L_o	Mindestluftbedarf	kg/kg
$\dot{m}$	Massenstrom	kg/s

60

Symbol	Bedeutung	Dimension
M	Molekulargewicht	kg/kmol
n	Luftzahl	-
P	Wahrscheinlichkeitsdichtefunktion	-
$\dot{q}$	spezifische thermische Wärmebelastung	kW/m^2 oder kW/m^3
$\dot{r}$	Reaktionsrate	$kg/(m^3 \cdot s)$
t	Temperatur	°C
t_{ad}	adiabate Verbrennungstemperatur	°C
T	Temperatur	K
u	Geschwindigkeit	m/s
u_L	Geschwindigkeit im Lockerungspunkt	m/s
$\dot{V}_F$	Feuerungsvolumen	m^3
$\dot{V}_{RG}$	Volumenstrom der Rauchgase	m^3/s
α	Wärmeübergangskoeffizient	$kW/(m^2 \cdot K)$
μ	dynamische Viskosität	$kg/(m \cdot s)$
ν	kinematische Viskosität	m^2/s
ξ	Widerstandsbeiwert	-
ρ	Dichte	kg/m^3
τ	Verweilzeit	s
ψ	Porosität	-

Indizes tief

Symbol	Bedeutung	Symbol	Bedeutung
ad	adiabat	K	Kohle
A	Querschnitt	L	Luft
Ab	Abfuhr	O	Oberfläche
AZ	Aufenthaltszeit	Ö	Öl
B	Brennstoff	P	Partikelphase
BG	Brennergürtel	RG	Rauchgas
BFE	Brenner – Feuerraumende	S	Schicht
C	Koks	V	Volumen
D	Diffusion	Vl	Verlust
eff	effektiv	VZ	Verweilzeit
F	Feuerung	Z	Zwischenraum
FS	Festschicht	Zu	Zufuhr
G	Gasphase	Zünd	Zündung
GS	Grenzschicht		

o   Literatur

Grundlagen

/3.1.1/   Beér, J.M.; Chomiak, J.; Smoot, L.D.: Fluid Dynamics of Coal Combustion: A Review. Prog. Energy Comb. Sci., 10(1984), pp 177-208

/3.1.2/   Brauer, H.: Grundlagen der Einphasen- und Mehrpasenströmungen. Verlag Sauerländer, Aarau, 1971

/3.1.3/   Görner, K.; Zinser, W.: Simulation industrieller Verbrennungssysteme. Chem.-Ing.-Tech., 59(1987)Nr.11, S.834-844

/3.1.4/   Reh, L.: Einsatzmöglichkeiten der Wirbelschichtfeuerung als Kraftwerksfeuerung. VGB Kraftwerkstechnik 56 (1976) Heft 8, S. 509-518

/3.1.5/   Werther, J.: Grundlagen der Wirbelschichttechnik. Chem.-Ing.-Tech., 54 (1982) Nr. 10, S. 876-883

/3.1.6/   Molerus, O.: Strömungsmechanik und Wärmeübertragung bei der Gas-/Feststoff-Fluidisation. VDI Berichte Nr. 601, 'Wirbelschichtfeuerung - Bilanz - Konzepte - Perspektiven', Tagung, Essen, 3.-5.6.1986, S. 457-473

/3.1.7/   Leuckel, W.; Römer, R.: Schadstoffe aus Verbrennungsprozessen. VDI-Berichte, Nr.346, 1979, S.323-347

/3.1.8/   Field, M.A.; Gill, D.W. Morgan, B.B.; Hawksley, P.G.W.: Combustion of Pulverised Coal. BCURA, UK, 1967

/3.1.9/   Günther, R.: Verbrennung und Feuerungen. Springer-Verlag, Berlin, 1984

/3.1.10/   Wein, W.: Strömungstechnische Grundlagen der atmosphärischen Wirbelschichtfeuerungen in ihre Auswirkungen auf Schwefeleinbindung und Stickoxidunterdrückung. VGB Kraftwerkstechnik 65 (1985) Heft 2, S. 119-123

/3.1.11/   Werther, J.; Bellgardt, D.: Feststofftransport und -verteilung in Wirbelschichtfeuerungen. VDI Berichte Nr. 601, 'Wirbelschichtfeuerung - Bilanz - Konzepte - Perspektiven', Tagung, Essen, 3.-5.6.1986, S. 475-490

/3.1.12/   Molerus, O.: Druckverlust in Wirbelschichten. In: VDI-Wärmeatlas, Abschnitt Lf, VDI-Verlag, Düsseldorf, 5. Auflage, 1988

Technische Feuerungen

/3.2.1/   Steinmüller Taschenbuch. Vulkan-Verlag, Essen, 1984

/3.2.2/   EVT Taschenbuch. Selbst-Verlag, 1986

Schüttschicht, Rostfeuerung

/3.3.1/   Ergun, S.: Fluid Flows through Packed Columns. Chem. Engng. Progr., 48-(1948), pp 89-94

/3.3.2/   Gnielinski, V.: Wärme- und Stoffübertragung in Festbetten. Chem.-Ing.-Tech., 52(1980)Nr.3, S.228-236

/3.3.3/   Schlünder, E.U.: Der Wärmeübergang an ruhenden, bewegten und durchwirbelten Schüttschichten. vt Verfahrenstechnik, 14(1980)Nr.7/8, S.459-468

/3.3.4/   Wen, C.Y.; Yu, Y.H.: A Generalized Method for Predicting the Minimum Fluidization Velocity. AIChE J., 12(1966), pp 610

/3.3.5/   Werther, J.: Strömungsmechanische Grundlagen der Wirbelschichttechnik. Chem.-Ing.-Tech., 49(1977)Nr.3, S.193-202

/3.3.6/   Spliethoff, H.: NO_x-Minderung durch Brennstoffstufung mit kohlestämmigem Reduktionsgas. VDI Berichte, Nr.765, S. 217-230

/3.3.7/   Gnielinski, V.: Berechnung des Wärme- und Stoffaustauschs in durchströmten ruhenden Schüttungen. vt Verfahrenstechnik, 16(1982)Nr.1, S.36-39

/3.3.8/   Kremer, H.; Rodenhäuser, F.: Impuls- und Stoffaustausch in gasdurchströmten Schüttungen von Hochtemperatur-Reaktoren und Schachtöfen. Chem.-Ing.-Tech., 54(1982)Nr.3, S.203-212

Wirbelschicht, Wirbelschichtfeuerung

/3.3.9/   Bitterlich, E.: Die Wirbelschicht-Technologie als Prozeß zur umweltfreundlichen Energie-Erzeugung. VGB Kraftwerkstechnik, 60 (1980) Heft 5, S. 366-376

/3.3.10/   Rafael, A.: Die verschiedenen Verfahren der Wirbelschichtfeuerung. Babcock Technische Mitteilungen, 156(1984) Heft 6/7

/3.3.11/ Reh, L.: Auswahlkriterien für nichtkatalytische Gas/Feststoff- Hochtemperaturreaktoren. Chem.-Ing.-Tech. 49 (1977) Nr. 10, S. 786-795

/3.3.12/ Renz, U.: State of the Art in Fluidized Bed Coal Combustion in Germany. Joint Yugoslav-German-Colloquium -Low Pollution and Efficient Combustion of Low-Grade Coals, Sarajewo, Jugoslavia, 14.-16.4.1986

/3.3.13/ Schilling, H.-D.: Die Wirbelschicht in der Feuerungstechnik - Stand und Aussichten. Chem.-Ing.-Tech. 55 (1983) Nr. 3, S. 185-194

/3.3.14/ Kestner, D.: Stand und Entwicklung von Dampferzeugern mit Wirbelschichtfeuerung. VKW Technische Mitteilungen, 78 (1985) Heft 10

/3.3.15/ Reh, L.; Rolke, D.; Janssen, K.: Wirbelschicht-Prozesse für die Chemie- und Hütten-Industrie, die Energieumwandlung und den Umweltschutz. Chem.-Ing.-Tech., 55 (1983) Nr. 2, S. 87-93

/3.3.16/ Brötz, W.: Grundlagen der Wirbelschichtverfahren. Chem.-Ing.-Tech., 24 (1952) Nr. 2, S. 60-81

/3.3.17/ Wicke, E.; Hedden, K.: Strömungsformen und Wärmeübertragung in von Luft aufgewirbelten Schüttgutschichten. Chem.-Ing.-Tech., 24 (1952) Nr. 2, S. 82-97

/3.3.18/ Schaub, F.: Anwendungen und Grenzen der Wirbelschichttechnik. Chem.-Ing.-Tech., 24 (1952) Nr. 2, S. 98-103

/3.3.19/ Weiß, V.; Fett, F.N.: Mathematische Modellierung zirkulierender Wirbelschichten für die Kohleverbrennung. BWK 40 81988) Nr. 3, S. 57-67

/3.3.20/ Fett, F.N.; Werther, J.: Modellierung der Wirbelschichtfeuerung an ausgewählten Fallbeispielen. BWK, 41(1989)Nr.5, S.213-221

/3.3.21/ Subramanian, D.; Martin, H.; Schlünder, E.U.: Stoffübertragung zwischen Gas und Feststoff in Wirbelschichten. Verfahrenstechnik 11 (1977) Nr. 12, S. 748-750

/3.3.22/ Rajan, R.R.; Wen, C.Y.: A Comprehensive Model for Fluidized Bed Coal Combustors. AIChE Journal, 26(1980)-No.4, pp 642-655

/3.3.23/ Werther, J.: Mathematische Modellierung von Wirbelschichten. Chem.-Ing.-Tech., 56 (1984) Nr. 3, S. 187-196

/3.3.24/ Werther, J.: Zur Problematik der Maßstabsvergrößerung von Wirbelschichtreaktoren. Chem.-Ing.-Tech., 49 (1977) Nr. 10, S. 777-785

/3.3.25/ Martin, H.: Wärme- und Stoffübertragung in der Wirbelschicht. Chem.-Ing.-Tech., 52 (1980) Nr. 3, S. 199-209

/3.3.26/ Petrovic, V.: Berechnung der Kohleaufheizung bei pneumatischem Eindosieren in eine Wirbelschicht. VT Verfahrenstechnik 15 (1981) Nr. 5, S. 327-332

/3.3.27/ Bock, H.J.: The Influence of Bed Geometry on Heat Transfer in Fluidized Beds. Joint Yugoslav-German-Colloquium 'Low Pollution and Efficient Combustion of Low-Grade Coals, Sarajevo', Yugoslavia, 14.-16.4.1986

Stationäre Wirbelschichtfeuerung

/3.3.28/ Herberholz, P.: Wirbelschichttechnologie im Kesselbau - Merkmale, Konzeptionen, Stand der Entwicklung. VT Verfahrenstechnik, 15 (1981) Nr. 5, S. 339-342

Zirkulierende Wirbelschichtfeuerung

/3.3.29/ Plass, L.; Daradimos, G.; Beisswenger, H.; Koch, W.; Wargalla, G.; Schmitz, G.: Die zirkulierende Wirbelschichtfeuerung. Forschung in der Kraftwerkstechnik 1983, S. 24-31

/3.3.30/ Wein, W.; Felwor, P.: Zirkulierende atmosphärische Wirbelschichtfeuerung 'ZAWSF': Erste kraftwerkstechnische Anwendung im HKW I der Stadtwerke Duisburg AG. VDI Bericht Nr. 601, 'Wirbelschichtfeuerung - Bilanz - Konzepte - Perspektiven', Tagung, Essen, 3.-5.6.1986

/3.3.31/ Reh, L.: Neue großtechnische Anwendungen des Reaktionsprinzips der zirkulierenden Wirbelschicht. Chem.-Ing.-Tech., 56 (1984) Nr. 3, S. 197-202

/3.3.32/ Petersen, V.; Daradimos, G.; Serbent, H.; Schmidt, H.-W.: Combustion in the Circulating Fluid Bed: An Alternative Approach in Energy Supply and Environmental Protection. 6th Int. Conf. on Fluidized Bed Combustion, Atlanta, Georgia, USA, 9.-11.4.1980, LURGI-Information C 1363

/3.3.33/ Wein, W.: Auslegung und Disposition des Heizkraftwerkes I der Stadtwerke Duisburg AG mit Zirkulierender Atmosphärischer Wirbelschichtfeuerung (ZAWSF). VGB Kraftwerkstechnik 63 (1983) Heft 8, S. 678-684

/3.3.34/ Beißwenger, H.; Daradimos, G.; Janssen, K.; Petersen, V.: Die Verbrennung ballastreicher, meist schwefelhaltiger Brennstoffe in der Zirkulierenden Wirbelschicht. Aufbereitungs-Technik, 21 (1980) Heft 12, S. 616-621

/3.3.35/ Herbertz, H.-A.; Vollmer, H.; Albrecht, J.; Schaub, G.: Die zirkulierende Wirbelschicht als Feuerungssystem für Brennstoffe mit hohen oder schwankenden Aschegehalten - Möglichkeiten zur Kontrolle des Korngrößenhaushaltes. Int. VGB-Konferenz 'Wirbelschichtfeuerung und Dampferzeugung', Essen, 1988

/3.3.36/ Schaub, G.; Reimert, R.; Albrecht, J.: Investigations of Emission Rates from Large Scale CFB-Combustion Plants. 10th Int. Conf. on Fluidized Bed Combustion, San Francisco, USA, May 1989

/3.3.37/ Hafke, C.; Plass, L.; Bierbach, H.: Kraftwerke auf Basis zirkulierender Wirbelschicht-Feuerung. Jahrestagung VDI-GVC, Freiburg, Sept. 1978, LURGI-Mitteilungen KW-V6, 21.09.1987

/3.3.38/ Bade, H.; Schellenberg, K.D.; Plass, L.; Loeffler, J.C.; Mehrling, P.: Kombi-Block mit Kohledruckvergasung in zirkulierender Wirbelschicht. VGB Kraftwerkstechnik, 68 (1988) Heft 8, S. 831-837

/3.3.39/ Reidick, H.; Rizk, A.: Erste Betriebserfahrungen an einem 100 t/h-Dampferzeuger mit zirkulierender Wirbelschichtfeuerung. 13. Dt. Flammentag, Göttingen, 6./7.10.1987

Druckaufgeladene Wirbelschichtfeuerung

/3.3.40/ Schilling, H.-D.: Druckwirbelschichtfeuerung. VGB Kraftwerkstechnik, 86 (1988) Heft 8, S. 826-830

/3.3.41/ Wied, E.; Schilling, H.D.: Druckwirbelschichtfeuerung von Kohle im Verbund mit Gas-/Dampfturbinen-Kraftwerken. Mitteilungen der VKW Nr. 41/5/81, 1981

Rückstandsverbrennung

/3.4.1/ Borlinghaus, W.; Albrecht, E.: Systemlösungen zur Abfallbehandlung. Die Industriefeuerung (1988), Heft 144, S. 18-23

/3.4.2/ Vollhardt, F.; Lezenik, B.: Schwelbrennverfahren zur thermischen Entsorgung von Müll und Klärschlamm. Chem.-Ing.-Tech., 61 (1989) Nr. 7, S. 530-535

/3.4.3/ Ruhl, E.; Krill, H.: Die Verbrennung von Klärschlamm und industriellen Sonderabfällen. Die Industriefeuerung (1988), Heft 44, S. 14-18

/3.4.4/ Ruhl, E.: Die Vernichtung flüssiger Chemieabfälle durch Verbrennung. VDI-Berichte Nr. 346, 1979, S. 209-214

/3.4.5/ Kaster, B.: Entwicklungen in der Technologie zur Herstellung von Brennstoffen aus kommunalen Abfällen. Chem.-Ing.-Tech., 55 (1983) Nr. 5, S. 353-358

/3.4.6/ Kassebohm, B.; Westphal, B.W.: Korrosionsmindernde Maßnahmen beim Bau der 6. Verbrennungseinheit für die Müllverbrennungsanlage Flingern. VGB Kraftwerkstechnik, 62(1982)H.8, S. 702-710

/3.4.7/ Horch, K.: Hausmüllverbrennung. RWTH Aachen, Vorlesungsmanuskript, 1988

/3.4.8/ Bartelds, H.; Kiers, A.: Verbrennungsablauf und Schadstoffemission beim Verbrennen von kommunalem Schlamm in der Wirbelschicht. VDI-Berichte Nr. 346, 1979, S. 293-303

/3.4.9/ Wenning, H.P.: Verwertung von Klärschlamm. Chem.-Ing.-Tech., 61 (1989) Nr.4, S. 277-281

/3.4.10/ Seifert, H.; Hasberg, W.; Dorn, I.H.: Planung einer Verbrennungsanlage für industrielle Rückstände. Chem.-Ing.-Tech., 61 (1989) Nr. 4, S. 300-308

/3.4.11/ Hüning, W.; Reher, P.: Verbrennungstechnik für den Umweltschutz. Chem.-Ing.-Tech., 61 (1989) Nr. 1, S. 26-36

/3.4.12/ Pearce, K.W.: A Heat Transfer Model for Rotary Kilns. J. Inst. Fuel, (1973), pp 363-371

/3.4.13/ Moles, F.D.; Watson, D.; Lain, P.B.: The Aerodynamics of the Rotary Cement Kiln. J. Inst. Fuel, (1973), pp 353-362

/3.4.14/ Wingfield, S.L.; Prothero, A.; Auld, J.B.: A Mathematical Model of a Rotary Kiln for the Partial Reduction of Iron Ore. J. Inst. Fuel, (1974), pp 64-72

/3.4.15/ Ruhland, W.: Investigation of Flames in the Cement Rotary Kiln. J. Inst. Fuel, (1967), pp 69-75

/3.4.16/ Mellmann, J.; Neidel, W.; Sontag, R.: Berechnung der Feststoffverweilzeit in Drehrohrreaktoren. Wiss. Z. Techn. Hochschule Magdeburg, 30 (1986) H. 6, S. 78-83

/3.4.17/ Zengler, R.: Modellversuch über den Materialtransport in Drehrohröfen. Dissertation, Techn. Hochschule Clausthal-Zellerfeld, 1974

/3.4.18/ Sontag, R.; Lorenz, R.; Neidel, W.: Zonales Berechnungsverfahren zur Bestimmung der Wärmeübertragung in Drehrohrreaktoren. Wiss. Z. Techn. Hochschule Magdeburg, 30 (1986) H. 6, S. 60-65

/3.4.19/ Erste Allg. Verwaltungsvorschrift zum Bundes-Immissionsschutzgesetz (TA-Luft). Gem. Ministerialblatt, 37 (1986)-Nr.7, S. 93-144

/3.4.20/ Kubisa, R.; Pollack, H.: Der Entwicklungsstand der Hochtemperaturverbrennung und Rauchgasreinigungstechnik - dargestellt an zwei laufenden Bauvorhaben. Chem.-Ing.-Tech., 61 (1989) Nr. 4, S. 282-287

/3.4.21/ Vollhardt, F.: Anlagen zur Sondermüllverbrennung. Chem.-Ing.-Tech., 59 (1987) Nr. 8, S. 622-628

/3.4.22/ Heitmann, A.: Thermische Behandlung von Sonderabfällen. Chem.-Ing.-Tech., 55 (1983) Nr. 5, S. 335-341

/3.4.23/ Denzer, W.; Faulhaber, F.R.; Herrmann, E.: Vergleich von Verfahrenskonzepten zur Rauchgasreinigung bei der Rückstandsverbrennung. Chem.-Ing.-Tech., 61 (1989) Nr. 7, S. 513-518

Teil II :

MATHEMATISCHE MODELLIERUNG
- VORAUSSETZUNGEN, TEILMODELLE UND GESAMTMODELLE -

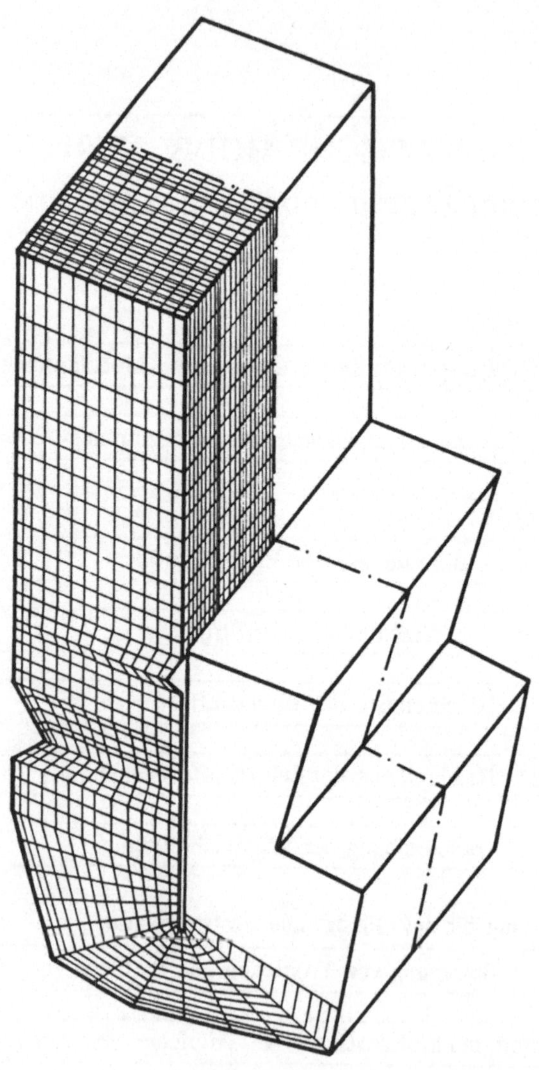

**Geometrie eines Schmelzkammerkessels mit numerischem Gitter
Teilbereichsberechnung für den Kraftwerksblock Fenne III
(mit freundlicher Genehmigung durch H. Spliethoff)**

Kapitel 4 :

VORAUSSETZUNGEN FÜR EINE
MATHEMATISCHE MODELLBILDUNG

4 Voraussetzungen für eine mathematische Modellbildung und Simulation

Wie in Kap. 1.4 schon angedeutet, besteht das Problem einer mathematischen Modellbildung in der Abbildung des physikalischen Prozesses (Verbrennung) auf ein mathematisches Modell (Satz von Gleichungen). Die Gleichungen müssen dabei die Verteilung von charakteristischen Eigenschaften wie Geschwindigkeiten, Temperaturen und Konzentrationen in Raum und Zeit beschreiben (/4.1.1/). Eine erste Voraussetzung ist also, daß es gelingt, den Gesamtprozeß in Teilvorgänge zu zerlegen. Jeder dieser Teilvorgänge muß über geeignete Eigenschaften, den sogenannten Zustandsgrößen, bzw. deren Verteilung eindeutig beschreibbar sein. Diese Teilvorgänge werden i.a. voneinander abhängig sein und sich gegenseitig beeinflussen. Vorab muß aber sichergestellt sein, daß geeignete Gleichungen, sogenannte Transportgleichungen, aufgestellt werden können, die die Verteilungen in Raum und Zeit beschreiben (/4.1.2/,/4.1.3/). Durch Hinzunahme weiterer beschreibender Gleichungen muß die Abbildungstreue gesteigert werden können, so daß diese sich immer weiter an die physikalischen Gegebenheiten annähert. Bei Teilproblemen ist hiermit eine Anpassung an die Aufgabenstellung möglich.

Eine wichtige Voraussetzung ist also die Genauigkeit des mathematischen Modells. Dies bedeutet, daß es qualitativ und quantitativ den physikalischen Prozeß oder Zustand befriedigend genau wiedergibt. Eine vollständige Übereinstimmung zwischen Physik und Simulation wird nicht erreichbar sein, da z.B. auch stochastische Prozesse, wie die Turbulenz, auftreten. Ein "ideales" Modell ist damit nicht realisierbar. Das reale Modell beleuchtet immer bestimmte Aspekte besonders gut, während andere im Interesse der Realisierbarkeit unberücksichtigt bleiben oder mit nur geringerer Abbildungstreue berücksichtigt werden.

Bei der Modellierung turbulenter Strömungszustände, wie sie bei der Verbrennung typisch sind, werden durch die entsprechenden Transportgleichungen zusätzliche Korrelationen physikalischer Zustandsgrößen eingeführt, die einer Schließung bedürfen. Dies gelingt durch zusätzliche Transportgleichungen, die dann jedoch wieder Korrelationen, aber einer um eine Stufe höheren Ordnung, beinhalten (Schließungsproblem). Bedingung ist nun, daß es auf irgendeiner Stufe gelingt, durch allgemeingültige und im allgemeinen durch Experimente bestimmte Konstanten, das Gleichungssystem zu schließen. Je höher diese Stufe ist, desto höher ist im allgemeinen auch die Abbildungstreue. Ein wesentlicher Nachteil tritt hierbei jedoch auf, daß nämlich die physikalische Interpretierbarkeit mit der Korrelationsordnung abnimmt, so daß es zunehmend schwieriger wird, geeignete Experimente zur Überprüfung der Modellannahmen auszuführen. Auch muß ein Kompromiß zwischen der Detailtreue und dem notwendigen Aufwand bzw. der Realisierbarkeit gefunden werden.

Soll nun das entsprechende System simuliert werden, dann ist noch die triviale, aber nicht selbstverständliche Forderung zu erfüllen, daß das aufgestellte Gleichungssystem analytisch oder numerisch gelöst werden kann (/4.1.4/). Bei der mathematischen Form der Gleichungen ist dies nicht selbstverständlich. Insbesondere die Eindeutigkeit der Lösung ist ein wichtiges Problem. Dies soll motivieren, daß zu einer mathematischen Modellbildung auch die Beschäftigung mit numerischen Lösungsverfahren gehört, um die Simulation durchführen und vor allem die damit gewonnenen Ergebnisse beurteilen zu können. Neben der Genauigkeit des mathematischen Modells ist damit die Frage nach der Genauigkeit der numerischen Lösung aufgeworfen.

Eine numerische Lösung muß auch wirtschaftlich sein. Dies bedeutet, daß sie mindestens nicht teurer als das entsprechende physikalische Experiment sein sollte. Von einer Simulationsrechnung verspricht man sich aber i.a. eine deutliche Kostenreduktion im Vergleich zum realen Prozeß (physikalisches Modell oder Großanlage).

Damit lassen sich die wesentlichen Voraussetzungen für eine mathematische Modellbildung zusammenfassen:

---

o Eine Aufspaltung des Gesamtproblems in Teilprobleme ist möglich.

o Die Teilprobleme sind durch Zustandsgleichungen beschreibbar.

o Bei der Turbulenzmodellierung gelingt es, das Gleichungssystem zu schließen.

o Die Genauigkeit der beschreibenden mathematischen Gleichungen ist für die vorliegende Fragestellung ausreichend.

o Eine Lösung (numerisch oder analytisch) ist möglich und liefert das gesuchte Ergebnis.

o Das Lösungsverfahren ist konsistent und arbeitet wirtschaftlich. Zumindest muß die Lösungszeit endlich sein.

Bild 4.1.1: Voraussetzungen für eine mathematische Modellbildung

o **Literatur**

/4.1.1/ Schöne, A. (Ed.): Simulation technischer Systeme, Band 2: Simulation stetiger Systeme. Hanser Verlag, München, 1976

/4.1.2/ Spalding, D.B.: Mathematische Modelle turbulenter Flammen. VDI-Berichte Nr. 146, 1970, S. 25-30

/4.1.3/ Spalding, D.B.: Mathematical Models of Turbulent Flames: A Review. Comb. Sci. Techn., 13(1976), pp 3-25

/4.1.4/ Klose, E.; Taufer, W.: Möglichkeiten der mathematischen Modellierung bei Prozessen der Kohleveredelung. Erdöl, Erdgas, Kohle, Teil 1: 104 (1988) Heft 10, S. 407-411, Teil 2: 105 (1989) Heft 1, S. 37-43

/4.1.5/ Mosbech, H.; Qvale, B.; Holst, J.: Simulationsmodelle einer Kohlenstaubfeuerungsanlage. VGB-Kongreß: "Kraftwerke 1985", Tagungsband, 1985, S. 555-559

Kapitel 5 :

EBENEN DER MATHEMATISCHEN MODELLIERUNG

5.1 Global- / Detail-Modelle

Bei der Abbildung von Verbrennungsvorgängen auf ein mathematisches Modell sind verschiedene Ebenen der Beschreibung vorstellbar. Dies soll am Beispiel eines Diffusionsvorganges erläutert werden:

- Mikroskopisch betrachtet handelt es sich bei der Diffusion um eine regellose Bewegung von Molekülen. Mit jedem einzelnen Molekül wird dabei eine Masse einer bestimmten Eigenschaft transportiert. Soll das System auf dieser Ebene beschrieben werden, dann müßte jedes einzelne Molekül bilanziert werden.

- Makroskopisch betrachtet ist die Diffusion ein Ausgleichsprozeß, durch den Konzentrationsgradienten durch diffusive Stoffströme ausgeglichen werden. Von dieser Warte aus läßt sich der Vorgang mit dem Fick'schen Gesetz über eine stoffspezifische Diffusionskonstante und den Konzentrationsgradienten beschreiben.

Bei der Modellierung technischer Verbrennungssysteme wird, soweit realisierbar, eine möglichst makroskopische Betrachtungsweise vorgezogen. An manchen Stellen ist eine tiefergehende Betrachtung unumgänglich. Unter diesem Gesichtspunkt ist auch die Kontinuumsbetrachtung (Kap. 6,7,8,9,10) als übergeordnete Beschreibung und die Einzelteilchenbeschreibung (Kap. 11,12,13) als detailorientierte Modellierung zu sehen.

Monte-Carlo-Modelle nehmen hierbei eine Zwischenstellung ein. Bei ihnen werden Vorgänge auf mikroskopischer Ebene beschrieben und damit ein für den jeweiligen Vorgang charakteristisches Verhalten des Systems modelliert (/5.1.1/,/5.1.2/). Werden viele solcher Einzelvorgänge verfolgt, dann kann über eine statistische Betrachtung auf das makroskopische Verhalten rückgeschlossen werden. Als Beispiele seien der Strahlungsaustausch (/5.1.3/,/5.1.4/), der molekulare Diffusionsvorgang (/5.1.5/) oder die turbulente Partikeldispersion (/5.1.6/,/5.1.7/,/5.3.1/) angeführt.

5.2 Einzel- / Gesamt-Modelle

Beim Verbrennungsvorgang spielen eine Reihe von physikalischen Teilvorgängen eine Rolle. Im Wesentlichen sind dies die Strömung/Mischung, Reaktion und Wärmeübertragung. Bei einer "vollständigen" Beschreibung müssen diese in gekoppelter Form erfaßt werden (vgl. Kap. 6.2).

Für manche Fragestellungen ist es jedoch oft ausreichend, einen Komplex herauszugreifen und detailliert zu modellieren, während die beiden anderen durch geeignete Annahmen erfaßt werden. Bei einer solchen Approximation sucht man eine entkoppelte Lösung auf. Am Beispiel einer Kesselfeuerung sei dieses Vorgehen aufgezeigt:

- Strahlungswärmeaustauschrechnung: Für die Werkstoffauswahl der Strahlungsfeuerraumwände oder die Betriebsführung eines Kessels ist die Kenntnis der Temperaturverteilung im Strahlungsteil des Feuerraums notwendig. Diese wird natürlich über die Strömung (konvektiven Transport) und die lokale Wärmefreisetzung (Reaktion) beeinflußt, ist also mit diesen Vorgängen gekoppelt. Gelingt es jedoch beide Vorgänge durch empirische Angaben zu beschreiben, dann kann alleine durch eine Strahlungsaustauschrechnung - die Strahlung ist der dominante Wärmeübertragungsmechanismus - eine Temperaturverteilung berechnet werden, die den Einfluß von gestufter Luft- und/oder Brennstoffzufuhr, der Zu- oder Abschaltung einzelner Brenner oder den Verschmutzungszustand der Kesselwände (Strahlungsteil) qualitativ richtig wiedergibt. Eine solche Beschreibung wird natürlich versagen, wenn z.B. die NO_x-Bildung auf dem thermischen Pfad beschrieben werden soll, da hier lokale turbulente Eigenschaften (Temperatur- und Mischungsgradfluktuationen) eine große Rolle spielen (/5.1.3/,/5.1.4/).

- Strömungs- / Mischungsrechnung: Beim Einsatz verfahrenstechnischer Hilfsstoffe beim Verbrennungsprozeß, wie z.B. von Ammoniak- oder Harnstofflösungen zur Reduktion von Stickoxiden, ist einer kontrollierten Einmischung dieser Stoffe in den Rauchgasstrom besonderes Augenmerk zu widmen. Da diese Stoffe nach der Hauptumsetzungszone des Brennstoffs (Brennergürtel) zudosiert werden, ist die Annahme einer weitestgehend abgeschlossenen Verbrennung und einer fortgeschrittenen Temperaturvergleichmäßigung durch Strahlung gerechtfertigt. Daher kann von einem isothermen Zustand im Bereich der Eindüsestellen ausgegangen werden. Unter dieser Voraussetzung ist eine alleinige Strömungs- / Mischungsrechnung zulässig, bei der Effekte der Turbulenz in den

Rauchgasen, sowie unterschiedliche Eindüseimpulse und Eindüsewinkel auf die Einmischung untersucht werden können. Da die genaue Temperaturverteilung (Mittelwert und Fluktuationen) entlang der Einzeltröpfchenbahn nicht bekannt sind, kann hiermit natürlich keine kinetische Rechnung für den Umsatz der Hilfsstoffe durchgeführt werden (/5.2.1/,/5.2.2/).

- Reaktionskinetische Untersuchungen: Ist die Umsetzung der Hilfsstoffe im obigen Beispiel kinetisch- und nicht mischungskontrolliert, dann kann die Vorgabe der Temperatur- und Konzentrations-Geschichte nichtreagierender (inerter) Partikel ("Tracer") die Randbedingungen für eine reaktionskinetische Untersuchung liefern. Voraussetzung ist allerdings, daß die Wärmetönung durch die betrachteten Reaktionen gering bleibt. Bei Verfahren zur Entschwefelung und Entstickung ist dies durch die relativ geringen Konzentrationen, sowohl der zu reduzierenden Stoffe (z.B. NO) als auch der Reduktionsmittel (z.B. Ammoniak oder Harnstoff), meist gewährleistet.

Eine Gesamtberechnung kann nun alle diese drei Fragenkomplexe geschlossen und mit höherer Genauigkeit beantworten helfen. Wegen der bestehenden Kopplungen wird aber der Aufwand hierfür mehr als dreimal so hoch wie für eine Einzelbetrachtung sein.

Dies soll nicht als Rechtfertigung für den Einsatz von Einzelmodellen verstanden werden, sondern nur das an das jeweils vorliegende Problem angepaßte Vorgehen erklären.

5.3   Euler- / Lagrange-Modelle

Die Bilanzierung einer allgemeinen, transportierten Variablen φ kann in

- Euler-Darstellung oder
- Lagrange-Darstellung

erfolgen.

Bei der **Euler-Darstellung (Kontinuumsbetrachtung,** Bild 5.3.1) wird die Individualität der Moleküle des Fluids oder der suspendierten Teilchen nicht berücksichtigt, das heißt das Strömungsmedium wird als Kontinuum betrachtet. Diese Approximation ist dann zulässig, wenn der mittlere Abstand der Moleküle klein ist im

Kontrollvolumen im Kontinuum (ortsfest)

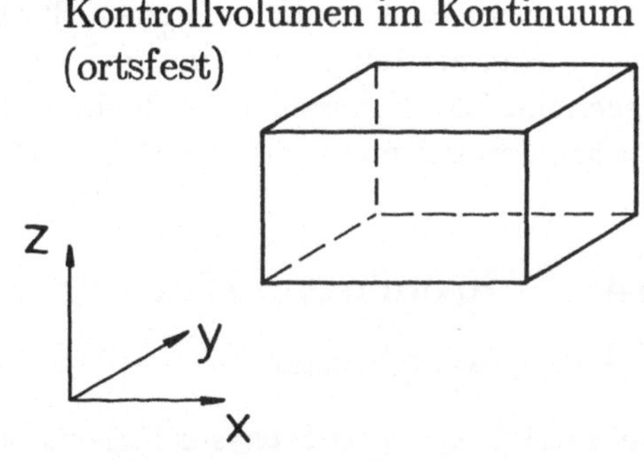

Bild 5.3.1: Euler-Darstellung

Vergleich zu einer charakteristischen Abmessung im beschreibenden System, das heißt wenn die makroskopischen Eigenschaften wie zum Beispiel die Dichte mit einer kontinuierlichen stetigen Funktion abbildbar sind. Diese Eigenschaft wird dann in einem ortsfesten Kontrollvolumen bilanziert, in dem die Flüsse über die Begrenzungen geeignet zu wählender Kontrollflächen betrachtet werden. Es sind dies die Verhältnisse wie sie ein ortsfester Beobachter sieht.

Ein Vorteil der **Euler-Darstellung** besteht darin, daß bei einer Fluidströmung kein sehr großes Kollektiv von Teilchen verfolgt werden muß, was auf molekularer Ebene unmöglich wäre, sondern daß die makroskopischen Eigenschaften des Fluids mit wenigen Parametern wie Dichte, Viskosität und andere beschreibbar sind. Bei Anwendung der Euler-Beschreibung auf die Partikelphase und der Annahme sehr kleiner Masse und geringer Konzentration der Teilchen kann unter Vernachlässigung der Schlupfgeschwindigkeit auf die Lösung einer zusätzlichen Transportgleichung für diese zweite Phase verzichtet werden. Der Einfluß des Partikelkollektives auf die Turbulenzstruktur muß dann aber noch näher untersucht werden.

Im Gegensatz hierzu wird bei der **Lagrange-Darstellung** (**Einzelteilchenbetrachtung**, Bild 5.3.2) die Flugbahn von Partikeln in einem ortsfesten Koordinatensystem beschrieben. Dabei werden Kräfte und Flüsse am Partikel, bedingt durch Gradienten zu den Umgebungsbedingungen, bilanziert. Es sind dies die Verhältnisse wie sie ein mitbewegter Beobachter sieht.

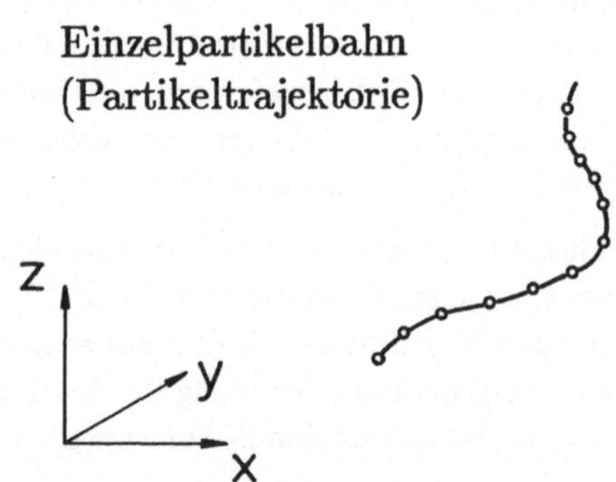

Bild 5.3.2: Lagrange-Darstellung

Gegenüber der Eulerdarstellung gestattet die **Lagrange-Darstellung** andererseits eine sehr einfache Einarbeitung von reaktionskinetischen Experimentaldaten. Diese Experimente, zum Beispiel zur Untersuchung des Abbrandverhaltens von Kohle, werden oft als Batchprozesse durchgeführt. Meßergebnisse liegen dann als Zeitfunktion vor und können mit der Aufenthaltszeit des Partikels im Feuerraum korreliert werden. Bei der Euler-Darstellung liegt für ein Kontrollvolumen keine solche Information über die Partikel-"Geschichte" vor.

5.4 Koordinaten, Dimensionalität und Einsatzbereiche der Modelle

5.4.1 Koordinaten

Neben der Frage nach der physikalischen Abbildungstreue mathematischer Modelle spielen die Wahl des Koordinatensystems und die Dimensionalität eine wesentliche Rolle, denn sie bestimmt in hohem Maße den numerischen Aufwand, der für eine Lösung notwendig ist.

Von der geometrischen Form des Verbrennungssystems bzw. des betrachteten Teilbereichs oder Teilvorgangs (Verbrennung eines Einzelteilchens) hängt die Wahl des Koordinatensystems ab, in dem die physikalisch ablaufenden Vorgänge beschrieben werden. Das Koordinatensystem legt die Form der Transportgleichungen fest. Die einfachste mathematische Form ergibt sich dabei in einem kartesischen Koordinatensystem. Daher sollen in den folgenden Kapiteln die beschreibenden Gleichungen immer in kartesischen Koordinaten angegeben werden. Wo es notwendig erscheint, werden die entsprechenden Gleichungen in anderen Koordinatensystemen (Zylinder- und Kugelkoordinaten) im Anhang 2 angegeben. Mögliche Koordinatensysteme und ihre Einsatzbereiche sind in Tab. 5.4.1 aufgeführt.

Koordinatensystem	Koordinaten	Bedeutung	allgemeiner Wertebereich	gebräuchlicher Wertebereich
Kartesische Koordinaten	x, y, z x_1, x_2, x_3 $x_i, \; i=1,3$	$x,x_1=$x-Richtung $y,x_2=$y-Richtung $z,x_3=$z-Richtung	$-\infty < x_i < +\infty$	$0 \leq x_i \leq x_{i\,max}$
Zylinderkoordinaten	r, θ, z	$r=$radiale Richt. $\theta=$Azimuthwinkel $z=$axiale Richt.	$0 \leq r \leq +\infty$ $0 \leq \theta < 2\pi$ $-\infty < z < +\infty$	$0 \leq r \leq r_{max}$ $0 \leq \theta < 2\pi$ $0 \leq z \leq z_{max}$
Kugelkoordinaten	r, θ, Φ	$r=$radiale Richt. $\theta=$Azimuthwinkel $\Phi=$Polarwinkel	$0 \leq r \leq +\infty$ $0 \leq \theta < 2\pi$ $0 \leq \Phi < \pi$	$0 \leq r \leq r_{max}$ $0 \leq \theta < 2\pi$ $0 \leq \Phi < \pi$

Tab. 5.4.1: Koordinatensysteme: Koordinaten und ihre Wertebereiche

5.4.2 Dimensionalität

Unter "Dimension" sei hier neben den Raumkoordinaten x,y und z auch die Zeitkoordinate t verstanden, so daß die Dimension "4" den komplexesten transienten Verbrennungvorgang beschreibt. Oft interessiert jedoch nur ein stationärer Betriebszustand oder ein Prozeß ist in irgend einer Weise symmetrisch.

Eine nach dem notwendigen numerischen Aufwand gegliederte Einordnung ist in Bild 5.4.1 dargestellt. Hierbei wird zwischen stationären und instationären Modellen unterschieden. Als einfachstes Modell ergibt sich hiernach das sogenannte "Black-Box"-Modell, bei dem Ein- und Ausgangsgrößen korreliert werden. Diese Korrelation muß immer aufgrund von physikalischen Beobachtungen (Messungen) ermittelt werden. Sie beinhaltet keine Information über die innere Struktur (physikalische Zusammenhänge) des Systems, woraus sich der beschränkte Gültigkeitsbereich und die praktisch fehlende Extrapolierfähigkeit auf "ähnliche" Systeme erklärt. Damit handelt es sich um keine echten Modelle. Ein Einsatzbereich für solche Korrelationen ist in der steuerungs- und regelungstechnischen Anwendung bei Verbrennungsvorgängen zu sehen, bei denen darauf geachtet werden muß, daß der Gültigkeitsbereich des "Modells" durch die Regeleingriffe nicht verlassen wird.

Auf mögliche Einsatzbereiche von Modellen unterschiedlicher Dimension wird im nächsten Kapitel kurz eingegangen.

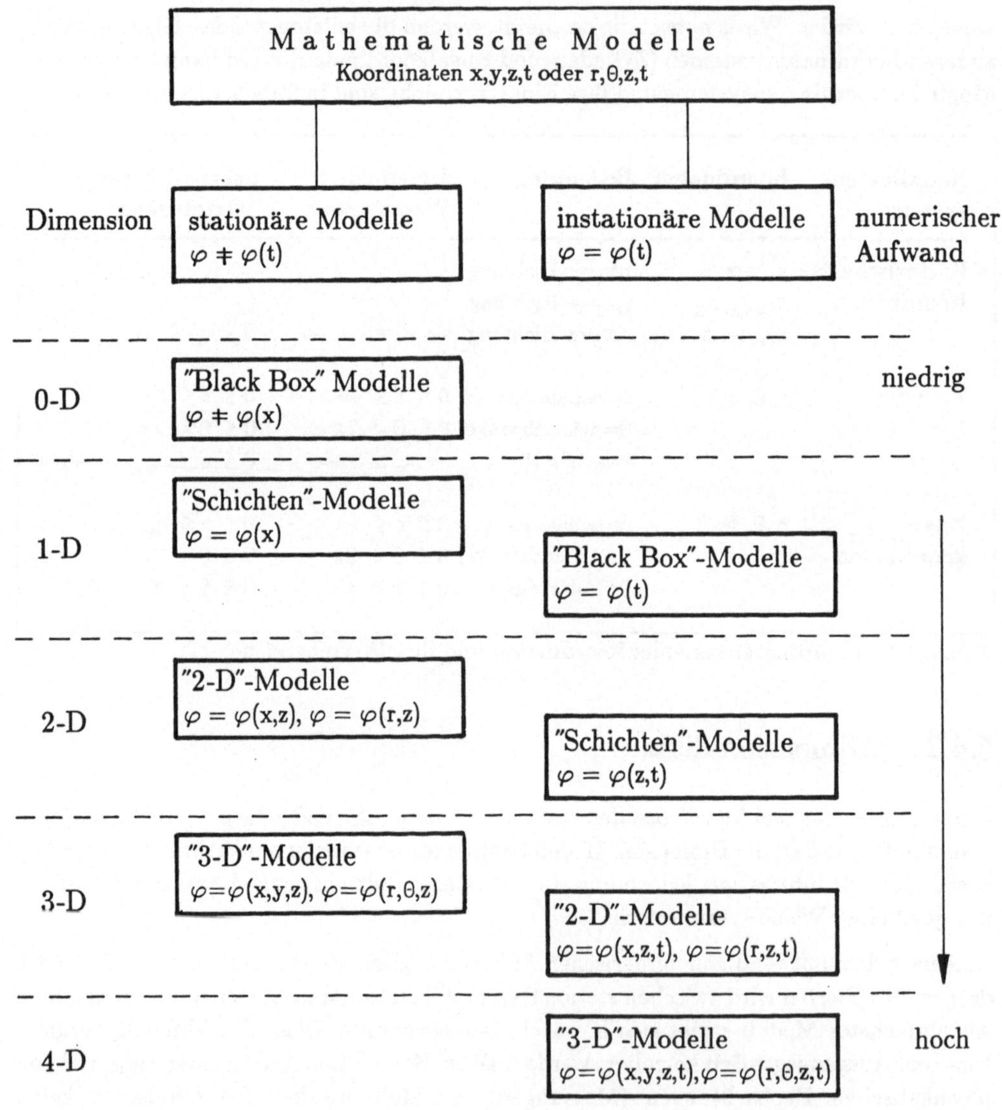

Bild 5.4.1: Einteilung mathematischer Modelle nach der Dimensionalität

5.4.3 Einsatzbereiche

Die verschiedenen Einsatzbereiche lassen sich am besten mit Hilfe der verwendeten Koordinaten einordnen:

o **Kartesische Koordinaten:** geeignet für rechteckige Gesamtgeometrien, bei denen auch Spiegelsymmetrie oder zyklische Randbedingungen vorliegen können. Als Beispiele seien Industrieöfen oder Groß-kesselfeuerungen genannt. Stark vereinfachte, aber typische Gitter zeigen die Bilder 5.4.2, 5.4.3 und 5.4.4.

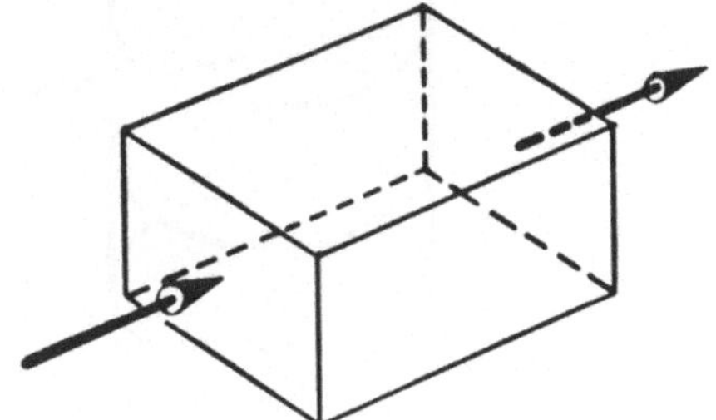

Bild 5.4.2: Kartesisches 0-D-Gitter z.B. für einen Glasschmelzofen

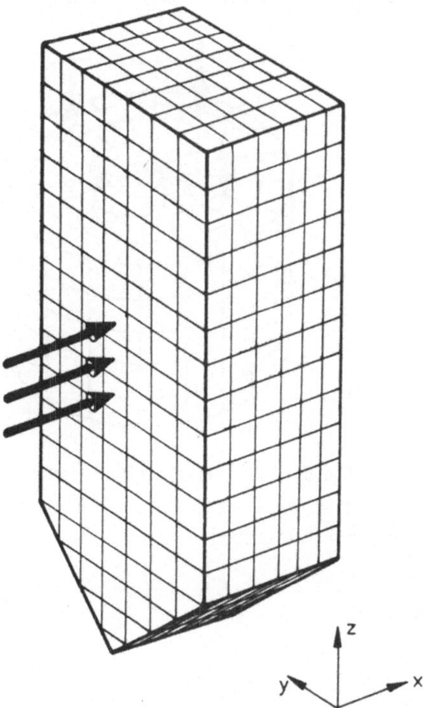

Bild 5.4.4: Kartesisches 3-D-Gitter z.B. für den Feuerraum einer Staubfeuerung

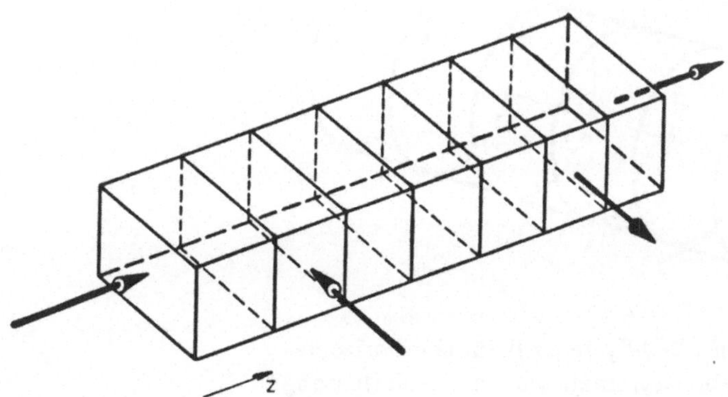

Bild 5.4.3: Kartesisches 1-D-Gitter z.B. für einen Industriedurchlaufofen

o **Zylinderkoordinaten:** geeignet für rotationssymmetrische Gesamtgeometrien. Typische Beispiele sind Einzelflammen, Gasturbinen oder Motorenbrennräume. Numerische Gitter sind in den Bildern 5.4.5, 5.4.6 und 5.4.7 angeführt.

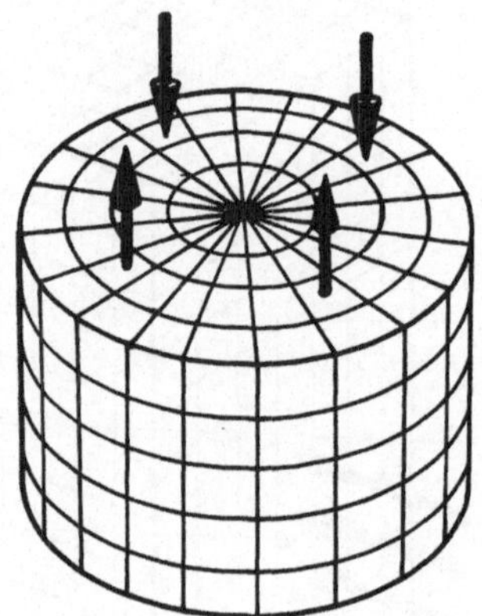

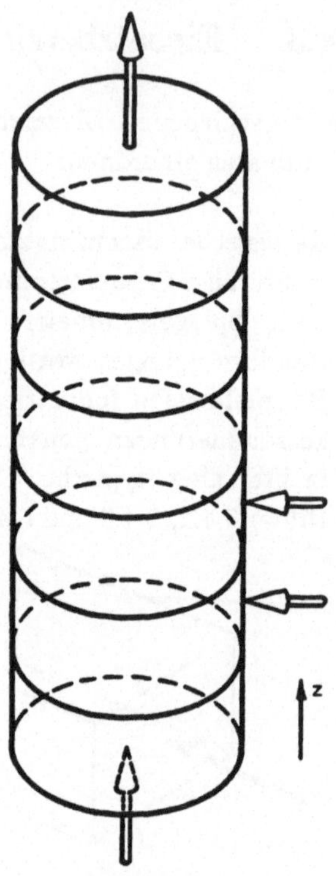

Bild 5.4.6: Zylindrisches 3-D-System z.B. für einen motorischen Brennraum mit Ein- und Auslaßöffnungen (Ventilen)

Bild 5.4.5: Zylindrisches 1-D-System z.B. für eine vertikale Brennkammer oder eine Wirbelschicht

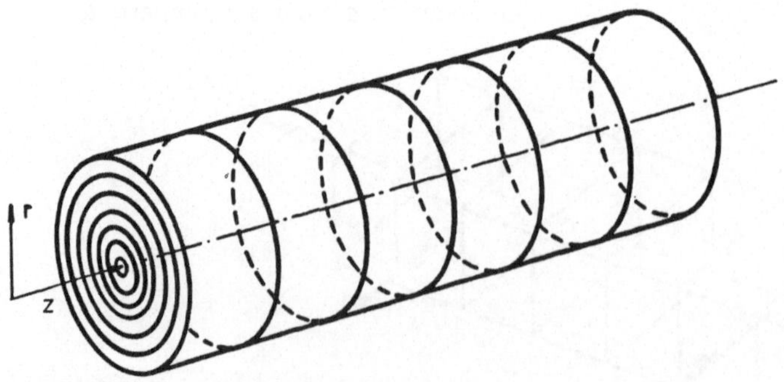

Bild 5.4.7: Zylindrisches 2-D-System z.B. für eine horizontale Einzelflamme (rotationssymmetrisch ohne Beeinflussung durch Auftriebseffekte)

o **Kugelkoordinaten:** geeignet für kugelsymmetrische Gesamtgeometrien. Beispiele sind Einzelbrennstoffteilchen oder ungestörte Flammenfrontausbreitung bei Explosions-/Detonationsvorgängen. Ein solches System mit einem Schnitt ist in Bild 5.4.8 dargestellt. Der Koordinatenursprung liegt im geometrischen Mittelpunkt.

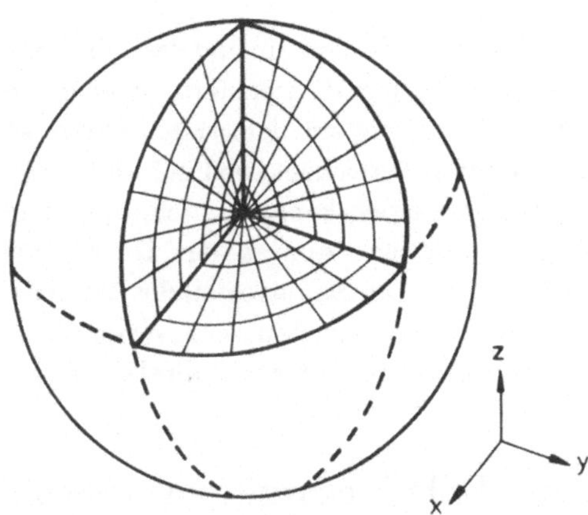

Bild 5.4.8: 3-D-Kugelsystem z. B. für ein Kohleeinzelteilchen

o **Körperangepaßte Koordinaten:** einzelne Gitterlinien folgen entweder der geometrischen Form der Verbrennungseinrichtung oder charakteristischen Formen, die sich beim Verbrennungsvorgang einstellen (Flammen-"Oberflächen"). Als Beispiele seien wieder Gasturbinenbrennkammern, Einzelflammen oder Motorbrennräume angeführt. Bild 5.4.9 zeigt ein numerisches Gitter für die Berechnung der Strömung in einem Dieselmotoreinströmbereich.

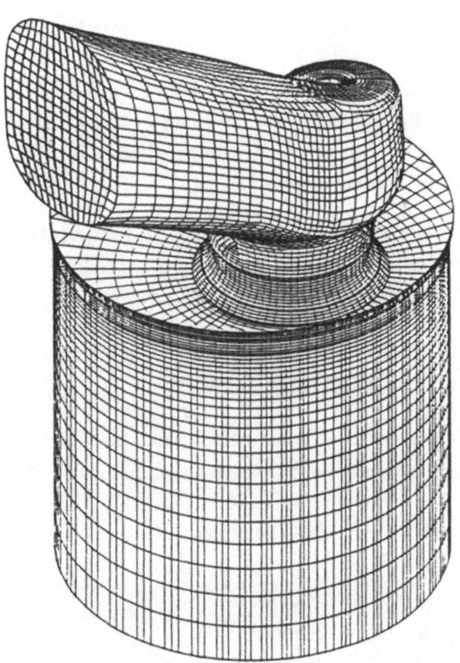

Bild 5.4.9: System mit körperangepaßten Koordinaten (/5.4.7/)

5.4.4 Mehr-Gitter-Methode (Multi-Griding)

Bei dieser Methode wird ein und dasselbe Lösungsgebiet mit Hilfe von zwei oder mehreren numerischen Gittern diskretisiert, wobei das erste gröber ist und die nächsten immer feiner werden. Die Lösung aus dem ersten Gitter wird als Startwert für die Lösung im nächstfeineren Gitter verwendet, wodurch in diesem Gitter schneller eine konvergierte Lösung aufgefunden werden kann, als wenn direkt in diesem die Lösung von einem beliebigen Startwert aus gesucht worden wäre. Die Methode wird bis zum feinsten Gitter durchgeführt (/5.4.1/-/5.4.3/). Der Hauptvorteil der Methode ist in ihrer Wirtschaftlichkeit zu suchen. Es stellen sich aber auch Konsistenzvorteile ein, da die Fehlerverdrängung bei den ersten Schritten im groben Gitter sehr direkt über die Wände verläuft.

5.4.5 Teilgebietszerlegung (Subdomain Decomposition) Überlappende Gitter (Patched Grids)

Sollen zwei oder mehr Teilgebiete des Lösungsraums (Feuerraum) mit unterschiedlich feinen Gittern aufgelöst werden, dann bietet sich die Methode der Teilgebietszerlegung (/5.4.5.1/, /5.4.5.2/) an. Hierbei wird der gesamte Lösungsraum z.B. in zwei sich überlappende Teilgebiete zerlegt. Jedes Teilgebiet wird für sich mit einem numerischen Gitter diskretisiert. Nach jedem Iterationsschritt in einem Gebiet wird das jeweils andere berechnet. Dabei wird die Kopplung beider Gebiete durch das Überlappungsgebiet erreicht, indem die Lösung aus dem einen Gebiet jeweils als iterativer Randwert für das andere Gebiet Verwendung findet.

Mit dieser Methode lassen sich prinzipiell verschiedene Koordinatensysteme miteinander koppeln, auch eine Kopplung zwischen der Finite Differenzen-Methode und der Finiten Elemente-Methode ist möglich (/5.4.6/).

o   Formelzeichen

(Kapitelspezifische Formelzeichen; eine Zusammenstellung übergeordnet gültiger Formelzeichen und Kennzahlen ist in Anhang 6 angeführt;   [*] Dimension hängt von der jeweiligen Verwendung ab)

Symbol	Bedeutung	Dimension
r	Radius	m
x, y, z	Koordinate	m
x	Koordinatenrichtung	-
Θ	Azimuthwinkel	rad
φ	allgemeine, massenspezifische Variable	*
Φ	Polarwinkel	rad

o   Literatur

/5.1.1/ Binder, K. (Ed.): Monte Carlo Methods in Statistical Physics. Springer-Verlag, Berlin, 1986

/5.1.2/ Binder, K. (Ed.): Application of the Monte Carlo Method in Statistical Physics. Springer-Verlag, Berlin, 1987

/5.1.3/ Görner, K.; Dietz, U.: Strahlungsaustauschrechnung mit der Monte-Carlo-Methode. Chem.-Ing.-Tech., 62(1990) Nr.1, S.23-33

/5.1.4/ Dietz, U.; Görner, K.: Heat Transfer Calculation for Industrial Furnaces by a Monte-Carlo Method. IFRF 9th Members' Conference, Noordwijkerhout, the Netherlands, 1989

/5.1.5/ Ghoniem, A.F.; Oppenheim, A.K.: Random Element Method for Numerical Modelling of Diffusional Processes. Lecture Notes in Physics, No.170, Springer-Verlag, Berlin, 1982

/5.1.6/ Görner, K.; Zinser, W.: Investigation into Turbulent Particle Transport in Utility Boiler Furnaces. IFRF 8th Members' Conference, Noordwijkerhout, the Netherlands, 1986

/5.1.7/ Weber, R.; Boysan, F.; Ayers, W.H.; Swithenbank, J.: Simulation of Dispersion of Heavy Particles in Confined Turbulent Flows. AIChE Journal, 30(1984), No. 3, pp 490-492

/5.2.1/ Görner, K.; Epple, B.: Einmischung von NO_x-Reduktionsmitteln in den Feuerraum von Dampferzeugern am Beispiel des OKA-Kombinations-DENOX-Verfahrens. 4. TECFLAM-Seminar, Stuttgart, 1988, S. 87-101

/5.2.2/ Görner, K.; Epple, B.: Flow and Mixing Calculations for Utility Boiler Furnaces with Special Application to OKA-Combined-DENOX-Process. IFRF 9th Members' Conference, Noordwijkerhout, the Netherlands, 1989

/5.3.1/ Görner, K.: Simulation turbulenter Strömungs- und Wärmeübertragungsvorgänge in Großfeuerungsanlagen. VDI Fortschrittbericht, Reihe 6, Nr. 201, 1987

/5.4.1/ Thompson, J.F.: Grid Generation Techniques in Computational Fluid Dynamics. AIAA Journal, 22 (1984) Nr. 11, pp 1505-1523

/5.4.2/ Pielke, R.A.: Meteorological Modelling. (Chap. 6: Coordinate Transformations). Academic Press, London 1984

/5.4.3/ Arlinger, B.: Axisymmetric Transonic Flow Computations Using a Multigrid Method. Lecture Notes in Physics, No. 141, Springer-Verlag, Berlin, 1981, pp 55-60

/5.4.4/ Schwarz, H.A.: Über einige Abbildungsaufgaben. Ges. Math. Abhandl., 11 (1869), S. 65-83

/5.4.5/ Lions, P.L. On the Schwarz Alternating Method. 1st Int. Symp. on Domain Decomposition Methods for Partial Differential Equations, SIAM Tagungsband, 1988, pp 1-42

/5.4.6/ Boulbrachene, M.; Cortey-Dumont, Ph.; Miellou, J.C.: Mixing Finite Elements and Finite Differences in a Subdomain Method. 1st Int. Symp. on Domain Decomposition Methods for Partial Differential Equations, SIAM Tagungsband, 1988, pp 198-216

/5.4.7/ INVENT GmbH, Erlangen, erzeugt mit Programm STAR-CD

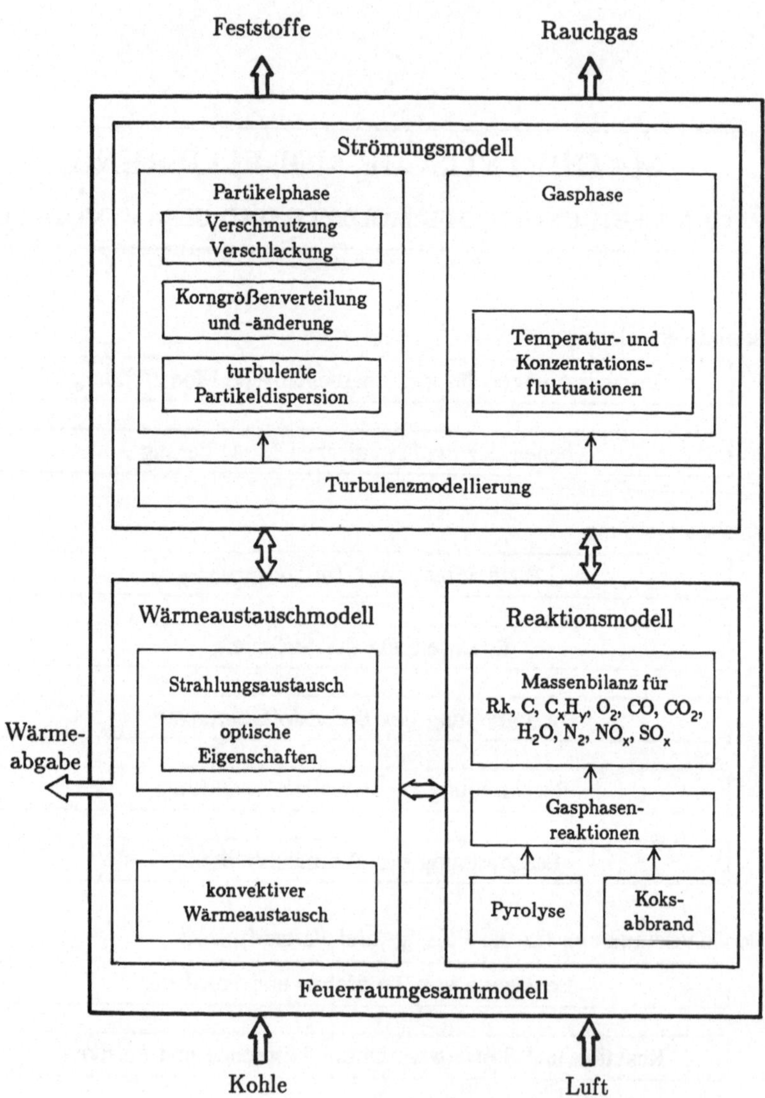

Zusammenspiel der Teilmodelle im mathematischen Gesamtmodell für eine Kohlenstaubtrockenfeuerung

Kapitel 6 :

BILANZIERUNG VON ZUSTANDSGRÖSSEN

6.1 Herleitung der Bilanzgleichung

6.1.1 Allgemeine Überlegungen

Die Verteilung einer Zustandsgröße im Integrationsgebiet (Strömungsgebiet, Flamme, Feuerraum) wird von konvektivem und diffusivem Transport sowie von lokalen Quellen und Senken bestimmt. Hierbei ist zwischen **passiven Skalaren** und **transportierenden vektoriellen Größen** zu unterscheiden. Passive Skalare, wie z.B. eine Enthalpie oder die Konzentration einer Spezies bewirken keine **direkte** Beeinflussung einer anderen Variablen, sie werden selbst nur transportiert. Untereinander sind die beschreibenden Zustandsgrößen **gekoppelt**, da ja z. B. die Temperatur über den Reaktionsterm (Quellterm) die Reaktionsgeschwindigkeit und damit den Umsatz einer Spezies beeinflußt. Die Geschwindigkeit, eine vektorielle Größe, transportiert über die konvektiven Flüsse direkt einen passiven Skalar (z.B. die Enthalpie) und wird selbst in Form von Impuls transportiert.

Für beide Variablentypen kann dennoch eine allgemeine Bilanzgleichung in Form einer Transportgleichung aufgestellt werden, die Grundlage für die weiteren Betrachtungen sein wird.

Im folgenden Abschnitt soll die allgemeine differentielle Form der Bilanzgleichung für eine Variable ϕ in Euler-Darstellung hergeleitet werden. Dies geschieht in einem kartesischen

86

Koordinatensystem, da die Form der entstehenden Gleichungen hierin besonders einfach ist. Die Gleichungen lassen sich aber ohne Probleme auch auf andere Koordinatensysteme übertragen (Anhang 2).

Für die Anschaulichkeit ist es vorteilhaft, die massenbezogene Größe φ einzuführen, wobei der Zusammenhang:

$$\varphi = \phi/m \qquad (6.1.1)$$

besteht.

Betrachtet man ein Volumenelement dV (Bild 6.1.1), so gilt:

$$\phi = \iiint\limits_{V} \rho \, \varphi \, dV \quad . \qquad (6.1.2)$$

Die allgemeine Zustandsgröße φ steht dabei für :

- eine Geschwindigkeitskomponente u_i,
- eine Temperatur T ,
- eine Konzentration c_α oder
- für weitere physikalische Größen.

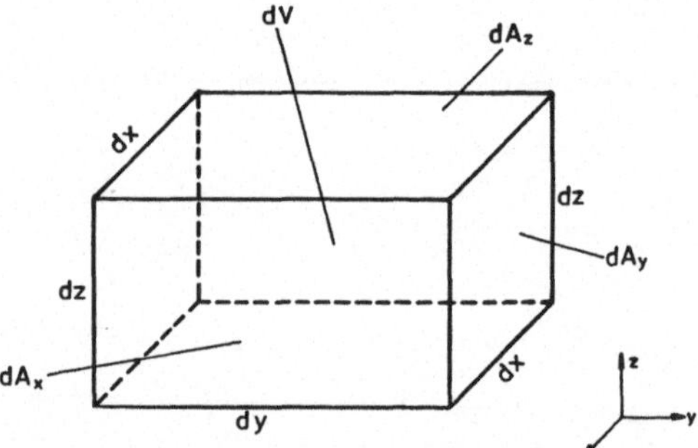

Bild 6.1.1: Differentielles Kontrollvolumen

Die für die Beschreibung eines technischen Verbrennungssystems notwendigen Zustandsgrößen sind durch die an die Simulation gerichteten Fragestellungen bestimmt.

Ein möglicher Satz von Zustandgrößen wird in Kap. 6.2 angeführt.

6.1.2 Bilanzierung an einem endlichen Volumenelement dV

Die zeitliche Änderung der Zustandsgröße im Volumenelement (Ein- und Ausspeicherungsvorgänge, Term I) wird durch einen konvektiven (Term II) und diffusiven (Term III) Netto-Transport, sowie durch Quellen und Senken (Term IV) hervorgerufen. Dabei soll die Bilanzgleichung vorzeichenmäßig in der folgenden Form angegeben werden:

zeitliche	+ konvektiver	= diffusiver	+ Quellen und
Änderung	Transport	Transport	Senken
Term I	+ Term II	= Term III	+ Term IV

$$(6.1.3)$$

Diese einzelnen Terme können über eine diskrete Betrachtung an einem Volumenelement dV durch Grenzübergang zu infinitesimalen Volumina mit anschließender Integration über das Volumen (Volumenintegral über V) in Netto-Teilbeiträge für den Gesamttransport überführt werden.

Die einzelnen Teilterme ergeben sich dabei wie folgt:

o <u>Zeitliche Änderung</u> im Volumenelement dV (Term I):

Die zeitliche Änderung von Impuls, Masse oder Stoffmenge im Volumenelement beschreibt den Ein- und Ausspeicherungsvorgang der jeweiligen Größe. Dieser Teilterm ist während eines transienten Übergangs von einem Zustand in einen anderen ungleich null. Im stationären Zustand verschwindet dieser Term. Interessiert man sich von nur für den stationären Zustand, dann kann dieser Term vernachlässigt werden. Für eine Reihe von numerischen Lösungsverfahren ist es jedoch vorteilhaft, ihn trotzdem mitzuberücksichtigen, da hierdurch der physikalisch beschrittene, zeitliche Übergang von einem Zustand in einen anderen nachvollzogen wird. Dies bringt Vorteile für die Stabilität und die Konsistenz des Lösungsverfahrens.

Die im Zeitintervall Δt ablaufende Ein- und Ausspeicherung der Eigenschaft ϕ führt zur Änderung von ϕ zum Zeitpunkt t, $\phi|_t$, zu ϕ zum Zeitpunkt t+Δt , $\phi|_{t+\Delta t}$. Die zeitliche Änderung ergibt sich damit zu:

$$\frac{\phi|_t - \phi|_{t+\Delta t}}{\Delta t} \ . \tag{6.1.4}$$

Der Grenzübertritt für ein infinitesimales Zeitelement und ein infinitesimales Volumenelement liefert nach der Integration über das gesamte Volumen:

$$\boxed{\iiint_V \frac{\partial}{\partial t}(\rho\varphi) \ dV \qquad\qquad (6.1.5)}$$

Term I der Bilanzgleichung (zeitliche Änderung)

o <u>Konvektiver Netto-Transport</u> (Term II):

Der konvektive Nettotransport ergibt sich, wenn einströmende Flüsse mit positivem und ausströmende mit negativem Vorzeichen berücksichtigt werden (Bild 6.1.2). Die Eigenschaft φ wird dabei mit der Geschwindigkeit u_j transportiert, wobei die Geschwindigkeiten z.B. an den Volumengrenzen definiert sind.

$$(u_j\phi|_x - u_j\phi|_{x+\Delta x}) \ \Delta A \ \rightarrow \ \iint_A \rho u_j\varphi dA \tag{6.1.6}$$

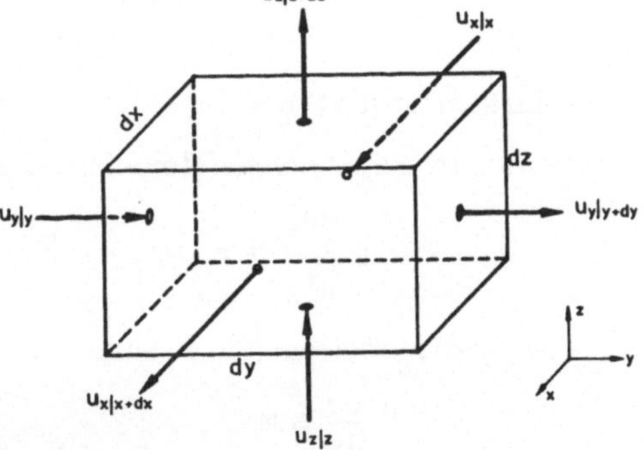

Bild 6.1.2: Geschwindigkeiten am Volumenelement

Durch Anwendung des Gauß'schen Integralsatzes

$$\iint\limits_{A} (P\ dydz + Q\ dzdx + R\ dxdy) = \iiint\limits_{V} \left(\frac{\partial P}{\partial x}\ \frac{\partial Q}{\partial y}\ \frac{\partial R}{\partial z} \right)\ dV \tag{6.1.7}$$

erhält man aus dem Oberflächenintegral ein Volumenintegral:

$$\iiint\limits_{V} \frac{\partial}{\partial x_j}(\rho u_j \varphi)\ dV \tag{6.1.8}$$

Term II der Bilanzgleichung (konvektiver Transport)

o <u>Diffusiver Netto-Transport</u> (Term III):

Ein diffusiver Transport wird durch Gradienten der betrachteten Zustandsgrößen hervorgerufen. Diese sind an den Volumenmittelpunkten definiert, womit man mit der Festlegung der Geschwindigkeiten an den Volumengrenzen eine "versetzte" Gitterdefinition erhält (Bild 6.1.3). Die entsprechende Stromdichte sei mit j_φ bezeichnet. Damit ergibt sich am Volumenelement dV:

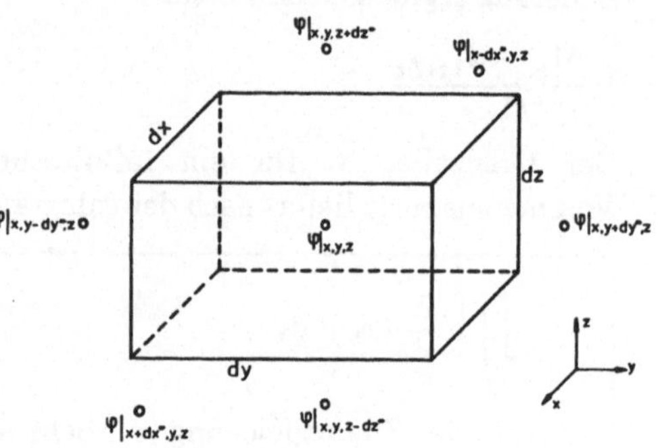

$$(j_\varphi|_x - j_\varphi|_{x+\Delta x})\ \Delta A \rightarrow \iint\limits_{A} j_\varphi\ dA \tag{6.1.9}$$

Bild 6.1.3: Zustandsgrößen am Volumenelement

Die Ansätze für die Stromdichte j_φ der jeweiligen Transportgrößen lauten:

Newton'sche Spannungen (Impulstransport):

$$j_{u,j} = -\mu \frac{\partial u_j}{\partial x_j} \equiv \tau_{ij}\ , \tag{6.1.10}$$

Fick'scher Stoffstrom (Stofftransport):

$$j_c = -D \frac{\partial c}{\partial x} \equiv \dot{m}\ , \tag{6.1.11}$$

Fourier'scher Wärmestrom (Wärmetransport):

$$j_h = -\lambda \frac{\partial T}{\partial x} \equiv \dot{q}\ . \tag{6.1.12}$$

Es ergibt sich damit eine allgemeine Schreibweise für diese Stromdichten, wobei Γ_φ für den jeweiligen Austauschkoeffizienten steht:

$$j_\varphi = - \Gamma_\varphi \frac{\partial \varphi}{\partial x} \quad . \tag{6.1.13}$$

Die Anwendung des Gauß'schen Integralsatzes führt wieder auf ein Volumenintegral:

$$\iiint_V \frac{\partial}{\partial x_j}(\Gamma_\varphi \frac{\partial \varphi}{\partial x_j}) \; dV \; = \; \iiint_V \frac{\partial}{\partial x_j} j_\varphi \; dV \tag{6.1.14}$$

Term III der Bilanzgleichung (diffusiver Transport)

o **Quelle/Senke Sφ im Volumenelement** (Term IV):

Quellen und Senken im Volumenelement treten auf beim:

- Chemischen Umsatz (Entstehung/Verbrauch von Spezies bzw. Masse) und
- Wärmetransport durch Strahlungswärmeaustausch.

Eine Integration über das Volumenelement liefert den Ausdruck:

$$\iiint_V S_\varphi \; dV \tag{6.1.15}$$

Term IV der Bilanzgleichung (Quellen und Senken)

Damit ergibt sich in einem kartesischen Koordinatensystem die **Bilanzgleichung** für eine Variable φ in ihrer **integralen Form** in Analogie zu Gl. (6.1.3):

$$\iiint_V \frac{\partial}{\partial t}(\rho\varphi) \; dV + \iiint_V \frac{\partial}{\partial x_j}(\rho u_j\varphi) \; dV = \iiint_V \frac{\partial}{\partial x_j}(\Gamma_\varphi \frac{\partial \varphi}{\partial x_j}) \; dV + \iiint_V S_\varphi \; dV \tag{6.1.16}$$

Bilanzgleichung in der **integralen Form** für eine allgemeine Variable φ

Im Grenzfall eines infinitesimalen Volumenelementes ddV kann daraus die **allgemeine differentielle Form** abgeleitet werden:

$$\frac{\partial}{\partial t}(\rho\varphi) + \frac{\partial}{\partial x_j}(\rho u_j\varphi) = \frac{\partial}{\partial x_j}\left(\Gamma_\varphi \frac{\partial\varphi}{\partial x_j}\right) + S_\varphi \qquad (6.1.17)$$

Bilanzgleichung in der **differentiellen Form** für eine allgemeine Variable φ
(kartesisches Koordinatensystem)

Da beim turbulenten Transport skalarer Größen zusätzliche Terme auftreten, die als diffusive Flüsse (Reynolds-Flüsse) interpretiert werden können, ist es zweckmäßig, auch die folgende Schreibweise der Bilanzgleichung anzugeben, die sich unmittelbar aus Gl. (6.1.16) ergibt:

$$\frac{\partial}{\partial t}(\rho\varphi) + \frac{\partial}{\partial x_j}(\rho u_j\varphi) = \frac{\partial}{\partial x_j}j_\varphi + S_\varphi \qquad (6.1.18)$$

Bilanzgleichung in der **differentiellen Form** für eine allgemeine Variable φ
(kartesisches Koordinatensystem, geschrieben mit **allgemeinen diffusiven Flüssen**)

Im Zylinder- und Kugelkoordinatensystem lauten die entsprechenden Gleichungen:

$$\frac{\partial}{\partial t}(\rho\varphi) + \frac{1}{r}\frac{\partial}{\partial r}(r\rho u_r\varphi) + \frac{1}{r}\frac{\partial}{\partial\theta}(\rho u_\theta\varphi) + \frac{\partial}{\partial z}(\rho u_z\varphi) = \frac{1}{r}\frac{\partial}{\partial r}\left(r\Gamma_\varphi\frac{\partial\varphi}{\partial r}\right)$$

$$+ \frac{1}{r}\frac{\partial}{\partial\theta}\left(\Gamma_\varphi\frac{\partial\varphi}{\partial\theta}\right) + \frac{\partial}{\partial z}\left(\Gamma_\varphi\frac{\partial\varphi}{\partial z}\right) + S_\varphi \qquad (6.1.19)$$

Bilanzgleichung in der **differentiellen Form** für eine allgemeine Variable φ
(**Zylinderkoordinatensystem**)

$$\frac{\partial}{\partial t}(\rho\varphi) + \frac{1}{r^2}\frac{\partial}{\partial r}(r^2\rho u_r\varphi) + \frac{1}{r\sin\theta}\frac{\partial}{\partial\theta}(\rho u_\theta\varphi\sin\theta) + \frac{1}{r\sin\theta}\frac{\partial}{\partial\phi}(\rho u_\phi\varphi)$$

$$= \frac{1}{r^2}\frac{\partial}{\partial r}\left(r^2\Gamma_\varphi\frac{\partial\varphi}{\partial r}\right) + \frac{1}{r^2\sin\theta}\frac{\partial}{\partial\theta}\left(\sin\theta\Gamma_\varphi\frac{\partial\varphi}{\partial\theta}\right) + \frac{1}{r^2\sin^2\theta}\frac{\partial}{\partial\phi}\left(\Gamma_\varphi\frac{\partial\varphi}{\partial\phi}\right) + S_\varphi \quad (6.1.20)$$

Bilanzgleichung in der **differentiellen Form** für eine allgemeine Variable φ
(**Kugelkoordinatensystem**)

Mit den Bilanzgleichungen (6.1.17), (6.1.19) oder (6.1.20) sind nun allgemeingültige, beschreibende Gleichungen für die meisten Zustandgrößen angegeben (Ausnahme: Strahlungsaustausch). Die Problematik der Beschreibung des Quell-/Senkenterms S_φ ist an die jeweilige Zustandsgröße φ geknüpft und wird in den Kapiteln 7 bis 10 beschrieben.

6.2 Zu bilanzierende Größen

6.2.1 Wechselwirkungszusammenhänge der Hauptmodelle

Eine Vorstellung von den Wechselwirkungen zwischen äußeren Einflußfaktoren und inneren Zusammenhängen in einer technischen Flamme oder einem Feuerraum gibt Bild 1.4.1.

Entsprechend dieser Struktur kann auch das korrespondierende mathematische Modell in vergleichbare Hauptmodelle eingeteilt werden. Angedeutet ist dies in Bild 6.2.1.

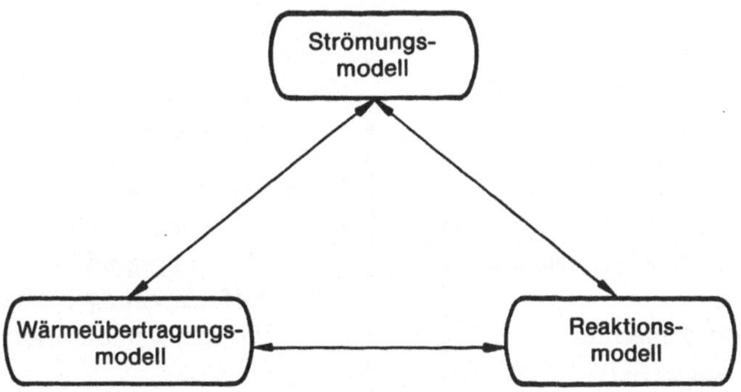

Bild 6.2.1: Wechselwirkungen der Hauptmodelle (/1.4.2/)

In den einzelnen Hauptmodellen muß nun ein Satz von Zustandsgrößen und damit beschreibenden Gleichungen angegeben werden, der die jeweiligen physikalischen Vorgänge genügend genau abbildet.

Wie dies im einzelnen geschieht, wird in den Kapiteln 7, 8, 9 und 10 dargestellt.

6.2.2 Bilanzgrößen der Hauptmodelle

Jedes Hauptmodell kann wiederum in Submodelle aufgegliedert werden. Beim Strömungs-modell ist dies z.B. jeweils ein Submodell für den eigentlichen Impulstransport und den Turbulenzzustand.

Ein möglicher Satz von beschreibenden Variablen ist im folgenden aufgeführt. Je nach Wahl des Turbulenzmodells (hier: k und ϵ), des Schadstoffmodells (hier: g_h, g_f, c_α) oder des Wärmeübertragungsmodells können einzelne Variable ausgetauscht werden. Hierdurch kann auf die Anforderungen an das Gesamtmodell eingegangen werden.

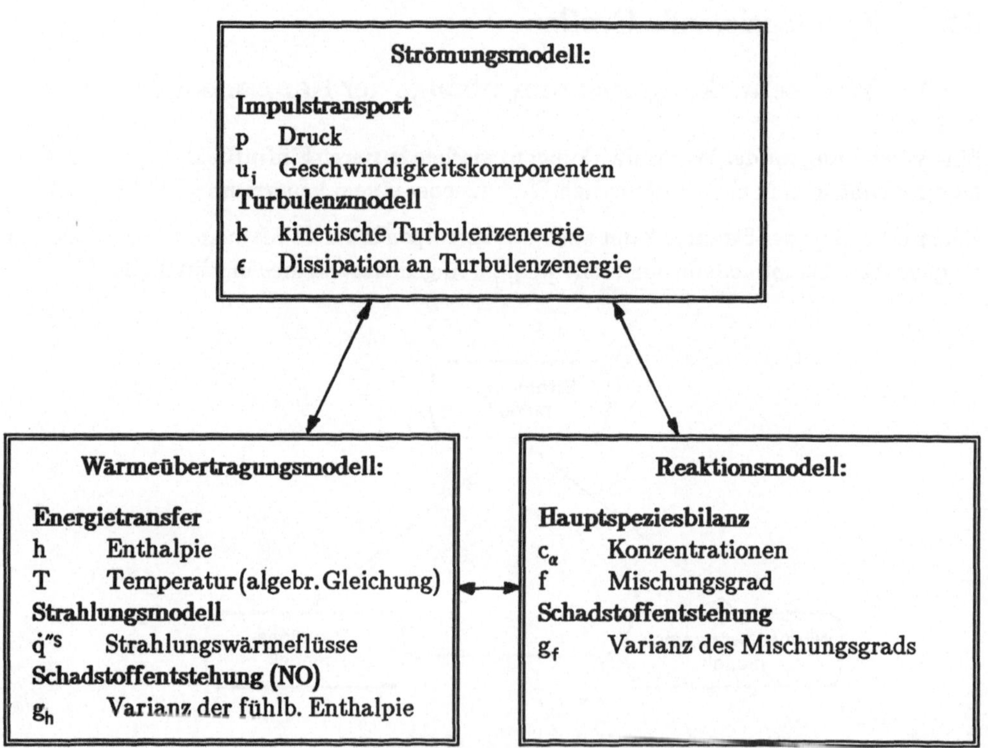

Bild 6.2.2: Zusammenspiel von Haupt- und Submodellen

o   Formelzeichen

(Kapitelspezifische Formelzeichen;   eine Zusammenstellung übergeordnet gültiger Formelzeichen und Kennzahlen ist in Anhang 6 angeführt;   [*] Dimension hängt von der jeweiligen Verwendung ab)

Symbol	Bedeutung	Dimension
A	Querschnittsfläche	m^2
D	Diffusionskoeffizient	m^2/s
j	allgemeiner Austauschstrom (Fluß)	*
m	Masse	kg
P	Hilfsgröße (Gl. 6.1.7)	*
$\dot{q}$	Wärmestrom	kW
Q	Hilfsgröße (Gl. 6.1.7)	*
r	Radius, radiale Richtung	m
R	Hilfsgröße (Gl. 6.1.7)	*
S	allgemeiner Quellterm	*
t	Zeit	s
u	Geschwindigkeit	m/s
V	Volumen	m^3
Γ	allgemeiner Austauschkoeffizient	*
θ, Φ	Winkel	rad
λ	Wärmeleitkoeffizient	$kW/(m \cdot K)$
μ	dynamische Viskosität	$kg/(m \cdot s)$
ρ	Dichte	kg/m^3
φ	allgemeine massenspezifische Größe	*
Φ	allgemeine Größe	*

Indizes tiefgestellt

Symbol	Bedeutung
i	Laufindex für Ortsrichtung (x-Koordinate)
j	Laufindex für Ortsrichtung (y-Koordinate)
k	Laufindex für Ortsrichtung (z-Koordinate)
,l	laminare Größe

o   Literatur

Bilanzierung

/6.1.1/   Patankar, S.V.: Numerical Heat Transfer and Fluid Flow. Hemisphere Publ. Comp., Washington, 1980

/6.1.2/   Bird, R.B., Stewart, W.E.; Lightfoot, E.N.: Transport Phenomena. John Wiley and Sons, New York, 1960

/6.1.3/   Eppler, R.: Strömungsmechanik. Akademische Verlagsgesellschaft, Wiesbaden, 1975

/6.1.4/   White, F.M.: Fluid Mechanics. McGraw Hill, New York, 1986

/6.1.5/   Evett, J.B., Liu, C.: Fundamentals of Fluid Mechanics. McGraw Hill, New York, 1987

/6.1.6/   Eck, B.: Technische Strömungslehre (Band 1 u. 2). Springer Verlag, Berlin, 1978

/6.1.7/   Prandtl, L.; Oswatitsch, K.; Wieghardt, K.: Führer durch die Strömungslehre. Vieweg und Sohn, Braunschweig, 1984

Numerik

/6.1.8/   Carnaham, B.; Luther, H.A.; Wilkes, J.O.: Applied Numerical Methods. John Wiley and Sons, New York, 1969

/6.1.9/   Petrowski I.G.: Vorlesungen über die Theorie der gewöhnlichen Differentialgleichungen. Teubner Verlag, Leipzig, 1954

/6.1.10/   Petrowski, I.G.: Vorlesungen über partielle Differentialgleichungen. Teubner Verlag, Leipzig, 1955

/6.1.11/   von Rosenberg, D.U.: Methods for the Solution of Partial Differential Equations. Elsevier Publ. Comp., New York, 1969

/6.1.12/   Ames, W.: Numerical Methods for Partial Differential Equations. Academic Press, New York, 1977

/6.1.13/   Mitchell, A.R.: Computational Methods in Partial Differential Equations. John Wiley and Sons, New York, 1969

Kapitel 7 :

7.1   Verschiedene Variablensysteme (/7.1.1/)

Generell läßt sich eine Strömung in zwei verschiedenen Variablensystemen beschreiben (/7.1.9/). Es sind dies:

- die sogenannten "primitiven" Variablen, die Geschwindigkeitkomponenten u_i und der Druck p,
  sowie
- die Stromfunktion ψ und die Wirbelstärke ξ.

Für eine **zweidimensionale** Berechnung besteht ein geschlossener Satz von beschreibenden Gleichungen aus Beziehungen für:

- u_1, u_2, p oder
- ψ, ξ.

Der Zusammenhang zwischen beiden Systemen ist wie folgt gegeben:

$$\xi = \frac{\partial u_1}{\partial x_2} - \frac{\partial u_2}{\partial x_1} \quad , \tag{7.1.1}$$

$$u_1 = \frac{\partial \psi}{\partial x_2} \; , \; u_2 = - \frac{\partial \psi}{\partial x_1} \quad . \tag{7.1.2}$$

Im allgemeinen bietet die Lösung des Systems der Stromfunktion ψ und der Wirbelstärke ξ die folgenden Vorteile:

- es müssen nur zwei gegenüber drei Gleichungen gelöst werden,
- beide Gleichungen weisen denselben mathematischen Typus auf (demgegenüber besitzen die u_i- und p-Gleichungen einen unterschiedlichen Typus),
- die ψ-Isolinien sind Stromlinien und haben damit einen hohen Informationsgehalt.

Demgegenüber stehen die Vorteile des u_i-p-Systems:

- Randbedingungen sind explizit über die Geschwindigkeitskomponenten vorgegeben und müssen nicht wie beim ψ, ξ-System iterativ angepaßt werden,
- mit Turbulenzmodellen werden Spannungsterme modelliert. Diese sind im u_i-p-System direkt angebbar und
- zum Vergleich mit Meßwerten der Geschwindigkeiten und des Drucks muß keine numerische Differentiation vorgenommen werden.

Eine Übertragung auf **dreidimensionale** Verteilungen ist mit den Variablen ψ und ξ im Prinzip möglich (/7.1.9/). Die Stromfunktion ψ ist dabei jedoch nur ein Vektorpotential, aus ihr sind keine Stromlinien ableitbar. Gleichzeitig müßten gegenüber vier "primitiven Variablen" (u_1, u_2, u_3, p) in diesem System sechs Gleichungen gelöst werden (ψ_x, ψ_y, ψ_z, ξ_x, ξ_y, ξ_z).

7.2 Impulstransport ("primitive Variablen")

7.2.1 Impulstransportgleichung

Formal läßt sich aus der allgemeinen Transportgleichung (Gl. 6.1.17) durch Einsetzen der Geschwindigkeitskomponente u_i anstelle der allgemeinen Variablen φ die Impulstransportgleichung für ein Strömungsfluid ableiten. Durch den vektoriellen Charakter der Geschwindigkeit treten jedoch zusätzliche Terme auf. Um diese physikalisch interpretieren zu können, wird im folgenden eine Darstellung der Zusammenhänge einzelner Terme aufgeführt (/7.1.1/). Ausführliche Herleitungen sind in /7.1.2/-/7.1.8/ zu finden.

Die Impulsbilanz für ein beliebiges, einphasiges Fluid läßt sich in einem kartesischen Koordinatensystem in der Form (/7.1.8/):

$$\frac{D}{Dt}(\rho u_i) = \frac{\partial}{\partial x_j} s_{ij} + f_i^v \ . \tag{7.2.1}$$

angeben. Auf der linken Seite von Gl. (7.2.1) wurde die Definition des Lagrange'schen Differentialoperators (substantieller Differentialquotient) verwendet, der die zeitliche Ableitung und den konvektiven Transport zusammenfaßt:

$$\frac{D}{Dt}(\rho u_i) = \frac{\partial}{\partial t}(\rho u_i) + \frac{\partial}{\partial x_j}(\rho u_i u_j) \ . \tag{7.2.2}$$

Der allgemeine Spannungstensor s_{ij} ist symmetrisch: $s_{ij} = s_{ji}$.

Von ihm abgespalten wird im allgemeinen der isotrope Druckspannungsanteil p nach der Definition: $p = Sp(s_{ij})/3$, wobei $Sp(s_{ij})$ für die Spur des Tensors s_{ij} steht.

Man erhält damit den folgenden Zusammenhang (/7.1.3/):

$$s_{ij} = \tau_{ij} - p\delta_{ij} \quad . \tag{7.2.3}$$

Der Zusammenhang zwischen dem Spannungs- und dem Strömungstensor lautet für ein Newton'sches Fluid (Newton'scher Ansatz):

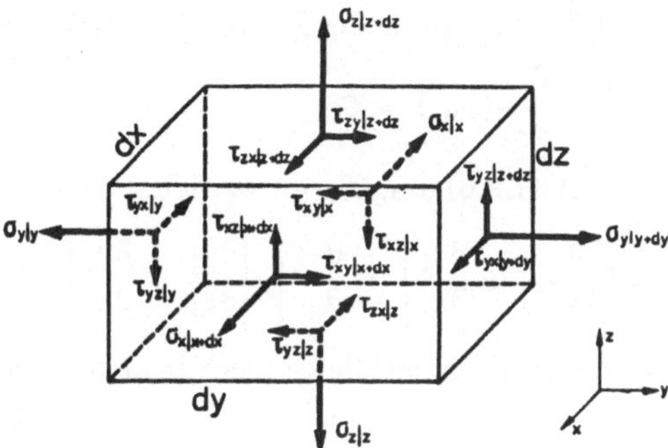

Bild 7.2.1: Schub- und Normalspannungen am Volumenelement

$$\tau_{ij} = \mu\left[\frac{\partial u_j}{\partial x_i} + \frac{\partial u_i}{\partial x_j}\right] - \frac{2}{3}\,\mu\,\frac{\partial u_l}{\partial x_l}\,\delta_{ij} \quad . \tag{7.2.4}$$

Darin repräsentiert der erste Term auf der rechten Seite den Spannungsanteil, während der zweite den Dehnungsanteil wiedergibt.

Bei der Volumenkraft F_i^V bzw. f_i^V wird im allgemeinen nur der Einfluß der Schwerkraft berücksichtigt. Elektrostatische Kräfte spielen nur bei der Bewegung von Ionen eine Rolle, sollen aber hier ebenso wie magnetische Kräfte unberücksichtigt bleiben, da sie in Feuerungen von untergeordneter Bedeutung sind:

$$f_i^V = \rho\,g_i \quad . \tag{7.2.5}$$

Auftriebskräfte sind vor allem bei langen Flammen zu berücksichtigen. Zu nennen sind hier unverdrallte Flammen von Strahlbrennern, eingesetzt bei Eckenfeuerungen in Großfeuerungsanlagen (kohlebefeuert), in Zementrohr- oder Glasöfen oder wenn große Temperatur- und damit Dichtegradienten im Feuerraum auftreten.

Bei freier Konvektion, wenn die Strömung nicht durch den durch die Brenner eingebrachten Impuls beherrscht wird, wie dies beispielsweise bei Abkühlvorgängen in abgestellten Feuerungen der Fall ist, ist der Auftrieb die dominierende treibende Kraft.

Setzt man die Gleichungen (7.2.2) - (7.2.5) in die Gl. (7.2.1) ein, so erhält man die allgemeine Form der Navier-Stokes-Gleichungen:

$$\frac{\partial}{\partial t}(\rho u_i) + \frac{\partial}{\partial x_j}(\rho u_i u_j) = \frac{\partial}{\partial x_j}\left[\mu\left(\frac{\partial u_j}{\partial x_i} + \frac{\partial u_i}{\partial x_j}\right) - \frac{2}{3}\,\mu\,\frac{\partial u_l}{\partial x_l}\,\delta_{ij}\right] - \frac{\partial p}{\partial x_i} + \rho g_i \tag{7.2.6}$$

Navier-Stokes-Gleichung (allgemeine Form, einphasiges System)

98

Unter Zuhilfenahme der Kontinuitätsgleichung

$$\frac{\partial \rho}{\partial t} + \frac{\partial}{\partial x_j}(\rho u_j) = 0 \tag{7.2.7}$$

kann Gl. (7.2.6) umgeformt werden:

$$\rho\left[\frac{\partial u_i}{\partial t} + u_j\frac{\partial u_i}{\partial x_j}\right] = \frac{\partial}{\partial x_j}\left[\mu\left(\frac{\partial u_j}{\partial x_i} + \frac{\partial u_i}{\partial x_j}\right) - \frac{2}{3}\mu\frac{\partial u_l}{\partial x_l}\delta_{ij}\right] - \frac{\partial p}{\partial x_i} + \rho g_i \quad . \tag{7.2.8}$$

Die entsprechenden Gleichungen in einem Zylinder- oder Kugel-Koordinatensystem sind in Anhang 2 aufgeführt. Dort ist auch eine allgemeine Formulierung der Impulstransportgleichung angegeben, die in allen drei Koordinatensystemen Gültigkeit besitzt.

Für manche Anwendungen sind Vereinfachungen möglich. Hierbei sind die folgenden drei Sonderfälle von Bedeutung (/7.1.1/):

o Konstante Dichte ($\rho = $ const.):
   Anwendbar für isotherme Berechnungen auf Umgebungstemperaturniveau (z.B. geometrisch verkleinerte Modelle) oder auf hohem, aber konstantem Temperaturniveau in Gebieten, in denen die wärmefreisetzenden Reaktionen nahezu abgeschlossen sind:

$$\frac{\partial u_i}{\partial t} + \frac{\partial}{\partial x_j}(u_i u_j) = \frac{\partial}{\partial x_j}\left[\frac{\mu}{\rho}\left(\frac{\partial u_j}{\partial x_i} + \frac{\partial u_i}{\partial x_j} - \frac{2}{3}\frac{\partial u_l}{\partial x_l}\delta_{ij}\right)\right] - \frac{1}{\rho}\frac{\partial p}{\partial x_i} + g_i \quad . \tag{7.2.9}$$

o Konstante Viskosität ($\mu = $ const.).
   Diese Vereinfachung wird bei O-Gleichungs-Turbulenz-Modellen (vg. Kap. 7.3.2.3) angewendet, wobei ein gegenüber der laminaren Viskosität erhöhter Wert für μ angesetzt wird. Die Impulstransportgleichung lautet dann:

$$\frac{\partial}{\partial t}(\rho u_i) + \frac{\partial}{\partial x_j}(\rho u_i u_j) = \mu\left[\frac{\partial}{\partial x_j}\left(\frac{\partial u_j}{\partial x_i} + \frac{\partial u_i}{\partial x_j}\right) - \frac{2}{3}\frac{\partial u_l}{\partial x_l}\delta_{ij}\right] - \frac{\partial p}{\partial x_i} + \rho g_i \quad . \tag{7.2.10}$$

Für sehr große Strömungsgeschwindigkeiten können die Zähigkeitskräfte gegenüber den Trägheitskräften vernachlässigt werden. Formal kann dies durch den Ansatz $\mu=0$ ("inviscid approximation") ausgedrückt werden, wodurch sich die Euler-Gleichungen ergeben:

$$\frac{\partial}{\partial t}(\rho u_i) + \frac{\partial}{\partial x_j}(\rho u_i u_j) = -\frac{\partial p}{\partial x_i} + \rho g_i \quad . \tag{7.2.11}$$

o Konstante Dichte und konstante Viskosität ($\rho, \mu = $ const.).
   Hiermit kann die Impulsbilanz in ihre einfachste Form überführt werden:

$$\frac{\partial u_i}{\partial t} + \frac{\partial}{\partial x_j}(u_i u_j) = \frac{\mu}{\rho}\left[\frac{\partial}{\partial x_j}\left(\frac{\partial u_j}{\partial x_i} + \frac{\partial u_i}{\partial x_j}\right)\right] - \frac{1}{\rho}\frac{\partial p}{\partial x_i} + g_i \quad . \tag{7.2.12}$$

Der Auftriebsterm enthält die lokale Dichte und nicht, wie angenommen werden könnte, eine Relativdichte (Dichtedifferenz zu einem Bezugswert), er beschreibt die auf das Volumenelement wirkende Körperkraft. Er kann aber durch die Einführung einer Bezugsdichte ρ_B umgeformt werden. Hierfür wird der folgende Ansatz verwendet:

$$-\frac{\partial \rho_B}{\partial x_i} + \rho_B g_i = 0 \quad . \tag{7.2.13}$$

Dabei wird vom Gesamtdruck p der Bezugsdruck p_B subtrahiert gemäß $p-p_B = p_D$ mit dem dynamischen Druck p_D und der Dichterelation $\rho = \rho_B + \Delta\rho$. Gl. (7.2.8) wird hierdurch überführt in:

$$\frac{\partial}{\partial t}(\rho u_i) + \frac{\partial}{\partial x_j}(\rho u_i u_j) = \frac{\partial}{\partial x_j}\left[\mu\left(\frac{\partial u_j}{\partial x_i} + \frac{\partial u_i}{\partial x_j}\right) - \frac{2}{3}\mu\frac{\partial u_l}{\partial x_l}\delta_{ij}\right] - \frac{\partial p_D}{\partial x_i} + \Delta\rho g_i \quad .\tag{7.2.14}$$

Der Druckterm der Impulsbilanz in Gl. (7.2.6) kann als Quellterm interpretiert werden.

Eine Abnahme an Druckenergie führt zu einer Zunahme an kinetischer Energie. Für die laminare Strömung entlang eines "Stromfadens" läßt sich dafür die Bernoulli-Gleichung ableiten:

$$\rho u^2/2 + p = \text{const.} \quad . \tag{7.2.15}$$

In der Impulsbilanz (Gl 7.2.6) ist der lokale Druck bzw. die Druckverteilung zunächst noch nicht bekannt. Zur Lösung der Impulsbilanz muß für ihn eine zusätzliche Bestimmungsgleichung eingeführt werden.

7.2.2 Gleichungen für die Druckberechnung

7.2.2.1 Übersicht über Berechnungsmethoden

Die Druckverteilung im Integrationsgebiet hat großen Einfluß auf die gesamte Strömung, da Rezirkulationsgebiete primär durch lokalen Unterdruck hervorgerufen werden. Daher, und auch zur Schließung des Gleichungssystems, muß parallel zur Lösung der Impulstransportgleichungen eine Druckberechnung erfolgen. Dies ist durch zwei unterschiedliche Vorgehensweisen möglich:

o Über eine **Poisson-Differentialgleichung**, die exakt ableitbar, aber numerisch nur sehr aufwendig lösbar ist oder

o über eine **Druckkorrekturgleichung**, eine heuristische Vorgehensweise, bei der der Druck und über diesen die Geschwindigkeitskomponenten korrigiert werden. Hierbei ist noch zwischen zwei Fällen zu unterscheiden:

- der korrigierte Druck soll nur die Kontinuitätsgleichung erfüllen (numerisch weniger aufwendig, aber auch ungenauer) und
- der korrigierte Druck soll die Kontinuitätsgleichung und die linearisierte Impulsgleichung erfüllen.

7.2.2.2 Poisson-Gleichung

Zur Herleitung der Poisson-Gleichung wird die Impulsbilanzgleichung für die drei Geschwindigkeitskomponenten in die jeweilige Raumrichtung abgeleitet (/7.1.9/). Die dabei entstehenden Gleichungen lassen sich unter Vernachlässigung der Körperkräfte wie folgt formulieren:

- x_1-Komponente abgeleitet in x_1-Richtung:

$$\frac{\partial}{\partial x_1}\left[\frac{\partial}{\partial t}(\rho u_1)\right] + \frac{\partial}{\partial x_1}\left[\frac{\partial}{\partial x_j}(\rho u_1 u_j)\right] = \frac{\partial}{\partial x_1}\left[\frac{\partial}{\partial x_j}\tau_{1,j}\right] - \frac{\partial^2 p}{\partial x_1^2} \quad , \tag{7.2.16}$$

- x_2-Komponente abgeleitet in x_2-Richtung:

$$\frac{\partial}{\partial x_2}\left[\frac{\partial}{\partial t}(\rho u_2)\right] + \frac{\partial}{\partial x_2}\left[\frac{\partial}{\partial x_j}(\rho u_2 u_j)\right] = \frac{\partial}{\partial x_2}\left[\frac{\partial}{\partial x_j}\tau_{2,j}\right] - \frac{\partial^2 p}{\partial x_2^2} \quad , \tag{7.2.17}$$

- x_3-Komponente abgeleitet in x_3-Richtung:

$$\frac{\partial}{\partial x_3}\left[\frac{\partial}{\partial t}(\rho u_3)\right] + \frac{\partial}{\partial x_3}\left[\frac{\partial}{\partial x_j}(\rho u_3 u_j)\right] = \frac{\partial}{\partial x_3}\left[\frac{\partial}{\partial x_j}\tau_{3,j}\right] - \frac{\partial^2 p}{\partial x_3^2} \quad . \tag{7.2.18}$$

Werden die drei entstehenden Gleichungen addiert und umgeordnet, so erhält man die Poisson-Gleichung zur Beschreibung der Druckverteilung in der Form:

$$\frac{\partial^2 p}{\partial x_i^2} = -\rho\left[\frac{\partial}{\partial t}D - \frac{\partial}{\partial x_i}(u_i D) - D^2\right] - \underbrace{\frac{\partial}{\partial x_i}\left[\rho u_j\frac{\partial u_i}{\partial x_j}\right]}_{} + \underbrace{\frac{\partial}{\partial x_i}\left[\frac{\partial}{\partial x_j}\tau_{ij}\right]}_{} \tag{7.2.19}$$

I   II   III

mit der Divergenz $D = \partial u_j/\partial x_j$

Poissongleichung zur Beschreibung der Druckverteilung

Dabei beschreiben die einzelnen Teilterme die folgenden Einflußgrößen:

- Term I: Kontinuitätsterm (Summe aller Kontinuitätsdefekte),
- Term II: Konvektionsterm,
- Term III: Spannungsterm.

Unter Annahme einer divergenzfreien Strömung kann Gl. (7.2.19) weiter vereinfacht werden:

$$\frac{\partial^2 p}{\partial x_i^2} = - \frac{\partial}{\partial x_i}\left[\rho u_j\frac{\partial u_i}{\partial x_j}\right] + \frac{\partial}{\partial x_i}\left[\frac{\partial}{\partial x_j}\tau_{ij}\right] \quad . \tag{7.2.20}$$

Numerisch betrachtet bereiten in Gl. (7.2.19) die dritten Ableitungen im Spannungsterm Schwierigkeiten. Dies betrifft sowohl Approximationsverluste bei den Differentialquotienten, die in Differenzenquotienten überführt werden, als auch die Formulierung an den Rändern, da hier Berechnungspunkte außerhalb des Berechnungsgebiets einfließen müßten.

7.2.2.3 Druckkorrekturgleichung

Eine zweite Möglichkeit der iterativen Druckberechnung ist die Verwendung der Druckkorrekturgleichung (/7.1.9/,/7.2.1/,/7.2.2/):

$$p^* = p + \Delta p \quad . \tag{7.2.21}$$

Bei diesem Ansatz wird die Tatsache ausgenutzt, daß ein Kontinuitätsdefekt (Divergenz D ungleich null) vorliegt, wenn numerisch noch nicht der richtige Druck gefunden wurde. Dies bedeutet, daß gerade die Divergenz zur Druckkorrektur herangezogen werden kann. Ist D positiv, dann strömt in das betrachtete Element zu viel Masse ein, und in der Folge wird der Druck zu hoch geschätzt. Prägt man nun die Forderung auf, daß zum neuen Zeitpunkt oder zur nächsten Iterationsstufe die Bedingung "Divergenz $D^* = 0$" erfüllt sein soll, dann kann hieraus eine Bestimmungsgleichung für die Druckkorrektur Δp abgeleitet werden:

$$\Delta p = - \omega D \Delta x_i^2 / (3 \Delta t) \quad . \tag{7.2.22}$$

Dabei sind die Abmessungen Δx_i der betrachteten Volumenelemente einzusetzen. ω ist ein geeignet zu wählender Relaxationsfaktor. Verbunden mit dieser Druckkorrektur muß auch eine Geschwindigkeitskorrektur vorgenommen werden:

$$u_i^* = u_i + \Delta u_i \quad . \tag{7.2.23}$$

Die entsprechenden Korrekturterme sind mit der Druckkorrektur über

$$\Delta u_i = \Delta p \cdot \Delta t / (\Delta x_i \cdot \rho) \tag{7.2.24}$$

gekoppelt.

Für diese Vorgehensweise der Druckkorrektur muß natürlich zuerst eine Druckschätzung vorliegen. Bei der ersten Iteration ist dies zweckmäßigerweise eine Gleichverteilung, für die weiteren Iterationsschritte wird die Näherungslösung der vorherigen Iterationsstufe als Ausgangswert herangezogen.

7.2.3 Kontinuitätsgleichung

Die lokale und globale Massenerhaltung ist über die Impulstransportgleichung implizit erfüllt und muß daher nicht gesondert gelöst werden. Für die Anschaulichkeit, für manche Umformungen und zur Herleitung, Interpretation und Kontrolle der numerischen Lösung ist es jedoch vorteilhaft, die Kontinuitätsgleichung anzuschreiben und in manchen Fällen auch zusätzlich zu lösen.

Für ein kartesisches Koordinatensystem in instationärer Formulierung lautet sie:

$$\frac{\partial \rho}{\partial t} + \frac{\partial}{\partial x_j}(\rho u_j) = 0 \qquad\qquad (7.2.25)$$

Kontinuitätsgleichung im kartesischen Koordinatensystem

Die Formulierung im Zylinder- und Kugelkoordinatensystem und eine Form für alle drei Koordinatensysteme ist in Anhang 2 angeführt.

Bei der stationären Formulierung bleibt nur noch der Term:

$$\frac{\partial}{\partial x_j}(\rho u_j) = 0 \qquad\qquad (7.2.26)$$

übrig, der auch als "Divergenz" bezeichnet wird.

7.3 Turbulenzmodellierung

7.3.1 Eigenschaften der Turbulenz

7.3.1.1 Phänomenologische Betrachtung (/7.1.1/)

Die Navier-Stokes-Gleichung in der Form von Gl. (7.2.6) beschreibt sowohl den laminaren als auch den turbulenten Strömungszustand. Voraussetzung hierfür ist, daß die durch Turbulenz bedingte Schwankungsbewegung um Größenordnungen über der mittleren freien Weglänge der Moleküle des Fluids liegt. Hinze (/7.3.1/) gibt hierfür bei Luft und einer maximalen Strömungsgeschwindigkeit von 100 m/s einen Wert von $0(10^5)$ an, so daß diese Voraussetzung erfüllt ist. Da jedoch die kleinsten Längenmaßstäbe in turbulenten Fluiden bei $0(1\ \mathrm{mm})$ liegen, während geometrische Abmessungen von Dampferzeugerfeuerungen bis $0(10\ \mathrm{m})$ aufweisen, ist eine Diskretisierung zur numerischen Lösung, die diese Strukturen auflösen könnte und müßte, in jeder Raumrichtung von $0(10^4)$ nötig. Dies ist bei der verfügbaren Rechnerkapazität illusorisch und auch nicht sinnvoll, da im allgemeinen der mittlere Strömungszustand von Interesse ist. Daher sind Turbulenzmodelle oder spezielle Wirbelansätze zur Beschreibung der turbulenten Eigenschaften (vgl. Kap. 7.3.2) unumgänglich.

Betrachtet man eine allgemeine transportierte Größe φ in einer turbulenten Strömung an einem feststehenden Ort, dann kann man einen regellosen, deterministisch nicht angebbaren zeitlichen Verlauf, wie in Bild 7.3.1 skizziert, beobachten. Sind die diskreten Werte $\varphi(t)$ untereinander nicht korreliert, so spricht man von einem stochastischen Vorgang.

Durch Scherströmungen in der zeitlich mittleren Bewegung entstehen Wirbel oder "Ballen", deren Größe abhängig ist von den geometrischen Abmessungen des Strömungsraums. Dabei wird Energie der zeitlich mittleren Bewegung in Energie der turbulenten Bewegung (Turbulenzenergie) dissipiert. Da es sich hierbei um "große" Wirbel handelt, läuft der Vorgang bevorzugt im niederfrequenten Bereich ab.

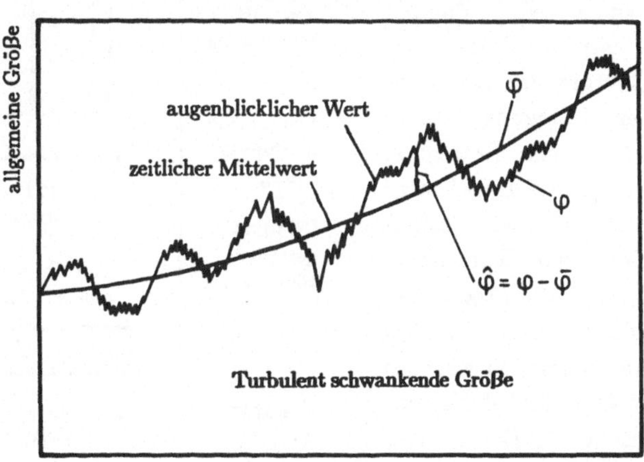

Bild 7.3.1: Turbulente Fluktuationen einer transportierten Variablen φ (/7.1.1/)

Stellt man sich ein turbulentes Fluid nun so vor, daß sich in ihm diese Turbulenzballen regellos bewegen, dann ist dieses Fluktuieren so zu erklären, daß ein ortsfester Beobachter die Eigenschaften dieser Ballen (Geschwindigkeiten, Temperaturen, Konzentrationen) wahrnimmt.

7.3.1.2 Energiekaskade

Die Turbulenz hat ihren Ursprung in Scherschichten, wobei zwischen freier Turbulenz (Scherung von Fluidschichten verschiedener Geschwindigkeiten) und wandinduzierter Turbulenz zu unterscheiden ist. In den Scherschichten werden Wirbel gebildet und abgelöst. Diese Wirbel werden transportiert, sie selbst sind einem Dissipationsprozeß unterworfen, wobei Wirbel kleinen Maßstabs entstehen. Dieser Prozeß läuft solange ab, bis die kinetische Turbulenzenergie bei kleinen Wirbeln vollständig in thermische (innere) Energie überführt worden ist. Die Gesamtheit dieses Prozesses nennt man Energiekaskade (Bild 7.3.2).

Der Anfang der Energiekaskade wird hauptsächlich durch geometrische Abmessungen des Strömungsgebiets bestimmt. Der entsprechende Längenmaßstab wird als Makrolängenmaß L_M bezeichnet (/7.3.2/-/7.3.8/).

Am Ende der Kaskade steht die Dissipation der kinetischen Energie in thermische (innere) Energie. Das entsprechende turbulente Längenmaß ist das Kolmogorov-Mikrolängenmaß L_K (/7.3.1/):

$$L_K = \left[\frac{\nu^3}{\epsilon}\right]^{1/4} . \tag{7.3.1}$$

Bei der Bewegung der Wirbel wird Energie dissipiert, und die Energie der turbulenten Bewegung wird in thermische Bewegung überführt. Dabei wird durch viskose Dissipation von Turbulenzenergie die Produktion von innerer Energie hervorgerufen, weshalb in Gl.(7.3.1) stoffspezifische Größen auftreten. Dieser Vorgang läuft bei hohen Frequenzen oder kleinen Wirbeln ab.

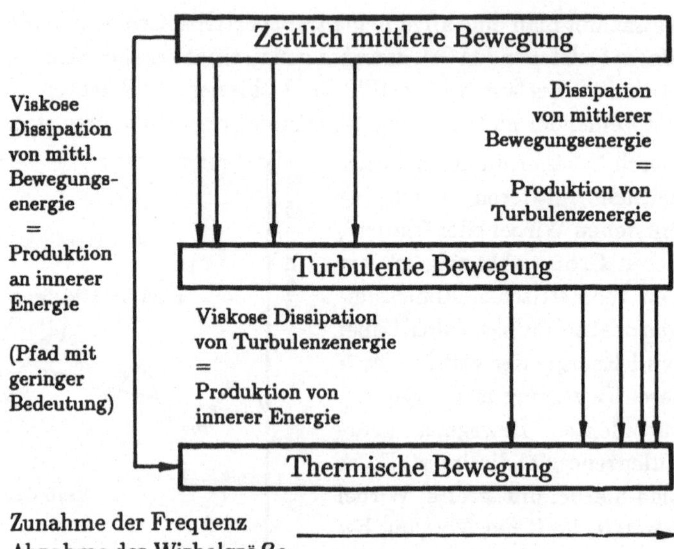

Bild 7.3.2: Energiekaskade in turbulenten Strömungen ("Hierarchie der Wirbel")

Die Zeitkonstante T_Z beschreibt die Dynamik des Zerfallsprozesses. Sie ist ein Maß für die Geschwindigkeit, mit der die Energiekaskade durchlaufen wird.

$$T_Z = 0,1162 \cdot k/\epsilon . \tag{7.3.2}$$

Das Dissipationslängenmaß liegt in der Größenordnung von $O(10^{-3})$ der geometrischen Abmessungen.

Eine direkte Dissipation von mittlerer Bewegungsenergie in innere Energie ist von untergeordneter Bedeutung.

Die eben geschilderten Verhältnisse sind in Bild 7.3.2 dargestellt.

Zu erwähnen ist noch der Zusammenhang zwischen der Mischungslänge l_m, der kinetischen Turbulenzenergie k und deren Dissipationsrate ϵ:

$$l_m = c_\mu^{3/4} \cdot k^{3/2}/\epsilon = 0,1634 \cdot k^{3/2}/\epsilon . \tag{7.3.3}$$

Diese Beziehung läßt sich direkt aus der beim k-ϵ-Modell (Kap. 7.3.2.4) eingeführten Prandtl-Kolmogorov-Beziehung ableiten.

Bei vielen Strömungen, wie z.B. Nachlaufströmungen hinter Einbauten, wie Rohrbündeln, Stegen, Abstandshaltern o.ä., entstehen Strömungsformen, in denen sich individuelle Bereiche, größer als die Turbulenzballen, eigenständig bewegen. Man spricht hier von kohärenten Strukturen. Der entsprechende Energietransfer ist in Bild 7.3.3 angedeutet. Dabei ist die Pfeilbreite ein Maß für den Anteil des jeweiligen Dissipationsprozesses. Man erkennt dabei, daß ein erheblicher Prozentsatz des Energietransfers über kohärente Strukturen ablaufen kann.

Innerhalb der Energiekaskade ist der Energietransfer von niederfrequenten, großen Wirbeln zu hochfrequenten, kleinen Wirbeln frequenzabhängig. Der Energiestrom $E_t(\iota)$ durch einen Wellenzahlbereich ι ist abhängig von der Dissipationsrate $\epsilon(\iota)$ und dem Anteil an kinetischer Turbulenzenergie $k(\iota)$ im Wellenzahlbereich ι. Der Zusammenhang lautet (/7.5.5/):

$$E_t(\iota) = 0,66 \ \epsilon^{1/3} \ \iota^{5/3} \ k(\iota) \quad . \quad (7.3.4)$$

Dabei ist das Energiespektrum $k(\iota)$ an kinetischer Turbulenzenergie interessant, da dies z.B. bei Anwesenheit einer dispersen Phase verändert wird (Kap. 7.5). Die Frequenzabhängigkeit läßt sich angeben zu (/7.5.5/):

$$k(\iota) = 1,5 \ \epsilon^{2/3} \ \iota^{-5/3} \cdot$$
$$\cdot \exp\left[-2,25(\iota \ L_K)^{4/3}\right] \quad . \quad (7.3.5)$$

Ein typisches Energiespektrum ist in Bild 7.3.4 angedeutet.

Aus dem Energiestrom $E_t(\iota)$ kann die Dissipationsrate durch Integration über den gesamten Wellenzahlbereich berechnet werden:

$$\epsilon = 2\mu/\rho \int_0^\infty \iota^2 \ k(\iota) \ d\iota \quad . \quad (7.3.6)$$

Diese wird bei der mathematischen Modellierung neben der kinetischen Turbulenzenergie k

$$k = \int_0^\infty k(\iota) \ d\iota \quad (7.3.7)$$

eine wichtige Rolle spielen, denn sie wird im wesentlichen durch die Anwesenheit der Partikelphase (vgl. Kap. 7.5.4) verändert.

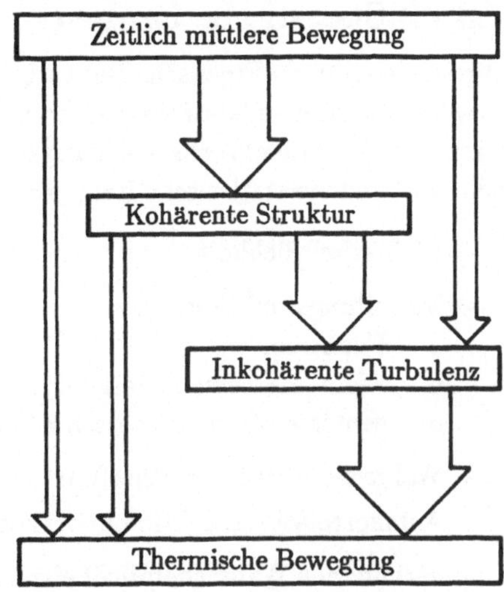

Bild 7.3.3: Energietransfer über kohärente Strukturen

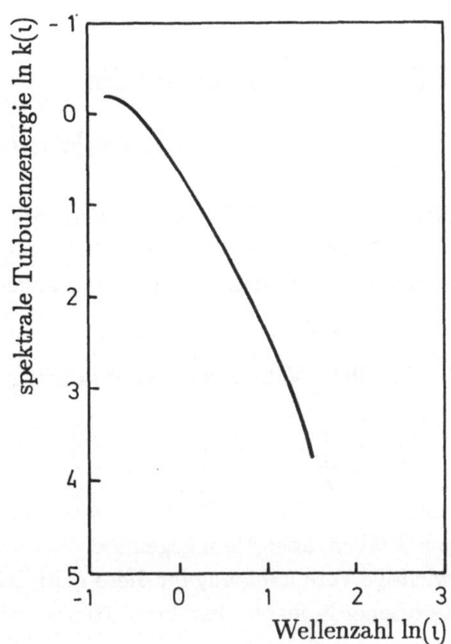

Bild 7.3.4: Typisches Energiespektrum turbulenter Strömungen (/7.5.5/)

7.3.1.3 Statistische Größen

Die stochastischen Eigenschaften turbulenter Größen lassen sich entweder über Autokorrelationsfunktionen (statistische Kenngrößen, die nur die betrachtete Variable berücksichtigen) oder bei einer Wechselwirkung mit anderen Zustandsgrößen über Kreuzkorrelationen oder verbundene statistische Kenngrößen beschreiben. Zu nennen sind hier:

- Wahrscheinlichkeit,

- Verteilungsfunktion,
  o   Funktion,
  o   Momente verschiedener Ordnung,
  o   zentrale Momente verschiedener Ordnung,

- Wahrscheinlichkeitsdichtefunktion einer Variablen,

- Autokorrelationsfunktion bzw. -koeffizient,

- verbundene Wahrscheinlichkeitsdichtefunktion mehrerer Variablen,

- Kreuzkorrelationsfunktion bzw. -koeffizient.

Auf die entsprechenden Definitionen wird in Anhang 4, auf die Eigenschaften bei turbulenten Strömungen im nächsten Kapitel eingegangen.

7.3.2   Turbulenzmodelle

7.3.2.1 Turbulenter Impulstransport (Reynolds-Gleichungen)

Als Reynolds-Gleichungen werden die zeitgemittelten Navier-Stokes-Gleichungen (Gl. (7.2.6)) bezeichnet. Zu ihrer Herleitung wird eine beliebige Größe φ in ihren Erwartungswert $\bar{\varphi}$ und den turbulent schwankenden Anteil $\hat{\varphi}$ aufgespalten (Bild 7.3.1):

$$\varphi = \bar{\varphi} + \hat{\varphi} \ . \tag{7.3.8}$$

Der zeitliche Mittelwert oder Erwartungswert φ ist über die Beziehung:

$$\bar{\varphi} = \frac{1}{\tau_0} \int\limits_{\tau}^{\tau+\tau_0} \varphi(\tau) \ d\tau \tag{7.3.9}$$

definiert. Dabei muß die Integrationszeit τ_0 groß sein gegenüber turbulenten Zeitmaßstäben, aber klein gegenüber makrokopischen Änderungen der Hauptbewegung. Eine wichtige Voraussetzung für diese Zeitmittelung ist, daß die turbulenten Schwankungen um Größenordnungen über der mittleren freien Weglänge der Moleküle liegen.

Auf die Dichtemittelung (Favre-Mittelung) sei in diesem Zusammenhang nur hingewiesen (/7.3.22/,/7.3.23/). Sie scheint vor allem beim Vergleich mit Messungen, die wohl dichtegemittelte Werte liefern, von Vorteil zu sein.

Die Anwendung der Beziehung nach Gl. (7.3.8) auf die Größen der Navier-Stokes-Gleichung (Gl. (7.2.6)) bedeutet:

$$u_i = \bar{u}_i + \hat{u}_i \ , \tag{7.3.10}$$
$$\rho = \bar{\rho} + \hat{\rho} \ , \tag{7.3.11}$$
$$p = \bar{p} + \hat{p} \ . \tag{7.3.12}$$

Eine Schwankung der Viskosität wird vernachlässigt, da die Temperaturabhängigkeit der molekularen Viskosität nicht sehr ausgeprägt ist.

Setzt man Gl. (7.3.10) bis (7.3.12) in die Impulsbilanz Gl. (7.2.6) ein, so erhält man nach einer Zeitmittelung und einer Auswertung der Teilterme unter Anwendung der Rechenregeln für Erwartungswerte (vgl. z.B. /7.3.1/) die folgende Beziehung:

$$\underbrace{\frac{\partial}{\partial t}(\bar{\rho}\bar{u}_i)}_{\text{I}} + \underbrace{\frac{\partial}{\partial x_j}(\bar{\rho}\bar{u}_i\bar{u}_j)}_{\text{II}} = \underbrace{\frac{\partial}{\partial x_j}\left[\mu\left(\frac{\partial\bar{u}_j}{\partial x_i} + \frac{\partial\bar{u}_i}{\partial x_j}\right) - \frac{2}{3}\mu\frac{\partial\bar{u}_l}{\partial x_l}\delta_{ij}\right]}_{\text{III}}$$

$$- \underbrace{\frac{\partial}{\partial x_j}\left[\overline{\hat{\rho}\hat{u}_i\hat{u}_j} + \bar{u}_i\overline{\hat{\rho}\hat{u}_j} + \bar{u}_j\overline{\hat{\rho}\hat{u}_i} + \overline{\bar{\rho}\hat{u}_i\hat{u}_j}\right]}_{\text{IV}} - \underbrace{\frac{\partial}{\partial t}(\overline{\hat{\rho}\hat{u}_i})}_{\text{V}} - \underbrace{\frac{\partial\bar{p}}{\partial x_i}}_{\text{VI}} + \underbrace{\bar{\rho}g_i}_{\text{VII}} \ . \tag{7.3.13}$$

Gegenüber der nicht gemittelten Impulstransportgleichung treten die Terme IV und V auf. Diese turbulenten Korrelationsterme stammen von den konvektiven Transporttermen der nichtgemittelten Impulsbilanz, stellen aber keinen konvektiven Transport im Sinne der Impulsbilanz dar. Da der Term IV formal die gleiche Struktur wie der viskose Spannungsterm III aufweist, liegt eine Interpretation als Diffusionsfluß des Impulses, bedingt durch turbulente Fluktuationen, nahe. Diese Terme werden als Reynolds'sche Spannungen bezeichnet. Bei der Berücksichtigung der turbulenten Eigenschaften über die Zeitmittelung und bei einer statistischen Betrachtungsweise wird die Turbulenz durch die Korrelationsterme IV und V beschrieben.

Hinze (/7.3.1/) weist darauf hin, daß für $\hat{\rho} \ll \bar{\rho}$ die Dichtefluktuationen vernachlässigt werden können

$$\hat{\rho} \approx 0 \ , \tag{7.3.14}$$

da das Verhältnis $\hat{\rho}/\bar{\rho}$ in der Größenordnung $O(\hat{u}^2/c^2)$ liegt.

In diesem Fall entfallen die Terme, die die Dichtefluktuationen enthalten, und man erhält die Gleichung:

$$\frac{\partial}{\partial t}(\bar{\rho}\bar{u}_i) + \frac{\partial}{\partial x_j}(\bar{\rho}\bar{u}_i\bar{u}_j) = \frac{\partial}{\partial x_j}\left[\tau_{ij} - \overline{\bar{\rho}\hat{u}_i\hat{u}_j}\right] - \frac{\partial\bar{p}}{\partial x_i} + \bar{\rho}g_i \ . \tag{7.3.15}$$

Durch diese Schreibweise wird deutlich, warum die Korrelationen der Geschwindigkeitsfluktuationen als zusätzliche turbulente Spannungen interpretiert werden können. Man erhält damit:

$$\frac{\partial}{\partial t}(\overline{\rho}\overline{u}_i) + \frac{\partial}{\partial x_j}(\overline{\rho}\overline{u}_i\overline{u}_j) = \frac{\partial}{\partial x_j}\left[\tau_{ij} + \tau_{ij,t}\right] - \frac{\partial \overline{p}}{\partial x_i} + \overline{\rho}g_i \quad . \tag{7.3.16}$$

Die zusätzlichen turbulenten Spannungen $\tau_{ij,t}$ werden auch als Reynolds-Spannungen bezeichnet. Die Gesamtheit dieser Spannungen liefert den Reynolds-Spannungstensor $T_{ij,t}$, der die folgenden Komponenten umfaßt:

$$\tau_{ij,t} = -\overline{\rho}\begin{bmatrix} \overline{u_1'u_1'} & \overline{u_1'u_2'} & \overline{u_1'u_3'} \\ \overline{u_2'u_1'} & \overline{u_2'u_2'} & \overline{u_2'u_3'} \\ \overline{u_3'u_1'} & \overline{u_3'u_2'} & \overline{u_3'u_3'} \end{bmatrix} = \begin{bmatrix} \tau_{11,t} & \tau_{12,t} & \tau_{13,t} \\ \tau_{21,t} & \tau_{22,t} & \tau_{23,t} \\ \tau_{31,t} & \tau_{32,t} & \tau_{33,t} \end{bmatrix} = T_{ij,t} \quad . \tag{7.3.17}$$

Bei den Reynolds-Spannungsmodellen (RSM) werden direkt die Reynolds-Spannungen über modellierte Transportgleichungen beschrieben (Kap. 7.3.2.5). Bei den algebraischen Spannungsmodellen werden dazu algebraische Beziehungen herangezogen (Kap. 7.3.2.6), während bei den klassischen Turbulenzmodellen die Reynolds-Spannungen direkt modelliert werden.

Der in Gl. 7.3.17 angegebene Spannungstensor $T_{ij,t}$ ist symmetrisch. Das gleiche gilt für $T_{ij,eff}$. Damit sind beide durch sechs Komponenten eindeutig festgelegt.

Werden die laminaren und turbulenten Spannungen zu einem effektiven Spannungsterm zusammengefaßt:

$$\tau_{ij,eff} = \tau_{ij} + \tau_{ij,t} \quad , \tag{7.3.18}$$

dann ergibt sich die folgende Schreibweise:

$$\frac{\partial}{\partial t}(\overline{\rho}\overline{u}_i) + \frac{\partial}{\partial x_j}(\overline{\rho}\overline{u}_i\overline{u}_j) = \frac{\partial}{\partial x_j}\left[\tau_{ij,eff}\right] - \frac{\partial \overline{p}}{\partial x_i} + \overline{\rho}g_i \quad , \tag{7.3.19}$$

die formal mit der Navier-Stokes-Gleichung identisch ist, sich von dieser nur im Spannungsanteil unterscheidet.

Werden die turbulenten Spannungsanteile $\tau_{ij,t}$ in Analogie zu den laminaren (Gl. 7.2.4) mit dem Boussinesq-Ansatz bzw. der Wirbelviskositätshypothese modelliert:

$$-\rho\,\overline{u_i'u_j'} = \mu_t\left[\frac{\partial \overline{u}_j}{\partial x_i} + \frac{\partial \overline{u}_i}{\partial x_j}\right] - \frac{2}{3}\left[\mu_t\frac{\partial \overline{u}_l}{\partial x_l} + \overline{\rho}\,\overline{k}\right]\delta_{ij} \quad , \tag{7.3.20}$$

dann können laminare und turbulente Spannungen zu den effektiven Spannungstermen $\tau_{ij,eff}$ bzw. zu dem effektiven Spannungstensor $T_{ij,eff}$ zusammengefaßt werden:

$$\tau_{ij,eff} = \mu_{eff}\left[\frac{\partial \overline{u}_j}{\partial x_i} + \frac{\partial \overline{u}_i}{\partial x_j}\right] - \frac{2}{3}\left[\mu_{eff}\frac{\partial \overline{u}_l}{\partial x_l} + \overline{\rho}\,\overline{k}\right]\delta_{ij} \quad . \tag{7.3.21}$$

Hiermit ergibt sich dann die endgültige Form der Reynolds-Gleichungen in der Form von Gl. (7.3.22).

$$\frac{\partial}{\partial t}(\rho \bar{u}_i) + \frac{\partial}{\partial x_j}(\rho \bar{u}_i \bar{u}_j) = \frac{\partial}{\partial x_j}\left[\mu_{eff}\left[\frac{\partial \bar{u}_j}{\partial x_i} + \frac{\partial \bar{u}_i}{\partial x_j}\right] - \frac{2}{3}\left[\mu_{eff}\frac{\partial \bar{u}_l}{\partial x_l} + \rho \bar{k}\right]\delta_{ij}\right] - \frac{\partial p}{\partial x_i} + \bar{\rho}g_i$$

$$(7.3.22)$$

Reynolds-Gleichung (allgemeine Form, einphasiges System)

Mit μ_t ist die sogenannte Wirbelviskosität bezeichnet. Sie ist gegenüber der laminaren Viskosität μ, die stoffspezifisch und temperaturabhängig ist, eine Größe, die von der Turbulenzstruktur bestimmt ist.

Durch die Zeitmittelung wurde das Problem der Beschreibung einer turbulenten Strömung auf die Modellierung der Reynoldsspannungen reduziert. Aufgabe von Turbulenzmodellen ist es nun, hierfür geeignete Ansätze zu liefern.

Wendet man die Vorgehensweise der Aufspaltung in zeitlichen Mittelwert und Schwankungswert auf die Variablen der Kontinuitätsgleichung an, so erhält man die Form:

$$\frac{\partial}{\partial t}(\bar{\rho}+\tilde{\rho}) + \frac{\partial}{\partial x_j}(\bar{\rho}\bar{u}_j + \overline{\tilde{\rho}\tilde{u}_j}) = 0 \quad . \tag{7.3.23}$$

Werden wieder die Dichtefluktuationen vernachlässigt, so geht Gl. (7.3.23) über in

$$\frac{\partial}{\partial t}(\bar{\rho}) + \frac{\partial}{\partial x_j}(\bar{\rho}\bar{u}_j) = 0 \quad . \tag{7.3.24}$$

Damit erhält man die gleiche Form wie für die nichtzeitgemittelte Gleichung, was nicht weiter verwundert, da die Gesamtmassenerhaltung auch bei turbulenten Strömungsbedingungen erfüllt sein muß.

7.3.2.2 Übersicht über Turbulenzmodelle

Bild 7.3.5 gibt einen Überblick über Turbulenzmodelle. Hieraus ist zu erkennen, daß sich die mathematische Beschreibung des Turbulenzzustandes im wesentlichen in die direkte Simulation, in Turbulenzmodelle, in Discrete Eddy Simulation und in die Large Eddy Simulation einteilen läßt.

- Bei der **direkten Simulation** wird keine Modellierung der Reynolds-Spannungen vorgenommen. Das Strömungsgebiet muß so fein diskretisiert werden, daß die gesamte Energiekaskade einschließlich der Dissipation in thermische Energie im Bereich des Micro-Längenmaßstabs erfaßt wird. Dies bedingt eine Stützstellenanzahl von $O(10^3)$ in jeder Raumrichtung, was einen immensen rechentechnischen Aufwand zur Folge hätte. Für technische Anwendungen kommt dieser Ansatz daher nicht in Frage. Der Hauptvorteil dieser Methode ist jedoch in der Tatsache zu suchen, daß keine Modellierung und keine

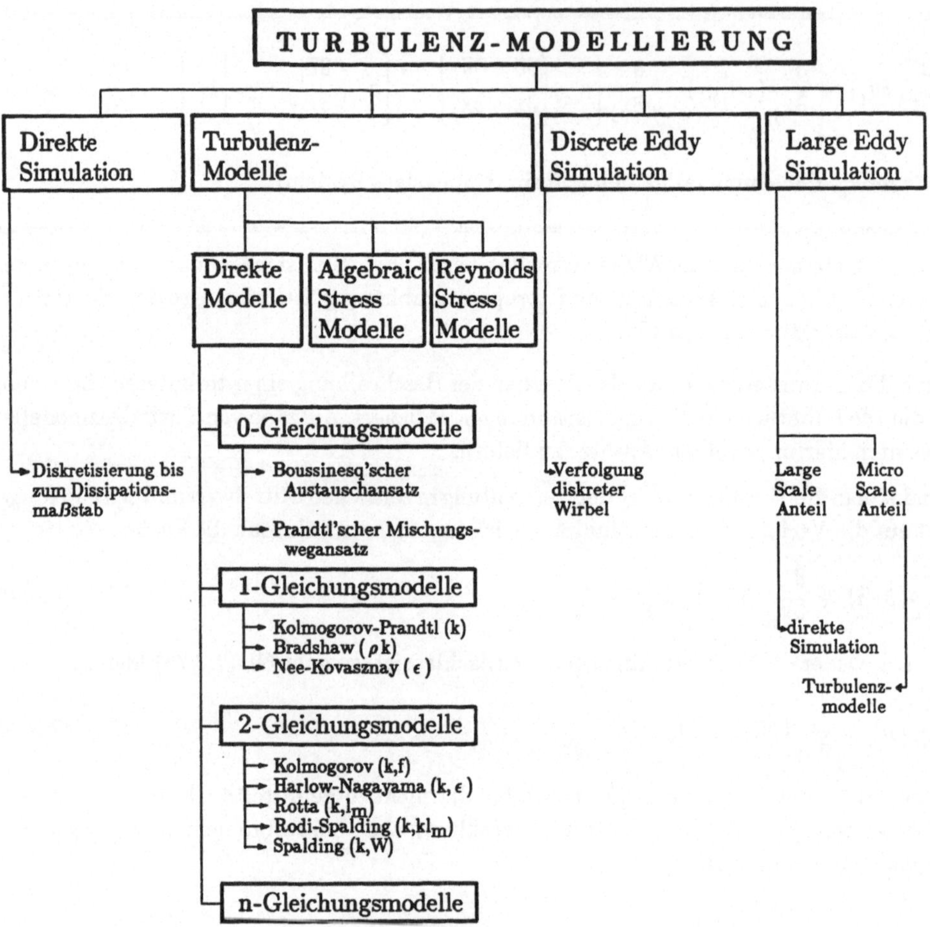

Bild 7.3.5: Einteilung von Turbulenzmodellen

Schließungen notwendig sind, d.h. keine zusätzlichen experimentellen oder empirischen Daten einfließen müssen. Damit ist eine Extrapolation auf andere Strömungsformen und Geometrien ohne Einschränkungen möglich. Da auf diesen Ansatz nicht weiter eingegangen werden soll, sei auf weiterführende Literatur verwiesen: /7.3.30/.

- Die Ableitung von **Turbulenzmodellen** verfolgt einen ganz anders gearteten Ansatz. Hier werden durch geeignete Transportgleichungen ein oder mehrere Längen- und/oder Zeitmaßstäbe angegeben, die den Energietransfer bis zur thermischen (inneren) Energie beschreiben. In direkten Modellen wird hierzu eine sogenannte turbulente Viskosität berechnet, die die turbulenten Eigenschaften des Fluids numerisch beschreibt. Die Gruppe der Turbulenzmodelle wird in direkte Modelle, Algebraische Spannungsmodelle und

Reynolds-Spannungsmodelle eingeteilt. Dabei sind die Reynolds-Spannungs-Modelle (RSM) die genauesten, da bei ihnen direkt die Reynoldsspannungen modelliert werden und damit der anisotrope Charakter der Turbulenz Berücksichtigung findet. Bei den Algebraischen Spannungsmodellen (ASM) wird die Anisotropie ebenfalls berücksichtigt, aber es werden keine Transportgleichungen im Sinne der RSM benötigt, sondern direkt die Korrelationen zwischen Spannungen und Gradienten der Hauptbewegung verwendet. Die direkten Turbulenzmodelle gehen von einer isotropen Approximation der Turbulenzstruktur aus und geben eine richtungsunabhängige Größe, die turbulente Viskosität μ_t an. Damit werden diese Modelle für stark richtungsabhängige Strömungen (Strahlen, Strahlflammen) und im Fall stark anisotroper Turbulenzstruktur (drallbehaftete Strömungen, Drallflammen) weniger gut geeignet sein. Es existiert eine große Anzahl verschiedener direkter Turbulenzmodelle, die sich nach der Anzahl der dabei verwendeten Transportgleichungen unterscheiden lassen. Die 0-Gleichungsmodelle verwenden keine Transportgleichung, sondern nur algebraische Beziehungen zur Angabe einer charakteristischen Länge (Kap. 7.3.2.3). Hierunter sind der Boussinesq'sche Austauschansatz und der Prandtl'sche Mischungswegansatz zu rechnen. Bei den 1-Gleichungsmodellen werden Transportgleichungen für eine charakteristische Turbulenzlänge abgeleitet und gelöst. Ein zusätzlicher Zeitmaßstab wird bei den 2-Gleichungsmodellen verwendet. Dies macht eine zweite Transportgleichung nötig. Für technische Verbrennungssysteme findet sehr oft das k-ϵ-Turbulenzmodell Einsatz, das zu den 2-Gleichungsmodellen zu rechnen ist.
Zur Schließung der Transportgleichungen (Modellierung von Korrelationstermen) können jeweils wieder Transportgleichungen für diese Korrelationen angegeben werden, die aber Korrelationen einer um eine Stufe höheren Ordnung enthalten, womit wieder ein Schließungsbedarf besteht. Die Stufe, auf der die Schließung erfolgt, bestimmt die Approximationsgüte. Alle Modelle mit mehr als zwei Transportgleichungen sind unter den n-Gleichungsmodellen zusammengefaßt.

- Die **Large Eddy Simulation** verknüpft die beiden erstgenannten Methoden. Über eine Filtergleichung wird der gesamte Turbulenzlängenbereich in zwei Teile aufgespalten. Große Wirbel werden dann über eine direkte Simulation erfaßt, während die kleinen bis zum Mikrolängenmaßstab über Turbulenzmodelle beschrieben werden. Durch die Wahl der Grenzfrequenz oder -wirbelgröße kann dieses Modell somit leicht an die Erfordernisse oder an die Größe der verfügbaren Rechenanlage angepaßt werden. Weiterführende Literatur: /7.3.30/-/7.3.36/.

- Die **Discrete Eddy oder Discrete Vortex Simulation** verwendet einen gänzlich anderen Ansatz. Hier werden diskrete Wirbel mit definierter Größe oder Größenverteilung erzeugt und der Strömung überlagert. Die Eingangsgrößenverteilung beschreibt dabei den Turbulenzzustand am Strömungseintritt. Über Transportgleichungen wird die Ausbreitung der Wirbel im Strömungsgebiet beschrieben. Diese Methode ist damit den stochastischen Monte-Carlo-Modellen zuzuordnen, die alle die Eigenschaft aufweisen, daß durch Steigerung der Anzahl der Ereignisse die Approximationsgüte zunimmt (/7.3.37/-/7.3.42/).

112

Ziel der folgenden Kapitel ist es nicht, einen vollständigen Überblick über diese Ansätze zu geben. Vielmehr sollen einige wenige Modelle angeführt werden, die sich bei der Berechnung von Verbrennungssystemen bewährt haben. Dabei stehen vor allem Turbulenzmodelle im Vordergrund. Grundlage einer Modellierung der turbulenten Eigenschaften mit Turbulenzmodellen ist die Modellierung der in den Reynoldsgleichungen zusätzlich auftauchenden Geschwindigkeitskorrelationen. Folgende Ansätze werden vorgestellt:

- der Mischungswegansatz (Kap. 7.3.2.3),
- ein Zweigleichungsmodell (k-ϵ-Modell, Kap. 7.3.2.4),
- ein Algebraisches Spannungsmodell (Kap. 7.3.2.6) und
- das Reynolds-Spannungsmodell (Kap. 7.3.2.5).

Als weiterführende Literatur sei in diesem Zusammenhang genannt: /7.5.43/-/7.5.67/.

7.3.2.3 Mischungslängenansätze

Der Newton'sche Ansatz zur Beschreibung der laminaren Spannungen in der Navier-Stokes-Gleichung geht davon aus, daß die Spannungen proportional zum Geschwindigkeitsgradienten sind (/7.3.2/):

$$\tau \sim \partial u/\partial y \quad . \tag{7.3.25}$$

Die entsprechende Proportionalitätskonstante ist die laminare Viskosität μ, wodurch sich ergibt:

$$\tau = \mu \; \partial u/\partial y \quad . \tag{7.3.26}$$

Die laminare Viskosität μ ist eine reine Stoffgröße und nicht von der Strömungsform oder dem Turbulenzzustand abhängig.

Prandtl führte in seiner heuristischen Betrachtung für die turbulenten Spannungsterme

$$\tau_t = -\rho \overline{\hat{u}\hat{v}} \tag{7.3.27}$$

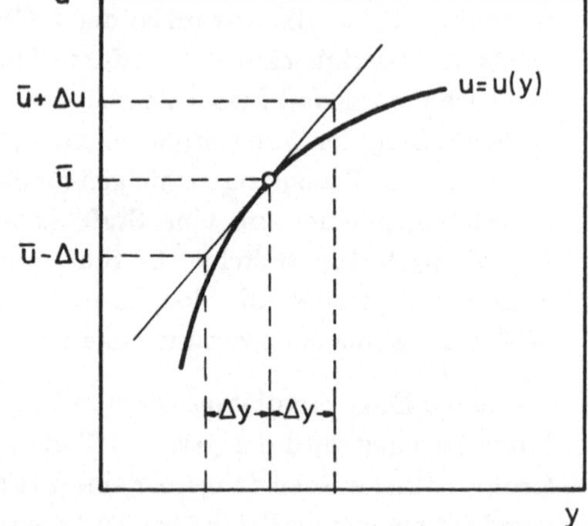

Bild 7.3.6: Zum turbulenten Impulsaustausch und Mischungslängenansatz

einen Ansatz ein, der die Geschwindigkeitsfluktuationen $\hat{u}$ und $\hat{v}$ mit der Größe der Wirbelabmessungen l_m und dem Gradienten der mittleren Geschwindigkeit $\partial \bar{u}/\partial y$ in Relation setzt:

$$\hat{u} \sim \hat{v} \sim l_m \; \partial \bar{u}/\partial y \quad . \tag{7.3.28}$$

Setzt man formal die Gl. (7.3.28) in Gl. (7.3.27) ein, so erhält man:

$$\tau_t \sim \rho \, l_m^2 \; |\partial \bar{u}/\partial y| \; \partial \bar{u}/\partial y \quad . \tag{7.3.29}$$

Die Betragszeichen regulieren dabei nur die Richtung von Schubspannung und Geschwindigkeitsgradient (durch das Quadrat wäre sonst die Spannung immer possitiv). Die charakteristische Länge l_m muß in jedem Fall abgeschätzt werden. Phänomenologisch läßt sich l_m interpretieren als der Abstand, den ein Fluidelement quer zur Hauptströmungsrichtung (Δy) zurücklegen muß, so daß sich die Strömungsgeschwindigkeit an diesem Ort gerade um $\hat{u}$ (Δu) bzw. $\hat{v}$ von der Fluidelementgeschwindigkeit unterscheidet (Bild 7.3.6).

Damit ergibt sich ein Ansatz, der auch bei den Turbulenzmodellen eine wichtige Rolle spielen wird, der Boussinesq'sche Austauschansatz:

$$\tau_t = \mu_t \; \partial \bar{u}/\partial y \; . \tag{7.3.30}$$

Dabei wird deutlich, daß μ_t von der Turbulenzstruktur der Strömung abhängt. Dieser Ansatz stellt die wohl direkteste Analogie zwischen laminaren (viskosen) und turbulenten Spannungen her. Die turbulente Viskosität μ_t beinhaltet dabei die gesamte Information über die Turbulenz an der betrachteten Stelle. Bei der Modellierung über Turbulenzmodelle werden zusätzliche Zustandsgrößen eingeführt und modelliert und aus ihnen μ_t berechnet.

In der Literatur werden verschiedene Ansätze zur Beschreibung von l_m in Abhängigkeit der Geometrie bzw. der Strömungsform angeführt. Damit ergeben sich die folgenden funktionalen Zusammenhänge für die turbulenten Spannungen:

- Strömung entlang fester Wände (Wandgrenzschichten mit Grenzschichtdicke δ, /7.3.2/):

$$\tau_t = \rho \; (\kappa y)^2 \; |\partial \bar{u}/\partial y| \; \partial \bar{u}/\partial y \; . \tag{7.3.31}$$

Darin steht κ für die von Karman-Konstante ($\kappa = 0{,}435$). Dieser Ansatz hat bis $y = 0{,}207\delta$ Gültigkeit. In der Hauptströmung wird die Spannung als konstant angesetzt:

$$\tau_t = \rho \; (0{,}09 \; \delta)^2 \; |\partial \bar{u}/\partial y| \; \partial \bar{u}/\partial y \; . \tag{7.3.32}$$

- Strömung im Freistrahl (Prandtl):

$$\tau_t = \rho \; c_1 \; \delta \; (\bar{u}_{max} - \bar{u}_{min}) \; \partial \bar{u}/\partial y \; . \tag{7.3.33}$$

Dabei ist u_{min} die Geschwindigkeit der Außenströmung, u_{max} ist die maximale Geschwindigkeit im Strahl, i.a. die Geschwindigkeit auf der Strahlachse, c_1 eine Konstante. Bei diesem Ansatz ergibt sich für runde Freistrahlen ein konstanter Wert für μ_t. Dieser Befund liegt z.B. auch vereinfachten Berechnungen im Strahlnahbereich zugrunde, die mit Erfolg auch bei Mehrstrahlanordnungen oder komplexeren Strahlgeometrien Anwendung finden /7.2.3/.

- Taylor'scher Wirbeltransport (/7.3.2/):

$$\tau_t = \rho/2 \; l^2_{Wirbel} \; |\partial \bar{u}/\partial y| \; \partial \bar{u}/\partial y \; . \tag{7.3.34}$$

Der wohl einfachste Ansatz für eine Berücksichtigung der Turbulenz ist die Annahme eines örtlich nicht abhängigen Mischungsweges, $l_m = const.$ Hierdurch ergibt sich eine turbulente Viskosität, die sich aus einer Abschätzung der Turbulenz-Reynoldszahl als Vielfaches der

114

laminaren Viskosität angeben läßt. Als realistischer Wert ist hierbei zu verwenden:

$$\mu_t = 100 \cdot \mu_l \quad . \tag{7.3.35}$$

Diese Approximation stellt gleichzeitig das einfachste "Turbulenzmodell" dar und hat den Vorteil, daß es sehr einfach in Programme zur laminaren Berechnung eingeführt werden kann. Es wird jedoch bei örtlich unterschiedlichen Turbulenzverhältnissen versagen.

7.3.2.4 Zweigleichungsmodell

Die am häufigsten verwendeten Zweigleichungsmodelle sind:

- das k-W-Modell (/7.3.51/,/7.3.52/),
- das k-L-Modell (/7.3.53/) und
- das k-ϵ-Modell (7.3.44/-/7.3.50/).

Beim ersterem werden Transportgleichungen für die kinetische Turbulenzenergie k $[m^2/s^2]$ und das Quadrat der Wirbelstärkeschwankungen W $[1/s^2]$, beim zweiten für k und die Mischungslänge L [m] und beim dritten für k und dessen Dissipationsrate ϵ $[m^2/s^3]$ abgeleitet und gegebenenfalls modelliert.

Da das Quadrat der Wirbelstärkeschwankungen W und die Dissipationsrate ϵ beide eine Größe zur Beschreibung der Mischungslänge l_m darstellen, lassen sie sich nahezu vollständig ineinander überführen. Es gilt die Beziehung:

$$W = \epsilon^2/k^2 \quad . \tag{7.3.36}$$

Zwischen ϵ und L besteht ebenfalls ein enger Zusammenhang nach Gl. (7.3.3). Daher wird im folgenden nur auf ein Zweigleichungsmodell, das k-ϵ-Modell, eingegangen (/7.1.1/).

Durch die sogenannte Energiekaskade in turbulenten Strömungen wird laufend kinetische Turbulenzenergie dissipiert und in innere Energie umgewandelt (Bild 7.3.2). Bei diesem Prozeß werden Wirbel großen Maßstabs in solche kleineren Durchmessers überführt. Bedingt durch diesen Zerfallsprozeß werden Turbulenzstrukturen, die diese Kaskade durchlaufen haben, also kleine Wirbel, im statistischen Sinn isotrope Eigenschaften aufweisen. Bei strenger Isotropie, deren Konzeption von G. I. Taylor eingeführt wurde, gilt:

$$\overline{u_1 u_1} = \overline{u_2 u_2} = \overline{u_3 u_3} = \overline{u_i u_i}/3 \quad . \tag{7.3.37}$$

Das heißt, aus Geschwindigkeitskomponenten können koordinateninvariante Funktionen gebildet werden. Obwohl ein Teil der anisotropen Eigenschaften der großen Wirbel auf die kleineren übertragen wird, kann bei realen turbulenten Strömungen von einer isotropen Charakteristik ausgegangen werden, da der Energietransfer beim Zerfallsprozeß groß ist im Verhältnis zu der Energieänderung auf derselben Zerfallsstufe. Dies bedeutet aber, daß die turbulenten Charakteristika durch den Energietransfer beim Zerfallsprozeß groß sind im Verhältnis zu der Energieänderung auf derselben Zerfallsstufe. Dies hat zur Folge, daß die turbulenten Charakteristika durch den Energietransfer innerhalb der Kaskade mit Hilfe der Dissipationsrate beschrieben werden können.

Die Annahme einer isotropen Turbulenz erlaubt es, den turbulenten Zustand über skalare Größen zu beschreiben. Dabei liegt es nahe, die turbulenten Spannungen ebenfalls über Geschwindigkeitsgradientenansätze zu modellieren, wie dies bei den viskosen Spannungen erfolgt. Verwendet man den gleichen Ansatz, dann kann zu der skalaren Größe "laminare Viskosität μ" ein turbulenter Anteil addiert werden:

$$\mu_{eff} = \mu + \mu_t \quad . \tag{7.3.38}$$

Hierbei ist die laminare Viskosität eine stoffabhängige Größe, während die turbulente Viskosität rein von der Turbulenzstruktur und damit vom Geschwindigkeitsfeld abhängt.

Im folgenden soll die Herleitung der modellierten Transportgleichungen für die kinetische Turbulenzenergie k und die Dissipationsrate ϵ skizziert werden (/7.1.1/).

Zur Herleitung der **Transportgleichung für k** wird die Impulstransportgleichung für die u_i-Schwankungen mit u_i multipliziert, über alle $i = 1(1)3$ aufsummiert und zeitgemittelt. Die Transportgleichung für die u_i-Schwankungen erhält man dadurch, daß die zeitgemittelte Navier-Stokes-Gleichung von der zeitabhängigen subtrahiert wird. Unter der Voraussetzung, daß Dichte-, Viskositäts-, Druck- und Körperkraftschwankungen vernachlässigt werden können, erhält man eine Gleichung für k in der Form:

$$\frac{\partial}{\partial t}(\bar{\rho}\bar{k}) + \frac{\partial}{\partial x_j}(\bar{\rho}\bar{u}_j\bar{k}) = \frac{\partial}{\partial x_j}\left[\overline{\hat{u}_j\left[\bar{\rho}\,\frac{\hat{u}_i\hat{u}_i}{2} + \hat{p}\right]}\right] - \overline{\rho\hat{u}_i\hat{u}_j}\frac{\partial\bar{u}_i}{\partial x_j} + \frac{\partial}{\partial x_j}\left[\mu_t\hat{u}_i\left[\frac{\partial\hat{u}_j}{\partial x_i} + \frac{\partial\hat{u}_i}{\partial x_j}\right]\right]$$

$$\text{I} \qquad\qquad \text{II} \qquad\qquad\qquad \text{III} \qquad\qquad\qquad \text{IV} \qquad\qquad \text{V}$$

$$- \mu_t\left[\frac{\partial\hat{u}_j}{\partial x_i} + \frac{\partial\hat{u}_i}{\partial x_j}\right]\frac{\partial\hat{u}_i}{\partial x_j} \quad . \tag{7.3.39}$$

$$\text{VI}$$

Dabei können die einzelnen Terme von Gl. (7.3.39) wie folgt interpretiert und wenn nötig modelliert werden:

- **Term I** stellt die zeitliche Änderung der kinetischen Turbulenzenergie pro Volumen- und Zeiteinheit dar (Ein- / Ausspeicherung von Turbulenzenergie).

- **Term II** beschreibt den Transport durch die mittlere Fluidbewegung (konvektiver Transport an Turbulenzenergie).

- **Term III** berücksichtigt den turbulent diffusiven Transport von k durch Geschwindigkeits- und Druckschwankungen. Dieser Term wird mit einem Gradientenflußansatz modelliert:

$$\overline{\hat{u}_j\left[\bar{\rho}\,\frac{\hat{u}_i\hat{u}_i}{2} + \hat{p}\right]} = \frac{\mu_t}{\sigma_k}\frac{\partial\bar{k}}{\partial x_j} \quad . \tag{7.3.40}$$

Hierbei muß der Austauschkoeffizient $\Gamma_k = \mu_t/\sigma_k$ über die Wahl der turbulenten Schmidt-/Prandtl-Zahl an Messungen angepaßt werden.

116

- **Term IV** stellt die Deformationsarbeit der mittleren Bewegung durch turbulente Spannungen dar. Die turbulenten Spannungsterme werden nach der Wirbelviskositätshypothese modelliert. Der gesamte Term kann als Produktion von k interpretiert werden:

$$- \overline{\hat{u}_i \hat{u}_j} \, \frac{\partial \overline{u}_i}{\partial x_j} = P = \left[\mu_t \left[\frac{\partial \overline{u}_j}{\partial x_i} + \frac{\partial \overline{u}_i}{\partial x_j} \right] - \frac{2}{3} \left[\mu_t \frac{\partial \overline{u}_l}{\partial x_l} + \overline{\rho} \, \overline{k} \right] \delta_{ij} \right] \frac{\partial \overline{u}_i}{\partial x_j} \quad . \tag{7.3.41}$$

- **Term V** kann als Arbeit durch viskose Schubspannungen der turbulenten Bewegung,

- **Term VI** als viskose Dissipation durch die turbulente Bewegung interpretiert werden. Die Dissipationsrate ϵ ist dabei gegeben zu:

$$\epsilon = \left[\mu_t \left[\frac{\partial \hat{u}_j}{\partial x_i} + \frac{\partial \hat{u}_i}{\partial x_j} \right] \frac{\partial \hat{u}_i}{\partial x_j} \right] \cdot \frac{1}{\rho} \quad . \tag{7.3.42}$$

Nach Hinze (/7.3.1/) können die Terme V und VI für ein inkompressibles Fluid umgeformt werden zu:

$$\frac{\partial}{\partial x_j} \left[\mu_t \hat{u}_i \left[\frac{\partial \hat{u}_j}{\partial x_i} + \frac{\partial \hat{u}_i}{\partial x_j} \right] \right] - \mu_t \left[\frac{\partial \hat{u}_j}{\partial x_i} + \frac{\partial \hat{u}_i}{\partial x_j} \right] \frac{\partial \hat{u}_i}{\partial x_j} = \frac{\partial}{\partial x_j} \left[\mu \frac{\partial \overline{k}}{\partial x_j} \right] - \overline{\rho \epsilon} \quad , \tag{7.3.43}$$

wobei bei homogener Turbulenz der zweite Term in Gl. (7.3.43) die Dissipationsrate beschreibt. Der erste Term auf der rechten Seite ist die molekulare Diffusion von k; er kann für große Reynolds-Zahlen gegenüber Term III vernachlässigt werden.

Führt man nun noch einen effektiven Austauschkoeffizienten $\Gamma_{k,eff}$, gemäß

$$\Gamma_{k,eff} = \frac{\mu + \mu_t}{\sigma_{k,eff}} = \frac{\mu_{eff}}{\sigma_{k,eff}} \tag{7.3.44}$$

ein (/7.3.28/,/7.3.29/), so erhält man die modellierte Transportgleichung für k:

$$\boxed{\frac{\partial}{\partial t} (\overline{\rho} \overline{k}) + \frac{\partial}{\partial x_j} (\overline{\rho} \overline{u}_j \overline{k}) = \frac{\partial}{\partial x_j} \left[\frac{\mu_{eff}}{\sigma_{k,eff}} \frac{\partial \overline{k}}{\partial x_j} \right] + P - \overline{\rho \epsilon} \qquad (7.3.45)}$$

Modellierte Transportgleichung für die **kinetische Turbulenzenergie k**

mit dem Produktionsterm P nach Gl. (7.3.41).

Eine **Transportgleichung für die Dissipation** ϵ kann nach Gl.7.3.42 abgeleitet werden, sie ist jedoch wegen der dabei auftretenden Korrelation der Gradienten von Geschwindigkeitsschwankungen nur schwer zu modellieren.

Eine allgemein anerkannte Form (/7.3.9/) lautet:

$$\frac{\partial}{\partial t}(\bar{\rho}\bar{\epsilon}) + \frac{\partial}{\partial x_j}(\bar{\rho}\bar{u}_j\bar{\epsilon}) = \frac{\partial}{\partial x_j}\left[\frac{\mu_{eff}}{\sigma_{\epsilon,eff}}\frac{\partial\bar{\epsilon}}{\partial x_j}\right] + c_{\epsilon,1}\frac{\bar{\epsilon}}{k}P - c_{\epsilon,2}\bar{\rho}\frac{\bar{\epsilon}}{k}\bar{\epsilon} \qquad (7.3.46)$$

Modellierte Transportgleichung für die **Dissipationsrate** ϵ

Aus der lokalen Lösung für k und ϵ wird aus der Prandtl-Kolmogorov-Beziehung ein lokaler Wert für die turbulente Viskosität μ_t berechnet:

$$\mu_t = c_\mu\,\rho\,\frac{\bar{k}^2}{\bar{\epsilon}} \qquad (7.3.47)$$

Prandtl-Kolmogorov-Beziehung zur Berechnung der **turbulenten Viskosität**

Mit der Festlegung der empirischen Konstanten des so angegebenen Turbulenzmodelles kann das Gleichungssystem zur Modellierung der turbulenten Strömung geschlossen werden. Dies geschieht durch eine Computeroptimierung, bei der die Konstanten durch Vergleich mit Meßdaten, die für typische Strömungskonfigurationen gewonnen wurden, angepaßt werden.

Einen anerkannten Satz von Konstanten für das k-ϵ-Turbulenzmodell zeigt Tab. 7.3.1.

Konstante	c_μ	$\sigma_{k,eff}$	$\sigma_{\epsilon,eff}$	$c_{\epsilon,1}$	$c_{\epsilon,2}$
Wert	0,09	1,0	1,3	1,44	1,92

Tab. 7.3.1: Konstantensatz des k-ϵ-Turbulenzmodells

Damit ergibt sich folgende Vorgehensweise bei der Berechnung turbulenter Strömungen mit Hilfe des k-ϵ-Turbulenzmodells:

- Lösung der k- und ϵ-Gleichung (Gl. 7.3.45 und 7.3.46) liefert lokale Werte bzw. eine Verteilung für k und ϵ.

- Mit der Prandtl-Kolmogorov-Beziehung (Gl. 7.3.47) wird die lokale turbulente Viskosität und daraus die effektive Viskosität (Gl. 7.3.38) berechnet.

- Diese effektive Viskosität wird anstelle der laminaren in die Impulstransportgleichung (Gl. 7.2.6) eingeführt und daraus eine neue Geschwindigkeitsverteilung (zeitgemittelte Geschwindigkeiten) berechnet.

- Werden diese neuen Geschwindigkeiten in die k- und ϵ-Gleichungen eingesetzt, so führt dies zu einer verbesserten Schätzung für k und ϵ. Dieser Iterationsprozeß muß solange wiederholt werden, bis Konvergenz erreicht ist, d.h. bis sich die Lösungen für u_i, k und ϵ mit zunehmender Iterationsanzahl nicht mehr ändern.

118

7.3.2.5 Reynolds-Spannungsmodell

Wie in Kap. 7.3.2.1 angedeutet, ist der Reynolds-Spannungstensor $T_{ij,t}$ symmetrisch und deshalb durch 6 Einzelspannungen eindeutig beschrieben. Aufgabe von Reynolds-Spannungsmodellen (RSM) ist es also, sechs Transportgleichungen für die Korrelationen der Geschwindigkeitsfluktuationen $\overline{\hat{u}_i \hat{u}_j}$ anzugeben. Diese lassen sich in analoger Weise zur Ableitung der k-Gleichung des k-ϵ-Turbulenzmodells ableiten und in ihrer nichtmodellierten Form angeben zu:

$$\frac{\partial}{\partial t}(\overline{\hat{u}_i \hat{u}_j}) + \frac{\partial}{\partial x_j}(\bar{u}_j \overline{\hat{u}_i \hat{u}_j}) = \frac{\partial}{\partial x_k}\left[\frac{\mu}{\rho}\frac{\partial}{\partial x_k}(\overline{\hat{u}_i \hat{u}_j}) - \overline{\hat{u}_i \hat{u}_j \hat{u}_k}\right] - \frac{\partial}{\partial x_k}\overline{\left[\frac{\hat{p}}{\rho}(\hat{u}_i \delta_{jk} + \hat{u}_j \delta_{ik})\right]}$$

$$+ \overline{\frac{\hat{p}}{\rho}\left[\frac{\partial \hat{u}_i}{\partial x_j} + \frac{\partial \hat{u}_j}{\partial x_i}\right]} - \left[\overline{\hat{u}_j \hat{u}_k}\frac{\partial \bar{u}_i}{\partial x_k} + \overline{\hat{u}_i \hat{u}_k}\frac{\partial \bar{u}_j}{\partial x_k}\right] - 2\frac{\mu}{\rho}\overline{\frac{\partial \hat{u}_i}{\partial x_k}\frac{\partial \hat{u}_j}{\partial x_k}} \quad . \tag{7.3.48}$$

Symbolisch läßt sich diese Gleichung auch angeben in der Form:

$$C_{ij} = D_{ij,l} + D_{ij,t} + \Pi_{ij,d} + \Pi_{ij} + P_{ij} + E_{ij} \quad . \tag{7.3.49}$$

Dabei beschreiben die einzelnen Terme die folgenden Prozesse (/7.3.57/):

- C_{ij}: faßt die zeitliche Änderung und die Konvektion durch die mittlere Hauptbewegung zusammen:

$$C_{ij} = \frac{\partial}{\partial t}(\overline{\hat{u}_i \hat{u}_j}) + \frac{\partial}{\partial x_j}(\bar{u}_j \overline{\hat{u}_i \hat{u}_j}) \quad . \tag{7.3.50}$$

- $D_{ij,l}$: ist die laminare Diffusion. Sie kann für hohe Reynolds-Zahlen vernachlässigt werden:

$$D_{ij,l} = \frac{\partial}{\partial x_k}\left[\frac{\mu}{\rho}\frac{\partial}{\partial x_k}(\overline{\hat{u}_i \hat{u}_j})\right] \quad . \tag{7.3.51}$$

- $D_{ij,t}$: steht für die turbulente Diffusion.

$$D_{ij,t} = \frac{\partial}{\partial x_k}\left[\overline{\hat{u}_i \hat{u}_j \hat{u}_k}\right] \quad . \tag{7.3.52}$$

- $\Pi_{ij,d}$: diffusiver Transport von Druck-Geschwindigkeitskorrelationen; er kann für hohe Reynoldszahlen vernachlässigt werden

$$\Pi_{ij,d} = -\frac{\partial}{\partial x_k}\overline{\left[\frac{\hat{p}}{\rho}(\hat{u}_i \delta_{jk} + \hat{u}_j \delta_{ik})\right]} \quad . \tag{7.3.53}$$

- Π_{ij}: Wechselwirkungen zwischen Druck- und Geschwindigkeitsfluktuation.

$$\Pi_{ij} = \overline{\frac{\hat{p}}{\rho}\left[\frac{\partial \hat{u}_i}{\partial x_j} + \frac{\partial \hat{u}_j}{\partial x_i}\right]} \quad . \tag{7.3.54}$$

Dieser Term kann wiederum in drei Anteile aufgespalten werden:

$$\Pi_{ij} = \Pi_{ij,1} + \Pi_{ij,2} + \Pi_{ij,w} \quad . \tag{7.3.55}$$

Hierbei steht $\Pi_{ij,1}$ für die Wechselwirkung, hervorgerufen durch einen Gradienten der mittleren Hauptbewegung. Dieser Term wird auch als "Schneller Term" (rapid term) bezeichnet. $\Pi_{ij,2}$ steht für den Prozeß, der zu der Rückkehr zu einem isotropen Turbulenzzustand führt. Er wird daher auch als "Rückkehr-Term" (return to isotropy term) bezeichnet. $\Pi_{ij,w}$ faßt alle Wandeinflüsse zusammen (wall reflection term).

- P_{ij}: beschreibt die Produktion

$$P_{ij} = - \left[\overline{\hat{u}_j \hat{u}_k} \frac{\partial \bar{u}_i}{\partial x_k} + \overline{\hat{u}_i \hat{u}_k} \frac{\partial \bar{u}_j}{\partial x_k} \right] \quad , \tag{7.3.56}$$

- E_{ij}: die Dissipation

$$E_{ij} = - 2 \frac{\mu}{\rho} \overline{\frac{\partial \hat{u}_i}{\partial x_k} \frac{\partial \hat{u}_j}{\partial x_k}} \quad . \tag{7.3.57}$$

Mit den so getroffenen Vernachlässigungen und Aufspaltungen ergibt sich folgende Form der Transportgleichung:

$$C_{ij} = D_{ij,t} + \Pi_{ij,1} + \Pi_{ij,2} + \Pi_{ij,w} + P_{ij} + E_{ij} \quad . \tag{7.3.58}$$

Die einzelnen Terme bedürfen nun einer Modellierung, um wieder zu einer Schließung des Gesamtsystems zu kommen:

- $D_{ij,t}$: Für diesen Term wird nach Daly und Harlow (/7.3.59/) ein Gradientenflußansatz verwendet:

$$-\overline{\hat{u}_i \hat{u}_j \hat{u}_k} = c_{RS,1} \frac{k}{\epsilon} \overline{\hat{u}_k \hat{u}_l} \frac{\partial}{\partial x_l} (\overline{\hat{u}_i \hat{u}_j}) \quad . \tag{7.3.59}$$

- $\Pi_{ij,1}$: Die Modellierung dieses Terms geht auf Arbeiten von Naot et al. (/7.3.55/) zurück. Sie läßt sich wie folgt angeben:

$$\Pi_{ij,1} = - c_{RS,p1} (P_{ij,1} - \tfrac{2}{3} P_1 \delta_{ij}) - c_{RS,p2} (P_{ij,2} - \tfrac{2}{3} P_2 \delta_{ij})$$

$$+ c_{RS,p3} \overline{\hat{u}_l \hat{u}_l} \left[\frac{\partial \bar{u}_i}{\partial x_j} + \frac{\partial \bar{u}_j}{\partial x_i} \right] \quad . \tag{7.3.60}$$

Die drei dabei eingeführten Parameter $c_{RS,p1}$, $c_{RS,p2}$ und $c_{RS,p3}$ lassen sich auf eine Konstante $c_{RS,2}$ zurückführen:

$$c_{RS,p1} = (76 - 8 \cdot c_{RS,2})/105 \quad , \tag{7.3.61}$$

$$c_{RS,p2} = (22 + 64 \cdot c_{RS,2})/105 \quad , \tag{7.3.62}$$

$$c_{RS,p1} = (3 + 24 \cdot c_{RS,2})/105 \quad . \tag{7.3.63}$$

Für die Indizierung der vier auftretenden Produktionsterme gilt die folgende Konvention:

$$P_{ij,1} = - \left[\overline{\hat{u}_i \hat{u}_k} \frac{\partial \bar{u}_j}{\partial x_k} + \overline{\hat{u}_j \hat{u}_k} \frac{\partial \bar{u}_i}{\partial x_k} \right] \quad , \tag{7.3.64}$$

$$P_{ij,2} = - \left[\overline{\hat{u}_i \hat{u}_k} \frac{\partial \bar{u}_k}{\partial x_j} + \overline{\hat{u}_j \hat{u}_k} \frac{\partial \bar{u}_k}{\partial x_j} \right] \quad , \tag{7.3.65}$$

$$P_1 = P_2 = - 2 \left[\overline{\hat{u}_l \hat{u}_l} \frac{\partial \bar{u}_l}{\partial x_l} \right] \quad . \tag{7.3.66}$$

– $\Pi_{ij,2}$: Der Rückkehrterm zur lokalen Isotropie wird nach Rotta (/7.3.2/) in der folgenden Form modelliert:

$$\Pi_{ij,2} = - c_{RS,3} \cdot \epsilon / k \cdot (\overline{\hat{u}_i \hat{u}_j} - \tfrac{2}{3} k \, \delta_{ij}) \quad . \tag{7.3.67}$$

– $\Pi_{ij,w}$: Für den Wandeinflußterm sind verschiedene Ansätze vorgeschlagen worden. Zu nennen ist hier die Arbeit von Gibson und Launder (/7.3.54/) oder Launder et al. (/7.3.57/). Der zweite Ansatz soll hier angegeben werden:

$$\Pi_{ij,w} = \left[c_{RS,4} \cdot \epsilon / k \cdot (\overline{\hat{u}_i \hat{u}_j} - \tfrac{2}{3} k \, \delta_{ij}) + c_{RS,5} \cdot \epsilon / k \cdot (P_{ij,1} - P_{ij,2}) \right]$$

$$\cdot \left[k^{2/3} / (\epsilon \cdot x_N) \right] \quad . \tag{7.3.68}$$

Dabei ist x_N ist der Normalenabstand zur nächstliegenden Wand.

– P_{ij}: Der Produktionsterm bedarf keiner weiteren Modellierung, hierin sind die Reynolds-Spannungen und Gradienten der mittleren Bewegung enthalten.

– E_{ij}: Die einfachste Annahme hierbei ist die einer lokalen Isotropie, die im Rahmen der Approximation der Dissipation über die Energiekaskade als gerechtfertigt erscheint. Hiermit ergibt sich dann (/7.3.62/):

$$E_{ij} = \tfrac{2}{3} \epsilon \, \delta_{ij} \quad . \tag{7.3.69}$$

Damit ergibt sich die modellierte Transportgleichung für die Reynoldsspannungen gemäß Gl. (7.3.70).

Die in diesem Modell enthaltenen Konstanten sind in Tab. 7.3.2 zusammengefaßt. Hierbei läßt sich aus der Literatur allerdings kein einheitlicher Satz angeben, da unterschiedliche Experimente zur Computeroptimierung herangezogen wurden. Eine Allgemeingültigkeit ist nicht in dem Maße gegeben, wie bei den Konstanten des k-ϵ-Modells.

Zusätzlich zu den sechs Transportgleichungen für die Reynoldsflüsse müssen die Gleichungen für k und ϵ gelöst werden, da diese beiden Größen in fast alle modellierten Teilterme eingehen.

$$
\frac{\partial}{\partial t}(\overline{\hat{u}_i \hat{u}_j}) + \frac{\partial}{\partial x_j}(\overline{u}_j \, \overline{\hat{u}_i \hat{u}_j}) = \frac{\partial}{\partial x_k}\left[c_{RS,1} \frac{k}{\epsilon} \, \overline{\hat{u}_k \hat{u}_l} \, \frac{\partial}{\partial x_l}(\overline{\hat{u}_i \hat{u}_j}) \right]
$$

$$
- c_{RS,p1}\,(P_{ij,1} - \tfrac{2}{3}P_1\delta_{ij}) - c_{RS,p2}\,(P_{ij,2} - \tfrac{2}{3}P_2\delta_{ij}) + c_{RS,p3}\, \overline{\hat{u}_l \hat{u}_l} \left[\frac{\partial \overline{u}_i}{\partial x_j} + \frac{\partial \overline{u}_j}{\partial x_i} \right]
$$

$$
- c_{RS,3}\cdot \epsilon/k \cdot (\overline{\hat{u}_i \hat{u}_j} - \tfrac{2}{3}\,k\,\delta_{ij})
$$

$$
+ \left[c_{RS,4}\cdot \epsilon/k \cdot (\overline{\hat{u}_i \hat{u}_j} - \tfrac{2}{3}\,k\,\delta_{ij}) + c_{RS,5}\cdot \epsilon/k \cdot (P_{ij,1} - P_{ij,2}) \right] \cdot \left[k^{2/3}/(\epsilon \cdot x_N) \right]
$$

$$
- \left[\overline{\hat{u}_j \hat{u}_k} \frac{\partial \overline{u}_i}{\partial x_k} + \overline{\hat{u}_i \hat{u}_k} \frac{\partial \overline{u}_j}{\partial x_k} \right] + \tfrac{2}{3}\,\epsilon\,\delta_{ij}
\tag{7.3.70}
$$

Modellierte Transportgleichung für die Reynolds-Spannungen im **Reynolds-Spannungs-Modell (RSM)**

Konstante	$c_{RS,1}$	$c_{RS,2}$	$c_{RS,3}$	$c_{RS,4}$	$c_{RS,5}$
Wert	0,25	0,4200	1,5	0,125	0,015

Tab. 7.3.2: Konstantensatz des Reynolds-Spannungs-Modells (RSM)

Da das so entstandene System von 8 Transportgleichungen extrem stark gekoppelt ist, treten Schwierigkeiten bei der numerischen Lösung auf. Um diese zu reduzieren, schlägt Naot et al. (/7.3.55/) eine gruppenweise direkte Lösung durch Matrixinversion vor.

7.3.2.6 Algebraisches Spannungsmodell

Zu den algebraischen Spannungsmodellen seien in diesem Zusammenhang die in der Literatur als solche bezeichneten ASM-Modelle (/7.3.63/,/7.3.64/) und die von Pope eingeführte "Effective-Viscosity-Hypothese" (EVH, /7.3.65/-/7.3.67/) gezählt. Beide lassen sich weitestgehend ineinander überführen.

Bei den algebraischen Spannungsmodellen wird versucht, die anisotropen Eigenschaften der Turbulenz, die bei den RSM-Modellen durch Transportgleichungen beschrieben werden, über algebraische Beziehungen der mittleren Bewegung (Transport der turbulenten kinetischen Energie) abzubilden. Hierbei müssen natürlich weitere Annahmen und Vereinfachungen getroffen werden, die sich gegenüber den Reynoldsspannungsmodellen in zusätzlichen empirischen Konstanten ausdrücken ($c_{AS,1}$, $c_{AS,2}$). Im Gegensatz hierzu wird bei den Effective-Viscosity-Modellen (EVH) der Boussinesq-Ansatz um einen anisotropen Anteil erweitert, der sich aus Gradienten der mittleren Hauptbewegung zusammensetzt.

Der Gedanke, der hinter dem Algebraischen Spannungsmodell steht, ist der, daß der konvektive und diffusive Transport der Reynoldsspannungen proportional zum konvektiv-diffusiven Transport der kinetischen Turbulenzenergie k ist. k kann als Skalar nur isotrope Eigenschaften beschreiben.

Dies bedeutet ausgedrückt in Termen des RSM (Kap. 7.3.2.5):

$$P_{ij} + \Pi_{ij} + E_{ij} = (P-\epsilon) \cdot \overline{\hat{u}_i \hat{u}_j}/k \quad . \tag{7.3.71}$$

Hierdurch ergeben sich für die gesuchten Reynolds-Spannungen:

$$\frac{\overline{\hat{u}_i \hat{u}_j}}{k} = c_{AS,1} \frac{P_{ij} - \tfrac{2}{3} P \delta_{ij}}{\epsilon(c_{AS,2}-1) + P} \tag{7.3.72}$$

Reynolds-Spannungen im **Algebraischen Spannungs-Modell (ASM)**

Mit den Produktionstermen für die kinetische Turbulenzenergie:

$$P_{ij} = - \left[\overline{\hat{u}_i \hat{u}_k} \frac{\partial \bar{u}_j}{\partial x_k} + \overline{\hat{u}_j \hat{u}_k} \frac{\partial \bar{u}_i}{\partial x_k} \right] \quad , \tag{7.3.73}$$

$$P = - 2 \left[\overline{\hat{u}_l \hat{u}_l} \frac{\partial \bar{u}_l}{\partial x_l} \right] \quad . \tag{7.3.74}$$

Die entsprechenden Modellkonstanten sind in Tab. 7.3.3 angeführt.

Konstante	$c_{AS,1}$	$c_{AS,2}$
Wert	1,5	0,4

Tab. 7.3.3: Konstantensatz des Algebraischen Spannungs-Modells (ASM)

Zu vermerken ist dabei, daß die Konstanten $c_{RS,3}$ und $c_{AS,1}$ identisch sind. $c_{AS,2}$ enthält die empirische Information, die durch die Approximation der Druck-Geschwindigkeitsfluktuationskorrelationen Π_{ij} notwendig geworden ist.

Beim k-ϵ-Turbulenzmodell war die lokale Isotropie bezüglich der Turbulenzstruktur Voraussetzung gewesen. Gl. 7.3.72 läßt sich für diesen Fall vereinfachen mit (/7.3.64/):

$$P_{ij} = - \frac{2}{3} k \left[\frac{\partial \bar{u}_i}{\partial x_j} + \frac{\partial \bar{u}_j}{\partial x_i} \right] \tag{7.3.75}$$

und

$$P = 0 \tag{7.3.76}$$

und liefert so die beim k-ϵ-Modell eingeführte Beziehung:

$$\overline{\hat{u}_i \hat{u}_j} = \tfrac{2}{3} k \tag{7.3.77}$$

als Grenzfall.

Für einfache Scherschichtströmungen kann aus der Gl. 7.3.72 eine Beziehung für c_μ, eine Konstante des k-ϵ-Modells als Funktion von lokaler Produktion zu Dissipation abgeleitet werden:

$$c_\mu = \frac{2}{3} c_{AS,2} \frac{c_{AS,1} + P/\epsilon - 1 - c_{AS,1} \cdot P/\epsilon}{(c_{AS,1} + P/\epsilon - 1)^2} \; . \tag{7.3.78}$$

Die Übereinstimmung mit einer empirischen Korrelation von Rodi (/7.3.62/) bzw. einem auf diesen Daten basierenden Computerfit (/7.1.1/):

$$c_\mu = 0{,}057 \cdot P/\epsilon + 0{,}033 \tag{7.3.79}$$

ist sehr befriedigend.

Hiermit soll die Beschreibung von Turbulenzmodellen zur direkten Modellierung des turbulenten Impulstransportes abgeschlossen werden. Anzuführen sind noch Beziehungen für den turbulenten Transport skalarer Größen.

7.3.3 Turbulenter Transport skalarer Größen

Bei der Beschreibung des Impulsaustausches für Öltröpfchen und Kohlepartikel kann für nicht zu hohe Partikelbeladungen ($\beta_p < 1$ kg Partikel / kg Trägerfluid) auf eine Kontinuumsbeschreibung übergegangen werden. Dies hat den Vorteil, daß damit eine analoge Bilanzgleichung für den Impuls und damit der gleiche Gleichungslöser verwendet werden kann.

In Strähnengebieten können die Beladungen deutlich höher sein als oben angegeben (bis $\beta_p \sim 10$ kg Partikel / kg Trägerfluid). Solche Bereiche müssen zunächst ausgeschlossen werden. Auf ihre Beschreibung wird in Kap. 7.5 eingegangen.

Auf die Lösung einer zweiten Impulstransportgleichung für die Partikelphase kann dann verzichtet werden, wenn die Erwartungswerte der Gas- und Partikelgeschwindigkeiten gleich groß sind. Die dann verbleibende Bilanzgleichung beschreibt den Gesamtimpuls von Gas- und Partikelphase.

Unterwirft man die Transportgleichung für eine allgemeine skalare Größe ebenfalls einer Aufspaltung in einen zeitlichen Mittelwert und einen Schwankungswert (nur u_i und φ), so treten in Analogie zu den Reynolds-Gleichungen Zusatzterme bei den diffusiven Austauschtermen auf (der Querstrich für zeitliche Mittelwerte wird nur bei den Korrelationstermen geschrieben):

$$\frac{\partial}{\partial t}(\bar{\rho}\bar{\varphi}) + \frac{\partial}{\partial x_j}(\bar{\rho}\bar{u}_j\bar{\varphi}) = \frac{\partial}{\partial x_j}\left[\frac{\mu}{\sigma_\varphi}\frac{\partial\bar{\varphi}}{\partial x_j} - \overline{\rho u_j'\varphi'}\right] + S_\varphi$$

$$= \frac{\partial}{\partial x_j}(j_{\varphi,\iota} + j_{\varphi,t}) + S_\varphi \quad , \tag{7.3.80}$$

mit den molekularen ($j_{\varphi,\iota}$) und den turbulenten Austauschtermen ($j_{\varphi,t}$), die wiederum über einen Gradientenflußansatz mit einem turbulenten Austauschkoeffizienten $\Gamma_{\varphi,t}$ gemäß der Impuls-, Wärme- und Stoffaustauschanalogie modelliert werden können:

$$j_{\varphi,t} = \Gamma_{\varphi,t}\frac{\partial\bar{\varphi}}{\partial x_j} \quad . \tag{7.3.81}$$

Molekularer und turbulenter Austauschstrom können zu einem effektiven Strom zusammengefaßt werden

$$j_{\varphi,eff} = \frac{\mu_{eff}}{\sigma_{\varphi,eff}}\frac{\partial\bar{\varphi}}{\partial x_j} \quad . \tag{7.3.82}$$

Die effektive Schmidt-Prandtl-Zahl $\sigma_{\varphi,eff}$ muß nun zur Schließung des Gleichungssystems bestimmt werden. Dies geschieht wiederum durch Vergleich mit Meßergebnissen.

$\sigma_{\varphi,eff}$ verknüpft die Wirbelviskosität μ_t mit der Wirbeldiffusivität $\Gamma_{\varphi,eff}$. Bei Reynolds-Analogie müßte dieser Wert Eins sein. Im allgemeinen ist er jedoch kleiner als Eins, da der Stoff- und Wärmeaustausch intensiver als der Impulsaustausch abläuft.

Typische Werte sind:

- ebene Scherschicht $\quad \sigma_{\varphi,t} = 0{,}5$,
- ebener Freistrahl $\quad\quad \sigma_{\varphi,t} = 0{,}5$,
- runder Freistrahl $\quad\quad \sigma_{\varphi,t} = 0{,}7$.

Der Wert, der die meisten Experimente bei verschiedenen Geometrien richtig reproduziert (wahrscheinlicher Wert), ist

$$\boxed{\begin{array}{l} \sigma_{\varphi,t} = 0{,}7 \hfill \text{(7.3.83)}\\[4pt] \text{Wahrscheinlicher Wert für die turbulente Schmidt-Prandtl-Zahl einer passiv}\\ \text{transportierten Variablen} \end{array}}$$

Meist kann der molekulare Austauschkoeffizient gegenüber dem turbulenten vernachlässigt werden, so daß gilt:

$$\Gamma_{\varphi,eff} \approx \Gamma_{\varphi,t} \quad . \tag{7.3.84}$$

Dies ist auch damit begründbar, daß die Turbulenz-Reynoldszahl 100 mal größer ist oder $\mu_t > 100 \cdot \mu_\iota$.

Der Wert ist unabhängig von der betrachteten Größe φ.

Gl. (7.3.80) kann damit auf eine allgemeine Form gebracht werden:

$$\frac{\partial}{\partial t}(\bar{\rho}\bar{\varphi}) + \frac{\partial}{\partial x_j}(\bar{\rho}\bar{u}_j\bar{\varphi}) = \frac{\partial}{\partial x_j}\left[\frac{\mu_{eff}}{\sigma_{\varphi,eff}}\frac{\partial\bar{\varphi}}{\partial x_j}\right] + S_\varphi \qquad (7.3.85)$$

Modellierte Transportgleichung für eine **skalare transportierte Variable** φ
(Transport einer passiven skalaren Größe)

7.4 Einphasensysteme oder homogene Systeme

Einphasige oder homogene Fluidsysteme zeichnen sich dadurch aus, daß die beschreibenden Zustandsgrößen stetige Funktionen der Ortskoordinaten sind. Diese Zustandsgrößen sind über die in Kap. 7.2 und 7.3 abgeleiteten Bilanzgleichungen unter den getroffenen Annahmen und Voraussetzungen eindeutig bestimmt. Für solche Systeme besteht die Aufgabe in der Aufstellung von Rand- und Anfangswerten für die Transportgleichungen für:

- den Druck p,
- die Geschwindigkeiten u_i bzw. den Impuls ρu_i,
- turbulenzcharakterisierende Größen (z.B. k und ϵ) und
- den Transport skalarer Größen.

7.5 Zweiphasensysteme oder heterogene Systeme
7.5.1 Grundsätzliche Definitionen und Überlegungen

Heterogene Systeme zeichnen sich dadurch aus, daß sie aus mehreren homogenen Teilsystemen, die gasförmig, flüssig oder fest sein können, bestehen und an deren Grenzflächen (Phasengrenzen) Unstetigkeiten in den Zustandsgrößen existieren.

Unter Zweiphasensystemen wird in diesem Kapitel ein gasförmiges Trägerfluid mit darin diskret dispergierten Tropfen (flüssige Phase) **oder** Partikeln (feste Phase) verstanden. Die disperse Phase wird dabei als kontinuierliche Phase aufgefaßt. Beide Phasen können sich "ideal durchdringen" bzw. den gesamten zur Verfügung stehenden Raum einnehmen.

Bei Mehrphasensystemen sei nochmals auf die Bedeutung des Begriffs der Dichte hingewiesen. Mit ρ wird im folgenden die Kontinuumsdichte verstanden, d.h. die Masse der betrachteten Phase bzw. einer Größenklasse dieser Phase bezogen auf das jeweilige Kontrollvolumen (Gesamtvolumen):

$$\rho_G = m_G / (V_G + V_P) \quad , \tag{7.5.1}$$
$$\rho_P = m_P / (V_G + V_P) \quad . \tag{7.5.2}$$

Für die Gesamt- oder Gemischdichte gilt dabei:

$$\rho = \rho_G + \rho_P \quad . \tag{7.5.3}$$

Die jeweilige Phase nimmt aber nur einen gewissen Volumenanteil am Gesamtvolumen ein. Dieser wird mit θ bezeichnet, z.B. ist θ_P der Volumenanteil der Partikelphase:

$$\theta_P = V_P / V \quad , \tag{7.5.4}$$
$$\theta_G = V_G / V \quad , \tag{7.5.5}$$
$$1 = \theta_G + \theta_P \quad . \tag{7.5.6}$$

Im Gegensatz hierzu ist die Materialdichte zu verstehen, bei der das Bezugsvolumen nur das von der betrachteten Phase eingenommene Volumen ist. Zur Unterscheidung wird die Materialdichte mit einem hochgestellten Index "M" bezeichnet:

$$\rho_G^M = m_G / V_G \quad , \tag{7.5.7}$$
$$\rho_P^M = m_P / V_P \quad . \tag{7.5.8}$$

Für die Gesamt- oder Gemischdichte gilt dann:

$$\rho = \theta_G \, \rho_G^M + \theta_P \, \rho_P^M \quad . \tag{7.5.9}$$

Hierbei wird natürlich die Nebenbedingung $\theta=\theta_G+\theta_P=1$ erfüllt. Für kleine Volumenanteile der Partikelphase gilt näherungsweise:

$$\rho_G^M \approx \rho_G \quad . \tag{7.5.10}$$

In diesem Zusammenhang wird auch auf die beiden Begriffe Beladung β_P und Massenanteil c_P hingewiesen. Die Beladung β_P ist als Masse der dispersen Phase m_P bezogen auf die der Gasphase (Trägerfluid) m_G definiert (vgl. Gl. 3.3.3.4):

$$\beta_P = m_P / m_G \quad , \tag{7.5.11}$$

der Massenanteil c_P als Masse der dispersen Phase m_P bezogen auf die Gesamtmasse $m_G + m_P$:

$$c_P = m_P / (m_G + m_P) \quad . \tag{7.5.12}$$

Für kleine Beladungen bzw. Massenanteile sind beide Zahlenwerte praktisch identisch.

Bedingt durch die Massenträgheit der Flüssig- oder Feststoffphase treten Relativgeschwindigkeiten zur Gasphase auf. Diese Relativgeschwindigkeit wird umso größer sein, je größer die Partikelmasse im Verhältnis zu der Masse eines entsprechenden Gasvolumens ist. Bei festgehaltener Gasmasse steigt das Verhältnis mit steigender Materialdichte der Flüssig- oder Feststoffphase (Öl- und Kohlematerialdichte) und mit steigendem Tropfen- bzw. Partikeldurchmesser. Damit muß für die Flüssig-/Feststoffphase eine gesonderte Impulsbilanz aufgestellt werden, die der Wechselwirkung mit der Gasphase Rechnung trägt (Kap. 7.5.2.2 und 7.5.2.3; /7.5.1/-/7.5.22/).

Bei der Tropfenzerstäubung bzw. der Brennstoffaufmahlung entstehen keine monodispersen Größenverteilungen, sondern mehr oder weniger breite Verläufe, polydisperse Systeme.

Diese kontinuierlichen Verteilungen können nur über Größenklassen sinnvoll approximiert werden. Hierdurch ergibt sich die Notwendigkeit, für jede Größenklasse eine zusätzliche Bilanz zu lösen, wodurch die Anzahl der notwendigen Transportgleichungen sehr schnell ansteigt (Kap. 7.5.3.3).

Bei reagierenden Zweiphasenströmungen verlieren die Teilchen einer Größenklasse durch den Abbrand Masse, sie geben hierdurch Impuls an die Gasphase ab. Diese Impulszunahme bei der Gasphase muß berücksichtigt werden. Gleichzeitig wechseln die Partikel zur Größenklasse mit dem nächstkleineren charakteristischen Durchmesser. Dies muß in die Impulsbilanz der einzelnen Klassen eingehen (Impulserhaltung). Die Rate der Teilchenmassenabnahme ist direkt korreliert mit der Reaktionsrate (Kap. 7.5.5). Da diese temperatur- und konzentrationsabhängig ist, wird hierdurch eine sehr starke zusätzliche Kopplung zum Reaktions- und Wärmeübertragungsmodell hergestellt. Dies wird sich auf die numerische Lösung auswirken.

Ein weiterer wichtiger Gesichtspunkt ist die Gültigkeit der bisher angeführten Turbulenzmodelle bei der Anwesenheit von Teilchen. Für diese Frage spielt die Teilchenbeladung oder Konzentration eine wichtige Rolle (Kap. 7.5.4).

7.5.2 Bilanzierung für monodisperse nichtreagierende Zweiphasenströmungen

7.5.2.1 Allgemeine Bemerkungen

Für den Fall der nichtreagierenden Zweiphasenströmung wird zunächst nur von einer monodispersen Größenverteilung der Flüssig- bzw. Feststoffphase ausgegangen (Bild 7.5.1). Diese Einschränkung kann für sehr enge Teilchengrößenspektren (gestrichelte Linie in Bild 7.5.1) Anwendung finden, bei denen die gesamte Verteilung über eine Größenklasse s (durchgezogene Linie) approximiert werden kann. Eine Indizierung der Größenklasse kann damit entfallen. Es muß dann nur ein zusätzlicher Satz von Bilanzgleichungen für die Partikelphase angegeben werden, da die auf die

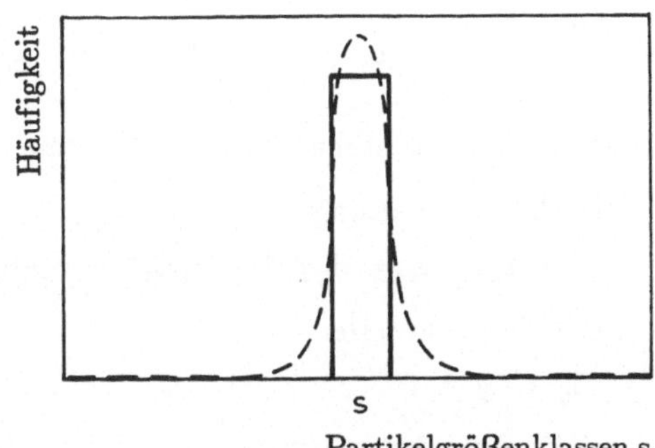

Bild 7.5.1: Approximation einer monodispersen Partikelgrößenverteilung

Teilchen wirkenden Kräfte für alle Partikel gleich groß sind und sich somit bei allen Teilchen die gleiche mittlere Schlupfgeschwindigkeit einstellt. Zur Unterscheidung werden zusätzliche Indizes für die Gasphase G und die Flüssig-/Feststoffphase P verwendet.

128

7.5.2.2 Kontinuitätsbilanz

Zunächst soll auf die Kontinuitätsgleichung eingegangen werden. Gas- und Partikelphase in der Summe erfüllen natürlich weiterhin die Kontinuitätsgleichung (Gesamtmassenbilanz für die Mischung):

$$\frac{\partial \rho}{\partial t} + \frac{\partial}{\partial x_j}(\rho u_j) = 0 \quad . \tag{7.5.13}$$

Die Geschwindigkeit u_j hat hierbei die Bedeutung einer Schwerpunktsgeschwindigkeit für die Gas- und Partikelphase. Bei verschwindender Schlupfgeschwindigkeit zwischen den Phasen ist die Gemisch-Schwerpunktsgeschwindigkeit mit den Phasengeschwindigkeiten identisch.

Bei den Einzelphasen treten jedoch Massensenken und -quellen auf, die über einen Phasenwechselterm $\dot{r}^{PW}$ beschrieben werden können. Da bei Verbrennungsvorgängen meist der Brennstoff die Partikelphase darstellt, ist es zweckmäßig, bei der Partikelphase eine Senke und bei der Gasphase eine Quelle einzuführen. Bei Kondensationsvorgängen wäre von der umgekehrten Situation auszugehen.

Es ergeben sich damit die beiden Einzelbilanzen

- für die Gasphase:

$$\frac{\partial \rho_G}{\partial t} + \frac{\partial}{\partial x_j}(\rho_G u_{G,j}) = \dot{r}^{PW} \quad \text{oder} \quad \rho_G^M \frac{\partial \Theta_G}{\partial t} + \rho_G^M \frac{\partial}{\partial x_j}(\Theta_G u_{G,j}) = \dot{r}^{PW} \tag{7.5.14}$$

- und für die Partikelphase:

$$\frac{\partial \rho_P}{\partial t} + \frac{\partial}{\partial x_j}(\rho_P u_{P,j}) = - \dot{r}^{PW} \quad \text{oder} \quad \rho_P^M \frac{\partial \Theta_P}{\partial t} + \rho_P^M \frac{\partial}{\partial x_j}(\Theta_P u_{P,j}) = - \dot{r}^{PW} \quad . \tag{7.5.15}$$

Darüber hinaus bestehen noch die Zusammenhänge für:

- die Massenerhaltung:

$$\rho = \rho_G + \rho_P = \Theta_G \rho_G^M + \Theta_P \rho_P^M = (1-\Theta_P) \rho_G^M + \Theta_P^M \rho_P^M \quad , \tag{7.5.16}$$

die Volumenanteile:

$$\Theta_G + \Theta_P = 1 \tag{7.5.17}$$

- und die Impulserhaltung:

$$\rho u_j = \rho_G u_{G,j} + \rho_P u_{P,j} = (1-\Theta_P) \rho_G^M u_{G,j} + \Theta_P^M \rho_P^M u_{P,j} \quad . \tag{7.5.18}$$

Der Phasenwechselterm $\dot{r}^{PW}$ hat damit die Einheit eines spezifischen Massenstroms mit $[kg/(m^3 s)]$. Die Modellierung dieses Terms erfolgt beim Reaktionsmodell (Kap. 9). Dieser Term wird in den Kapiteln 7.5.2 und 7.5.3 mitgeführt, obwohl hierin nichtreagierende Systeme behandelt werden. Dies geschieht zur Veranschaulichung des Impulsübergangsverhaltens zwischen den einzelnen Phasen.

7.5.2.3 Impulsbilanz

Zur Ableitung der Impulsbilanz muß berücksichtigt werden, daß der die Phase wechselnde Massenstrom auch mit einem Impuls behaftet ist. Geht der Partikelphase z.B. Masse verloren, dann nimmt auch deren Impuls ab, und der Gasphasenimpuls nimmt um den gleichen Betrag zu. Gleichzeitig üben Gas- und Partikelphase gegenseitig Kräfte aufeinander aus, die mit F_P^{GP} bzw. f_P^{GP} bezeichnet werden sollen. Da der Volumenanteil der Partikelphase meist sehr klein ist, soll bei den Spannungstermen in der Impulstransportgleichung der asymmetrische Spannungsanteil der Partikelphase in der Gasphase vernachlässigt werden. Auf der Seite der Partikelphase tritt dieser Term überhaupt nicht auf.

Damit ergeben sich die folgenden Impulstransportgleichungen (/7.5.7/)

- für die Mischung oder Suspension (vgl. Gl. 7.2.6):

$$\frac{\partial}{\partial t}(\rho u_i) + \frac{\partial}{\partial x_j}(\rho u_i u_j) = \frac{\partial}{\partial x_j}\left[\mu\left(\frac{\partial u_j}{\partial x_i} + \frac{\partial u_i}{\partial x_j}\right) - \frac{2}{3}\mu\frac{\partial u_l}{\partial x_l}\delta_{ij}\right] - \frac{\partial p}{\partial x_i} + \rho g_i \quad , \quad (7.5.19)$$

- für die Gasphase:

$$\frac{\partial}{\partial t}(\rho_G u_{G,i}) + \frac{\partial}{\partial x_j}(\rho_G u_{G,i} u_{G,j}) = \frac{\partial}{\partial x_j}\left[\mu\left(\frac{\partial u_{G,j}}{\partial x_i} + \frac{\partial u_{G,i}}{\partial x_j}\right) - \frac{2}{3}\mu\frac{\partial u_{G,l}}{\partial x_l}\delta_{ij}\right] - \frac{\partial p}{\partial x_i}$$

$$- f_{P,i}^{GP} + u_{P,i}\dot{r}^{PW} + \rho_G g_i \quad , \qquad (7.5.20)$$

- für die Partikelphase:

$$\frac{\partial}{\partial t}(\rho_P u_{P,i}) + \frac{\partial}{\partial x_j}(\rho_P u_{P,i} u_{P,j}) = f_{P,i}^{GP} - u_{P,i}\dot{r}^{PW} + \rho_P g_i \quad . \qquad (7.5.21)$$

Wenn die Partikelmaterialdichte konstant ist (nichtreagierende Verhältnisse bzw. $\dot{r}^{PW}=0$), wird aus Gründen der Anschaulichkeit oft die nachfolgende Formulierung verwendet:

$$\frac{\partial}{\partial t}(\Theta_P \rho_P^M u_{P,i}) + \frac{\partial}{\partial x_j}(\Theta_P \rho_P^M u_{P,i} u_{P,j}) = f_{P,i}^{GP} - u_{P,i}\dot{r}^{PW} + \rho_P g_i \quad . \qquad (7.5.22)$$

Hierbei besteht wiederum der Zusammenhang:

$$\rho u_i u_j = \rho_G u_{G,i} u_{G,j} + \rho_P u_{P,i} u_{P,j} = (1-\Theta_P)\,\rho_G^M u_{G,i} u_{G,j} + \Theta_P\,\rho_P^M u_{P,i} u_{P,j} \quad . \qquad (7.5.23)$$

Bei der Impulsbilanz für die Partikelphase entfällt der Druckterm als treibende Kraft, da der Druck isotrop und damit neutral auf die Teilchen wirkt. Auch sämtliche Spannungsterme entfallen, da diese nur als innere Kräfte in der Materialbeanspruchung der Teilchen auftreten, und somit keinen Einfluß auf das Bewegungsverhalten haben.

7.5.3 Bilanzierung für polydisperse nichtreagierende Zweiphasenströmungen

7.5.3.1 Grundsätzliche Überlegungen

Eine polydisperse Partikelphase zeichnet sich durch eine Verteilung der Korngröße aus (Bild 7.5.2). Da jede Größenklasse größenspezifischen Wechselwirkungskräften mit der Gasphase unterliegt, weist auch jede Klasse eine spezifische Geschwindigkeit bzw. einen spezifischen Impuls auf. Deshalb muß für jede Klasse ein gesonderter Satz von Bilanzgleichungen angegeben und gelöst werden. Dieser soll nun zunächst formal angegeben werden, um im folgenden auf mögliche Vereinfachungen einzugehen.

Eine polydisperse Teilchengrößenverteilung entsteht bei der Brennstoffaufbereitung. Dies ist bei der Ölverbrennung der Vorgang der Ölzerstäubung mittels einer Zerstäubereinrichtung am Brennermund oder bei der Kohleverbrennung der Mahlvorgang der Kohle in einer Mühle, aus der der Brennstoff direkt oder indirekt (Zwischenbunkerung) in die Feuerung eingeblasen wird.

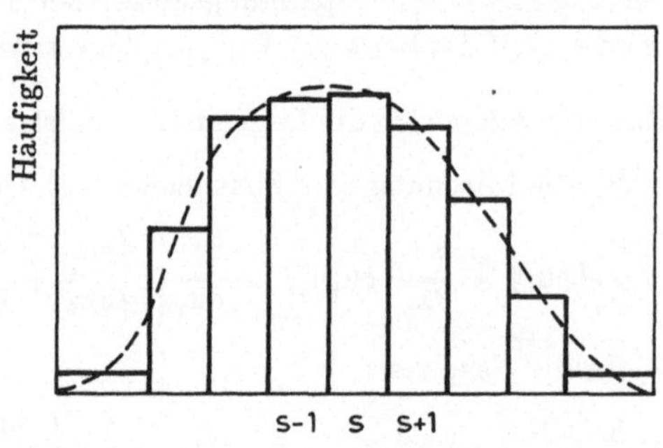

Bild 7.5.2: Approximation einer polydispersen Partikelgrößenverteilung

Die Verteilungsfunktion wird durch kontinuierliche Prozesse wie Verdunstung/Verdampfung beim Öl und Abbrand bei der Kohle zu kleineren Durchmessern hin verschoben und eventuell auch verändert. Die hierdurch bedingte Durchmesserabnahme wird über die Massenabnahme beschrieben, die direkt an den chemischen Umsatz (Kap. 8) gekoppelt ist.

Neben diesen kontinuierlichen Vorgängen können noch Tropfenkoaleszenz "Kz" oder Teilchenfragmentierung "Fg" auftreten. Hierbei verschiebt sich die Verteilungsfunktion nicht kontinuierlich, sondern es werden einzelne Klassen be- und entvölkert.

7.5.3.2 Kontinuitätsbilanz

Für eine Größenklasse s der Partikelphase P lautet die Kontinuitätsgleichung:

$$\frac{\partial \rho_{P,s}}{\partial t} + \frac{\partial}{\partial x_j}(\rho_{P,s}u_{P,j,s}) = -\dot{r}_s^{PW} - \dot{r}_s^{Fg} + \dot{r}_s^{Kz} \quad . \tag{7.5.24}$$

Die Volumenanteile müssen ebenfalls über alle Größenklassen aufsummiert werden:

$$\theta_G + \sum_s \theta_{P,s} = 1 \quad . \tag{7.5.25}$$

Führt man eine massengemittelte Geschwindigkeit aller Größenklassen s ein:

$$\rho_P u_{P,i} = \sum_s (\rho_{P,s}u_{P,i,s}) \quad , \tag{7.5.26}$$

dann kann Gl. (7.5.24) umgeformt werden zu:

$$\frac{\partial \rho_{P,s}}{\partial t} + \frac{\partial}{\partial x_j}(\rho_P u_{P,j}) + \sum_s \frac{\partial}{\partial x_j}\left[\rho_{P,s}(u_{P,j}-u_{P,j,s})\right] = -\dot{r}_s^{PW} - \dot{r}_s^{Fg} + \dot{r}_s^{Kz} \quad . \qquad (7.5.27)$$

Unter der Voraussetzung, daß auch der Erwartungswert der Differenzgeschwindigkeiten zu Null wird:

$$E\left[\sum_s \frac{\partial}{\partial x_j}\left[\rho_{P,s}(u_{P,j}-u_{P,j,s})\right]\right] = 0 \quad , \qquad (7.5.28)$$

verbleiben nur noch die größenklassenabhängigen Einflüsse auf den Phasenwechselterm und die Fragmentierung/Koaleszenz und man kann vereinfacht schreiben:

$$\frac{\partial \rho_{P,s}}{\partial t} + \frac{\partial}{\partial x_j}(\rho_P u_{P,j}) = \sum_s (-\dot{r}_s^{PW} - \dot{r}_s^{Fg} + \dot{r}_s^{Kz}) \quad . \qquad (7.5.29)$$

Bei diesem Ansatz können dann Vereinfachungen für das gesamte Teilchengrößenkollektiv oder eine Beschreibung über die Momente der Größenverteilung greifen (Kap. 8.5.6).

7.5.3.3 Impulsbilanz

Bei der Impulsbilanz ist zu berücksichtigen, daß sich beim Abbrand bzw. der Verdampfung-/Kondensation der Phasenwechselterm einer Klasse aus Beiträgen aller anderen Klassen zusammensetzen kann. Bei kontinuierlichen stetigen Prozessen tragen nur die direkt benachbarten Größenklassen s-1 und s+1 bei. Nur diese werden im folgenden berücksichtigt. Vollkommen anders geartet ist die Situation bei der Fragmentierung von festen Brennstoffteilchen (Kohle) bzw. der Koaleszenz von Öltröpfchen. Hierbei müssen in der Tat Beiträge von allen Klassen berücksichtigt werden.

Damit kann die Impulsbilanzgleichung für eine Partikelgrößenklasse s der Partikelphase P wie folgt angegeben werden.

$$\frac{\partial}{\partial t}(\rho_{P,s}u_{P,i,s}) + \frac{\partial}{\partial x_j}(\rho_{P,s}u_{P,i,s}u_{P,j,s}) = f_{P,i,s}^{GP} - u_{P,i,s}\dot{r}_s^{PW} + \rho_{P,s}g_i \quad . \qquad (7.5.30)$$

Führt man auch hier eine massengemittelte Geschwindigkeit ($u_{P,i}$ bzw. $u_{P,j}$) ein und faßt alle Größenklassen zusammen, dann ergibt sich für die gesamte Partikelphase:

$$\frac{\partial}{\partial t}(\rho_{P,s}u_{P,i,s}) + \frac{\partial}{\partial x_j}(\rho_{P,s}u_{P,i}u_{P,j}) + \sum_s \frac{\partial}{\partial x_j}\left[\rho_{P,s}(u_{P,i}-u_{P,i,s})(u_{P,j}-u_{P,j,s})\right]$$

$$= f_{P,i,s}^{GP} - u_{P,i,s}\dot{r}_s^{PW} + \rho_{P,s}g_i \quad . \qquad (7.5.31)$$

Wird wiederum der Erwartungswert für den konvektiven Transport

$$E\left[\sum_s \frac{\partial}{\partial x_j}\left[\rho_{P,s}(u_{P,i}-u_{P,i,s})(u_{P,j}-u_{P,j,s})\right]\right] = 0 \qquad (7.5.32)$$

zu null angenommen, dann ergibt sich:

$$\frac{\partial}{\partial t}(\rho_P u_{P,i,s}) + \frac{\partial}{\partial x_j}(\rho_P u_{P,i} u_{P,j}) = \sum_s f_{P,i,s}{}^{GP} - \sum_s u_{P,i,s}\dot{r}_s{}^{PW} + \sum_s \rho_{P,s} g_i \quad . \qquad (7.5.33)$$

Es stellt sich nun die Frage, wieviele Partikelgrößenklassen sinnvollerweise eingeführt werden müssen. Da auch andere Effekte, wie die Reaktion oder das Strahlungsaustauschverhalten partikel- oder tropfenbeladener Strömungen teilchengrößenabhängig sind, kann diese Frage an dieser Stelle noch nicht beantwortet werden. Allgemein gilt jedoch, daß die Genauigkeit der Geschwindigkeitsverteilung mit der Anzahl der Größenklassen steigt. In praxi werden mindestens 3 Klassen und im Mittel 6-8 Klassen verwendet. Bei 3 Klassen für Kohle wird über das Feinkorn die Zündung am Korn erfaßt und über das Grobkorn die Partikelgröße, die die Ausbrandprobleme bereitet.

7.5.4 Turbulenzmodellierung bei Zweiphasenströmungen

7.5.4.1 Allgemeine Bemerkungen

Phänomenologisch betrachtet ändert sich durch die Zugabe einer zweiten dispersen Phase (Partikel, Tropfen) die Turbulenzstruktur der Gasphase bzw. des Trägerfluids (/7.5.3/, /7.5.4/). Dies ist dadurch zu erklären, daß nicht nur beim Durchlaufen der Energiekaskade Turbulenzenergie durch

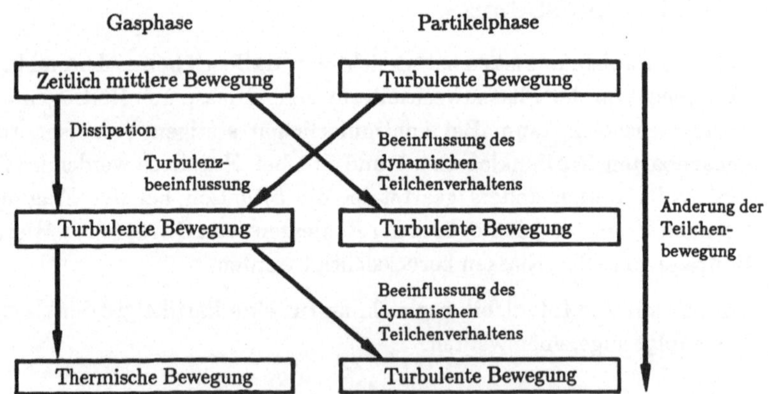

Bild 7.5.3: Schematischer Einfluß der Partikelphase auf die turbulente Bewegung der Gasphase (des Trägerfluids)

Wechselwirkungen der Gasphasenwirbel untereinander dissipiert wird, sondern zusätzlich durch die Wechselwirkung beider Phasen. Partikel können in Gasphasenwirbel eindringen und je nach Impulsverhältnis deren Dynamik beeinflussen. Natürlich wird hierdurch auch das Bewegungsverhalten der Teilchenphase verändert. Bei Eulermodellen, wie sie in diesem Abschnitt beschrieben werden, muß der gegenseitige Einfluß der Phasen makroskopisch berücksichtigt werden. Im Gegensatz hierzu kann bei einer Lagrangebeschreibung (Kap. 11) die Einzelbewegung der Partikel modelliert werden.

Die erwähnte Verschiebung des Energiespektrums (vgl. auch Bild 7.5.4) hat seine weiteren Ursachen in (/7.5.5/):

- einem vergrößerten Geschwindigkeitsgradienten des Trägerfluids zwischen den Partikeln,

- einem Strömungsnachlaufeffekt hinter den Einzelpartikeln, hervorgerufen durch die Relativgeschwindigkeit zwischen Trägerfluid und Teilchen,

- einer direkten Veränderung der Turbulenzintensität, den Längenmaßstäben, der Wirbeldiffusivität und der viskosen Dissipation dadurch, daß dem Trägerfluid ein vermindertes Volumen zur Verfügung steht und

- der Tatsache, daß die Teilchen entweder einzeln oder in Gruppen (Schwarm) eine Eigendynamik entfalten, die auch das Trägerfluid tangieren.

Dies äußert sich in zusätzlichen Termen der spektralen Turbulenzenergie (vgl. Gl. 7.3.5)

$$k_{GP}(\iota) = 1,5 \; \epsilon_{GP}^{2/3} \; \iota^{-5/3} \; \exp\left[-2,25 \; (\iota \; L_K)^{4/3} - f(\epsilon_{GP}, \iota, \beta_P, \mu)\right] \tag{7.5.34}$$

und der Dissipationsrate

$$\epsilon_{GP} = \int\limits_0^\infty \left[15 \; \mu/\rho \; \iota^2 + f(\epsilon_{GP}, \iota, \beta_P, \mu)\right] k(\iota) \; d\iota \quad . \tag{7.5.35}$$

Eine Vorstellung von dieser Frequenzmodulation gibt das Bild 7.5.4.

Bei einfacheren Turbulenzmodellen wurde die Turbulenzstruktur mit skalaren Größen (z.B. k und ϵ) beschrieben und daraus eine turbulente Viskosität μ_t berechnet, die die Informationen über die Turbulenz beinhaltet. Das Problem bei der Turbulenzmodellierung bei Zweiphasenströmungen besteht nun darin, die oben beschriebene Frequenzmodulation bzw. die Verschiebung des spektralen Turbulenzenergiespektrums in den Größen k und ϵ oder direkt in μ_t zu berücksichtigen. Hierbei kommt für eine praktische Anwendung eine Berücksichtigung der Partikelbeladung in der turbulenten Viskosität (Kap. 7.5.4.2) in Frage. Eine Beschreibung des beeinflußten Turbulenzzustandes in den k- und ϵ-Transportgleichungen wird auf erhebliche Schwierigkeiten stoßen. Hierbei müßte eine Reihe von Zwei- und Dreifachkorrelationen modelliert werden (Kap. 7.5.4.3).

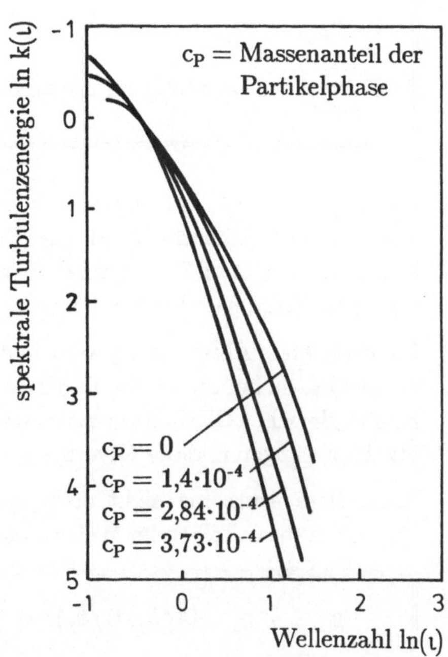

Bild 7.5.4: Verschiebung des Energiespektrums als Funktion des Massenanteils einer dispersen Phase (/7.5.5/)

7.5.4.2 Globale Berücksichtigung der Turbulenzbeeinflussung

Eine zweite disperse Phase wird sich um so stärker auf die Turbulenzstruktur des Trägerfluids auswirken, wie deren Beladung und absolute Teilchengröße ansteigt. Daher sind bei einer globalen Berücksichtigung des Einflusses mehrere Fälle zu unterscheiden:

- Für kleine Partikeldurchmesser d_P und Beladungen β_P deutlich kleiner eins ($\beta_P \ll 1$) wird von Owen (/7.5.6/) die Annahme getroffen, daß die Turbulenz der Gasphase ihre Energie nur aus der mittleren Gasbewegung bezieht. Die Partikel besitzen eine aufgeprägte Turbulenz, die nun in Wechselwirkung mit der Gasphase steht. Unter dieser Voraussetzung kann abgeleitet werden, daß der typische Turbulenzlängenmaßstab der Turbulenz (Gasphase) näherungsweise unberührt bleibt. Die Dissipation an kinetischer Turbulenzenergie der partikelbeladenen Gasphase ϵ_{GP} ist danach gegenüber dem Wert für das unbeladene Trägerfluid ϵ um einen Anteil gemäß:

$$\epsilon_{GP} = \epsilon_G \cdot (1+\rho_P/\rho_G)^{-1/2} = \epsilon_G \cdot (1+\beta_P)^{-1/2} \qquad (7.5.36)$$

erhöht. Daraus kann abgeleitet werden, daß sich auch die turbulente Viskosität (Wirbelviskosität) in gleicher Weise durch die Partikelphase verändert. Danach gilt:

$$\mu_{GP,t} = \mu_{G,t} \cdot (1+\beta_P)^{-1/2} \quad . \qquad (7.5.37)$$

Einfluß der Beladung auf die turbulente Viskosität

Da β_P größer null ist, bedeutet dies eine Reduzierung des Viskositätswertes. Diese wohlbekannte Tatsache wird zur Energieeinsparung beim Flüssigkeitstransport in Rohrleitungen durch Zusatz von Hochpolymeren eingesetzt, wobei jedoch noch zusätzliche turbulenzdämpfende Effekte beobachtet werden (/7.5.19/,/7.5.20/).

Für diese erste Abschätzung war die Annahme, daß es sich um kleine Partikel handelt, notwendig, da bei diesen die Partikelrelaxationszeit t_P (Kap. 11) klein ist im Verhältnis zum Taylorschen Dissipationszeitmaßstab (Maßstab für den Wirbelzerfall) t_E. Dies ist bei Staubfeuerungen und der Ölverbrennung meist der Fall.

- Kann diese Annahme nicht mehr getroffen werden, schlägt Owen vor, diese beiden Zeitmaßstäbe in folgender Weise zu berücksichtigen:

$$\mu_{GP,t} = \mu_{G,t} \cdot (1+\beta_P \cdot t_E/t_P)^{-1/2} \quad . \qquad (7.5.38)$$

Einfluß der Beladung auf die turbulente Viskosität

Dieser Fall hat für die Bedingungen von Wirbelschichtfeuerungen Bedeutung.

- Ist dagegen die Partikelrelaxationszeit sehr viel größer als t_E, dann reagieren die Partikel praktisch nicht auf die Gasphasenturbulenz, ihr turbulentes Verhalten ist nicht korreliert mit dem der Gasphase. Dieser letzte Fall ist bei technischen Verbrennungssystemen uninteressant.

Der bisher diskutierte Einfluß der Partikelgröße ist nur einer der Parameter, die auf das Turbulenzverhalten der Gasphase einwirkt. Für hohe Beladungen β_P ($\beta_{P>1}$) wird Gl. 7.5.37) zu unbefriedigenden Ergebnissen führen, da natürlich mit steigender Beladung der Einfluß der Partikelphase auf die Gasphasenturbulenz zunimmt. Auch dieser Effekt ist theoretisch sehr schwer zu erfassen. Ein heuristischer Ansatz (/7.5.8/) kann hier weiterhelfen:

$$\mu_{GP,t} = \mu_{G,t} \cdot (1+\beta_P)^{-\beta_P/2} \quad . \tag{7.5.39}$$

Natürlich sind die Beziehungen (7.5.36)-(7.5.39) nur grobe Abschätzungen für den Einfluß der Beladung. Der größte Vorteil dieser Korrelationen ist jedoch, daß sie tendenziell die Strömungsbeeinflussung richtig wiedergeben und somit die Änderung der mittleren Hauptbewegung der Suspension erfaßbar wird.

Auf das turbulente Verhalten der Partikelphase selbst und auf das damit verbundene Mischverhalten der Partikel (Partikeldispersion) wird in Kap. 11 bei der Lagrange-Beschreibung eingegangen.

7.5.4.3 Modifikationen des Turbulenzmodells

Die Anwesenheit einer dispersen Phase verursacht eine Herabsetzung der Turbulenzintensität, die sich über zusätzliche Quell- und Senkenterme bei der kinetischen Turbulenzenergie und deren Dissipationsrate auf Seiten des Trägerfluids berücksichtigen läßt. Daher ist es naheliegend, als Basis für die Berücksichtigung der Modulationseffekte, das k-ϵ-Turbulenzmodell für die kontinuierliche Phase heranzuziehen und hierbei zusätzliche Produktions (P_P)- und Dissipations (ϵ_P)-Terme einzuführen (/7.5.9/, /7.5.10/). Solche Modelle wurden für Einzelstrahlen entwickelt und getestet. Eine Übertragung auf beliebige dreidimensionale Strömungen erscheint möglich, wurde aber noch nicht ausreichend getestet. Damit haben die folgenden Ausführungen mehr den Charakter aufzuzeigen, wie prinzipiell eine solche Vorgehensweise aussehen könnte. Desweiteren werden die Beziehungen nur für monodisperse Systeme angegeben. Polydisperse Systeme sind zwar prinzipiell auch beschreibbar, jedoch steigt der Modellierungsaufwand sehr schnell an (/7.5.10/).

Für k und ϵ ergibt sich damit eine Schreibweise gemäß Gl. (7.5.40) und (7.5.41).

$$\frac{\partial}{\partial t}(\rho_G k) + \frac{\partial}{\partial x_j}(\rho_G u_j k) = \frac{\partial}{\partial x_j}\left[\frac{\mu_{eff}}{\sigma_{k,eff}}\frac{\partial k}{\partial x_j}\right] + P + P_P - \rho_G(\epsilon + \epsilon_P) \qquad (7.5.40)$$

Modellierte Transportgleichung für die **kinetische Turbulenzenergie k** der Gasphase (Trägerfluid) bei Zweiphasenströmungen

$$\frac{\partial}{\partial t}(\rho_G \epsilon) + \frac{\partial}{\partial x_j}(\rho_G u_j \epsilon) = \frac{\partial}{\partial x_j}\left[\frac{\mu_{eff}}{\sigma_{\epsilon,eff}}\frac{\partial \epsilon}{\partial x_j}\right] + c_{\epsilon,1}\frac{\epsilon}{k}(P + P_P) - \rho_G\frac{\epsilon}{k}(c_{\epsilon,2}\epsilon + c_{\epsilon,3}\epsilon_P)$$

$$(7.5.41)$$

Modellierte Transportgleichung für die **Dissipationsrate ϵ** der Gasphase (Trägerfluid) bei Zweiphasenströmungen

Die zusätzlichen Produktions- und Dissipationsterme werden meist als Funktion des Volumenanteils angegeben, da sich dieser immer ändert, während die Materialdichte oft konstant bleibt. Eine gewisse Ausnahme bildet hier die Kohle, die sowohl mit konstantem Volumen und veränderlicher Dichte als auch umgekehrt abbrennen kann.

Auf die Volumenanteile übergegangen ergibt sich damit die Schreibweise:

$$\frac{\partial}{\partial t}(\rho_G^M \Theta_G k) + \frac{\partial}{\partial x_j}(\rho_G^M \Theta_G u_j k) = \frac{\partial}{\partial x_j}\left[\frac{\mu_{eff}}{\sigma_{k,eff}}\frac{\partial k}{\partial x_j}\right] + P + P_P - \rho_G^M \Theta_G(\epsilon + \epsilon_P) \quad (7.5.42)$$

Modellierte Transportgleichung für die **kinetische Turbulenzenergie k** der Gasphase bei Zweiphasenströmungen (Formulierung mit Volumenanteilen)

$$\frac{\partial}{\partial t}(\rho_G^M \Theta_G \epsilon) + \frac{\partial}{\partial x_j}(\rho_G^M \Theta_G u_j \epsilon) = \frac{\partial}{\partial x_j}\left[\frac{\mu_{eff}}{\sigma_{\epsilon,eff}}\frac{\partial \epsilon}{\partial x_j}\right] + c_{\epsilon,1}\frac{\epsilon}{k}(P + P_P)$$

$$- \rho_G^M \Theta_G \frac{\epsilon}{k}(c_{\epsilon,2}\epsilon + c_{\epsilon,3}\epsilon_P) \qquad (7.5.43)$$

Modellierte Transportgleichung für die **Dissipationsrate ϵ** der Gasphase bei Zweiphasenströmungen (Formulierung in Volumenanteilen)

die jedoch formal identisch mit der obigen ist. Eine Modifikation des Turbulenzmodells wird danach auf die Modellierung der Zusatzterme P_P und ϵ_P zurückgeführt.

Die nichtmodellierte Form dieser Terme ist in der Literatur bei Elghobashi und Abou-Arab (/7.5.9/) angeführt. Zur Modellierung werden unterschiedliche Ansätze bzw. Vereinfachungen herangezogen (Elghobashi /7.5.9/, Mostafa /7.5.10/), die zum Teil auch den Phasenwechselterm einschließen.

In der folgenden Darstellung soll jedoch nur auf eine sehr einfache Modellierungsform ohne Berücksichtigung des Phasenwechselterms eingegangen werden. Auf eine Herleitung wird verzichtet und es sei auf die Arbeiten von Elghobashi verwiesen (/7.5.9/,/7.5.10/). Damit ergeben sich der Produktionsterm P_P:

$$P_P = \frac{4}{3} c_{k,1} \frac{k^2}{\epsilon} \frac{\partial}{\partial x_j} \left[\frac{\mu_t}{\sigma_{k,P}} \frac{\partial \Theta_G}{\partial x_j} \right] \frac{\partial \bar{u}_j}{\partial x_j} + \frac{\partial}{\partial x_j} \left[c_{k,1} \frac{\mu_t}{\rho_G^M} \frac{k}{\epsilon} \frac{\mu_t}{\sigma_{k,P}} \frac{\partial \Theta_G}{\partial x_j} \right] \left[\frac{\partial \bar{u}_i}{\partial x_j} \right]^2$$

$$+ \frac{1}{\rho_G^M} \frac{\mu_t}{\sigma_{k,P}} \frac{\partial \Theta_G}{\partial x_j} \frac{\partial p}{\partial x_j} \qquad (7.5.44)$$

Produktionsterm an kinetischer Turbulenzenergie im k-ϵ-Modell bei Zweiphasenströmungen

und der Dissipationsterm ϵ_P:

$$\epsilon_P = - \left[\Theta_P k \, \Omega_I + \left(\rho_G^M c_{\epsilon,1} \frac{k^2}{\epsilon} \Omega_I - (\bar{u}_{G,j} - \bar{u}_{P,j}) \right) \frac{\mu_t}{\sigma_{\epsilon,P}} \frac{\partial \Theta_G}{\partial x_j} \right] \frac{\rho_P^M}{t_P} \qquad (7.5.45)$$

Dissipationsterm an kinetischer Turbulenzenergie im k-ϵ-Turbulenzmodell bei Zweiphasenströmungen

wobei darin von der Lagrange Frequenz-Funktion f(ω) Gebrauch gemacht wird:

$$f(\omega) = (2/\pi) \cdot \left[T_L / (1 + \omega^2 T_L^2) \right] \quad , \qquad (7.5.46)$$

die mit ω die Turbulenzfrequenz und mit T_L den Lagrange-Integral-Zeitmaßstab (proportional zu T_z nach Gl. 7.3.2)

$$T_L = (5/12) \cdot k/\epsilon \qquad (7.5.47)$$

enthält.

Weiter sind in Ω_I die Funktionen Ω_1, Ω_2 und Ω_R enthalten:

$$\Omega_1 = \Omega^2 + 3\Omega + 6^{1/2}(\Omega^3 + \Omega)^{1/2} + 1 \quad , \tag{7.5.48}$$

$$\Omega_2 = \beta^{*2}\cdot\Omega^2 + 3\Omega + 6^{1/2}(\beta^{*2}\cdot\Omega^3 + \Omega)^{1/2} + 1 \quad , \tag{7.5.49}$$

$$\Omega_R = (\beta^{*2}-1)\Omega \quad , \tag{7.5.50}$$

die eine modifizierte Beladung β^*:

$$\beta^* = (2\,\rho_G^M + \rho_P^M) \; / \; 3\,\rho_G^M \tag{7.5.51}$$

und eine Größe Ω einschließen:

$$\Omega = 2d_{P,s}\cdot\omega \; / \; \left[c_{D,s}\,(\bar{u}_G-\bar{u}_{P,s})\right] \quad , \tag{7.5.52}$$

die sich aus der Turbulenzfrequenz ω und der Schleppkraft für ein Teilchen mit dem Durchmesser $d_{P,s}$ der Größenklasse s zusammensetzt (zum Kräftegleichgewicht an einem Teilchen und zur Wechselwirkung der Teilchen mit dem turbulenten Trägerfluid siehe auch Kap. 11).

In Analogie zu der Abschätzung von Owen (Kap. 7.5.4.2) taucht wiederum die Partikelrelaxationszeit t_p auf, wobei hier von einer Stokes'schen Kugelumströmung ausgegangen wird.

Um den Einfluß des gesamten Frequenzspektrums zu erfassen, muß über den ganzen Frequenzumfang ($0 \leq \omega < \infty$) integriert werden. Mostafa (/7.5.10/) gibt als typischen Frequenzumfang $1 < \omega < 10^4$ [1/s] an. Zur einfacheren Darstellung wurde in Gl. 7.5.45 noch die Abkürzung

$$\Omega_I = 1 - \int_0^\infty \left[(\Omega_1-\Omega_R)/\Omega_2\right]\cdot f(\omega)\;d\omega \tag{7.5.53}$$

verwendet.

7.5.5 Turbulenter Transport skalarer Größen

Der turbulente Transport einer skalaren Größe war bei <u>einer</u> kontinuierlichen Phase mit einem Gradientenflußansatz modelliert worden:

$$-\bar{\rho}\,\overline{u_i\,\varphi} = \Gamma_{\varphi,t}\frac{\partial\bar{\varphi}}{\partial x_j} \quad . \tag{7.5.54}$$

Bei Anwesenheit einer zweiten dispersen Phase kann dieser Ansatz nicht a priori aufrechterhalten werden.

Lumley (/7.5.22/) gibt jedoch einen modifizierten Ansatz an, den er über einen Modellprozeß und Wahrscheinlichkeitsüberlegungen ableitet. Danach wird neben dem eigentlichen Gradientenflußansatz (diffusiver Teil) zusätzlich ein konvektiver Transport berücksichtigt.

Der Ansatz läßt sich angeben zu:

$$- \bar{\rho}\,\overline{\overline{u_i \varphi}} = \frac{\mu_{GP,t}}{\sigma_\varphi} \frac{\partial \bar{\varphi}}{\partial x_j} + \frac{1}{2}\,\bar{\varphi}\,\frac{\partial}{\partial x_j}\left[\frac{\mu_{GP,t}}{\sigma_\varphi}\right] \quad . \tag{7.5.55}$$

Die Gleichung (7.5.55) wurde ursprünglich für inhomogene Turbulenz entwickelt und wird hier nur in Analogie für Zweiphaseneffekte angewendet. Die Gleichung vereinfacht sich für homogene Turbulenz, bei der keine örtliche Abhängigkeit der Turbulenzstruktur besteht und damit die örtliche Ableitung von $\mu_{GP,t}$ gleich null ist, zum bekannten Gradientenflußansatz.

Faßt man wieder laminare und turbulente Viskosität zu einer effektiven zusammen, dann ergibt sich die modellierte Transportgleichung in der Form

$$\boxed{\begin{array}{c} \frac{\partial}{\partial t}(\bar{\rho}\bar{\varphi}) + \frac{\partial}{\partial x_j}\left[\bar{\varphi}\left[\overline{\rho u_j} - \frac{1}{2}\frac{\partial}{\partial x_j}\left[\frac{\mu_{GP,t}}{\sigma_{\varphi,eff}}\right]\right]\right] = \frac{\partial}{\partial x_j}\left[\frac{\mu_{GP,eff}}{\sigma_{\varphi,eff}}\frac{\partial \bar{\varphi}}{\partial x_j}\right] + S_\varphi \qquad (7.5.56) \\[2ex] \text{Modellierte Transportgleichung für eine } \textbf{skalare transportierte Variable } \varphi \\ \text{(Transport einer passiven skalaren Größe)} \end{array}}$$

Für $\mu_{GP,t}$ kann nun wieder als erste Näherung die Korrelation von Owen (Gl. 7.5.37 oder 7.5.38) Anwendung finden.

7.5.6 Polydisperse reagierende Zweiphasenströmungen

Die bisher beschriebenen Modelle zur Charakterisierung der Turbulenz in ein- und zweiphasigen Systemen haben sich auf den nichtreagierenden Fall bezogen. Beginnend mit einer laminaren Strömungssituation wird Turbulenz bei Steigerung der Strömungsgeschwindigkeit oder durch Einbringen äußerer Störungen durch das Einsetzen von Instabilitäten generiert. Bei reagierenden Strömungen werden solche Instabilitäten verstärkt, indem z.B. lokale Reaktionsbereiche (vgl. auch Bild 8.2.10) starke Dichtegradienten und starke Gradienten der Austauschkoeffizienten nach sich ziehen. Hierdurch wird der Impuls-, Energie- und Stoffaustausch ebenfalls lokal verändert. Makroskopisch äußert sich dies z.B. im Auftreten von "bursts" (/7.2.3/). Andererseits beeinflussen die Dichtegradienten direkt das Turbulenzspektrum und erzeugen durch eine Wechselwirkung mit Dichtegradienten eine Wirbelbewegung. Gerade durch diese Turbulenzbeeinflussung wird auf der anderen Seite wiederum die Reaktionsgeschwindigkeit bzw. der Umsatz an Brennstoff und Schadstoffkomponenten verändert, indem lokal die Mischungsverhältnisse beeinflußt werden. Eine Folge davon ist zum Beispiel die Streckung und Verformung der Reaktionsfläche zwischen Brennstoff und Oxidationsmittel. Auch dieser Effekt verändert das Turbulenzspektrum. Schon aus diesen wenigen Punkten ist ersichtlich, daß speziell polydisperse, reagierende Zweiphasenströmungen extrem schwierig zu modellieren sein werden. Für eine praktische

Beschreibung des Abbrands von Kohle, ein klassisches polydisperses und reagierendes System kann im Augenblick nur auf heuristische Modelle zurückgegriffen werden, die im wesentlichen auf Turbulenzmodellen für nichtreagierende Systeme und einer globalen Berücksichtigung des Partikelphaseneinflusses beruhen.

o   Formelzeichen

(Kapitelspezifische Formelzeichen;   eine Zusammenstellung übergeordnet gültiger Formelzeichen und Kennzahlen ist in Anhang 6 angeführt;   [*] Dimension hängt von der jeweiligen Verwendung ab)

Symbol	Bedeutung	Dimension
C_{ij}	Teilterm des Reynolds-Spannungsmodells	m^2/s^3
D_{ij}	Teilterm des Reynolds-Spannungsmodells	m^2/s^3
E	Energie	kJ
E_{ij}	Teilterm des Reynolds-Spannungsmodells	m^2/s^3
f_i	spezifische Wechselwirkungskräfte	$kg/(m^3 \cdot s^2)$
g_i	Erdbeschleunigung	m/s^2
k	kinetische Turbulenzenergie	m^2/s^2
l_m	Mischungslänge	m
m	Masse	kg
p	Druck	Pa
P_{ij}	Teilterm des Reynolds-Spannungsmodells	m^2/s^3
s_{ij}	Spannungstensor	N/m^2
S	Quellterm	*
u	Geschwindigkeit	m/s
V	Volumen	m^3
β	Beladung	-
Γ	allgemeiner Austauschkoeffizient	*
δ_{ij}	Kroneckersymbol	-
ϵ	Dissipation an k	m^2/s^3
θ	Volumenanteil	-
ι	Wellenzahl	-
κ	von Karman-Konstante	-
μ	Viskosität (dynamische)	$kg/(m \cdot s)$
ξ	Wirbelstärke	1/s
Π_{ij}	Teilterm des Reynolds-Spannungsmodells	m^2/s^3
ρ	Dichte	kg/m^3

Symbol	Bedeutung	Dimension
σ	Normalspannung	N/m^2
σ_φ	turbulente Schmidt-Prandtl-Zahl der Variablen φ	-
τ	Schubspannung	N/m^2
φ	allgemeine massenspezifische Größe	*
ψ	Stromfunktion	m^2/s

Index tiefgestellt

Symbol	Bedeutung
AS	Algebraisches Spannungs-Modell
B	Bezugszustand
eff	effektiv
G	Gasphase
i	Koordinatenrichtung (1,2,3)
k	k-ϵ-Modell
l	laminar
P	Partikelphase
RS	Reynolds-Spannungs-Modell
s	Partikelgrößenklasse
t	turbulent
ϵ	k-ϵ-Modell

Index hochgestellt

Symbol	Bedeutung
Fg	Fragmentierung
GP	Gas- und Partikelphasen-Wechsel-wirkung
Kz	Koaleszenz
M	materialbezogen
Pw	Phasenwechsel

Sonderzeichen

Symbol	Bedeutung
$\overline{(\ )}$	zeitlicher Mittelwert
$(\ )'$	zeitlicher Schwankungswert
$\dot{(\ )}$	Rate (zeitliche)

142

o   Literatur

Strömung allgemein

/7.1.1/ Görner, K.: Simulation turbulenter Strömungs- und Wärmeübertragungsvorgänge in Großfeuerungsanlagen. VDI Fortschrittberichte, Reihe 6, Nr.201, 1987

/7.1.2/ Bird, R.B.; Stewart, W.E.; Lightfoot, E.N.: Transport Phenomena. John Wiley and Sons, New York, 1960

/7.1.3/ Eppler, R.: Strömungsmechanik. Akademische Verlagsgesellschaft, Wiesbaden, 1975

/7.1.4/ White, F.M.: Fluid Mechanics. McGraw Hill, New York, 1986

/7.1.5/ Evett, J.B.; Liu, C.: Fundamentals of Fluid Mechanics. McGraw Hill, New York, 1987

/7.1.6/ Eck, B.: Technische Strömungslehre (Band 1 u. 2). Springer Verlag, Berlin, 1978

/7.1.7/ Prandtl, L.; Oswatitsch, K.; Wieghardt, K.: Führer durch die Strömungslehre. Vieweg und Sohn, Braunschweig, 1984

/7.1.8/ Voke, P.R.; Collins, M.W.: Forms of Generalised Navier-Stokes Equations. Journal of Engineering Mathematics, 18(1984), S. 219-233

/7.1.9/ Roache, P.J.: Computational Fluid Dynamics. Hermosa Press, Albuquerque, 1975

/7.1.10/ Schlichting, H.: Grenzschichttheorie. Verlag G. Braun, Karlsruhe, 1964

/7.2.1/ Connel, S.D.; Stow, P.: The Pressure Correction Method. Computers and Fluid. 14(1986)No.1, pp 1-10

/7.2.2/ Welch, J.E.; Harlow, F.H.; Shannon, J.P.; Daly, B.J.: The MAC Method - A Computing Technique for Solving Viscous, Incompressible, Transient Fluid Flow Problems Involving Free Surfaces. Los Alamos Report No.3425, 1966

/7.2.3/ Kremer,H.: Zur Ausbreitung inhomogener turbulenter Freistrahlen und turbulenter Diffusionsflammen. Dissertation, Universität Karlsruhe, 1964

Turbulenz allgemein

/7.3.1/ Hinze, J.O.: Turbulence. McGraw Hill, New York, 1975

/7.3.2/ Rotta, J.C.: Turbulente Strömungen. Teubner-Verlag, Stuttgart, 1972

/7.3.3/ Bradshaw, P. (Ed.): Turbulence. Springer-Verlag, Berlin, 1978

/7.3.4/ Leslie, D.C.: Developments in the Theory of Turbulence. Clarendon Press, Oxford, 1983

/7.3.5/ Jischa, M.: Konvektiver Impuls-, Wärme- und Stoffaustausch. Verlag Vieweg, Braunschweig, 1982

/7.3.6/ Monin, A.S.; Yaglom, A.M.: Statistical Fluid Mechanics: Mechanics of Turbulence. Vol. 1, MIT Press, Cambridge, USA, 1971

/7.3.7/ Monin, A.S.; Yaglom, A.M.: Statistical Fluid Mechanics: Mechanics of Turbulence. Vol. 2, MIT Press, Cambridge, USA, 1975

/7.3.8/ Tennekes, H.; Lumley, J.L.: A First Course in Turbulence. MIT Press, Cambridge, MA, 1972

/7.3.9/ Hanjalic, K.: Prediction of Turbulent Flow in Annular Ducts with Differential Transport Model of Turbulence. Wärme- und Stoffübertragung, 7(1974), S. 71-78

/7.3.10/ Jischa, M.: Zum Impuls-, Wärme- und Stoffaustausch in turbulenten Strömungen reagierender Binärgemische. Teil I: Die Reynold'schen Gleichungen und die Transportgleichungen. Wärme- und Stoffübertragung, 9(1976), S. 173-178

/7.3.11/ Jischa, M.: Zum Impuls-, Wärme- und Stoffaustausch in turbulenten Strömungen reagierender Binärgemische. Teil II: Strömungen mit Grenzschichtcharakter. Wärme- und Stoffübertragung, 9(1976), S. 247-257

/7.3.12/ Jones, W.P.; Whitelaw, J.H.: Modelling and Measurements in Turbulent Combustion. 20th Symp. (Int.) Comb., 1984, pp 233-249

/7.3.13/ Abou-Arab, T.W.: Zur Modellierung der Turbulenz in eingeschlossenen drallfreien und verdrallten Strömungen. Dissertation., Univ. Stuttgart, 1978

/7.3.14/ Collins, M.W.: Heat Transfer Predictions for Turbulent Flow Downstream of an Abrupt Pipe Expansion. Proceedings of the HTFS Harwell Research Symp., University of Bath, U.K., 1983

/7.3.15/ Daly, B.J.; Harlow, F.H.: Transport Equations in Turbulence. The Physics of Fluids, 13(1970)No.11, pp 2634-2649

/7.3.16/ Mellior, G.L.; Herring, H.J.: A Survey of the Mean Turbulent Field Closure Models. AIAA Journal, 11(1973)No.5, pp 590-599

/7.3.17/ Spalding, D.B.: The Calculation of the Length Scale of Turbulence in some Shear Flows Remote from Walls. Progress in Heat and Mass Transfer, 18(1975), pp 256-266

/7.3.18/ Sloan, D.G.; Smith, P.J.; Smoot, L.D.: Modeling of Swirl in Turbulent Flow Systems. Prog. Energy Combust. Sci., 12(1986)No.3, pp 163-250

/7.3.19/ Hussain,A.K.M.F.:CoherentStructures -Reality and Myth. Phys. Fluids, 26(1983)No.10, pp 2816-2850

/7.3.20/ Hussain,A.K.M.F.:CoherentStructures and Turbulence. J. Fluid Mech., 173(1986), pp 303-356

/7.3.21/ Zelkowski, J.: Die isothermische Modellierung der Strömung in Brennkammern von Staubkesseln mit Eckbrennern. Mitteilungen der VGB. (1966)H.104, S. 335-344

/7.3.22/ Favre, A.: Equations des gaz turbulents compressibles. I. Formes generales. Journal de Mecanique, 4(1965)No.3, pp 361-390

/7.3.23/ Favre, A.: Equations des gaz turbulents compressibles. II. Methode des vitesses moyennes; methode des vitesses macroscopiques ponderees par la masse volumique. Journal de Mechanique, 4(1965)No.4, pp 391-421

/7.3.24/ Dibble, R.W.; Kollmann, W.; Schefer, R.W.: Measurements and Predictions of Scalar Dissipation in Turbulent Jet Flames. 20th Symp. (Int.) Comb., 1984, pp 345-352

/7.3.25/ Elghobashi, S.E.; LaRue, J.C.: The Effect of Mechanical Strain on the Dissipation Rate of a Scalar Variance. 4th Symp. on Turb. Shear Flows, Karlsruhe, 1983

/7.3.26/ Eriksen, S.; Wittig, S.; Rüd, K.P.: Optical Measurements of the Transport Properties in a Highly Cooled Turbulent Boundary Layer at Low Reynolds Number. 4th Symp. on Turb. Shear Flows, Karlsruhe 1983

/7.3.27/ Ruckenstein, E.: On the Turbulent Field of Temperature or Concentration. Wärme- und Stoffübertragung, 2(1969), S. 105-108

/7.3.28/ Grossmann, S.: Berechnung von Transportgrößen mit Hilfe der Statistischen Physik: Ein Überblick. (Calculation of Transport Properties in Statistical Physics: A Review.) Wärme- und Stoffübertragung, 3(1970), S. 19-25

/7.3.29/ Reynolds, A.J.: The Prediction of Turbulent Prandtl and Schmidt Numbers. Int. J. Heat Mass Transfer, 18(1975), pp 1055-1069

Large-Eddy-Simulation (LES)

/7.3.30/ Moin, P.; Kim, J.: Numerical Investigation of Turbulent Channel Flow. J. Fluid Mech., 118 (1982), pp 341-377

/7.3.31/ Acton, E.: The Modelling of Large Eddies in a Two-Dimensional Shear Layer. J. Fluid Mech., 76 (1976) Part 3, pp 561-592

/7.3.32/ Antonopoulos-Domis, M.: Large-Eddy Simulation of a Passive Scalar in Isotropic Turbulence. J. Fluid Mech., 104 (1981), pp 55-79

/7.3.33/ Leslie, D.C.; Quarini, G.L.: The Application of Turbulence Theory to the Formulation of Subgrid Modelling Procedures. J. Fluid Mech., 91 (1979) Part 1, pp 65-91

/7.3.34/ Voke, P.R.; Collins, M.W.: Large-Eddy Simulations of Turbulent Flow in Plain and Distorted Channels. HTFS Harwell Research Symp., Univ. of Warwick, U.K., 1984

/7.3.35/ Moin, P.: Numerical Simulation of Wall-Bounded Turbulent Shear Flows. 8th ICNMFD, Aachen, 1982

/7.3.36/ Moffatt, H.K.: Viscous and Resistive Eddies Near a Sharp Corner. Journal of Fluid Mechanics, 1964

144

Random-Vortex-Method (RVM)

/7.3.37/ Ghoniem, A.F.; Chorin, A.J.; Oppenheim, A.K.: Numerical Modelling of Turbulent Flow in a Combustion Tunnel. Phil. Trans. R. Soc. Lond. A 304, 1982, pp 303-325

/7.3.38/ Chorin, A.J.: Numerical Study of Slightly Viscous Flow. J. Fluid. Mech., 57(1973) Part 4, pp 785-796

/7.3.39/ Chorin, A.J.: Vortex Models and Boundary Layer Instability. SIAM J. Sci. Stat. Comput., 1(1980)No.1, pp 1-20

/7.3.40/ Ghoniem, A.F.; Chorin, A.J.; Oppenheim, A.K.: Numerical Modelling of Turbulent Flow in a Combustion Tunnel. Phil. Trans. R. Soc. Lond., 304(1982) A, pp 303-325

/7.3.41/ Summers, D.M.; Hanson, T.; Wilson, C.B.: A Random Vortex Simulation of Wind Flow Over a Building. Int. J. Num. Meth. Fluids, 5(1985), pp 849-871

Pseudo-Spectral-Method (PSM)

/7.3.42/ Metcalfe, R.W.; Riley, J.J.: Calculation of Pressure Statistics in Turbulent Free Shear Flows by Direct Numerical Simulation. 8th Int Conf. on Numerical Methods in Fluid Dynamics, Aachen, 1982

Mischungslängenmodell (MLM)

/7.3.43/ Hornby, R.P.; Mistry, J.; Barrow, H.: A Mixing Length Model for Turbulent Flow in Constant Cross Section Ducts. Wärme- und Stoffübertragung, 10(1977), S. 125-129

k-ε-Turbulenzmodell (KEM)

/7.3.44/ Launder, B.E.; Spalding, D.B.: The Numerical Computation of Turbulent Flows. Computer Methods in Applied Mechanics and Engineering, 3(1974), pp 269-289

/7.3.45/ Lam, C.K.G.; Bremhorst, K.: A Modified Form of the k-ε Model for Predicting Wall Turbulence. Journal of Fluids Engineering, 103 (1981), pp 456-460

/7.3.46/ Patel, V.C.; Rodi, W.; Scheuerer, G.: Turbulence Models for Near-Wall and Low Reynolds Number Flows: A Review. AIAA Journal, 23 (1985) No. 9, pp 1308-1319

/7.3.47/ Raizadeh, F.; Dwyer, H.A.: A Use of Sensitivity Analysis in k-ε Turbulent Round Jet Model. 4th Symp. on Turb. Shear Flows, Karlsruhe, Tagungsband, 1983

/7.3.48/ Lam, C.K.G.; Bremhost, K.: A Modified Form of the k-ε Model for Predicting Wall Turbulence. J. Fluid Eng., 103(1981), pp 456-460

/7.3.49/ Patel, V.C.; Rodi, W.; Scheuerer, G.: Turbulence Models for Near-Wall and Low Reynolds Number Flows: A Review. AIAA J., 23(1985)No. 9, pp 1308-1319

/7.3.50/ Benim, A.C.; Zinser, W.: Investigation into the Finite Element Analysis of Confined Turbulent Flows Using a k-ε Model of Turbulence. Computer Methods in Applied Mechanics and Engineering, 51(1985), pp 507-523

k-W-Turbulenzmodell (KWM)

/7.3.51/ Spalding, D.B.: A Two-Equation Model of Turbulence. VDI-Forsch. Heft 949, S. 5-15

/7.3.52/ Ilegbusi, J.O.; Spalding, D.B.: An Improved Version of the k-W Model of Turbulence. J. Heat Transfer, 107(1985), pp 63-69

k-L-Turbulenzmodell (KLM)

/7.3.53/ Rodi, W.; Spalding, D.B.: A Two-Parameter Model of Turbulence, and its Application to Free Jets. Wärme- und Stoffübertragung, 3(1970), S. 85-95

Reynolds-Stress-Model (RSM)

/7.3.54/ Gibson, H.M.; Launder, B.E.: Ground Effects on Pressure Fluctuations in the Atmospheric Boundary Layer. J. Fluid Mech., 86 (1978), p 491

/7.3.55/ Naot, D.; Shavit, A.; Wolfshtein, M.: Numerical Calculation of Reynolds Stresses in a Square Duct with Secondary Flow. Wärme- und Stoffübertragung, 7 (1974), S. 151-161

/7.3.56/ Gibson, M.M.; Rodi, W.: A Reynolds-Stress Closure Model of Turbulence Applied to the Calculation of a Highly Curved Mixing Layer. J. Fluid. Mech., 103(1981), pp 161-182

/7.3.57/ Launder, B.E.; Reece, G.J.; Rodi, W.: Progress in the Development of a Reynolds-Stress Turbulence Closure. J. Fluid Mech., 68(1974) Part 3, pp 537-566

/7.3.58/ Donaldson, C.; Varma, A.K.: Remarks on the Construction of a Second-Order Closure Description of Turbulent Reacting Flows. Comb. Sci. Tech., 13(1976), pp 55-78

/7.3.59/ Daly, B.J.; Harlow, F.H.: Transport Equation of Turbulence. Physics of Fluids, 13(1970)11, pp 2634-2649

/7.3.60/ Janika, J.: A Reynolds-Stress Model for the Prediction of Diffusion Flames. 21st Symp. (Int.) Comb., 1986, pp 1409-1417

/7.3.61/ Hanjalic, K.; Launder, B.E.: A Reynolds Stress Model of Turbulence and its Application to Thin Shear Flows. J. Fluid Mech., 52(1972), part 4, pp 609-638

/7.3.62/ Rodi, W.: The Prediction of Free Turbulent Boundary Layers by Use of a Two-Equation Model of Turbulence. Ph.D. Thesis, University of London, 1972

Algebraic-Stress-Model (ASM)

/7.3.63/ Rodi, W.: A New Algebraic Relation for Calculating the Reynolds Stresses. Zeitschr.Angew.Mathematik,56(1976), pp 219-221

/7.3.64/ Wilkes, N.S.; Clarke, D.S.: Turbulent Flow Predictions Using Algebraic Stress Models. Harwell Report, HTFS RS AERE-R 12694, 1987

Eddy-Viscosity-Hypothesis (EVH)

/7.3.65/ Peck, R.E.; Samuelsen, G.S.: Eddy Viscosity Modeling in the Prediction of Turbulent, Backmixed Combustion Performance. 16th Symp. (Int.) Combust., 1976, pp 1675-1687

/7.3.66/ Pope, S.B.: A More General Effective-Viscosity Hypothesis. J. Fluid Mech., 72(1975) Part 2, pp 331-340

/7.3.67/ Schnell, U.: Numerische Berechnung turbulenter brennernaher Drallströmungen. Forschung im Ingenieurwesen, 55(1989)Nr.6, S.186-192

Zweiphasenströmung

/7.5.1/ Soo, S.L.: Fluid Dynamics of Multiphase Systems. Blaisdell Publ. Comp., Waltham, MA, 1967

/7.5.2/ Meyer, R.E.: Theory of Dispersed Multiphase Flow. Academic Press, New York, 1983

/7.5.3/ Hetsroni, G.; Sokolov, M.: Distribution of Mass, Velocity and Intensity of Turbulence in a Two-Phase Turbulent Jet. J. Appl. Mech., 93(1971), pp 315-327

/7.5.4/ Popper, J.; Abuaf, N.; Hetsroni, G.: Velocity Measurements in a Two-Phase Turbulent Jet. Int. J. Multiphase Flows, 1(1974), pp 715-726

/7.5.5/ Al Taweel, A.M.; Landau, J.: Turbulence Modulation in Two-Phase Jets. Int. J. Multiphase Flow. 3 (1977), pp 341-351

/7.5.6/ Owen, P.R.: Pneumatic Transport. J. Fluid Mech., 39 (1969) part 2, pp 407-432

/7.5.7/ Smoot, L.D.; Pratt, D.T.: Pulv.-Coal Combustion and Gasification. Plenum Press, New York, 1979

/7.5.8/ Görner, K.; Schnell, U.; Thiele, K.-U.; Spliethoff, H.: Simulation und Messungen zur Zweiphasenströmung von Kohle. Tagungsband: VGB-Konferenz "Forschung in der Kraftwerkstechnik", 1988

/7.5.9/ Elghobashi, S.E.; Abou-Arab, T.W.: A Two-Equation Turbulence Model for Two-Phase Flows. Phys. Fluids, 26 (1983) No. 4, pp 931-938

/7.5.10/ Mostafa, A.A.; Elghobashi, S.E.: A Two-Equation Turbulence Model for Jet Flows Laden with Vaporizing Droplets. Int. J. Multiphase Flow, 11 (1985) No.4, pp 515-533

/7.5.11/ Hinze, J.O.: Turbulent Fluid and Particle Interaction. In: Progress in Heat and Mass Transfer, (Ed.: Hetsroni), Vol. 6, Pergamon Press, Oxford, 1972, pp 433-452

/7.5.12/ Melville, W.K.; Bray, K.N.C.: A Model of the Two-Phase Turbulent Jet. J. Heat and Mass Transfer, 22 (1979), pp 647-656

/7.5.13/ Hedman, P.O.; Smoot, L.D.: Particle-Gas Dispersion Effects in Confined Coaxial Jets. AIChE Journal, 21 (1975) No. 2, pp 372-379

/7.5.14/ Migdal, D.; Agosta, V.D.: A Source Flow Model for Continuum Gas-Particle Flow. J. Applied Mech., (1967), pp 860-865

/7.5.15/ Abbas, A.S.; Koussa, S.S.; Lockwood, F.C.: The Prediction of the Particle Laden Gas Flows. 18th Symp. (Int.) Comb., 1981, pp 1427-1438

/7.5.16/ Hackler, L.: Berechnung der turbulenten Gas/Feststoffströmung im senkrechten Rohr mit einer Zweiphasenkontinuumstheorie. Dissertation, Universität Clausthal, 1984

/7.5.17/ Elghobashi, S.; Abou-Arab, T.; Rizk, M. Mostafa, A.: A Two-Equation Turbulence Model for Two-Phase Jets. Proceedings 4th Symp. on Turb. Shear Flows, Karlsruhe , 1983

/7.5.18/ Brauer, H.: Grundlagen der Einphasen- und Mehrphasenströmungen. Verlag Sauerländer, Aarau, 1971

/7.5.19/ Durst, F.; Haas, R.; Interthal, W.; Keck, T.: Polymerwirkung in Strömungen - Mechanismen und praktische Anwendungen. Chem.-Ing.-Techn.,54(1982) Nr.3, S. 213-221

/7.5.20/ Durst, F.; Kleine, R.; Rastogi, A.K.: Energieeinsparungen durch hochpolymere Strömungsbeschleuniger. VGB-Konferenz:" Forschung in der Kraftwerkstechnik", 1977, S.164-177

/7.5.21/ Heat Exchanger Design Handbook. Part 2, Chap. 2.3.3: Solid Gas Flow. Hemisphere Publ. Corp., Washington, 1982

/7.5.22/ Lumley, J.L.: Modeling Turbulent Flux of Passive Scalar Quantities in Inhomogeneous Flows. Phys. Fluids, 18(1975)No.6, pp 619-621

Reagierende Strömungen

/7.5.23/ Pope, S.B.: PDF Methods for Turbulent Reactive Flows. Prog. Energy Combust. Sci., 11(1985), pp 119-192

/7.5.24/ Oran, E.S.; Boris, J.P.: Detailed Modelling of Combustion Systems. Prog. Energy Combust. Sci., 7(1981), pp 1-72

/7.5.25/ Williams, F.A.: Combustion Theory, Chap. 10: Theory of Turbulent Flames, Benjamin/CummingsPublishingComp., Inc., California

/7.5.25/ Peters, N.: Laminar Flamelet Concepts in Turbulent Combustion. 21st Symp. (Int.) on Combust., the Combust. Inst., 1986, pp 1231-1250

/7.6.26/ Peters, N.: Das Flammenzonenmodell und seine Anwendungen. Inst. für Allgemeine Mechanik, TH Aachen, Institutsbericht 1973

/7.6.27/ Rogg, B.; Behrendt, F.; Warnatz, J.: Turbulent Non-Premixed Combustion in Partially Premixed Diffusion Flamelets with Detailed Chemistry.21stSymp. (Int.) Combust., München, West Germany, 1986

/7.5.28/ Oran, E.S.; Boris, J.P.: Detailed Modelling of Combustion Systems. Prog. Energy Combst. Sci. 7(1981), pp 1-72

/7.5.29/ Libby, P.A.: On Turbulent Flows with Fast Chemical Reactions. Part III: Two-Dimensional Mixing with Highly Dilute Reactants. Combustion Science and Technology, 13(1976), pp.79-98

/7.5.30/ Doazo, C.; O'Brien, E.E.: Statistical Treatment of Non-Isothermal Chemical Reactions in Turbulence. Combustion Science and Technology, 13(1976), pp 99-122

/7.5.31/ Chung, P.M.: A Kinetic-Theory Approach to Turbulent Chemically Reacting Flows. Combustion Science and Technology, 13(1976), pp 123-153

/7.5.32/ Jones, W.P.: Models for Turbulent Flows with Variable Density and Combustion. In: Prediction Methods for Turbulent Flows, W. Kollmann (ed.), Hemisphere Publ. Comp., New York, 1980

Kapitel 8 :

BESCHREIBUNG DES BRENNSTOFFABBRANDES

8.1 Bilanzierung für eine Spezies

8.1.1 Grundsätzliche Überlegungen zur Bilanzierung

Ziel dieses Kapitels soll sein, Ansätze für den Abbrand, d.h. die chemische Reaktion, technischer Brennstoffe aufzuzeigen. Unter technischen Brennstoffen sind Gas, Öl und Kohle zu verstehen. Für andere, wie Müll, industrielle Rückstände und Schlämme, können keine allgemeingültigen Modellierungsansätze angeführt werden, da die Zusammensetzung und damit die an den Reaktionen beteiligten Spezies meist nur unzureichend bekannt sind. Für solche Brennstoffe kann das vorliegende Kapitel nur Anhaltswerte liefern.

Den Abbrand zu beschreiben bedeutet in diesem Zusammenhang für die wesentlichen an der chemischen Umsetzung beteiligten Spezies (Schlüsselkomponenten) Konzentrationsverteilungen anzugeben. Welche Spezies dabei bilanziert werden müssen, hängt von der Art des Brennstoffes und der Fragestellung ab. So ist verständlich, daß bei der Beschreibung des Kohleabbrands mit einer Reihe von physikalisch-chemischen Teilschritten bzw. Reaktionen mehr Spezies zu bilanzieren sind als für eine reine Gasverbrennung. Mit der Fragestellung ist gemeint, daß für eine Beschreibung der Wärmefreisetzung, die alle relevanten wärmeentbindenden (exothermen) oder -verbrauchenden (endothermen) Reaktionen umfaßt, andere Spezies bilanziert werden müssen, als wenn man sich für den speziellen Fragenkomplex der Entstehung von Schadstoffkomponenten interessiert (vgl. Kap. 9). Hier spielt wegen der meist geringen absoluten Konzentrationen der beteiligten Spezies eine Wärmetönung praktisch keine Rolle.

Um die Konzentrationsverteilungen von Spezies zu berechnen, müssen Bilanzgleichungen für diese aufgestellt und gelöst werden, die alle physikalischen und chemischen Vorgänge beinhalten, die die Konzentrationen beeinflussen. Dies sind Konvektion, Diffusion und die chemischen Reaktionen selbst. Die Aufstellung einer allgemeingültigen Bilanzgleichung ist in Kap. 8.1.3 angeführt.

Für einen schnellen und vollständigen chemischen Umsatz müssen die Reaktionspartner, in diesem Fall Brennstoff und Oxidationsmittel (Luft oder Sauerstoff), auf molekularer Ebene möglichst gut vermischt werden, da ein Molekül nur dann reagieren kann, wenn es mit seinem Reaktionspartner kollidiert. Ist die Mischungsbedingung erfüllt, dann läuft die Reaktion mit einer molekülspezifischen Reaktionsgeschwindigkeit ab. Der Abbrand des Brennstoffes kann nun durch die Mischung oder die eigentliche chemische Reaktion limitiert werden. Man spricht dann von mischungs- oder von kinetisch kontrollierter Umsetzung. Zur Charakterisierung der vorliegenden Verhältnisse dient die Damköhlerzahl Da, die als Verhältnis zwischen einem turbulenten Zeitmaß, das eine entsprechende Mischzeit beschreibt, und einer charakteristischen Reaktionszeit definiert ist. Mit ihr lassen sich verschiedene Flammentypen einordnen (Kap. 8.2.7). Die Vollständigkeit einer chemischen Umsetzung ist eine Frage der Lage des chemischen Gleichgewichts und der Aufenthaltszeit der Reaktionspartner im zu berechnenden Gebiet. Die Aufenthaltszeit oder die maximal zur Verfügung stehende Reaktionszeit ist wiederum abhängig von den Strömungs- und Mischungszuständen.

Bei Gasphasenreaktionen liegt ein reines Mischproblem vor, wenn man eine Verbrennung unter den Bedingungen einer Diffusionsflamme unterstellt. Die technische Gasverbrennung ist damit meist mischungskontrolliert.

Die Öl- und Kohleverbrennung unterliegt noch weiteren geschwindigkeitslimitierenden heterogenen Reaktionen bzw. Vorgängen. So muß bei der Ölverbrennung der durch die Düse austretende Strahl in feine Tröpfchen zerdüst werden, um die spezifische Oberfläche zu vergrößern. Die Öltröpfchen werden dann verdampft und die entstehenden Gaskomponenten homogen umgesetzt. Am erhitzten Öltröpfchen selbst werden gleichzeitig heterogene Abbrandvorgänge einsetzen, die im Innern der flüssigen Phase von Gasdiffusions- und Bläschentransportvorgängen begleitet werden.

Bei der Kohleverbrennung wird die Zerkleinerung des Brennstoffs zur Schaffung größerer Oberfläche außerhalb der Verbrennungseinrichtung (Mühle) vorgenommen. An die Stelle der Tröpfchenverdampfung beim Öl tritt hier die Pyrolyse der Kohle als ein geschwindigkeitslimitierender Teilvorgang. Der Abbrand der Flüchtigen und des Kokses läuft analog zur Ölverbrennung ab. Wichtige und geschwindigkeitsbestimmende Vorgänge am Einzelkorn oder -tropfen sind die Diffusion von Sauerstoff aus der Umgebung durch die Partikelgrenzschicht an die Teilchenoberfläche und von Reaktionsprodukten (CO, CO_2) in die Umgebung, ebenso wie Transportvorgänge dieser Spezies innerhalb des Teilchens (Porendiffusion). Die eigentliche chemische Kinetik und die physikalischen Vorgänge, die aber die Kinetik direkt beeinflussen, werden vornehmlich mit Pseudoreaktionsgeschwindigkeiten beschrieben bzw. modelliert. Die aus beiden gebildete Gesamtreaktionsgeschwindigkeit ist meist in unterschiedlichen Temperaturbereichen unterschiedlich groß, da sie ja verschiedene Regime beschreibt (vg. Kap. 8.2.8.1).

Öl- und Kohleverbrennung sind nicht von vornherein mischungskontrolliert, sondern es kann auch, abhängig von der Temperatur, eine kinetische Kontrolle vorliegen.

Zur Berechnung der chemischen Umsatzraten und damit der lokalen Wärmefreisetzung muß die Spezieszusammensetzung an jedem Ort bekannt sein. Daher steht nach Einführung eines geeigneten Konzentrationsmaßes die Herleitung einer Bilanzgleichung im Vordergrund von Kap. 8.1. Einige grundlegende Definitionen und Ableitungen zur eigentlichen chemischen Umsetzung bilden dann das Kap. 8.2. Die Kapitel über Gasverbrennung (8.3), Ölverbrennung (8.4) und Kohleverbrennung (8.5) beschäftigen sich mit speziellen Charakteristika dieser Brennstoffe. Die Entstehung von Schadstoffkomponenten, die mit jeder technischen Verbrennung verbunden ist, ist Gegenstand des anschließenden Kapitels 9.

8.1.2 Wahl des Konzentrationsmaßes

Die Teilmassen m_α aller Spezies α addieren sich zur Gesamtmasse m:

$$m = \Sigma\, m_\alpha \qquad\qquad (8.1.1)$$

und die Gesamtmassenbilanz für die Summe alle Spezies ist damit identisch mit der Kontinuitätsbilanz. Entsprechend addieren sich die Partialdrücke zum Gesamtdruck:

$$p = \Sigma\, p_\alpha \quad . \qquad\qquad (8.1.2)$$

Eine Bilanzierung **einer** Spezies verlangt nun nach einem geeigneten Konzentrationsmaß. Hierfür gibt es verschiedene Möglichkeiten:

o Massenanteil:
   Dividiert man Gl. (8.1.1) durch die Gesamtmasse, dann erhält man:

$$\Sigma(m_\alpha /m) = 1 \quad , \qquad\qquad (8.1.3)$$

   wobei m_α /m der Massenanteil der Spezies α an der Gesamtmasse ist.

o Volumenanteil:
   Der Volumenanteil einer Spezies α am Gesamtvolumen ist in ähnlicher Weise bestimmt:

$$\Sigma(V_\alpha /V) = 1 \quad . \qquad\qquad (8.1.4)$$

o Konzentration:
   Bezieht man die Speziesmasse auf das Gesamtvolumen, dann erhält man die Definition der Konzentration:

$$\Sigma(m_\alpha /V) = \rho \quad . \qquad\qquad (8.1.5)$$

Prinzipiell sind alle drei Maße äquivalent. Allerdings ist bei nichteingeschlossenen Flammen (Verbrennungsvorgängen), wie zum Beispiel offenen Tankflammen, und bedingt durch die Tatsache der Volumenexpansion (hervorgerufen durch Temperaturerhöhung) ein Bezug auf ein gleich großes Volumen nicht unproblematisch.

Daher wird die Speziesverteilung zweckmäßigerweise durch den Massenanteil oder das Massenverhältnis der jeweiligen Komponente beschrieben, da die Gesamtmasse nach dem Massenerhaltungssatz eine Konstante ist.

Im folgenden wird nun dieser Massenanteil auch als "Konzentration" bezeichnet, d.h. es wird geschrieben:

$$c_\alpha = m_\alpha/m \quad . \tag{8.1.6}$$

Bei den rein chemischen Reaktionsraten ist in der Literatur oft die Konzentrationsangabe mol/cm^3 zu finden. Wird eine Konzentration in dieser Einheit verwendet, dann wird anstelle von c_α auf die Schreibweise $[A]$ übergegangen, da eine Umrechnung der experimentell bestimmten Daten auf ein anderes Konzentrationsmaß i.a. nicht möglich ist.

8.1.3   Bilanzgleichung für eine Spezies

Wird in der Transportgleichung für eine allgemeine Variable φ (Gl. 6.1.17) anstelle von φ dieses Massenverhältnis, bezeichnet mit c_α, eingeführt, so ergibt sich die Transportgleichung für die Spezies α:

$$\frac{\partial(\rho c_\alpha)}{\partial t} + \frac{\partial(\rho u_j c_\alpha)}{\partial x_j} = \frac{\partial}{\partial x_j}\left[\Gamma_{c_\alpha} \frac{\partial c_\alpha}{\partial x_j}\right] + S_{c_\alpha} \quad . \tag{8.1.7}$$

S_{c_α} faßt die durch chemischen Umsatz hervorgerufenen Quellterme für die betrachtete Spezies α zusammen. Dieser Umsatz kann in mehreren Global- oder Teilreaktionen ablaufen und muß daher über alle zu bilanzierenden Reaktionen β summiert werden:

$$S_{c_\alpha} = \rho \sum_\beta \dot{r}_{\alpha,\beta} \quad . \tag{8.1.8}$$

In Gl. 8.1.8 bezeichnet $\dot{r}_{\alpha,\beta}$ die Reaktionsgeschwindigkeit der Spezies α in der Reaktion β.

Da die Spezies α einem turbulenten Transport unterliegt, ist es zweckmäßig, die entsprechende zeitgemittelte Transportgleichung:

$$\frac{\partial(\rho \bar{c}_\alpha)}{\partial t} + \frac{\partial(\rho \bar{u}_j \bar{c}_\alpha)}{\partial x_j} = \frac{\partial}{\partial x_j}\left[\Gamma_{c_\alpha} \frac{\partial \bar{c}_\alpha}{\partial x_j} - \rho\overline{\bar{u}_j \hat{c}_\alpha}\right] + S_{(\bar{c}_\alpha + \hat{c}_\alpha)} \tag{8.1.9}$$

heranzuziehen.

In Analogie zum Schließungsproblem beim Impulstransport besteht nun die Aufgabe, die Korrelationen $-\rho\overline{\bar{u}_j \hat{c}_\alpha}$, die auch als Reynoldsflüsse bezeichnet werden, zu modellieren.

Erfolgt dies über einen Gradientenflußansatz (Analogon zum Boussinesq-Ansatz für die turbulenten Spannungsterme, Gl. 7.3.20), mit:

$$-\rho\,\overline{\widehat{u}_j\widehat{c}_\alpha} = \frac{\mu_t}{\sigma_{c,t}}\,\frac{\partial\bar{c}_\alpha}{\partial x_j} \quad , \tag{8.1.10}$$

dann erhält man für die zeitgemittelte Bilanzgleichung:

$$\frac{\partial(\rho\bar{c}_\alpha)}{\partial t} + \frac{\partial(\rho\bar{u}_j\bar{c}_\alpha)}{\partial x_j} = \frac{\partial}{\partial x_j}\left[\frac{\mu_{eff}}{\sigma_{c,eff}}\,\frac{\partial\bar{c}_\alpha}{\partial x_j}\right] + \bar{S}_{c_\alpha} \tag{8.1.11}$$

Bilanzgleichung für eine **Spezieskonzentration** $\bar{c}_\alpha$

Die Reynoldsflüsse berücksichtigen den direkten Einfluß der turbulenten Strömung und Mischung auf die Konzentrationsverteilungen. Zusätzlich liegt aber auch noch ein turbulenzabhängiger Quellterm, der die Reaktion beschreibt, vor.

Hierfür sind nun geeignete reaktionskinetische Ansätze zu formulieren, die auch der Tatsache Rechnung tragen, daß die Konzentration c_α selbst turbulent fluktuiert. Da die Reaktionsgeschwindigkeit eine Funktion der Temperatur ist, die ebenfalls turbulent schwankt, kommt hierdurch ein weiterer Modellierungsbedarf hinzu, der prinzipiell auch die Kreuzkorrelationen zu den Geschwindigkeiten, der Temperatur und den übrigen Spezieskonzentrationen berücksichtigen muß. Beschreibbar ist dieser Umstand durch nichtverbundene und/oder verbundene Wahrscheinlichkeitsdichteverteilungen oder durch vorgegebene Verteilungsfunktionen. Näher erläutert wird dieses Vorgehen in Kap. 8.2.6 über turbulente reagierende Strömungen und bei der Modellierung der Stickoxidentstehung (Kap. 9.5). Zur Modellierung der Reaktionen der Wärmefreisetzung genügt es meist mit den mittleren Temperaturen zu arbeiten und gegebenenfalls einen Einfluß von Temperaturfluktuationen auf die Reaktionsraten und damit auf den Quellterm S_{c_α} in Gl. (8.1.11) geeignet abzuschätzen (Kap. 8.2.6).

Wie schon in Kap. 8.1.2 angedeutet, ergibt sich durch Addition aller Speziesbilanzgleichungen unter Berücksichtigung von Gl. (8.1.3) die Kontinuitätsgleichung:

$$\frac{\partial\rho}{\partial t} + \frac{\partial(\rho u_j)}{\partial x_j} = 0 \tag{8.1.12}$$

Kontinuitätsgleichung (Gesamtmassenbilanz)

8.1.4 Beschreibung des Mischungszustandes

Oft ist von Interesse, wie sich ein inerter Stoff (Spezies, die nicht an einer chemischen Reaktion teilnimmt) in die Flamme oder den Feuerraum einmischt. Für eine solche Spezies weist die entsprechende Transportgleichung einen verschwindenden Quellterm auf. Wird nun ein eingedüster Massenstrom mit einer Konzentration "1" markiert und alle anderen Massenströme (z.B. die Grundströmung selbst) mit "0" belegt, dann kann man aus der berechneten Konzentrationsverteilung der Tracersubstanz direkt die Vermischung der Substanz mit dem übrigen Fluid ablesen. Im allgemeinen wird hierfür keine Konzentration verwendet, sondern der zwischen Null und Eins normierte sogenannte Mischungsgrad f, für den sich dann die folgende Transportgleichung ableiten läßt:

$$\frac{\partial(\rho f)}{\partial t} + \frac{\partial(\rho u_j f)}{\partial x_j} = \frac{\partial}{\partial x_j}\left[\Gamma_f \frac{\partial f}{\partial x_j}\right] \quad . \tag{8.1.13}$$

Mit einem entsprechenden Modellierungsansatz für den bei turbulenten Strömungen auftretenden Reynoldsfluß (Gradientenflußansatz, Gl. 8.1.10) ergibt sich die modellierte Transportgleichung für $\bar{f}$ zu:

$$\boxed{\begin{array}{l} \dfrac{\partial(\rho\bar{f})}{\partial t} + \dfrac{\partial(\rho\bar{u}_j\bar{f})}{\partial x_j} = \dfrac{\partial}{\partial x_j}\left[\dfrac{\mu_{eff}}{\sigma_{f,eff}}\dfrac{\partial\bar{f}}{\partial x_j}\right] \qquad \sigma_{f,eff} = 0{,}7 \qquad (8.1.14) \\[2ex] \text{Bilanzgleichung für den } \textbf{Mischungsgrad } \bar{f} \end{array}}$$

Für sehr schnelle Gasphasenreaktionen, bei denen die chemische Reaktion sehr viel schneller als die entsprechende Mischung der Reaktionspartner abläuft, können aus dem Mischungsgrad f die Gasphasenkonzentrationen c_α berechnet werden (Kap. 8.2.5).

In turbulenten reagierenden Strömungen spielen neben den so ermittelbaren Konzentrationen auch die Schwankungen der Spezieszusammensetzung eine große Rolle, da sie die Reaktionsraten sehr stark beeinflussen. Geht man von gleichen Randbedingungen für alle Spezieskonzentrationen aus (vgl. Kap. 8.2.5), dann können alle mittleren Quadrate der Konzentrationsfluktuationen aus einer Größe, dem Quadrat der Mischungsgradfluktuationen $\bar{g}_f = \overline{f'^2}$ abgeschätzt werden. $\bar{g}_f$ kann analog zur kinetischen Turbulenzenergie $\bar{k}$ beim turbulenten Impulstransport interpretiert und auch analog hergeleitet werden.

Eine modellierte Transportgleichung für $\bar{g}_f$ kann in folgender Weise angegeben werden:

$$\boxed{\begin{array}{l} \dfrac{\partial(\rho\bar{g}_f)}{\partial t} + \dfrac{\partial(\rho\bar{u}_j\bar{g}_f)}{\partial x_j} = \dfrac{\partial}{\partial x_j}\left[\dfrac{\mu_{eff}}{\sigma_{g,eff}}\dfrac{\partial\bar{g}_f}{\partial x_j}\right] + \text{const}_{g,1}\dfrac{\mu_t}{\sigma_{g,t}}\left[\dfrac{\partial\bar{f}}{\partial x_j}\right]^2 - \text{const}_{g,2}\,\rho\,\dfrac{\epsilon}{k}\,\bar{g}_f \\[2ex] \qquad \sigma_{g,eff} = 0{,}9 \;;\; \text{const}_{g,1} = 2{,}8 \;;\; \text{const}_{g,2} = 2{,}0 \qquad\qquad (8.1.15) \\[2ex] \text{Bilanzgleichung für die } \textbf{Varianz } \bar{g}_f \textbf{ des Mischungsgrades } \bar{f} \end{array}}$$

8.1.5 Lokale Ungemischtheiten

Der Mischungszustand in laminaren Flammen ist durch den Mischungsgrad f eindeutig bestimmt. Bei turbulenten Flammen, die bei technischer Verbrennung vorherrschen, tritt jedoch das Phänomen auf, daß Brennstoff und Oxidationsmittel an der gleichen Stelle vorliegen können. Man spricht hier von "Ungemischtheit" (unmixedness). Hier genügt es also nicht, den Mischungsgrad $\bar{f}$ und dessen Varianz $\bar{g}_f$ zu kennen, sondern man muß auch Annahmen über den zeitlichen Verlauf der Konzentrationen der Reaktionspartner machen. Da die turbulenten Fluktuationen rein stochastisch verlaufen, kann nur wenig physikalische Information in eine solche Annahme eingebracht werden. Daher wird meist angenommen, daß der augenblickliche Mischungsgrad um seinen Mittelwert $\bar{f}$ mit der Schwankungsbreite $2\bar{g}_f$ fluktuiert und nur die möglichen Grenzwerte annimmt. Man spricht hier von reiner Intermittenz und erhält Verhältnisse wie in Bild 8.1.1 angedeutet.

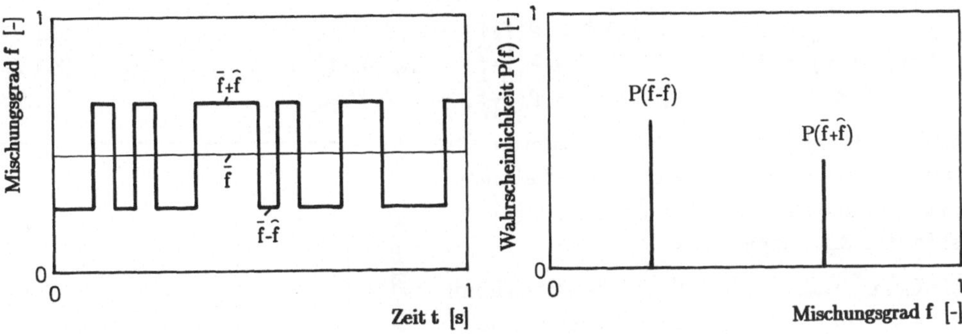

Bild 8.1.1: Reine Intermittenz und entsprechende Wahrscheinlichkeitsverteilung (/8.5.9/)

Offensichtlich gilt für die Wahrscheinlichkeiten:

$$P(\bar{f}+\hat{f}) + P(\bar{f}-\hat{f}) = 1 \quad . \tag{8.1.16}$$

Bei turbulenten reagierenden Strömungen mit sehr schnellen Gasphasenreaktionen (Kap. 8.2.5) können die Spezieskonzentrationen aus dem Mischungsgrad berechnet werden. Es wird hier z.B. auch eine konstante Frequenz der Fluktuationen unterstellt, was auf die entsprechenden Wahrscheinlichkeiten aber keinen Einfluß hat.

Die Varianz des rein intermittierenden Mischungsgrades erfüllt die Beziehung (Realisierungsbedingung, /9.5.9/)

$$\bar{\hat{f}^2}_{\text{Int}} \geq \bar{g}_f \quad . \tag{8.1.17}$$

Desweiteren kann abgeleitet werden, daß speziell für f gilt:

$$\bar{\hat{f}^2}_{\text{Int}} = \bar{f}(1-\bar{f}) \quad . \tag{8.1.18}$$

Hiermit können Reaktionsraten für stark turbulente reagierende Strömungen abgeleitet werden (/8.1.7/).

154

Um die Bedingungen für den zeitlichen Mittelwert zu erfüllen, müssen die Zustände $f = \bar{f} + \hat{f}$ und $f = \bar{f} - \hat{f}$ gleich häufig auftreten, was für die Wahrscheinlichkeit bedeutet:

$$P(\bar{f}+\hat{f}) = P(\bar{f}-\hat{f}) = 0{,}5 \quad . \tag{8.1.19}$$

Da der Mischungsgrad und auch die Konzentrationen (Massenverhältnisse) einen beschränkten Definitionsbereich aufweisen:

$$0 \leq f, c_\alpha \leq 1 \quad , \tag{8.1.20}$$

muß in Bereichen nahe dem oberen und unteren Grenzwert eine Korrektur der Wahrscheinlichkeiten vorgenommen werden (/8.5.8/). Es können 3 Fälle unterschieden werden (Bild 8.1.2):

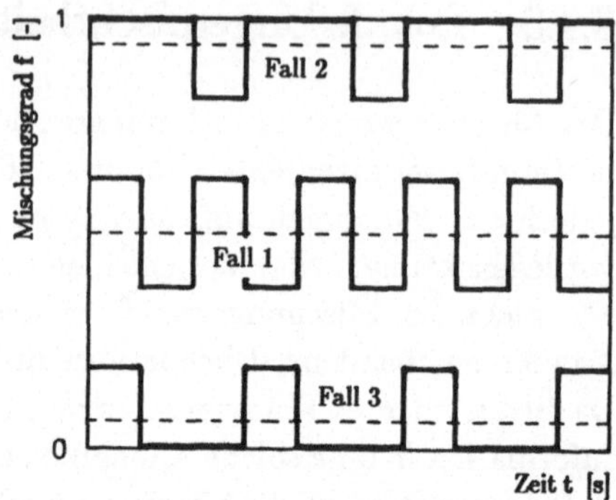

Bild 8.1.2: Verlauf der Konzentrationen für verschiedene Fälle

$$
\begin{aligned}
&1.)\ \ \bar{f} \geq \bar{g}_f^{\frac{1}{2}} \text{ und } (1-\bar{f}) \geq \bar{g}_f^{\frac{1}{2}} \Rightarrow P(\bar{f}+\hat{f}) = 0{,}5 \quad , &\tag{8.1.21}\\
&2.)\ \ (1-\bar{f}) < \bar{g}_f^{\frac{1}{2}} \qquad\qquad\ \ \Rightarrow P(\bar{f}+\hat{f}) = \bar{g}_f/(\bar{g}_f+(1-\bar{f})^2) \quad , &\tag{8.1.22}\\
&3.)\ \ \bar{f} < \bar{g}_f^{\frac{1}{2}} \qquad\qquad\qquad\ \ \Rightarrow P(\bar{f}+\hat{f}) = \bar{f}^2/(\bar{f}^2+\bar{g}_f) \quad . &\tag{8.1.23}
\end{aligned}
$$

Analoge Beziehungen lassen sich wiederum für die Konzentrationen (Speziesmassenverhältnisse) ableiten. Eine entsprechende Wahrscheinlichkeit ist in Bild 8.1.3 angedeutet.

Die Gesamtwahrscheinlichkeit P(f) läßt sich mit Hilfe der Dirac-Delta-Funktion δ angeben zu:

$$
\begin{aligned}
P(f) = \ &P(\bar{f}+\hat{f})\cdot\delta(\bar{f}+\hat{f})\\
&+ P(\bar{f}-\hat{f})\cdot\delta(\bar{f}-\hat{f}) \quad .
\end{aligned}
\tag{8.1.24}
$$

Die Grenzwerte können mit Hilfe der Varianz $g_f^{1/2}$ geschrieben werden als (/9.5.19/):

$$
\begin{aligned}
P(\bar{f}+\hat{f}) &= \bar{f} + \bar{g}_f^{\frac{1}{2}}\cdot\bar{f} \quad , &\tag{8.1.25}\\
P(\bar{f}-\hat{f}) &= \bar{f} - \bar{g}_f^{\frac{1}{2}}\cdot\bar{f} \quad . &\tag{8.1.25}
\end{aligned}
$$

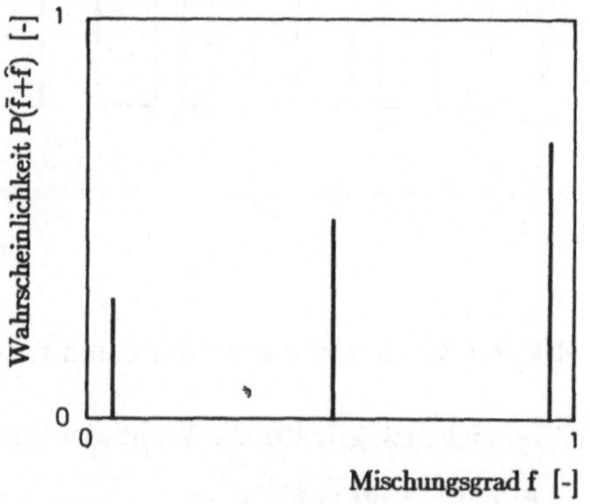

Bild 8.1.3: Wahrscheinlichkeisverteilungen für verschiedene Fälle

Eine Anwendung dieses Ansatzes zur Abschätzung der Höhe von Temperaturfluktuationen zur Berechnung der Stickoxidbildung wird in Kap. 9.5 angegeben.

Neben der reinen Intermittenz können eine Reihe weiterer zeitlicher Verläufe angenommen werden. Zu nennen sind hier Sägezahnverlauf, β-Funktion, Gaußverteilung einschließlich Modifikationen und andere.

Im Einzelfall gilt es abzuschätzen, welcher Verlauf die realistischsten Ergebnisse liefert. Eine ausgeprägte Abhängigkeit der berechneten Reaktionsraten von der gewählten Verteilungsfunktion besteht jedoch nicht, so daß meist Intermittenz oder eine β-Verteilung unterstellt wird.

8.2   Grundzüge der Reaktionskinetik

8.2.1   Kinetische Grundgleichungen (/8.5.10/)

Der Umsatz von Reaktionspartnern (Spezies) A_α in verschiedenen Reaktionen β kann in Form von stöchiometrischen Umsatzgleichungen beschrieben werden. Bezeichnet man den stöchiometrischen Koeffizienten des Reaktionspartners α in der Reaktion β mit $\nu_{\alpha\beta}$, dann gilt hiermit für jede Reaktion:

$$\sum_\alpha \nu_{\alpha\beta} A_\alpha = 0 \quad . \tag{8.2.1}$$

Reaktanden weisen negative, Reaktionsprodukte positive stöchiometrische Koeffizienten auf. Abweichend von der Tensornotation (Einstein'sche Summationskonvention) sollen hier Doppelindizes nicht eine Summation über die Laufindizes andeuten. Eine Summation wird durch ein Summenzeichen bezeichnet.

Für jede Reaktion β gilt die Bedingung, daß die Summe der stöchiometrischen Koeffizienten der Reaktanden und der Reaktionsprodukte jeweils gleich groß ist, oder daß gilt:

$$\sum_\alpha \nu_{\alpha\beta} = 0 \quad . \tag{8.2.2}$$

Für reaktionskinetische Untersuchungen werden die stöchiometrischen Koeffizienten als molbezogene Größen verwendet, da hier die Molmasse der Reaktionspartner einfach angegeben werden kann. Für die Beschreibung des Umsatzes technischer Brennstoffe erscheint es zweckmäßiger, die stöchiometrischen Koeffizienten als massenbezogene Größen zu verwenden, da die Molmasse z.B. von Rohkohle, Koks und Asche als gewichtete Summe der Elementenmolmasse nicht ohne Probleme angebbar ist. Hierzu ist die Molmasse erforderlich, die z. B. bei der Rohkohle als Stoffkonglomerat komplexer Einzelstoffe nicht ohne weiteres bestimmbar ist.

Die Aufgabe der Reaktionskinetik ist es nun, die Reaktionsgeschwindigkeit in Abhängigkeit der Einflußfaktoren Konzentrationen der beteiligten Spezies (oder den Partialdrücken) und der Temperatur, bei der die Reaktion abläuft, zu beschreiben. Dabei ist besonders der Begriff der **Reaktionsordnung** N_β (Reaktion β) von Bedeutung. Sie gibt die Anzahl der Stoffe an, deren Konzentration (oder Partialdruck) die Reaktionsgeschwindigkeit beeinflußt. Bei **isolierten** Reaktionen ist die Reaktionsordnung mit der **Reaktionsmolekularität** identisch. Diese gibt die Anzahl der gleichzeitig wechselwirkenden Reaktionspartner (Atome, Moleküle, Ionen, Radikale) an. Der Grund ist darin zu suchen, daß bei ihr keine Folge- und/oder Parallelreaktionen auftreten. Daher ist die Reaktionsordnung hier ganzzahlig und im allgemeinen kleiner als 3 (es ist sehr unwahrscheinlich, daß drei oder mehr Reaktionspartner gleichzeitig zusammentreffen). Bei **zusammengesetzten** Reaktionen laufen gleichzeitig mehrere Teilreaktionen ab. Es besteht hierbei i.a. kein Zusammenhang zwischen der Reaktionsordnung und der Reaktionsmolekularität, sie lassen sich nicht auseinander berechnen. Gebrochene oder negative Reaktionsordnungen weisen auf solche zusammengesetzten Reaktionen hin, wobei nichtkonkurrierende und konkurrierende Parallel- und/oder Folgereaktionen auftreten können.

Mit diesen Definitionen läßt sich nun die rein durch chemischen Umsatz hervorgerufene zeitliche Konzentrationsänderung angeben:

$$\frac{\partial c_{\alpha\beta}}{\partial t} = k_{\alpha\beta}\, \Pi c_\alpha{}^{N_{\alpha\beta}} \, , \qquad (8.2.3)$$

wobei sich die Reaktionsordnung der Reaktion β, N_β, ergibt zu:

$$N_\beta = \sum_\alpha N_{\alpha\beta} \, . \qquad (8.2.4)$$

Durch Gl. 8.2.3 ist gleichzeitig die Reaktionsrate $\dot r_{\alpha\beta}$ durch chemische Reaktion der Spezies α in der Reaktion β festgelegt:

$$\dot r_{\alpha\beta} = k_{\alpha\beta}\, \Pi c_\alpha{}^{N_{\alpha\beta}} \, . \qquad (8.2.5)$$

Hierbei ist $k_{\alpha\beta}$ die Reaktionsgeschwindigkeitskonstante des Reaktionspartners α in der Reaktion β. Die Reaktionsgeschwindigkeit ändert sich während der Reaktion fortlaufend.

Für eine Reaktion erster Ordnung wird $N_{\alpha\beta}=1$ und die Reaktionsrate $\dot r=kc$.

Damit läßt sich nun der Quellterm S_{c_α} in der Transportgleichung für c_α angeben:

$$S_{c_\alpha} = \rho \sum_\beta \dot r_{\alpha\beta} \qquad (8.2.6)$$

Um die Konzentrationsänderungen eines Systems von Spezies und Teilreaktionen zu beschreiben, ist es vorteilhaft, von der für eine Spezies α in einer Reaktion β spezifischen Reaktionsgeschwindigkeit auf die für alle Spezies **einer** Reaktion gleiche **Äquivalenzreaktionsgeschwindigkeit** $\dot R_\beta$ gemäß:

$$\dot R_\beta = \frac{\dot r_{\alpha\beta}}{\nu_{\alpha\beta}} \qquad (8.2.7)$$

überzugehen. Mit dieser läßt sich dann die durch chemischen Umsatz bedingte Änderung der Zusammensetzung des Gesamtsystems mit dem folgenden Gleichungssystem beschreiben:

$$\frac{\partial}{\partial t}
\begin{bmatrix} c_1 \\ c_2 \\ \cdot \\ \cdot \\ \cdot \\ c_\alpha \end{bmatrix}
=
\begin{bmatrix}
\nu_{11} & \nu_{12} & \cdot & \cdot & \cdot & \cdot & \cdot & \nu_{1\beta} \\
\nu_{21} & \nu_{22} & \cdot & \cdot & \cdot & \cdot & \cdot & \nu_{2\beta} \\
\cdot & \cdot & \cdot & \cdot & \cdot & \cdot & \cdot & \cdot \\
\cdot & \cdot & \cdot & \cdot & \cdot & \cdot & \cdot & \cdot \\
\cdot & \cdot & \cdot & \cdot & \cdot & \cdot & \cdot & \cdot \\
\nu_{\alpha 1} & \nu_{\alpha 2} & \cdot & \cdot & \cdot & \cdot & \cdot & \nu_{\alpha\beta}
\end{bmatrix}
\begin{bmatrix} \dot R_1 \\ \dot R_2 \\ \cdot \\ \cdot \\ \cdot \\ \dot R_\beta \end{bmatrix}
\quad . \qquad (8.2.8)$$

In Vektorschreibweise ergibt sich dann eine sehr übersichtliche Form:

$$\frac{\partial c}{\partial t} = A\, \dot R \, , \qquad (8.2.9)$$

wobei A für die Reaktionsmatrix steht. Der Rang der Matrix A gibt gleichzeitig die Anzahl der stöchiometrisch unabhängigen Reaktionen an.

8.2.2 Arrheniusansatz für Reaktionen erster Ordnung

Bei einer Reaktion erster Ordnung ist N definitionsgemäß gleich eins, d.h. die Reaktionsgeschwindigkeit ist proportional zur Konzentration einer an der Reaktion beteiligten Spezies α.

Für die Reaktionsgeschwindigkeit ergibt sich damit der Ansatz:

$$\frac{\partial c_\alpha}{\partial t} = -kc_\alpha \quad . \tag{8.2.10}$$

Hierin steht k für die Geschwindigkeitskonstante. Die Reaktionsgeschwindigkeit nimmt mit fortschreitender Reaktion ständig ab und geht asymptotisch gegen Null (Bild 8.2.1). Diesen zeitlichen Verlauf erhält man durch Integration von Gl. 8.2.10 in der Form:

$$c_\alpha = c_\alpha^0 \cdot \exp(-kt) \quad . \tag{8.2.11}$$

Trägt man diesen Verlauf in einer logarithmischen Darstellung auf (Bild 8.2.2), dann erhält man einen linearen Zusammenhang gemäß:

$$\ln(c_\alpha) = \ln(c_\alpha^0) - kt \quad . \tag{8.2.12}$$

Aus einer solchen Darstellung läßt sich sehr leicht die Reaktionsgeschwindigkeitskonstante k als Steigung der Geraden ablesen, gemäß:

$$k = \frac{\ln c_\alpha^0 - \ln c_\alpha}{t} \quad . \tag{8.2.13}$$

Die so bestimmte Reaktionsgeschwindigkeitskonstante k hat nur Gültigkeit für die beim Versuch vorliegende Temperatur T. Mit steigender Temperatur T nimmt der Betrag von k meist sehr stark zu.

Diese Abhängigkeit kann über eine Arrheniusbeziehung beschrieben werden, die lautet:

$$k = k_0 \exp(-E/RT) \quad . \tag{8.2.14}$$

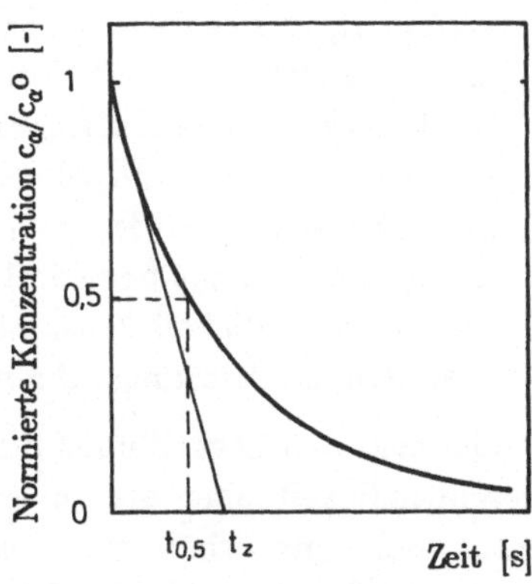

Bild 8.2.1: Konzentrationsverlauf bei einer Reaktion erster Ordnung (N=1)

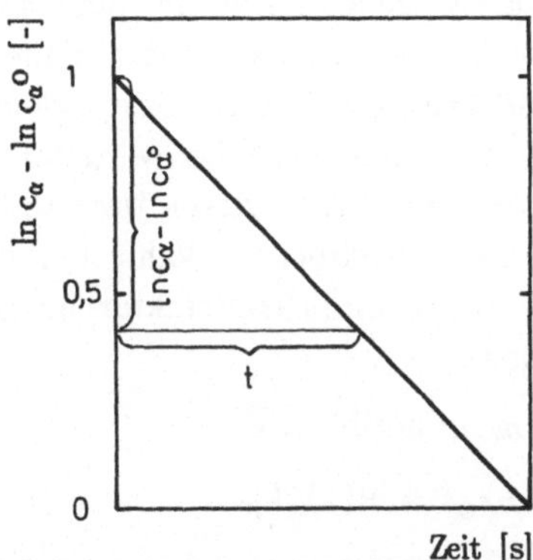

Bild 8.2.2: Zur Bestimmung der Reaktionsgeschwindigkeitskonstante bei einer Reaktion erster Ordnung (N=1)

Dabei ist k_0 der Frequenzfaktor und E die Aktivierungsenergie (R = allgemeine Gaskonstante). Dieser Ansatz läßt sich an der kinetischen Gastheorie (/8.1.6/) begründen:

Die Moleküle besitzen aufgrund der vorgegebenen Temperatur eine gewisse Verteilung zwischen Translations-, Rotations- und Schwingungsenergie, die der Boltzmanngleichung gehorchen. Durch die Stöße der Moleküle untereinander wird diese Verteilung ständig verändert, es gibt aber immer eine gewisse Anzahl von Molekülen, deren Energie einen kritischen Betrag, die Aktivierungsenergie, übersteigt, so daß es bei einer Kollision zu eine Reaktion kommen kann. Der Frequenzfaktor k_0 gibt die maximal mögliche Geschwindigkeitskonstante an, wenn jeder Stoß zu einer Reaktion führen würde. In der Realität führen aber nur solche Stöße zu einer Reaktion, bei denen die Normalenkomponente der Translationsenergie beim Stoß größer ist als die Aktivierungsenergie. Damit beschreibt die Geschwindigkeitskonstante k (Gl. 8.2.14) die Anzahl der Stöße, die zu einer chemischen Umsetzung führen.

Trägt man den Logarithmus der Reaktionsgeschwindigkeit über der inversen Temperatur auf, dann erhält man einen linearen Zusammenhang und als Graph das sogenannte Arrheniusdiagramm (Bild 8.2.3).

Die Arrheniusbeziehung gilt streng genommen nur für einfache Moleküle und Gasphasenreaktionen. Bei komplizierten Molekülen spielt die Orientierung der Moleküle beim Stoß, bei heterogenen Reaktionen zusätzliche Adsorptions-/Desorptionsvorgänge eine Rolle. Durch beide Tatsachen wird der Frequenzfaktor verkleinert. Dieser Umstand kann durch eine zusätzliche Wahrscheinlichkeit P(s) (Wahrscheinlichkeitsfaktor) ausgedrückt werden.

Damit ergibt sich:

$$k_0^* = P(s) \cdot k_0 \quad . \tag{8.2.15}$$

Bei komplexen Molekülen wird P(s) auch als sterischer Faktor bezeichnet. Bei heterogenen Reaktionen erhält man mit k_0^* eine Pseudogeschwindigkeitskonstante. In der Folge soll zwischen k_0 und k_0^* nicht mehr unterschieden werden, da bei experimentellen Daten, die im gleichen Regime (vgl. Kap. 8.2.8.1) gewonnen werden, wie sie für die Modellierung benötigt werden, meist nur k_0^* bestimmbar ist und k_0 damit nur theoretischen Charakter hat.

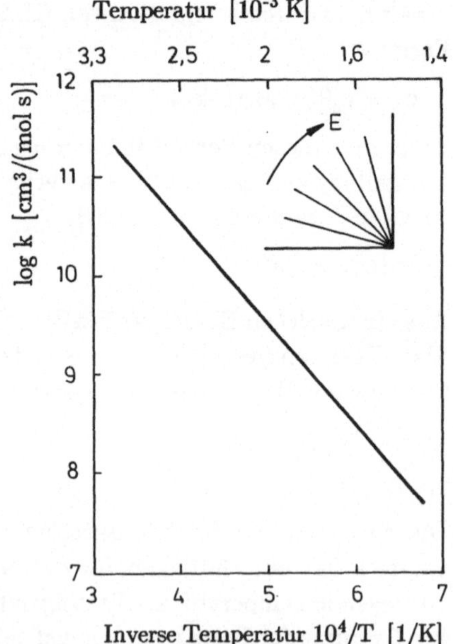

Bild 8.2.3: Arrheniusdiagramm

Die Aktivierungsenergie E kann unterschiedliches Vorzeichen haben (Bild 8.2.4). Der häufigste Fall ist E > 0 und der Kurvenverlauf im Arrheniusdiagramm ist fallend. Für E = 0 ist die Temperturabhängigkeit der Reaktionsgeschwindigkeit nur über T^B (vgl. Gl. 8.2.16) gegeben und sehr schwach ausgeprägt (Rekombinationsreaktionen). Für E < 0 erhöht sich die Reaktionsgeschwindigkeit mit fallender Temperatur. Dieser Fall tritt relativ selten auf.

Zusammenfassend läßt sich feststellen, daß für viele homogene und heterogene Reaktionen eine Beschreibung der Geschwindigkeitskonstante über die Arrheniusbeziehung ausreichend sein wird und daß oft eine Reaktionsordnung N=1 unterstellt werden kann.

Eine wesentliche Ausnahme für eine Reaktionsordnung N≠1 ist in der Beschreibung von zusammengesetzten chemischen Reaktionen und/oder physikalischen Prozessen zu finden, wenn diese über nur eine Pseudoreaktion beschrieben werden sollen. Beispiele hierfür sind die Pyrolyse und der Koksabbrand bei der Kohleverbrennung.

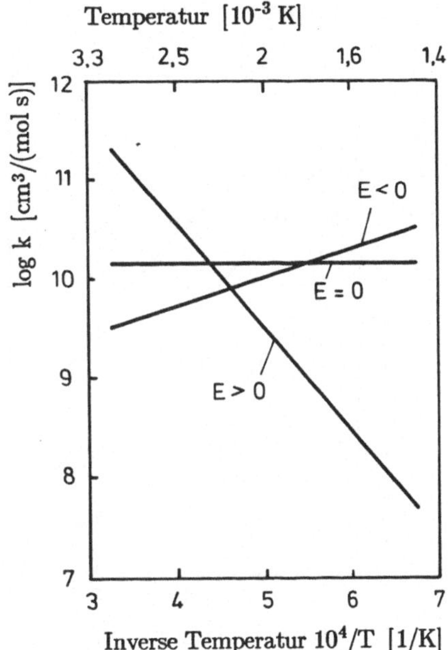

Bild 8.2.4: Verschiedene Aktivierungsenergien im Arrheniusdiagramm

Zu vermerken ist noch, daß der Ausdruck E/R im Exponenten des Arrheniusansatzes als Aktivierungstemperatur T_A bezeichnet wird. Analog kann dies wieder so interpretiert werden, daß diese Temperatur erst überschritten werden muß, bis die Reaktion anläuft. Die Aktivierungstemperatur kann nicht direkt mit der lokalen Gastemperatur verglichen werden, sondern muß mit der "Translationstemperatur" in Relation gesetzt werden.

8.2.3   Allgemeiner Geschwindigkeitsansatz

Bei manchen chemischen Reaktionen vermag ein Arrheniusansatz nicht die gemessenen Verhältisse zu beschreiben, da der Verlauf der Reaktionsgeschwindigkeitskonstanten im Arrheniusplot nicht linear verläuft, sondern konvex oder konkav gekrümmt ist. Um diesen Umstand zu berücksichtigen, wird ein allgemeiner Geschwindigkeitsansatz der Form

$$k = k_o \cdot T^B \cdot \Pi \left[c_\alpha^{N_\alpha} \cdot \exp(-E/RT) \right] \tag{8.2.16}$$

verwendet. $k_o\, T^B$ bezeichnet dabei den Präexponentialfaktor, $\exp(-E/RT)$ den Arrheniusfaktor, N_α kennzeichnet die Reaktionsordnung bezüglich der Spezies α.

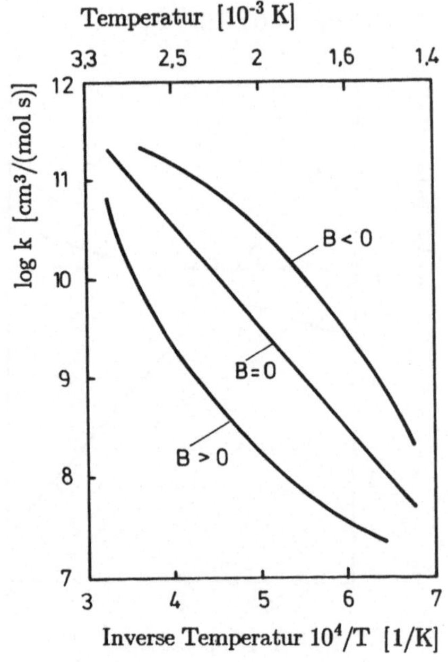

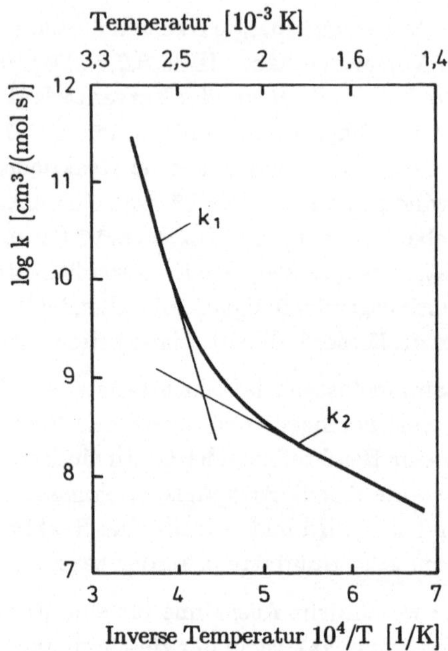

Bild 8.2.5: Arrheniusdiagramm für den allgemeinen Geschwindigkeitsansatz

Bild 8.2.6: Arrheniusdiagramm bei "Reaktion" in mehreren Regimen

Für $B = 0$ geht dieser Ausdruck in einen gewöhnlichen Arrheniusansatz über. $B > 0$ beschreibt den Fall eines konvexen Kurvenverlaufs, $B < 0$ den eines konkaven (Bild 8.2.5). Der Präexponentialfaktor weist nur eine geringe Temperaturabhängigkeit auf, da i.a. $-2 < B < 2$ gilt. Bei den meisten bimolekularen Reaktionen ist die Aktivierungstemperatur $T_A > 10.000$ K und $B = 0$.

Dieser Ansatz darf nicht mit den in Bild 8.2.6 dargestellten Verhältnissen verwechselt werden. Hier durchläuft der Gesamtumsatz einer Spezies mehrere Regime (Kap. 8.2.8). k_1 beschreibt z.B. eine echte chemische Reaktion, während k_2 nur eine Pseudoreaktionsgeschwindigkeit darstellt und physikalisch z.B. einen Porendiffusionsvorgang wiedergibt.

Bei heterogenen Oberflächenreaktionen von Kohle wird mit zunehmendem Reaktionsfortschritt eine Abnahme der Reaktivität beobachtet (Ascheaufkonzentration an der reagierenden Oberfläche). Dies kann durch eine Zunahme der Aktivierungsenergie berücksichtigt werden:

$$E_A^* = E_A \cdot (1 + const \cdot c_{RK}^{const}) \quad . \tag{8.2.17}$$

Für einen solchen Ansatz fehlen jedoch meist die experimentellen Daten.

8.2.4 Gleichgewichtskonzentration

Eine umkehrbare Reaktion 2. Ordnung der Form

$$A_1 + A_2 \leftrightarrow A_3 + A_4 \tag{8.2.18}$$

kann mit einer Reaktionsgeschwindigkeit für die Umsetzung von links nach rechts

$$k_+ = k_{0,+} \ [c_1][c_2] \ \exp(-E_+/RT) \tag{8.2.19}$$

und einer für die Reaktion von rechts nach links beschrieben werden

$$k_- = k_{0,-} \ [c_3][c_4] \ \exp(-E_-/RT) \quad . \tag{8.2.20}$$

Beide Geschwindigkeitskonstanten können und werden i.a. unterschiedlich groß sein.

Da mit abnehmender Konzentration der Ausgangsstoffe A_1 und A_2 die Reaktionsgeschwindigkeit k_+ abnimmt und gleichzeitig k_- mit steigender Konzentration von A_3 und A_4 zunimmt, werden irgendwann einmal beide gleich groß sein und die Konzentrationen haben ihren Gleichgewichtswert erreicht. Dafür gilt:

$$k_+ = k_- \tag{8.2.21}$$

$$k_{0,+} \ [c_1][c_2] \ \exp(-E_+/RT) \ = \ k_{0,-} \ [c_3][c_4] \ \exp(-E_-/RT) \tag{8.2.22}$$

oder mit der Gleichgewichtskonstanten K

$$K = \frac{k_{0,+} \ [c_1][c_2] \ \exp(-E_+/RT)}{k_{0,-} \ [c_3][c_4] \ \exp(-E_-/RT)} \tag{8.2.23}$$

oder allgemein

$$K = \frac{k_{0,+} \ \Pi[c_{\alpha,+}] \ \exp(-E_+/RT)}{k_{0,-} \ \Pi[c_{\alpha,-}] \ \exp(-E_-/RT)} \quad , \tag{8.2.24}$$

wenn unter $\Pi[c_+]$ alle die Reaktionsordnung beeinflussenden Konzentrationen der Hinreaktion, mit gegebenenfalls einem Exponenten $\neq 1$, zusammengefaßt werden.

Bei genügend großer Aufenthaltszeit im Reaktionsraum (Flamme, Feuerraum) kann sich das chemische Gleichgewicht einstellen. Manche Modellierungsansätze nutzen diesen Umstand aus und unterstellen von vornherein chemisches Gleichgewicht ohne den zeitlichen Ablauf der Reaktion zu berücksichtigen (/8.5.12/). Für den Gesamtumsatz hat dies keine Auswirkungen, da dieser bei genügend großer Reaktionszeit nur von den Eingangskonzentrationen abhängt. Bei der örtlichen Verteilung einer Spezies und einer damit verbundenen Querempfindlichkeit zu anderen Reaktionen spielt dies allerdings eine erhebliche Rolle. Für schnelle Gasphasenreaktionen ist ein Gleichgewichtsansatz identisch mit dem Ansatz des Shvab-Zel'dovich-Mechanismusses (Kap. 8.2.5). Bei den kinetisch kontrollierten heterogenen Kohlereaktionen (Pyrolyse und Koksabbrand) würde ein solches Vorgehen zu erheblichen Fehlern führen. Daher soll dieser Ansatz nicht weiter verfolgt werden.

8.2.5 Schnelle Gasphasenreaktionen

Unter der Annahme, daß im Vergleich zur Mischung der an der Reaktion beteiligten Spezies die chemische Reaktion unendlich schnell abläuft (Da $\gg$ 1), kann die Spezieszusammensetzung an jedem Ort aus der normierten Zusammensetzung am Eingang (Brenner, Düse o.ä.) berechnet werden. Voraussetzung ist, daß die Stoffströme nur durch zwei Eintritte (Primär- und Sekundäröffnung oder Brennstoff- und Oxidationsöffnung) in die Brennkammer gelangen und diese an den Wänden undurchlässig ist. Wenn darüberhinaus alle Speziestransportgleichungen den gleichen Randbedingungstyp aufweisen und dieser mit dem Randbedingungstyp des Mischungsgrades (vgl. Kap. 8.1.4) übereinstimmt und die Schmidtzahlen für f und c_α gleich groß sind, dann genügt die Lösung des Mischungsgradfeldes f, um alle Spezieskonzentrationen über die Beziehung (Normierungsbedingung für ξ):

$$c_\alpha = \frac{f - \xi_{\gamma,2}}{\xi_{\gamma,1} - \xi_{\gamma,2}} = c_\alpha(f) \tag{8.2.25}$$

zu bestimmen. Die Linearkombinationen ξ_γ entstehen dadurch, daß man den ursprünglichen Satz von Speziestransportgleichungen durch Linearkombination quelltermfrei macht (/8.5.9/, /8.5.10/). Bei der praktischen Ableitung werden die Spezieskonzentrationen im zugrundeliegenden Satz von Reaktionsgleichungen schrittweise eliminiert (Dreiecksform der dazugehörenden Reaktionsmatrix **A**). Die f- und c_α-Gleichungen sind dann bis auf die Randbedingungen identisch. Für ξ_γ erhält man:

$$\xi_\gamma = \sum_\alpha d_{\alpha\gamma} c_\alpha \quad . \tag{8.2.26}$$

Die Anzahl der notwendigen Linearkombinationen Z ergibt sich aus der Anzahl der an den Reaktionen beteiligten Spezies α minus der Anzahl der Teilreaktionen β:

$$Z = \Sigma\alpha - \Sigma\beta \tag{8.2.27}$$

Beispiele für einen solchen Satz von Linearkombinationen werden in Kap. 8.5.4 angeführt.

Eine Berücksichtigung von turbulenten Schwankungseigenschaften mit einer Wahrscheinlichkeitsdichtefunktion $P(f,x_j)$ führt auf den Zusammenhang:

$$\bar{c}_\alpha = \int_0^1 c(f,x_i)\, P(f,x_i)\, df \quad . \tag{8.2.28}$$

Bleibt bei der Wärmeübertragung die Strahlung unberücksichtigt (damit wird die Gesamtenthalpiegleichung quelltermfrei, vgl. Kap. 10.1.3), dann kann analog aus f auch die Gastemperatur berechnet werden

$$\bar{T} = \int_0^1 T(f,x_i)\, P(f,x_i)\, df \quad . \tag{8.2.29}$$

(Für technische Verbrennungssysteme wird diese Voraussetzung allerdings i.a. nicht erfüllt sein.)

Damit ergeben sich die in Bild 8.2.7 dargestellten Ergebnisse, wenn man die Temperatur bzw. die Spezieskonzentrationen (Massenverhältnisse) über dem Mischungsgrad aufträgt.

Diese Berechnungsmethode für sehr schnelle Gasphasenreaktionen wird als Shvab-Zel'dovich-Mechanismus bezeichnet (/8.2.2/).

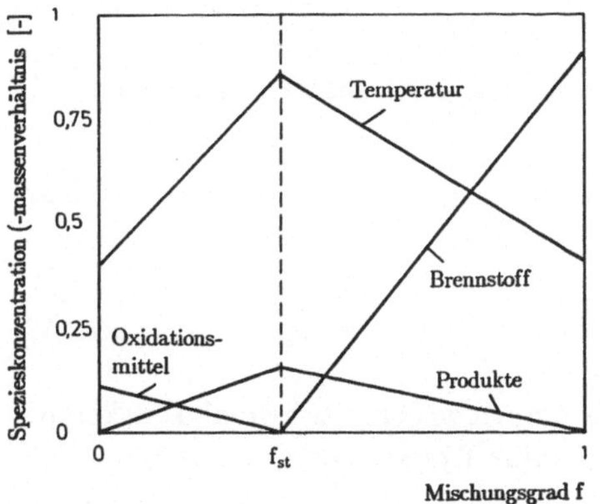

Bild 8.2.7: Konzentrations- und Temperturverteilungen in der Reaktionszone beim Shvab Zel'dovich Mechanismus

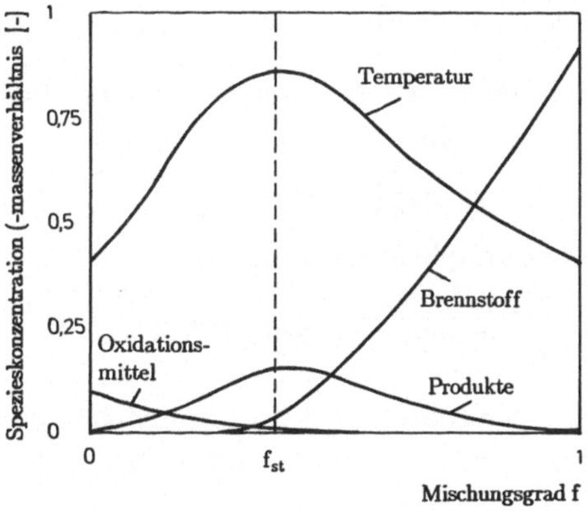

Bild 8.2.8: Konzentrationsverläufe unter turbulenten Bedingungen

Durch lokale Ungemischtheiten oder allgemein unter dem Einfluß der Turbulenz auf die chemische Reaktion ergeben sich Verhältnisse wie in Bild 8.2.8 gezeigt. Wie schon oben bemerkt, hat der Verlauf von T nur theoretischen Charakter, da er sich in realen Flammen und Feuerungen unter dem Einfluß der thermischen Strahlung noch sehr stark verändern wird.

8.2.6 Turbulente reagierende Strömungen

8.2.6.1 Allgemeine Überlegungen

Die Turbulenz hat in zweifacher Hinsicht Auswirkungen auf die Konzentrationsverteilungen. Erstens wird der Transport skalarer Größen (also der Konzentration) beeinflußt. Bei einer Zeitmittelung der Transportgleichung treten Kreuzkorrelationen auf, die als Reynoldsflüsse bezeichnet werden. Diese können über einen Gradientenflußansatz oder Wahrscheinlichkeitsdichtefunktionen modelliert werden. Auf diesen Aspekt des Turbulenzeinflusses wird in Kap. 7 beim "Transport skalarer Größen" eingegangen. Der zweite Einflußpunkt der Turbulenz ist die unmittelbare Beeinflussung der Reaktionsrate. Nur dieser Punkt wird im vorliegenden Kapitel beschrieben.

Für die folgenden Überlegungen wird eine bimolekulare Reaktion unterstellt:

$$A_1 + A_2 \rightarrow A_3 \quad . \tag{8.2.30}$$

Die Reaktion sei insgesamt 2. Ordnung und jeweils erster Ordnung bezüglich der beiden Reaktanden. Damit kann eine Reaktionsrate:

$$\frac{\partial c_1}{\partial t} = -k c_1 c_2 \tag{8.2.31}$$

angegeben werden, wobei für die Reaktionsgeschwindigkeitskonstante k wieder ein Arrheniusansatz Anwendung findet:

$$k = k_0 \exp(-E/RT) \quad . \tag{8.2.32}$$

Damit ergibt sich für die Rate:

$$\frac{\partial c_1}{\partial t} = -k_0 \, c_1 c_2 \exp(-E/RT) \quad . \tag{8.2.33}$$

Wird nun eine turbulente Strömung unterstellt, bei der neben den Geschwindigkeitskomponenten auch die Konzentrationen c_α und die Temperatur T fluktuieren:

$$
\begin{aligned}
c_1 &= \bar{c}_1 + \hat{c}_1 \quad , \\
c_2 &= \bar{c}_2 + \hat{c}_2 \quad , \\
T &= \bar{T} + \hat{T} \quad ,
\end{aligned}
\tag{8.2.34}
$$

dann ergibt sich für den Momentanwert der Reaktionsrate der Ausdruck:

$$\frac{\partial c_1}{\partial t} = -k_0 \, (\bar{c}_1 + \hat{c}_1)(\bar{c}_2 + \hat{c}_2) \exp\{-E/R(\bar{T} + \hat{T})\} \quad . \tag{8.2.35}$$

Führt man eine Taylorreihenentwicklung, eine Termumordnung und eine Zeitmittelung aus, dann erhält man für die zeitgemittelte Reaktionsrate den Ausdruck:

$$\frac{\overline{\partial c_1}}{\partial t} = -k_0 \, \bar{c}_1 \bar{c}_2 \exp(-E/R\bar{T}) \, f_{Tu}(\hat{c}_1, \hat{c}_2, \hat{T}) \quad . \tag{8.2.36}$$

Die Funktion f_{Tu} enthält hierbei den Einfluß der Turbulenz auf die Reaktionsrate. Sie läßt sich wie folgt angeben:

$$
\begin{aligned}
f_{Tu} = \ &1 + \text{const}_1 \cdot (\overline{\hat{c}_1 \hat{c}_2} / \bar{c}_1 \bar{c}_2) + \text{const}_2 \cdot (\overline{\hat{T}\hat{T}} / \bar{T}\bar{T}) + \text{const}_3 \cdot (\overline{\hat{T}\hat{c}_1} / \bar{T}\bar{c}_1 + \overline{\hat{T}\hat{c}_2} / \bar{T}\bar{c}_2) \\
&+ \text{const}_4 \cdot (\overline{\hat{T}\hat{c}_1 \hat{c}_2} / \bar{T}\bar{c}_1 \bar{c}_2) + \text{const}_5 \cdot (\overline{\hat{T}\hat{T}\hat{c}_1} / \bar{T}\bar{T}\bar{c}_1 + \overline{\hat{T}\hat{T}\hat{c}_2} / \bar{T}\bar{T}\bar{c}_2) \\
&+ \text{const}_6 \cdot (\overline{\hat{T}\hat{T}\hat{T}} / \bar{T}\bar{T}\bar{T}) \quad .
\end{aligned}
\tag{8.2.37}
$$

Die große Anzahl verschiedener Auto- und Kreuzkorrelationen und vor allem die Korrelationen höherer Ordnung lassen erkennen, daß, besonders auch im Fall komplexerer Reaktionssysteme, eine Modellierung auf dieser Basis nicht sinnvoll erscheint.

Es ist daher notwendig, vereinfachende Annahmen über den Einfluß der Turbulenz auf den Reaktionsablauf zu treffen.

8.2.6.2 Einfluß der Temperaturfluktuationen

Der Einfluß der Temperaturfluktuationen auf die mittleren Reaktionsraten ist i.a. größer als der der übrigen Größen. Daher kann dieser unter Vernachlässigung der übrigen Fluktuationseinflüsse (Konzentrationen, Dichte, Druck u.a.) abgeschätzt werden. Danach wird die mittlere Reaktionsrate $\bar{r}$ unter dem Einfluß von $\widehat{T}$ verändert, i.a. erhöht, um den Faktor f_{Tu} mit (/8.5.9/):

$$\bar{r}^* = \bar{r} \cdot f_{Tu}(\widehat{T}) \tag{8.2.38}$$

$$f_{Tu} = 1 + \tfrac{1}{2} \, (T_A/\bar{T})^2 \, (\overline{\widehat{T}^2}/\overline{T}^2) \quad . \tag{8.2.39}$$

Bei sehr großer Reaktionsgeschwindigkeit im Verhältnis zur turbulenten Mischzeit (Da $\gg$ 1 und damit mischungskontrollierten Verhältnissen) soll hier zur Beschreibung der Ungemischtheitseffekte ein intermittierender Konzentrationsverlauf unterstellt werden (vgl. Kap. 8.1.5). Auf die Abschätzung der Temperaturfluktuationen selbst wird in Kap. 10.6.2 eingegangen.

8.2.6.3 Das "Eddy-Break-Up"-Modell

Bei kleineren Reaktionsraten, bei denen die Zeitkonstanten für Reaktion und Mischung in der gleichen Größenordnung liegen (Da $\approx$ 1), kann z. B. das "eddy-break-up-model (EBU)" zum Einsatz kommen (/8.2.1/). Hierbei wird die Reaktionsrate $\bar{r}$ entweder kinetisch oder mischungskontrolliert. Lokal werden beide Raten bestimmt. Die kleinere ist die umsatzbestimmende. Sie geht in die weitere Berechnung ein:

$$\bar{r} = \min \begin{cases} \text{const}_{EBU} \cdot \rho \cdot \bar{c}_{Pr}/(1+r_{ox}) \cdot \epsilon/k & \text{(Mischungskontrolle)} \\[2ex] \dot{r}_{kin} & \text{(kinetische Kontrolle)} \quad . \end{cases} \tag{8.2.40}$$

c_{Pr} ist dabei der Massenanteil der Produkte. Die Konstante const_{EBU} nimmt für Vormisch- und Diffusionsflammen Werte von 2 an (/8.2.2/), r_{ox} ist der stöchiometrische Sauerstoffbedarf (massenbezogen).

Dieses Modell wurde ursprünglich für turbulente Vormischflammen entwickelt. Mit einigem Erfolg kann es aber auch für turbulente Diffusionsflammen eingesetzt werden.

Ein mischungskontrollierter Reaktionsablauf bei vorgemischten Reaktanden erscheint auf den ersten Blick nicht einsichtig. Die Reaktionspartner liegen ja bereits im gesamten Berechnungsgebiet "ideal" vermischt vor. Eine anschauliche Erklärung vermag hier das Bild 8.2.9 geben, bei dem in der reaktionsfähigen, aber kalten Mischung Wirbel von heißen Reaktionsprodukten zu erkennen sind. In den "Produktenwirbeln" liegt das Energieniveau über der

Aktivierungsenergie, "T" > T_A, im reaktionsfähigen Gemisch ist es umgekehrt, "T" < T_A, so daß eine Reaktion hier erst einsetzt, wenn sich die Produktwirbel eingemischt haben, und so die "Temperatur" im Frischgemisch über die Aktivierungstemperatur angestiegen ist.

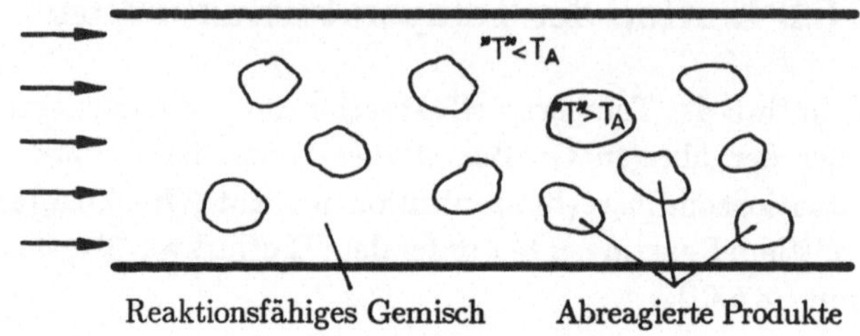

Bild 8.2.9: Modellvorstellung zum EBU-Modell

8.2.6.4 Das "Eddy-Dissipation"-Konzept

Eine Modifikation hat das EBU-Modell durch das "eddy-dissipation-concept (EDC)" erfahren, das nun für Vormisch- und Diffusionsflammen eingesetzt werden kann. Beschrieben wird hierbei die Auflösung von Wirbeln, die Brennstoff, Oxidationsmittel und Reaktionsprodukte enthalten (/8.2.2/). Eine Mischungskontrolle durch Brennstoff- und Oxidationsmittel tritt hauptsächlich bei Diffusionsflammen auf, die Mischungskontrolle durch Produktewirbel bei Vormischflammen (vgl. EBU-Modell). Berücksichtigt man eine kinetische Kontrolle zunächst nicht, dann ergibt sich die Reaktionsrate $\bar{r}$ als minimaler Wert der drei Raten:

$$\bar{r} = \min \begin{cases} = \text{const}_{EDC,1} \ \bar{c}_{Br} & \cdot \epsilon/k & \text{(Brennstoffwirbel)} \\ = \text{const}_{EDC,1} \ \bar{c}_{Ox}/r_{Ox} & \cdot \epsilon/k & \text{(Oxidationsmittelwirbel)} \\ = \text{const}_{EDC,2} \ \bar{c}_{Pr}/(1+r_{Ox}) \cdot \epsilon/k & \text{(Produktewirbel)} \ . \end{cases} \qquad (8.2.41)$$

Die Konstanten nehmen dabei die folgenden Werte an: $\text{const}_{EDC,1}=4$, $\text{const}_{EDC,2}=2$. Damit ist die Modellierung des Produktwirbelverhaltens identisch mit der beim EBU-Modell. Natürlich muß auch noch eine mögliche Limitierung durch den chemischen Umsatz berücksichtigt werden.

8.2.6.5 Wahrscheinlichkeitsdichtefunktionen

Eine weitere Möglichkeit, den Einfluß der Turbulenz auf die gemittelten Reaktionsraten zu erfassen, ist die Verwendung von verbundenen Wahrscheinlichkeitsdichtefunktionen für die fluktuierenden Variablen T und c_α (Fluktuationen von p und ρ seien in diesem Zusammenhang nicht betrachtet). Damit ergibt sich für die Reaktionsrate

$$\bar{r}_\alpha = \sum_\beta \int_0^1 \ldots \int_0^T \dot{r}_{\alpha\beta}(T,c_\alpha) \cdot P(T,c_\alpha) \ dT \ dc_1 \ldots dc_\alpha \qquad (8.2.42)$$

Mit einem solchen Ansatz sind keine Voraussetzungen verbunden (/8.2.4/), das Problem besteht jetzt aber darin, die verbundenen Wahrscheinlichkeitsdichtefunktionen aller zu berücksichtigender Variablen anzugeben. Dies ist gegenwärtig noch nicht möglich. Daher wird meist statistische Unabhängigkeit einzelner Variablen oder aller Variablen unterstellt. Nun kann eine Faktorisierung durchgeführt werden und man erhält damit :

$$\bar{r}_\alpha = \sum_\beta \int_0^T \dot{r}_{\alpha\beta}(T,c_\alpha) \cdot P(T) \ dT \int_0^1 \dot{r}_{\alpha\beta}(T,c_\alpha) \cdot P(c_1) \ dc_1 \ \ldots \int_0^1 \dot{r}_{\alpha\beta}(T,c_\alpha) \cdot P(c_\alpha) \ dc_\alpha \ . \tag{8.2.43}$$

Bei einer anderen Vorgehensweise wird der Einfluß der Konzentrations- und Temperaturfluktuationen durch einzelne Korrelationsterme (Polynome) berücksichtigt (/8.2.5/):

$$\bar{r}_\alpha = \bar{r}_{\alpha*} \ f_{Tu_c} f_{Tu_T} f_{Tu_{cT}} \ . \tag{8.2.44}$$

Für nicht allzu große Turbulenzgrade Tu_T und Tu_c lassen sich diese unter gewissen Vereinfachungen angeben als:

$$f_{Tu_T} = \exp[const_{F1,1} Tu_T T_A/T \ + const_{F1,2}(Tu_T T_A/T)^2] \ , \tag{8.2.45}$$

$$f_{Tu_c} = \exp[const_{F2,1} Tu_c \ + const_{F2,2}(Tu_c)^2] \ , \tag{8.2.46}$$

$$f_{Tu_{cT}} = \exp[\{const_{F3,1} Tu_c \ + const_{F3,2}(Tu_c)^2 + \ + const_{F3,3} Tu_T T_A/T \ + const_{F3,4}(Tu_T T_A/T)^2\} T_{T,c}] \ . \tag{8.2.47}$$

Der Term f_{Tu_T} bezeichnet dabei den Einfluß der Temperaturfluktuationen, f_{Tu_c} den der Konzentrationsfluktuationen und $f_{Tu_{cT}}$ die Korrelation beider Fluktuationen. T ist dabei der Korrelationskoeffizient. Es wird darauf hingewiesen, daß sich aus einem Vergleich der Größen von f_{Tu_c}, f_{Tu_T} und $f_{Tu_{cT}}$ die Aussage ergibt, daß die mittleren Reaktionsgeschwindigkeiten temperaturabhängiger Reaktionen vor allem durch die Temperaturfluktuationen und weniger stark durch die Konzentrationsfluktuationen oder deren Korrelationen mit der Temperatur beeinflußt werden. Dieses Ergebnis macht verständlich, daß eine Abschätzung der mittleren Reaktionsraten nach Gl. (8.2.39) recht gute Ergebnisse liefert.

8.2.7 Einordnung von Flammentypen

Neben der Einteilung von Flammen in Vormisch- und Diffusionsflammen erscheint eine Typisierung nach der Form der Flammenfront am besten geeignet, grundlegende Eigenschaften zu charakterisieren. Bild 8.2.10 gibt einen Überblick über die verschiedenen Flammentypen, deren Flammenfrontform und den Bedingungen für das jeweilige Auftreten.

Bei einer **laminaren Flamme** ist die Turbulenzreynoldszahl $Re_t < 1$, und es stellt sich eine mehr oder weniger ebene oder den globalen Verhältnissen angepaßte (Flammenkegel), aber **glatte** Flammenform ein. Für $Re_t > 1$ tritt nun eine mehr oder weniger stark ausgeprägte Wechselwirkung der Strömung bzw. darin enthaltener Wirbel mit der Flammenfront auf. Zur weiteren Unterteilung können weitere dimensionslose Kennzahlen herangezogen werden:

- Die turbulente Damköhlerzahl Da_t ist definiert zu (/8.2.6/,/8.2.7/):

$$Da_t = \frac{t_t}{t_F} = \frac{v_F \cdot l_t}{Tu\ \bar{u} \cdot l_F} \qquad (8.2.48)$$

und vergleicht die Makroturbulenz charakterisierende Größen wie den Makrozeitmaßstab t_t oder das entsprechende Längenmaß l_t mit Größen, die die laminare Flammenausbreitung beschreiben, wie die laminare Flammengeschwindigkeit v_F, die laminare Flammendicke l_F und einen entsprechenden Zeitmaßstab t_f. Diese Damköhlerzahl setzt damit Zeitmaßstäbe der Turbulenz mit denen der Reaktion ins Verhältnis. $Da_t > 1$ bedeutet damit schnelle chemische Umsetzung oder Mischungskontrolle.

- Die turbulente Karlovitzzahl Ka_t ist definiert zu (/8.2.6/,/8.2.7/):

$$Ka_t = \frac{t_F}{t_K} = \frac{l_F}{v_F} \cdot \frac{\epsilon^{\frac{1}{2}}}{\nu^{\frac{1}{2}}} \qquad . \qquad (8.2.49)$$

Sie beschreibt das Verhältnis von einer charakteristischen Flammenzeit zum Kolmogorov-Zeitmaßstab, der die Verhältnisse am unteren Ende der Wirbelkaskade, wo die Turbulenzenergie dissipiert wird, wiedergibt. Die Karlovitzzahl charakterisiert damit die Flammenstreckung.

Flammen-frontform	Flammen-typ	Bedingungen für den Flammentyp
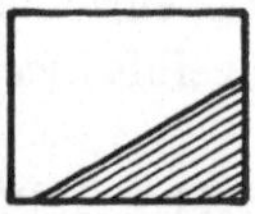	Laminare Flamme	$Re_t < 1$
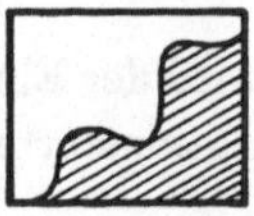	Gewellte Flamme	$Re_t > 1$ $\sqrt{\hat{u}^2}/v_F < 1$
	Gefaltete Flamme	$Re_t > 1$ $Ka < 1$ $Da > 1$
	Dicke turb. Flamme (verstreute Reaktionszonen)	$Re_t > 1$ $Ka > 1$ $Da > 1$
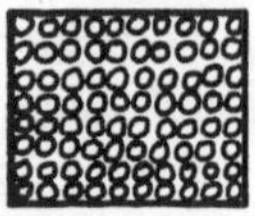	Homogenes Reaktionsgebiet	$Re_t > 1$ $Ka > 1$ $Da < 1$

Bild 8.2.10: Typisierung von Flammen bzw. Flammenfronten

Damit kann nun eine weitere Charakterisierung von Flammentypen erfolgen (Bild 8.2.11). Für $Ka \gg 1$ und für Turbulenzintensitäten, die kleiner als eins sind, erhält man **gewellte Flammen**, d.h. eine nur schwache Beeinflussung durch die Turbulenz.

Steigert man die Karlovitzzahl aber nur mäßig, so daß $Ka < 1$ bleibt, dann stellen sich **gefaltete Flammen** ein. Natürlich gilt hier immer noch $Da > 1$, also schnelle Chemie. Für $Ka > 1$ und $Da > 1$ stellen sich verstreute Reaktionszonen ein und damit erhält man eine **dicke turbulente Flamme**, bei der nicht mehr von einer definierten Reaktionsfront gesprochen werden kann, sondern wo viele kleine Reaktions-"Inseln" in der Nähe der Front auftreten.

Im Grenzfall von $Da < 1$ gibt es überhaupt keine definierte Flammenfront mehr, sondern praktisch an allen Orten setzt die Reaktion ein, man erhält ein **homogenes Reaktionsgebiet**.

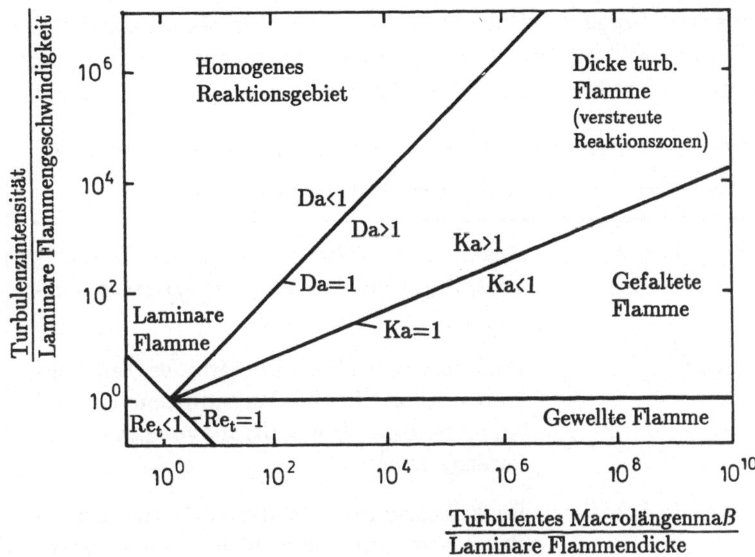

Bild 8.2.11: Borghi-Diagramm zur Flammentypisierung

8.2.8 Heterogene Verbrennungsreaktionen

8.2.8.1 Verschiedene Regime bei heterogenen Reaktionen

Beim Abbrand von Kohle kommt es neben dem homogenen Abbrand der Flüchtigen auch zu einem heterogenen Abbrand der teilentgasten Kohle oder, im Grenzfall der vollkommenen Entgasung, des Kokses. Hierbei müssen die reagierenden Gasphasenspezies (O_2, CO, CO_2, H_2, H_2O) durch die Partikelgrenzschicht an die Partikeloberfläche diffundieren, sie werden dort adsorbiert (speziesspezifisch) und reagieren auch mit spezifischen Umsatzraten. Nach der Desorption erfolgt eine erneute Diffusion durch die Partikelgrenzschicht. Da die Kohlekörner nicht mit einer glatten Oberfläche versehen, sondern vielmehr von einem umfangreichen Porensystem durchzogen sind, treten zusätzlich innere Porendiffusionsvorgänge und analoge Adsorption, Reaktion und Desorption an den Porenoberflächen auf. Der Gesamtvorgang kann nun abhängig von den spezifischen Bedingungen durch einen dieser Teilvorgänge limitiert werden, man spricht hier auch vom Umsatz in den verschiedenen Regimen.

Nach de Soete (/8.2.12/) können mit den Umsatzraten $\dot{r}_R$ für die Reaktion (Adsorption und/oder Desorption), $\dot{r}_{PD}$ für die Porendiffusion und $\dot{r}_{GD}$ für die Grenzschichtdiffusion vier verschiedene, physiko-chemische Regime definiert werden (vgl. Tab. 8.2.1).

Da die physiko-chemischen Vorgänge eine unterschiedliche Temperaturabhängigkeit aufweisen, werden für bestimmte Temperaturbereiche gewisse Regime typisch sein. Generell gilt dabei, daß mit steigender Temperatur die Regimenummer ansteigt (bei obiger Bezeichnung).

Regime	Umsatzraten	Dominante Teilvorgänge
Regime I	$\dot{r}_R \ll \dot{r}_{PD}\ (< \dot{r}_{GD})$	Reaktionskontrolle im Innern des Teilchens kontrolliert durch Adsorptions-/Desorptionsvorgänge im Porensystem
Regime II	$\dot{r}_R \geq \dot{r}_{PD}\ (< \dot{r}_{GD})$	Reaktionskontrolle im Innern des Teilchens kontrolliert durch Porendiffusion (und Adsorptions-/Desorptionsvorgänge im Porensystem)
Regime III	$\dot{r}_R \gg \dot{r}_{PD}\ (< \dot{r}_{GD})$	Reaktionskontrolle an der äußeren Oberfläche kontrolliert durch Adsorptions-/Desorptionsvorgänge
Regime IV	$\dot{r}_{PD} \ll \dot{r}_R > \dot{r}_{GD}$	Reaktionskontrolle an der äußeren Oberfläche kontrolliert durch Grenzschichtdiffusion (und Adsorptions-/Desorptionsvorgänge)

Tab. 8.2.1: Verschiedene physiko-chemische Regime beim Kohleabbrand

8.2.8.2 Einzelteilchen- und Teilchengruppenverbrennung

Für die Beschreibung von heterogenen Abbrandreaktionen spielt die Frage eine wesentliche Rolle, ob praktisch jedes Teilchen ohne Beeinflussung durch andere abbrennt, oder ob der Teilchenabstand so gering ist, daß es zu einer gegenseitigen Beeinflussung kommt. Im ersten Fall spricht man von einer Einzelteilchenverbrennung, im zweiten von einer Teilchengruppenverbrennung. Unter Beeinflussung sei hier verstanden, daß die Konzentrationsverhältnisse am Einzelteilchen bei einer Gruppenverbrennung natürlich andere sein werden, da sich hierbei z.B. um eine gesamte Teilchengruppe eine Flamme ausbildet. Kriterien für eine Unterscheidung werden in /8.2.13/ angeführt. Mit dem Problem der Gruppenverbrennung und ihrer Beschreibung bei der Ölverbrennung beschäftigen sich /8.2.13/-/8.2.18/.

Eine weitere Beschreibung dieses Effektes ist in Kap. 12.2 zu finden. Dort wird insbesondere auch auf charakterisierende Kennzahlen und typische Konzentrationsverläufe eingegangen.

8.3 Gasverbrennung

Die **Gasverbrennung** als rein homogen ablaufender Prozeß kann für technische Anwendungen oft nach der Devise "gemischt = verbrannt" behandelt werden. Hierdurch soll angedeutet werden, daß die Mischung der Reaktionspartner den geschwindigkeitsbestimmenden Teilschritt der Verbrennung darstellt. Am Beispiel der Methanoxidation soll dies kurz erläutert werden:

Liegen in einem infinitesimalen Volumenelement bedingt durch Transportvorgänge beide Ausgangsstoffe (CH_4 und O_2) gleichzeitig vor, dann reagieren diese entsprechend der gegebenen Stöchiometrie. Durch eine als unendlich schnell angesetzte Reaktionsgeschwindigkeit für die Globalreaktion wird zum Ausdruck gebracht, daß die chemische Reaktion nicht geschwindigkeitsbestimmend ist. Die Reaktion läuft so lange ab, bis die Konzentration einer der beiden Reaktionspartner zu null geworden ist.

Bei dieser Vorstellung über den Reaktionsablauf wird außer acht gelassen, daß die Gesamtreaktion über eine Vielzahl von Teilreaktionen und Zwischenprodukten abläuft und daß deren reaktionskinetischer Ablauf modelliert werden müßte. Dabei entstehende Reaktionssysteme können selbst auf Größtrechenanlagen zur Zeit nur für zweidimensional approximierbare Flammen (Modellflammen) gelöst werden. Das Reaktionsschema für Methan (stöchiometrische Methan-Luft-Mischung bei 1 bar und einer Umgebungstemperatur von 25 °C) ist in Bild 8.3.1 angeführt. Insgesamt können für dieses System etwa 400 Elementarreaktionen formuliert werden. Eine Beschreibung des Brennstoffabbrandes auf

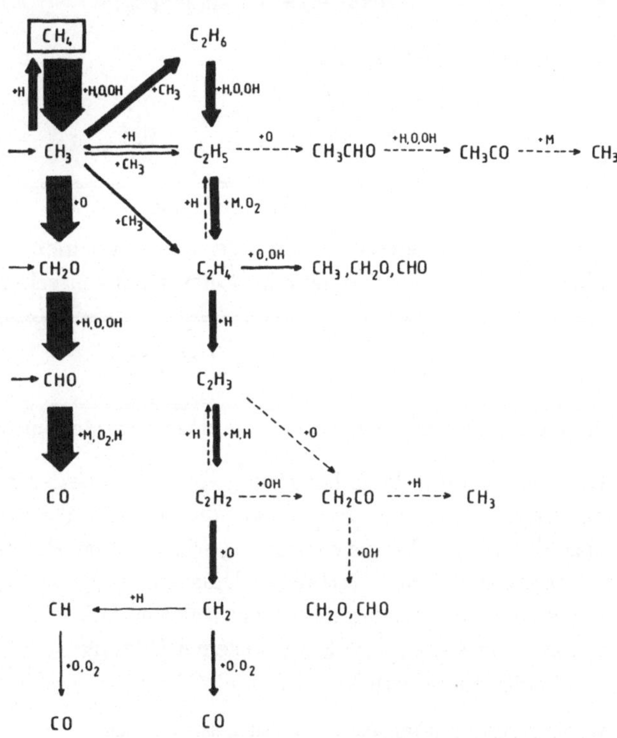

Bild 8.3.1: Reaktionssystem von Methan (/8.3.1/)

dieser Ebene kann für technische Anwendungen nicht eingesetzt werden. Über eine Sensitivitätsanalyse können jedoch für die Gesamtreaktion dominante Reaktionsschritte herausgefiltert und somit die Zahl der zu modellierenden Elementarreaktionen stark reduziert werden.

Für einen tieferen Einblick in Schadstoffentstehungsmechanismen wird es bei der Modellierung notwendig sein, auch Elementarreaktionen heranzuziehen.

Die Oxidation von Methan bzw. eines allgemeinen Kohlenwasserstoffs kann in verschiedenen Detailstufen berücksichtigt werden. Diese sind im folgenden nach steigender Komplexität angeführt:

- Obwohl die chemische Reaktion im Vergleich zur Mischung sehr schnell abläuft, kann die Reaktionsgeschwindigkeit nicht unendlich sein. In der Literatur (/8.3.2/) wird für die Konzentrationsabhängigkeit und die Reaktionsrate der Ansatz nach **Reaktionsschema 8.3.1** angegeben:

$$CH_4 + 2O_2 \rightarrow CO_2 + 2H_2O$$

$$\frac{\partial}{\partial t}[CH_4] = - k_o \cdot \exp(-E/RT) \cdot [CH_4]^a \cdot [O_2]^b \qquad [mol/(cm^3 \cdot s)]$$

mit dem Parametersatz

$$k_o = 10^{\,13,2\,\pm\,0,2} \qquad a = 0,7$$
$$E/R = 24.000 \pm 600\ K \qquad b = 0,8$$

Reaktionsschema 8.3.1: Methanoxidation

- Bei der Beschreibung des Abbrandes eines allgemeinen Kohlenwasserstoffs C_xH_y über eine globale Summenformel erhält man **Reaktionsschema 8.3.2.**

$$C_xH_y + (x+y/4)O_2 \rightarrow x\,CO_2 + (y/2)\,H_2O$$

Reaktionsschema 8.3.2: Oxidation eines allgemeinen Kohlenwasserstoffs

Hier hat man mit der Bilanzierung von nur 4 Spezies die wohl einfachste Approximation erreicht, mit der es gelingt, die globale Wärmefreisetzung annähernd richtig abzubilden. Der Vergleich mit experimentellen Ergebnissen zeigt jedoch, daß diese Globalreaktion einen zu schnellen Umsatz zu CO_2 vorhersagt. Dies ist darauf zurückzuführen, daß das Zwischenstufenprodukt CO in seiner Bildung und Oxidation unberücksichtigt bleibt.

- Daher kann in einer nächsten Stufe auf ein Schema mit H_2 und CO und den entsprechenden Folgereaktionen (Oxidation) zu H_2O und CO_2 übergegangen werden. Das entsprechende Schema zeigt Bild 8.3.2 oder als Reaktionsgleichungen das Reaktionsschema 8.3.3.

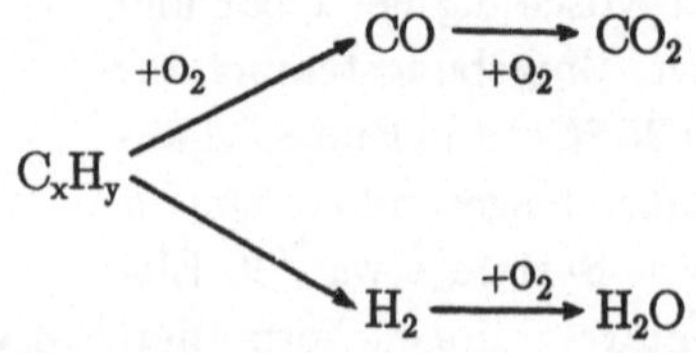

Bild 8.3.2: Vereinfachtes Reaktionsschema für einen allgemeinen Kohlenwasserstoff

$$C_xH_y + (x/2)\, O_2 \;\rightarrow\; x\, CO + (y/2)\, H_2 \qquad\qquad (R1)$$
$$CO + (1/2)\, O_2 \;\rightarrow\; CO_2 \qquad\qquad (R2)$$
$$H_2 + (1/2)\, O_2 \;\rightarrow\; H_2O \qquad\qquad (R3)$$

Reaktionsschema 8.3.3: Oxidation eines allgemeinen Kohlenwasserstoffs mit Zwischenstufenprodukten H_2 und CO

- Oft wird auf die Berücksichtigung der H_2-Bildung und -Oxidation verzichtet, diese statt dessen als eine Reaktion direkt zum H_2O betrachtet und nur die zweistufige CO_2-Bildung berücksichtigt, bei der die CO-Bildung leicht, die CO-Oxidation stark exotherm verläuft.

Damit ergibt sich ein System (RS 8.3.4):

$$C_xH_y + (x/2+y/4)\, O_2 \;\rightarrow\; x\, CO + (y/2)\, H_2O \qquad\qquad (R1)$$
$$CO + (1/2)\, O_2 \;\rightarrow\; CO_2 \qquad\qquad (R2)$$

Reaktionsschema 8.3.4: Oxidation eines allgemeinen Kohlenwasserstoffs mit dem Zwischenstufenprodukt CO (ohne H_2)

Dies hat bei konvektionsdominierten Systemen, wie es technische Flammen darstellen, einen gewissen Einfluß auf die lokale Wärmefreisetzung.

- Für aliphatische Kohlenwasserstoffe, bei denen $y = 2\,x + 2$ ist, wurde ein Vier-Schritt-Mechanismus vorgeschlagen, der den Zerfall langkettiger Moleküle in Ethen C_2H_4 und dessen weitere Oxidation berücksichtigt (RS 8.3.5, /8.3.3/). Durch vier geschwindigkeitsbestimmende Teilreaktionen kann hiermit das zeitliche Umsatzverhalten meist ausreichend genau abgebildet werden.

- Ist eine detailliertere Modellierung speziell der Methanoxidation vonnöten, dann können aus den ablaufenden Elementarreaktionen (Bild 8.3.1) durch eine Sensitivitätsanalyse ca. 20-40 Reaktionen Berücksichtigung finden (/8.3.1/). Wegen des dabei auftretenden steifen Differentialgleichungssystems muß bei der numerischen Lösung auf diese Eigenschaft Rücksicht genommen und ein geeigneter Lösungsalgorithmus ausgewählt werden.

Damit ergibt sich ein Schema (RS 8.3.5):

$$C_xH_{2x+2} \qquad\qquad \rightarrow \quad (x/2)\ C_2H_4 + H_2 \qquad\qquad\qquad (R1)$$

$$C_2H_4 + O_2 \qquad\qquad \rightarrow \quad 2\ CO + 2\ H_2 \qquad\qquad\qquad (R2)$$

$$CO + (1/2)\ O_2 \qquad\qquad \rightarrow \quad CO_2 \qquad\qquad\qquad\qquad (R3)$$

$$H_2 + (1/2)\ O_2 \qquad\qquad \rightarrow \quad H_2O \qquad\qquad\qquad\qquad (R4)$$

mit den Reaktionsraten und den dazugehörenden Parametersätzen:

Zerfall zu C_2H_4 und H_2:

$$\frac{\partial}{\partial t}[C_xH_{2x+2}] = 10^A \cdot \exp(-E/RT) \cdot [C_xH_{2x+2}]^a \cdot [H_2]^b \cdot [C_2H_4]^c \quad [mol/(cm^3 \cdot s)] \quad (R1)$$

$$\begin{aligned}
A &= 17{,}32 \pm 0{,}88 & a &= 0{,}50 \pm 0{,}02 & c &= 0{,}40 \pm 0{,}03 \\
E/R &= 24.800 \pm 1.200\ K & b &= 1{,}07 \pm 0{,}05 &
\end{aligned}$$

Oxidation von C_2H_4 zu CO und Entstehung von H_2:

$$\frac{\partial}{\partial t}[C_2H_4] = 10^A \cdot \exp(-E/RT) \cdot [C_2H_4]^a \cdot [O_2]^b \cdot [C_xH_{2x+2}]^c \quad [mol/(cm^3 \cdot s)] \quad (R2)$$

$$\begin{aligned}
A &= 14{,}70 \pm 2{,}0 & a &= 0{,}90 \pm 0{,}08 & c &= -0{,}37 \pm 0{,}04 \\
E/R &= 25.000 \pm 2.500\ K & b &= 1{,}18 \pm 0{,}10 &
\end{aligned}$$

Oxidation von CO:

$$\frac{\partial}{\partial t}[CO] = 10^A \cdot \exp(-E/RT) \cdot [CO]^a \cdot [O_2]^b \cdot [H_2O]^c \cdot S \quad [mol/(cm^3 \cdot s)] \quad (R3)$$

$$\begin{aligned}
A &= 14{,}6 \pm 0{,}25 & a &= 1{,}0 & c &= 0{,}50 \\
E/R &= 20.000 \pm 600\ K & b &= 0{,}25 &
\end{aligned}$$

$$S = \min \begin{cases} 1 \\ 7{,}93\ \exp(-2{,}48/n) \end{cases}$$

Oxidation von H_2:

$$\frac{\partial}{\partial t}[H_2] = 10^A \cdot \exp(-E/RT) \cdot [H_2]^a \cdot [O_2]^b \cdot [C_2H_4]^c \quad [mol/(cm^3 \cdot s)] \quad (R4)$$

$$\begin{aligned}
A &= 13{,}52 \pm 2{,}2 & a &= 0{,}85 \pm 0{,}16 & c &= -0{,}56 \pm 0{,}20 \\
E/R &= 20.500 \pm 3.200\ K & b &= 1{,}42 \pm 0{,}11 &
\end{aligned}$$

Reaktionsschema 8.3.5: Vier-Schritt-Mechanismus für aliphatische Kohlenwasserstoffe

8.4 Ölverbrennung

8.4.1 Phänomenologische Beschreibung

Zur Verbrennung von Öl muß der in der Förderleitung anstehende Massenstrom zunächst möglich fein zerstäubt (besser zerdüst) werden, um durch Energiezufuhr an die Einzeltröpfchen einen Verbrennungsvorgang zu initiieren. Zunächst werden nach der Zerstäubung die Einzeltröpfchen erhitzt, indem durch Strahlung aus der Flamme oder durch Rezirkulation heißer Flammengase Energie an diese herangeführt wird. Hierdurch wird die mittlere Temperatur des Tröpfchens erhöht, an der äußeren Oberfläche wird schon die Verdampfungstemperatur erreicht, und es setzt ein Verdampfungs- bzw. Verdunstungsvorgang an der Oberfläche ein. Der Öldampf muß durch die Tröpfchengrenzschicht diffundieren und erfährt dabei eine Vermischung mit dem umgebenden Gas, das Sauerstoff enthält. Hierdurch entsteht ein zündfähiges Gemisch und bei Vorliegen einer energetischen Zündbedingung setzt hier eine homogene Gasphasenreaktion ein. Hierdurch wird dem noch verbleibenden Tröpfchen weiter Energie zugeführt und die Verdampfung forciert. Es kommt dadurch auch im Innern des Teilchens zur Verdampfung und damit in der Folge zu einem Blasentransport. Parallel zum Verbrennungsvorgang der dampfförmigen Bestandteile läuft also immer auch noch die Verdampfung (Verdunstung) selbst ab.

Dadurch, daß das Tröpfchen sich nicht in einer ruhenden Umgebung befindet, sondern sich in einer Gasumgebung sehr schnell bewegt, wird die Partikelgrenzschicht deformiert werden und der Wärme- und Stoffübergang dadurch beeinflußt. Auf diese Einzeltröpfchenvorgänge wird jedoch näher in Kap. 12.1 eingegangen. In der vorliegenden Kontinuumsbeschreibung können diese Einflüsse wiederum nur global abgebildet werden.

Obwohl Verdunstung und Verdampfung parallel ablaufen, ist es für eine detailliertere Beschreibung dennoch zweckmäßig, beide Vorgänge in zwei sukzessive Teilvorgänge zu zerlegen, womit das Problem auf die Beschreibung der drei Teilvorgänge:

- Zerstäubung,
- Verdampfung (Verdunstung) und
- Verbrennung

reduziert wird. Bild 8.4.1 soll diese Vorstellung veranschaulichen. Hierin sind auch die Mechanismen der Rußbildung aus der Gasphase und der Flugkoksbildung aus der Flüssigphase angedeutet. Beide Vorgänge sind jedoch sehr komplex. Bei

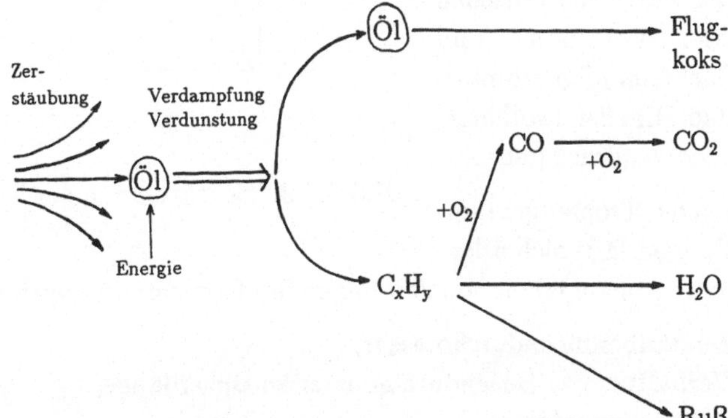

Bild 8.4.1: Hauptreaktionsschritte bei der Ölverbrennung

176

der Rußbildung aus der Gasphase wird bei einer Modellvorstellung von der Repolymerisation von Kohlenwasserstoffen ausgegangen. Die Flugkoksbildung aus der Flüssigphase wird auf die im Innern der Tröpfchen ablaufende Verdampfung zurückgeführt, bei der ein Koksgerüst übrigbleibt. Über Modellierungsansätze zur Rußbildung wird in Kap. 9.6 berichtet (/8.4.1/-/8.4.13/).

8.4.2 Ölzerstäubung

Die Ölzerstäubung hat zum Ziel, die relative Oberfläche (Oberfläche pro Flüssigkeitsmasse) stark zu vergrößern und damit die Reaktionsrate zu erhöhen. Hierzu werden in kleineren Einheiten Druckzerstäuber eingesetzt, bei größeren finden Zweistoffzerstäuber Anwendung, bei denen Luft oder Wasserdampf als Zerstäubungsmedium dienen kann. Hierbei ist noch zwischen Strahl- und Filmzerstäubern zu unterscheiden. Zweistoffzerstäuber sind in einem größeren Durchsatzbereich (Teillastproblem) einsetzbar und weisen zudem eine bessere Einmischung von Verbrennungsluft auf. Früher häufig verwendete Rotationszerstäuber treten zunehmend in den Hintergrund.

Da in technischen Zerstäubern keine monodisperse Tropfenverteilung erreicht werden kann, muß die Zerstäubergüte über Verteilungsdichtefunktionen und/ oder Verteilungssummenkurven charakterisiert werden. Je nach gewünschter Aussage wird noch zwischen Anzahl-, Volumen- und Oberflächenhäufigkeit unterschieden. Bild 8.4.2 soll hiervon einen Eindruck geben.

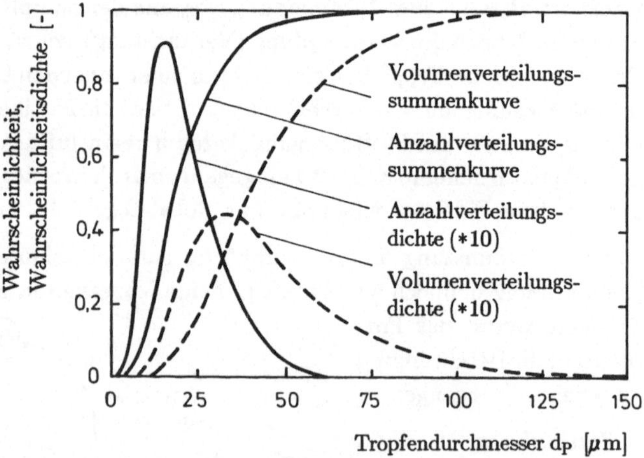

Bild 8.4.2: Beschreibung der Tropfengrößenverteilung

Für solche Tropfengrößenverteilungen läßt sich allgemein eine Abhängigkeit von den folgenden Parametern angeben:

- Zerstäuberdüsendurchmesser,
- Verhältnis von Düsendurchmesser zu Düsenlänge,
- Düsen-Reynoldszahl,
- Stoffeigenschaften des Brennstoffs (Zähigkeit, Oberflächenspannung, Dichte),
- Verhältnis zwischen Werten in der Düse und in der Umgebung für Dichte, Viskosität, Geschwindigkeit (Impuls),
- Sprühwinkel (Düsengeometrie).

Der sensitive Einfluß der Stoffdaten kann zum Beispiel Bild 8.4.3 entnommen werden, bei dem Vordruck und Düsengeometrie konstant belassen wurden und der Brennstoff variiert wurde.

Eine weitere Schwierigkeit besteht darin, daß jede Düse eine Richtungscharakteristik aufweist, d.h. daß winkelabhängig die Brennstoffmassenanteile variieren und daß die Partikelgrößenverteilung je Winkeleinheit unterschiedlich sein kann.

Wegen der Fülle der vorliegenden Einflußfunktionen ist es schwierig, eine Tropfengrößenverteilung und ihre Winkelabhängigkeit vorherzuberechnen. Umso wichtiger erscheint daher eine meßtechnische Erfassung dieser Größe.

Um wenigstens die Haupteinflußgrößen, Gasgeschwindigkeit und Ölviskosität, zu berücksichtigen, kann für einen charakte-

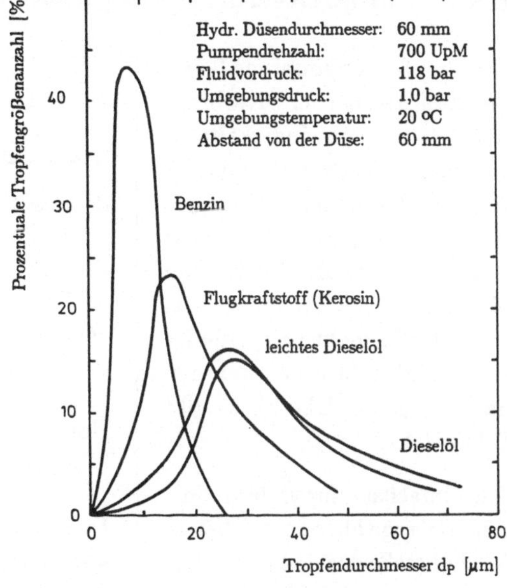

Bild 8.4.3: Einfluß der Stoffeigenschaften auf die Tropfengrößenverteilung (/8.4.14/)

ristischen Durchmesser d* der erzeugten Tropfen aus dimensionsanalytischen Betrachtungen (/8.4.14/) eine Beziehung abgeleitet werden:

$$d^* = d_D \cdot \left[A \cdot We^{-1/2} + B \cdot We^{1/2} / Re \right] \cdot \left[1 + (\dot{m}_L / \dot{m}_G) \right]^c \quad . \tag{8.4.1}$$

Darin ist We die Weber-, Re die Reynoldszahl. $\dot{m}_L$ bezeichnet den Ölmassenstrom (Liquid), $\dot{m}_G$ den Gasmassenstrom und d den Düsenaustrittsdurchmesser.

Zerstäuberform	A	B	c
Strahlzerstäuber	1,0	0,01÷0,05	0,1÷0,25
Filmzerstäuber	20÷25	0,05÷0,06	0,01÷0,1

Tab. 8.4.1: Empirische Konstanten für Strahl- und Filmzerstäuber (/9.4.14/)

Die Konstanten A,B,c müssen wiederum experimentell bestimmt werden. Schneider (/8.4.14/) gibt für Film- und Strahlzerstäuber die Werte nach Tab. 8.4.1 an. Sie sind als Anhaltswerte zu verstehen.

8.4.3 Tropfenverdampfung bzw. -verdunstung

Die Tropfenverdampfung (-verdunstung) ist bei der Ölverbrennung der geschwindigkeitsbestimmende Teilvorgang, da der Abbrand des Brennstoffdampfes in der homogenen Phase sehr schnell abläuft. Hierfür wurden eine Reihe von Modellen entwickelt, die mehr oder minder einschränkende Annahmen enthalten. Einen Überblick gibt Bild 8.4.4.

Das einfachste, für viele technische Belange aber ausreichende Modell stellt das d²-Gesetz dar. Danach nimmt das Quadrat des Tropfendurchmessers linear mit der Zeit des Vergasungsfortschritts (t = O bei Verdampfungsbeginn) ab:

$$d_P^2 = d_{P,o}^2 - K \cdot t \qquad (8.4.2)$$

oder

$$\frac{\partial}{\partial t} d_P^2 = -K \quad . \qquad (8.4.3)$$

Modell	Annahmen / Vorgehensweise	Voraussetzungen
d²-Gesetz	$\lambda_P = \infty$ $\dot{Q}_{zu} = \dot{Q}^{st}$ $\dot{Q}_{zu} = \dot{Q}^V$	$T_G \gg T_S$ nur 1 Komponente
Schalen-Modell	$\lambda_P = 0$ $\dot{Q}_{zu} = \dot{Q}^V$	$T_G \approx T_S$ nur 1 Komponente
Homogene Temperatur	$\lambda_P = \infty$ $\dot{Q}_{zu} = \dot{Q}^{st} + \dot{Q}^V$	$T_G \approx T_S$ nur 1 Komponente
Diffusionskontrolle im Tropfen	Enthalpie- und Speziesbilanzen im Tropfen (1D)	mehrere Komponenten
Direkte Simulation	Geschwindigk.-, Enthalpie- und Speziesbilanzen im Tropfen (3D)	mehrere Komponenten

Bild 8.4.4: Übersicht über Modelle zur Tropfenverdampfung bzw. -verdunstung von Öl (/8.4.19/)

Der Verdampfungsparameter K hängt von den Transport- und Austauschvorgängen am Öltropfen ab. Berücksichtigt man, daß der Tropfen bei der Aufheizung eine Volumenexpansion erfährt und unterstellt das d²-Gesetz, dann erhält man einen in Bild 8.4.5 angedeuteten, idealisierten Verlauf des Tropfendurchmesserquadrats. Der tatsächliche Verlauf der Kurve weist ein niedrigeres Maximum auf, da die Verdampfung, bedingt durch eine ungleichmäßige Temperaturverteilung, schon während der Aufheizung einsetzt.

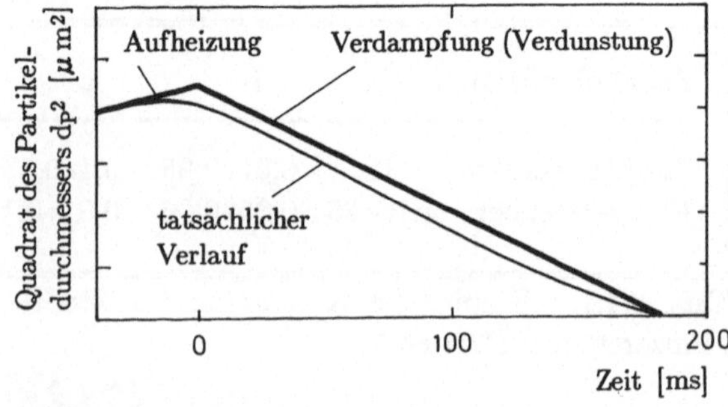

Bild 8.4.5: Idealisierter Verdampfungsverlauf beim d²-Gesetz

8.4.4 Abbrand der Dämpfe

Beim Abbrand von Öl war die Verdampfungsrate als geschwindigkeitsbestimmender Teilschritt analysiert worden. Des weiteren müssen für die weitere chemische Umsetzung wiederum Brennstoff (Öldämpfe) und ein Oxidationsmittel (Sauerstoff) vorhanden sein, so daß wiederum die Mischung beider eine Reaktionskontrolle ausübt. Gegenüber diesen beiden ist die chemisch kinetische Umsetzung sehr schnell. Diesen Umstand berücksichtigend muß nun nicht für jede der an den Gasphasenkomponenten beteiligten Spezies eine Transportgleichung gelöst werden, sondern es können aus dem lokalen Mischungsgrad f die Konzentrationen der Gasphasenkomponenten nach dem Shvab-Zel'dovich-Mechanismus (Kap. 8.2.5) rekonstruiert werden. Ein Beispiel für einen solchen Satz von Linearkombinationen wird in Kap. 8.5.4 gegeben. Die Voraussetzungen für eine solche Berechnung werden in Kap. 8.2.5 genannt. Ist eine dieser Bedingungen nicht erfüllt, dann muß für jede Spezies eine eigene Transportgleichung gelöst werden. Dabei können zur Quelltermformulierung die reaktionskinetischen Daten aus Kap. 8.3 Anwendung finden, wozu ein den Anforderungen gerecht werdender Ansatz für die zu berücksichtigenden Teilreaktionen auszuwählen ist.

8.4.5 Ruß und Flugkoks

Auf das Vorhandensein von Ruß in der Flamme kann aus der gelblich-weißen Emission (thermische Strahlung) geschlossen werden. Es handelt sich dabei um eine Festkörperstrahlung, die über dem gesamten Wellenlängenspektrum auftritt.

Unter "Ruß" wird oft der aus der Gasphase gebildete eigentliche Ruß und der aus der Flüssigphase (Öltröpfchen) gebildete Flugkoks (cenosphärischer Koks) zusammengefaßt. Über die genauen Entstehungsmechanismen ist noch relativ wenig bekannt. Nach de Soete ist ein Haupteinflußfaktor bei der Rußbildung ein lokaler Sauerstoffmangel, durch den die Oxidation der Kohlenwasserstoffe aus der Gasphase mehr zu einer Dehydrierung hin verschoben wird (/8.2.12/). Hierdurch können Spezies wie Azetylen (C_2H_2) und C_2H-Radikale entstehen, die wiederum polymerisieren und ab einer bestimmten Größe als Kondensationskeime für weitere polyaromatische Kohlenwasserstoffe (PAH's) dienen (Kernwachstum). Dieser Kondensationsvorgang läuft bei niedrigen Temperaturen in der Ausbrandzone ab, aber auch, wenn eine heiße Flamme, bedingt durch eine falsche Feuerführung, an kalte Verdampferwände schlägt. So sind als weitere Einflußgrößen eine relativ niedrige Temperatur und Quenchvorgänge beim Abbrand der Dämpfe zu nennen.

Rußbildungswerte (Grenzverhältnis von Kohlenstoff zu Sauerstoff) und weitere Angaben sind in Kap. 9.6 angegeben.

8.5   Kohleverbrennung

8.5.1   Phänomenologische Betrachtung

In der Literatur sind eine ganze Reihe von Übersichtsarbeiten zu dem weiten Gebiet der Kohleverbrennung zu finden. Diese lassen sich gliedern nach mehr grundlagenspezifischen Arbeiten, die oft experimentell orientiert sind (/8.5.1 ÷ 8.5.5/), und solchen, bei denen die mathematische Modellierung im Vordergrund steht (/8.5.6 ÷ 8.5.7/). Hierbei wird das Problem der Beschreibung von einer makroskopischen Betrachtungsweise (Extremfall: Globalreaktion) bis hin zu einer detaillierten mikroskopischen Betrachtungsweise (Extremfall: Verhalten einzelner funktionaler Gruppen) angegegangen. Den Mikrokosmos zu beschreiben heißt aber, sich mit der Kohlemorphologie und ihrer Feinstruktur beschäftigen zu müssen. Dies kann nicht Ziel dieses Überblicks sein. In diesem Zusammenhang soll auf weiterführende Literatur verwiesen werden: van Krevelen /8.5.14/, Haenel et al /8.5.15/.

In diesem Zusammenhang seien nur globale Kohlecharakterisierungsmethoden angeführt (/8.5.16 ÷ 8.5.18/), mit denen die Randbedingungen für die chemische Umsetzung definiert werden können oder mit denen z.B. auch eine Heizwertberechnung (/8.5.19/) und eine überschlägige Emissionsberechnung durchgeführt werden kann.

Die Verbrennung von Kohle kann in drei wesentliche Teilprozesse gegliedert werden:

- Pyrolyse der Kohle,
- Koksabbrand,
- Abbrand der Flüchtigen.

Bei der Pyrolyse entstehen formal Koks und Flüchtige, so daß ein Reaktionsschema angegeben werden kann, das in Bild 8.5.1 gezeigt ist. Hierbei sind die Flüchtigen als allgemeine Kohlenwasserstoffe symbolisch mit C_xH_y bezeichnet. Sie enthalten vom gasförmigen Methan bis zu den Teerdämpfen alle bei der Pyrolyse entgasten Spezies.

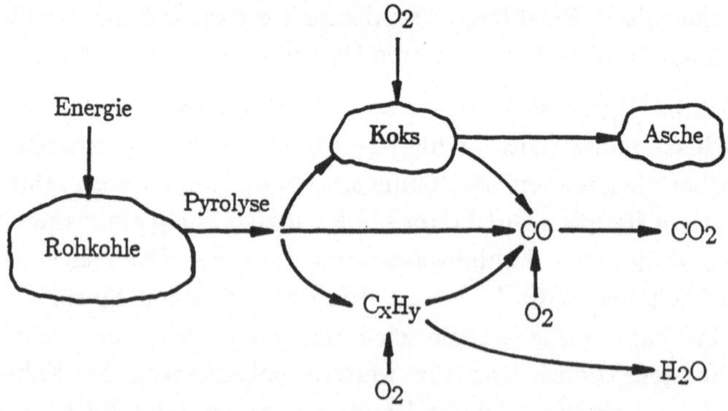

Bild 8.5.1: Schematisiertes Kohleabbrandmodell

Nach diesem Schema sind die Pyrolyse und die Abbrandreaktionen als Folgereaktionen angegeben. Dies geschieht, ähnlich wie bei der Ölverbrennung, rein formalkinetisch, da z.B. Flüchtige nur dann abbrennen können, wenn sie vorher gebildet wurden. Beim Kohleabbrand laufen aber alle drei Reaktionen (bzw. Teilprozesse) parallel ab.

Prozeß	Zeitkonstante des Prozesses [ms]	Zeitkonstante für Mischung [ms]
Pyrolyse	50	10
Koksabbrand	100 ÷ 1000	200 ÷ 400

Tab. 8.5.1: Zeitkonstanten von Teilprozessen bei der Kohleverbrennung (/8.5.10/)

Pyrolyse und Koksabbrand sind im Sinne des Gesamtprozesses geschwindigkeitslimitierende Teilvorgänge. Dies geht aus dem Vergleich der Zeitkonstanten für beide Prozesse mit den Zeitkonstanten für die Mischung (Pyrolyse: Flüchtige von der Kornoberfläche in die Umgebung; Koksabbrand: Sauerstoff an die Kornoberfläche) nach Tab. 8.5.1 hervor.

Die Pyrolysekinetik ist wichtig für Fragen der brennernahen Vorgänge. Dies sind die Zündung und die Verbrennungsstabilität, die eng miteinander zusammenhängen. Natürlich wird dadurch auch die Temperaturverteilung beeinflußt. Ein überaus wichtiger Punkt ist jedoch auch die Freisetzung von Stickstoffkomponenten mit den flüchtigen Bestandteilen. Dies betrifft sowohl die absolute Menge als auch die entsprechende Kinetik. Da hierbei eine große Anzahl von Einzeleinflußfaktoren vorliegen, auf die z.T. in Kap. 9.5 eingegangen wird, erscheint hier eine Effektivkinetik von hervorstechender Bedeutung.

Die Koksabbrandkinetik auf der anderen Seite bestimmt den Ort der Wärmeentbindung und damit der Temperaturverteilung in der Flamme bzw. im Feuerraum. Dies ist unter dem Hintergrund von Ausbrandzeiten von $1 \div 2$ s der geschwindigkeitsbestimmende Teilschritt der Verbrennung. Da sowohl chemische als auch physikalische Abhängigkeiten der Reaktionskinetik bestehen, ist auch hier eine Beschreibung über eine Formalkinetik erforderlich.

Die folgenden Kapitel gliedern sich nun in "Pyrolyse", die als Teilreaktion oder -prozeß "1", den "Koksabbrand" als "2" und den "Abbrand der Flüchtigen" als "3" bezeichnet werden, wenn man das Schema nach Bild 8.5.1 durch das stark vereinfachte Reaktionsschema 8.5.1 beschreibt.

Pyrolyse	$\|\nu_{RK,1}\|$ RK	$\rightarrow$	$\nu_{C,1}$ C + $\nu_{Fl,1}$ Fl	(R1)
Koksabbrand	$\|\nu_{C,2}\|$ C + $\|\nu_{O_2,2}\|$ O$_2$	$\rightarrow$	$\nu_{CO,2}$ CO + $\nu_{CO_2,2}$ CO$_2$	(R2)
Flüchtigenabbrand	$\|\nu_{C_xH_y,3}\|$ C$_x$H$_y$ + $\|\nu_{O_2,3}\|$ O$_2$ $\rightarrow$		$\nu_{CO,3}$ CO + $\nu_{H_2O,3}$ H$_2$O	(R3)
CO-Oxidation	$\|\nu_{CO,4}\|$ CO + $\|\nu_{O_2,4}\|$ O$_2$	$\rightarrow$	$\nu_{CO_2,4}$ CO$_2$	(R4)

Reaktionsschema 8.5.1: Stark vereinfachte Kohlereaktionen

8.5.2 Pyrolyse

8.5.2.1 Phänomenologische Betrachtung und Einflußfaktoren

Pyrolyse ist ein Vorgang, bei dem Kohle bei höheren Temperaturen (über 300 °C) in die Komponenten "Flüchtige, Teere und Koks" überführt wird (RS 8.5.2). Dies ist kein reiner Entgasungsprozeß, sondern vielmehr ein Umwandlungsprozeß, der durch Energiezufuhr hervorgerufen wird. Man kann die Pyrolyse daher auch als destruktive Destillation bezeichnen. Als Teere werden hierbei die Komponenten bezeichnet, die bei Raumtemperatur in der flüssigen Phase vorliegen.

$$|\nu_{RK,1}| \ RK \quad \rightarrow \quad \nu_{C,1} \ C + \nu_{Fl,1} \ Fl \tag{R1}$$

Reaktionsschema 8.5.2: Globalreaktion für die Pyrolyse (Reaktion 1)

Danach ist die Umsetzung der Rohkohle (Index RK) **formal** der geschwindigkeitslimitierende Teilschritt für den Gesamtprozeß der Kohleverbrennung. Bei der Modellierung muß daher für die Rohkohle eine Transportgleichung gelöst werden, die sich aus Gl.8.1.11 ableiten läßt (Gl. 8.5.1).

$$\frac{\partial(\rho c_{RK})}{\partial t} + \frac{\partial(\rho u_j c_{RK})}{\partial x_j} = \frac{\partial}{\partial x_j}\left[\Gamma_{c_{RK}} \frac{\partial c_{RK}}{\partial x_j}\right] + S_{c_{RK}} \tag{8.5.1}$$

Die Beschreibung des zeitlichen und räumlichen Pyrolyseablaufs erfolgt dabei über die Quelltermformulierung (Pyrolysemodelle) und damit über den Term $S_{c_{RK}}$.

$$S_{c_{RK}} = \rho \ \frac{\partial c_{RK}^{PY}}{\partial t} \tag{8.5.2}$$

Die Pyrolyse unterliegt einer ganzen Reihe von physikalischen und chemischen Einflußfaktoren. Diese sind im wesentlichen:

Physikalische Einflußfaktoren:

Plastisches Verhalten: Erweichen, Schwellen, Schrumpfen.
Innere Struktur: Poren.
Transportprozesse: im Porensystem, in der Korngrenzschicht.

Chemische Einflußfaktoren:

Maximale Pyrolysetemperatur: Kinetik.
Aufheizrate: freigesetzte Flüchtige.
Sekundärreaktionen: Spezieszusammensetzung.

Schon aus dieser Zusammenstellung geht hervor, daß es sehr schwer sein wird, für jeden Prozeß, in dem Kohle pyrolysiert wird, die "richtige" Pyrolyserate (kinetische Daten), Pyrolysegaszusammensetzung und absolute Pyrolysegasmenge zu bestimmen. Die Bestimmung der Daten müßte also unter den gleichen Bedingungen wie im Prozeß erfolgen. Dies ist vollständig nur im großtechnischen Prozeß möglich, wo dann aber überlagerte Reaktionen und Vorgänge ablaufen, die die isolierte Bestimmung der Pyrolysedaten nicht nur erschweren, sondern meist unmöglich machen. So bleibt nur der Weg, möglichst viele Versuchsparameter gleich oder ähnlich den gewünschten Bedingungen einzustellen.

Um dennoch gewisse Standardvoraussetzungen und damit eine Bezugsbasis zu haben, definiert Essenhigh /8.5.2, Kap. 19/ den "wahren" Flüchtigengehalt, der unter den folgenden Bedingungen gewonnen werden soll:

- kleiner Partikeldurchmesser (d_p < 50 μm), um interne Reaktionen (Cracken oder Repolymerisation) zu verhindern,

- geringe Partikelkonzentration in der Versuchsapparatur (m_p/V < 10^{-5} g/cm^3), um externe Reaktionen zu verhindern,

- hohe Aufheizraten ($\partial T/\partial t$ > 10^4 K/s), um interne und externe Folgereaktionen zu vermeiden,

- isotherme Versuchsbedingungen bei einer Temperatur, bei der nach großer Versuchsdauer keine weitere Pyrolyse mehr abläuft ($0[T] = 1200$ °C).

In einigen Versuchseinrichtungen können diese Bedingungen zum Teil recht gut eingehalten werden. Der Flüchtigengehalt von Kohle wird jedoch meist nur in einer Proximat-/Ultimatanalyse (BRD), dem ASTM-VM-Test (USA) oder ähnlichen Analysen bestimmt, bei denen die Aufheizraten und die Pyrolyseendtemperatur deutlich niedriger liegen (900 °C nach DIN 51720). Um die "wahre" Pyrolysegasmenge $m_{Fl,w}$ mit einer derart bestimmten m_{Fl} zu korrelieren, wird der sogenannte Q-Faktor eingeführt:

$$Q = \frac{m_{Fl,w}}{m_{Fl}} \quad . \tag{8.5.3}$$

Unter den Bedingungen der Kohlenstaubverbrennung erhält man Q-Werte von 1,3 - 2,0, was bedeutet, daß unter diesen Bedingungen bis zum Doppelten der im Standardtest bestimmten Pyrolysegasmenge freigesetzt wird. Einen Überblick über Q-Werte verschiedener Kohlen gibt /8.5.2/.

Werden kinetische Daten aus der Literatur entnommen, so ist es äußerst wichtig, die experimentellen Randbedingungen zu kennen, wie:

Temperatur,
Aufheizrate,
Partikelgröße und -verteilung,
Druck,
Trägerfluid:
Inert (Stickstoff), teilinert (Rauchgas), reaktiv (Luft).

184

Nur so können Aktivierungsenergie und Frequenzfaktor für die tatsächlichen Verhältnisse in der Flamme annähernd richtig bestimmt werden. Auf diese Tatsache weist auch Solomon hin, der bei einer Literaturübersicht festgestellt hat, daß sich Unterschiede in den kinetischen Daten weniger auf unterschiedliche Kohlen, als vielmehr auf unterschiedliche Versuchsapparaturen zurückführen lassen. Er begründet dies mit der Unsicherheit in der Bestimmung der tatsächlichen Pyrolysetemperatur (Partikeltemperatur). Damit werden im Arrheniusdiagramm die experimentell gewonnenen Umsatzraten praktisch "falschen" Temperaturen zugeordnet und damit "falsche" Werte für die Aktivierungsenergie und den Frequenzfaktor gewonnen. Die Vielzahl der oben genannten physikalischen und chemischen Einflußfaktoren läßt sich erklären, wenn man sich die ablaufenden Teilschritte näher betrachtet. Wird die Pyrolyse als zweistufiger Prozeß angesehen, dann kann man in primäre und sekundäre Pyrolyse aufgliedern. Die Abgabe von flüchtigen Bestandteilen kann dabei als thermische Abspaltung von funktionalen Gruppen interpretiert werden. Welche funktio-

nalen Gruppen sich dabei jeweils abspalten bzw. welche Bindungen aufgebrochen werden, ist schematisch in Bild 8.5.2 angedeutet (/8.5.39/). Die Bildung von Teer und Koks ist komplexer und wird nach Solomon /8.5.39/ als eine Kombination der folgenden Teilschritte erklärt:

- Aufbrechen schwacher Brücken in der makromolekularen Struktur und Freisetzung kleiner Bruchstücke (Metaplaste),

- erneute Polymerisation der Metaplastmoleküle,

- Transport kleiner Moleküle zur Partikeloberfläche (Diffusion bei nichterweichenden Kohlen und Flüssigphasen- oder Blasentransport bei erweichenden, vgl. Bild 8.5.3 /8.5.20/) und

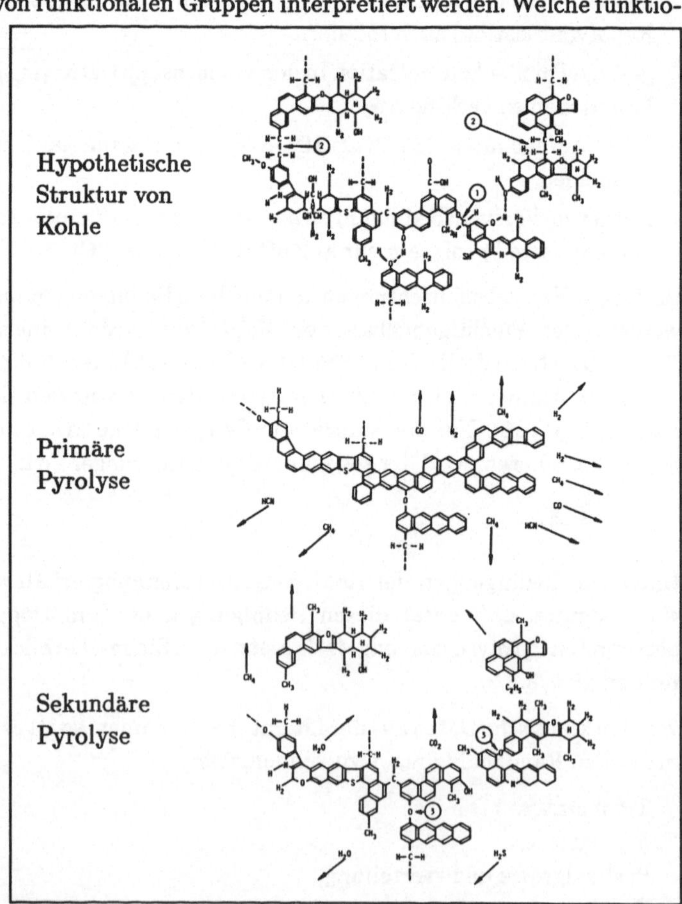

Bild 8.5.2: Zweistufenmodell für die Pyrolyse von Kohle (/8.5.39/)

- Stoffaustausch mit der Partikelumgebung an der Kornoberfläche durch Verdampfung und Diffusion.

Vereinfacht lassen sich diese Vorgänge in einem Schema nach Bild 8.5.4 darstellen. Bei der Entwicklung von Pyrolysemodellenmuß versucht werden, die Freisetzung der wichtigsten Spezies mit der jeweils "richtigen" Reaktionsrate (Pseudorate) zu beschreiben. "Richtig" muß je nach Fragestellung im Sinne einer großen Konzentration oder einer erheblichen Wärmetönung verstanden werden.

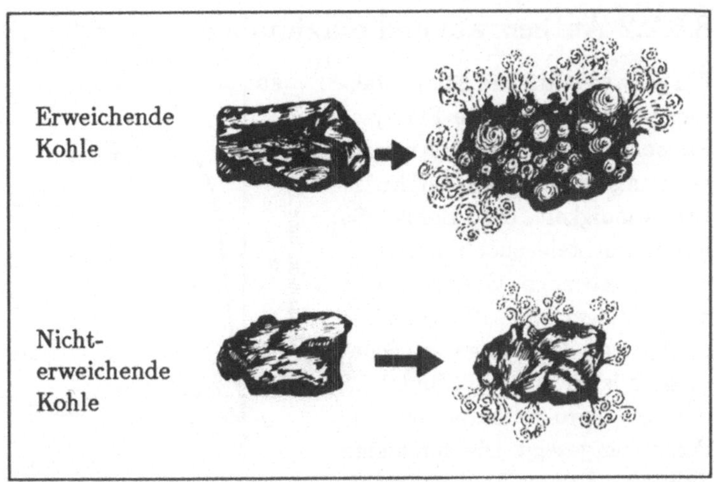

Bild 8.5.3: Pyrolyseverhalten erweichender und nichterweichender Kohlen

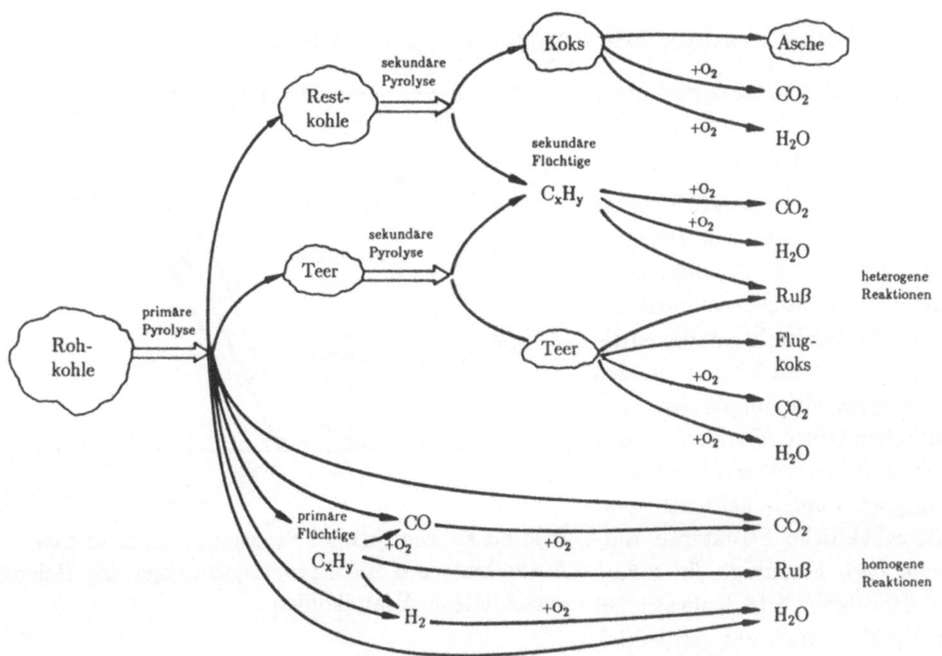

Bild 8.5.4: Schematischer Pyrolyseverlauf mit primärer und sekundärer Pyrolyse

186

8.5.2.2 Aufheizrate und maximale Pyrolysetemperatur

Ein ganz wesentlicher Einflußfaktor auf die freigesetzte Pyrolysegasmenge und deren Zusammensetzung ist die Aufheizgeschwindigkeit der Kohle. So nimmt mit steigender Temperatur der umgebenden Gasphase und damit steigender Aufheizrate die pyrolysierte Gasmenge zu. Schematisch ist dies anhand Bild 8.5.5 mit der Pyrolysetemperatur als Parameter gezeigt. Die durch eine Proximat/Ultimat-Analyse (maximale Pyrolysetemperatur 900 °C) gewonnenen Ergebnisse für die freigesetzten Flüchtigen werden unter realen Flammenbedingungen um den Faktor 1,2 bis 2,0 übertroffen.

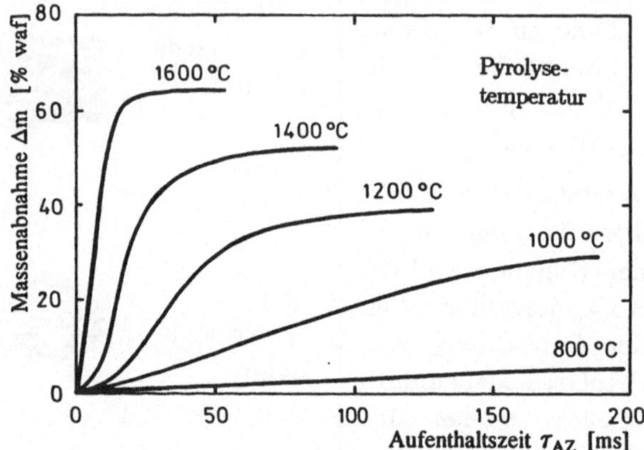

Bild 8.5.5: Einfluß der Pyrolysetemperatur auf die freigesetzte Menge an flüchtigen Bestandteilen

8.5.2.3 Kohlezusammensetzung bzw. -provenienz

Den Einfluß der Kohleprovenienz (Herkunft) zeigt Bild 8.5.6 am Beispiel von Braunkohle.

Die in Bild 8.5.2 gezeigte Struktur von Kohle ist nur ein Beispiel. Abhängig von der Zusammensetzung der organischen und mineralischen Bestandteile, aus denen die Kohle entstanden ist und aus den Inkohlungsbedingungen (im wesentlichen Druck, Temperatur und Sauerstoffangebot) und dem Inkohlungsgrad werden natürlich ganz unterschiedliche Strukturen auftreten (vgl. Essenhigh /in 8.5.2/, van Krevelen /8.5.14/), die sich bei der Pyrolyse auch unterschiedlich verhalten. Dies zeigt das Beispiel ähnlicher Braunkohlen verschiedener Provenienzen (Bild 8.5.6).

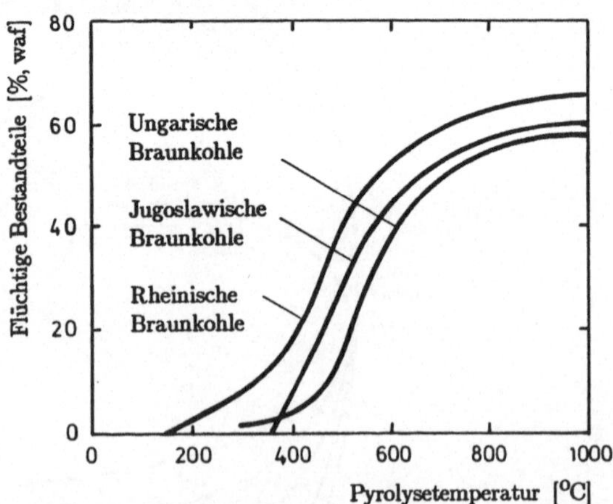

Bild 8.5.6: Einfluß der Pyrolysetemperatur bzw. der Aufheizrate auf die Pyrolysegasmenge am Beispiel verschiedener Braunkohlen

8.5.2.4 Übersicht über Pyrolysemodelle

Der Versuch einer kinetischen Modellierung des Pyrolyseprozesses führte auf eine Reihe von Ansätzen, die Einschritt-, Folge- und Parallelreaktionen oder eine Kombination aus den beiden letzten unterstellen. Bild 8.5.7 soll einen Überblick über diese Einteilung geben.

Die drei am häufigsten eingesetzten Pyrolysemodelle sollen nun kurz vorgestellt werden:
- konstante Pyrolyserate (1b),
- eine Arrheniusreaktion erster Ordnung (1a) und
- zwei konkurrierende Arrheniusreaktionen erster Ordnung (3a).

Mit diesen drei Modellen lassen sich die meisten technischen Anwendungen genügend genau beschreiben. Für Fälle, in denen die zeitliche Abfolge von Primär- und Sekundärpyrolyse entscheidend ist, muß auf Modelle nach Schema 5a oder b zurückgegriffen werden. Das Modell von Solomon (6) hat im Augenblick rein wissenschaftliche Bedeutung, ist aber das theoretisch am besten fundierte.

Zur einfacheren Schreibweise werden die flüchtigen Bestandteile, im wesentlichen C_xH_y, CO, CO_2 und H_2O zu Fl (Flüchtige) zusammengefaßt, wobei sich dann formal einfach schreiben läßt:

1) Einfache Reaktion:

a) Arrhenius-Reaktion n-ter Ordnung,
b) Nicht-Arrhenius-Reaktion.

2) Mehrere Parallel-Reaktionen:

a) Zwei Arrhenius-Reaktionen erster Ordnung berücksichtigt unterschiedliche Kohleanteile (Nsakala),
b) Mehrere Parallel-Reaktionen mit statistischer Verteilung der Aktivierungsenergien (Pitt, Anthony).

3) Mehrere konkurrierende Parallelreaktionen:

a) Zwei Reaktionen erster Ordnung berücksichtigen unterschiedliche Reaktionsraten bei unterschiedlichen Temperaturen (Kobayashi),
b) Mehrere Reaktionen erster Ordnung.

4) Komplexe Reaktions-Schemata:

a) Mehrere aufeinander folgende Parallel-Reaktionen,
b) Aufeinander folgende konkurrierende Parallel-Reaktionen.

5) Schemata mit Sekundärkoks-Bildung:

a) Aufeinander folgende konkurrierende Koks-Bildungs-Reaktionen (Reidelbach),
b) Parallele konkurrierende Koks-Bildungs-Reaktionen.

6) Schemata, bei denen das thermodynamische Verhalten Funktionaler Gruppen beschrieben wird (Solomon)

Bild 8.5.7: Einteilung von Pyrolysemodellen

$$Fl = C_xH_y + CO + CO_2 + H_2O \quad . \tag{8.5.4}$$

8.5.2.5 Pyrolysemodell mit konstanter Pyrolyserate

Bei diesem Modell wird eine temperatur- und konzentrationsunabhängige Freisetzung von Flüchtigen unterstellt. Hiermit ist die Pyrolyserate nicht von den Prozeßbedingungen, sondern nur von den Eigenschaften der Kohle (hauptsächlich deren Flüchtigengehalt) abhängig. Häufige Anwendung findet dieser Ansatz bei der Braunkohlepyrolyse. Braunkohle weist einen sehr hohen Flüchtigengehalt auf.

Die Rohkohlekonzentrationsänderung ergibt sich bei diesem Ansatz zu (N=0):

$$\frac{\partial c_{RK}^{PY}}{\partial t} = - k_1 \qquad (8.5.5)$$

bzw. die Reaktionsgeschwindigkeit k_1 zu:

$$k_1 = const \quad . \qquad (8.5.6)$$

$$\boxed{const = 5\ [1/s]}$$

Tab. 8.5.2: Konstante Pyrolyserate für rheinische Braunkohle

Hierdurch wird das zeitliche Verhalten der Flüchtigenfreisetzung (ähnlich einem PT_1-Verhalten) durch eine Rampenfunktion bis zur Gesamtmenge $m_{Fl,w} = Q \cdot m_{Fl}$ approximiert (Bild 8.5.8). Die insgesamt freigesetzte Flüchtigenmenge, die identisch ist mit der Massenabnahme der Kohle, ergibt sich dabei zu:

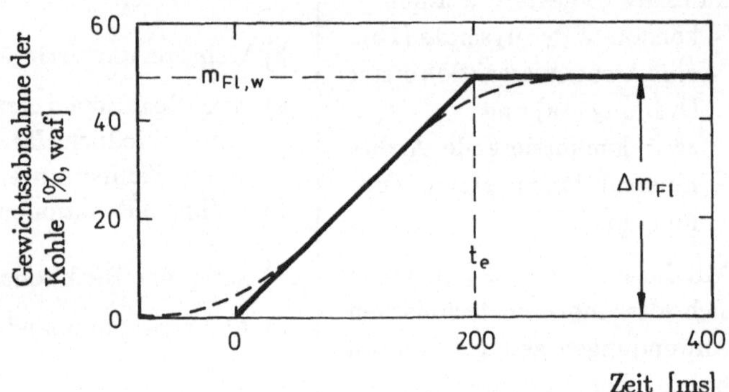

Bild 8.5.8: Flüchtigenfreisetzung beim Pyrolysemodell nullter Ordnung

$$\Delta m_{Fl} = - \Delta m_{RK} = \int_0^{t_c} |\nu_{Fl,1}|\ const\ dt = |\nu_{Fl,1}|\ const\ t_c \quad . \qquad (8.5.7)$$

Durch einen Vergleich der Kurvenverläufe in Bild 8.5.6 kann geschlossen werden, daß die Streubreite um den Zahlenwert in Tab. 8.5.2 für Braunkohle nicht allzu groß ist.

Für rheinische Braunkohle wurden einige Versuche zur Validierung dieser Pyrolyserate durchgeführt und durch Computerfit der mittleren axialen Gastemperatur ein Wert gemäß Tab. 8.5.2 ermittelt /8.5.21/. Bei diesem Zahlenwert ist die Pyrolyse in 200 ms abgeschlossen (Bild 8.5.8).

8.5.2.6 Pyrolysemodell mit einer Arrheniusreaktion N-ter Ordnung

Formal kann die gleiche Globalreaktion wie bei konstanter Reaktionsrate angegeben werden.

Die Rohkohlekonzentrationsänderung ergibt sich wieder gemäß:

$$\frac{\partial c_{RK}^{PY}}{\partial t} = - k_1 \, c_{RK}^{N} \quad , \tag{8.5.8}$$

wobei N die Reaktionsordnung darstellt, und die Temperaturabhängigkeit über einen Arrhenius-Ansatz modelliert wird:

$$k_1 = k_{0,1} \, \exp(-E_1/RT) \quad , \tag{8.5.9}$$

mit dem Pseudo-Frequenzfaktor $k_{0,1}$ und der Pseudo-Aktivierungsenergie E_1.

Pyrolyse	N [-]	$k_{0,1}$ [1/s]	E_1/R [K]
Steinkohle	1	$1{,}50 \cdot 10^5$	8900,
Braunkohle	1	$3{,}15 \cdot 10^5$	8900,

Tab. 8.5.3: Kinetische Daten für Stein- und Braunkohle-Pyrolyse

Für eine Reaktionsordnung N=1 können Mittelwerte für Stein- und Braunkohle Tab. 8.5.3 entnommen werden.

Sie dürfen nur als Anhaltswerte verstanden werden und müssen für spezielle Kohlen gesondert bestimmt werden. Hervorzuheben ist der mehr als doppelt so große Frequenzfaktor für Braunkohle, bei gleicher Aktivierungsenergie.

Die Gesamtmassenabnahme der Kohle Δm_{Fl} ergibt sich dabei zu:

$$\Delta m_{Fl} = - \Delta m_{RK} = \int_0^t |\nu_{Fl,1}| \, k_1 \, \left(\exp\int_0^t k_1 dt\right) \, dt \quad . \tag{8.5.10}$$

Bei dieser Vorstellung wird unterstellt, daß die stöchiometrischen Koeffizienten der Teilreaktion R1 aus RS 8.5.1 Konstanten sind.

8.5.2.7 Pyrolysemodell mit zwei konkurrierenden Reaktionen erster Ordnung

Dieses erstmals von Kobayashi /8.5.44/ vorgestellte Modell nimmt zwei parallel ablaufende Reaktionen an, die in unterschiedlichen Temperaturbereichen dominieren und dabei deutlich unterschiedliche Aktivierungsenergien aufweisen.

Die globalen Umsatzreaktionen stellen sich wie in nachfolgender Gleichung gezeigt dar:

$$|\nu_{RK,1}| \; RK \; \Big\langle \begin{array}{l} \alpha_1 \, \nu_{C,1} \; C + (1-\alpha_1) \, \nu_{FL,1} \; Fl \\[2mm] \alpha_2 \, \nu_{C,1} \; C + (1-\alpha_2) \, \nu_{FL,1} \; Fl \end{array} \quad . \tag{8.5.11}$$

Für jeden Pfad wird eine separate Arrheniusbeziehung angesetzt:

$$k_{1,1} = k_{0,1,1}\, \exp(-E_{1,1}/RT)\ ,$$
$$k_{1,2} = k_{0,1,2}\, \exp(-E_{1,2}/RT)\ . \qquad (8.5.12)$$

$k_{0,1,1}$ und $k_{0,1,2}$ sind Pseudo-Frequenzfaktoren, $E_{1,1}$ und $E_{1,2}$ Pseudo-Aktivierungsenergien. Die Pseudo-Reaktion 1,1 sei bei niedrigen Temperaturen dominant, die zweite (1,2) solle bei höheren Temperaturen rascher ablaufen. Daher ist die Aktivierungsenergie $E_{1,2}$ viel größer als $E_{1,1}$.

$$\alpha_1 = 0{,}3$$
$$E_{1,1} = 104{,}6\ \text{kJ/mol}$$
$$k_{0,1,1} = 2\cdot 10^5\ \text{1/s}$$

$$\alpha_2 = 1{,}0$$
$$E_{1,2} = 167{,}4\ \text{kJ/mol}$$
$$k_{0,1,2} = 1{,}3\cdot 10^7\ \text{1/s}$$

Tab. 8.5.4: Pyrolysekinetikdaten für Braun- und Steinkohle für das Kobayashi-Modell (/9.5.44/)

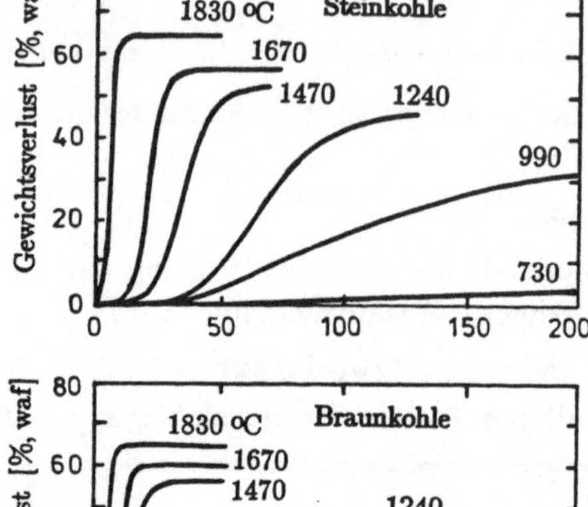

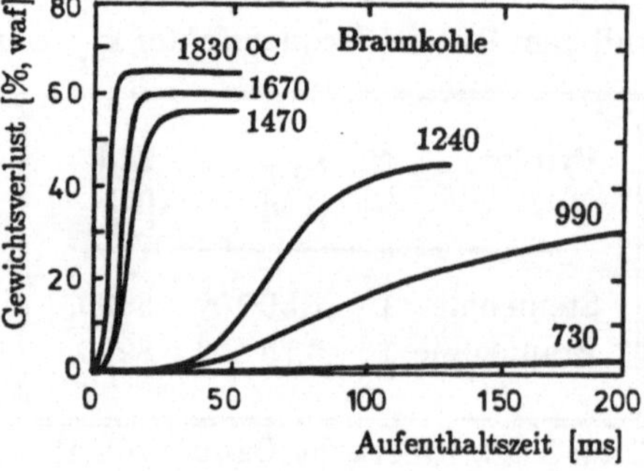

Bild 8.5.9: Gemessener Pyrolyseverlauf für Braun- und Steinkohle (/8.5.44/)

Damit ergeben sich 6 Parameter, die durch einen geeigneten Computerfit bestimmt werden müssen. Da hier Pfade bei unterschiedlichen Temperaturen beschrieben werden sollen, müssen auch experimentelle Daten für verschiedene Temperaturen vorliegen.

Typische Versuchsverläufe sind in Bild 8.5.9 und ein entsprechender Parametersatz in Tab. 8.5.4 dargestellt /8.5.44/.

Ein Experiment bei niedrigen Temperaturen liefert den asymptotischen Wert α_1 der gesamt freigesetzten Flüchtigen bei dieser niedrigen Temperatur.

Die Gesamtmassenabnahme der Kohle ergibt sich bei diesem Ansatz zu:

$$\Delta m_{Fl} = \Delta m_{RK} = \int_0^t \left[(\alpha_1\ |\nu_{Fl,1}|\ k_1 + \alpha_2\ |\nu_{Fl,1}|\ k_2)\ (\exp\int_0^t (k_1+k_2)dt) \right] dt\ . \qquad (8.5.13)$$

Der zusätzliche Reaktionspfad gegenüber einer Reaktion erster Ordnung eröffnet auf der einen Seite die Möglichkeit einer besseren Parameteranpassung, wenn geeignete experimentelle Daten für die vorliegende Kohle zur Verfügung stehen. Gleichzeitig liegt hierin aber die Gefahr, daß die Konstanten z.B. in einem zu engen Temperaturbereich, in dem experimentelle Daten überhaupt vorliegen, bestimmt werden und das Modell dann bei der Extrapolation auf reale Verhältnisse zu schlechteren Ergebnissen führt, als bei Berücksichtigung nur einer Reaktion. Dieses Modell kann also nicht a priori als geeigneter eingestuft werden.

8.5.3   Koksabbrand

8.5.3.1 Überblick und limitierende Teilvorgänge

Der Abbrand von Koks als zweite heterogene und damit geschwindigkeitslimitierende Reaktion ist deshalb so komplex, da er sich aus einer Reihe von physikalisch-chemischen Teilvorgängen und Wechselwirkungen zusammensetzt (Kap. 8.2.8). Auf eine Beschreibung der Adsorptions-/Desorptionskinetik und der Porendiffusionsvorgänge wird bei der Einzelteilchenbeschreibung eingegangen. Bei einer mehr globalen Beschreibung kann auch auf eine Unterscheidung zwischen Adsorptions-/Desorptionsvorgängen im Innern und an der Teilchenoberfäche verzichtet werden. Damit bleiben im wesentlichen drei Regime übrig, die zur Unterscheidung von den Bezeichnungen in Tab. 8.2.1 mit arabischen Ziffern bezeichnet werden sollen (Tab. 8.5.5). Bei dieser Einteilung ist mit steigender Temperatur das Regime mit der höheren Nummer dominant. Dies kann anhand eines Arrheniusdiagramms anschaulich dargestellt werden (Bild 8.5.10).

Regime	Umsatzraten	Dominierende Teilvorgänge
Regime 1	$\dot{r}_R \ll \dot{r}_{PD} < \dot{r}_{GD}$	Limitierung durch chemische Reaktion (Adsorptions-/Desorptionsvorgänge an der Kornoberfäche und im Porensystem
Regime 2	$\dot{r}_{PD} < \dot{r}_{RD} < \dot{r}_{GD}$	Limitierung durch Porendiffusionsvorgänge
Regime 3	$\dot{r}_{GD} < \dot{r}_{PD} < \dot{r}_R$	Limitierung durch Diffusionsvoränge in der Korngrenzschicht

Tab. 8.5.5: Verschiedene Regime beim Koksabbrand

Durch Pyrolyse wird die Rohkohle entgast und in Koks und flüchtige Bestandteile überführt. Der Koksabbrand selbst läuft wiederum global gesehen nach der Summenformel (RS 8.5.3)

$$|\nu_{c,2}| \; C + |\nu_{O_2,2}| \; O_2 \;\rightarrow\; \nu_{CO,2} \; CO + \nu_{CO_2,2} \, CO_2 \qquad\qquad (R2)$$

Reaktionsschema 8.5.3: Globalreaktion für den Koksabbrand (Reaktion 2)

ab, wenn diese Reaktion als Reaktion 2 bezeichnet wird.

Auch der Koksabbrand ist im Sinne der Gesamtkohleumsetzung eine umsatzlimitierende Teilreaktion, so daß auch für die Spezies "Koks" eine Transportgleichung gelöst werden muß. Diese ergibt sich wieder aus Gl. 8.1.11 in ihrer zeitgemittelten Form:

$$\frac{\partial(\rho c_c)}{\partial t} + \frac{\partial(\rho u_j c_c)}{\partial x_j} = \frac{\partial}{\partial x_j}\left[\Gamma_{c_c}\frac{\partial c_c}{\partial x_j}\right] + S_{c_c} \tag{8.5.14}$$

Der Quellterm S_{c_c} besteht aus einem Quellanteil $S_{c_c}{}^{PY}$, Koks entsteht durch Pyrolyse der Rohkohle, und einem Senkenanteil $S_{c_c}{}^{KA}$, durch Abbrand des Kokses.:

$$S_{c_c} = S_{c_c}{}^{PY} + S_{c_c}{}^{KA} \quad . \tag{8.5.15}$$

Der Quellanteil ergibt sich aus der Bilanzierung der Rohkohle (Pyrolyse) zu:

$$S_{c_c}{}^{PY} = - \frac{|\nu_{c,1}|}{|\nu_{RK,1}|} S_{c_{RK}} \quad . \tag{8.5.16}$$

Der Senkenterm soll im folgenden modelliert werden.

$$S_{c_c}{}^{KA} = \rho \frac{\partial c_c{}^{KA}}{\partial t} \tag{8.5.17}$$

Die Reaktionsgeschwindigkeitskonstante k_2 des Koksabbrandes wird nun ihrerseits durch zwei Mechanismen limitiert:

1. durch Transportvorgänge (Diffusion) von Sauerstoff an die reaktive Oberfläche des Kokses beziehungsweise die Diffusion der Produkte in entgegengesetzter Richtung, und entsprechende Diffusionsvorgänge im Porensystem,

2. durch eine endliche chemische Umsatzrate.

Für beide Teilschritte kann eine Reaktions- beziehungsweise Pseudo-Reaktionsgeschwindigkeit angegeben werden.

Eine Überlagerung beider Prozesse, aufgetragen im Arrheniusdiagramm, führt zu einer Abhängigkeit der Geschwindigkeitskonstanten, die in Bild 8.5.10 dargestellt ist. Hierbei wurde bei der Limitierung in eine Diffusion in der Grenzschicht an der Kornoberfläche und die Porendiffusion (freie Diffusion, Knudsendiffusion u.a., vgl. Kap. 12.4) unterschieden. Beide Teilprozesse sollen jedoch unter dem Begriff der physikalischen Limitierung

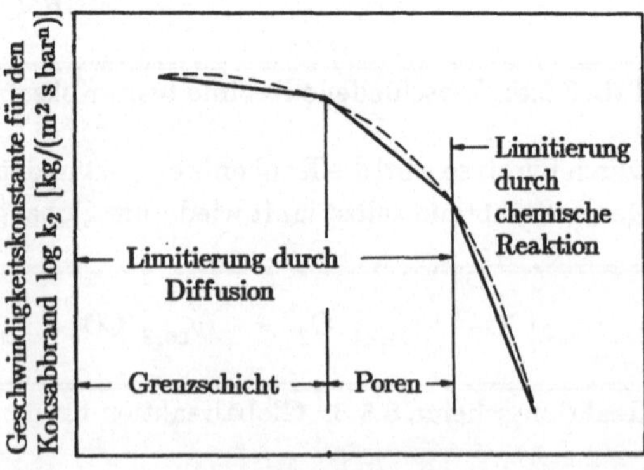

Bild 8.5.10: Arrheniusdiagramm für den Koksabbrand

mit der Pseudo-Geschwindigkeitskonstanten $k_2{}^{ph}$ zusammengefaßt werden, während die entsprechende Reaktionsgeschwindigkeit für die chemische Umsetzung mit k_2^{ch} bezeichnet wird. Die resultierende Gesamtreaktionsgeschwindigkeitskonstante k_2 [kg/(m² · s · bar)] ergibt sich dann zu:

$$k_2 = \frac{k_2^{ch} \cdot k_2^{ph}}{k_2^{ch} + k_2^{ph}} \qquad\qquad (8.5.18)$$

wodurch dann die Änderung des Koks-Massenanteils durch Abbrand gegeben ist:

$$\frac{\partial c_c^{KA}}{\partial t} = - k_2 \, a_s \, p_{O_2,\infty} \qquad\qquad (8.5.19)$$

Hierbei beschreibt a_s die massenspezifische reaktive Oberfläche des Kokses einschließlich der Porenoberflächen (m²/kg), $p_{O_2,\infty}$ ist der Sauerstoffpartialdruck in der Gasphase (außerhalb der Grenzschicht um das Korn). Bei diesem Ansatz wurde eine Reaktionsordnung 1 bezüglich Sauerstoff unterstellt, was für viele experimentelle Untersuchungen angenommen wird. Für eine Reaktionsordnung N würde man erhalten:

$$\frac{\partial c_c^{KA}}{\partial t} = - k_2^{ch} \, (1 - \frac{k_2}{k_2^{ph} \, p_{O_2,\infty}})^N \, a_s \, p_{O_2,\infty}^N \; . \qquad\qquad (8.5.20)$$

Diese Gleichung ist nur noch iterativ auswertbar, da k_2, die Gesamtgeschwindigkeitskonstante ebenfalls in der Gleichung enthalten ist.

Auf die Berechnung der reaktiven Oberflächen wird in Kap. 8.5.6 eingegangen.

Bei dem globalen Reaktionsschema 8.5.3 spielt das Verhältnis zwischen gebildetem CO und CO_2 eine große Rolle, da es neben der Gesamtsauerstoffbilanz vor allem die Verhältnisse in der Korngrenzschicht beeinflußt.

Für diese Teilreaktion läßt sich schreiben:

$$C + \frac{1}{f_m} \, O_2 \;\rightarrow\; 2 \, (1 - \frac{1}{f_m}) \, CO + (\frac{2}{f_m} - 1) \, CO_2 \; . \qquad\qquad (8.5.21)$$

Dabei ist f_m der sogenannte Mechanismusfaktor, der eine Funktion des Partikeldurchmessers d_p und der Partikeltemperatur T_p ist:

$$f_m = f_m(d_p, T_p) \; . \qquad\qquad (8.5.22)$$

Die Partikelgrößenabhängigkeit beschreibt dabei hauptsächlich die Stoffaustauschvorgänge, während die Temperaturabhängigkeit die chemische Umsetzung zu CO oder CO_2 wiedergibt.

Es können nun zwei Grenzfälle unterschieden werden:

- $f_m = 1$: An der Kornoberfläche entsteht überwiegend CO_2, und dieses wird durch die Partikelgrenzschicht transportiert. Dieser Fall tritt vor allem bei größeren Partikeln auf, bei denen der Stofftransport in der Grenzschicht limitierend ist, so daß genügend Zeit vorhanden ist, um an der Kornoberfläche gebildetes CO aufzuoxidieren.

- $f_m = 2$: An der Kornoberfläche entsteht CO, das wegen der schnellen Stoffübertragung bei kleinen Partikeln durch die Grenzschicht transportiert wird. Eine Oxidation erfolgt erst außerhalb der Grenzschicht.

Eine Partikelgrößenabhängigkeit wird über die beiden folgenden Beziehungen berücksichtigt (d_p ist in μm einzusetzen):

$$f_m = \frac{2f_{CO} + 2}{f_{CO} + 2} \qquad\qquad d_p < 50\ \mu m\ , \qquad\qquad (8.5.23)$$

$$f_m = \frac{2f_{CO} + 2}{f_{CO} + 2} - \frac{f_{CO}\ (d_p-50)}{(f_{CO} + 2)\ 950} \qquad 50\ \mu m < d_p < 1000\ \mu m\ . \qquad (8.5.24)$$

Die Temperaturabhängigkeit ergibt sich nach Arthur (/8.5.60/) gemäß:

$$f_{CO} = 2.500\ exp(-6.240/T)\quad . \tag{8.5.25}$$

Die Abhängigkeit des Mechanismusfaktors von Partikeldurchmesser und Temperatur ist in Bild 8.5.11 aufgetragen. Hierin sind die beiden obigen Grenzfälle und der Übergangsbereich zu erkennen. Es geht daraus hervor, daß bei technisch relevanten Temperaturen hauptsächlich der Partikeldurchmesser eine Rolle spielt. Bei typischen Korngrößen in einer Kohlenstaubfeuerung liegt f_m bei nahezu 2, während bei Wirbelschichtfeuerungen Werte zwischen 1 und 2 anzutreffen sind. Da bei beiden Feuerungstypen keine monodispersen Partikelverteilungen vorliegen, muß der Mechanismusfaktor für jede Partikelgrößenklasse (vgl. Kap. 8.5.6) gesondert bestimmt werden.

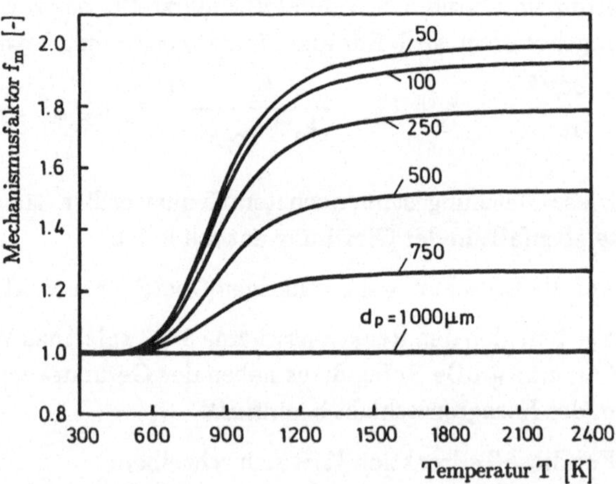

Bild 8.5.11: Abhängigkeit des Mechanismusfaktors f_m vom Partikeldurchmesser und der Temperatur

In den folgenden beiden Kapiteln sollen die Modellansätze für die Beschreibung von k_2^{ph} und k_2^{ch} aufgezeigt werden.

8.5.3.2 Limitierung durch Transportprozesse

Beim Koksabbrand treten zwei limitierende physikalische Transportprozesse auf:

- Grenzschichtdiffusion an der Partikeloberfläche und
- Porendiffusion im Partikelinnern.

Für die hier zugrundeliegende Kontinuumsbeschreibung soll auf Details nicht eingegangen werden (vgl. hierzu Kap. 12).

Sowohl für die Porendiffusion als auch für die Grenzschichtdiffusion gilt das Fick'sche Gesetz. Daher werden beide zusammengefaßt und analog behandelt.

Führt man eine stationäre Sauerstoffbilanzierung an der Kornoberfläche aus, dann erhält man für den Koeffizienten der "diffusiven Reaktionsrate" k_2^{ph} [kg/(m² s bar)]:

$$k_2^{ph} = \frac{12\ Sh\ f_m\ D}{R\ d_p\ T_{GS}} \cdot 10^5 \qquad (8.5.26)$$

Hierbei gibt T_{GS} näherungsweise die Temperatur in der Korngrenzschicht an, die sich ergibt:

$$T_{GS} = \tfrac{1}{2}\ (T_G + T_P) \ . \qquad (8.5.27)$$

Bei der Temperaturabhängigkeit des Sauerstoffdiffusionskoeffizienten, die wie folgt angegeben werden kann:

$$D = D_o\ (T/T_o)^{1,75} \ . \qquad (8.5.28)$$

kennzeichnet der Index "o" einen Bezugszustand.

Die Parameterwerte für rein bimolekulare Diffusion von Sauerstoff in Stickstoff ergeben sich zu: $D_o = 3{,}49 \cdot 10^{-4}$ [m²/s] bei $T_o = 1600$ [K].

Die Stoffübergangsverhältnisse am Korn werden über die Sherwoodzahl Sh beschrieben. Für angeströmte Partikel kann hier die folgende Näherung benutzt werden (vgl. auch Kap. 12):

$$Sh = 2 + 0{,}654\ Re_p^{\frac{1}{2}}\ Sc^{\frac{1}{3}} \ . \qquad (8.5.29)$$

Hierbei bezeichnet Re_p die Partikel-Reynoldszahl und Sc die Schmidtzahl. Unter Vernachlässigung des Schlupfes zwischen Partikel- und Gasphase ergibt sich $Re_p=0$ und damit Sh=2.

Unterstellt man ferner thermisches Gleichgewicht zwischen Partikel- und Gasphase, $T_P=T_G=T$, dann erhält man:

$$k_2^{ph} = \frac{24\ f_m\ D_o}{R\ d_p\ T_o^{1,75}}\ T^{0,75}\ 10^5 \ . \qquad (8.5.30)$$

In dieser Gleichung wird der Einfluß der Partikelgröße offensichtlich, da der Partikeldurchmesser einmal im Nenner direkt und im Mechanismusfaktor indirekt enthalten ist.

8.5.3.3 Limitierung durch chemische Reaktion

An der Phasengrenze (Kohle-Gas) laufen eine Reihe von heterogenen Reaktionen ab. Die wichtigste ist dabei die Oxidationsreaktion. Aber es kommt auch zu Umsetzungen mit Wasserdampf, Kohlendioxid und Wasserstoff. Als typische Pyrolyseprodukte sind sie auch ohne Zufuhr von außen an der Grenzfläche vorhanden. Unter Grenzfläche wird in diesem Zusammenhang sowohl die äußere Partikeloberfläche als auch die Porenoberfläche, die zahlenmäßig viel größer ist, verstanden.

Damit ergeben sich die möglichen Reaktionen gemäß Reaktionsschema 8.5.4.

$$
\begin{array}{lll}
C^* + O_2 & \rightarrow \quad CO_2 & \text{(R1)} \\
C^* + H_2O & \rightarrow \quad CO + H_2 & \text{(R2)} \\
C^* + CO_2 & \rightarrow \quad 2CO & \text{(R3)} \\
C^* + 2H_2 & \rightarrow \quad CH_4 & \text{(R4)}
\end{array}
$$

Reaktionsschema 8.5.4: Heterogene Oberflächenreaktionen von Koks

Im Vergleich zur Pyrolyse ist die Produktion von CO, H_2 und CH_4 zu vernachlässigen. Beschäftigt man sich mit der Kohlevergasung, dann spielen diese Reaktionen eine große Rolle und können nicht unberücksichtigt bleiben. Verläßliche kinetische Daten für die einzelnen Reaktionen sind nur schwer zu erhalten.

Daher wird in der Folge nur auf eine Globalkinetik (overall kinetics) von Koks eingegangen. Für diese heterogene Kinetik kann

- eine massenbezogene Reaktionsrate oder
- eine auf die äußere Oberfläche bezogene Reaktionsrate

angegeben werden. Bezieht man die Konzentrationen auf die äußere Partikeloberfläche, dann erhält man für die globale Reaktionsrate:

$$\dot{r}_{2,s}{}^{ch} = k_s{}^{ch} \cdot a_s \cdot c_C{}^N \quad , \tag{8.5.31}$$

im anderen Fall ergibt sich:

$$\dot{r}_{2,m}{}^{ch} = k_m{}^{ch} \cdot c_C{}^N \quad . \tag{8.5.32}$$

Da experimentelle kinetische Daten meist auf die äußere geometrische Oberfläche bezogen werden, soll im folgenden nur Gl. (8.5.31) verwendet und der Index s nicht geschrieben werden.

Die Reaktionsordnung N der Oberflächenreaktion bzgl. der Rohkohle ist nicht bekannt. Die meisten Autoren werten jedoch ihre experimentellen Daten referierend zu einer Reaktionsordnung eins aus. Für Steinkohle sind die Daten meist in der Form zu finden, während für Braunkohle auch Reaktionsordnungen 0,5 oder andere gebrochene Exponenten anzutreffen sind.

Für eine konsistente Formulierung mit Gleichung 8.5.18 bzw. 8.5.19 muß die Reaktionsgeschwindigkeitskonstante auf den Sauerstoffpartialdruck in der Partikelumgebung $p_{O_2,\infty}$ bezogen werden. Damit ergibt sich k_2^{ch} [kg/(m² s bar)]:

$$k_2^{ch} = k_{o,2}^{ch} \exp(-E_2^{ch}/RT) \qquad (8.5.33)$$

Koksabbrand	N [-]	$k_{o,2}^{ch}$ [kg/(m²sbar^N)]	E_2^{ch}/R [K]
Steinkohle	1	204,	9553,
Braunkohle	0,5	93,	8157,

Tab. 8.5.6: Kinetische Daten für den Koksabbrand bei Stein- und Braunkohle

Anhaltswerte für die kinetischen Daten des chemischen Koksabbrandes sind in Tab. 8.5.6 zusammengestellt. Sie sind als wahrscheinliche Werte für eine große Kohlenanzahl zu sehen und somit nur als Anhaltswerte zu verstehen.

8.5.3.4 Koksabbrandzeiten

Wird Gl. 8.5.19 auf die Masse eines Partikels umgeschrieben und unter der Voraussetzung konstanten Partialdrucks des Sauerstoffs und konstanter reaktiver Oberflächen separiert und integriert, dann erhält man eine Beziehung für die Kornabbrandzeit (vgl. Kap. 3.1.3, Gl. 3.1.27):

$$\tau_{K,AZ} = \nu_{O_2} \cdot \rho_C^M \cdot d_{P,o} / (2 \cdot \nu_C \cdot k_2 \cdot c_{O_2}) \qquad (8.5.34)$$

Variiert man die Temperatur und den Anfangskorndurchmesser als freien Parameter und verwendet die in Tab. 8.5.6 angegebenen Zahlenwerte für den Frequenzfaktor und die Aktivierungstemperatur (chemische Limitierung), dann erhält man eine Kurvenschar wie in Bild 8.5.12 gezeigt. Die Abbrandzeiten im unteren Temperaturbereich sind dabei bei Braunkohle niedriger als bei Steinkohle, was auf die höhere Reaktivität der Braunkohlenrestkokse zurückzuführen ist. Bei hohen Temperaturen spielen die Transportvorgänge die dominante Rolle, so daß sich die Abbrandzeiten einander angleichen.

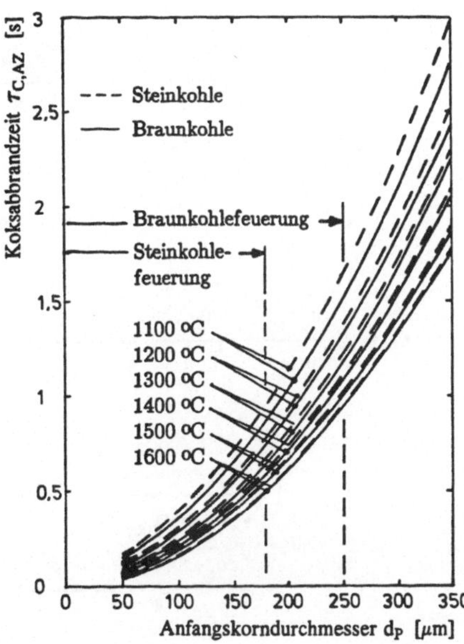

Bild 8.5.12: Typische Koksabbrandzeiten für Stein- und Braunkohle

8.5.4 Abbrand der Flüchtigen

Im Vergleich zu den heterogenen Reaktionen der Pyrolyse und des Koksabbrandes laufen die Gasphasenreaktionen des Flüchtigenabbrandes sehr schnell ab, und es kann daher der Shvab-Zel'dovich-Mechanismus angewandt werden. Dies bedeutet, daß nicht für jede beteiligte Spezies im Reaktionsschema 8.5.5 oder 8.5.6 eine eigene Transportgleichung gelöst werden muß, sondern, daß aus der Lösung der Mischungsgradverteilung über geeignete Linearkombinationen diese Konzentrationsverteilungen berechenbar sind. Dies gilt natürlich nur, wenn die Voraussetzungen für eine Berechnung nach Shvab-Zel'dovich erfüllt sind (Kap. 8.2.5). Ein entsprechender Satz von Linearkombinationen für RS 8.5.5 ist in Bild 8.5.13, für RS 8.5.6 in Bild 8.5.14 gezeigt.

$$|\nu_{C_xH_y,3+4}| \; C_xH_y + |\nu_{O_2,3+4}| \; O_2 \;\rightarrow\; \nu_{CO_2,3+4} \; CO_2 + \nu_{H_2O,3+4} \; H_2O \qquad\qquad (R3*R4)$$

Reaktionsschema 8.5.5: Flüchtigenabbrand ohne CO als Zwischenprodukt

$$\xi_1 = \left(\frac{\nu_{O_2,2}}{\nu_{C,2}} \frac{\nu_{C,1}}{\nu_{RK,1}} + \frac{\nu_{O_2,3}}{\nu_{C_xH_y,3}} \frac{\nu_{C_xH_y,1}}{\nu_{RK,1}} \right) c_{RK} - \frac{\nu_{O_2,2}}{\nu_{C,2}} c_C - \frac{\nu_{O_2,3}}{\nu_{C_xH_y,3}} c_{C_xH_y} + c_{O_2}$$

$$\xi_{1,stöch} = \left(\frac{\nu_{O_2,2}}{\nu_{C,2}} \frac{\nu_{C,1}}{\nu_{RK,1}} + \frac{\nu_{O_2,3}}{\nu_{C_xH_y,3}} \frac{\nu_{C_xH_y,1}}{\nu_{RK,1}} \right) c_{RK} - \frac{\nu_{O_2,2}}{\nu_{C,2}} c_C$$

$$\xi_1 > \xi_{1,stöch}: \qquad c_{C_xH_y} = 0 \; , \qquad c_{O_2} > 0$$

$$\xi_1 < \xi_{1,stöch}: \qquad c_{C_xH_y} > 0 \; , \qquad c_{O_2} = 0$$

$$\xi_2 = \left(\frac{\nu_{H_2O,1}}{\nu_{RK,1}} - \frac{\nu_{H_2O,3}}{\nu_{C_xH_y,3}} \frac{\nu_{C_xH_y,1}}{\nu_{RK,1}} \right) c_{RK} + \frac{\nu_{H_2O,3}}{\nu_{C_xH_y,3}} c_{C_xH_y} - c_{H_2O}$$

$$\xi_3 = c_{CO_2} + \left(\frac{\nu_{CO_2,3}}{\nu_{C_xH_y,3}} \frac{\nu_{C_xH_y,1}}{\nu_{RK,1}} - \frac{\nu_{CO_2,1}}{\nu_{RK,1}} + \frac{\nu_{CO_2,2}}{\nu_{C,2}} \frac{\nu_{C,1}}{\nu_{RK,1}} \right) c_{RK} -$$

$$- \frac{\nu_{CO_2,2}}{\nu_{C,2}} c_C - \frac{\nu_{CO_2,3}}{\nu_{C_xH_y,3}} c_{C_xH_y}$$

Bild 8.5.13: Linearkombinationen ohne CO als Zwischenprodukt (/8.5.10/)

$$|\nu_{C_xH_y,3}| \, C_xH_y + \nu_{O_2,3} \, O_2 \;\rightarrow\; \nu_{CO,3} \, CO + \nu_{H_2O,3} \, H_2O \qquad\qquad (R3)$$

$$|\nu_{CO,4}| \, CO + |\nu_{O_2,4}| \, O_2 \;\rightarrow\; \nu_{CO_2,4} \, CO_2 \qquad\qquad (R4)$$

Reaktionsschema 8.5.6: Flüchtigenabbrand mit CO als Zwischenprodukt

$$\xi_1 = \frac{\nu_{CO_2,4}}{\nu_{O_2,4}} \frac{\nu_{O_2,3}}{\nu_{C_xH_y,3}} c_{C_xH_y} - \frac{\nu_{CO_2,4}}{\nu_{O_2,4}} c_{O_2} + c_{CO_2} + \frac{\nu_{CO_2,4}}{\nu_{O_2,4}} \frac{\nu_{O_2,2}}{\nu_{C,2}} c_C -$$

$$- \left(\frac{\nu_{CO_2,4}}{\nu_{O_2,4}} \frac{\nu_{O_2,2}}{\nu_{C,2}} \frac{\nu_{C,1}}{\nu_{RK,1}} + \frac{\nu_{CO_2,4}}{\nu_{O_2,4}} \frac{\nu_{O_2,3}}{\nu_{C_xH_y,3}} \frac{\nu_{C_xH_y,1}}{\nu_{RK,1}} \right) c_{RK}$$

$$\xi_{1,\text{stöch}} = c_{CO_2} + \frac{\nu_{CO_2,4}}{\nu_{O_2,4}} \frac{\nu_{O_2,2}}{\nu_{C,2}} c_C - \left(\frac{\nu_{CO_2,4}}{\nu_{O_2,4}} \frac{\nu_{O_2,2}}{\nu_{C,2}} \frac{\nu_{C,1}}{\nu_{RK,1}} + \right.$$

$$\left. \frac{\nu_{CO_2,4}}{\nu_{O_2,4}} \frac{\nu_{O_2,3}}{\nu_{C_xH_y,3}} \frac{\nu_{C_xH_y,1}}{\nu_{RK,1}} \right) c_{RK}$$

$$\xi_1 > \xi_{1,\text{stöch}} : \quad c_{C_xH_y} = 0 \, , \quad c_{O_2} > 0$$

$$\xi_1 < \xi_{1,\text{stöch}} : \quad c_{C_xH_y} > 0 \, , \quad c_{O_2} = 0$$

$$\xi_2 = c_{CO} - \frac{\nu_{CO,3}}{\nu_{C_xH_y,3}} c_{C_xH_y} - \frac{\nu_{CO,4}}{\nu_{CO_2,4}} c_{CO_2} - \frac{\nu_{CO,2}}{\nu_{C,2}} c_C +$$

$$+ \left(\frac{\nu_{CO,2}}{\nu_{C,2}} \frac{\nu_{C,1}}{\nu_{RK,1}} - \frac{\nu_{CO,1}}{\nu_{RK,1}} + \frac{\nu_{CO,3}}{\nu_{C_xH_y,3}} \frac{\nu_{C_xH_y,1}}{\nu_{RK,1}} \right) c_{RK}$$

$$\xi_3 = c_{H_2O} - \frac{\nu_{H_2O,3}}{\nu_{C_xH_y,3}} c_{C_xH_y} + \left(\frac{\nu_{H_2O,3}}{\nu_{C_xH_y,3}} \frac{\nu_{C_xH_y,1}}{\nu_{RK,1}} - \frac{\nu_{H_2O,1}}{\nu_{RK,1}} \right) c_{RK}$$

Bild 8.5.14: Linearkombinationen mit CO als Zwischenprodukt (/8.5.9/)

In beiden Fällen sind 3 Linearkombinationen notwendig, was sich sehr schnell aus Gl. (8.2.27) berechnen läßt. Aus der Lösung des Mischungsgrades und der Beziehung Gl. (8.2.25) kann daraus die Verteilung der Linearkombinationen ξ_1, ξ_2 und ξ_3 berechnet werden. Es sind nun aus der Lösung der Transportgleichung für die Rohkohle- und Kokskonzentrationen die c_{RK} (RS 8.5.2) und c_C (RS 8.5.3) bekannt, und mit ihnen kann nun eine Linearkombination des Satzes (Bild 8.5.13 bzw. 8.5.14) ausgewertet werden, das heißt eine weitere Konzentration berechnet werden u.s.w.. Damit sind nun alle Konzentrationen des Reaktionsschemas 8.5.1 bestimmt.

8.5.5 Ascheverhalten

Die mineralischen Bestandteile der Kohle werden während der Pyrolyse (Vergasung) und Verbrennung zu Asche umgewandelt. Diese Asche besteht in ihren wesentlichen Bestandteilen aus SiO_2 (20÷60%), Al_2O_3(10 ÷ 35%), Fe_2O_3(5÷35%), CaO(1÷20%), MgO(1÷5%) (/8.5.59/). Sie unterliegt während ihres Transportes vom Brenner bis zum Feuerraumaustritt einer Temperatur-Geschichte, d.h. die Asche erweicht, schmilzt gegebenenfalls und wird in kälteren Bereichen wieder fest. Im erweichten oder flüssigen Zustand ist sie klebrig und bleibt bei Berührung mit

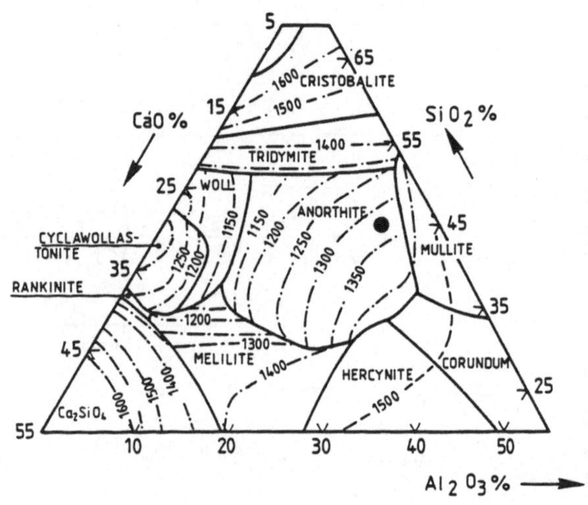

Bild 8.5.15: Ausschnitt aus dem Phasendiagramm einer Asche (/8.5.74/)

den Feuerungswänden oder mit Einbauten (konvektive Heizflächen) an diesen haften, und es bildet sich durch weitere Anlagerung eine Schlackeschicht, d.h. die gefürchtete Verschlakkung setzt ein. Bei der Berührung nicht erweichter (und damit i.a. nichtklebriger) Teilchen können sich diese aus aerodynamischen Gründen aus der Strömung abscheiden und zu Verschmutzungen führen. Für eine Vorhersage der Verschmutzungs-/Verschlackungsneigung einer Asche (Kohle) ist daher neben einer aerodynamischen Wahrscheinlichkeit dafür, daß

Ort der beaufschlagten Fläche	T_I [K]	T_S [K]
Strahlungsfeuerraum	650-750	1500-1750
Strahlungsüberhitzer	750-800	1300-1500
Konvektiver Überhitzer	800-950	1100-1300
Brennermuffel	900-1000	1600-1750
Zyklonfeuerung	900-1000	1700-1900

Tab. 8.5.7: Typische Schichtgrenztemperaturen für verschmutzte Feuerungswände (nach /8.5.74/)

ein Teilchen die Wand berührt, vor allem die Kenntnis des thermodynamischen (plastischen Verhaltens) des Teilchens notwendig. Die aerodynamische Wahrscheinlichkeit für eine Wandberührung (Kap. 11) und die Partikel-Temperatur-Geschichte (Kap. 12.2) können realistisch abgeschätzt werden. Das plastische Verhalten ist in Anbetracht der großen Anzahl von Aschebestandteilen und ihres komplexen Wechselspiels praktisch nicht beschreibbar. Verdeutlichen soll diese Aussage ein Ausschnitt aus dem Phasendiagramm des Systems CaO-FeO-Al_2O_3-SiO_2 (Bild 8.5.15). Auch das Auftreten von Eutektika bei kleinsten Salzkonzentrationen (salzhaltige Kohlen) bestätigt diese Aussage. Andererseits verändert eine Schlackeschicht an der Wand das gesamte Wärmeübertragungsverhalten an die Feuerungswände. So steigt z.B. die Oberflächentemperatur der Schlackeschicht (feuerungsseitig) an, da die Schlacke eine Isolationsschicht darstellt (Bild 8.5.16). Daß diese Temperturgradienten erheblich sein können, soll Tabelle 8.5.7 zeigen.

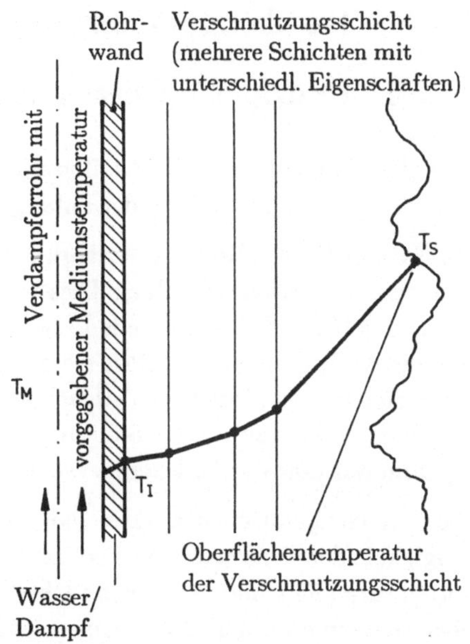

Bild 8.5.16: Temperaturverlauf an einer verschmutzten/verschlackten Feuerraumwand (nach /8.5.74/)

Neben der Verschmutzungs-/Verschlackungsneigung hat die Asche auch katalytische Eigenschaften, sie kann somit den Reaktionsablauf selbst beeinflussen. Auch die Eigenschaft, spezifisch Spurenelemente zu adsorbieren (Kap. 9.8), muß hervorgehoben werden.

8.5.6 Partikelgrößenhaushalt

8.5.6.1 Prinzipielle Überlegungen

Unter Partikelgrößenhaushalt sollen alle Effekte zusammengefaßt werden, die zu einer Verschiebung oder Veränderung der anfänglichen Korngrößenverteilung führen.

Die Korngröße von Kohle unterliegt, bedingt durch den Aufbereitungsprozeß, einer mehr oder weniger breiten Verteilung. Dies hatte schon bei der Modellierung des Impulstransportes dazu geführt, daß verschiedene Korngrößenklassen eingeführt wurden, für die jeweils eine eigene Impulsbilanz gelöst werden mußte (Kap. 7.5). Der Grund hierfür war in der unterschiedlichen Masse der Teilchen je Größenklasse und damit in den unterschiedlichen Trägheitseffekten zu suchen. Sieht man von Abweichungen von der Sphärizität der Teilchen ab, dann war dort die Teilchenmasse der bestimmende Parameter.

Auch bei der chemischen Reaktion oder dem Abbrand von Kohleteilchen ist eine Größenabhängigkeit der Umsetzung zu beobachten. Hier spielen jedoch Transportvorgänge an der Korngrenzschicht und heterogene Oberflächenreaktionen an der äußeren geometrischen Oberfläche und an den Oberflächen des Porensystems eine Rolle. Da bei der Angabe von reaktionskinetischen Parametern, wie einem Frequenzfaktor, für Kohle auf die äußere geometrische Oberfläche bezogen wird und hierbei auch die Porenoberflächen zu berücksichtigen sind, ist für diese Fragestellung die spezifische äußere Oberfläche entscheidend.

Bei der Wärmeübertragung, die in Kap. 10 beschrieben wird, treten Konvektion, Leitung und vor allem Strahlung als Mechanismen auf. Der konvektive Transport hängt über die spezifische Wärmekapazität der Kohle wieder von der Masse der Teilchen ab. Der Strahlungswärmeaustausch in partikelbeladenen Strömungen wird stark beeinflußt von Wechselwirkungsprozessen der thermischen Strahlung mit den Partikeln. In diesem

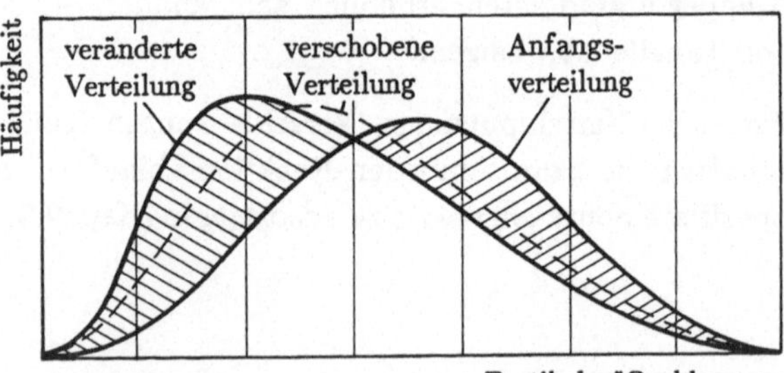

Bild 8.5.17: Korngrößenverschiebung beim Abbrand mit einer Veränderung der Verteilungsfunktion

Zusammenhang sind vor allem Emissions-, Absorptions- und Streueffekte zu nennen. Es handelt sich dabei wiederum um Oberflächeneffekte.

Schon diese kurze Zusammenstellung zeigt, wie wichtig die Kenntnis der aktuellen Korngrößenverteilung ist, da diese sich ja ausgehend von der Anfangsverteilung ständig ändert. Der Hauptmechanismus, der zur Teilchengrößenänderung führt, ist die chemische Reaktion. Aber auch Fragmentierung und, im Fall einer schmelzflüssigen Asche, Agglomeration tragen zu einer Verschiebung der Verteilung bei.

Auf Effekte am Einzelkorn wird im Kapitel über die Lagrange-Einzelteilchenbetrachtung (Kap. 11 und 12) eingegangen. In diesem Zusammenhang sollen nur "kollektive" Eigenschaften des Korngrößenhaushalts berücksichtigt werden.

8.5.6.2 Größenspezifische Eigenschaften

Den folgenden Überlegungen liegt eine Größenklasseneinteilung der Verteilungsfunktion zugrunde (Bild 8.5.17). Die Größenklasse wird mit s bezeichnet bzw. die entsprechenden Größen mit s indiziert.

Zunächst sollen jedoch einige triviale Zusammenhänge angeführt werden, wobei hauptsächlich die Nomenklatur von Bedeutung ist.

Die Masse eines einzelnen Teilchens der Größenklasse s mit dem Durchmesser $d_{PE,s}$ und der Materialdichte $\rho_P{}^M$ beträgt:

$$m_{PE,s} = \rho_P{}^M \cdot \pi \cdot d_{PE,s}{}^3 / 6 \quad . \tag{8.5.35}$$

Über alle Teilchen $N_{PE,s}$ dieser Größenklasse summiert, ergibt die Masse $m_{P,s}$ dieser Klasse:

$$m_{P,s} = N_{PE,s} \cdot m_{PE,s} = N_{PE,s} \cdot \rho_P{}^M \cdot \pi \cdot d_{PE,s}{}^3 / 6 \quad . \tag{8.5.36}$$

Die Gesamtmasse der Partikelphase ergibt sich über die Summation über alle Größenklassen s:

$$m_P = \sum_S \left[N_{PE,s} \cdot \rho_P{}^M \cdot \pi \cdot d_{PE,s}{}^3 / 6 \right] \quad . \tag{8.5.37}$$

Umgekehrt erhält man aus der Gesamtmasse m_P und den Massenanteilen der Größenklassen $c_{m,P,s}$ die Gesamtpartikelmasse dieser Klasse $m_{P,s}$:

$$m_{P,s} = c_{m,P,s} \cdot m_P \quad . \tag{8.5.38}$$

Setzt man Gl. 8.5.36 und 8.5.38 gleich, dann ergibt sich eine Bestimmungsgleichung für die Einzelteilchenanzahl dieser Größenklasse:

$$N_{PE,s} = \frac{6 \cdot c_{m,P,s} \cdot m_P}{\rho_P{}^M \cdot \pi \cdot d_{PE,s}{}^3} \quad . \tag{8.5.39}$$

Die Oberfläche eines sphärischen Teilchens der Größenklasse s beträgt:

$$A_{PE,s} = \pi \cdot d_{PE,s}{}^2 \tag{8.5.40}$$

und die geometrische Oberfläche aller Teilchen der Klasse:

$$A_{P,s} = N_{PE,s} \cdot \pi \cdot d_{PE,s}{}^2 \quad . \tag{8.5.41}$$

Diese Größe ist für den Abbrand sehr wichtig und soll daher mit Gl. 8.5.39 auf in praxi bekannte Werte zurückgeführt werden:

$$A_{P,s} = \frac{6 \cdot c_{m,P,s} \cdot m_P}{\rho_P{}^M \cdot d_{PE,s}} \quad . \tag{8.5.42}$$

204

In eine Berechnung geht meist der auf ein Kilogramm bezogene Wert $a_{p,s}$ ein:

$$a_{P,s} = \frac{6 \cdot c_{m,P,s}}{\rho_P^M \cdot d_{PE,s}} \quad . \tag{8.5.43}$$

Die geometrische Oberfläche aller Partikel in allen Größenklassen ergibt sich wiederum aus einer Summation über s:

$$a_P = \sum_s a_{P,s} = \sum_s \frac{6 \cdot c_{m,P,s}}{\rho_P^M \cdot d_{PE,s}} \quad . \tag{8.5.44}$$

8.5.6.3 Kohlespezifische Eigenschaften

Jedes Kohlekorn besteht aus unterschiedlichen Bestandteilen. Zum Teil ist noch nicht entgaste Rohkohle mit der Masse m_{RK} vorhanden , der entgaste Anteil stellt den Koks mit der Masse m_C dar. In beiden Anteilen ist Asche (m_A) eingelagert, die bei einer Bilanzierung ebenfalls berücksichtigt werden muß, so daß man die Gesamtmasse eines Teilchens m_P aufteilen kann in:

$$m_P = m_{RK} + m_C + m_A \quad . \tag{8.5.45}$$

In diesem Fall wird von einer wasserfreien Basis ausgegangen. Bei der Pyrolyse nimmt die Rohkohlemasse ab, während der Koksanteil zunächst zunimmt, um dann durch den heterogenen Abbrand ebenfalls abzunehmen. Asche als inerter Bestandteil der Kohle nimmt, abgesehen von katalytischen Effekten, nicht an den Verbrennungsreaktionen teil. Nach Reaktionsschema 8.5.1 kann nur der Koks an weiteren heterogenen Verbrennungsreaktionen teilnehmen, so daß aus den Bestandteilen der Partikel nur die Masse m_C reaktiv ist, bzw. nur an vom Koks gebildeten Oberflächen Oxidationsreaktionen ablaufen.

Die räumliche Verteilung der drei Bestandteile wird zur vereinfachten Betrachtung zunächst als überall gleich angesehen. Bei einem Abbrand von außen nach innen ändert sich diese Verteilung also nicht. Damit erhält man als reaktive Oberfläche die vom Koks belegte spezifische geometrische Oberfläche je Größenklasse s:

$$a_{P,s}^R = \frac{6 \cdot c_{m,P,s}}{\rho_P^M \cdot d_{PE,s}} \cdot \frac{m_C}{m_P} \quad . \tag{8.5.46}$$

Beim Abbrand eines Kohlekorns können nun zwei Grenzfälle auftreten:

- Das Teilchen brennt von außen nach innen bei konstanter Materialdichte ρ_P^M.

- Das Teilchen brennt mit abnehmender Materialdichte und praktisch konstantem äußeren Durchmesser. Die Oberflächenreaktionen laufen hierbei im Porensystem ab.

Darüberhinaus wird bei manchen Kohlen auch noch ein ausgeprägtes Schwellverhalten beobachtet. Dies bedeutet, daß in der Erweichungsphase bei der Aufheizung eine Volumenzunahme zu beobachten ist. Dieser Effekt ist dem des Abbrennens bei konstanter oder variabler Dichte überlagert.

Wichtig für den zeitlichen Ablauf des Koksabbrandes ist der zeitliche Verlauf der spezifischen reaktiven Oberfläche, die direkt mit dem Umsatz an Kohlenstoff gekoppelt ist. Der Massenumsatz U^* in der chemischen Technologie ist definiert als chemisch umgesetzte Menge eines Reaktanden bezogen auf die eintretende Menge:

$$U^* = \left[m(0) - m(t)\right] / m(0) = 1 - \left[m(t) / m(0)\right] \quad . \tag{8.5.47}$$

Damit ergibt sich im vorliegenden Fall des Koksabbrandes:

$$U_C^* = \left[m_C(0) - m_C(t)\right] / m_C(0) = 1 - \left[m_C(t) / m_C(0)\right] \quad . \tag{8.5.48}$$

Bezogen auf den wasserfreien Kohlezustand wird in der Verbrennungstechnik U_{RK} auch als Ausbrand bezeichnet.

Die Denkweise in Umsätzen entspricht eigentlich mehr der einer Lagrange-Betrachtungsweise, auf die erst in Kap. 12 eingegangen werden soll. Für die weiteren Betrachtungen ist jedoch ein Bezug nicht auf den Einlaß, sondern auf den gleichen geometrischen Ort, jedoch ohne Berücksichtigung der chemischen Reaktion von Vorteil, da dieser der Eulerbetrachtung entspricht. Bezugswert zu $m_C(t)$ ist die entsprechende Masse $m_{C,I}(t)$, die die Teilchen ohne chemische Reaktion hätten, wenn sie sich inert verhalten würden:

$$U_C = \left[m_{C,I}(t) - m_C(t)\right] / m_{C,I}(t) = 1 - \left[m_C(t) / m_{C,I}(t)\right] \quad . \tag{8.5.49}$$

U_C kann auch als Reaktionslaufzahl für den Koksabbrand angesehen werden. Aus ihm läßt sich die mittlere Reaktionsrate $\bar{r}_{c,s}$ über die gesamte Ausbrandzeit $t_{B,c,s}$:

$$\bar{r}_{c,s} = \frac{1}{t_{B,c,s}} \int_0^{U_C} \frac{1}{A_{P,s}} \, dU_{c,s} \tag{8.5.50}$$

berechnen (Field /8.5.56/).

Zunächst muß die Änderung der Oberfläche während des Umsatzes angegeben werden. Hierzu wird ein verallgemeinerter Ansatz (/8.5.9/) verwendet:

$$A_{P,s}(t) = A_{P,s}(0) \cdot \left[1 - U_{c,s}(t)\right]^{N_C} \quad . \tag{8.5.51}$$

Dabei ist N_C eine Art Reaktionsordnung, die Werte zwischen 0 und 1 annimmt und über die das Abbrandverhalten der jeweils vorliegenden Kohle, ausgehend von experimentellen Daten, berücksichtigt werden kann. Man erhält dabei die folgenden Fälle:

- $N_C = 0$: $A_{P,s}(t)/A_{P,s}(0) = 1$, d.h. die Oberfläche und damit der Partikeldurchmesser ändern sich nicht. Dies ist der Fall, bei dem während des Abbrands sich die Materialdichte der Kohle ändern muß, um die mit dem Abbrand verbundene Massenabnahme zu beschreiben. Dieser Fall tritt vor allem bei sehr kleinen Partikeln auf.

- $N_C = 2/3$: $A_{P,s}(t)/A_{P,s}(0) = [1-U_{c,s}(t)]^{2/3}$, dies entspricht nach Field (/8.5.70/) einem Abbrand bei konstanter Dichte von außen nach innen.

- $N_c = 1$: $A_{P,s}(t)/A_{P,s}(0) = [1-U_c(t)]$, wird von Field für schwellende Kohlen vorgeschlagen. Dies entspricht einem stark abnehmenden Durchmesser bei sich nur moderat ändernder Dichte. Das Schwellen der Kohle muß hierbei bei der Anfangsoberfäche $A_{P,s}(0)$ berücksichtigt werden.

Zur Berechnung der spezifischen reaktiven Oberfläche muß noch der Gesamtmassenverlust bzw. der Gesamtumsatz der Kohle, bestehend aus Rohkohle, Koks und Asche, berücksichtigt werden. Mit Gl. (8.5.45) erhält man den Umsatz der gesamten Kohle U_K zu:

$$U_{K,s} = 1 - m_{P,s} / m_{P,s,I} \quad . \tag{8.5.52}$$

Damit ergibt sich für $a_{P,s}(t)$:

$$\begin{aligned}
a_{P,s} &= a_{P,s,I} \cdot \left[1 - U_{C,s}(t) \right]^{N_C} \cdot m_{P,s,I} / m_{P,s} \\
&= a_{P,s,I} \cdot \left[1 - U_{C,s}(t) \right]^{N_C} \cdot \left[1 - U_{K,s}(t) \right]^{-1} \quad .
\end{aligned} \tag{8.5.53}$$

Reaktiv im Sinne von Gl. (8.5.46) wirkt wiederum nur der Koks, so daß man erhält:

$$a_{P,s}^{R} = a_{P,s,I} \cdot \left[1 - U_{C,s}(t) \right]^{N_C} \cdot \left[1 - U_{K,s}(t) \right]^{-1} \cdot m_{C,s} / m_{P,s} \quad . \tag{8.5.54}$$

Bei dieser Betrachtungsweise ist es nun die Aufgabe einer weiteren Modellierung Ansätze für die zunächst noch unbekannten Größen $a_{P,s,I}$, $U_{C,s}$ und $U_{K,s}$ anzugeben. Mit den obigen Gleichungen kann dieses Problem darauf reduziert werden, die Veränderung des Korngrößenspektrums durch den Abbrand zu beschreiben. Hierzu sollen zwei Ansätze dienen:

- Shadow-Methode zur direkten Angabe des Verhältnisses $d_{PE,s}/d_{PE,s,I}$ oder

- Modifizierte Momenten-Methode, bei der direkt die Verschiebung der Gesamtverteilung über beschreibende Momente angegeben wird.

8.5.6.4 "Shadow"-Methode für die Umsatzberechnung

Bei der Zweiphasenströmungsberechnung wurden die beiden Volumenanteile für die Gas (θ_G)- und Partikel (θ_P)-Phase für eine Charakterisierung herangezogen. Dabei war zunächst nur auf nichtreagierende Strömungen eingegangen worden (Kap. 7.5). Die örtliche Volumenbeladung ist dabei allein durch die Vermischung des Primärluftgemisches in der Flamme bzw. im Feuerraum bestimmt. Wenn keine Senken durch eine chemische Reaktion auftreten, kann die örtliche Volumenbeladung aus der Mischungsgradverteilung berechnet werden. In Analogie zu Gl. 8.2.25 erhält man:

$$\theta_{P,I} = \frac{f - f_2}{f_1 - f_2} \quad , \tag{8.5.55}$$

wobei die Indizes 1 und 2 für Primär- und Sekundäreinlaß stehen. f_1 und f_2 sind i. a. Konstanten, die sich aus den Einlaßwerten im Primär- und Sekundärlufteinlaß errechnen.

Da über eine vollständige Verbrennungsrechnung der tatsächliche Volumenanteil (also mit Reaktion) angebbar ist, kann örtlich das Verhältnis $\theta_P/\theta_{P,I}$ bestimmt werden. Über die Beziehungen in Kap. 8.5.6.2 kann damit z.B. geschrieben werden (/8.5.71/):

$$\frac{d_{PE,s}}{d_{PE,s,I}} = \left[\frac{\theta_{P,s}}{\theta_{P,s,I}}\right]^{1/3} \quad . \tag{8.5.56}$$

Wendet man diese Vorgehensweise analog auf die noch unbekannten Größen in Gl. 8.5.54 an, dann erhält man (/8.5.9/):

$$a_{P,s}^{R} = \frac{6 \cdot c_{m,P,s}}{\rho_P^M \cdot d_{PE,s}} \cdot \frac{m_{RK,s}}{m_{P,s}} \quad , \tag{8.5.57}$$

$$U_{C,s} = 1 - \frac{\nu_{C,1}/\nu_{RK,1} \cdot m_{RK,s} + m_{C,s}}{\nu_{C,1}/\nu_{RK,1} \cdot m_{RK,s,I}} = 1 - \frac{\nu_{C,1}/\nu_{RK,1} \cdot m_{RK,s} + m_{C,s}}{\nu_{C,1}/\nu_{RK,1} \cdot m_{RK,s}(0) \cdot f} \quad . \tag{8.5.58}$$

Hierbei bezeichnet der Zeitpunkt $t = 0$ im Nenner den Zustand im Primäreinlaß, also beim Eintritt in die Flamme bzw. den Feuerraum.

Analog ergibt sich:

$$U_{K,s} = 1 - \frac{m_{RK,s} + m_{C,s}}{m_{RK,s}(0) \cdot f} \quad . \tag{8.5.59}$$

Damit entsteht insgesamt eine Beziehung für die reaktive spezifische Oberfläche der Fraktion s:

$$a_{P,s}^{R} = \frac{6 \cdot c_{m,P,s}}{\rho_P^M \cdot d_{PE,s}} \cdot \left[1 - U_{C,s}(t)\right]^{N_C} \cdot \left[1 - U_{K,s}(t)\right]^{-2} \cdot \frac{m_{RK,s}}{m_{P,s}} \quad . \tag{8.5.60}$$

8.5.6.5 Modifizierte Momentenmethode

Bei den in Kap. 8.5.6.3 angegebenen Beziehungen war für jede Größenklasse s eine spezifische reaktive Oberfläche abgeleitet worden. Daher müssen bei einer solchen Vorgehensweise auch so viele Bilanzen angesetzt und gelöst werden wie Größenklassen gewählt wurden. Die Idee bei einer Momentenmethode ist nun die, die Verteilungsfunktion über Momente wie Standardabweichung, Varianz, Schiefe u.ä. zu beschreiben. Für die Verschiebung der Verteilungsfunktion bedingt durch den Abbrand müssen dann entsprechende Bilanzen (Transportgleichungen) formuliert werden. Eine solche Vorgehensweise angewandt auf die Kohlenstaubverbrennung wird in /8.5.12/ dargelegt und soll hier nur in ihren wesentlichen Zügen wiedergegeben werden. Ausgangspunkt ist die Beschreibung der Kornverteilungsfunktion über eine RRSB (Rosin-Rammler-Sperling-Bennett)-Verteilung:

$$R(d_{PE}) = \exp\left[-(d_{PE}/d_{PE}')^{n_P}\right] \quad , \tag{8.5.61}$$

wobei d_{PE}' die Mahlfeinheit charakterisiert und n_P die Gleichmäßigkeit der Verteilungsfunktion darstellt.

208

Eine Massenabnahme der abbrennenden Teilchen ist direkt korreliert mit der zeitlichen
Änderung der beiden Parameter n_P
und d_{PE}', die auch als modifizierte
Momente aufgefaßt werden kön-
nen. Voraussetzung hierfür ist natürlich, daß die Form der Verteilungsfunktion während des Abbrands erhalten bleibt (Bild 8.5.18
im Gegensatz zu Bild 8.5.17), daß
es sich also insbesondere immer
um eine RRSB-Verteilung handelt.
Dieser Nachweis konnte von
/8.5.12/ geführt werden (Bild
8.5.19).

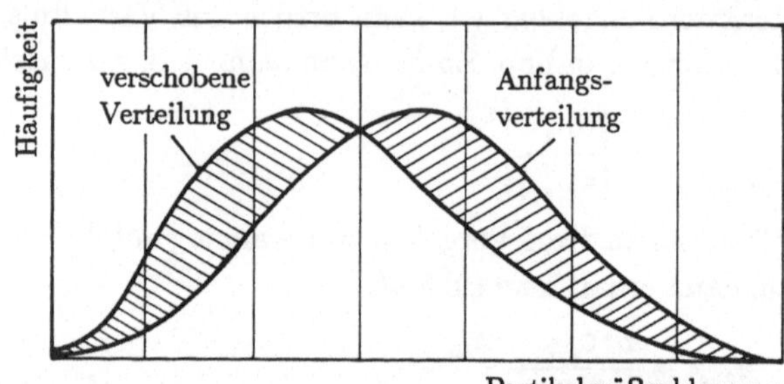

Bild 8.5.18: Korngrößenverschiebung beim Abbrand
ohne eine Veränderung der Verteilungsfunktion

Damit müssen nicht mehr s Bilanzen, sondern nur noch 2 Transportgleichungen für d_{PE}'und
n_P gelöst werden. Eine ähnliche Vorgehensweise wird bei den pdf (probability density func-
tion) - Transportmodellen (/8.2.4/) eingeschlagen. Bei beiden Methoden ist die Aufstellung
bzw. Modellierung dieser Transport-
gleichungen nicht unproblematisch. Der
naheliegende Ansatz, d_{PE}' und n_P über
Transportgleichungen vom Typ der Gl.
(6.1.17) zu bilanzieren, verlagert das
Problem auf die Formulierung geeigneter Quellterme $S(d_{PE}')$ und $S(n_P)$.

Umgangen werden kann dieses Problem
durch eine Vorabberechnung der beiden
zeitlichen Verläufe von d_{PE}' und n_P indem ein Vergleich mit der in Kap. 8.5.6.3
und 8.5.6.4 beschriebenen Methode
unter stark vereinfachten Bedingungen
vorgenommen wird. Der Einsatz dieser
Zeitverläufe unter den Bedingungen der
Kohlenstaubverbrennung reduziert die
Rechenzeit erheblich.

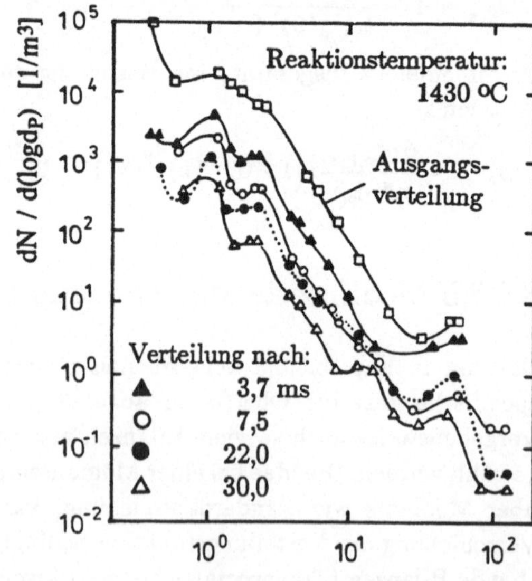

Bild 8.5.19: Verschiebung der Partikelgrößenverteilung beim Abbrand (/9.5.12/)

8.5.6.6 Fragmentierung

Fragmentierungsvorgänge bei der Kohlenstaubverbrennung führen im Gegensatz zu den heterogenen Abbrandreaktionen nicht zu einer kontinuierlichen Verschiebung der Korngrößenverteilungsfunktion, sondern zu einer Änderung der Funktion, da die Entvölkerung einer Klasse nicht nur die nächstniedrige bevölkert, sondern praktisch alle niedrigeren. Um diese Umverteilung zu beschreiben, müssen Beziehungen angegeben werden, die die Korngrößenverteilung der Fragmente beschreiben. Hierfür rein theoretische Ansätze zu verwenden, erscheint nicht sinnvoll, da eine Vielzahl von Einflußfaktoren auf das Fragmentierungsverhalten angegeben werden kann (/8.5.77/):

- Bestandteile bzw. Zusammensetzung der Kohle,
- geometrische Verteilung dieser Bestandteile im Korn (z.B. der Asche),
- Porenmorphologie,
- mechanische Spannungen bzw. thermische Gradienten und Transienten und
- Umgebungsbedingungen des Kohlekorns (chemische Zusammensetzung, Temperaturgradienten bzw. -transienten).

Für eine mathematische Beschreibung des Prozesses der Fragmentierung sind die wohl wichtigsten Einflußgrößen die Porenmorphologie und die stoffliche Zusammensetzung, im Fall der Kohle insbesondere die Verteilung der mineralischen Bestandteile bzw. der Asche (Bild 8.5.20). Beides sind im Prinzip morphologische Kenngrößen, so daß zu ihrer Modellierung zweckmäßigerweise ein Konzept zum Einsatz kommt, das geometrische Wahrscheinlichkeiten berücksichtigt. Die zugehörige Theorie wird als Percolationstheorie bezeichnet (/8.5.77/-/8.5.80/) und beschreibt die geometrische Verbundenheit von irregulären Körpern. Als solche sind im vorliegenden Fall die materiellen Bereiche zwischen dem Porensystem bzw. zwischen diskret eingela-

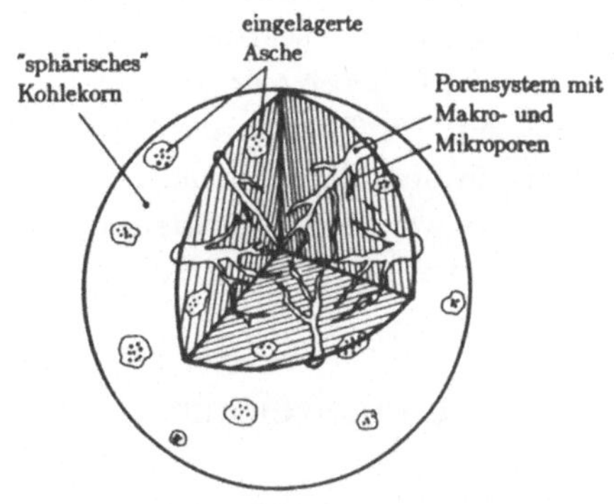

Bild 8.5.20: Morphologie eines Kohlekorns

gerten Ascheteilchen zu sehen. Die Kohle wird hierbei als kontinuierliche Phase, Poren und Asche als diskret eingelagerte "Störstellen" betrachtet.

Im einfachsten Fall homogener, d.h. gleichmäßiger Porenverteilung, konnte eine Wahrscheinlichkeit für die fraktale Verteilung abgeleitet werden, die einerseits die Abhängigkeit für die Wahrscheinlichkeit der Fragmentmassen $P^{Fr}(m_{PE})$ von der Ausgangsmasse N_{PE} und andererseits für die Fragmentdurchmesser $P^{Fr}(d_{PE})$ ausgehend vom Durchmesser d_{PE} angibt (/8.5.79/):

$$P_s^{Fr}(m_{PE,s}) = c_{Fr,1} \cdot m_{PE,s}^{-2,15} \ , \tag{8.5.62}$$

$$P_s^{Fr}(d_{PE,s}) = c_{Fr,2} \cdot d_{PE,s}^{-3,86} \ . \tag{8.5.63}$$

Hierzu wurde für die Massenverteilung ein Potenzgesetz unterstellt, d.h. je kleiner ein Teilchen, desto größer ist die Wahrscheinlichkeit für seine Entstehung aufgrund des Fragmentierungsprozesses. Da die entstehenden Fraktale eine sehr ausgeprägte Nichtsphärizität aufweisen, die über eine fraktale Dimension beschreibbar ist, wirkt sich dies auf die Verteilung der fraktalen Partikeldurchmesser überproportional aus, so daß man die in Gl. 8.5.62 bzw. 8.5.63 angegebene Abhängigkeit erhält.

Da $d_{PE,s}$ direkt in die Berechnung der geometrischen Partikeloberfläche eingeht, muß die Wahrscheinlichkeit $P(d_{PE,s})$ bei der Verschiebung der Partikelgrößenverteilungsfunktion berücksichtigt werden.

Bild 8.5.21 zeigt die Verhältnisse an einem von außen abbrennenden Kohleteilchen im Schnitt. Dabei ist in der äußersten Schicht eine kritische Porosität überschritten. In ihr tritt in der Folge eine Fragmentierung auf. Im Inneren des Teilchens, in dem der Abbrand noch nicht so weit fortgeschritten ist, kommt es im derzeitigen Zustand noch zu keiner Fragmentierung.

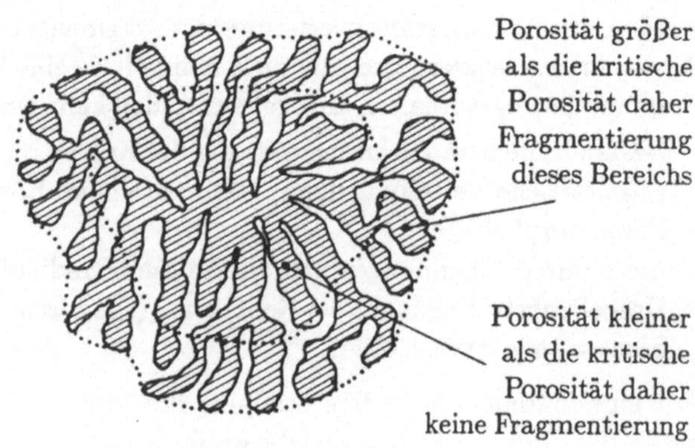

Bild 8.5.21: Kritische Porosität

o Formelzeichen

(Kapitelspezifische Formelzeichen; eine Zusammenstellung übergeordnet gültiger Formelzeichen und Kennzahlen ist in Anhang 6 angeführt; [*] Dimension hängt von der jeweiligen Verwendung ab)

Symbol	Bedeutung	Dimension
a_p	spezifische Partikeloberfläche	m²/kg
A	Reaktionspartner	-
B	Exponent im allgemeinen Arrheniusansatz	-
c	Massenanteil	-
c_{Fr}	Fragmentierungskonstante	-
d	Durchmesser	m
D	Diffusionskoeffizient	m²/s
C	Koks, Kohlenstoff	-

Symbol	Bedeutung	Dimension
C_xH_y	allgemeiner Kohlenwasserstoff	-
E	Aktivierungsenergie	kJ/kmol oder kJ/kg
f	Mischungsgrad	-
f_m	Mechanismusfaktor	-
Fl	Summe aller Flüchtigen	-
g	Varianz einer Größe	*
k	Reaktionsgeschwindigkeit	1/s
k	kinetische Turbulenzenergie	m^2/s^2
k_o	Frequenzfaktor im Arrheniusansatz	1/s
K	Gleichgewichtskonstante	-
l	charakteristische Länge	m
m	Masse	kg
n	Luftzahl	-
n_P	Gleichmäßigkeitsparameter	-
N	Reaktionsordnung	-
N_{PE}	Einzelpartikelanzahl	-
p	Druck	Pa
P	Wahrscheinlichkeitsdichtefunktion	-
$\dot{r}$	Reaktionsrate oder Quellterm durch chem. Reaktion	1/s
$\dot{R}$	Äquivalenzreaktionsgeschwindigkeit	1/s
S	Quellterm	*
t	Zeit	s
t_B	Abbrandzeit	s
T	Temperatur	K
T_A	Aktivierungstemperatur	K
u	Geschwindigkeit	m/s
U	Umsatz	-
v_F	Flammengeschwindigkeit	m/s
V	Volumen	m^3
Γ	allgemeiner Austauschkoeffizient	*
ϵ	Dissipation an kinetischer Turbulenzenergie	m^2/s^3
ρ	Dichte	kg/m^3
ξ	Linearkombination von Konzentrationen	-
ν	stöchiometrischer Koeffizient	-

Indizes tiefgestellt

Symbol	Bedeutung
A	Asche
B	Abbrand (burn-out)
Br	Brennstoff
C	Kohlenstoff, Koks
D	Düse
f	Mischungsgrad
Fl	Flüchtige (Kohle)
Fr	Fragmentierung
GD	Gasdiffusion
GS	Grenzschicht
I	inert
L	Flüssigkeit (liquid)
Pr	Produkte
R	Reaktion
Ox	Oxidationsmittel
P	Partikelphase
PD	Porendiffusion
PE	Einzelpartikel
RK	Rohkohle
s	Größenklasse
S	Oberfläche (surface)
t	turbulent
Tu	Turbulenzeinfluß
zu	zugeführt
α	Reaktionspartner
β	Teilreaktion
γ	Linearkombination

Indices hochgestellt

Symbol	Bedeutung
ch	chemisch
KA	Koksabbrand
Fr	Fragmentierung
ph	physikalisch
PY	Pyrolyse
R	reaktiv, reagierend
St	Strahlung
V	Verluste

Sonderzeichen

Symbol	Bedeutung
$\bar{\ }$	Mittelwert (zeitlicher)
$\hat{\ }$	Schwankungswert
$\dot{\ }$	Rate (zeitliche)

o Literatur

Bilanzierung von Spezies und Regime der Verbrennung

/8.1.1/ Brdicka, R.: Grundlagen der physikalischen Chemie. Deutscher Verlag der Wissenschaften, Berlin, 1976

/8.1.2/ Moore, W.J.: Basic Physical Chemistry. Prentice/Hall Int., London, 1983

/8.1.3/ Williams, F.A.: Combustion Theory, Benjamin/Cummings Publishing Comp., Inc., California, 1988

/8.1.4/ Strehlow, R.A.: Combustion Fundamentals. McGraw-Hill Int., New York, 1985

/8.1.5/ Gardiner, W.C. (Ed.): Combustion Chemistry. Springer Verlag, New York, 1984

/8.1.6/ Frohn, A.: Einführung in die kinetische Gastheorie. Akademische Verlagsgesellschaft, Wiesbaden, 1979

/8.1.7/ Essenhigh, R.H.: Combustion and Flame Propagation in Coal Systems: A Review. 16th Symp. (Int.) Combustion,1976, pp 353-374

Reaktionskinetik

/8.2.1/ Spalding, D.B.: Mixing and Chemical Reaction in Steady Confined Turbulent Flames. 13th Symp. (Int.) Comb., 1970, pp 649-657

/8.2.2/ Magnussen, B.F.; Hjertager, B.H.: On Math. Modelling of Turb. Comb. with Special Emphasis on Soot Formation and Combustion. 16th Symp. (Int.) Comb., 1976, pp 719-729

/8.2.3/ Hjertager, B.H.: Simulation of Transient Compressible Turbulent Reactive Flows. Combustion Science and Technology, 27 (1982), pp 159-170

/8.2.4/ Pope, S.B.: PDF Methods for Turbulent Reactive Flows. Prog. Energy Combust. Sci., 11 (1985), pp 119-192

/8.2.5/ Bockhorn, H.: Zur Struktur turbulenter Diffusionsflammen. Habilitationsschrift TH Darmstadt, 1989

/8.2.6/ Peters, N.: Laminar Flamelet Concepts in Turbulent Combustion. 21st Symp. (Int.) Combust., Combust. Inst., 1986, pp 1231-1250

/8.2.7/ Peters, N.: Das Flammenzonenmodell und seine Anwendungen. Inst. für Allgemeine Mechanik, TH Aachen; Institutsbericht, 1973

/8.2.8/ Peters, N.: Laminar Diffusion Flamelet Models in Non-Premixed Turbulent Combustion. Prog. Energy Combust. Sci., 10 (1984), pp 319-339

/8.2.9/ Rogg, B.; Behrendt, F.; Warnatz, J.: Turbulent Non-Premixed Combustion in Partially Premixed Diffusion Flamelets with Detailed Chemistry. 21st Symp. (Int.) on Combust., München, West Germany, 3.-8.8.1986

/8.2.10/ Bilger, R.W.: The Structure of Diffusion Flames. Comb. Sci. Techn., 13(1976), pp 155-170

/8.2.11/ Bilger, R.W.: Turbulent Jet Diffusion Flames. Prog. Energy Combust. Sci., 1 (1976), pp 87-109

/8.2.12/ de Soete,G.G.: Soot and NOx-Formation in Coal Combustion. In: Coal Utilization - Science and Technology, Tagungsband, Zeist, the Netherlands, 1989

/8.2.13/ Kuo, K.K.:Principles of Combustion. J. Wiley and Sons, New York, 1986

/8.2.14/ Correa, S.M.; Sichel, M.: The Group Combustion of a Spherical Cloud of Monodispersed Fuel Droplets. 19th Symp. (Int.) Comb., 1982, pp 981-991

/8.2.15/ Kerstein, A.R.; Law, C.: Percolation in Combusting Sprays I: Transition from Cluster Combustion to Percolate Combustion in Non-Premixed Sprays. 19th Symp. (Int.) Comb., 1982, pp 961-969

/8.2.16/ Kerstein, A.R.: Percolation in Combusting Sprays II. Width of the Percolate Combusting Zone, Comb. Sci. Techn., 37 (1984), pp 47-57

/8.2.17/ Chiu, H.H.; Kim, H.Y.; Crake, E.J.: Internal Group Combustion of Liquid Droplets. 19th Symp. (Int.) Comb.,1982, pp 971-980

/8.2.18/ Annamali, K.; Ramalingam, S.C.: Group Combustion of Char/Carbon Particles. Combustion and Flame, 70 (1987), pp 307-332

/8.2.19/ Ghoniem, A.F.; Chorin, A.J.; Oppenheim, A.K.: Numerical Modelling of Turbulent Flow in a Combustion Tunnel. Phil. Trans. R. Soc. Lond. A 304, 1982, pp 303-325

/8.2.20/ Holt, J.S.; Matthews, K.J.; Lawn, C.J.: The Influence of Combustion and Buoyancy upon Furnace Chamber Aerodynamics. IFRF 5th Members' Conference, Noordwijkerhout, the Netherlands, 8th-10th May 1978

/8.2.21/ Janicka, J.; Kollmann, W.: Ein Rechenmodell für reagierende turbulente Scherströmungen im chemischen Nichtgleichgewicht. Wärme- und Stoffübertragung, 11 (1978), S. 157-174

/8.2.22/ Jischa, M.: Zum Impuls-, Wärme- und Stoffaustausch in turbulenten Strömungen reagierender Binärgemische. Teil I: Die Reynold'schen Gleichungen und die Transportgleichungen. Wärme- und Stoffübertragung, 9 (1976), S. 173-178

/8.2.23/ Jones, W.P.; Whitelaw, J.H.: Modelling and Measurements in Turbulent Combustion. 20th Symp. (Int.) Comb., 1984, pp 233-249

/8.2.24/ Knoche, K.F.; Janicka, J.; Oebels, R.: Experimentelle und theoretische Untersuchungen an turbulenten Methan-Diffusionsflammen. VDI-Berichte Nr. 423, 1981

Gasverbrennung

/8.3.1/ Warnatz, J.: Rate Coefficients in the C/H/O System. In: (Ed.:Gardiner) Combustion Chemistry, Springer Verlag, New York, 1984

/8.3.2/ Dryer, F.L.; Glassman, I.: High-Temperature Oxidation of CO and CH$_4$. 14th Symp. (Int.) on Comb., 1973

/8.3.3/ Hautman, D. J.; Dryer, F. L.; Schug,, K. P.; Glassman, I.: A Multiple-Step Overall Kinetic Mechanism for the Oxidation of Hydrocarbons. Comb. Sci. Techn., 25(1981), pp 219-235

/8.3.4/ Westbrook, C.K.; Dryer, F. L.: Simplified Reaction Mechanisms for the Oxidation of Hydrocarbon Fuels in Flames. Comb. Sci. Techn., 27(1981), pp 31-43

/8.3.5/ Warnatz, J.: Elemtarreaktionen in Verbrennungsprozessen. BWK, 37 (1985) Nr. 1-2, S. 11-19

Ölverbrennung

/8.4.1/ Law, C.K.: Recent Advances in Droplet Vaporization and Combustion. Prog. Energy Combust. Sci., 8 (1982), pp 171-201

/8.4.2/ Sirigano, W.A.: An Integrated Approach to Spray Combustion Model Development. ASME 107th Winter Annual Meeting, Anaheim, California, U.S.A., 1986

/8.4.3/ Faeth, G.M.: Evaporation and Combustion of Sprays. Prog. Energy Combust. Sci., 9 (1983), pp 1-76

/8.4.4/ Elkotb, M.M.: Fuel Atomization for Spray Modelling. Prog. Energy Combust. Sci., 8 (1982), pp 61-91

/8.4.5/ Faeth, G.M.: Current Status of Droplet and Liquid Combustion. Prog. Energy Combust. Sci., 3 (1977), pp 191-224

/8.4.6/ Williams, A.: Fundamentals of Oil Combustion. Prog. Energy Combust. Sci., 2 (1976), pp 167-179

/8.4.7/ Gosman, A.D.; Ioannides, E.: Aspects of Computer Simulation of Liquid-Fuelled Combustors. AIAA 19th Aerospace Sciences Meeting, St. Louis, Missouri, U.S.A., 12.-15. Jan. 1981

/8.4.8/ Elkotb, M.M.; Elbahar, O.M.F.; Abou-Ellail, M.M.: Spray Modelling in High Turbulent Swirling Flow. 4th Symp. on Turb. Shear. Flows, Karlsruhe, West Germany, 1983

/8.4.9/ Tochitani, Y.; Mori, Y.H.; Komotori, K.: Vaporization of Single Liquid Drops in an Immiscible Liquid . Part I: Forms and Motions of Vaporizing Drops. Wärme- und Stoffübertragung, 10 (1977), S. 51-59

/8.4.10/ Tochitani, Y.; Mori, Y.H.; Komotori, K.: Vaporization of Single Liquid Drops in an Immiscible Liquid, Part II: Heat Transfer Characteristics. Wärme- und Stoffübertragung, 10 (1977), S. 71-79

/8.4.11/ Godsave, G.A.E.: Burning of Fuel Droplets, Studies of the Combustion of Drops in a Fuel Spray - the Burning of Single Drops of Fuel. 4th Symp. (Int.) on Combust., 1952, pp 818-830

/8.4.12/ Spalding, D.B.: The Combustion of Liquid Fuels. 4th Symp. (Int.) Combust., 1952, pp 847-864

/8.4.13/ Cooper, S.: Simple Physical Models of Oil Spray Flames with Particular Reference to Flame Scaling. Joint Meeting of the Oil, Gas, Heat Transfer and Aerodynamics Panels, IJmuiden, the Netherlands, 27.-29. Oct. 1981

/8.4.14/ Schneider, M. H.: Untersuchungen zum Einfluß der Zerstäubung auf die Verdampfung flüssiger Brennstoffe in turbulenten Sprayflammen. Dissertation TH Darmstadt, 1986

/8.4.15/ Michel, B.: Einfluß der Zerstäubung auf die Form und die Wärmestrahlung von Heizölflammen. Dissertation Universität Stuttgart, 1970

/8.4.16/ Hoenig, V.; Baumbach, G.: Schadstoffminderung bei Schwerölflammen durch Additive: Ruß, SO_3, NO_x. VGB-Kongreß: Kraftwerk und Umwelt, Tagungsband, 1989, S. 213-217

/8.4.17/ Hoenig, V.; Baumbach, G.: Messungen zur Schadstoffbildung in additiv-dotierten Schwerölflammen. VDI Berichte, Nr. 645, 1987, S. 369-379

/8.4.18/ Hoenig, V.; Baumbach, G.: Neutralisation und Rußminderung durch Additive für schweres Heizöl. Brennstoff-Wärme-Kraft, 41(1989)Nr. 11, S. 483-487

/8.4.19/ Noll, H.: Private Kommunikation, 1989

Kohleverbrennung

/8.5.1/ Lowry, H.H. (Ed.): Chemistry of Coal Utilization. Vol. I and II, 1945, supl. Vol. 1963, Wiley and Sons, New York

/8.5.2/ Elliot, M.A. (Ed.): Chemistry of Coal Utilization. 2nd Suppl. Vol., Wiley & Sons, New York, 1981

/8.5.3/ Hoffmann, E.J.: Coal Conversion. Modern Printing Comp. Laramie, Wyoming, USA, 1978

/8.5.4/ Field, M.A.; Gill, D.W.; Morgan, B.B.; Hawksley, P.G.W.: Combustion of Pulverized Coal, British Coal Utilization Research Association (BCURA), Leatherhead, UK, 1967

/8.5.5/ Ullmann's Encyclopedia of Industrial Chemistry. 5. Ed., Vol. B3, Verlag Chemie, Weinheim, 1989

/8.5.6/ Smoot, L.D.; Pratt, D.T.: Pulverized-Coal Combustion and Gasification, Plenum Press, New York, 1979

/8.5.7/ Smoot, L.D.; Smith, Pulverized-Coal Combustion and Gasification, Plenum Press, New York, 1985

/8.5.8/ Richter, W.: Mathematische Modelle technischer Flammen. Dissertation Universität Stuttgart, 1978

/8.5.9/ Zinser, W.: Zur Entwicklung mathematischer Flammenmodelle für die Verfeuerung technischer Brennstoffe. VDI Fortschrittberichte, Reihe 6, Nr. 171, 1985

/8.5.10/ Görner, K.: Simulation turbulenter Strömungs- und Wärmeübertragungsvorgänge in Großfeuerungsanlagen. VDI Fortschrittber., Reihe 6, Nr. 201, 1987

/8.5.11/ Hoitz, J.: Numerisches Modell zur Simulation von Strömungsvorgängen in isothermen physikalischen Feuerungsmodellen.Dissertation, Ruhr-Universität Bochum, 1980

/8.5.12/ Wirtz, S.: Mathematische Modellierung der Kohlenstaubverbrennung.Dissertation, Ruhr-Universität Bochum, 1989

/8.5.13/ Annamalai, K.: Critical Regimes of Coal Ignition. Eng. for Power, 101(1979) No.4, pp 576-583

/8.5.14/ van Krevelen, D.W.: Coal - Typology, Chemistry, Physics, Constitution. Elsevier Publ. Comp., Amsterdam, 1961

/8.5.15/ Haenel, M.W.; Collin, G.; Zander, M.: Kohlechemie - Stand, Entwicklungsrichtungen und Perspektiven. Erdöl, Erdgas, Kohle, 105(1989), H.2, S.71-74, H.3, S.131-138

/8.5.16/ DIN 51718 Bestimmung des Wassergehalts
DIN 51719 Bestimmung des Aschegehaltes
DIN 51720 Bestimmung des Gehalts an Flüchtigen Bestandteilen
DIN 51721 Bestimmung des Gehalts an Kohlenstoff und Wasserstoff
DIN 51722 Bestimmung des Stickstoffgehalts
DIN 51724 Bestimmung des Schwefelgehalts Teil 1: Gesamtschwefel Teil 2: Bindungsarten
DIN 51725 Bestimmung des Phosphorgehalts
DIN 51726 Bestimmung des Gehalts an Carbonat-Kohlenstoffdioxid
DIN 51727 Bestimmung des Chlorgehalts
DIN 51729 Bestimmung der chemischen Zusammensetzung von Brennstoffasche (Teil 1 - 9)
DIN 51730 Bestimmung des Asche-Schmelzverhaltens

/8.5.17/ Krabbe, H.-J.: Bestimmung von Kohledaten. VGB Kraftwerkstechnik 64 (1984), Nr. 2, S. 158-164

216

/8.5.18/ Ruhrkohlenhandbuch, 6. Aufl., Verlag Glückauf, Essen, 1984

/8.5.19/ Given, P.H.: Concepts of Coal Structure in Relation to Combustion Behavior. Prog. Energy Comb. Sci., 10 (1984), pp 119-158

/8.5.20/ Wendt, J.O.L.: Fundamental Coal Combustion Mechanisms and Pollution Formation in Furnaces. Prog. Energy Comb. Sci.., 6(1980), pp 201-222

/8.5.21/ Schnell, U.; Görner, K.: Interaction of Kinetics with Heat Transfer and Fluid Flow in Brown Coal Flames. 1989 Int. Conf. Coal Sci., Tokyo, 1989

/8.5.22/ Collin, G.: Neuere technische Verfahren in der Kohlechemie. Chem.-Ing.-Tech., 59 (1987) Nr. 12, S. 899-906

Pyrolyse

/8.5.23/ Solomon, P.R.: Relation Between Coal Structure and Thermal Decomposition Products. Coal Structure, Advances in Chemistry-Series, 192, Am.Chem.Soc., 95 (1981), pp 95-112

/8.5.24/ Pitt, G.J.: The Kinetics of the Evolution of Volatile Products from Coal. Fuel, 41 (1962), pp 267-274

/8.5.25/ van Krevelen, D.W.; van Heerden, C.; Huntjens, F.J.: Physicochemical Aspects of the Pyrolysis of Coal and Related Organic Compounds. Fuel, 30 (1951), pp 253-259

/8.5.26/ Fitzgerald, D.; van Krevelen, D.W.: Chemical Structure and Properties of Coal XXI - The Kinetics of Coal Carbonization. Fuel, 38 (1959), pp 17-37

/8.5.27/ Reidelbach, H.; Summerfield, M.: Kinetic Model for Coal Pyrolysis Optimization. American Chemical Society, Div. of Fuel Chemistry, 20 (1975) 1, pp 161-202

/8.5.28/ Howard, J.B.: Fundamentals of Coal Pyrolysis and Hydropyrolysis. In: Elliott (Ed.), Chemistry of Coal Utilization, Vol. 2 (Suppl.); Wiley Interscience, New York, 1981

/8.5.29/ Anthony, D.B.; Howard, J.B.: Coal Devolatilization and Hydrogasification. AIChE Journal, 22 (1976) No. 4, pp 625-656

/8.5.30/ Suuberg, E.M.; Peters, W.A.; Howard, J.B.: Product Compositions and Formation Kinetics in Rapid Pyrolysis of Pulverized Coal - Implications for Combustion. 17th Symp. (Int.) Comb., 1978, pp 117-130

/8.5.31/ van Heek, K.H.: Kinetics of Coal Pyrolysis as Basis for the Design of Industrial Reactors. German Chemical Engineering, 5th ed., 1984, pp 319-327

/8.5.32/ Nsakala, N.; Essenhigh, R.H.; Walker, Ph.L.: Studies on Coal Reactivity: Kinetics of Lignite Pyrolysis in Nitrogen at 808 degr. Cels.. Combustion Science and Technology, 16 (1977), pp 153-163

/8.5.33/ Solomon, P.R.; Hamblen, D.G.; Carangelo, R.M.; Krause, J.L.: Coal Thermal Decomposition in an Entrained Flow Reactor: Experiments and Theory. 19th Symp. (Int.) Comb., 1982, pp 1139-1149

/8.5.34/ Badzioch, S.; Hawksley, P.G.W.: Kinetics of Thermal Decomposition of Pulverized Coal Particles. Ind. Eng. Chem. Process Des. Develop., 9 (1978) No. 4, pp 521-530

/8.5.35/ Seeker, W.R.; Samuelsen, G.S.; Heap, M.P.; Trolinger, G.D.: The Thermal Decomposition of Pulverized Coal Particles. 18th Symp. (Int.) Comb., 1981, pp 1213-1226

/8.5.36/ McLean, W.J.; Hardesty, D.R.; Pohl, J.H.: Direct Observations of Devolatilizing Pulverized Coal Particles in a Combustion Environment. 18th Symp. (Int.) on Comb., 1981, pp 1239-1248

/8.5.37/ Verfuß, F.; Lehmann, J.; Ahland, E.: Bestimmung der Reaktionswärme bei der Schnellentgasung von Steinkohlen. Erdöl und Kohle-Erdgas-Petrochemie vereinigt mit Brennstoff-Chemie, 35 (1982) Heft 7, S. 332-336

/8.5.38/ Solomon, P.R.; Hamblen, D.G.: Finding Order in Coal Pyrolysis Kinetics. Prog. Energy Combust. Sci., 9 (1983), pp 323-361

/8.5.39/ Solomon, P.R.; Hamblen, D.G.; Carangelo, R.M.; Serio, M.A.; Deshpande, G.V.: A General Model of Coal Devolatilization. ACS paper 58/WP No. 26, 1987

/8.5.40/ Solomon, P.R.; Colket, M.B.: Coal Devolatilization. 17th Symp. (Int.) Comb., 1978, pp 131-143

/8.5.41/ Solomon, P.R.; Hamblen, D.G.: Coal Pyrolysis at High Temperature. Am. Chem. Soc. Div. of Fuel Chem. P., 26 (1981), pp 6-17

/8.5.42/ Anthony, D.B.; Howare, J.B.; Hottel, H.C.; Meissner, H.P.: Rapid Devolatilization of Pulverized Coal. 15th Symp. (Int.) Comb. 1974, pp 1303-1317

/8.5.43/ Ubhayakar, S.K.; Stickler, D.B.; von Rosenberg, Ch.W. jr.; Gannon, R.E.: Rapid Devolatilization of Pulverized Coal in Hot Combustion Gases. 16th Symp. (Int.) Comb., 1976, pp 427-436.

/8.5.44/ Kobayashi, H.; Howard, J.B.; Sarofim, A.F.: Coal Devolatilization at High Temperatures. 16th Symp. (Int.) Comb., 1976, pp 411-425

/8.5.45/ Dekker, J.S.A.: Modelling of Coal Pyrolysis for Use in Furnace Models. Paper presented at IFRF: Mathematical Modelling of Flames, 14th Meeting, Amsterdam, 1986

/8.5.46/ Unger, Ph.E.; Suuberg, E.M.: Modeling the Devolatilization Behaviour of a Softening Bituminous Coal. 18th Symp. (Int.) Comb., 1981, pp 1203-1211

/8.5.47/ Löwenthal, G.; Wanzel, W.; van Heek, K.H.: Kinetics of Swelling and Plasticity of Coal During Rapid Pressurized Pyrolysis and Hydropyrolysis. Fuel, 65 (1986), pp 346-353

/8.5.48/ Simons, G.A.: The Role of Pore Structure in Coal Pyrolysis and Gasification. Prog. Energy Combust. Sci., 9 (1983), pp 269-290

/8.5.49/ Blair, D.W.; Wendt, J.O.L.; Bartok, W.: Evolution of Nitrogen and Other Species During Controlled Pyrolysis of Coal. 16th Symp. (Int.) Comb., 1976, pp 475-489

/8.5.50/ Pohl, J.H.; Sarofim, A.F.: Devolatilization and Oxidation of Coal Nitrogen. 16th Symp. (Int.) Comb., 1976, pp 491-501

/8.5.51/ Solomon, P.R.; Colket, M.B.: Evolution of Fuel Nitrogen in Coal Devolatization. Fuel, 57 (1978), pp 749-755

/8.5.52/ Freihaut, J.D.; Zabielski, M.F.; Seery, D.J.: A Parametric Investigation of Tar Release in Coal Devolatilization. 19th Symp. (Int.) Comb., 1982, pp 1159-1167

/8.5.53/ Hertzberg, M.; Zlochower, I.A.; Edwards, J.C.: Coal Particle Pyrolysis Mechanisms and Temperatures. Report of Investigations 9169, rel. by US Department of the Interior, Int. Bu. of Mines, 1988

/8.5.54/ Tyler, R.J.: Flash Pyrolysis of Coals. 1. Dovolatilization of Victorian Brown Coal in a Small Fluidized-Bed Reactor. Fuel, 58 (1979), pp 680-686

Koksabbrand

/8.5.55/ Rasch, R.: Modellvorstellungen zu Feststoffreaktionen. Chemiker-Zeitung-/Chemische Apparatur, 91 (1976) Heft 17, S. 623-629

/8.5.56/ Field, M.A.: Measurements of the Effect of Rank on Comb. Rates of Pulv. Coal. Comb. Flame, 14(1970), pp 237-248

/8.5.57/ Smith, I.W.: The Combustion Rates of Coal Chars: A Review. 19th Symp. (Int.) Comb., 1982, pp 1045-1065

/8.5.58/ Thring, M.W.; Essenhigh, R.H.: Thermodynamics and Kinetics of Solid Combustion. H.H. Lowry (Ed.), Chemistry of Coal Utilization, Suppl. Vol., N.Y., London, 1963

/8.5.59/ Laurendeau, N.M.: Heterogenous Kinetics of Coal Char Gasification and Combustion. Prog. Energy Combust. Sci., 4 (1978), pp 221-270

/8.5.60/ Arthur, J.A.: Reactions between Carbon and Oxygen. Trans. Faraday Soc., 47(1951), pp 164-178

/8.5.61/ Annamalai, K.; Durbetaki, P.: Combustion Behavior of Char/Carbon Particles. 17th Symp. (Int.) Comb., 1978, pp 169-178

/8.5.62/ Froberg, R.W.; Essenhigh, R.: Reaction Order and Activation Energy of Carbon Oxidation During Internal Burning. 17th Symp. (Int.) Comb., 1978, pp 179-187

/8.5.63/ van Heek, K.H.; Mühlen, H.-J.: Heterogene Reaktionen bei der Verbrennung von Kohle. BKW 37 (1985) Nr. 1/2, S.20-28

/8.5.64/ Solomon, P.R.; Serio, M.A.; Heninger, S.G.: Variations in Char Reactivity with Coal Type and Pyrolysis Conditions. ACS/CA, 1986

218

/8.5.65/ v. Xieu, D.; Masuda, T.; Cogoli, J.G.; Essenhigh, R.H.: A Mathematical Model of a One-Dimensional Char Flame. A comparison of Theory and Experiment. 18th Symp. (Int.) Comb., 1980, pp 1461-1469

/8.5.66/ Stahlherm, D.; Jüntgen, H.; Peters, W.: Zündmechanismus und Abbrand von Kohlekörnern. Erdöl und Kohle-Erdgas-Petrochem. ver. mit Brennstoff-Chem., 27(1974),H.2.

/8.5.67/ Dutta, S.; Wen, C.Y.; Belt, R.J.: Reactivity of Coal and Char. 1. In Carbon Dioxide Atmosphere. Ind. Eng. Chem., Process Des. Dev., 16 (1977) No. 1, pp 20-30

/8.5.68/ Dutta, S.; Wen, C.Y.: Reactivity of Coal. and Char. Ind. Eng. Chem., Process Des. Dev., 16 (1977) Nor. 1, pp 31-37

/8.5.69/ Wells, W.F.; Kramer, S.K.; Smoot, L.D.: Reactivity and Combustion of Coal Chars. 20th Symp. (Int.) Comb., 1984, pp 1539-1546

/8.5.70/ Field, M.A.: Measurements of the Effect of Rank on Combustion Rates of Pulverized Coal. Comb. and Flame, 14 (1970), pp 237-248

/8.5.71/ Spalding, D.B.: The "Shadow" Method of Particle-Size Calculation in Two-Phase Combustion. 19th Symp. (Int.) Comb., 1982, pp 941-951

/8.5.72/ Lesly, M.E.; Hedley, A.B.: The Effect of Particle Size Distribution on the Combustion Rate of a Pulverized Anthracite Dust Cloud. J. Inst. Fuel, (1972), pp 224-230

Ascheverhalten

/8.5.73/ Raask, E.: Mineral Matter Impurities in Coal Combustion. Hemisphere Publ. Corp., Washington, 1985

/8.5.74/ ten Brink, H.M.: Review on Mineral Matter Transformations and Slagging in Pulverized Coal Combustion. ECN, the Netherlands, Report No. ECN-220, 1989

/8.5.75/ ten Brink, H.M.; Hamburg, G.; Vleeskens, J.M.; Smart, J.P.; Dugue, J.: Mineral Matter Transformations and Slagging in a Semi-Industrial Furnace. ECN, the Netherlands, Report No. ECN-222, 1989

/8.5.76/ ten Brink, H.M.; Hoornstra, J.; Heere, P.G.T.; Plomp, A.; Hamburg, G.: Mineral Matter Transformations in Combustion of Size-Reduced Coal. ECN, the Netherlands, Report No. ECN-223, 1989

Fragmentierung

/8.5.77/ Kerstein, A.R.; Niksa, S.: Fragmentation during Carbon Conversion: Predictions and Measurements. 20th Symp. (Int.) Comb., 1984, pp 941-949

/8.5.78/ Stauffer, D.: Scaling Theory of Percolation Clusters. Physik Report North-Holland Publ. Comp., Amsterdam, 54 (1979) pp 1-74

/8.5.79/ Kerstein, A.R.; Law, C.: Percolation in Combusting Sprays I: Transition from Cluster Combustion to Percolate Combustion in Non-Premixed Sprays. 19th Symp. (Int.) Comb., 1982, pp 961-969

/8.5.80/ Zizman, J.M.: Models of Disorder. Cambridge University Press, Cambridge, 1979

Kapitel 9 :

BESCHREIBUNG DER SCHADSTOFFENTSTEHUNG

9.1 Technisch relevante Schadstoffkomponenten

Unter Schadstoffen seien in diesem Zusammenhang alle den Menschen, die Fauna und Flora gefährdenden Emissionen aus Verbrennungsvorgängen zusammengefaßt. Das Gefährdungspotential ist dabei sehr unterschiedlich, es kann bei einzelnen Spezies genau eingestuft werden, bei anderen ist die Wirkdosis umstritten oder nicht genau festlegbar, bei vielen (Spurenelemente) kann eine Schädlichkeitsgrenze im Augenblick nicht angegeben werden, eine Schadwirkung kann damit aber auch nicht ausgeschlossen werden.

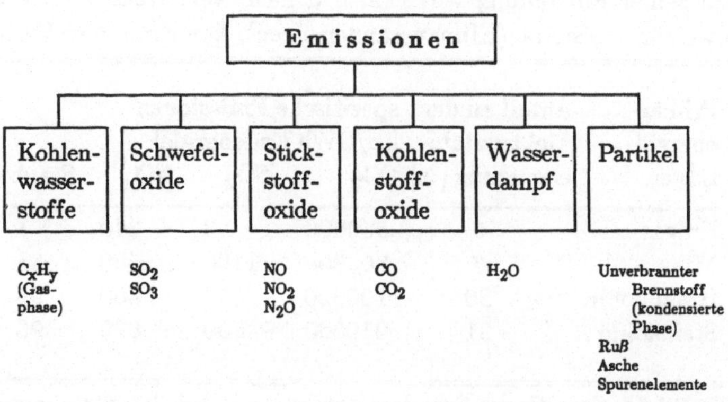

Bild 9.1.1: Einteilung von Emissionen aus Verbrennungseinrichtungen (/9.1.1/)

220

Emissionen von Verbrennungssystemen lassen sich gemäß Bild 9.1.1 einteilen. Hierbei wurden alle Emissionen aufgenommen, unabhängig davon, ob sie unbedenklich (H_2O), unvermeidlich (CO_2) und/oder für den Mensch oder die Natur schädlich (NO, C_xH_y) sind.

Es gibt verschiedene Quellen für die Entstehung von Schadstoffkomponenten. Einen Überblick über mögliche Komponenten und ihren Entstehungsort gibt die folgende Zusammenstellung (/9.1.2/):

Aus unvollständiger Verbrennung:
- Kohlenwasserstoffe (C_xH_y),
- polyzyklische Aromate,
- Aldehyde,
- organische Säuren,
- Ketone,
- Kohlenmonoxid (CO),
- Ruß,
- Koks-Partikel.

Aus Brennstoffbestandteilen (ohne C, H, O):
- Schwefeloxide (SO_2, SO_3),
- organisch gebundener Schwefel (SX),
- Fluor-/Chlor-Verbind. (HF, HCl, Cl_2),
- Phosphor-Verbindungen (P_2O_5),
- Brennstoffstickoxide (NO, NO_2),
- Alkalioxide (Na_2O),
- Metalle und Schwermetalle.

Aus Sekundärreaktionen:
- thermische Stickoxide (NO, NO_2).

Mit welchen absoluten Mengen hierbei zu rechnen ist, soll Tab. 9.1.1 aufzeigen, bei der die spezifischen Emissionen in Abhängigkeit des eingesetzten Primärenergieträgers für die Elektrizitätserzeugung in der BRD für das Jahr 1988 zusammengestellt sind. SO_2, NO_x und Staub lassen sich dabei rein technisch gesehen beliebig reduzieren. Hierbei spielen nur die wirtschaftlichen und politischen Randbedingungen noch eine zusätzliche Rolle. Beim CO_2 ist die Situation anders geartet. Die freigesetzte Menge ist eng an die eingesetzte Primärenergiemenge gekoppelt. Beim derzeitigen Wissensstand würde eine Umwandlung nach seiner Entstehung wirtschaftlich nicht vertretbar sein. Da eine Reduzierung aber notwendig erscheint (Klimaveränderungen), kann nur der Verbrauch an Primärenergie gesenkt werden (rationelle Energienutzung), indem der Gesamtumwandlungswirkungsgrad gesteigert wird, oder man beschreibt einen ganz anderen Weg und geht auf kohlenstofffreie Brennstoffe (Wasserstoff) über.

Primärenergieträger	Anteil an der Elektrizitätserzeugung [%]	spezifische Emissionen [kg/GWh Endenergie]			
		CO_2	SO_2	NO_x	Staub
Erdgas	6	550000	3	240	1
Mineralöl	3	800000	1100	550	85
Braunkohle	20	1100000	650	800	95
Steinkohle	31	950000	730	670	95

Tab. 9.1.1: Spezifische Schadstoffemissionen bei der Stromerzeugung für verschiedene Primärenergieträger (/9.1.3/)

9.2 Einzuhaltende Grenzwerte

Abhängig von der Brennstoffart und der Feuerungswärmeleistung sind unterschiedliche Gesetze bzw. Verordnungen, die den maximalen Schadstoffausstoß festlegen, maßgebend. Eine Einteilung in:

- 1. Bundesimmissionsschutzverordnung (1. BImSchV, Kleinanlagen),
- 4. Bundesimmissionsschutzverordnung / TA Luft und
- 13. Bundesimmissionsschutzverordnung (Großfeuerungsanlagenverordnung)

zeigt Tabelle 9.2.1.

Schon sehr frühzeitig wurde der maximale Staubauswurf aus Feuerungsanlagen durch den Gesetzgeber begrenzt. Danach folgten Grenzwerte für SO_x (SO_2, SO_3) und NO_x (NO, NO_2). Die Grenzwerte für diese Emissionen wurden in immer kürzeren Zeiträumen herabgesetzt (Bild 9.2.1).

Geltende Vorschrift		1. BImSchV	4. BImSchV TA Luft	13. BImSchV
Brennstoff		Feuerungswärmeleistung in MW		
feste Brennstoffe	- Kohle, Koks - Holz, Holzreste ohne Kunststoffbeschichtung oder Holzschutzmittel - Torf	< 1	> 1 bis < 50	> 50
	sonstige feste brennbare Stoffe	nur Stroh < 1	> 0,1 bis < 50	
flüssige Brennstoffe	Heizöl EL	> 5	> 5 bis < 50	> 50
	Sonstige Heizöle z.B. Heizöl S	-	> 1 bis < 50	
	Sonstige flüssige brennbare Stoffe	-	> 0,1 bis < 50	
gasförmige Brennstoffe	-	< 10	> 10 bis < 100	> 100
feste und flüssige Reststoffe (Abfälle)	-	-	ohne Leistungsbegrenzung	-

Tab. 9.2.1: Gültigkeitsbereich verschiedener Gesetze und Verordnungen in der Bundesrepublik Deutschland (/9.2.1/)

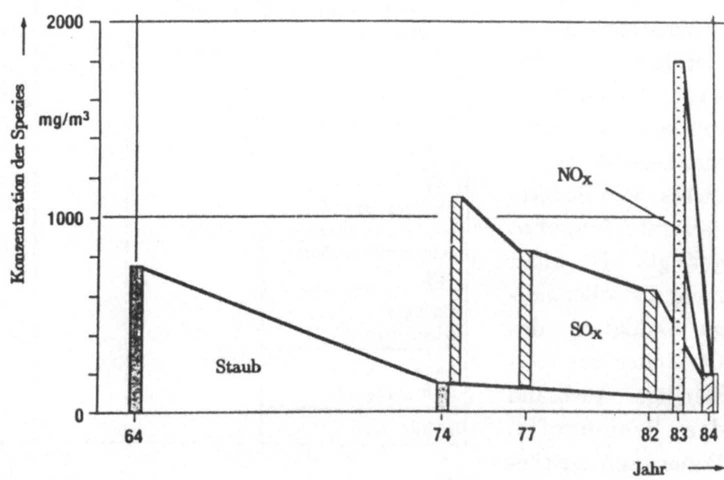

Bild 9.2.1: Zeitliche Entwicklung von einzuhaltenden Schadstoffgrenzwerten (/9.2.1/)

222

Hauptsächlich hierdurch bedingt ist der Wunsch gewachsen, Schadstoffemissionen vorherzuberechnen oder wenigstens die tendenzielle Wirkung von Schadstoffminderungsmaßnahmen abzuschätzen, da es jetzt nicht mehr möglich ist, eine technische Verbrennungseinrichtung quasi evolutionär weiterzuentwickeln. Erfahrungen aus dem praktischen Betrieb stehen zu spät zur Verfügung, um sie in weiteren Anlagen umzusetzen. Eine Gewährleistung über die einzuhaltenden Grenzwerte muß aber schon vor der Errichtung der Verbrennungsanlage abgegeben werden.

Im Gültigkeitsbereich der TA Luft gelten für SO_x, NO_x, CO und Staub die Grenzwerte nach Tab. 9.2.2.

Bei der technischen Einhaltung dieser Werte laufen oft die NO_x-Emission und die Unverbrannten (CO, Unverbranntes in der Flugasche) konträr gegeneinander, da ein möglicher Weg zur NO_x-Minderung in der Herabsetzung des Sauerstoffpartialdrucks in der Flamme besteht. Durch dieses verminderte Sauerstoffangebot gelingt oft nicht mehr die vollständige Oxidation des CO's oder der vollständige Ausbrand des Brennstoffs. Daher kann das theoretische primärseitige NO_x-Minderungspotential nicht gänzlich ausgeschöpft werden, und es muß ein Optimum gefunden werden, bei dem beide Grenzwerte eingehalten werden können.

Brennstoff	Feuerungsart	Bezugs-O_2-Gehalt in %	Emissionsgrenzwerte in mg/m^3			
			SOx	NOx	CO	Staub
Kohle	Staub- und Rostfeuerungen	7	2000	500	250	50 150
	Wirbelschichtfeuerungen (WSF)		400	500 300		
Torf, Holz, Holzreste ohne Kunststoffbeschichtung oder Holzschutzmittel	-	11	500	500		
Hausmüll und ähnliche Abfälle	-	11 17	100	500	100	30
Heizöl	-	3	1700	250 450	170	80 50 Ruß-zahl 1
Kokerei- und Raffineriegas	-	3	100	200	100	5
Flüssiggas			5			
Brenngase im Verbund von Eisenwerk und Kokerei			200-800			
Erdölgas, eingesetzt bei der Dampferzeugung zur Erdölförderung			1700			
Gichtgas (Hochofengas)			35			10
Industriegas der Stahlerzeugung						50
sonstige Gase						5

Tab. 9.2.2: Emissionsgrenzwerte nach TA Luft 1986 (/9.2.1/)

Grenzwerte für NO_x-Emissionen nach der Großfeuerungsanlagenverordnung sind in Tab. 9.2.3 zusammengetragen, da das Hauptaugenmerk in den letzten Jahren auf der Einhaltung der NO_x-Grenzwerte lag.

Die Grenzwerte für die übrigen Schadkomponenten und verschiedene Brennstoffarten und thermische Leistungsgrößen der Verbrennungseinrichtungen lassen sich einschlägigen Gesetzen bzw. Verordnungen zu deren Durchführung entnehmen /9.2.4, 9.2.5/.

	Brennstoffart	Feuerungswärmeleistung	Stickstoffoxide im Abgas (angegeben als NO_2)
Neuanlagen	Feste Brennstoffe	> 300 MW	200 mg/m³
		50 bis 300 MW	400 mg/m³
	Flüssige Brennstoffe	> 300 MW	150 mg/m³
		50 bis 300 MW	300 mg/m³
	Gasförmige Brennstoffe	> 300 MW	100 mg/m³
		100 bis 300 MW	200 mg/m³
Altanlagen bis 30000 h Restnutzung	Feste Brennstoffe	> 50 MW	650 mg/m³ (1300 mg/m³ bei Schmelzf.)
	Flüssige Brennstoffe	> 50 MW	450 mg/m³
	Gasförmige Brennstoffe	> 100 MW	350 mg/m³
Altanlagen bei unbegrenzter Restnutzung	Feste Brennstoffe	> 300 MW	200 mg/m³
		50 bis 300 MW	650 mg/m³ (1300 mg/m³ bei Schmelzf.)
	Flüssige Brennstoffe	> 300 MW	150 mg/m³
		50 bis 300 MW	450 mg/m³
	Gasförmige Brennstoffe	> 300 MW	100 mg/m³
		100 bis 300 MW	350 mg/m³

Tab. 9.2.3: NO_x-Grenzwerte für Großfeuerungsanlagen (/9.2.2/)

Ein weiteres Beispiel, diesmal für die Vielfältigkeit der an einer Anlage einzuhaltenden Grenzwerte für die Emission ist Tab. 9.2.4 zu entnehmen. Hierin sind bisherige und geplante Emissionsgrenzwerte für Abfallverbrennungsanlagen zusammengestellt. Auch hieraus kann die drastische Reduzierung in kurzen Zeitabschnitten abgelesen werden. Zusätzlich stellt sich hier noch das Problem, Spurenelemente in kleinsten Konzentrationen möglichst kontinuierlich meßtechnisch erfassen zu müssen.

Spezies [mg/m³]		TA Luft		Entwurf BImSch
		1974	1986	1994
Chlorverbindungen	HCL	100	50	10
Fluorverbindungen	HF	5	2	1
Schwefeloxide	CO_2	-	100	50
Kohlenmonoxid	CO	1000	100	50
Stickoxide	NO_2	-	500	100
organ. Verbindungen	C	-	20	10
Staub		100	30	10
Σ Schwermetalle		20 ... 75	0.2 ... 5	1
Σ Hg, Cd		20	0.2	0.1 + 0.1

Tab. 9.2.4: Emissionsgrenzwerte für Abfallverbrennungsanlagen (gültige und geplante Werte, /TÜV Rheinland/))

9.3 Kohlenstoffoxide

9.3.1 Kohlenstoffmonoxid (CO)

Das Kohlenstoffmonoxid (CO) stammt aus einer unvollständigen Verbrennung von Kohlenwasserstoffen. Gründe hierfür sind:

- unvollständige Mischung zwischen Brennstoff und Sauerstoff,
- nicht genügend Sauerstoff vorhanden (unterstöchiometrische Verbrennung in Teilbereichen),
- zu geringe Aufenthaltszeit.

Der Einfluß der Aufenthaltszeit läßt sich Bild 9.3.1 entnehmen.

Bei der Oxidation des Kohlenstoffs in den Kohlenwasserstoffen über CO zu CO_2 ist die als Bruttoreaktion geschriebene Oxidation:

$$CO + 1/2\,O_2 = CO_2$$

der geschwindigkeitsbestimmende Teilschritt.

Da die Reaktionsgeschwindigkeit relativ gering ist, ist diese Reaktion nicht rein mischungsbestimmt. Unter Flammenbedingungen kann von einer vornehmlich kinetisch kontrollierten Umsetzung ausgegangen werden (/9.3.1/).

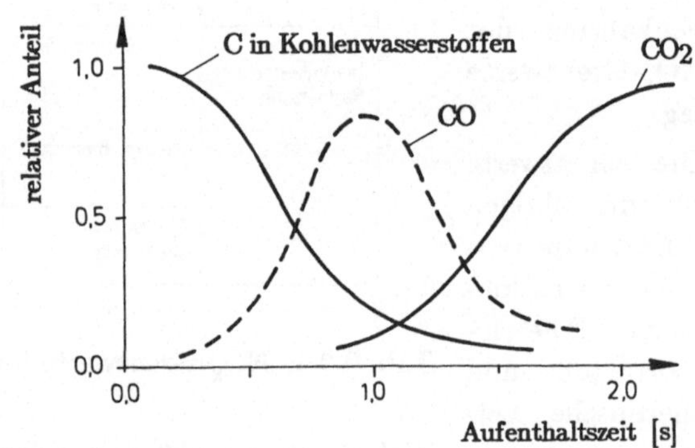

Bild 9.3.1: Einfluß der Aufenthaltszeit auf die CO-Entstehung (/9.1.2/)

Die obige Bruttoreaktion läuft über OH-Radikale ab, so daß auch das OH-Gleichgewicht mit berücksichtigt werden muß (Reaktionsschema 9.3.1). Mit einem Arrhenius-Ansatz für die Reaktionsgeschwindigkeitskonstante läßt sich im Temperaturbereich 840 K < T < 2360 K die CO-Globalbilanz nach Reaktionsschema 9.3.1 angeben zu (/9.3.2/):

$$
\begin{aligned}
CO + OH &\rightarrow CO_2 + H & \text{(R1)}\\
H + O_2 &\rightarrow OH + O & \text{(R2)}\\
O + H_2 &\rightarrow OH + H & \text{(R3)}\\
OH + H_2 &\rightarrow H_2O + H & \text{(R4)}
\end{aligned}
$$

$$\frac{\partial[CO]}{\partial t} = k_o\,[CO]\,[O_2]^{\frac{1}{2}}\,[H_2O]^{\frac{1}{2}}\,\exp(-E/RT) \qquad [\mathrm{mol}/(\mathrm{cm}^3 s)]$$

mit $k_o = 1{,}3 \cdot 10^{14}\,\{\mathrm{mol}/(\mathrm{cm}^3 \cdot \mathrm{s})\}^{-1}$ und $E/R = 15100\ \mathrm{K}$

Reaktionsschema 9.3.1: Oxidation von CO nach Howard (/9.3.2/)

Zur Ableitung obiger kinetischer Daten wurde eine Reihe unterschiedlicher Messungen mit unterschiedlichen Meßsystemen herangezogen.

Das entsprechende Arrheniusdiagramm ist in Bild 9.3.2 dargestellt und zeigt die sehr starke Temperaturabhängigkeit. So verursacht eine Steigerung der Temperatur um 100 K eine Erhöhung der Reaktionsrate um den Faktor 6.

Für einen engeren Temperaturbereich (1030÷1230 K), einen Wasseranteil von 0,1÷3,0 % und einem Luftüberschuß von >100 % gibt Dryer (/9.3.3/) exaktere Werte an, die in Reaktionsschema 9.3.2 zusammengefaßt sind.

Über Berechnungen mit einem komplexen System von Elementarreaktionen und einer pdf-Schließung für die Reaktionsraten wird von Bockhorn (/9.3.4/,/9.3.5/) berichtet.

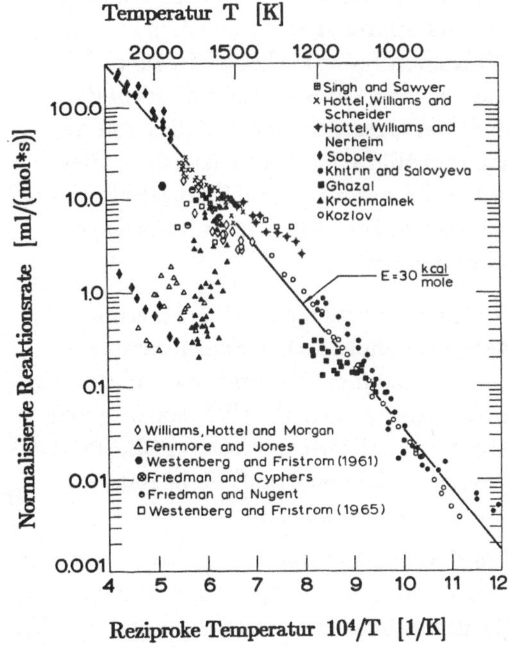

Bild 9.3.2: Arrheniusdiagramm für die CO-Oxidation (/9.3.2/)

$$\frac{\partial [CO]}{\partial t} = k_o\ [CO]\ [O_2]^{\frac{1}{4}}\ [H_2O]^{\frac{1}{2}}\ \exp(-E/RT) \qquad [mol/(cm^3 s)]$$

mit $k_o \doteq 10^{14,6 \pm 0,25}\ \{mol/(cm^3 \cdot s)\}^{-0,75}$ und $E/R = 20.000 \pm 600$ K

Reaktionsschema 9.3.2: Oxidation von CO nach Dryer (/9.3.3/)

226

Da sowohl der CO-Umsatz als auch die Umsetzung von anderen Brenn- oder Schadstoffen sehr stark durch die OH-Konzentration beeinflußt wird (RS 9.3.1), kann die CO-Konzentration als Leitgröße für andere Spezies, die nicht oder nur schwer meßbar sind, herangezogen werden. Dies soll anhand von Bild 9.3.3 veranschaulicht werden, in dem die thermische Stabilität verschiedener Spezies bei 750 °C in Luftatmosphäre dargestellt ist.

Daraus ist zu erkennen, daß der thermische Abbau von aliphatischen Kohlenwasserstoffen (Ausnahme: Methan) i.a. schneller erfolgt als für CO. Deutlich langsameren Abbau unterliegen hiernach PCB, PCT, Dioxine und Furane, auf die in Kap. 9.6. näher eingegangen wird.

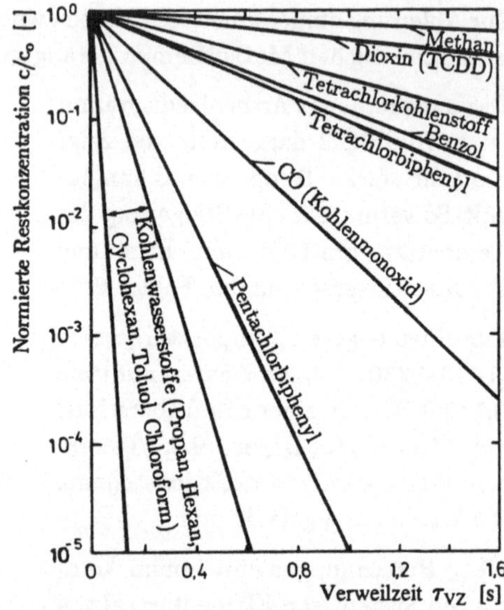

Bild 9.3.3: Thermische Stabilität verschiedener Spezies (in Luft, bei 750 °C, /9.3.6/)

Die OH-Radikalkonzentration wird durch verschiedene Maßnahmen (z.B. Primärmaßnahmen zur NO-Reduktion, Ammoniak- und Harnstoffeindüsung) beeinflußt, und kann daher auch als Indikator für deren Auswirkung auf den Verbrennungsablauf herangezogen werden.

9.3.2 Kohlenstoffdioxid (CO_2)

CO_2 als Emittent aus Verbrennungsprozessen ist in letzter Zeit verstärkt in die Diskussion geraten, Hauptverursacher der beobachteten Klimaverschiebung (Temperaturerhöhung) zu sein (/9.3.7/-/9.3.10/).

Im Idealfall wird Kohlenmonoxid vollständig zu Kohlendioxid aufoxidiert. Die Menge an emittiertem CO_2 ist dabei direkt an die eingesetzte Brennstoffmenge gebunden, wenn man von kohlenstoffhaltigen Energieträgern ausgeht. Damit ist es nicht möglich, durch geeignete Feuerführung oder sonstige Beeinflussung des Verbrennungsvorgangs schon gebildetes CO_2 zu unschädlichen Produkten zu reduzieren, wie dies beim NO_x durch eine Reduktion zu Stickstoff (N_2) verfolgt werden kann. Eine Herabsetzung des CO_2-Ausstosses kann daher nur durch einen verminderten Brennstoffeinsatz, d.h. einen erhöhten Umwandlungswirkungsgrad erfolgen.

9.4   Schwefeloxide

Schwefel ist als unerwünschter Begleitstoff in festen und flüssigen Brennstoffen vorhanden. Diesen aus dem Ausgangsbrennstoff Kohle zu entfernen, ist zur Zeit wirtschaftlich nicht vertretbar (/9.4.5/). Bei Heizölen werden schwefelärmere, aber damit auch teurere Sorten angeboten.

Der Schwefel nimmt daher an der Verbrennung teil und wird durch den Luftsauerstoff aufoxidiert.

Die Emission von Schwefeloxiden aus Feuerungsanlagen teilt sich auf in:
- Schwefeldioxid (SO_2) und
- Schwefeltrioxid (SO_3).

Dabei werden etwa 90 bis 99 % der Gesamtemission als SO_2 emittiert und erst in der Atmosphäre zu SO_3 aufoxidiert.

Primärenergieträger	Anteil an SO_x-Emission
Steinkohle	37 %
Braunkohle	22 %
Heizöl S	28,5 %
Heizöl El, Benzin	12 %
Gas	0,5 %

Tab. 9.4.1: SO_2-Emissionen der verschiedenenPrimärenergieträger(/9.4.6/)

In der Bundesrepublik ergibt sich eine prozentuale Aufteilung der SO_2-Emissionen auf die Primärenergieträger gemäß Tab. 9.4.1.

In der Kohle ist Schwefel in organischer Form (Thiophen, Mercoptan, Sulfide und Disulfide) und in anorganischer Form (Pyrit FeS_2, Sulfat) gebunden. Der Gesamtgehalt schwankt zwischen 0 und 5 Massen-%, in Ausnahmefällen bis 10 Massen-% (/8.5.2/). Rheinische Braunkohle weist z.B. einen Wert von 0,28 % auf (/9.4.3/).

Der Zerfall von Pyrit FeS_2 erfolgt schon bei Temperaturen über 500 °C. Dabei laufen eine Reihe von Einzelreaktionen ab, deren wichtigste im Reaktionsschema 9.4.1 zusammengefaßt sind.

FeS_2	$\rightarrow$	$FeS + \frac{1}{2} S_2$	(R1)
FeS	$\rightarrow$	$Fe + \frac{1}{2} S_2$	(R2)
$FeS_2 + H_2$	$\rightarrow$	$FeS + H_2S$	(R3)
$FeS + H_2$	$\rightarrow$	$Fe + H_2S$	(R4)
$FeS_2 + CO$	$\rightarrow$	$FeS + COS$	(R5)
$FeS + CO$	$\rightarrow$	$Fe + COS$	(R6)

Reaktionsschema 9.4.1: Mögliche Reaktionen des Pyrits (/9.5.6/)

Dabei werden also im wesentlichen gasförmiger Schwefel S_2, Schwefelwasserstoff H_2S und Karbonylsulfid COS gebildet.

Verbleib des Schwefels der Rohkohle	Anteil am Gesamtschwefel
Flüchtige	30 %
Teer	30 %
Koks	40 %

Tab. 9.4.2: Verbleib des Schwefels von Rohkohle bei der Pyrolyse

Für Aufheizraten von 600 K/s und eine Pyrolyseendtemperatur von 1100 K fand Solomon (zitiert in /8.5.2/), daß sich der Gesamtschwefelgehalt der Ausgangskohle (organisch und anorganisch gebunden) bei der Pyrolyse gemäß Tab. 9.4.2 verteilt.

Bei der Pyrolyse von Kohle werden die organischen Schwefelkomponenten im wesentlichen als H_2S freigesetzt, der dann weiteren Oxidationsreaktionen unterworfen ist. H_2S ist dabei das zentrale Zwischenstufenprodukt bei der SO_2-Bildung. Dem Schwefelwasserstoff kommt damit eine ähnlich zentrale Rolle wie dem HCN bei der Stickoxidbildung (Kap. 9.5) zu.

Ansätze zur Beschreibung des H_2S-Zerfalls zu HS sind für Argon als Kollisionspartner bei Bowman /9.4.2/ zu finden. Weiterführende Literatur zu Gasphasenreaktionen von H_2S, S, COS u.a. wird von Smoot /8.5.6/ zitiert.

Zusammenfassend läßt sich sagen, daß über den gesamten Reaktionsablauf wenig bekannt ist und daß spezielle reaktionskinetische Daten nur als Anhaltswerte zu verstehen sind. Sie sollen daher hier nicht angeführt werden.

Zur Reduktion von Schwefeloxiden gibt es zwei Möglichkeiten:
- primäre Einbindung im Feuerraum,
- sekundäre Einbindung durch:
    - halb trockene Verfahren (Sprühabsorption),
    - nasse Verfahren (Endprodukt Gips),
    - regenerative Prozesse (Absorption / Desorption) und
    - kombinierte Verfahren zur simultanen NO_x-Reduktion.

Bei der Ölverbrennung kann durch metallorganische Verbindungen (Additive) die SO_2-Entstehung und vor allem die Bildung saurer Kesselbeläge beeinflußt werden (/8.4.16/-/8.4.18/).

Enthält bei der Kohleverbrennung die Asche basische Bestandteile, dann wird eine "natürliche" Schwefeleinbindung beobachtet. Diese ist umso besser, je höher die Aschekonzentration ist und zeigt daher bei Braunkohle i.a. die besten Ergebnisse. Bei Kohle kann eine primäre Einbindung mit in die Verbrennungszone eingeblasenem Kalziumhydroxid ($Ca(OH)_2$, gelöschter Kalk), Kalziumcarbonat ($CaCO_3$, Kalkstein) und Kalziumoxid (CaO, gebrannter Kalk) praktisch nur bei Wirbelschicht- und bedingt bei Braunkohlestaubfeuerungen realisierten werden, da hier die Verbrennungstemperaturen relativ niedrig liegen (WSF: 800 ÷ 900 °C). Bei zu hohen Temperaturen (Steinkohlen-Staubfeuerungen) wird das Additiv zu hoch erhitzt ("totgebrannt") und ist daher chemisch nicht mehr aktiv.

Bei der Kalksteineinblasung laufen die Reaktionen nach Reaktionsschema 9.4.2 ab.

- Kalzinierung:	$CaCO_3$	→	$CaO + CO_2$	(R1)
	$Ca(OH)_2$	→	$CaO + H_2O$	(R2)
- Absorption:	$CaO + SO_2$	→	$CaSO_3$	(R3)
- Oxidation:	$CaSO_3 + 1/2\, O_2$	→	$CaSO_4$	(R4)

Reaktionsschema 9.4.2: Reaktionen bei der Direktentschwefelung

Da der Schwefelgehalt der Rohkohle zeitlich sehr stark schwanken kann, ist es zweckmäßig, die eingesetzte Additivmenge auf den S-Gehalt der Rauchgase zu beziehen, d.h. das Ca/S-Verhältnis anzugeben.

Das Ca/S-Verhältnis liegt bei Braunkohlenstaubfeuerungen bei 2,5-5 (Bild 9.4.1), bei stationären Wirbelschichtfeuerungen wurden Werte von 2-4 als optimal ermittelt, bei zirkulierenden, wegen der feineren Ausmahlung, Werte unter 2.

Die Kalzinierungsreaktion von $CaCO_3$ läuft bei ca. 1000 °C, die von $Ca(OH)_2$ bei 450 °C ab. Bedingt hierdurch ist die Aufenthaltszeit des wirksamen CaO bei $Ca(OH)_2$ größer, wodurch sich das niedrigere Ca/S-Verhältnis (Bild 9.4.1) erklärt.

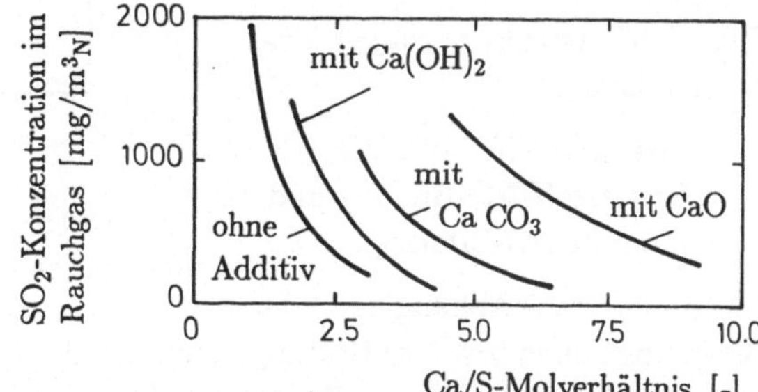

Bild 9.4.1: Einfluß des Ca/S-Molverhältnisses auf die SO_2-Reduktion bei rheinischer Braunkohle (/9.4.4/)

Haupteinflußgrößen bei der Direktentschwefelung sind:

- Ca / S - Verhältnis,
- Partikeldurchmesser des Kalks / Kalksteins (Ausmahlung),
- Oberflächenbeschaffenheit des Kalks / Kalksteins (Porosität, geologisches Alter),
- Temperatur (optimal 900 - 1050 °C),
- Druck (je höher, desto bessere Reduktion),
- Aufenthaltszeit.

Durch eine feinere Ausmahlung wird das spezifische Oberflächen-/Masse-Verhältnis vergrößert. Einen ähnlichen Einfluß hat die Porendurchmesserverteilung des Kalksteins, die vom geologischen Alter abhängig und nicht beeinflußbar ist. Ein idealer Porendurchmesser scheint 0,2 bis 0,3 μm zu sein. Bei kleineren Poren kommt es sehr schnell zu einer Blockierung, größere Poren weisen eine zu kleine reaktive Oberfläche auf.

9.5 Stickstoffoxide (Stickoxide)

9.5.1 Einzelspezies und Entstehungspfade

Stickoxidemissionen aus technischen Feuerungen bestehen zu 95 % aus NO und nur zu etwa 5 % aus NO_2. Eine Aufoxidation von NO zu NO_2 findet in wesentlichem Umfang erst bei Temperaturen unter 650 °C und damit in Rauchgasreinigungsanlagen und in der Atmosphäre statt.

Zur NO-Entstehung tragen drei Mechanismen bei:

- thermische NO-Bildung,
- Brennstoff-NO-Bildung und
- prompte NO-Bildung.

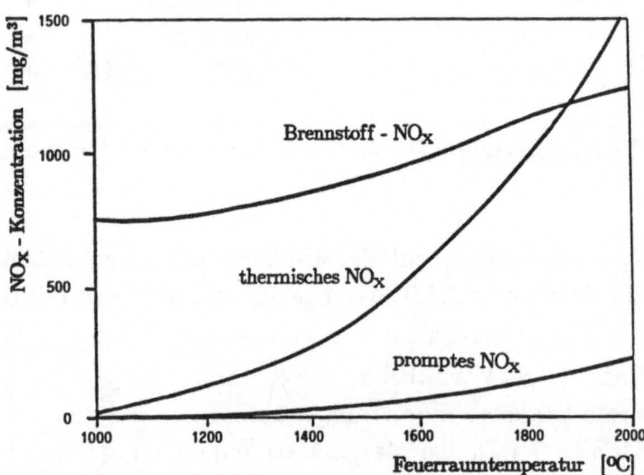

Bild 9.5.1: Temperaturabhängigkeit der NO-Bildungsmechanismen (/9.5.1/)

Für Kohle ist die Abhängigkeit der Konzentrationen bzw. der Bildungsraten von der Temperatur für die einzelnen Mechanismen in Bild 9.5.1 dargestellt. Daraus kann entnommen werden, daß der prompt NO-Mechanismus praktisch keine Rolle spielt. Bei technisch üblichen Verbrennungstemperaturen werden etwa 10÷30 % des gesamt entstehenden NO's über den thermischen Pfad gebildet, während der Rest aus dem Brennstoffstickstoff stammt. Damit ergeben sich Emissionswerte für technische Feuerungen, wie in Bild 9.5.2 angedeutet.

In neuerer Zeit wird die Emission von Distickstoffoxid N_2O (Lachgas) aus Verbrennungseinrichtungen diskutiert. Diese Verbindung ist in bestimmten Temperaturbereichen relativ stabil. Der Anteil an der gesamten NO_x-Emission wird zwischen wenigen ppm und einigen % angegeben. Werte von bis zu 40 % der Gesamt-NO_x-Konzentration haben sich nicht bestätigt.

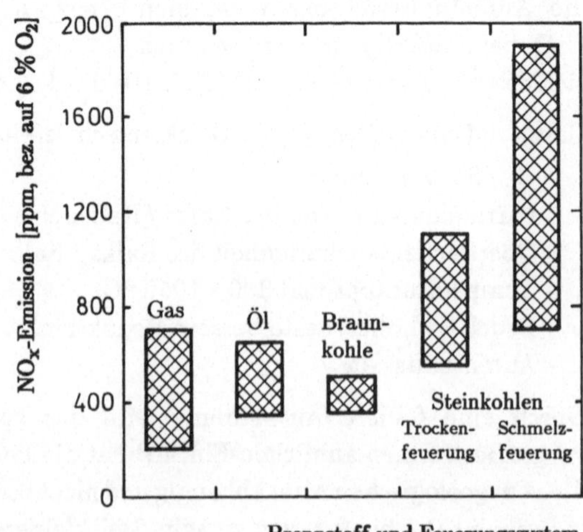

Bild 9.5.2: Typische Emissionswerte technischer Feuerungen (/9.5.2/)

Eine Berechnung der NO-Gesamtemission, hervorgerufen durch alle 3 Bildungspfade, bedingt eine Bilanzierung von zusätzlichen Spezies. Dies ist als Zielgröße die NO-Konzentration selbst und, wie im weiteren noch gezeigt werden soll, das typische NO-Zwischenprodukt HCN (oder als Alternative NH_3). Daher müssen für beide Größen Bilanzgleichungen gelöst werden. Diese lauten im vorliegenden Fall (mit HCN):

$$\frac{\partial(\rho c_{HCN})}{\partial t} + \frac{\partial(\rho u_j c_{HCN})}{\partial x_j} = \frac{\partial}{\partial x_j}\left[\frac{\mu_{eff}}{\sigma_{c,eff}}\frac{\partial c_{HCN}}{\partial x_j}\right] + S_{C_{HCN}} \qquad (9.5.1)$$

$$\frac{\partial(\rho c_{NO})}{\partial t} + \frac{\partial(\rho u_j c_{NO})}{\partial x_j} = \frac{\partial}{\partial x_j}\left[\frac{\mu_{eff}}{\sigma_{c,eff}}\frac{\partial c_{NO}}{\partial x_j}\right] + S_{C_{NO}} \qquad (9.5.2)$$

9.5.2 Thermische NO-Bildung

$$O + N_2 \ \leftrightarrow\ NO + N \qquad\qquad (R1)$$
$$N + O_2 \ \leftrightarrow\ NO + O \qquad\qquad (R2)$$
$$N + OH \ \leftrightarrow\ NO + H \qquad\qquad (R3)$$

mit den Reaktionsraten und den dazugehörenden Parametersätzen:

$$\frac{\partial[NO]}{\partial t} = k_{o,1+}\ [O]\ [N_2]\ \exp(-E_{1+}/RT) - k_{o,1-}\ [NO]\ [N]\ \exp(-E_{1-}/RT)$$
$$[mol/(cm^3\ s)] \qquad (R1)$$

$$k_{o,1+} = 7{,}6\cdot 10^{13}\ [cm^3/(mol\ s)] \qquad\qquad k_{o,1-} = 1{,}6\cdot 10^{13}\ [cm^3/(mol\ s)]$$
$$E_{1+}/R = 38.000\ [K] \qquad\qquad E_{1-}/R = 0\ [K]$$

$$\frac{\partial[NO]}{\partial t} = k_{o,2+}\ T\ [N]\ [O_2]\ \exp(-E_{2+}/RT) - k_{o,2-}\ T\ [NO]\ [O]\ \exp(-E_{2-}/RT)$$
$$[mol/(cm^3\ s)] \qquad (R2)$$

$$k_{o,2+} = 6{,}4\cdot 10^9\ [cm^3/(mol\ s)] \qquad\qquad k_{o,2-} = 1{,}5\cdot 10^9\ [cm^3/(mol\ s)]$$
$$E_{2+}/R = 3.150\ [K] \qquad\qquad E_{2-}/R = 19.500\ [K]$$

$$\frac{\partial[NO]}{\partial t} = k_{o,3+}\ [N]\ [OH]\ \exp(-E_{3+}/RT) - k_{o,3-}\ [NO]\ [H]\ \exp(-E_{3-}/RT)$$
$$[mol/(cm^3\ s)] \qquad (R3)$$

$$k_{o,3+} = 1{,}0\cdot 10^{14}\ [cm^3/(mol\ s)] \qquad\qquad k_{o,3-} = 2{,}0\cdot 10^{14}\ [cm^3/(mol\ s)]$$
$$E_{3+}/R = 0\ [K] \qquad\qquad E_{3-}/R = 23.650\ [K]$$

Reaktionsschema 9.5.1: Erweiterter Zel'dovich-Mechanismus für die thermische NO-Entstehung

Die **thermische NO-Bildung** wird über den erweiterten Zel'dovich-Mechanismus beschrieben, der die Umsetzung von Luft-Stickstoff formuliert. Dieser Reaktionsweg kommt vor allem bei hohen Temperaturen zum Tragen. Daher ist vor allem in Schmelzkammerkesseln mit einer verstärkten thermischen NO-Bildung zu rechnen.

Die ablaufenden Reaktionen und die entsprechenden Umsatzraten sind in Reaktionsschema 9.5.1 zusammengefaßt (/9.2.6/).

Die starke, nichtlineare Temperaturabhängigkeit (Exponentialfunktion des Arrheniusansatzes) führt dazu, daß für eine Vorhersage des NO-Umsatzes nicht nur die mittlere Temperatur an einer betrachteten Stelle, sondern auch deren Fluktuationen bekannt sein müssen. Hier spielen also im Fall einer turbulenten Strömungssituation neben den Konzentrationsfluktuationen, abgeschätzt über Mischungsgradfluktuationen, vor allem Temperaturfluktuationen eine Rolle (Kap. 10.6.2).

9.5.3   Brennstoff-NO-Bildung

Der Brennstoff Kohle enthält Stickstoff in organisch gebundener Form. Dabei spielen Pyridine, Amine und Pyrrole eine wohl dominante Rolle. Die genaue Bindungsform ist letztendlich noch nicht aufgeklärt. Die Bindungsenergie hängt aber vom Inkohlungsgrad ab, und ist bei Anthraziten am niedrigsten, bei Braunkohlen am höchsten. Der Stickstoffgehalt der meisten Kohlen liegt zwischen 0,5 und 2 Massen-%. Neben diesen Werten sind in Bild 9.5.3 auch Angaben für Öle (Heizöle bis Rückstandsöle) eingetragen. Experimentell wurde beobachtet, daß der Konversionsgrad (Brennstoffstickstoff umgewandelt zu NO) mit steigendem Ausgangsstickstoffgehalt der Kohle abnimmt (Fenimore-Kurve). Gleiche Beobachtungen wurden auch bei Öl gemacht (Bild 9.5.4).

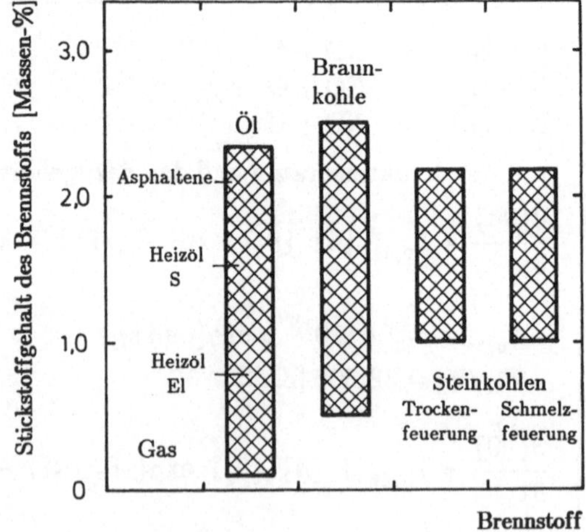

Bild 9.5.3: Brennstoffstickstoffgehalte verschiedener Brennstoffe

Die Brennstoff-NO-Bildung läuft in der Form ab, daß organisch in der Rohkohle gebundener Stickstoff zum Teil mit den Flüchtigen pyrolysiert wird, zum Teil aber im Koks verbleibt. Die Anteile an Stickstoff im Koks und den Flüchtigen hängen von der Pyrolysetemperatur und der Aufenthaltszeit bei dieser Temperatur ab. Als typischer Wert kann aber eine Verteilung nach Tab. 9.5.1 angenommen werden. Die genaue Analyse der Brennstoffstickstoffmenge, die mit den Flüchtigen freigesztt wird, ist stark mit dem Flüchtigengehalt der

Verbleib des Stickstoffs der Rohkohle	Anteil am Gesamt-Stickstoff
Flüchtige	60 %
Koks	40 %

Tab. 9.5.1: Verbleib des Stickstoffs von Rohkohle bei der Pyrolyse

Kohle gekoppelt. In guter Näherung kann eine vollständige Korrelation unterstellt werden (/9.5.18/):

$$m_{BN}{}^{PY} = m_{BN} \frac{m_{Fl}}{m_{RK,waf}}$$

$$= m_{BN} \cdot c_{Fl \, in \, RK} \quad \quad (9.5.3)$$

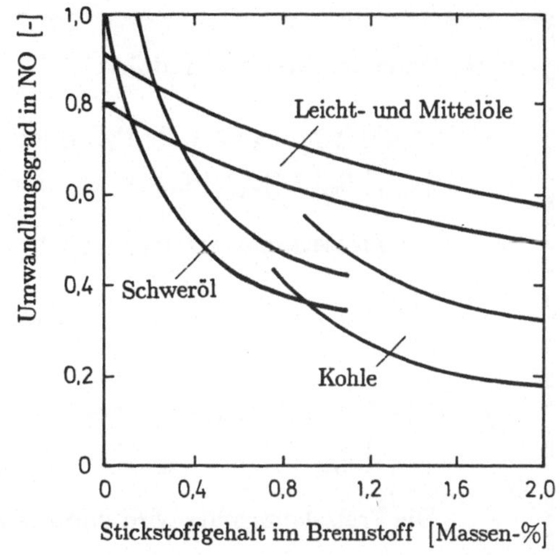

Bild 9.5.4: Konversionskurve (Fenimore-Kurve)

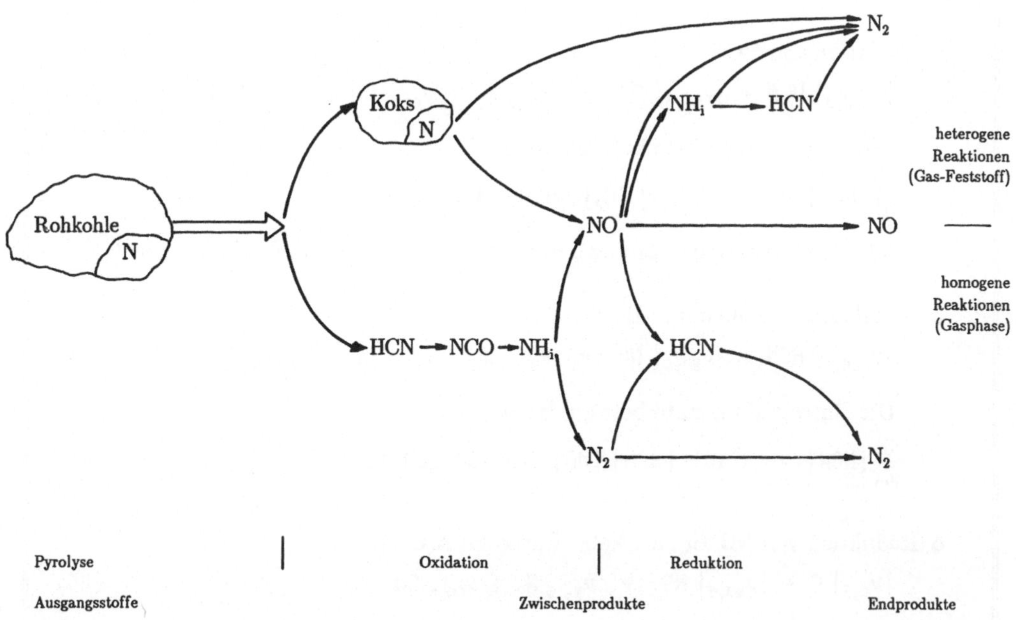

Bild 9.5.5: Reaktionsschema für die Brennstoff-NO-Bildung (/9.5.20/)

Freisetzung der Zwischenprodukte

o HCN-Freisetzung über die Pyrolysereaktion

$$|\nu_{N,1}|\ N_{RK} + |\nu_{C,1}|\ C_{RK} + |\nu_{H,1}|\ H_{RK} \rightarrow \nu_{HCN,1}\ HCN \tag{R1}$$

Die Freisetzungsrate wird unmittelbar an die Pyrolyserate gekoppelt:

$$\frac{\partial}{\partial t}\ c_{HCN,1} = \frac{\partial}{\partial t}\ c_{RK}{}^{Py} \cdot (c_{N\ in\ RK} \cdot c_{N\ in\ Fl}) / c_{Fl\ in\ RK} \cdot \nu_{HCN,1} / |\nu_{N,1}|$$

o HCN-Freisetzung aus Restkoksstickstoff

$$|\nu_{N,2}|\ N_{RK} + |\nu_{C,2}|\ C_{RK} + |\nu_{H,2}|\ H_{RK} \rightarrow \nu_{HCN,2}\ HCN \tag{R2}$$

Die Freisetzungsrate wird unmittelbar an die Koksabbrandrate gekoppelt:

$$\frac{\partial}{\partial t}\ c_{HCN,2} = \frac{\partial}{\partial t}\ c_{C}{}^{KA} \cdot (c_{N\ in\ RK} \cdot (1 - c_{N\ in\ Fl})) / (1 - c_{Fl\ in\ RK}) \cdot \nu_{HCN,2} / |\nu_{N,2}|$$

Umsetzung der Zwischenprodukte

o Oxidation von HCN

$$|\nu_{HCN,3}|\ HCN + |\nu_{O_2,3}|\ O_2 \rightarrow \nu_{NO,3}\ NO + \nu_{CO,3}\ CO + \nu_{H_2O,3}\ H_2O \tag{R3}$$

Die Umwandlungsrate beträgt dabei:

$$\frac{\partial}{\partial t}[HCN] = -10^{10}\ [HCN]\ [O_2]^a\ exp(-33.700/T)$$

mit einer Reaktionsordnung a von 0 bis 1 abhängig vom O_2-Partialdruck

o Reduktion von NO durch HCN

$$|\nu_{HCN,4}|\ HCN + |\nu_{NO,4}|\ NO \rightarrow \nu_{N_2,4}\ N_2 + \nu_{CO,4}\ CO + \nu_{H_2O,4}\ H_2O \tag{R4}$$

Die Umwandlungsrate beträgt dabei:

$$\frac{\partial}{\partial t}[HCN] = -3 \cdot 10^{12}\ [HCN]\ [NO]\ exp(-30.200/T)$$

o Reduktion von NO an Partikeln (Restkoks, Asche)

$$|\nu_{C,5}|\ C + |\nu_{NO,5}|\ NO \rightarrow \nu_{N_2,5}\ N_2 + \nu_{CO,5}\ CO \tag{R5}$$

Wegen der geringen Partikelkonzentration kann diese Rate bei Kohlenstaubfeuerungen im allgemeinen vernachlässigt werden.

Reaktionsschema 9.5.2: Brennstoff-NO-Umsetzung (/9.5.19/)

Bei Braunkohle wird als stickstoffhaltiges Zwischenprodukt im wesentlichen NH_3, bei Steinkohle HCN pyrolysiert. Sowohl die direkt pyrolysierten Stickstoffanteile als auch der im Koks verbliebene Stickstoff werden aber sehr schnell zu Zyanwasserstoff HCN (Blausäure) umgesetzt. Durch weitere Oxidation entsteht hieraus NO. Gleichzeitig kann HCN über eine homogene Reduktion und Koks über eine heterogene Reaktion schon gebildetes NO reduzieren. Das vereinfachte Reaktionsschema für die Brennstoff-NO-Bildung ist in Bild 9.5.5, die dazugehörenden reaktionskinetischen Daten in Reaktionsschema 9.5.2 dargestellt.

Im Verlauf der Verbrennung sollte der Brennstoffstickstoff möglichst frühzeitig zu NO oxidiert werden, da nur so eine ausreichende Aufenthaltszeit zu seiner Reduktion verbleibt (Kap. 9.5.6). Hierzu trägt unter anderem eine hohe Aufheizrate und eine feinere Ausmahlung bei. Durch eine feinere Ausmahlung werden vor allem Transportvorgänge im Korn (Porendiffusion) beeinflußt, woraus kleinere Diffusionswege und damit kürzere "Reaktions"-Zeiten resultieren.

9.5.4 Prompt NO-Mechanismus

Die **Prompt NO-Bildung** läuft unter Angriff von Luftstickstoff durch Kohlenwasserstoffradikale ab. Sie spielt gegenüber der thermischen und der Brennstoffstickoxidbildung nach Bild 9.5.1 praktisch keine Rolle (weniger als 5 % des NO's entstehen auf diesem Weg). Die dabei ablaufenden Reaktionen sind vielschichtig. Die drei wichtigsten sind in RS 9.5.3 zusammengefaßt.

$CH + N_2$	$\leftrightarrow$ HCN + N	(R1)
$C_2 + N_2$	$\leftrightarrow$ 2 CN	(R2)
CN + H_2	$\leftrightarrow$ HCN + H	(R3)
CN + H_2O	$\leftrightarrow$ HCN + OH	(R4)
HCN + H	$\leftrightarrow$ H_2 + CN	(R5)
CN + CO_2	$\leftrightarrow$ NCO + CO	(R6)
NCO + O	$\leftrightarrow$ CO + NO	(R7)

Reaktionsschema 9.5.3: Prompt-NO-Bildungsreaktionen (/9.5.4/)

Daraus ist ersichtlich, daß wiederum der Zyanwasserstoff bzw. die Zyangruppe eine wichtige Rolle spielt.

Wegen der geringen Bedeutung für die technische Verbrennung wird auf eine Angabe von reaktionskinetischen Daten verzichtet.

9.5.5 NO-Oxidations- und Reduktionspfade

Für eine mathematische Beschreibung der Gesamt-NO-Bildung (thermisches und Brennstoff-NO) müssen zusätzlich zu den Spezies des Reaktionsmodells Transportgleichungen für HCN und NO gelöst werden (Kap. 9.5.1). Unter Berücksichtigung einer Wahrscheinlichkeitsdichtefunktion P(T) für die Temperaturfluktuationen lassen sich die Quellterme für diese Spezies nach Reaktionsschema 9.5.1 und 9.5.2 gemäß Tab. 9.5.2 (/9.5.20/) angeben.

$$
\begin{aligned}
S_{c_{HCN}} = {} & S_{c_{RK}}{}^{PY} \cdot (c_{N\ in\ RK} \cdot c_{N\ in\ Fl}) \, / \, c_{Fl\ in\ RK} \\[4pt]
& + S_{c_C}{}^{KA} \cdot (c_{N\ in\ RK} \cdot (1-c_{N\ in\ Fl})) \, / \, (1-c_{Fl\ in\ RK}) \\[4pt]
& - 10^{10}\ [HCN]\ [O_2]^a \int \left[P(T)\ \exp(-33.700/T) \right] dT \\[4pt]
& - 3 \cdot 10^{12}\ [HCN]\ [NO] \int \left[P(T)\ \exp(-30.200/T) \right] dT \cdot M_G / (M_{NO} \cdot (1-c_P))
\end{aligned}
\tag{9.5.4}
$$

$$
\begin{aligned}
S_{c_{NO}} = {} & S_{c_{NO}}{}^{th} + \\[4pt]
& + 10^{10}\ [HCN]\ [O_2]^a \int \left[P(T)\ \exp(-33.700/T) \right] dT \\[4pt]
& - 3 \cdot 10^{12}\ [HCN]\ [NO] \int \left[P(T)\ \exp(-30.200/T) \right] dT \cdot M_G / (M_{NO} \cdot (1-c_P))
\end{aligned}
\tag{9.5.5}
$$

Tab. 9.5.2: Quellterme für die Spezies des NO-Teilmodells

Dabei setzt sich die rechte Seite von Gl. 9.5.4 zusammen aus der HCN-Freisetzung bei der Pyrolyse, der HCN-Freisetzung beim Koksabbrand, dem Verbrauch von HCN durch Oxidation und dem Verbrauch von HCN durch Reduktion. Die rechte Seite von Gl. 9.5.5 faßt die thermische NO-Bildung, die Oxidation von HCN zu NO und die Reduktion von NO mit HCN zusammen.

Zur Bilanzierung des **Gesamtstickstoffes** müssen neben dem produzierten NO auch die Zwischenstufenprodukte berücksichtigt werden. Hierzu hat sich der Begriff des "Gesamt-gebundenen-Stickstoffs" (total fixed nitrogen, TFN) eingebürgert. Er faßt alle Zwischen- und Endprodukte zusammen und ist nach der folgenden Beziehung festgelegt:

$$
TFN = \Sigma\ (NO_x + Cyanide + Amine) \ .
\tag{9.5.4}
$$

Erst unter Einbeziehung der Zwischenprodukte (Amine und Cyanide) ist die Brennstoffstickstoff-Bilanz konsistent.

9.5.6 Wirkungsweise von Primär- und nichtkatalytischen Sekundärmaßnahmen zur NO_x-Reduktion

Es sind eine ganze Reihe von Verfahren bekannt, um entweder die Entstehung von Stickoxiden beim Verbrennungsvorgang selbst zu beeinflussen (Primärmaßnahmen) oder aber schon gebildetes NO noch im Feuerraum zu reduzieren (nichtkatalytische Sekundärmaßnahmen). Ein genereller Überblick über Entstickungsmaßnahmen wird hier nicht angestrebt. Hierzu soll auf weiterführende Literatur verwiesen werden /9.5.27/-/9.5.40/.

Die beiden oben genannten Maßnahmen sind mehr oder weniger an die Verhältnisse in der Flamme oder im Feuerraum gekoppelt. Damit eröffnet sich die Möglichkeit einer mathematischen Modellierung, entweder des Gesamtmechanismusses oder von wesentlichen Teilschritten (z.B. Einmischung von Reduktionsmittel).

Zu den im weiteren beschriebenen **Primärmaßnahmen** zählen:

- Rauchgasrezirkulation (am Brenner und im Feuerraum),
- Luftstufung (am Brenner und im Feuerraum) und
- Brennstoffstufung (am Brenner und im Feuerraum) verbunden mit einer Luftstufung.

Die schaltungstechnische Realisierung sei am Beispiel eines braunkohlegefeuerten Staubkessels aufgezeigt, Bild 9.5.6.

Die Wirkungsweise einer **Rauchgasrezirkulation**, bei der kalte Rauchgase hinter dem Luftvorwärmer rückgeführt werden (nicht zu verwechseln mit der Kohletrocknung bei Braunkohle, bei der heiße Rauchgase rezirkuliert werden, vgl. Bild 1.6.1) besteht aus zwei Effekten. Erstens wird durch die Zumischung von kalten und weitgehend inerten Bestandteilen die mittlere Temperatur im Feuerraum abgesenkt. Gleichzeitig wird auch das Sauerstoffangebot reduziert, so daß durch beide Effekte eine Verminderung der Stickstoffoxidation zu beobachten ist. Durch den zusätzlich in die Flamme oder den Feuerraum eingeführten Massenstrom steigt aber die mittlere Strömungsgeschwindigkeit im Feuerraum (Vertikalkomponente) stark an, so daß die Verweilzeiten für eine mögliche NO-Reduktion verkürzt werden. Dieser Einfluß ist dem gewünschten NO-Minderungseffekt gegenläufig.

Bei einer **Luftstufung** wird die Sauerstoffkonzentration in der Hauptverbrennungszone herabgesetzt, um so reduzierende Bedingungen zu schaffen. In diesen Reduktionszonen liegen die Luftzahlen unter eins ($n_{Pr} = 0{,}7 \div 0{,}9$). Die primäre Reduktionszone liegt bei einem luftgestuften Brenner im Flammenwurzelbereich auf der Symmetrieachse. Man unterscheidet hierbei intern gestufte Brenner, bei denen die interne Rücksaugung von Rauchgasen (interne Rauchgasrezirkulation) zu einer Absenkung des Sauerstoffangebots führt und extern gestuften Brennern, bei denen die Stufen- oder Tertiärluft an der Flammenwurzel vorbei erst verzögert eingemischt wird. Bei einer Luftstufung im Feuerraum wird auf Höhe der Brennerebenen unterstöchiometrisch gefeuert und über der obersten Ebene die Ausbrandluft (oder "over fire air") zugemischt.

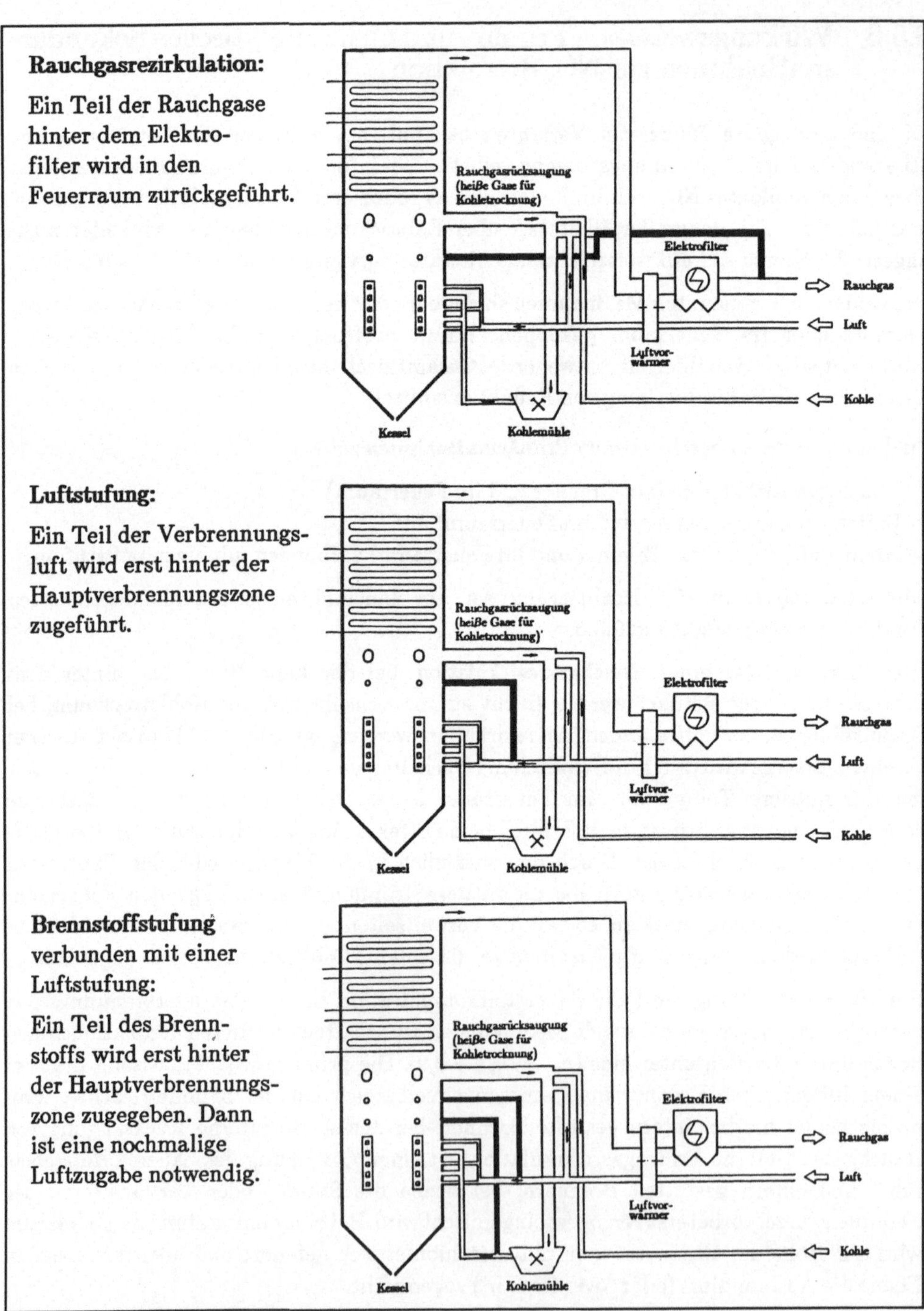

Bild 9.5.6: Primär- und nichtkatalytische Sekundärmaßnahmen im Feuerraum

Im Vergleich zur Rauchgasrezirkulation und zur Luftstufung greift die **Brennstoffstufung** stärker in den eigentlichen Verbrennungsablauf ein, was anhand von Bild 9.5.7 erläutert werden soll: in der Leistungszone wird die Kohle unter- oder nahstöchiometrisch verbrannt, wobei unvermeidlich NO entsteht. Bei

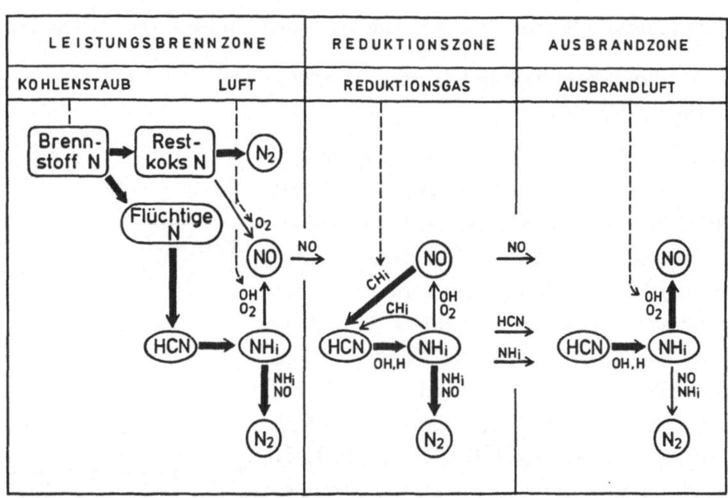

Bild 9.5.7: Wirkungsweise der Brennstoff- und Luftstufung (/9.5.41/)

Trockenfeuerungen liegen optimale Luftüberschußzahlen in der Leistungszone bei n=0,85, bei Schmelzkesseln bei n=1,05. Die in dieser Zone vorhandene Luft greift hauptsächlich über OH-Radikale in die Oxidation von NH_i-Radikalen ein, indem diese zu NO aufoxidiert werden. Ein Hauptziel ist, in der Leistungszone möglichst den gesamten Brennstoffstickstoff in die flüchtige Phase überzuführen, um ihn über eine möglichst lange Verweilzeit in darauffolgenden Zonen reduzieren zu können. Als Hauptstickstoffbestandteil aus der Leistungszone ist NO anzusehen.

In der Reduktionszone wird Reduktionsgas zugegeben. Die daraus sehr schnell gebildeten CH_i-Radikale reduzieren das gebildete NO zu HCN, das sich in einer zweiten, langsameren Reaktion zu NH_i umwandelt. Somit wird über die CH_i-Zugabe der "Recycle-Mechanismus" stimuliert. Aus der Reduktionszone treten NO, HCN und NH_i als Stickstoffträger aus und werden in die nachfolgende Zone transportiert.

Zur Gewährleistung eines vollständigen Ausbrandes muß in der Ausbrandzone zusätzliche Verbrennungsluft zugegeben werden, um die benötigte Gesamtstöchiometrie einzustellen. Bedingt hierdurch wird unvermeidlicherweise wieder NO gebildet. Bei Temperaturen von 900-1000 °C läuft jedoch mit noch vorhandenen NH_i-Radikalen auch eine Reduktion von NO ab. Hierdurch fällt die Gesamt-NO-Emission deutlich niedriger aus als bei einer ungestuften Fahrweise.

Die Zugabe bzw. Einmischung von Reduktionsgas und Ausbrandluft stellen im Sinne einer optimalen Fahrweise kritische Punkte dar.

Als **nichtkatalytische Sekundärmaßnahmen** sind im wesentlichen zu nennen:

- Ammoniakeindüsung (Exxon-Verfahren) und
- Harnstoffeindüsung.

Dabei ist die Wirkungsweise des Ammoniaks besser bekannt. Der Reaktionsablauf kann vereinfacht nach Bild 9.5.8 angedeutet werden. Er setzt bei den Zwischenprodukten NH_3 der NO-Bildung an. Über eine kinetische Modellierung der NO-Reduktion wird bei /9.5.51/ berichtet. Zu vermerken sind die engen "Temperaturfenster", bei denen eine Reduktion bevorzugt abläuft (Bild 9.5.9). In diesem Bild ist der in Kohlenstaubfeuerungen anzutreffende Temperatur- und Sauerstoffkonzentrationsbereich schraffiert angelegt. Über den Sauerstoffpartialdruck lassen sich diese Fenster verschieben. Speziell in Gebieten, in denen nah- oder gar unterstöchiometrisch verbrannt wird (Reduktionszonen), kann bei deutlich höheren Temperaturen reduziert werden, als dies in sauerstoffreicheren Gebieten (Ausbrandzonen nach Ausbrandluftzugabe) der Fall ist. In der Praxis ist jedoch darauf zu achten, daß die CO-Emission nicht übermäßig forciert wird (verminderte Oxidation zu CO_2). Ein Modellierungsbedarf besteht nach obigen Aus-

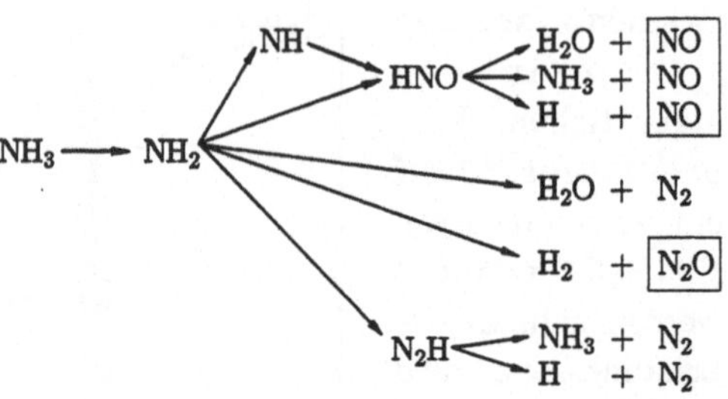

Bild 9.5.8: NO-Reduktion mit Ammoniak (nichtkatalytisch)

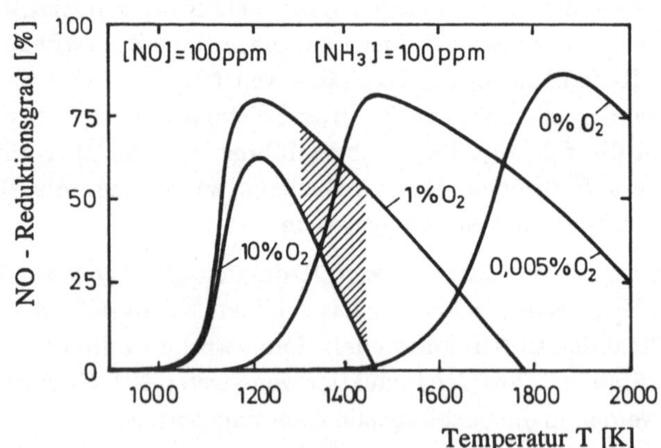

Bild 9.5.9: Temperaturfenster bei der NO-Reduktion mit Ammoniak (/9.5.51/)

führungen in der Vorhersage der örtlichen Temperaturen und Sauerstoffkonzentrationen. Hier muß eine kinetische Modellierung des NH_3-Umsatzes ansetzen. Für einen praktischen Betrieb ist aber auch eine kontrollierte Einmischung des Reduktionsstoffes vonnöten. Hier kann eine Einmischungsrechnung für den Ammoniakstrom wertvolle Aussagen liefern, wie die Einspritzdüsen anzuordnen, gegebenenfalls anzustellen und zu beaufschlagen sind, um den gewünschten Mischungszustand zu realisieren (/9.5.52/, /9.5.53/).

Die Reduktion mit einer wässrigen Harnstofflösung kann nur teilweise kinetisch befriedigend nachvollzogen werden. Sicher zu sein scheint, daß sich etwa die Hälfte der theoretisch wirksamen funktionalen Gruppen (NH_i) über die gleichen Reaktionskanäle wie bei der Ammoniakreduktion umsetzt. Mögliche weitere Kanäle sind in Bild 9.5.10 angedeutet. Zu vermerken ist der Reaktionskanal zu N_2O, der vor allem bei niedrigen Temperaturen zum Tragen kommt, was dann von Bedeutung ist, wenn dieses Verfahren in Kombination mit weiteren Primärmaßnahmen (Rauchgasrezirkulation) eingesetzt wird. Erste kinetische Ansätze zeigen auch eine ausgeprägte Temperaturabhängigkeit ("Fenster") und die Verschiebbarkeit dieser Fenster über die O_2-Konzentration (Bild 9.5.11). In Analogie zur Modellierung der NH_3-Reduktion besteht ebenfalls die Notwendigkeit einer Beschreibung des Einmischverhaltens und der Reaktionskinetik.

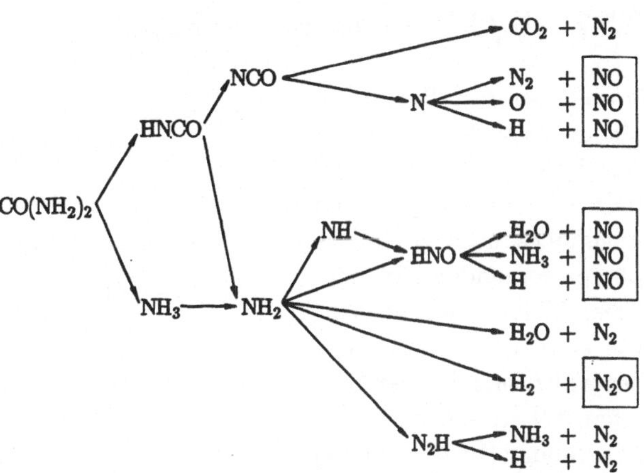

Bild 9.5.10: NO-Reduktion mit Harnstoff

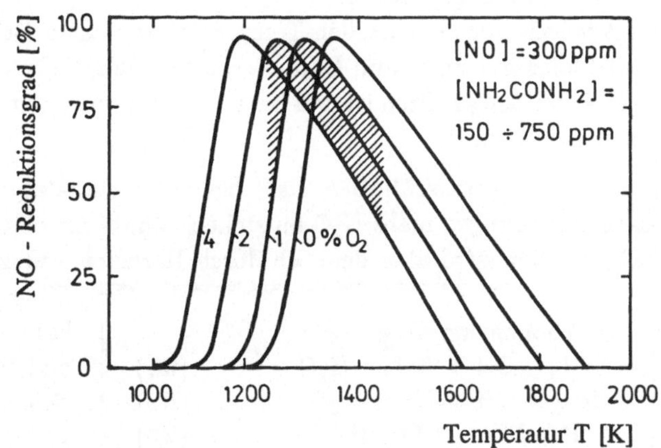

Bild 9.5.11: Temperaturfenster bei der NO-Reduktion mit Harnstoff (/9.5.56/)

Zur Simulation des Einmischverhaltens, die auch auf Ammoniak übertragen werden können, liegen Erfahrungen vor (/9.5.52/,/9.5.53/). Abschätzungen für die mittlere örtliche Temperatur sind einfach möglich (/9.5.54/,/9.5.55/) oder aber über vollständige Modelle exakter angebbar (/5.3.1/). Der so erhaltene Temperaturverlauf bzw. die -verteilung kann Grundlage für eine kinetische Umsatzrechnung sein.

9.5.7 N_2O-Bildungsmechanismus

Sowohl bei den Reaktionspfaden als auch bei den entsprechenden kinetischen Daten zur N_2O-Bildung sind im Augenblick noch erhebliche Lücken vorhanden. Ein möglicher Bildungsmechanismus, wie er in Bild 9.5.12 angedeutet ist, setzt bei den Zwischenstufenprodukten der NO-Bildung (HCN und NH_3) ein. Schon gebildetes N_2O kann unter H-Radikalangriff reduziert werden. Dies er

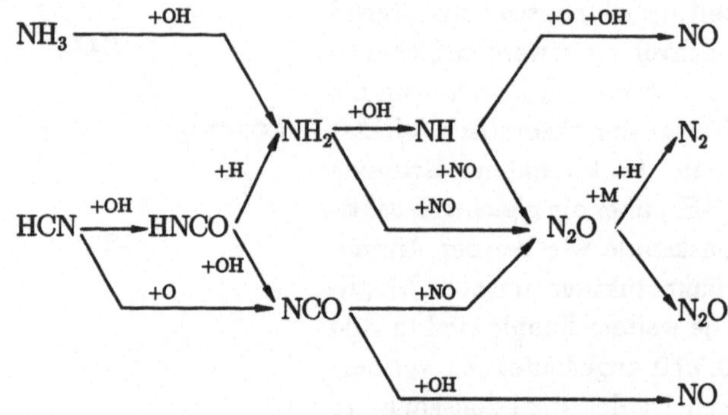

Bild 9.5.12: Mögliche Reaktionspfade bei der N_2O-Bildung

folgt jedoch nur in speziellen Temperaturbereichen. Bei niedrigen Temperaturen ist das N_2O-Molekül relativ stabil. Daraus ergibt sich, daß bei niedrigen Temperaturen der absolute N_2O-Anteil am größten ist und bei höheren Temperaturen dieser Anteil zu Lasten von NO verringert wird.

Es ist nicht auszuschließen, daß bei der nichtkatalytischen Reduktion mit wässrigen Harnstofflösungen mehr N_2O entstehen könnte als ohne diese Maßnahme. Die Gesamt-NO-Emission wird aber dennoch durch Harnstoff reduziert. Erklärt wird dies durch den Eingriff des Harnstoffs in den OH-Haushalt. Anhand der Reaktionen mit NH_3 und HCN wird dies deutlich (RS 9.5.4, /9.5.58/).

Es wird darauf hingewiesen, daß vor allem die Anwesenheit von HCN in der Gasphase bei Temperaturen von 900 bis 1200 °C zur Bildung von N_2O führt. Hiernach müssen einige NO-reduzierende Maßnahmen (Brennstoffstufung, Ammoniakzugabe und Harnstoffzugabe) kritisch auf eine mögliche N_2O-Bildung hin untersucht werden.

Über kinetische Daten zur N_2O-Bildung und -Zerfall wird nur an wenigen Stellen (/9.5.57/-/9.5.62/) berichtet. Eine vollständige Modellierung aller Reaktionspfade steht noch aus.

Reaktionen von NH_3:

$$NH_3 + OH \rightarrow NH_2 + H_2O \quad (R1)$$
$$NH_2 + OH \rightarrow NH + H_2O \quad (R2)$$
$$NH + NO \rightarrow N_2O + H \quad (R3)$$
$$NH + OH \rightarrow NO + 2H \quad (R4)$$

Reaktionen von HCN:

$$HCN + OH \rightarrow HNCO + H \quad (R5)$$
$$HNCO + H \rightarrow NH_2 + CO \quad (R6)$$
$$HNCO + OH \rightarrow NCO + H_2O \quad (R7)$$
$$HCN + O \rightarrow NCO + H \quad (R8)$$
$$NCO + NO \rightarrow N_2O + CO \quad (R9)$$
$$NCO + OH \rightarrow NO + CO + H \quad (R10)$$

N_2O-Zerfall:

$$N_2O + H \rightarrow N_2 + OH \quad (R11)$$

Reaktionsschema 9.5.4: Bildung und Zerfall von N_2O (/9.5.57/)

9.6 Unverbrannte Kohlenwasserstoffe, Ruß und Flugkoks

Wie schon aus der Zusammenstellung in Kap. 9.1 hervorgeht, werden bei der Verbrennung eine große Anzahl unterschiedlichster Kohlenwasserstoffe emittiert.
In Bild 9.6.1 ist ein Gaschromatogramm der Feuerungsabgase eines ölbefeuerten Kessels dargestellt.

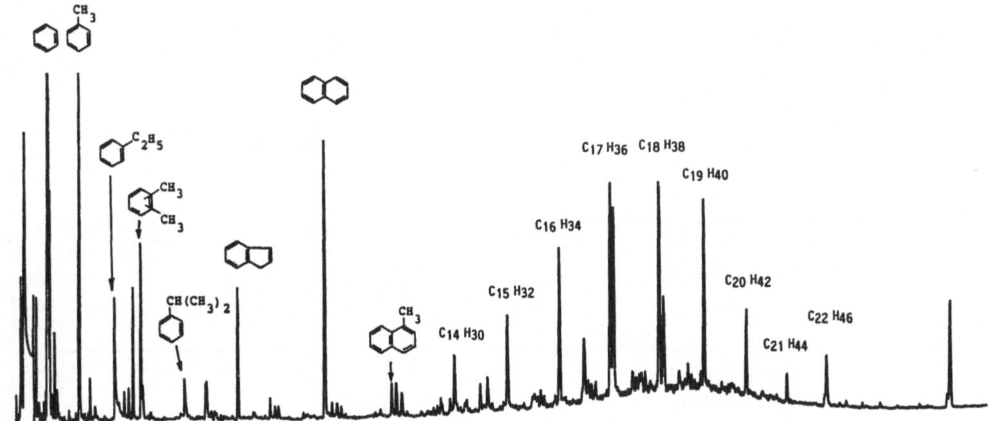

Bild 9.6.1: Gaschromatogramm zur Analyse von Kohlenwasserstoffemissionen eines ölbefeuerten Kessels

Dabei entsteht eine Reihe von aliphatischen, zyklischen und aromatischen Kohlenwasserstoffen und deren Derivate. Auch nur einen annähernden Überblick über diese Vielzahl geben zu wollen erscheint illusorisch. Daher sollen nur Ansatzpunkte für die Entstehung von partikelförmigen Emissionen, den Ruß, angeführt werden. Eine verkürzte Zusammenstellung von möglichen aliphatischen und aromatischen Verbindungen, die bei technischer Verbrennung von Öl und Kohle auftreten und zu Ruß führen können, gibt Tab. 9.6.1. Dabei sind die Polyine und PAH's als Vorläufer bzw. als Zwischenstufenprodukte des Rußes zu sehen.

Unverbrannte Kohlenwasserstoffe entstehen bei unvollständiger Verbrennung des Brennstoffes. Mögliche Gründe hierfür sind:

- ungenügende Vermischung (Mikromischung) zwischen Brennstoff und Luft oder

- lokaler Sauerstoffmangel, wegen örtlich unterstöchiometrischer Fahrweise (Stickoxidreduzierung).

Im **Hochtemperaturbereich** der Flamme (Flammenkern) bei Temperaturen über 750 °C laufen Kohlenwasserstoff-Oxidationsreaktionen mit sehr hohen Reaktionsraten ab. Die Gefahr, dabei Zwischenstufenprodukte zu emittieren, ist relativ gering.

Oxidation im **Niedertemperaturbereich** (Temperaturen kleiner 750 °C) laufen über eine große Anzahl von Zwischenstufenreaktionen bzw. -spezies. Dies erklärt, daß bei einer

Gruppe	geometrische Form	Beispiel		technische Bedeutung
Polyine	langgestreckt, eindimensional	$C_{2n}H_2$		gering
PAH's (Poly-zyklische Kohlen-wasser-stoffe)	Fünfer- und Sechserringe eben oder "gebogen"	$C_{10}H_8$ $C_{16}H_{10}$ $C_{22}H_{10}$		gering
Fullerene	regelmäßig, räumlich ge-schlossen	C_{60} C_{70}		gering
Ruß	unregelmäßig, räumliches Konglomerat, überwiegend ebener Struk-turen			groß

Tab. 9.6.1: Partikelförmige Kohlenwasserstoffe

plötzlichen Temperaturabsenkung (Quen-chen) diese Zwischenstufenprodukte nicht mehr abgebaut werden können. Schlägt z.B. eine Flamme gegen eine gekühlte Wand, so wird vermehrt Ruß gebildet (Qualmen der Feuerung). Der Niedertemperaturbereich ist damit der Hauptbildungsort für Kohlenwas-serstoffemissionen.

Die Verhältnisse der Rußbildung aus die-sen gasförmigen Kohlenwasserstoffen sind sehr komplex und letztendlich noch nicht vollständig verstanden. Es gibt jedoch eine Modellvorstellung (Bild 9.6.2), die nach der Pyrolyse der Gase eine Kernbildung (Nu-

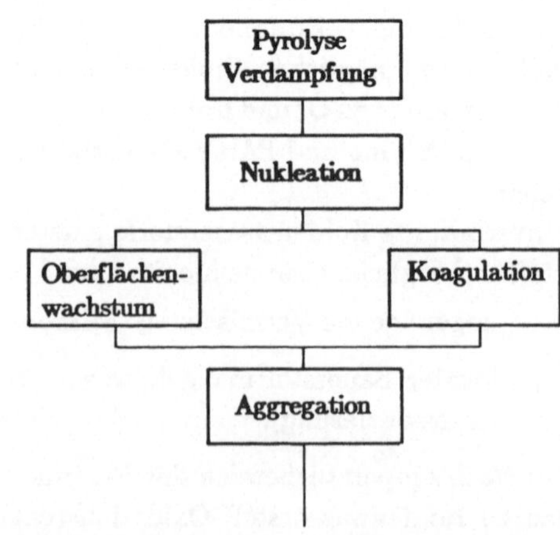

Bild 9.6.2: Prozesse bei der Rußentstehung

kleation) und danach parallel ein Oberflächenwachstum oder eine Koagulation annimmt. In der anschließenden Aggregation werden die dann emittierten Rußteilchen gebildet.

Die **Nukleation** läuft bei einem typischen H/C-Verhältnis von 0,4 ab. Beim Oberflächen-wachstum werden hauptsächlich Azetylene angelagert, wodurch dieses H/C-Verhältnis verkleinert wird. Der Start des Oberflächenwachstums setzt bei einem Partikeldurchmesser d_p von 15 Å ein und führt zu Teilchen mit 50 bis 300 Å. Die Koagulation erfaßt vornehmlich Teilchen, die gerade aus der Nukleation entstanden sind ("junge" Teilchen) und damit wiederum einen Durchmesser von 15 bis 100 Å aufweisen.

Die **Koagulationsgeschwindigkeit** kann über eine Reaktion 2-ter Ordnung beschrieben werden:

$$\frac{\partial}{\partial t}[Ruß] = \tfrac{1}{2} k_{Koa} [Ruß]^2 \quad . \tag{9.6.1}$$

Die Koagulationskonstante k_{Koa} ist nahezu unabhängig von der Brennstoffart und der Gemischzusammensetzung. Sie läßt sich angeben zu:

$$k_{Koa} = 4 \, d^2_{Ruß} \, c_{Koa} \, (\pi kT / m_{Ruß})^{1/2} \quad , \tag{9.6.2}$$

wobei c_{Koa} eine Konstante ist, die die Teilchenwechselwirkung, bedingt durch ihre Ladung, beschreibt. Der Faktor k_{Koa} liegt in der Größenordnung von 10^{-7}, bei einer Konstante c_{Koa} von 30.

Die **Aggregation** läßt sich näherungsweise mit einer Reaktion 0-ter Ordnung beschrieben:

$$\frac{\partial}{\partial t}[Ruß] = k_{Agg} \quad . \tag{9.6.3}$$

Eine Vorhersage der Rußkonzentration auf der Basis dieser kinetischen Daten erscheint für technische Anwendungen nicht möglich zu sein. Dafür sind vielfältige Einflußfaktoren noch zu wenig bekannt. So nimmt die Tendenz zur Rußbildung mit steigendem Druck zu, da parallel die Konzentrationen ansteigen. Bei Azetylen und Ethylen vermindert eine erhöhte Temperatur die Rußkonzentration, bei anderen Spezies ist gerade das Gegenteil beobachtet worden.

Um dennoch gewisse tendenzielle Aussagen machen zu können, wurde das kritische Kohlen-stoff-/Sauerstoff-Atom-Verhältnis eingeführt, bei dessen Unterschreitung keine Rußstrahlung in der Flamme mehr beobachtet wird (Tab. 9.6.2). Hiermit kann global der Einfluß des Sauerstoff-angebots erfaßt werden. Es ist jedoch nicht für eine quantitative Analyse geeignet.

Spezies	Grenz-verhältnis $(C/O)_{krit}$
Ethan	0,475
Propan	0,47
Butan	0,46
Azetylen	0,83
Ethylen	0,60
Propylen	0,56
Azetaldehyd	0,36
Azeton	0,416

Tab. 9.6.2: Kritisches Kohlenstoff-/Sauerstoff-Atom-Verhältnis der Rußbildung (/9.6.6/)

9.7 Partikel, Stäube und Feinststäube

Partikel, Stäube und Feinststäube (Aerosole, sub-micron-particles) können bei fast allen Brennstoffen auftreten. Sie können charakterisiert werden nach ihrer chemischen Zusammensetzung bzw. Herkunft (Koks, Ruß, Asche u.a., vgl. Kap. 9.6 und weiter unten) oder nach dem Partikeldurchmesser. Eine Einteilung nach dem **Partikeldurchmesser d_p** führt auf die folgende Unterteilung (Bild 9.7.1):

- Partikel $O[d_p] > 100\ \mu m$,
- Stäube $O[d_p] = 10\ \mu m$,
- Feinststäube $O[d_p] = 0{,}1\ \mu m$.

Als Feinststaub werden nach TA Luft auch Partikel mit $d_p < 10\ \mu m$ eingestuft.

Grobe Partikel scheiden sich wegen ihrer hohen Masse meist im Feuerraum selbst ab (z.B. Trichterasche, Wandverschmutzungen). Stäube werden mit den Rauchgasen aus dem Feuerraum ausgetragen und können sich teilweise als Beläge auf den konvektiven Heizflächen ablagern, der Rest wird aber mit einer Effizienz von 99 % im Elektrofilter abgeschieden, so

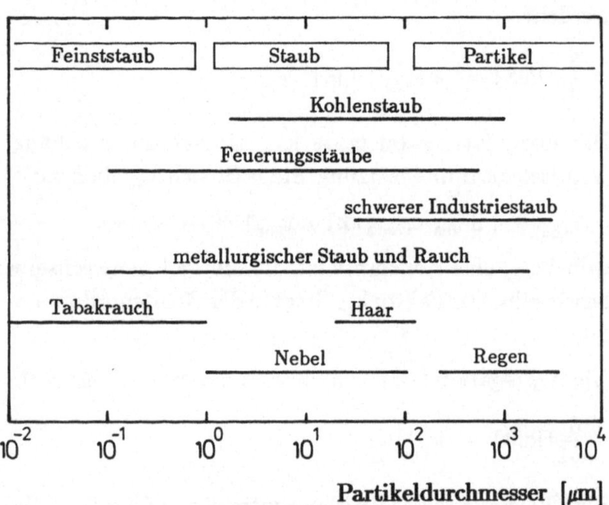

Bild 9.7.1: Größenordnungen von technischen Stäuben (/9.7.4/)

daß eine Umweltbelastung damit minimiert wird. Feinststäube können den Elektrofilter passieren. Obwohl diese Feinststäube nur etwa 1 Massen-% der Gesamtpartikelemissionen darstellen, sind sie aus zwei wesentlichen Gründen besonders kritisch einzuschätzen:

- Partikel dieser Größenordnung sind lungengängig und
- sie weisen einen erhöhten Gehalt an Spurenstoffen (trace elements) wie Blei (Pb), Cadmium (Cd) und Arsen (As) auf.

Die Gefährlichkeit potenziert sich, wenn beide Eigenschaften gleichzeitig zum Tragen kommen.

Die zweite Eigenschaft wird durch ein typisches Meßergebnis (Bild 9.7.2, /9.7.4/) belegt, das zeigt, daß vor allem die feinen Fraktionen große Anteile an Schwermetallen tragen.

Eine Modellvorstellung über die Entstehung von Partikeln, Stäuben und Feinststäuben bei der Kohleverbrennung gibt Bild 9.7.3. Hierin ist dargestellt, daß die Rohkohle einen mehr oder weniger großen Anteil von mineralischer Substanz (Asche) als eingelagerten Bestandteil enthält. Brennt der diese Einschlüsse umgebende Kohlenstoff ab, dann werden diese

Partikel freigesetzt. Je nach Größe kann man sie den staub- oder partikelförmigen Emissionen zuordnen. Gleichzeitig setzt jedoch mit der Temperaturerhöhung im Kohlekorn eine Verdampfung der mineralischen Bestandteile ein. Diese Aschedämpfe werden in der Partikelumgebung kondensiert (Kernbildung) und man erhält Feinststäube. Durch weitere Kondensation an diesen Kondensationskeimen können auch größere Teilchen, Stäube, entstehen. Stäube setzen sich in ihrer Bildung aus direkter, mechanischer Teilchenabspaltung

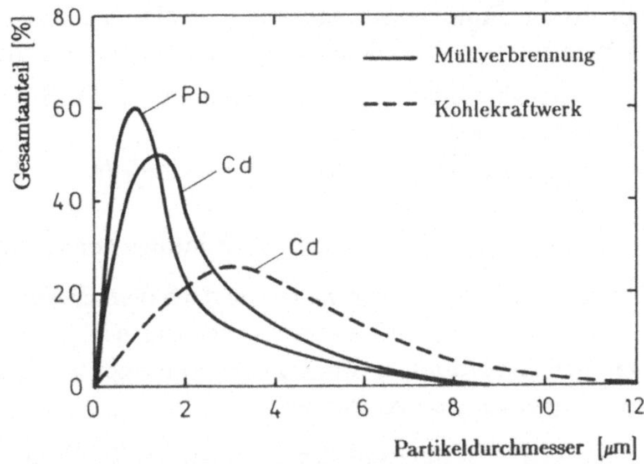

Bild 9.7.2: Schwermetallgehalt als Funktion des Partikeldurchmessers (/9.7.4/)

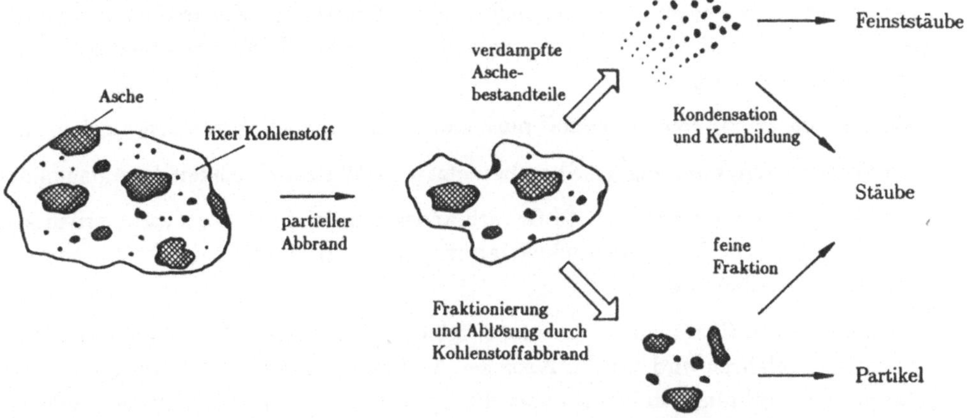

Bild 9.7.3: Modellvorstellung zur Bildung von Feinststäuben, Stäuben und Partikeln

vom Kohlekorn und einem über die Gasphase laufenden Kondensationspfad zusammen. Eine mathematische Beschreibung der Teilchenabspaltung setzt die Kenntnis der Größenverteilung der Aschebereiche in der Rohkohlesubstanz voraus. Ist diese bekannt und der zeitliche Ablauf der Einzelkornverbrennung berechenbar (Kap. 12.2), dann kann der zeitliche Verlauf der Freisetzung und über die Partikel-Zeit-Geschichte (Lagrangeberechnung (Kap. 11) der Freisetzungsort vorhergesagt werden. Über mathematische Ansätze der Staubbildung über die Gasphase wird von Senior (/9.8.1/) berichtet. Auch hierfür ist eine vollständige Feuerraumberechnung zur Bereitstellung der physikalischen Randbedingungen für eine die Vorgänge um das Korn beschreibende Simulation notwendig.

Die zweite Einteilungsmöglichkeit ist die nach der **Entstehungsquelle**. Dabei lassen sich partikelförmige Emissionen aufgrund dreier wesentlicher Quellen einteilen:

- Nichtverbrennliches im Ausgangsbrennstoff (z.B. Asche als mineralischer Bestandteil bei der Kohleverbrennung),
- Verbrennliches, das nicht verbrannt wurde (z.B. Koks infolge von Sauerstoffmangel bei der Kohleverbrennung),
- Verbrennungsprodukte (z.B. Ruß infolge von Quenchvorgängen).

Die dritte Charakterisierung ist die nach dem **chemischen Aufbau**. Bei der Öl-, Kohle- und Müllverbrennung muß wegen des heterogenen Reaktionsverlaufs praktisch mit mehr oder weniger staubförmigen Emissionen gerechnet werden und daher geeignete Rückhalteeinrichtungen vorgesehen werden.

- **Asche** als Bestandteil des Brennstoffs Kohle läßt sich wirtschaftlich nicht vor dem Verbrennungsvorgang abtrennen und muß daher bei trocken entaschten Feuerungen als Flugasche in einem Elektroabscheider aus den Rauchgasen entfernt werden. Bei naßentaschten Schmelzkammerfeuerungen wird die schmelzflüssige Schlacke über den Aschetrichter in einem Wasserbad granuliert. Die Menge an abzuführender Asche ist allein durch den Ascheanteil im Eingangsbrennstoff bestimmt. Von großem Interesse ist vor allem die Partikelgrößenverteilung der Asche, da sie den Abscheidegrad eines Elektrofilters bestimmt.

- **Koks oder unverbrannter Brennstoff** muß soweit wie möglich vermieden werden, da:

  - der Verbrennungswirkungsgrad herabgesetzt wird (Wirtschaftlichkeit der Anlage sinkt),

  - die Flugasche bei mehr als 5 % Unverbranntem nicht mehr abgesetzt werden kann (Zuschlagstoff in der Zementindustrie) und eventuell einer Sonderabfallbeseitigung zugeführt werden muß.

  Vor allem bei Maßnahmen zur primärseitigen NO_x-Reduktion, bei denen mit lokalem Luftmangel gefahren wird, muß mit solchen Ausbrandproblemen gerechnet werden. Die Menge an Unverbranntem ist also über die Feuerungsführung beeinflußbar, steht aber in Konkurrenz zu anderen Emissionsminderungsmaßnahmen.

- **Ruß** bei Gasfeuerungen tritt relativ selten auf und kann durch eine geeignete Feuerführung meist beherrscht werden. In manchen Fällen, wo das Wärmeübertragungsverhalten der Flamme auf ein Gut (z.B. Glas bei einem Glasschmelzofen) verbessert werden soll, wird die Rußbildung bewußt herbeigeführt (Karburierung). Ruß, der vor allem bei Ölfeuerungen zu unansehnlichen Abgasfahnen führt, entsteht meist durch falsche Brenner- oder Feuerungseinstellung. So muß auf jeden Fall eine Berührung der Flamme mit kalten Feuerraumwänden vermieden werden. Aber auch Luftmangel in der Hauptverbrennungszone kann zur vermehrten Rußbildung führen. Ruß bei Kohlefeuerungen spielt in Relation zu den anderen partikelförmigen Emissionen eine untergeordnete Rolle.

9.8 Spurenelemente

In den mineralischen Bestandteilen der Kohle sind zusätzlich zu den Verbindungen, die zu den Hauptbestandteilen der Asche gehören, etwa 20÷30 Spurenelemente (meist Metalle) vorhanden (/8.5.59/). Verbindungen, in denen diese vorhanden sind, weisen sehr unterschiedliche thermische Stabilität auf (/9.8.2/, Bild 9.8.1). Titan und seine Verbindungen z.B. sind thermisch am stabilsten und können daher vom Zustand der Ausgangskohle bis zu den Rückständen (Flug- und Trichterasche) zur Bestimmung des Ausbrandes herangezogen werden, da es seine Masse, bedingt durch thermische Zersetzung, nicht ändert. Damit ist die Massenanteilsänderung (bezogen auf das ursprünglich Verbrennliche) ein Maß für den Umsatz des Brennstoffs. Ähnlich wie der Asche kommt vor allem den Spurenmetallen eine beachtliche katalytische Wirkung zu. Hierbei sind vor allem Fe, Ca und Mg zu nennen. So erhöhen z.B. 100 ppm Fe (bezogen auf die Rohkohle) die chemische Reaktionsrate des Kokses um ca. 2 Zehnerpotenzen, so daß hierdurch die Genauigkeitsanforderungen einer mathematischen Beschreibung an die kinetischen Daten für den Koksabbrand relativiert werden müssen. Auch dieser Einfluß muß also unter dem Begriff der Effektivkinetik berücksichtigt werden.

Bedingt durch eventuelle lokale Einlagerungen von Spurenelementen in der Rohkohle kann die Konzentration in den Rauchgasen zeitlich stark schwanken, was eine Kontrolle erschwert. Abhängig vom eingesetzten Brennstoff und den Eigenschaften der Asche (Verdampfungsneigung und Kondensationskernbildung) konzentrieren sich einzelne Spurenelemente in bestimmten Kornfraktionen auf (Bild 9.7.2). Hierauf ist beim Betrieb einer Anlage zu achten. Von den toxischen Eigenschaften der Spurenelemente können beträchtliche Risiken für Mensch und Umwelt ausgehen. Modellierungsansätze für die Spurenelementbilanzierung müssen eng an ein Partikel-/Staubmodell gekoppelt sein, aber auch eine thermische Abspaltung berücksichtigen. Die Entwicklung solcher Modelle steht erst am Anfang /9.8.1/,/9.8.2/, /8.5.59/.

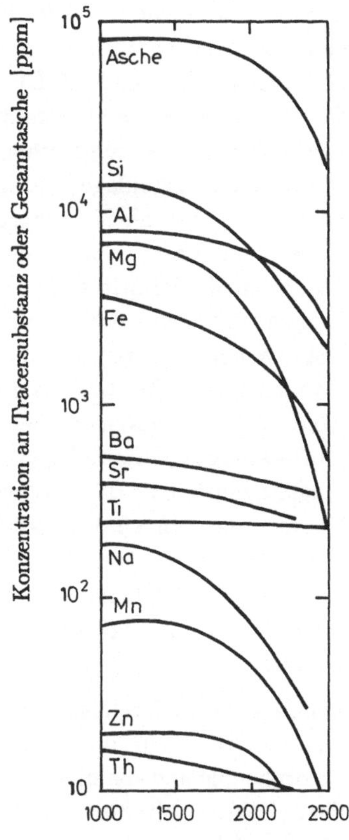

Bild 9.8.1: Spurenelementkonzentration in der Kohle als Funktion der Temperatur (/9.8.2/)

9.9 Dioxine und Furane

Dioxine und Furane sind in ihrer polychlorierten Form (PCDD - Poly-Chlor-Dibenzo-Dioxine und PCDF - Poly-Chlor-Dibenzo-Furane) extrem toxische Umweltgifte. Dies zeigt schon der für Müllverbrennungsanlagen gültige Grenzwert von 0,1 ng/m³. Sie gehören zu der Verbindungsklasse von aromatischen Äthern, sind also mit einem oder zwei Sauerstoffatomen verbundene Phenylringe, wobei an diesen jeweils maximal 4 Chloratome substituiert sein können (Bild 9.9.1). Hierdurch ergeben sich eine große Anzahl von Homologen bzw. Stellungsisometrien, so daß insgesamt 210 Isomere möglich sind (/9.9.2/). Deren Toxizität ist sehr unterschiedlich, wobei das 2,3,7,8-TCDD (Tetra-Chlor-Dibenzo-Dioxin) wohl eine Spitzenstellung einnimmt.

Wichtige Vorläufersubstanzen (Precurser) von Dioxinen und Furanen sind Chlorphenole und -phenolate, chlorierte Phenyläther, polychlorierte Biphenyle (PCB) und Terphenyle (PCT) und Chlorbenzole (Bild 9.9.1). Diese Stoffe sind Hauptbestandteile von Fungiziden, Herbiziden, Insektiziden, Bakteriziden und damit z.B. in Holzschutzmitteln enthalten oder sind Zwischenprodukte von chemischen Prozessen. Vornehmlich dieser Umstand erklärt, warum vor allem in Müllverbrennungs- und Rückstandsverbrennungsanlagen Emissionen von Dioxinen und Furanen zu finden sind. Nicht zu verschweigen ist jedoch, daß auch der Rauch einer Zigarette etwa 1 ng Dioxin enthält.

Neben diesem Hauptbildungspfad über Vorläufersubstanzen spielt aber auch noch die de-novo-Synthese aus nicht verwandten Stoffen (PVC, anorganische Chlorverbindungen, aber auch Kohle und Holz bei Anwesenheit von Schwefel) eine Rolle.

Alle diese Bildungs- und die möglichen Abbaupfade mathematisch modellieren zu wollen ist illusorisch. Daher bleibt nur der Weg "globale" Eigenschaften, wie den Einfluß der Temperatur und der Verweilzeit auf die Bildung bzw. die Zerstörungseffizienz zu untersuchen. Die schematische Temperaturabhängigkeit ist in Bild 9.9.2 dargestellt. Bedingt

Abk.	Stoffgruppenbezeichnung	Strukturformel
Vorläuferverbindungen von Dioxinen und Furanen		
PAH	Polyzyklische aromatische Kohlenwasserstoffe	-
PCB	Polychlorierte Biphenyle	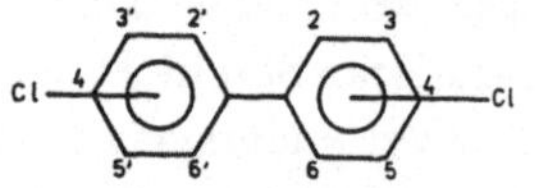
PCT	Polychlorierte Terphenyle	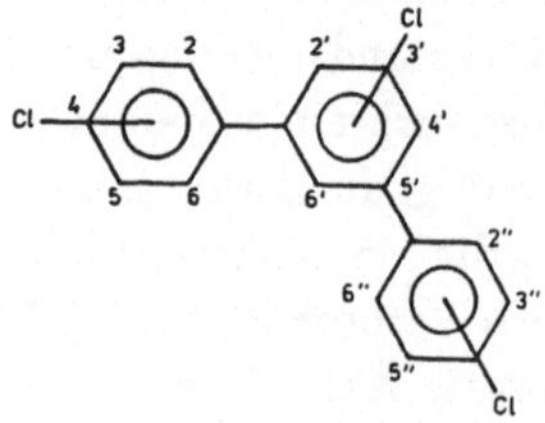
Dioxine und Furane		
PCDD	Polychlorierte Dibenzodioxine	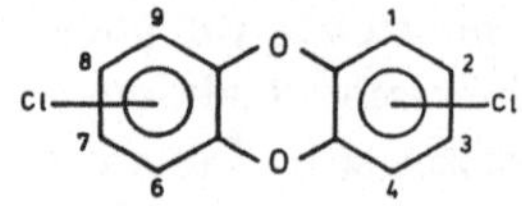
PCDF	Polychlorierte Dibenzofurane	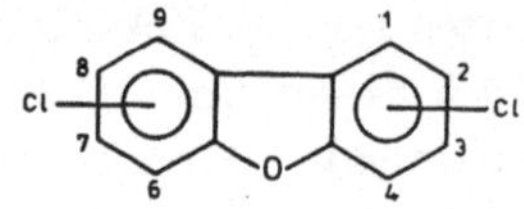

Bild 9.9.1: Dioxine / Furane und ihre Vorläufersubstanzen

dadurch, daß die Bildungsgeschwindigkeit bei Temperaturen über 800 °C nahezu konstant bleibt, während die Zerstörungsgeschwindigkeit exponentiell zunimmt, wird ein Maximum der Dioxinkonzentration beobachtet, das bei Anwesenheit von Sauerstoff im Bereich von 600 - 800 °C liegt. Hiernach sind die Hauptbildungsorte in einer Müllverbrennungsanlage im Bereich der Müllpyrolyse (Rost) und hinter den ersten konvektiven Heizflächen im Rauchgaskanal zu suchen.

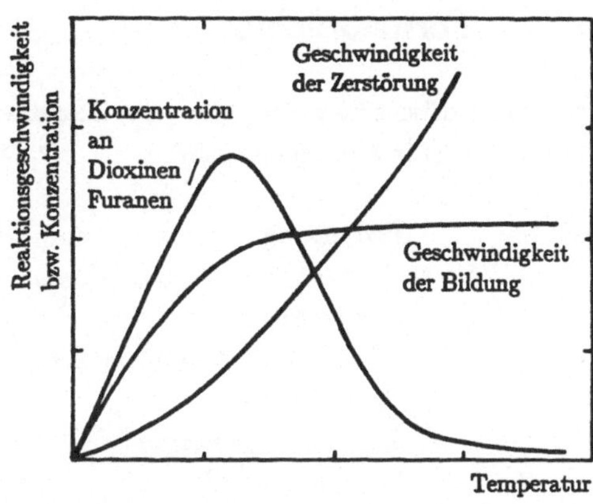

Bild 9.9.2: Temperaturabhängigkeit der Dioxinbildung und -zerstörung (/9.9.9/)

Die Abhängigkeit der Zerstörungseffizienz von der Temperatur und der Verweilzeit bei der jeweiligen Temperatur ist in Bild 9.9.3 dargestellt. Daraus wird nochmals ersichtlich, wie mit Temperaturen über 800 °C bei gleicher Verweilzeit die Zerstörungseffizienz zunimmt.

Unterstellt man bei einer Müllverbrennung eine bekannte Bildungsrate auf der Rostbahn, dann kann über eine Temperatur-Zeit-Rechnung (Lagrange-Berechnung, Kap. 11) die Geschichte der Spezies "Dioxin/Furan" nachvollzogen werden und über eine jeweilige Zuordnung der differentiellen Zerstörungseffizienz eine Feuerraumkonzentration abgeschätzt werden. Da bei einer solchen Gesamtberechnung auch jeweils die Sauerstoffkonzentrationen vorliegen, könnte auch deren Einfluß mit einbezogen werden, wenn eine Parametrisierung des Sauerstoffeinflusses ähnlich wie bei der Verweilzeit gelingt.

Voraussetzung für ein solches Vorgehen ist jedoch, daß Diagramme der Art von Bild 9.9.3 für repräsentative Schadstoffkollektive (Isomerzusammensetzung) verfügbar sind. Hier besteht im Augenblick noch ein erheblicher Bedarf.

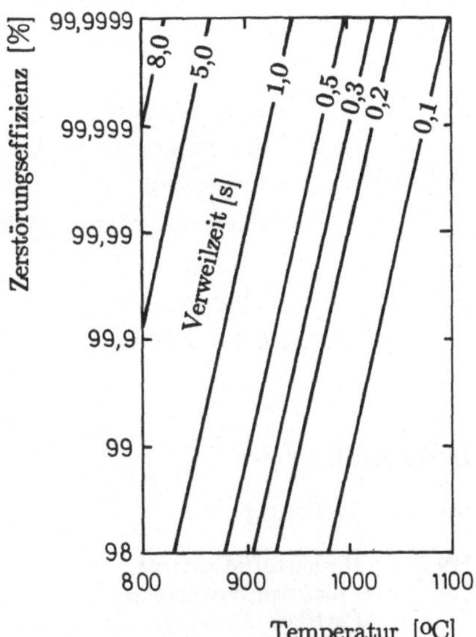

Bild 9.9.3: Zerstörungseffizienz als Funktion der Verweilzeit und der Temperatur (/9.9.5/)

o   Formelzeichen

(Kapitelspezifische Formelzeichen; eine Zusammenstellung übergeordnet gültiger Formelzeichen und Kennzahlen ist in Anhang 6 angeführt;   [*] Dimension hängt von der jeweiligen Verwendung ab)

Symbol	Bedeutung	Dimension
c	Massenanteil	-
$C_x H_y$	Allgemeiner Kohlenwasserstoff	-
d	Durchmesser	m
E	Aktivierungsenergie	kJ/kg oder kJ/kmol
f	Mischungsgrad	-
g	Varianz einer Größe	*
k	Reaktionsgeschwindigkeit	1/s
k_0	Frequenzfaktor im Arrheniusansatz	1/s
m	Masse	kg
N	Reaktionsordnung	-
NO_x	Summe technisch relevanter Stickoxide (NO, NO_2, N_2O)	-
$O[\ ]$	Größenordnung	*
p	Druck	10^5MPa=bar
P	Wahrscheinlichkeitsdichtefunktion	-
$\dot{r}$	Reaktionsrate oder Quellterm durch chem. Reaktion	$kg/(m^3 \cdot s)$
T	Temperatur	K
T_A	Aktivierungstemperatur	K
V	Volumen	m^3
ρ	Dichte	kg/m^3
ν	stöchiometrischer Koeffizient	-

Indizes tiefgestellt

Symbol	Bedeutung
BN	Brennstoffstickstoff
Fl	Flüchtige Bestandteile
P	Partikel
RK	Rohkohle
waf	wasser- und aschefrei
α	Reaktionspartner
β	Teilreaktion

Sonderzeichen

Symbol	Bedeutung
$^-$	Mittelwert (zeitlicher)
$^\frown$	Schwankungswert
$\cdot$	Rate (zeitliche)

o   Literatur

Emittenten allgemein

/9.1.1/ Görner, K.; Dolezal, R.: Combustion Processes in Large Furnaces and Abatement of Air Pollution in Combustion Chambers. Int. Symp. for Control of Air Pollution Resulting from Combustion Processes, Ankara, 1987, Tagungsband

/9.1.2/ Leuckel, W.: 1st Europ. Conf. on Indust. Furnaces and Boilers, Lisbon, 1988

/9.1.3/ Stromthemen, 6(1989)Nr.6, S. 7

/9.1.4/ Caretto, L.S.: Mathematical Modelling of Pollutant Formation. Prog. Energy Combust. Sci., 1 (1976), pp 47-71

/9.1.5/ Gardiner, W.C. jr.: Das chemische Innenleben einer Flamme. Spektrum der Wissenschaft. Apr. 1982, S. 90-101 (aus: Scientific American, Febr., 1982)

/9.2.1/ Schumacher, A.: Techn. Umsetzung der TA Luft '86 bei Feuerungs- und Abfallverbrennungsanlagen. Industriefeuerung, 40(1987), S.55-63

/9.2.2/ Lange, M.; Oels, H.-J.: Gesetzliche Vorschriften und techn. Maßnahmen zur NOx-Emissionsminderung bei Feuerungsanlagen und stationären Verbrennungsmotoren. BWK-Spezial, VDI Verlag, Düsseldorf, 1987

/9.2.3/ Emsperger, W.: Review of Current Techniques and Developments for Low-Pollution Coal Utilization for Electrical Power Generation. Proc. of Academy of Sciences and Arts of Bosnia and Hercegovina, Vol. 15, Sarajevo, 1987

/9.2.4/ 13. Verordnung zur Durchführung des Bundesimmissionsschutzgesetzes (Verordnung über Großfeuerungsanlagen - 13. BImSchV). BGBl. I, S. 719ff, 1983

/9.2.5/ 1. allg. Verwaltungsvorschrift zum Bundesimmissionsschutzgesetz(Techn. Anleitung zur Reinhaltung der Luft - TA Luft) vom 27.2.1986, Gem. Ministerialblatt, Nr. 7, Ausgabe A, 1986, S. 95ff

/9.2.6/ Bowman, C.T.: Kinetics of Pollution Formation and Destruction in Combustion. Prog. Energy Combust. Sci., 1975, Vol. 1, pp 33-45

/9.2.7/ Chigier, N.C.: Pollution Formation and Destruction in Flames. Prog. Energy Combust. Sci., 1975, Vol. 1, pp 3-15

/9.2.8/ Homann, K.H.: Schadstoffbildung und ihre Vermeidung. Nachr. Chem. Tech. Lab., 31(1983)Nr.4, S. 258-262

Kohlenstoffoxide

/9.3.1/ Lutz, F.: Die Oxidation von Kohlenstoffmonoxid in turbulenten Verbrennungsprozessen. Dissertation Universität Darmstadt, 1984

/9.3.2/ Howard, J.B.; Williams, G.C.; Fine, D.H.: Kinetics of Carbon Monoxide Oxidation in Postflame Gases. 14th Symp. (Int.) Comb., 1972, pp 975-986

/9.3.3/ Dryer, F.L.; Glassman, I.: High-Temperature Oxidation of CO and CH_4. 14th Symp. (Int.) Comb., 1972, pp 987-1003

/9.3.4/ Bockhorn, H.: Modeling of the Oxidation of CO in a Turbulent Thermal Combustor Considering Complex Chemistry Reaction Mechanisms. 1st Europ. Conf. on Indust. Furnaces and Boilers, Lisbon, Portugal, Tagungsband, 1988

/9.3.5/ Bockhorn, H.: Direktschließungsmethoden für Modelle turbulenter Flammen. 4. TECFLAM-Seminar, Stuttgart, Tagungsband, 1988, S. 117-133

/9.3.6/ Hasberg, W.; Römer, R.: Organische Spurenschadstoffe in Brennräumen von Anlagen zur therm. Entsorgung. Chem.-Ing.-Tech., 60(1988)Nr.6, S.435-443

/9.3.7/ Bolle, H.-J.: Stand der Erkenntnisse zum Treibhauseffekt. VGB Kraftwerkstechnik, 70(1990)H.5, S.373-376

/9.3.8/ Loew, H.: Bewertung der CO2-Minderungsmöglichkeiten in der Elektrizitätswirtschaft. VGB Kraftwerkstechnik, 70(1990)H.5, S.382-387

/9.3.9/ Crutzen, P.J.: Auswirkungen menschlicher Aktivitäten auf die Erdatmosphäre: Was zu forschen, was zu tun. DLR-Nachrichten, (1990)H.59, S.5-13

/9.3.10/ Wagner, H.-J.: CO_2-Minderung durch rationelle Energienutzung. Energiewirtschaftliche Tagesfragen, 39(1989) H.6, S.485-489

Schwefeloxide

/9.4.1/ Solomon, P.R.; Manzione, A.V.: New Methods for Sulphur Concentration Measurements in Coal and Char. Fuel, 56(1977), pp 393-396

/9.4.2/ Bowman, C.T.; Dodge, L.G.: Kinetics of the Thermal Decomposition of Hydrogen Sulfide behind Shock Waves. 16th Symp. (Int.) Comb., Comb. Inst., Pittsburg, USA, 1977

254

/9.4.3/ Hein, K.; Schiffers, A.: Verbesserung der natürlichen Schwefeleinbindung bei der Verfeuerung Rheinischer Braunkohle. VDI-Berichte, Nr. 346, 1979, S. 77-80

/9.4.4/ Glaser, W.; Hein, K.; Kirchen, G.: Further Research into the Reduktion of SO_2-emission from Brown-Coal Fired Boilers. IFRF 7th Members' Conference, Noordwijkerhout, the Netherlands, 1983

/9.4.5/ Squires, A.M.: Die Bindung von Schwefel bei der Energieerzeugung. VDI-Berichte, Nr. 179, 1972, S. 113-119

/9.4.6/ Kaminsky, W.: Verfahren zur Entschwefelung von Rauchgasen. Chem.-Ing.-Tech., 55(1983)Nr. 9, S. 667-683

/9.4.7/ Forck, B.; Rosahl, O.: Dampferzeuger und Umwelt. Jahrbuch Dampferzeugungstechnik, Bd.2, 5. Aufl., Vulkan-Verlag Essen, 1985

/9.4.8/ Glaser,W.; Hein, K.; Kirchen, G.: Further Research into the Reduction of SO_2 - Emission from brown coal fired boilers. 7th Members' Conference, IFRF, Noordwijkerhout, the Netherlands,5. 1983

/9.4.9/ Kaminsky, W.: Verfahren zur Entschwefelung von Rauchgas. Chem.-Ing.-Techn. 55, 1983, Nr. 9, S. 667-683

/9.4.10/ Chughtai, M.Y; Hein, K.; Kirchen, G.; Michelfelder, S.: Rauchgasentschwefelungstechnologie -Additiveingabe. Jahrbuch Dampferzeugungstechnik, Bd. 2, 5. Aufl., Vulkan-Verlag-Essen, 1985

/9.4.11/ Forck, B.: Stand der Rauchgasentschwefelung - Trend der Entwicklung. Sammelband der VGB-Konferenz "Kraftwerk und Umwelt 1981"

/9.4.12/ Esche, M.; Igelbüscher, H.: Das wirtschaftliche Rauchgasentschwefelungssystem mit Gipserzeugung nach dem Saarberg-Hölter-Verfahren. Vortrag auf dem 3. Seminar der Economic Comission for Europe (UN) zur Entschwefelung von Brennstoffen und Rauchgasen, Salzburg, 18.-22.5. 1981

Stickoxide

/9.5.1/ Zelkowski, J.: NOx-Bildung bei der Kohleverbrennung und NOx-Emissionen aus Schmelzfeuerungen. VGB Kraftwerkstechnik, 66(1986)H.8, S.733-738

/9.5.2/ Leickert, K.; Rennert, K.D.; Schreier, W.: Test Data for a Multiple Staged-Mixing Burner Using Fuel Staging. IFRF 8th Members' Conference, Noordwijkerhout, NL, 1986

/9.5.3/ de Soete, G.: Physikalisch-chemische Mechanismen bei der Stickstoffbildung in industriellen Flammen. Gas Wärme International, 30(1981)H.1, S.15-23

/9.5.4/ Fenimore, C.P.: Formation of Nitric Oxide in Premixed Hydrocarbon Flames. 13th Symp. (Int.) Combustion, 1970, pp 373-380

/9.5.5/ Glass, J.W.; Wendt, J.O.L.: Mechanisms Governing the Destruction of Nitrogeneous Species During the Fuel Rich Combustion of Pulverized Coal. 19th Symp. (Int.) Combustion, 1982, pp 1243-1251

/9.5.6/ Wendt, J.O.L.; Pershing, D.W.; Lee, J.W.; Glass, J.W.: Pulverized Coal Combustion: NO_x Formation Mechanisms Under Fuel Rich and Staged Combustion Conditions. 17th Symp. (Int.) Combustion, 1978, pp 77-87

/9.5.7/ Kremer, H; Schulz, W.: Influence of Temperature on the Formation of NO_x During Pulverized Combustion. 21st Symp. (Int.) Comb., 1986, pp 1217-1222

/9.5.8/ Zel'dovich, J.: The Oxidation of Nitrogen in Combustion and Explosions. Acta Physicochimica U.R.S.S., 1946, Vol. 21, No.4, pp 577-628

/9.5.9/ de Soete, G.G.: Overall Reaction Rates of NO and N_2 Formation from Fuel Nitrogen. 15th Symp. (Int.) Combustion, 1974, pp 1093-1102

/9.5.10/ Smith, P.J.; Scott, C.H.; Smoot, L.D.: Theory for NO Formation in Turbulent Coal Flames. 19th Symp. (Int.) Combustion, 1982, pp 1263-1270

/9.5.11/ Chen, S.L.; Heap, M.P.; Pershing D.W.: Influence of Coal Composition on the Fate of Volatile and Char Nitrogen During Combustion. 19th Symp. (Int.) Combustion, 1982, pp 1271-1280

/9.5.12/ Eberius, H.; Just, Th.; Kelm, S.: NO_x-Schadstoffbildung aus gebundenem Stickstoff in Propan/Luft-Flammen, Vergleich mit kinetischen Modellen. VDI-Berichte Nr. 498, 1983, S. 183-192

/9.5.13/ Fenimore, C.P.: Studies of Fuel-Nitrogen Species in Rich Flame Gases. 17th Symp. (Int.) Combustion, 1978, pp 661-670

/9.5.14/ Midkiff, K.C.; Altenkirch, R.A.: Particle-Size Effects on the Distribution of Fuel Nitrogen in 1-D Coal-Dust Flames. 21st Symp. (Int.) Comb., 1986, pp 1189-1198

/9.5.15/ Baumann, H.; Klein, J.; Schuler, J.: NOx From Fuel Nitrogen. IFRF, Pulverized Fuel and Chemistry of Flames Panels, Niederaussem, 15./16. 6. 1982

/9.5.16/ Arai, N.; Hasatani, M.; Ninomiya, Y.; Churchill, S.W.; Lior, N.: A Comprehensive Kinetic Model for the Formation of Char-NO During the Combustion of a Single Particle of Coal Char. 21st Symp. (Int.) Combustion, 1986, pp 1207-1216

/9.5.17/ Kramlich, J.C.; Cole, J.A.; McCarthy, J.M.; Lanier, W.S.: Mechanisms of Nitrous Oxide Formation in Coal Flames. Comb. and Flame, 77(1989), pp 375-384

/9.5.18/ Mechenbier,R.: Exp. Untersuchungen der NO-Reduktion durch Brennstoffstufung mit Methan bei der Kohlenstaubverbrennung. Dissertation, Ruhr-Universität Bochum, 1989

/9.5.19/ Schnell, U.: Berechnung der Stickoxidemissionen von Kohlenstaubfeuerungen. Dissertation Universität Stuttgart, 1990

/9.5.20/ Zinser, W.; Schnell, U.: Application of Math. Flame Mod. to NOx Emissions from Coal Flames. NATO ASI Series, Martinus Nijhoff Publ., Dordrecht, 1987, pp 437-451

/9.5.21/ Hayhurst, A.N.; Vince, I.M.: Nitric Oxide Formation from N2 in Flames: The Importance of Prompt NO. Progr. Energy Combust. Sci., 6(1980), pp 35-51

/9.5.22/ Hanson, R.K.; Salimian, S.: Survey of Rate Constants in the N/H/O System. In: Gardiner (Ed.), Combustion Chemistry, Springer-Verlag, New York, 1984

/9.5.23/ Levy, J.M.; Chan, L.K.; Sarofim, A.F.; Beer, J.M.: NO/Char Reaktions at Pulv. Coal Flame Conditions. 18th Symp. (Int.) Comb., 1980, pp 111-217

/9.5.24/ deSoete, G.G.: Heterogene Stickstoffoxidreduzierung an festen Partikeln. VDI-Berichte, Nr. 498, 1983, S.171-176

/9.5.25/ Freihaut, J.D.; Proscia, W.M.; Seery, D.J.: Fuel Bound Nitrogen Evolution during the Devolatilization and Pyrolysis of Coals of Varying Rank. EPA-EPRI Joint Symposium, No. 5B-4, 1987

/9.5.26/ Pohl, F.H.; Dusatko, G.C.: The Influence of Fuel Properties and Boiler Design and Operation on NOx Emissions. EPA-EPRI Joint Symposium, No. 4H, 1987

NO-Reduzierung

/9.5.27/ Jacobs, J.; Zelkowski, J.: Perspektiven für NOx-arme Kraftwerksfeuerungen. Industriefeuerung 38 (1986), S. 32-38

/9.5.28/ NOx-Minderung mit Primärmaßnahmen an Neu- und Altanlagen. Jahrbuch Dampferzeugertechnik, Band 1, Vulkan-Verlag, Essen, 1985

/9.5.29/ VGB-Handbuch:"NOx-Bildung und NOx-Minderung bei Dampferzeugern für fossile Brennstoffe. VGB, Essen, 1986

/9.5.30/ Rentz, O.; Leibfritz, R.: Overview of Recent Developments in NOx Control in Europe. EPA-EPRI Joint Symposium, No. 1B, 1987

/9.5.31 / Kremer, H.; Mechenbier, R.; Schulz, W.: Wirksamkeit der Stufenverbrennung bei der Minderung brennstoffbedingter NOx-Emissionen. Industriefeuerung, 39 (1986), S. 9-15

/9.5.32/ Leikert, K.; Rennert, K.D.: Aktueller Stand primärseitiger Maßnahmen zur Minderung der NOx-Emissionen an konventionellen Feuerungen. VGB-Kongreß: "Kraftwerke 1985", 1985, S. 194-200

/9.5.33/ Reidick, H.: Primäre NOx-Minderung bei Braunkohlefeuerungen. 13. Dt. Flammentag, Göttingen, 1987

/9.5.34/ Kremer, H.; Schulz, W.: Minderung der NOx-Emissionen durch verbrennungstechnische Maßnahmen. VDI-Berichte, Nr. 495, 1984, S. 133-142

/9.5.35/ Asmuth, P.: Einfluß unterschiedlicher NOx-Minderungsmaßnahmen auf den Verbrennungsablauf und die Rauchgasatmosphäre einer Zyklonfeuerung. VGB-Kongreß:"Kratwerke 1985",1985, S. 256-264

/9.5.36/ Schuster, H.; Stebel, H.: Großtechnische Erprobung einer Feuerung mit geringer NOx-Emission für steinkohlengefeuerte Dampferzeuger mit flüssigem Ascheabzug. Brennstoff-Wärme-Kraft 33 (1981) Nr. 11, S. 443-446

/9.5.37/ Jacobs, J.: Erfolge und Ziele bei der Entwicklung einer NOx-Minderungstechnologie für Kraftwerksfeuerungen, VGB-Kraftwerkstechnik,61(1981)H.3, S. 40-43

/9.5.38/ Lowes, T.M.; Heap, M.P.; Smith, B.R.: Control of Pollutant Emission by Burner Modifications. Italian Flame Days, San Remo, April 10-11, 1975, IFRF-Doc.nr. K 20/a/74

/9.5.39/ Evertz, E.: Feuerungen mit NOx-armer Verbrennung. Chemie-Technik, 18(1989)Nr.3, S. 73-78

/9.5.40/ Kiga, T.; Miyamae, S. Makino, K.; Ikebe, H.: Furnace Design and Application on Low NOx Pulverized Coal Combustion. EPA-EPRI Joint Symposium, No. 2D, 1987

/9.5.41/ Spliethoff, H.: NOx-Minderung durch Brennstoffstufung mit kohlestämmigen Reduktionsgasen. VDI Berichte, Nr. 765, 1989, S.217-230

/9.5.42/ Spliethoff, H.; Spliethoff, H.: Reduzierung von NOx durch Brennstofftrennstufung. DVV-Kolloquium/BMFT Status-Seminar, Essen, 1988

/9.5.43/ McCarthy, J.M.; Chen, S.L.; Seeker, W.R.; Pershing, D.W.: Pilot Scale Studies on the Application of Reburning for NOx Control. EPA-EPRI Joint Symposium, No. 2F, 1987

/9.5.44/ Toqan, M.A.; Teare, J.D.; Beer, J.M.; Radak, L.J.; Weir, A.: Reduction of NOx by Fuel Staging. EPA-EPRI Joint Symposium, No. 5B-3, 1987

/9.5.45/ Schranner, M.; Gilllberg, G.; Schröder, U.; Kaminski, P.: NOx-arme Staubfeuerung mit Luftstufung im Feuerraum - Demonstration im IAW-Kraftwerk, Leiningerwerk Block 5, BMFT-Bericht, 1988

/9.5.46/ Reidick, H.: NOx-arme Verbrennung bei Kohlenstaub-Tangentialfeuerungen. VGB Kraftwerkstechnik, 61(1981)-H.9, S. 747-750

/9.5.47/ Vatsky, J.; McMillan, R.: Low NOx Developments on an Integrated Combustion and Environmental Test Facility. EPA-EPRI Joint Symposium, No. 2B, 1987

/9.5.48/ Lisauskas, R.A.; Afonso, R.; Eskinazi, D.: Development of Overfire Air Design Guidelines for Front-Fired Boilers. EPA-EPRI Joint Symp., No. 2C, 1987

/9.5.49/ Allen, J.W.; Brooks, W.J.D.; Burdett, N.A.; Clarke, F.; Foley, G.: Reductions in NOx Emissions from a 500 MW Corner Fired Boiler. EPA-EPRI Joint Symposium, No. 4C, 1987

/9.5.50/ Araoka, M.; Iwanaga, A.; Sakai, M.: Application of Mitsubishi "Advanced Mact" In-Furnace NOx Removal Process at Taio Paper CO., LTD. Mishima Mill No. 18 Boiler. EPA-EPRI Joint Symposium, No. 4D, 1987

/9.5.51/ Hemberger, H.: Neckel, H.; Wolfrum, J.: Lasermeßtechnik und mathematische Simulation von Sekundär-Maßnahmen zur NOx-Minderung in Kraftwerken. 3. TECFLAM-Seminar, Karlsruhe, 1987, S.47-60

/9.5.52/ Görner, K.; Epple, B.: Einmischung von NO_x-Reduktionsmitteln in den Feuerraum von Dampferzeugern am Beispiel des OKA-Kombinations-DENOX-Verfahrens. 4. TECFLAM-Seminar, Stuttgart, 1988, S. 87-101

/9.5.53/ Görner, K.; Epple, B.: Flow and Mixing Calculations for Utility Boiler Furnaces with Special Application to OKA-Combined-DENOX-Prozess.IFRF 9th Members' Conference, Noordwijkerhout, the Netherlands, 1989

/9.5.54/ Görner, K.; Dietz, U.: Strahlungsaustauschrechnung mit der Monte-Carlo-Methode. Chem.-Ing.-Tech., 62(1990)-Nr.1, S.23-33

/9.5.55/ Dietz, U.; Görner, K.: Heat Transfer Calculation for Industrial Furnaces by a Monte-Carlo Method. IFRF 9th Members' Conference, Noordwijkerhout, the Netherlands, 1989

/9.5.56/ Wolfrum, J.: Private Kommunikation, 1990

N_2O

/9.5.57/ Roby, R.J.; Bowman, C.T.: Formation od N_2O in Laminar, Premixed, Fuel-Rich Flames. Comb. and Flame, 70 (1987), pp 119-123

/9.5.58/ Kramlich, J.C.; Cole, J.A.; McCarthy, J.M.; Lanier, W.S.; McSorley, J.A.: Mechanisms of Nitrous Oxide Formation in Coal Flames. Combust. Flame, 77 (1989) 3, pp 375-384

/9.5.59/ Dstriau, M.; Heleschewitz, H.: Heterogeneous Processes in the Combustion of Gaseous Mixtures. (Nitrous Oxide, Hydrogen-Nitrous Oxide Mixtures, and Hydrocarbon-Nitrous Oxide Mixtures. 11th Symp. (Int.) Comb., 1967, pp 1075-1079

/9.5.60/ Hao, W.M.; McElroy, S.C.; Beer, M.B.; Toqan, J.M.: Sources of Atmospheric Nitrous Oxide from Combustion. J. Geophys. Res., 92 (1987) D3, pp 3098-3104

/9.5.61/ Weiss, R.F.; Craig, H.: Production of Atmospheric Nitrous Oxide by Combustion. Geophys. Res. Lett., 3 (1976) 12, pp 751-753

/9.5.62/ Pierotti, D.; Rasmussen, R.A.: Combustion as a Source of Nitrous Oxide in the Atmosphere. Geophys. Res. Lett., 3 (1976) 5, pp 265-267

Kohlenwasserstoffe, Ruß und Flugkoks

/9.6.1/ Weller, L.; Straub, D.; Baumbach, G.: Gaschromatographische Bestimmung der Kohlenwasserstoffverbindungen in Feuerungsabgasen. VDI Fortschrittbericht, Reihe 15, Nr. 44, 1985

/9.6.2/ Westbrook, Ch.K.; Dryer, F.T.: Simplified Reaction Mechanisms for the Oxidation of Hydrocarbon Fuels in Flames. Combustion Science and Technology, 1981, Vol.27, pp 31-43

/9.6.3/ Hautman, D.J.; Dryer, F.T.; Schug, K.P.; Glassman, I.: A Multi-Step Overall Kinetic Mechanism for the Oxidation of Hydrocarbons. Combustion Science and Technology, 1981, Vol.25, pp 219-235

/9.6.4/ Venkat, C.; Brezinsky, K.; Glassman, I.: High Temperature Oxidation of Aromatic Hydrocarbons. 19th Symp. (Int.) Comb., 1982, pp 143-152

/9.6.5/ Lahaye, J.; Prado, G. (Ed.): Soot in Combustion Systems and its Toxic Properties. Plenum Press, New York, 1983

/9.6.6/ deSoete, G.G.: Soot and NOx-Formation in Coal Combustion. In: Coal Utilization-Science and Technology, Zeist, the Netherlands, Tagungsband, 1989

/9.6.7/ Bonne, U.; Wagner, H.Gg.: Untersuchung des Reaktionsablaufs in fetten Kohlenwasserstoff-Sauerstoff-Flammen. III. Optische Untersuchungen an rußenden Flammen. Berichte der Bunsengesellschaft, 69 (1965) 1, pp 35-48

/9.6.8/ Flossdorf, J.; Wagner, H.Gg.: Rußbildung in normalen und gestörten Kohlenwasserstoff-Luft-Flammen. Z. physik. Chem. Neue Folge, 54 (1966) 3/4

/9.6.9/ Homann, K.H.; Wagner, H.Gg.: Untersuchung des Reaktionsablaufs in fetten Kohlenwasserstoff-Sauerstoff-Flammen. II. Versuche an rußenden Acetylen-Sauerstoff-Flammen bei niedrigem Druck. Berichte der Bunsengesellschaft, 69 (1965) 1, pp 20-35

/9.6.10/ Bockhorn, H.; Fetting, F.; Heddrich, A.; Wannemacher, G.: Untersuchung der Bildung und des Wachstums von Rußteilchen in vorgemischten Kohlenwasserstoff-Sauerstoff Unterdruckflammen. Ber. Bunsenges. Phys. Chem., 91 (1987), pp 819-825

/9.6.11/ Baumgärtner, L.; Jander, H.; Wagner, H.Gg.: Rußbildung in verschiedenen Brennstoff-Luft-Flammen. Ber. Bunsenges. Phys. Chem., 87 (1983), pp 1077-1080

/9.6.12/ Smith, O.I.: Fundamentals of Soot Formation in Flames with Application to Diesel Engine Particulate Emissions. Prog. Energy Combust. Sci., 7 (1981), pp 275-291

/9.6.13/ Wagner, H.Gg.: Soot Formation in Combustion. 17th Symp. (Int.) Comb., 1978, pp 3-15

/9.6.14/ Haynes, B.S.; Wagner, H.Gg.: Soot Formation. Prog. Energy Combust. Sci., 7 (1981), pp 229-273

/9.6.15/ Bartok, W.; Kuriskin, R.J.: Formation of Soot Precursors in Diffusion Flames. Combust. Sci. and Tech., 58 (1988), pp 281-295

/9.6.16/ Bertrand, C.; Delfau, J.-L.: Mechanism of Soot Formation in Hydrocarbon Flames. Combust. Sci. and Tech., 44 (1985), pp 29-45

/9.6.17/ Frenklach, M.; Ramachandra, M.K.; Matula, R.A.: Soot Formation in Shock-Tube Oxidation of Hydrocarbons. 20th Symposium (Int.) Combustion, 1984, pp 871-878

/9.6.18/ Shadman, F.: Kinetics of Soot Combustion During Regeneration of Surface Filters. Combust. Sci. and Tech., 63 (1989), pp 183-191

Partikel, Stäube, Feinststäube und Spurenstoffe

/9.7.1/ Richtlinie VDI 2300 Emissionsminderung Dampferzeuger mit Rostfeuerungen für feste Brennstoffe, VDI Verlag, Düsseldorf, 1982

/9.7.2/ Richtlinie VDI 2091 Emissionsminderung Dampferzeuger mit Staubfeuerungen für feste Brennstoffe, VDI Verlag, Düsseldorf, 1982

/9.7.3/ Richtlinie VDI 2297 Entwurf, Emissionsminderung ölbefeuerter Dampf- und Heißwassererzeuger, VDI Verlag GmbH, Düsseldorf, 1982

/9.7.4/ Löffler, F.: Abscheidung von Feinstäuben aus Gasen. Chem.-Ing.-Tech., 60(1988)Nr.6, S. 443-452

/9.7.5/ Löffler, F.: Neuere Aspekte der Abscheidetechnologie bei der Abscheidung von Feinstäuben. In: VDI-Berichte Nr. 429, VDI Verlag, Düsseldorf, 1982, S. 287-295

/9.7.6/ Löffler, F.: Staubabscheidung. Georg Thieme Verlag, Stuttgart, 1988

/9.7.7/ Sporenberg, F.: Ermittlung von Emissionsfaktoren für die Elemente Blei, Cadmium, Quecksilber und Zink sowie Beurteilung der Feinstaubabscheidung bei steinkohlegefeuerten Kraftwerken. VDI-Fortschrittbericht, Reihe 15, Nr. 35, VDI Verlag, Düsseldorf, 1985

/9.7.8/ Sorenberg, E.; Weber, E.; Meyer, W.: Untersuchung über Emissionen aus atmosphärischen Wirbelschichtfeuerungen. In: VDI-Berichte Nr. 495, VDI Verlag, Düsseldorf, 1984

/9.7.9/ Laskus, L.; Lahmann, E.: Korngrößenverteilung von Stäuben im Rauchgas von Kraftwerksstäuben und in atmosphärischer Luft. Staub-Reinhaltung der Luft 37 (1977) H. 4, S. 136-140

/9.7.10/ Strom aus Steinkohle, Herausgeber: STEAG Aktiengesellschaft Essen, Springer Verlag Berlin, Heidelberg, 1988

/9.7.11/ Lützke, K.: Feinstaubmessungen an Industrieanlagen. In: VDI-Berichte Nr. 429, VDI Verlag, Düsseldorf, 1982, S. 243-251

Abscheider

/9.7.12/ Holzer, K.: Leistung und Betriebsverhalten von Naßabscheidern im Feinstaubbereich. In: VDI-Berichte Nr. 429, VDI Verlag, Düsseldorf, 1982

/9.7.13/ Peukert, W.; Löffler, F.: Zur Abscheidung von Staub und gasförmigen Schadstoffen in einem Schüttschichtfilter. In: Int. BMFT/VGB-Konferenz, Düsseldorf, Fortschrittliche Kohlekraftwerkstechnologie und Heißgasreinigung, 1987, VGB, Essen

/9.7.14/ Baum, F.: Praxis des Umweltschutzes, R. Oldenbourg Verlag, München, 1979

/9.7.15/ Mayer-Schwinning, G.: Fortschritte bei der Abscheidung von Stäuben im Elektrofilter unter Berücksichtigung der Schadgasabsorption, Chem.-Ing.-Tech. 57 (1985) Nr. 6, S. 493-500

/9.7.16/ Bohnet, M.: Zyklonabscheider zum Trennen von Gas/Feststoff-Strömungen, Chem.-Ing.-Tech. 54 (1982) 7, S. 621-630

/9.7.17/ Schwermetalle in der Umwelt, VDI-Kommission: Reinhaltung der Luft, VDI Verlag, Düsseldorf, 1984

/9.7.18/ Adrian/Quittek/Wittchow: Fossil beheizte Dampfkraftwerke. Tech. Verlag TÜV Rheinland, Köln, 1986

/9.7.19/ Knopp, W.; Heller, A.; Lehmann, E.: Technik der Luftreinhaltung, Krausskopf-Taschenbuch, wlb 1972

/9.7.20/ Stief, E.: Luftreinhaltung, VEB Verlag Technik, Berlin, 1975

Spurenelemente

/9.8.1/ Senior, C.L.: Submicron Aerosol Formation During Combustion of Pulverized Coal. Calif. Inst. Techn., Ph.D. Thesis, 1984

/9.8.2/ Pace, R.S.: Titanium as a Tracer for Determining Coal Burnout. Ph.D. Thesis, Brigham Young University, Utah, USA, 1982

/9.8.3/ Kautz, K.; Kirsch, H.; Laufhütte, D.W.: Über Spurenelementgehalte in Steinkohle und den daraus entstehenden Reingasstäuben. VGB Kraftwerkstechnik 55 (1975) 10, S. 672-676

/9.8.4/ Natusch, D.F.S.: Size Distribution and Concentrations of Trace Elements in Particulate Emissions from Industrial Sources. In: VDI-Berichte Nr. 239, VDI Verlag, Düsseldorf, 1982, S. 253-260

/9.8.5/ Lee, R.E.; Christ, H.L.; Riley, A.E.; MacLeod, K.E.: Concentration and Size of Trace Metal Emissions from a Power Plant, a Steel Plant, and a Cotton Gin. Environmental Science & Technology, Volume 9, Number 7, 1975

/9.8.6/ Hermann, J.: Zusammenhänge zwischen Korngrößenfraktionen und Inhaltsstoffen bei Stäuben aus industriellen Dampferzeugern. In: VDI-Berichte Nr. 495, VDI Verlag, Düsseldorf, 1984, S. 135-142

/9.8.7/ Hermann, P.; Flieguth, P.: Ermittlung von Meßverfahren zur fortlaufenden Bestimmung von Staubinhaltsstoffen aus unterschiedlichen Emissionsquellen, Westfälischer TÜV, Luftreinhaltung, Forschungsbericht 81-10402109

/9.8.8/ Holzapfel, T.: Trägersubstanzen von Spurenelementen in Reingasstäuben von kohle- und müllbefeuerten Kraftwerken, VGB Kraftwerkstechnik 68 (1988), Heft 10, S. 1047-1057

Dioxine / Furane

/9.9.1/ Schetter, G.: Simulation von Feuerräumen in Müllverbrennungsanlagen. Brennstoff-Wärme-Kraft, 37 (1985) Nr. 11, S. 441-449

/9.9.2/ Schetter, G.: Dioxin- und Furanemissionen aus Müllverbrennungsanlagen, Teil 1: Beurteilung von Meßergebnissen auf dem Hintergrund technologischer Minderungsmaßnahmen. Müll und Abfall, (1988) Nr. 2, S. 58-67

/9.9.3/ Schetter, G.: Dioxin- und Furanemissionen aus Müllverbrennungsanlagen, Teil 2: Risikobewertung. Müll und Abfall, (1988) Nr. 4, S. 141-150

/9.9.4/ Leitmeir, E.; Schetter, G.: Maßnahmen zur Reduzierung der Schadstoffemissionen aus Müllverbrennungsanlagen. VDI-Berichte, Nr. 554, VDI-Verlag, Düsseldorf, 1985

/9.9.5/ UBA-Berichte. Sachstand Dioxine - Stand Nov. 1984, Schmidt Verlag, Berlin, 1985

/9.9.6/ Dioxin - eine technische, analytische, ökologische und toxikologische Herausforderung. VDI-Berichte Nr. 634, VDI-Verlag Düsseldorf, 1987

/9.9.7/ Hasberg, W.; Römer, R.: Organische Spurenschadstoffe in Brennräumen von Anlagen zur thermischen Entsorgung. Chem.-Ing.-Tech., 60 (1988) Nr. 6, S. 435-443

/9.9.8/ Stieglitz, L.; Vogg, H.: Bildung und Abbau von Polychlordibenzodioxinen und -furanen in Flugaschen der Müllverbrennung. GIT Supplement-Umwelt, (1988) Nr. 2, S. 4-11

/9.9.9/ Hagenmaier, H.; Brunner, H.; Haag, R.; Kraft, M.: Die Bedeutung katalytischer Effekte bei der Bildung und Zerstörung von polychlorierten Dibenzodioxinen und polychlorierten Dibenzofuranen. VDI-Berichte, Nr. 634, 1987

Kapitel 10 :

BESCHREIBUNG DER WÄRMEÜBERTRAGUNG

10.1 Bilanzierung der Enthalpie

10.1.1 Energieübertragungsmechanismen

Beim Verbrennungsprozeß wird im Verbrennungsraum lokal unterschiedlich viel thermische Energie entbunden. Dies führt zu Temperaturunterschieden und damit zu Temperaturgradienten. Nach dem Fourier'schen Gesetz ist mit dem Temperaturgradienten ein Energieaustauschstrom, ein Wärmestrom, verbunden. Parallel zu dieser Wärmeleitung in der Gasphase steht jedes Kontrollvolumen im Strahlungsaustausch mit allen übrigen Kontrollvolumina und mit den Umfassungswänden der Feuerung. Bei der heterogenen Verbrennung findet ein Teil der Energiefreisetzung direkt am Partikel statt, wodurch die Teilchentemperatur gegenüber der Gastemperatur erhöht wird. Hierdurch kommt es zu einem zusätzlichen Strahlungsaustausch zwischen Partikel- und Gasphase und zwischen der Partikelphase und den Umfassungswänden. Bedingt durch die erzwungene Strömung vom Brenner zum Feuerungsauslaß wird Energie auch durch Konvektion transportiert. Für Gasfeuerungen und für stark verdünnte Öl- oder Kohlefeuerungen (geringe Tropfen- oder Partikelbeladungen) sind dies die wesentlichen Übertragungmechanismen. Bei einer Wirbelschichtfeuerung ist die Anzahl der Stöße der Brennstoffpartikel untereinander so groß, daß auch mit einer Energieübertragung durch diese direkten Stöße zu rechnen ist. In dieser optisch extrem dichten Umgebung kann der Energieaustausch durch Strahlung nur die direkt benachbarten

Volumenbereiche erreichen. Dies erleichtert zwar die Modellierung des Strahlungsaustausches, erschwert aber die Beschreibung der optische Eigenschaften der Gesamtsuspension.

Für die Beurteilung der Frage, mit welcher Abbildungstreue der jeweilige Übertragungsmechanismus modelliert weden muß, spielt der Anteil an der Gesamtenergieübertragung eine wichtige Rolle.

Bei Gas-, Öl- und Kohlenstaubfeuerungen ist die Energieübertragung zwischen der Flamme und den Umfassungswänden durch den Wärmeaustausch mittels thermischer Strahlung gegenüber dem durch Konvektion und Leitung dominant. Es werden hierbei etwa 90% der insgesamt übertragenen thermischen Energie durch Strahlung übertragen. Beim Energietransfer innerhalb der Flamme bzw. Feuerung spielt jedoch in Hauptströmungsrichtung die Konvektion schon eine erhebliche Rolle. Quer und entgegen der Haupströmung ist aber auch hier die Strahlung dominant. Als Beispiel sei erwähnt, daß ca. 80% der Energie, die zur Verdampfung von Öltröpfchen oder zur Pyrolyse von Kohlekörnern benötigt wird, durch Strahlung an diese herantransportiert wird.

Ein Vergleich zwischen der Energieübertragung durch Strahlung und der durch turbulente Konvektion fällt noch deutlicher zugunsten der Strahlung aus - das Verhältnis beträgt hier etwa 100:1, wenn man den Austausch innerhalb des Feuerraums betrachtet und etwa 10:1, wenn man die Werte des Austausches zwischen Gas und Wand vergleicht (/10.1.1/).

Eine erste Näherung für stationäre Wirbelschichtfeuerungen (Kohle) kann von einer Vernachlässigung des Strahlungsaustausches ausgehen. Durch die hohe spezifische Wärmekapazität der Feststoffphase dominiert der konvektive Energietransfer.

Die durch die oben beschriebenen Energieübertragungsmechanismen beeinflußte Temperaturverteilung muß auf der anderen Seite sehr genau vorhergesagt werden, da die Kopplung zum Strömungsmodell über die thermodynamischen Zustandsgrößen (z.B. Dichte, molekulare Viskosität) sehr eng ist und vor allem die Reaktionsgeschwindigkeiten der Spezies, die am Brennstoffabbrand beteiligt sind, sehr stark temperaturabhängig sind.

In den folgenden Kapiteln sollen die Bilanzgleichungen für die verschiedenen Übertragungsmechanismen angegeben werden. Schwerpunkte werden hierbei die Modellierung des Strahlungsaustausches und die Beschreibung der optischen Eigenschaften bilden.

10.1.2 Gesamtenthalpie als beschreibende Größe

Die lokale Bestimmung der Temperatur spielt eine zentrale Rolle in der Vorhersage der Vorgänge in einer Flamme, da hierdurch z.B. direkt die Reaktionsgeschwindigkeiten und andererseits die thermodynamischen Eigenschaften der Feuerraumgase bestimmt werden. Bezüglich des chemischen Umsatzes sei auf Kap. 8, bzgl. der thermodynamischen Eigenschaften auf die einschlägige Literatur /10.1.2 - 10.1.6/ oder den Anhang 4 verwiesen.

Als zu bilanzierende Größe kommt direkt die Temperatur, die fühlbare Enthalpie oder die Gesamtenthalpie in Frage. In diesem Kapitel soll nun dargestellt werden, daß unter den vorliegenden Bedingungen die Gesamtenthalpie die geeignetste Größe darstellt.

In einem Volumenelement ist sowohl die Gas- als auch die Partikelphase Träger von fühlbarer und von chemisch gebundener Energie. Die chemisch gebundene oder latente Energie tritt in Form des Heizwertes einzelner Spezies oder Ausgangsstoffe (Kohle) auf. Der Heizwert ist eine positive Größe. Bei der Reaktion wird diese latente Energie in fühlbare umgesetzt, nach einer vollständigen Reaktion ist der verbleibende Heizwert null, und die latente vollständig in fühlbare Energie umgesetzt. Eine energetische Bilanzierung über die Reaktionsenthalpie Δh_R, diese wird bei exothermen Reaktionen freigesetzt, oder die Bildungsenthalpie Δh_B liefert natürlich betragsmäßig die gleichen Ergebnisse, nur wird dabei z.B. die freigesetzte fühlbare Energie betrachtet (Bild 10.1.1):

$$Hu = |\Delta h_R| = |\Delta h_B| \quad . \tag{10.1.1}$$

Die gesamt freigesetzte Reaktionsenthalpie Δh_R setzt sich aus den Reaktionsenthalpien $\Delta h_{R,\beta}$ aller am chemischen Umsatz (Abbrand des Brennstoffs) beteiligten Reaktionen β zusammen:

$$\Delta h_R = \sum_\beta \Delta h_{R,\beta} \quad . \tag{10.1.2}$$

Eine entsprechende Beziehung ergibt sich für die Bildungsenthalpien der Teilreaktionen:

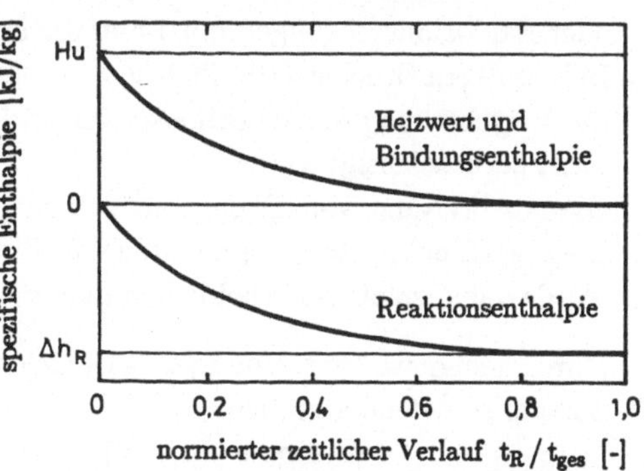

Bild 10.1.1: Zeitlicher Verlauf von Heizwert und Reaktionsenthalpie während der Reaktion

$$\Delta h_B = \sum_\beta \Delta h_{B,\beta} \quad . \tag{10.1.3}$$

Für einen so inhomogenen Brennstoff, wie ihn die Kohle darstellt, ist es nicht trivial, einen geeigneten Satz von globalen Abbrandreaktionsschritten anzugeben. Da es sich bei diesen nicht um Elementarreaktionen handelt, ist eine Bestimmung der einzelnen Reaktionsenthalpien $\Delta h_{R,\beta}$ schwierig. Gleichzeitig muß sichergestellt werden, daß die Gesamtreaktionsenthalpie Δh_R betragsmäßig gleich groß wie der Heizwert sein muß.

Wird auf die Bilanzierung der Gesamtenthalpie übergegangen, die fühlbare und latente Energie beinhaltet, dann wird diese Größe durch die Reaktion nicht verändert, ist also in Bezug auf die Reaktion eine quelltermfreie Größe.

Wie später noch angeführt, ist aber die Transportgleichung für die Gesamtenthalpie als Ganzes nicht quelltermfrei, da die Energieumverteilung durch Strahlung (Strahlungsaustausch) lokal einen Quell- oder Senkenterm verursacht.

Zunächst soll jedoch das totale Differential der Enthalpie und die Bedeutung der einzelnen Terme angegeben werden. Die Enthalpie ist eine Funktion des Druckes p, der Temperatur T und, bei Verbrennungsvorgängen bzw. chemischer Reaktion, der Stoffzusammensetzung, beschrieben durch die Konzentrationen c_α. Damit ergibt sich das totale Differential dh zu (/10.4.29/):

$$dh = \left[\frac{\partial h}{\partial p}\right]\bigg|_{T,c_\alpha} dp + \left[\frac{\partial h}{\partial T}\right]\bigg|_{p,c_\alpha} dT + \sum_\alpha \left[\frac{\partial h}{\partial c_\alpha}\right]\bigg|_{p,T,c_{\gamma \neq \alpha}} dc_\alpha \quad . \qquad (10.1.4)$$

$$\text{I} \qquad\qquad \text{II} \qquad\qquad \text{III}$$

Die einzelnen Terme auf der rechten Seite von Gl. 10.1.4 haben die folgende Bedeutung:

- **Term I** beschreibt die Änderung der Enthalpie durch Druckänderungen. Bei druckaufgeladenen Prozessen (druckaufgeladenen Wirbelschichtfeuerung oder Kohledruckvergasung) oder Explosionsvorgängen muß hier die Druckabhängigkeit eingearbeitet werden.
  Bei mäßigen Drücken (10 ÷ 20 bar) wird sich eine Druckerhöhung jedoch vornehmlich auf die Verschiebung der Reaktionsgleichgewichte auswirken, muß also bei der Enthalpie nicht berücksichtigt werden.
  Die Ausbreitung von Explosionsfronten (Druckfronten) zeichnet sich durch extreme Druckgradienten bzw. -transienten aus. Eine Nichtberücksichtigung des Druckeinflusses würde dabei zu einem erheblichen Fehler in der Temperaturberechnung führen.

Durch geeignete Umformungen läßt sich das obige Differential als Funktion einfacher Zustandsgrößen darstellen:

$$\left[\frac{\partial h}{\partial p}\right]\bigg|_{T,c_\alpha} = \left[c_v \left[\frac{\partial T}{\partial p}\right]\bigg|_{\rho,c_\alpha} + \frac{1}{\rho}\right] \quad . \qquad (10.1.5)$$

Wird zusätzlich der isotherme Kompressibilitätskoeffizient κ eingeführt:

$$\kappa = -\rho \left[\frac{\partial (1/\rho)}{\partial p}\right]\bigg|_{T} \quad , \qquad (10.1.6)$$

dann erhält man die Beziehung

$$\left[\frac{\partial h}{\partial p}\right]\bigg|_{T,c_\alpha} = \left[c_v \left[\frac{\partial T}{\partial p}\right]\bigg|_{\rho,c_\alpha} + \frac{1}{\kappa}\frac{\partial (1/\rho)}{\partial p}\right] \quad , \qquad (10.1.7)$$

bei der die Kompressibilität direkt eingearbeitet werden kann.

- **Term II** beschreibt die Änderung der "fühlbaren" Wärme, die sich in Form einer Temperaturänderung äußert. Für ideale Gase und ideale Mischung gilt:

$$\left[\frac{\partial h}{\partial T}\right]\bigg|_{p,c_\alpha} = \bar{c}_{p,m} = \sum_\alpha (c_\alpha \cdot \bar{c}_{p,\alpha}) \quad . \qquad (10.1.8)$$

Hierbei ist $\bar{c}_{p,\alpha}$ die mittlere spezifische Wärmekapazität der Spezies α.

- **Term III** beschreibt allgemein die Änderung der Enthalpie durch Änderung der Stoffzusammensetzung. Dies sind einerseits Mischeffekte, die hier jedoch vernachlässigt werden sollen, vor allem aber Reaktionsenthalpien reagierender Spezies. Term III summiert über alle an der Reaktion beteiligten Spezies α unabhängig davon, ob diese bei verschiedenen Teilreaktionen β auftreten. Damit gilt formal:

$$\left[\frac{\partial h}{\partial c_\alpha}\right]\Bigg|_{P,T,c_{\gamma\neq\alpha}} = \Delta h_R = \sum_\beta \Delta h_{R,\beta} \quad , \tag{10.1.9}$$

wobei $\Delta h_{R,\beta}$ die Reaktionsenthalpie in der Reaktion β darstellt. Auf reaktionskinetische Details in diesem Zusammenhang wird im Abschnitt über das Wärmefreisetzungsmodell näher eingegangen.

Wird zunächst die Enthalpieänderung durch Druckänderung vernachlässigt, dann bleibt unter den obigen Voraussetzungen die Summe aus Term II und III, bedingt durch chemische Umsetzungen, konstant. Damit kann die lokale Temperatur aus den lokalen Spezieskonzentrationen berechnet werden, denn der nicht reagierte Speziesanteil trägt die chemisch gebundene Reaktionsenthalpie als latente Wärme. Hiernach ist in der Gesamtenthalpie die Reaktionsenthalpie enthalten und die Temperatur kann direkt aus dieser berechnet werden (Kap. 10.6.1).

Bei einer alternativen Vorgehensweise müssen lokal die Reaktionsenthalpien, berechenbar mit den Speziesquelltermen und damit dem chemischen Umsatz, akkumuliert werden, man erhält damit die fühlbare Energie und berechnet daraus die Temperaturänderung.

10.1.3   Bilanzgleichung für die Enthalpie (/10.4.29/)

Der Transport der in Kap. 10.1.2 eingeführten Gesamtenthalpie h läßt sich in Analogie zu Gl. 7.1.16 beschreiben:

$$\frac{\partial(\rho h)}{\partial t} + \frac{\partial(\rho u_j h)}{\partial x_j} = \frac{\partial}{\partial x_j}\left[j_h\right] + S_h \quad . \tag{10.1.10}$$

Dabei sind unter j_h alle molekularen Enthalpieaustauschströme subsummiert (/10.4.29/):

$$j_h = \sum_p \dot{q}''^p \quad , \tag{10.1.11}$$

mit einer allgemeinen flächenbezogenen Wärmestromdichte $\dot{q}''^P$.

S_h steht für die Summe der volumenbezogenen Enthalpiequellen $\dot{q}'''^q$:

$$S_h = \sum_q \dot{q}'''^q \quad . \tag{10.1.12}$$

Bei einer Festlegung der Enthalpie gemäß Kap. 10.1.2, bei der der chemisch gebundene Anteil der Energie miteingeschlossen ist, reduziert sich der Quellterm der Enthalpiebilanzgleichung auf den Strahlungsaustauschterm, wenn die viskose Scherarbeit am Volumenelement vernachlässigt wird, $S_h = \dot{q}'''^{st}$.

Zunächst soll auf die flächenbezogenen Enthalpieströme $\dot{q}''$ nach Gl. 10.1.11 näher eingegangen werden. Hierfür müssen berücksichtigt werden:

I Die Fourier'sche Energiestromdichte:

$$\dot{q}''^{Fo} = -\lambda \frac{\partial T}{\partial x_j} \quad .$$

(10.1.13)

Dieser Gradientenflußansatz beschreibt die molekulare Wärmeleitung, wobei mit λ der Wärmeleitkoeffizient bezeichnet ist. Ausgedrückt in der Gesamtenthalpie beziehungsweise der spezifischen Bildungsenthalpie kann die Gl. 10.1.13 mit der Prandl-Zahl $Pr = \sigma_h$ (zur Definition vgl. Abschnitt Formelzeichen) umgeformt werden zu ($\bar{c}_{p,m}$ ist dabei die massengemittelte integrale Wärmekapazität der Mischung):

$$\dot{q}''^{Fo} = -\frac{\lambda}{\bar{c}_{p,m}} \frac{\partial}{\partial x_j} \left(h - h_B \right) = -\frac{\mu}{\sigma_h} \frac{\partial}{\partial x_j} \left(h - h_B \right) \quad .$$

(10.1.14)

II Ein Enthalpiestrom, der mit einem Diffusionsstrom der Spezies verbunden ist:

$$\dot{q}''^{CV} = \sum_\alpha \left(\dot{m}''^{Fi} h_\alpha \right) \quad .$$

(10.1.15)

Hierbei beschreibt $\dot{m}''_\alpha{}^{Fi}$ die flächenbezogene Fick'sche Stoffstromdichte. Mit Einführung des Fick'schen Ansatzes und der Definition der Schmidt-Zahl $Sc = \sigma_{c_\alpha}$ nimmt Gl. 10.1.15 die Form an:

$$\dot{q}''^{CV} = -\sum_\alpha \left[\frac{\mu}{\sigma_{c_\alpha}} h_\alpha \frac{\partial c_\alpha}{\partial x_j} \right] \quad .$$

(10.1.16)

Im Fall einer chemischen Reaktion in der Wandgrenzschicht wird der Energiestrom durch diesen Effekt, der auch als "convection vive" (Index CV) bezeichnet wird, grundsätzlich erhöht.

III Die Dufour'sche Energiestromdichte: Sie beschreibt die sogenannte Diffusionsthermik, die auf dem Vorgang beruht, daß ein Diffusionsstrom einen Energiestrom erzwingt. Da dieser Term nur für große Konzentrations- und kleine Temperaturgradienten gegenüber der Fick'schen Diffusion von Bedeutung ist, wird dieser Strom in technischen Flammen keine Rolle spielen und soll daher im folgenden vernachlässigt werden.

Wird die Summe der Terme I und II umgeformt, so erhält man für die molekularen Enthalpieaustauschströme:

$$j_h = \sum_p \dot{q}''^P = \frac{\mu}{\sigma_h} \frac{\partial h}{\partial x_j} + \frac{\mu}{\sigma_h} \left[1 - \frac{\sigma_h}{\sigma_{c_\alpha}} \right] \sum_\alpha h_\alpha \frac{\partial c_\alpha}{\partial x_j} \quad ,$$

(10.1.17)

wenn der Anteil der "fühlbaren" Enthalpie in der durch Diffusionsströme transportierten

Enthalpie h_α gegenüber $\Delta h_{R,\alpha}$ vernachlässigt wird. Unterstellt man vollständige Analogie zwischen Wärme- und Stofftransport $(\sigma_{c_\alpha}=\sigma_h)$ dann ergibt sich die nichtzeitgemittelte Transportgleichung für die spezifische Gesamtenthalpie:

$$\frac{\partial(\rho h)}{\partial t} + \frac{\partial(\rho u_j h)}{\partial x_j} = \frac{\partial}{\partial x_j}\left[\Gamma_h \frac{\partial h}{\partial x_j}\right] + S_h \qquad (10.1.18)$$

Nichtzeitgemittelte Transportgleichung für die **spezifische Gesamtenthalpie h**

Wird eine Zeitmittelung vorgenommen, dann ergibt sich die zeitgemittelte Transportgleichung für die spezifische Gesamtenthalpie:

$$\frac{\partial(\rho\bar{h})}{\partial t} + \frac{\partial(\rho u_j\bar{h})}{\partial x_j} = \frac{\partial}{\partial x_j}\left[j_h + j_{h,t}\right] + S_h \qquad (10.1.19)$$

Zeitgemittelte Transportgleichung für die **spezifische Gesamtenthalpie h**

Wird der aus der Zeitmittelung stammende turbulente Austauschstrom $j_{h,t} = -\overline{\rho \hat{u}_j \hat{h}}$ mit einem Gradientenflußansatz modelliert:

$$-\overline{\rho \hat{u}_j \hat{h}} = \frac{\mu_t}{\sigma_{h,t}} \frac{\partial\bar{h}}{\partial x_j} \quad , \qquad (10.1.20)$$

dann läßt sich die Enthalpietransportgleichung angeben in der Form:

$$\frac{\partial(\rho\bar{h})}{\partial t} + \frac{\partial(\rho\bar{u}_j\bar{h})}{\partial x_j} = \frac{\partial}{\partial x_j}\left[\frac{\mu_{eff}}{\sigma_{h,eff}} \frac{\partial\bar{h}}{\partial x_j}\right] + S_h \qquad (10.1.21)$$

Modellierte zeitgemittelte Transportgleichung für die **spezifische Gesamtenthalpie h**

Hiermit ist die Modellierung des quelltermfreien Anteils des Enthalpietransportes abgeschlossen. In den folgenden Kapiteln wird auf einzelne Energietransportmechanismen eingegangen, vor allem aber der durch Strahlung bedingte Quellterm modelliert (Kap 10.4).

Die quelltermfreie Form hat für solche Systeme Bedeutung, für die die Strahlung gegenüber den übrigen Transportmechanismen vernachlässigt werden kann. Dies trifft für spezielle Gasflammen mit nur sehr geringer Rußbildung zu, die für Modelltestzwecke Verwendung finden. Bei technischen Öl- und Kohlestaubflammen wird die Strahlung jedoch immer zu berücksichtigen sein.

10.2 Konvektiver Energietransport

Die durch die chemische Reaktion freigesetzte Energie ist zunächst in Form von fühlbarer Energie an die Rauchgassuspension (Rauchgase und Tröpfchen oder Partikel) gebunden. Durch die Strömung in der Flamme oder im Feuerraum wird diese Energie konvektiv transportiert. Bei einer laminaren Pfropfenströmung erfolgt dies nur in Strömungsrichtung. Treten jedoch Rezirkulationsgebiete auf, so ist auch ein Energierücktransport zu erwarten. Eine turbulente Strömung zeichnet sich zusätzlich durch eine intensive Vermischung des Strömungsmediums in alle Raumrichtungen aus. Besonders hierdurch wird in technischen Feuerungen zusätzlich zur Hauptbewegung Energie umverteilt.

Wird ein Volumenelement dV (Gemischdichte ρ, spezifische Wärmekapazität $\bar{c}_p$, Temperatur t) mit der Geschwindigkeit u über die Wegstrecke dx transportiert, dann ist damit ein konvektiver Wärmestrom $\dot{q}^k$:

$$\dot{q}^k = \rho \; dV \; u \; c_p \; t \; / \; dx \qquad\qquad (10.2.1)$$

verbunden. Hierbei sind die Gemischdichte, die spezifische Wärmekapazität, die Temperatur und die Geschwindigkeit Größen, die über die Gas- und Partikelphase gemittelt sind.

Beim Auftreten eines Schlupfes zwischen Gas- und Partikelphase sind entsprechende Gleichungen für beide Phasen getrennt anzugeben. Berücksichtigt man die Tatsache, daß bei unterschiedlichen Partikeldurchmessern, bedingt durch unterschiedliche Verhältnisse von Partikeloberflächen zu -volumen, auch verschiedene Temperaturen zu erwarten sind, dann ist zusätzlich über jede Partikelgrößenklasse zu bilanzieren.

Bei Staubfeuerungen ist dieser Einfluß wegen der geringen absoluten Beladung zu vernachlässigen, bei einer Wirbelschichtfeuerung transportiert die Partikelphase jedoch den Großteil der Energie.

10.3 Energietransport durch Leitung

Die Wärmeleitung in einem Fluid wird durch das Fick'sche Gesetz beschrieben als Funktion des Wärmeleitkoeffizienten λ mal dem entsprechenden Temperaturgradienten:

$$\dot{q}''^L_j = -\lambda \frac{\partial T}{\partial x_j} \; . \qquad\qquad (10.3.1)$$

Unter den Bedingungen in technischen Feuerungen kann die Wärmeleitung gegenüber der Konvektion und gegenüber dem turbulenten Energieaustausch vernachlässigt werden. Dies bedeutet, daß die mit der Strömungsgeschwindigkeit gebildete Peclet-Zahl groß ist:

$$Pe \gg 1 \; . \qquad\qquad (10.3.2)$$

10.4 Energietransport durch Strahlung

10.4.1 Phänomenologische Betrachtung

Unter Strahlung ist der Transport von Energie durch elektromagnetische Wellen zu verstehen. Im Zusammenhang mit Verbrennungsvorgängen ist nur die thermische Strahlung von Interesse, die den Wellenlängenbereich von $10^{-4} \div 10^{-7}$ m (0,1 ÷ 100 μm) umfaßt. Dabei ist der Infrarotbereich (1 mm ÷ 1μm) fast vollständig und der Ultraviolettbereich (0,1 ÷ 0,5 μm) gänzlich eingeschlossen. Das für das menschliche Auge sichtbare Spektrum (0,38 ÷ 0,76 μm) macht dabei nur einen kleinen Teilbereich aus.

Beim Energietransport durch Leitung steht ein Volumenelement nur mit seinen unmittelbaren Nachbarn im Austausch. Bei der Strahlung besteht ein Austausch mit **allen** Gas- und Wandelementen (Bild 10.4.1). Dieser Umstand führt bei der mathematischen Beschreibung der Strahlung auf eine Integro-Differentialgleichung, deren Lösung im allgemeinen analytisch nicht möglich und numerisch sehr aufwendig ist. Jedes Gas- und Wandelement kann abhängig von seinen optischen Eigenschaften Strahlungsenergie emittieren, absorbieren und streuen. Zusätzlich ist die Beschreibung der Strahlungseigenschaften der Feuerraumsuspension, die sowohl aus Bandenstrahlern (Wasserdampf, Kohlendioxid u.a.) als auch aus Festkörperstrahlern (Kohle, Koks, Asche, Ruß) besteht, ein eigenes, sehr komplexes Problem, das die Kenntnis der lokalen Speziesverteilung verlangt. Hierdurch wird eine starke Kopplung mit dem Wärmefreisetzungsmodell hervorgerufen.

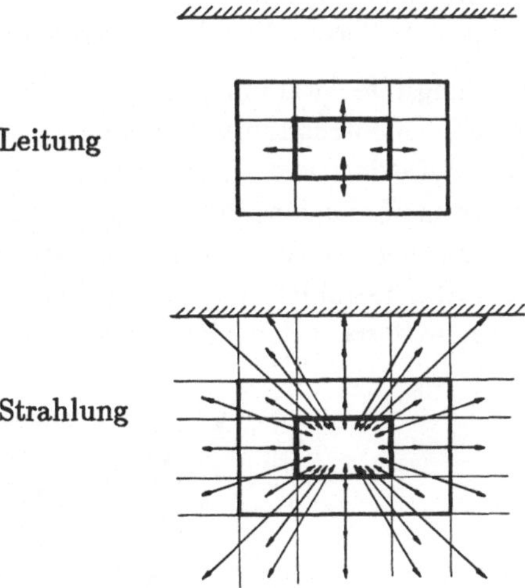

Bild 10.4.1: Energieaustausch bei Leitung und Strahlung

Wie später noch angeführt, ist die emittierte Strahlungsenergie eines Gaselements proportional zur 4. Potenz der Gastemperatur. Da bei turbulenten Strömungen die Temperatur ebenfalls Fluktuationen unterworfen ist, setzt sich auch die durch Strahlung übertragene Energie aus einen Mittel- und einen Schwankungswert zusammen. Durch den stark nichtlinearen Zusammenhang zwischen der Temperatur und der übertragenen Energiedichte verursachen Temperaturfluktuationen nach oben größere Änderungen in der übertragenen Energie als solche nach unten (Bild 10.4.2). Dieser Effekt hat eine zusätzlich ausgleichende Wirkung auf die mittlere Temperatur und dadurch auf die Temperaturfluktuationen. Bei der Modellierung der NO-Entstehung war dieser Effekt von großer, für den mittleren Energietransfer ist dieser Effekt jedoch von untergeordneter Bedeutung.

Zugang zur Beschreibung des Strahlungsaustauschs schafft eine Bilanzgleichung für die Gesamtstrahlungsintensität, die im folgenden Kapitel abgeleitet werden soll. Es handelt sich dabei um eine Integro-Differentialgleichung, deren Lösung zusätzlicher Vereinfachungen bedarf, um diese in partielle oder gewöhnliche Differentialgleichungen überzuführen, die wiederum numerisch zugänglich sind. Dies führt zu Stahlungsaustauschmodellen, die abhängig von den getroffenen Voraussetzungen und Vereinfachungen jeweils Vor- und Nachteile aufweisen.

Die Strahlungsintensität unterliegt beim Durchgang durch das durchstrahlte Medium der Absorption, Reflexion und Transmission. Durch Absorption und Reflexion (diffuse Reflexion wird auch als Streuung bezeichnet) wird die Richtungsstrahlungsintensität verringert. Gleichzeitig wird das durchstrahlte Volumenelement aufgrund seiner Eigentemperatur Energie emittieren, wodurch sich die Richtungsstrahlungsintensität erhöht (Bild 10.4.3).

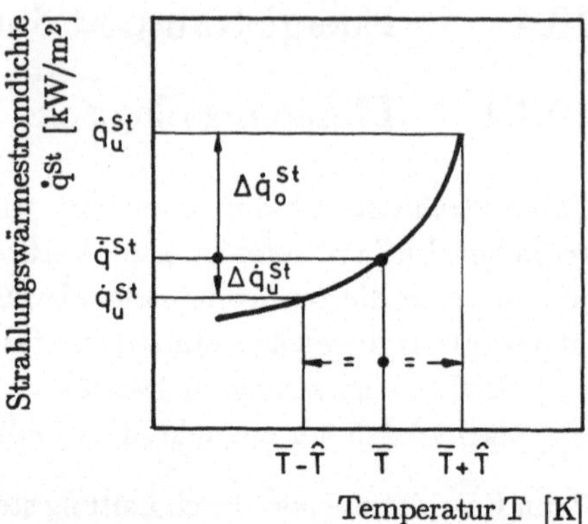

Bild 10.4.2: Einfluß von Temperaturfluktuationen auf die Strahlungswärmestromdichte

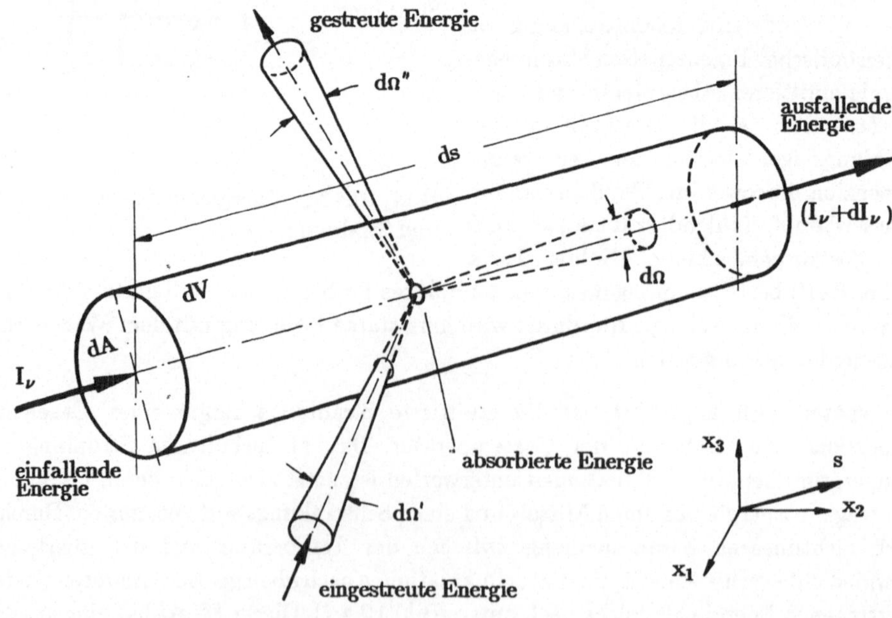

Bild 10.4.3: Zur Bilanzierung der monochromatischen Richtungsstrahlungsintensität (/10.5.90/)

10.4.2 Strahlungsintensitätsverteilung

10.4.2.1 Spektrale Richtungsstrahlungsintensität

Die Herleitung der Bilanzgleichung für die Gesamtstrahlungsintensität erfolgt in einem ortsfesten Koordinatensystem, wodurch man eine Euler-Beschreibung erhält.

Grundlage ist die Definition einer emittierten monochromatischen Richtungsstrahlungsintensität I_ν in der betrachteten Richtung θ (Bild 10.4.4):

$$I_\nu = \lim_{\substack{d\nu, dA, \\ d\Omega, dt \to 0}} \frac{\dot{Q}^{st}}{d\nu\ dA\ \cos\theta\ d\Omega} \quad .$$

$$(10.4.1)$$

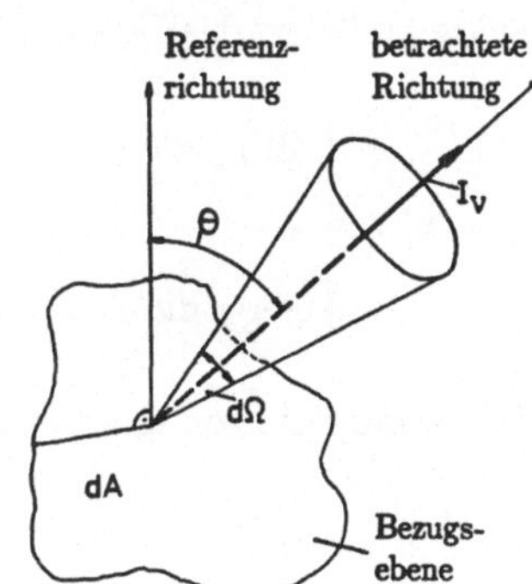

I_ν ist die Strahlungsintensität, die man von einer Fläche dA kommend auf einem schmalen Wellenlängenbereich $d\nu$ und in einem Winkelbereich $d\Omega$ unter der durch θ bestimmten Richtung beobachtet. Eine Integration über alle Raumwinkel und den gesamten Wellenlängenbereich führt auf die Gesamtstrahlungswärmestromdichte $\dot{q}''^{st}$:

Bild 10.4.4: Zur Definition der Richtungsabhängigkeit der Strahlungsintensität (/10.4.3/)

$$\dot{q}''^{st} = \int_{2\pi} \int_\nu I_\nu(\theta)\ d\Omega\ d\nu \quad . \qquad (10.4.2)$$

Wichtig für die weiteren Überlegungen sind noch die pro Raumwinkel abgestrahlten Energieanteile. Der im Winkelbereich $d\Omega$ abgestrahlte Anteil lautet bei:

- einem Volumenelement

$$\dot{q}_\Omega{}^{st} = \dot{Q}^{st}/(4\pi) \quad , \qquad\qquad\qquad (10.4.3)$$

- einem Flächenelement (mit der Normalenrichtung θ_N)

$$\dot{q}_\Omega{}^{st.} = \dot{Q}^{st} \cdot \cos\theta_N/\pi \quad . \qquad\qquad\qquad (10.4.4)$$

Für die in das Kontrollvolumen transportierte Energie (Strahlenergie) gilt der Zusammenhang:

$$\dot{Q}^{st}{}_\nu = I_\nu \cdot dA\ d\Omega\ d\nu\ \cos\theta \quad . \qquad\qquad\qquad (10.4.5)$$

Analog erhält man für die in die betrachtete Strahlrichtung ausfallende Energie:

$$\dot{Q}^{st}{}_\nu + d\dot{Q}^{st}{}_\nu = (I_\nu + dI_\nu) \cdot dA\ d\Omega\ d\nu\ \cos\theta \quad . \qquad\qquad (10.4.6)$$

Hiernach ändert sich die Strahlenergie beim Durchgang durch das Bilanzvolumen um den Betrag $d\dot{Q}^{st}{}_\nu$:

$$d\dot{Q}^{st}{}_\nu = dI_\nu \cdot dA\ d\Omega\ d\nu \quad . \qquad\qquad\qquad (10.4.7)$$

Durch **Absorptionsprozesse** am optisch wechselwirkenden Medium des Bilanzvolumens wird die Intensität um einen Betrag:

$$\Delta I_{a,\nu} = k_{a,\nu}\, I_\nu \tag{10.4.8}$$

herabgesetzt. Dabei wird die Energie:

$$\dot{Q}^{st}_{a,\nu} = k_{a,\nu}\, I_\nu \cdot dA\, d\Omega\, d\nu \tag{10.4.9}$$

im Element absorbiert.

Gleichzeitig emittiert das Bilanzvolumen aufgrund seiner Eigentemperatur die Energie:

$$\dot{Q}^{st}_{e,\nu} = k_{e,\nu}\cdot\frac{\displaystyle\int_\nu^{\nu+d\nu}\dot{Q}^{st}_{b,\nu}\, d\nu}{\displaystyle\int_0^\infty\dot{Q}^{st}_{b,\nu}\, d\nu}\cdot dA\, d\Omega\, d\nu\, dt = k_{e,\nu}\cdot D_{\nu}\cdot dA\, d\Omega\, d\nu \quad , \tag{10.4.10}$$

wobei der Nenner die von einem schwarzen Körper emittierte maximale Gesamtenergie:

$$\dot{Q}^{st}_{b} = \int_0^\infty \dot{Q}^{st}_{b,\nu}\, d\nu \tag{10.4.11}$$

darstellt.

Bei den **Streuprozessen** ist zwischen der in die betrachteten Richtung ausgestreuten Energie

$$\dot{Q}^{st,-}_{s,\nu} = k_{s,\nu}\, I_\nu \cdot dA\, d\Omega\, d\nu \quad , \tag{10.4.12}$$

die die Strahlintensität vermindert und der aus allen übrigen Richtungen in die betrachtete Richtung eingestreuten Energie:

$$\dot{Q}^{st,+}_{s,\nu} = k_{s,\nu}\cdot\left[1/(4\pi)\cdot\int_{\delta\nu'}\int_{\Omega'} P^{st}(s',\nu')\times I_{\nu'}(s')\, d\Omega'\, d\nu' \right] dA\, d\Omega\, d\nu \quad , \tag{10.4.13}$$

die die Strahlintensität erhöht, zu unterscheiden. Hierbei ist $P^{st}(s',\nu')\times I_{\nu'}(s')\, d\Omega'\, d\nu'$ die Wahrscheinlichkeit, daß Strahlungsenergie der Frequenz ν' aus der Richtung s' in die Richtung s bei gleichzeitiger Frequenzverschiebung nach ν eingestreut wird (/10.4.2/). Kohärente Streuung verschiebt die Frequenz nicht und es gilt:

$$1/(4\pi)\cdot\int_{\delta\nu}\int_{\Omega'} P^{st}(s')\, d\Omega' = 1 \quad . \tag{10.4.14}$$

Bei Berücksichtigung von Streueffekten bereitet vor allem der eingestreute Anteil wegen seines integralen Charakters Schwierigkeiten.

Stellt man nun mit allen diesen Teiltermen die Bilanz auf, dann erhält man:

$$\frac{1}{c}\frac{\partial I_\nu}{\partial t} + e_j \frac{\partial I_\nu}{\partial s_j} = -(k_{a,\nu} + k_{s,\nu})I_\nu + k_{e,\nu}\,I_{b,\nu} +$$

$$\mathrm{I} \qquad \mathrm{II} \qquad\qquad \mathrm{III} \qquad\qquad \mathrm{IV}$$

$$k_{s,\nu}\cdot\left[1/(4\pi)\cdot\int\limits_{\delta\nu}\int\limits_{\Omega'}\mathrm{P^{st}}(s',\nu')\times I_{\nu'}(s')\,d\Omega'd\nu'\right]dA\,d\Omega\,d\nu \qquad . \qquad (10.4.15)$$

$$\mathrm{V}$$

Hierbei bezeichnen $k_{e,\nu}, k_{a,\nu}$ und $k_{s,\nu}$ die monochromatischen Koeffizienten für die auf der Wellenlänge ν emittierten, absorbierten beziehungsweise gestreuten, volumenspezifischen Strahlungsanteile. Mit s ist die Lauflänge des Strahls im Kontrollvolumen bezeichnet.

Die einzelnen Teilterme von Gl. 10.4.15 geben dabei die folgenden physikalischen Gegebenheiten wieder (/10.4.29/):

- **Term I** beschreibt die zeitliche Änderung der Strahlungsintensität. Da die Zeitkonstante dieser Änderung sich als $1/c$ (c ist die Lichtgeschwindigkeit) ergibt, ist diese sehr kurz und die Strahlungsintensität reagiert praktisch unverzögert auf eine Änderung der Temperatur. Daher wird dieser Term meist vernachlässigt.

- **Term II** gibt die Änderung von I_ν entlang eines Laufweges s an.

- **Term III** ist die Summe der Intensitätsabschwächung durch Absorption und Streuung, wobei $k_{a,\nu}$ und $k_{s,\nu}$ die entsprechenden Absorptionskoeffizienten sind.

- **Term IV** ist der Anteil, um den sich I_ν durch Emission an der betrachteten Stelle in Richtung von I_ν erhöht. Dabei wird meist von einem Schwarzkörperstrahlungsverhalten ausgegangen (Index b steht für black body). Eine wellenlängenspezifische Abhängigkeit ist in $k_{e,\nu}$ enthalten.

- **Term V** beschreibt die aus allen Richtungen eingestreute Strahlungsintensität.

Die Ableitung der Bilanzgleichung für die Gesamtstrahlungsintensität unterstellt die Kenntnis der Koeffizienten für:

- Absorption $k_{a,\nu}$,
- Emission $k_{e,\nu}$ und
- Streuung $k_{s,\nu}$,

einschließlich deren wellenlängenspezifischem Verhalten. Hiermit wird das Problem der spektralen Abhängigkeit und des Einflusses der Stoffzusammensetzung der Strahlungsintensität und damit aller weiteren Betrachtungen auf die Beschreibung der optischen Eigenschaften verlagert.

274

Die so gewonnene Bilanzgleichung beschreibt den Strahlungsenergietransfer in einem Lagrange-Koordinaten-System, beschreibt also die Verhältnisse, wie sie sich für einen mitbewegten Beobachter darstellen. Durch Anwendung des modifizierten "substantiellen" Differentialoperators:

$$\frac{DI_\nu}{Dt} = \frac{1}{c}\frac{\partial I_\nu}{\partial t} + e_j\frac{\partial I_\nu}{\partial s_j} \quad , \tag{10.4.16}$$

mit der Lichtgeschwindigkeit c, den koordinateninvarianten "Richtungskosinussen" rc_j, im kartesischen System:

$$\begin{aligned}
rc_1 &= \cos\Psi \sin\Phi, \\
rc_2 &= \sin\Psi \sin\Phi \quad \text{und} \\
rc_3 &= \cos\Phi ,
\end{aligned} \tag{10.4.17}$$

erhält man:

$$rc_j\frac{DI_\nu}{Dx_j} = - (k_{a,\nu} + k_{s,\nu})\,I_\nu + k_{a,\nu}\,I_{b,\nu} +$$

$$\text{I/II} \qquad\qquad \text{III} \qquad\qquad \text{IV}$$

$$k_{s,\nu} \cdot \left[1/(4\pi) \cdot \int\limits_{\delta\nu} \int\limits_{\Omega'} P^{st}(s',\nu')\times I_{\nu,}(s')\,d\Omega'\,d\nu' \right]dA\,d\Omega\,d\nu\,dt \quad . \tag{10.4.18}$$

$$\text{V}$$

Die bisher angeführten Beziehungen sind nun Ausgangspunkt für eine Integration über den gesamten Wellenlängenbereich und damit zur Herleitungen einer Bilanzgleichung für die Gesamtstrahlungsintensität.

10.4.2.2 Gesamtstrahlungsintensität

Wird über den gesamten Wellenlängenbereich integriert, dann ergibt sich mit den Definitionen für die Gesamtstrahlungsintensität I:

$$I^{st} = \int\limits_0^\infty I^{st}_\nu\, d\nu \tag{10.4.19}$$

und die Strahlungsintensität des idealen Schwarzkörperstrahlers I_b:

$$I^{st}_b = \int\limits_0^\infty I^{st}_{b,\nu}\, d\nu \tag{10.4.20}$$

die Bilanzgleichung für die Gesamtstrahlungsintensität:

$$\frac{1}{c}\frac{\partial I}{\partial t} + e_j \frac{\partial I}{\partial s_j} = -(k_a + k_s)I + k_a I_b +$$

$$k_s \cdot \int\limits_{\nu} \left[1/(4\pi) \cdot \int\limits_{\delta\nu} \int\limits_{\Omega'} P^{st}(s',\nu') \times I_{\nu'}(s') d\Omega' d\nu' \right] dA\, d\Omega\, d\nu \qquad (10.4.21)$$

Bilanzgleichung für die **Gesamtstrahlungsintensität I**

Durch geeignete Vereinfachungen und Annahmen müssen die dieser Gleichung zugrunde liegenden Eigenschaften nun so modelliert werden, daß die Gleichung sich in ihrer Komplexität reduziert und sie so numerisch handhabbar wird. Dieses Vorgehen führt auf die sogenannten Strahlungsaustauschmodelle.

Zunächst sollen jedoch noch einige Eigenschaften der Gesamtstrahlungsintensität erläutert werden.

Für ein nichtstreuendes und nicht selbst emittierendes Medium erhält man die durch Absorption entlang der Lauflänge ds abnehmende Strahlungsintensität nach der Beziehung

$$e_j \frac{\partial I}{\partial s_j} = -k_a I \quad . \qquad (10.4.22)$$

Integriert man entlang einer endlichen Lauflänge s und setzt die Strahlungsintensität I nach diesem Weg ins Verhältnis zur Ausgangsintensität I_0, dann erhält man das Bouguer-Lambertsche Gesetz:

$$I/I_0 = \exp\left(-\int\limits_0^s k_a ds\right) \quad . \qquad (10.4.23)$$

Zur Herleitung von Gl. 10.4.10 war die Strahlungsintensität I_b des Schwarzkörperstrahlers verwendet worden:

$$I_b = \sigma T^4 / \pi \quad . \qquad (10.4.24)$$

Die von einem grauen Strahler emittierte Strahlungswärmestromdichte $\dot{q}'''^{st}$ ergibt sich dabei zu:

$$\dot{q}'''^{st} = 4\pi k_a I_b = 4k_a \sigma T^4 \quad . \qquad (10.4.25)$$

Das Verhältnis der von einem grauen Strahler ausgehenden Intensität I zu der des Schwarzkörperstrahlers I_b

$$I / I_b = 1 - \exp\left(-\int\limits_0^s k_a ds\right) = \epsilon \qquad (10.4.26)$$

wird auch als Emissivität oder Emissionsgrad ϵ bezeichnet.

Bei den bisherigen Ableitungen war nicht zwischen strahlenden Flächen (Festkörpern) und strahlenden Volumenelementen (Fluidsuspension) unterschieden worden. Bei den

Strahlungsaustauschmodellen werden aber die beschreibenden Gleichungen durch Differenzenapproximation angenähert. Die Differenzenapproximation entspricht geometrisch betrachtet einer Diskretisierung der Feuerraumwände in kleine, endliche Flächenelemente dA und einer Diskretisierung des Feuerraums selbst in Volumenelemente dV.

Die von einem Flächenelement dA emittierte Strahlungsleistung $\dot{q}_{dA}$ ergibt sich dabei zu:

$$\dot{q}_{dA} = \epsilon \sigma T^4 dA \quad . \tag{10.4.27}$$

Entsprechend ergibt sich für die von einem Volumenelement dV ausgehende Strahlungsleistung $\dot{q}_{dV}$:

$$\dot{q}_{dV} = 4k_a \sigma T^4 dV \quad . \tag{10.4.28}$$

Bei den meisten mathematischen Modellen bzw. technischen Anwendungen wird Term V in Gl. 19.4.21 vernachlässigt, wobei die eingestreute Energie unberücksichtigt bleibt:

$$\frac{1}{c}\frac{\partial I}{\partial t} + e_j \frac{\partial I}{\partial s_j} = -(k_a + k_s)I + k_a I_b \tag{10.4.29}$$

Vereinfachte Bilanzgleichung für die **Gesamtstrahlungsintensität I**

Dies geschieht nicht so sehr deshalb, weil dieser Energieanteil zu vernachlässigen ist, sondern weil Term V numerisch die größten Probleme bereitet. In Term III wird für den Streukoeffizient dennoch ein Wert ungleich null angesetzt, um damit die ausgestreute Energie zu berücksichtigen. Wie später noch gezeigt werden soll, ist es nur bei einem Monte-Carlo-Modell möglich, Term V in angemessener Weise zu erfassen.

Wie schon angedeutet, ist die Zeitkonstante für die Einstellung des Strahlungsgleichgewichts 1/c sehr klein, so daß meist zusätzlich oder alternativ Term I in Gl. 10.4.21 vernachlässigt wird, womit man erhält:

$$e_j \frac{\partial I}{\partial s_j} = -(k_a + k_s)I + k_a I_b \tag{10.4.30}$$

Zusätzlich vereinfachte Bilanzgleichung für die **Gesamtstrahlungsintensität I**

Dies ist gleichzeitig die wohl einfachste Form der Bilanzgleichung für die Gesamtstrahlungsintensität, die es nun gilt, durch geeignete Modelle und entsprechende Lösungsmethoden in eine Lösung für die Strahlungsintensitätsverteilung umzusetzen.

10.4.2.3 Übersicht über Strahlungsaustauschmodelle

Der integro-differentielle Charakter der Gleichung zur Beschreibung der Gesamtstrahlungsintensität führt dazu, daß eine analytische Lösung dieser Gleichung praktisch unmöglich ist. Der Grund dafür ist in Term V von Gl. 10.4.21 zu sehen, der die eingestrahlte Strahlungsintensität beschreibt. Es gibt nun verschiedene Ansätze, diese Kopplung mit allen Gaselementen zu modellieren. Bild 10.4.5 gibt einen schematischen Überblick über verschiedene Modelle. Dabei soll auf Analogiemodelle und Diffusionsmodelle nicht näher eingegangen werden.

Bei der **Zonenmethode** nach Hottel werden Strahlungsaustauschfaktoren (Sichtfaktoren) berechnet. Diese geben die Verknüpfung einer Zone mit allen übrigen Zonen wieder. Über eine Inversion der aus diesen Sichtfaktoren bestehenden Matrix kann die Strahlungsintensitätsverteilung abgeleitet werden. Da die Sichtfaktoren intensitätsabhängig sind, muß deren aufwendige Berechnung bei jeder Iteration wiederholt werden, wodurch das Gesamtverfahren sehr rechenzeitintensiv wird.

Strahlungsaustauschmodelle	
Zonen-Modelle	
	Hottel-Methode (deterministische Berechnung von Sichtfaktoren)
	Monte-Carlo-Methode (stochastische Einzelstrahlverfolgung)
Fluß-Modelle	
	Klassische Fluß-Methode (Flüsse in die Koordinatenrichtungen)
	Momenten-Methode (Flüsse in beliebige Richtungen)
	N-Fluß-Methode (Flüsse in Koordinatenrichtungen und zusätzlich spezielle Richtungen)
Hybrid-Modelle	
	Kombination aus Zonen- und Fluß-Modellen
Reduzierte Modelle	
	Diffusions-Modell (nur für optisch dichte Medien)
	Analogie-Modelle (nur für spezielle Anwendungen)

Bild 10.4.5: Überblick über verschiedene Strahlungsaustauschmodelle

Bei der Monte-Carlo-Methode, die ebenfalls zu den Zonenmodellen zählt, werden diskrete Einzelstrahlen verfolgt. Der numerische Aufwand kann durch die Gesamtzahl der verfolgten Strahlen kontrolliert werden.

Im Gegensatz hierzu wird bei den **Fluß-Modellen** die Richtungs-Strahlungsintensität in diskreten Ortsrichtungen integriert. Geschieht dies jeweils in den positiven und negativen Koordinatenrichtungen, dann erhält man das klassische Flußmodell, das für kartesische, orthogonale Gittersysteme (Finite Differenzen) mit Erfolg angewendet wurde. Für körperangepaßte Koordinaten oder Finite Elemente Berechnung ist diese Grundmethode nicht anwendbar, da hier verzerrte Gitter bzw. andere Elementtypen (Dreieckselemente) Verwendung finden, wobei die Elementflächennormalen nicht mit den Koordinatenrichtungen zusammenfallen. Für solche Anwendungen ist die Momentenmethode von Vorteil. Hierbei werden Flüsse in beliebigen Richtungen durch Momentenbildung mit vorgegebenen Integrationsrichtungen berechnet. Die N-Flußmethode hebt den Nachteil weniger diskreter Strahlungsflüsse auf, wodurch ein gleichmäßigerer Energietransfer erzielt werden kann.

Hybridmodelle verknüpfen nun Vorteile beider obiger Methoden.

Reduzierte Modelle sind nur unter bestimmten Voraussetzungen anwendbar und haben damit eine beschränkte Aussagekraft. Im Diffusionsmodell wird z.B. ein optisch sehr dichtes Medium unterstellt. Dies bedeutet, daß eine Volumenzone nicht jede andere Zone "sieht", d.h. mit ihr in Strahlungsaustausch steht, sondern nur mit denen in unmittelbarer Nachbarschaft. Dies motiviert die Beschreibung des Strahlungsaustausches in Analogie zu einem Diffusionsvorgang, wodurch sich der Name erklärt.

10.4.3 Diffusionsmodell

Beim Verständnis von Diffusionsmodellen soll das folgende Gedankenmodell helfen:

Beim Strahlungsaustausch in optisch dünnen Medien wird Energie **von** jedem Element **in** jedes andere direkt, ohne zwischenzeitliche Absorption und erneute Emission, transportiert. Wird das Medium zunehmend optisch dichter, dann steht ein Element mit weit entfernten nicht mehr direkt in "Blickkontakt", sondern nur noch mit den näher liegenden. Im Grenzfall des optisch sehr dichten Mediums ist ein direkter Strahlungsaustausch nur noch mit den benachbarten Elementen möglich. Dies sind auch die Verhältnisse beim diffusiven Stoffaustausch. Hieraus erklärt sich, daß eine Approximation des Strahlungsaustauschs durch einen Diffusionsansatz in diesem Grenzfall zu realistischen Approximationen führt.

Unter diesen vereinfachten Bedingungen läßt sich eine partielle elliptische Differentialgleichung 2. Ordnung für die volumenspezifische Strahlungsenergiedichte $\dot{q}'''^{st}$ angeben (/10.4.1/,/10.4.31/):

$$\frac{\partial}{\partial x_j}\left[\frac{1}{\alpha}\frac{\partial}{\partial x_j}\dot{q}'''^{st}\right] = 3\,\alpha\left[\dot{q}'''^{st} - 4\,\frac{\sigma}{c}\,T_G^4\right] \quad . \tag{10.4.31}$$

Die flächenspezifische Wärmestromdichte $\dot{q}''^{st}$ ergibt sich mit dem Brechungsindex n_G der Gasphase zu (/10.4.1/):

$$\dot{q}''^{st} = -\,\frac{16}{3}\,\frac{n_G^2}{k_{a,G}}\,\sigma T_G^3\,\frac{\partial T_G}{\partial x_j} \quad . \tag{10.4.32}$$

Vor allem Gl. 10.4.32 unterstreicht den diffusionsähnlichen Charakter dieser Approximation.

10.4.4 Strahlungsaustauschrechnung mit der Flußmethode

Bei den Flußmodellen wird die Richtungsstrahlungsintensität durch Funktionen der Winkel θ und Ω (Bild 10.4.4) angenähert. Hierfür gibt es prinzipiell 3 Methoden (/10.4.29/):

- **Schuster-Schwarzschild-Approximation:** Integration der Richtungsstrahlungsintensität über Teilwinkelausschnitte des Raumwinkels 4π. Für jeden Teilwinkelbereich ergibt sich damit eine Differentialgleichung.

- **Milne-Eddington-Approximation:** Zuerst werden zusätzliche Differentialgleichungen für Teilwinkelbereiche gewonnen und diese dann über den gesamten Raumwinkel integriert.

- **Schuster-Hamaker-Approximation:** In die Bilanzgleichung für die Richtungsstrahlungsintensität wird die Bedingung der Strahlenparallelität eingearbeitet und diese modifizierte Gleichung dann integriert. Diese Methode ist daher die ungenaueste.

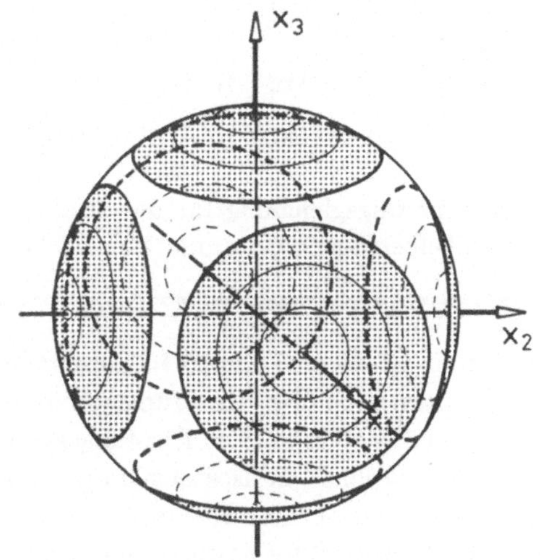

Bild 10.4.6: Geometrische Verhältnisse an einem Volumenelement bei einem Sechsflußmodell (/10.4.29/)

Für technische Strahlungsaustauschrechnungen ist die Schuster-Schwarzschild-Approximation die am häufigsten verwendete Methode. Die geometrischen Verhältnisse für ein Volumenelement sind in Bild 10.4.6 dargestellt. Dabei deuten die grauen Kugeloberflächen die jeweiligen Teilwinkelausschnitte an. Diese können sich zwar in Teilbereichen überschneiden, müssen sich insgesamt aber zu 4π addieren, um eine konsistente Formulierung der Gesamtintensität zu gewährleisten.

Bezeichnet man mit J_i den Strahlungsfluß in i-Richtung (J^+ in positiver Koordinatenrichtung, J^- in negativer Koordinatenrichtung), dann lassen sich in einem kartesischen Koordinatensystem die folgenden 6 gewöhnlichen Differentialgleichungen angeben (3 Koordinatenrichtungen und jeweils positive und negative Richtung):

$$\pm \frac{\partial}{\partial x_j}\left[J_j{}^{\pm}\right] = -(k_a + k_s)J_j{}^{\pm} + k_a \,\sigma T_G{}^4 + (k_a/6)\cdot(J_1{}^+ + J_1{}^- + J_2{}^+ + J_2{}^- + J_3{}^+ + J_3{}^-)$$

$$(10.4.33)$$

Bestimmungsgleichung für die **Strahlungsflüsse bei der Flußmethode** (kartesisches System, 3D)

Berücksichtigt man zusätzlich, daß Fluid- und Partikelphase unterschiedliche Absorptionskoeffizienten und unterschiedliche Temperatur aufweisen, dann ergibt sich das Gleichungssystem zu:

$$\pm \frac{\partial}{\partial x_j}\left[J_j^{\pm}\right] = -\,(k_a + k_s)J_j^{\pm} + \sigma(k_{a,G}T_G^4 + k_{a,P}T_P^4) +$$
$$+\,(k_a/6)\cdot(J_1^+ + J_1^- + J_2^+ + J_2^- + J_3^+ + J_3^-) \qquad (10.4.34)$$

Bestimmungsgleichung für die Strahlungsflüsse bei der **Flußmethode** bei einem **partikelbeladenen Gas** (unterschiedliche Gas- und Partikeltemperatur)

Bei dem in Gl. 10.4.33 und 10.4.34 angegebenen Beziehungen war eine Teilwinkelvorgabe für die Integration über die Raumabschnitte a priori erfolgt. Dies führt bei Strahlungsverhältnissen mit einer starken Richtungsabhängigkeit zu relativ schlechten Ergebnissen. Es ist daher vorteilhaft, in Richtungen mit hohen Strahlungsflüssen die Integrationswinkel zu verkleinern, um in diese Richtungen eine höhere Auflösung zu erzielen. Da die übrigen Raumwinkelabschnitte entsprechend größere Bereiche überstreichen müssen, muß eine Kopplung beider hergestellt werden. Daher spricht man bei Modellen, die diese Eigenschaft aufweisen, von gekoppelten Flußmodellen (/10.4.23/,/10.4.25/,/10.4.26/,/10.4.29/).

Die entsprechenden Gleichungen zu Gl. 10.4.33 für ein Zylinderkoordinatensysten lassen sich angeben zu (/8.5.8/):

$$\pm \frac{\partial}{\partial z}\left[J_z^{\pm}\right] = -\,(k_a + k_s)\,A_z\,J_z^{\pm} + k_a\,B_z\,\sigma T_G^4 \qquad (10.4.35)$$

$$\pm \frac{1}{r}\frac{\partial}{\partial r}\left[r\,J_r^{\pm}\right] = -\,(k_a + k_s)\,A_r\,J_r^{\pm} \pm \frac{I_r^{\pm}}{r} + k_a\,B_r\,\sigma T_G^4 \qquad (10.4.36)$$

Bestimmungsgleichung für die **Strahlungsflüsse bei der Flußmethode** (Zylinderkoordinatensystem, 2D)

Die Koeffizienten A_z, A_r, B_z und B_r sind geometrische Funktionen der Integrationswinkel. Sie können wiederum konstant während der Berechnung oder abhängig von der Richtungsstrahlungsintensität gewählt werden, wodurch wieder ungekoppelte oder gekoppelte Modelle resultieren.

10.4.5 Strahlungsaustauschrechnung mit der Zonenmethode

10.4.5.1 Grundsätzliche Überlegungen

Bei der Berechnung des Strahlungswärmeaustausches mit der Zonenmethode wird der Feuerraum in Gasvolumenzonen (3-D-Elemente) und Wandflächenelemente (2-D-Elemente) aufgeteilt. Hierdurch kann in der Folge das kontinuierliche Problem des Energietransfers, das durch eine Integrodifferentialgleichung beschrieben wird, auf das diskrete Problem des Transfers zwischen allen möglichen Paarungen von 2-D- und 3-D-Elementen zurückgeführt werden.

Durch die Diskretisierung ist jedes durch eine Kombination von 3 Zählindizes für die 3 Koordinatenrichtungen gekennzeichnet. Um jedoch zu einer übersichtlichen Indizierung zu kommen, sollen alle Elemente linear mit nur einem Index gekennzeichnet werden. Hierzu werden die Indizes m und n verwendet. Tritt ein Index nur einfach auf, so kennzeichnet die eine vom betreffenden Element emittierte oder absorbierte Gesamtenergie, zwei Indizes kennzeichnen einen Austausch zwischen dem Element m und n. In Bild 10.4.7 sind die damit möglichen Kombinationen skizziert.

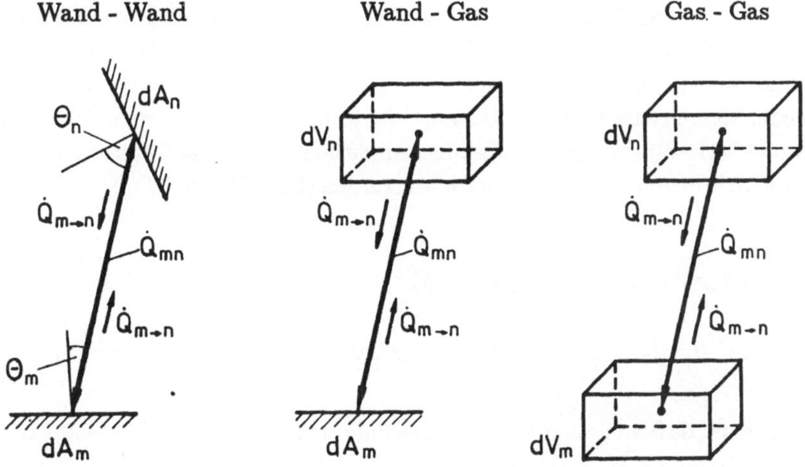

Bild 10.4.7: Geometrische Verhältnisse bei der Zonenmethode (/10.4.1/)

Die von einer Zone m zur Zone n übertragene Energie $\dot{Q}_{m \to n}$ wird berechnet zu:

$$\dot{Q}_{m \to n} = \{z_m z_m\} \cdot \sigma T^4 \quad . \tag{10.4.37}$$

Dabei ist σT^4 die aus der Gaszone m emittierte Gesamtenergie. $\{z_m z_n\}$ steht für den Strahlungsaustauschfaktor zwischen der Zone m und n, der von der Transferrichtung unabhängig ist:

$$\{z_m z_n\} = \{z_n z_m\} \quad . \tag{10.4.38}$$

In den weiteren Ausführungen ist noch zu unterscheiden zwischen Gas-Gas-, Gas-Wand- und Wand-Wand-Austauschfaktoren. Dies soll zunächst durch eine geeignete Indizierung erfolgen:

- Gas-Gas: $\{z_{G,m}z_{G,n}\}$,
- Gas-Wand: $\{z_{G,m}z_{W,n}\}$ und
- Wand-Wand: $\{z_{W,m}z_{W,n}\}$.

Mit dieser Definition beinhaltet $z_{m,n}$ alle Informationen über die Geometrie der Zonen m und n, deren geometrische Lage zueinander und die optischen Eigenschaften der Feuerraumsuspension auf dem Strahlweg.

Bei Berücksichtigung von Reflexion bzw. Streuung an den Feuerraumwänden und an Partikeln sind darin natürlich auch indirekt von der Zone m zur Zone n transferierte Energieanteile enthalten. Hierdurch ergibt sich eine Unterscheidung in:

- Gesamtstrahlungsaustauschfaktoren und Berücksichtigung von Streuprozessen und
- Direktstrahlungsaustauschfaktoren unter Vernachlässigung der Streuung.

Eine Berechnung über Direktstrahlungsaustauschfaktoren ist natürlich einfacher. Eine darauf basierende Methode wurde von Hottel entwickelt und ist als Integrationsmethode oder Hottel'sche Zonenmethode bekannt. Diese soll in der Folge skizziert werden (Kap. 10.4.5.2). Zur Berechnung von Gesamtstrahlungsaustauschfaktoren werden diskrete Strahlen verfolgt, wobei deren Abschwächung und Streuung bilanziert wird. Aus dem so berechneten Energietransfer können rückwärts die Austauschfaktoren bestimmt werden. Diese Methode wird als Monte-Carlo-Strahlungsaustauschmodell bezeichnet, da i.a. Strahlungsemissions- und Reflexionsrichtungen stochastisch gewählt werden (Kap. 10.4.5.3).

10.4.5.2   Hottel'sches Zonenmodell

Zunächst soll auf die Berechnung der Direktstrahlungsaustauschfaktoren eingegangen werden.

Berücksichtigt man, daß von einer Gaszone des Volumens dV_m die Strahlungsleistung:

$$\dot{Q}_{G,m} = 4k_m\sigma T_{G,m}^4 dV_m \qquad (10.4.39)$$

emittiert wird, dann ergibt sich für alle Austauschfaktoren der Zone m der Zusammenhang:

$$\sum_n \{z_{G,m}z_{G,n}\} = 4k_mV_m \quad . \qquad (10.4.40)$$

Andererseits gilt für die von einer schwarzen Oberfläche emittierte Strahlungsleistung:

$$\dot{Q}_{W,m} = \sigma T_{W,m}^4 dA_m \quad , \qquad (10.4.41)$$

wodurch sich wiederum durch Summation über alle anderen Zonen ergibt:

$$\sum_n \{z_{W,m}z_{W,n}\} = A_m \quad . \qquad (10.4.42)$$

Die Beziehungen 10.4.40 und 10.4.42 stellen die Konsistenzeigenschaft der gesuchten Lösung dar und können daher zur Überprüfung der Güte der Berechnung herangezogen werden.

Die Berechnung der Direktstrahlungsaustauschfaktoren ist stark von den geometrischen Verhältnissen des Austauschraums abhängig, insbesondere sind eine Reihe verschiedener Kombinationen von Zonen zueinander möglich. Daher können nur generelle Beziehungen angegeben werden:

$$\{z_{G,m}z_{G,n}\} = \int\limits_{V_m}\int\limits_{V_n}\left[k_{a,m}dV_m\, k_{a,n}dV_n\, \sigma_t(s_{m,n}) / (\pi s^2_{m,n})\right] \quad , \tag{10.4.43}$$

$$\{z_{W,m}z_{W,n}\} = \int\limits_{A_m}\int\limits_{A_n}\left[\cos\theta dA_m\, \cos\theta dA_n\, \sigma_t(s_{m,n}) / (\pi s^2_{m,n})\right] \quad , \tag{10.4.44}$$

$$\{z_{G,m}z_{W,n}\} = \int\limits_{V_m}\int\limits_{A_n}\left[k_{a,m}dV_m\, \cos\theta dA_n\, \sigma_t(s_{m,n}) / (\pi s^2_{m,n})\right] \quad , \tag{10.4.45}$$

mit der Transmission σ_t:

$$\sigma_t(s_{m,n}) = \exp\left[-\int\limits_{s_{m,n}} k_a ds_{m,n}\right] \quad . \tag{10.4.46}$$

Spezielle Ansätze und Vereinfachungen für kartesische und Zylinderkoordinaten sind in /10.4.1/ und /10.4.31/ zu finden. Diese Beziehungen gelten nur unter der Annahme eines Graukörperstrahlers.

Für Bandenstrahler gilt analog:

$$\{z_{G,m}z_{G,n}\} = \int\limits_{\nu}\int\limits_{V_m}\int\limits_{V_n}\left[k_{a,\nu,m}dV_m\, k_{a,n}dV_n\, \sigma_{t,\nu}(s_{m,n}) / (\pi s^2_{m,n})\, d\nu\right] \quad , \tag{10.4.47}$$

$$\{z_{G,m}z_{W,n}\} = \int\limits_{\nu}\int\limits_{V_m}\int\limits_{A_n}\left[k_{a,\nu,m}dV_m\, \cos\theta dA_n\, \sigma_{t,\nu}(s_{m,n}) / (\pi s^2_{m,n})\, d\nu\right] \quad , \tag{10.4.48}$$

mit der Transmission $\sigma_{t,\nu}$:

$$\sigma_{t,\nu}(s_{m,n}) = \exp\left[-\int\limits_{s_{m,n}} k_{a,\nu} ds_{m,n}\right] \quad . \tag{10.4.49}$$

Hierbei sind natürlich nur diejenigen Austauschfaktoren betroffen, die eine Gaszone einschließen, da ja die Oberflächenelemente als Festkörperstrahler immer als Graustrahler angenommen werden können.

10.4.5.3 Monte-Carlo-Zonenmodell

Bei der Monte-Carlo-Methode wird versucht, den physikalischen Vorgang der Strahlungswärmeübertragung nachzuvollziehen. Hierzu werden von jeder Zone eine große Anzahl an Einzelstrahlen verfolgt. Einem solchen Strahl kann nun ein gewisser Energieinhalt zugeordnet werden, abhängig von der Temperatur am Emissionsort und der Anzahl der verfolgten Strahlen. Die Emissionsrichtung nacheinander emittierter Strahlen wird völlig unkorreliert (stochastisch) gewählt. Die emittierten Strahlen werden auf ihrem Weg verfolgt (Bild 10.4.8), wobei beim Durchlauf durch andere Gaszonen jeweils ein Teil dieser Energie absorbiert wird. Die Strahlenergie nimmt dabei ständig ab. Trifft der Strahl auf eine Wand, dann tritt sowohl Absorption als auch Reflexion auf, wobei der reflektierte Strahlanteil weiterverfolgt werden muß. Der Strahl wird solange bilanziert, bis seine Energie einen vorgegebenen Grenzwert unterschreitet. Dieser Vorgang muß für eine große Anzahl von Strahlen, ausgehend von einem Ort (Zelle) und übergeordnet für alle Orte (Zellen) durchgeführt werden.

Zusammenfassend lassen sich damit die folgenden Schritte angeben (/10.4.39/):

- Bestimmung der lokal emittierten Gesamtenergie,
- Bestimmung der Einzelenergie eines Strahls,
- Bestimmung der Einzelstrahlemissionsrichtung,
- Strahlverfolgung mit Energieabnahme und
- Strahlreflexion und -absorption an der Wand,

wobei die beiden letzten Schritte mehrmals wiederholt werden können, bis die Strahlenergie die vorgegebene untere Schranke unterschreitet.

Nach einem solchen Durchlauf wird die in jeder Zone durch Absorption jedes Strahls hinzugekommene bzw. durch Emission abgegebene Energie bilanziert und daraus die neue örtliche Temperatur berechnet. Dieser Prozeß muß iterativ bis zum Errei-

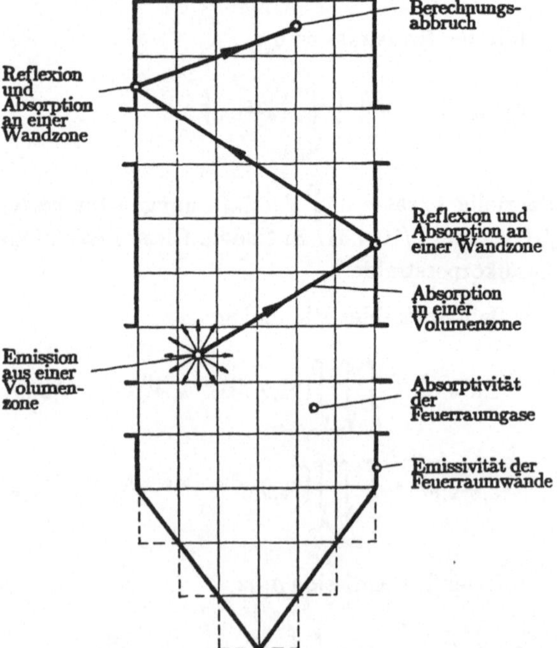

Bild 10.4.8: Strahlenverfolgung in einem Feuerraum (/10.4.39/)

chen der stationären Temperaturverteilung fortgeführt werden. Dieses Verfahren weist jedoch den Vorteil auf, daß die Approximationsgüte über die Einzelstrahlenanzahl an die vorliegende Problemstellung angepaßt werden kann.

Zur Realisierung dieser Rechenvorschrift müssen u.a. stochastische Emissionsrichtungen berechnet werden. Die hierfür notwendigen Winkel können z.B. über Zufallszahlen erzeugt werden. Auf Rechenanlagen stehen jedoch nur "Pseudo-Zufallszahlen" zur Verfügung, die eine neue Zufallszahl in Abhängigkeit von der vorher berechneten liefern. Diese Pseudo-Zufallszahlen r_z werden im allgemeinen im halboffenen Intervall [0,1) bereitgestellt:

$$r_z[0,1]: \quad 0 \leq r_z < 1 \quad . \tag{10.4.50}$$

Daraus erhält man zufällige Winkel θ_z zwischen 0 und 360°, indem man die Zufallszahl mit dem Winkel 360° multipliziert:

$$\theta_z = r_z[0,1] \; 360 \quad . \tag{10.4.51}$$

Es stellt sich nun das Problem, aus einer oder mehreren Zufallszahlen eine Strahlemissionsrichtung zu konstruieren, die jeden Raumwinkel mit der gleichen Wahrscheinlichkeit überdeckt. Hierzu gibt es prinzipiell mehrere Möglichkeiten:

- Aus zwei Zufallzahlen werden zwei Winkel konstruiert und dieser Vorgang für jede Strahlrichtungssuche wiederholt.
- Aus dem Durchstoßpunkt des voran verfolgen Strahls durch die gedachte Kugel in Bild 10.4.9 wird ein neuer Startpunkt für die neue Strahlrichtungssuche berechnet.
- Die gedachte Kugel um dem Strahlursprung wird deterministisch in eine Anzahl Breitenkreise eingeteilt (Bild 10.4.9), und diese wiederum in feste Längenabschnitte eingeteilt, so daß Kugeloberflächensegmente etwa gleicher Fläche entstehen (Bild 10.4.10 zeigt eine Aufsicht auf diese Kugelsegmenteinteilung).

Vor allem die dritte Methode hat sich als sehr rechenzeitschonend erwiesen, ohne die Gesamtgüte des Verfahrens zu verschlechtern. Sie wird daher für die weiteren Ausführungen zugrunde gelegt.

Wird durch jedes dieser Segmente ein Strahl emittiert, dann ergibt sich damit auch die Gesamtzahl der pro Zelle ausgesandten Strah-

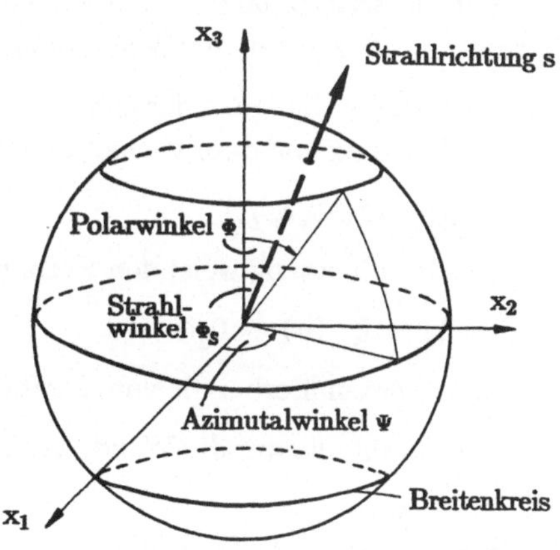

Bild 10.4.9: Zur Strahlverfolgung von einem Startpunkt (/10.4.39/)

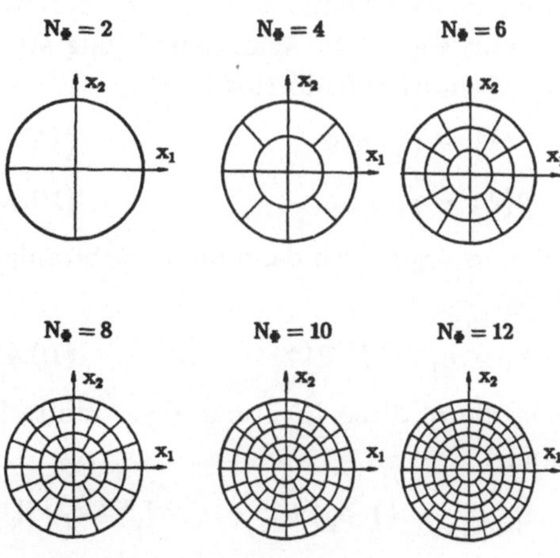

Bild 10.4.10: Einteilung in Breiten- und Längenkreise (/10.4.39/)

286

len (Tab. 10.4.1), und es läßt sich die Einzelstrahlleistung gemäß:

$$\dot{Q}_{G,SL} = 4k_m \sigma T_G^4 \, \Delta V_{Ze} / N_{SL,Ze} \qquad (10.4.52)$$

berechnen.

Zur räumlichen Vergleichmäßigung der **Emission** werden die Zonen in Zellen eingeteilt. Für die **Absorption** der Strahlenenergie wird nun aber nur in den Zonen bilanziert.

N_s	2	4	6	8	10	12
$N_{s,Ze}$	8	24	56	96	144	200

Tab. 10.4.1: Strahlzahl je Zelle bei vorgegebener Segmentierung (/10.4.39/)

Wird die Strahllauflänge in der Zone mit s_{Zo} bezeichnet, dann ergibt sich die Abschwächung der Strahlleistung und damit -energie (Absorption) zu:

$$\dot{Q}_a = \dot{Q}_{SL} \cdot \exp(-k_a \Delta s_{Zo}) \quad . \qquad (10.4.53)$$

Die neue Strahlleistung weist den Betrag:

$$\dot{Q}_{SL}(n+1) = \dot{Q}_{SL}(n) - \dot{Q}_a(n) \qquad (10.4.54)$$

auf. Mit n werden hierbei die vom Strahl durchlaufenen Zonen gekennzeichnet.

Trifft der Strahl nun auf die Wand, dann wird der Anteil:

$$\dot{Q}_a = \alpha_W \, \dot{Q}_{SL} \qquad (10.4.55)$$

absorbiert, der restliche Energiebetrag wird in eine zufällige Richtung reflektiert, zusätzlich wird aufgrund ihrer Eigentemperatur von der Wand die Energie

$$\dot{Q}_{W,SL} = \epsilon_W \, \sigma T_W^4 \, \Delta A_W / N_{W,SL} \qquad (10.4.56)$$

emittiert. Beide Energiebeträge werden in Normalenrichtung gemäß dem Lambert'schen Cosinus-Gesetz, in Azimutalrichtung stochastisch emittiert (Bild 10.4.11):

$$P(\Phi) = r_z \cos\Phi \quad , \qquad (10.4.57)$$

$$P(\Psi) = r_z \quad . \qquad (10.4.58)$$

Hieraus ergibt sich dann die neue Strahlrichtung:

$$s_j = e_j \, P((\Phi) \, P(\Psi) \quad , \qquad (10.4.59)$$

und die in diese Richtung abgestrahlte Leistung:

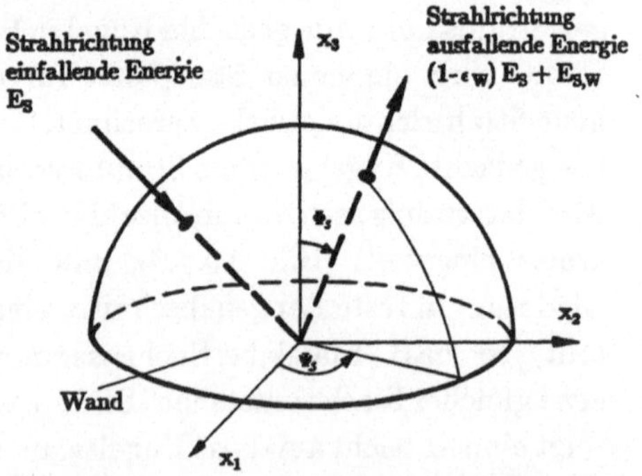

Bild 10.4.11: Geometrische Verhältnisse für die Absorption, Reflexion und Emission an einer Wandzelle (/10.4.39/)

$$\dot{Q}_{W,SL,e} = (1-\alpha_W) \, \dot{Q}_{SL} + \epsilon_W \, \sigma T_W^4 \, \Delta A_W / N_{W,SL} \quad . \qquad (10.4.60)$$

Damit setzt sich die Strahlverfolgung aus zwei grundsätzlichen Schritten zusammen:

- einem deterministischen Schritt (Emission aus einer Volumen- und Wandzone) und
- einem stochastischen Anteil (Reflexion aus den Wandzonen).

Daher wird diese Variante der Monte-Carlo-Modelle auch als semistochastisches Monte-Carlo-Modell bezeichnet.

10.4.6 Descrete-Transfer-Modell

Das Descrete-Transfer-Modell stellt eine Modifikation des klassischen Monte-Carlo-Modells dar. Hierzu wird die emittierte Energie einer Zone nicht in sehr viele, zufällige Raumrichtungen emittiert, sondern in wenige, durch die Geometrie und Diskretisierung vorgegebene Richtungen. Anzahl und Wahl dieser diskreten Richtungen bestimmen wiederum die Genauigkeit des Verfahrens. Desweiteren wird ein Strahl nicht bis zu seiner völligen Absorption verfolgt, also über viele Reflexionsprozesse an den Feuerraumwänden, sondern nur vom Emissionsort bis zu seinem Auftreffen auf eine feste Wand. Besonders durch diese Maßnahme wird der numerische Aufwand stark reduziert.

Im folgenden soll nun kurz der Ablauf einer solchen Berechnung skizziert werden (/8.5.12/):

- Die Feuerraumwände werden in Flächenzonen, der Gasraum in Volumenzonen eingeteilt.
- Die Bestimmung des Strahlungswärmestroms Q_n auf eine Wandzone dA_n erfolgt durch die Bilanzierung des Austauschs in diskrete Raumrichtungen. In der Originalarbeit (/10.4.48/) wird der Halbraum über dem Wandelement dA_n durch 4 diskrete Richtungen erfaßt (Bild 10.4.12), es sind aber zur Genauigkeitssteigerung auch mehr Richtungen vorstellbar.
- Damit ergeben sich aus geometrischen Überlegungen die Wandelemente, von denen diese Strahlen emittiert werden und deren Energie bei der Emission, die sich aufgrund ihrer Eigentemperatur ergibt. Diese Wärmeströme seien mit $Q_{m\,n}$ bezeichnet.
- Aufgrund des Absorptionsvermögens der durchlaufenden Feuerraumsuspension schwächt sich diese Energie ab und es kommt nur ein geringerer Teil auf der Fläche dA_n an.
- Die Berechnung der Gastemperatur erfolgt nach Durchlauf aller Wandzonen nach obiger Prozedur durch Berücksichtigung der aus allen diesen Teilvorgängen absorbierten Energiemengen und unter Berücksichtigung der in den jeweiligen Gaszonen durch chemische Reaktion freigesetzten oder gebundenen Energiemengen.

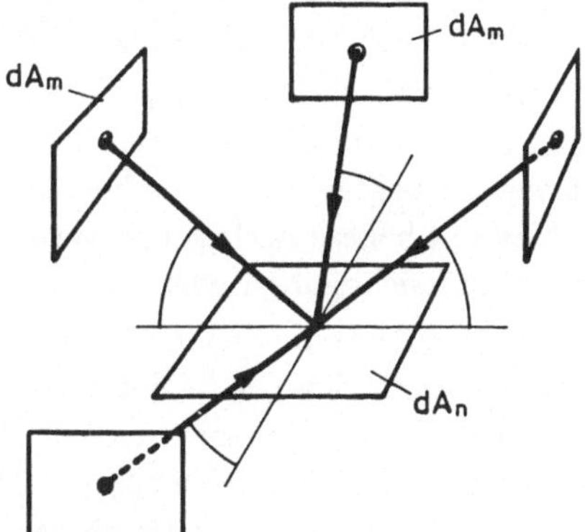

Bild 10.4.12: Verhältnisse an einem Wandelement bei der Descrete-Transfer-Methode

Nach obiger Beschreibung ist die Ähnlichkeit mit der Monte-Carlo-Methode offensichtlich. Auch hierbei können rückwärts die Hottel'schen Austauschfaktoren bestimmt werden.

10.5   Optische Eigenschaften

10.5.1   Allgemeine Grundlagen

Die optischen Gesamteigenschaften einer Feuerraumsuspension hängen sowohl von den Gasphasenspezies als auch von der Partikelphase ab. Dabei sind jeweils Temperatur und Konzentrationseinflüsse vorhanden. Die Partikelbeladung ist dabei der kritischste Punkt, da bei hohen Werten neben der Absorption auch die Streuung von Einfluß ist. Von Bedeutung wird dieser Effekt unter den Verhältnissen der zirkulierenden, vor allem aber der stationären Wirbelschicht.

Optische Eigenschaften der Gas- und Partikelphase müssen lokal als Funktion der Temperatur und der Spezieskonzentrationen angegeben werden. Berücksichtigt man, daß sowohl Gaskomponenten (CO_2, CO, H_2O), als auch Partikel (Asche, Koks, Ruß, Brennstoff) die Größe dieser Koeffizienten bestimmen, und daß Gasphasenspezies Bandenstrahler sind, während Partikel als Graukörperstrahler approximiert werden können, dann wird die Schwierigkeit und die Wichtigkeit einer realistischen Beschreibung dieser Koeffizienten deutlich. Natürlich wird die Gesamtstrahlungsintensitätsberechnung neben Approximationsfehlern durch das Strahlungsmodell selbst ebenso stark von der Genauigkeit der Beschreibung der optischen Eigenschaften beeinflußt.

Für Gase spielt die Streuung praktisch keine Rolle. Sind hierin jedoch Partikel suspendiert, dann kann ein erheblicher Teil der Strahlungsenergie gestreut und hierdurch zusätzlich umverteilt werden. Vor allem bei der Beschreibung von Kohlenstaubfeuerungen, in denen Kohlen mit hohem Aschegehalt verfeuert werden, und bei Wirbelschichtfeuerungen muß dies Berücksichtigung finden.

In Kap. 10.4.2 war die Kenntnis einer die optischen Eigenschaften der Feuerraumsuspension charakterisierenden Größe unterstellt worden. Dabei waren Absorptions-, Emissions- und Streukoeffizienten genannt worden. Hierfür gilt es nun geeignete Ansätze anzugeben. Zunächst soll jedoch auf den Zusammenhang mit den Begriffen Emissivität und Absorptivität hingewiesen werden, da diese häufig angegeben werden. Der Zusammenhang für den Gesamtgasemissionskoeffizienten und die Gesamtgasemissivität lautet für ein graues, nichtstreuendes Medium:

$$k_{e,G} = - \ln(1-\epsilon_G) \, / \, (p_G L) \quad . \tag{10.5.1}$$

Dabei setzt sich die Gesamtgasemissivität nicht rein additiv aus denen der Einzelspezies zusammen, da sich ja einzelne Banden überlagern können. Vielmehr ist eine Korrektur $\Delta\epsilon_G$ für diese Bandenüberlagerung zu berücksichtigen:

$$\epsilon_G = \sum_\alpha \epsilon_{G,\alpha} + \Delta\epsilon_G \quad . \tag{10.5.2}$$

Die Emissivitäten der einzelnen Gasphasenspezies sind für sich wiederum eine Funktion der Weglänge L, des Partialdruckes $p_{G,\alpha}$ der Spezies α, des Gesamtdrucks p_G und der lokalen Gastemperatur T_G:

$$\epsilon_{G,\alpha} = \epsilon_{G,\alpha}(L, \, p_{G,\alpha}, \, p_G, \, T_G) \quad . \tag{10.5.3}$$

Zur Berechnung der Gesamtgasemissivität muß also das bandenabhängige Emissisionsverhalten für jede relevante Spezies bekannt sein. Auf dieser Basis kann entweder bandenweise über die Spezies addiert und gegebenenfalls korrigiert und dann über alle Banden integriert werden oder man verfolgt den Weg, zuerst für jede Spezies über alle Banden zu integrieren und dann alle Spezies zu betrachten.

Die Gesamtgasemissivität kann unter vereinfachenden Annahmen oft als Resultat eines grauen Gesamtgasstrahlers betrachtet werden, obwohl keiner der Einzelspezies einen grauen Strahler darstellt. Auch dieses Verhalten kann aus der Überlagerung der Banden verschiedener Spezies erklärt werden, wenn sich nämlich die Banden gerade gegenseitig überlappen. Für einen grauen Strahler gilt des weiteren, daß die Emissivität gleich der Absorptivität ist:

$$\epsilon_G = \alpha_G \quad . \tag{10.5.4}$$

Bei den Partikelstrahlungseigenschaften existiert keine Frequenzabhängigkeit, da es sich hierbei um graue Strahler handelt. Es sind hierbei nur die Anteile der verschiedenen Spezies zu berücksichtigen. Daß dies aber auch erhebliche Schwierigkeiten bereiten kann, zeigt die Tatsache, daß verschiedene Aschen doch sehr unterschiedliches Streuverhalten aufweisen können.

Für die Überlagerung von Gas- und Partikelstrahlung soll angenommen werden, daß sich die Absorptionskoeffizienten einfach additiv überlagern:

$$\boxed{\begin{array}{l} k_a = k_{a,G} + k_{a,P} \hfill (10.5.5) \\[1em] \textbf{Absorptionskoeffizient} \text{ für eine kontinuierliche Gas- und diskrete Partikelphase} \end{array}}$$

Dieser Ansatz hat natürlich nur dann Gültigkeit, wenn Gas- und Partikelphase als graue Strahler angesehen oder als solche approximiert werden können.

10.5.2 Gasphasenspezies

Gasphasenspezies lassen sich einteilen in solche, die keine ausgeprägte Wechselwirkung mit der Strahlung zeigen, und solche, die diese aufweisen und dabei noch ausgeprägte bandenstrahlende Eigenschaften besitzen.

Die erste Gruppe weist damit diatherme (richtiger diabate) Eigenschaften auf. Sie ist aber für technische Anwendungen nicht relevant und soll daher in diesem Zusammenhang nicht weiter verfolgt werden. Die zweite Gruppe wird in der Folge als Bandenstrahler bezeichnet.

Bei bandenstrahlenden Gasen ist die spektrale Absorptivität sehr stark frequenzabhängig (Bild 10.5.1). Zur Ableitung der Gesamtabsorptivität können nun verwendet werden:

- Engband-Modelle,
- Breitband-Modelle und
- Gesamtabsorptionsmodelle.

Für die technische Anwendung in Verbrennungssystemen hat sich die letzte Methode durchgesetzt.

Eine Methode dabei wiederum ist die "gewichtete Summe grauer Gase" oder Überlagerung verallgemeinerter Banden. Sie hat den Vorteil, daß damit in analoger Weise auch die Strahlungseigenschaften der Partikelphase beschrieben werden können.

Das meistverwendete "2-grey-1-clear" Modell unterstellt zwei graue Strahler. Die "clear"-Komponente beschreibt die nichtabsorbierenden Bereiche zwischen den Banden. Damit wird der spektrale Absorptionsverlauf über diskrete Bereiche der Absorptivität approximiert (Bild 10.5.1, schraffierte Bereiche).

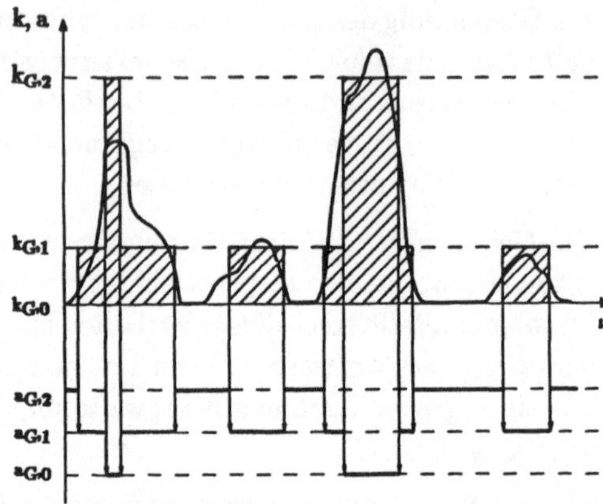

Bild 10.5.1: Spektrale Absorption für bandenstrahlende Gaskomponenten

Die Absorptivität α_G läßt sich dabei gemäß:

$$\alpha_G = \sum_m a_{G,m}[1-\exp(-k_{a,G,m}p_G L)] \qquad (10.5.6)$$

angeben, wobei die Wichtungsfaktoren $a_{G,m}$ die Temperaturabhängigkeit berücksichtigen:

$$a_{G,m} = b_{0,G,m} + b_{1,G,m}\cdot T_G \qquad (10.5.7)$$

mit der Nebenbedingung $\sum a_{G,m} = 1$.

m	$b_{0,G,m}$	$b_{1,G,m}$	$k_{a,G,m}$
1	0,130	+0,000265	0,0
2	0,595	- 0,000150	0,824
3	0,275	- 0,000115	25,907

Tab. 10.5.1: Parameterwerte für den Absorptionskoeffizienten $k_{a,G}$ nicht partikelbeladener Rauchgase

Aus der Absorptivität kann nun der Absorptionskoeffizient nach dem Lambert-Beer'schen Gesetz berechnet werden:

$$k_{a,G} = - \ln(1-\alpha_G) / (p_G L) \qquad .(10.5.8)$$

Tab. 10.5.1 zeigt für einen Gesamtdruck von 1 bar und gleichen Partialdruck von CO_2 und H_2O die entsprechenden Parameterwerte für dieses Modell.

Damit ergibt sich ein Berechnungsablauf gemäß Tab. 10.5.2.

$$k_{a,G} = - \ln(1-\alpha_G) / (p_G L) \qquad (10.5.8)$$

$$\alpha_G = \sum_m a_{G,m}[1-\exp(-k_{a,G,m}p_G L)] \qquad (10.5.6)$$

$$a_{G,m} = b_{0,G,m} + b_{1,G,m}\cdot T_G \qquad (10.5.7)$$

Tab. 10.5.2: Berechnung des Absorptionskoeffizienten von Gasphasenspezies

10.5.3 Partikelbeladenes Kontinuum

10.5.3.1 Allgemeine Zusammenhänge

Bei Gasphasenspezies war die Wechselwirkung mit der thermischen Strahlung auf Absorption und Emission beschränkt. Sind nun Partikel in der Gasphase suspendiert, dann treten zusätzlich Streuprozesse auf, die Oberbegriff

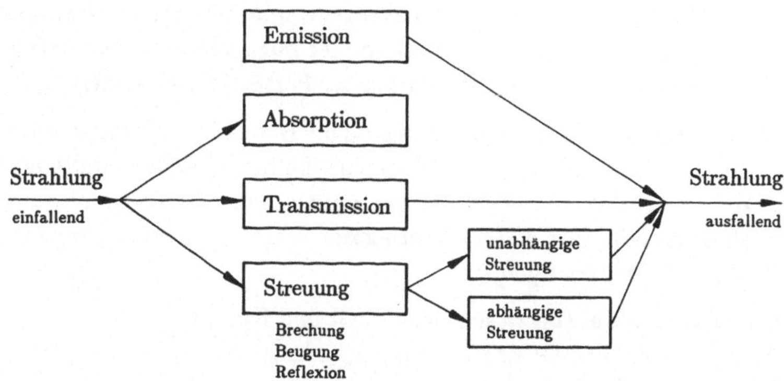

Bild 10.5.2: Wechselwirkung der Strahlung bei partikelbeladenen Gasen

für Brechung, Beugung und Reflexion sind (Bild 10.5.2). Der Anteil der Strahlung, der nicht absorbiert oder gestreut wird, wird transmittiert. Die entsprechenden Energieanteile der Gesamtstrahlungsintensität I setzen sich damit additiv zusammen:

$$I = I_a + I_t + I_s \ . \tag{10.5.9}$$

Die entsprechenden Anteile

$$\sigma_\delta = I_\delta / I \tag{10.5.10}$$

erfüllen die Normierungsbedingung:

$$1 = \sigma_a + \sigma_t + \sigma_s \ . \tag{10.5.11}$$

Für kleine Beladungen kann nach der Mie-Theorie von einer Wechselwirkung zwischen Einzelteilchen und der Strahlung ausgegangen werden, man spricht hier von unabhängiger Streuung. Nimmt die Teilchenbeladung zu, dann ist mit einer Wechselwirkung mehrerer Teilchen gleichzeitig zu rechnen, und es kommt zur abhängigen Streuung. Sie wird von der Mie-Theorie nicht erfaßt, man kann sie jedoch in erster Näherung damit behandeln (/10.5.8/).

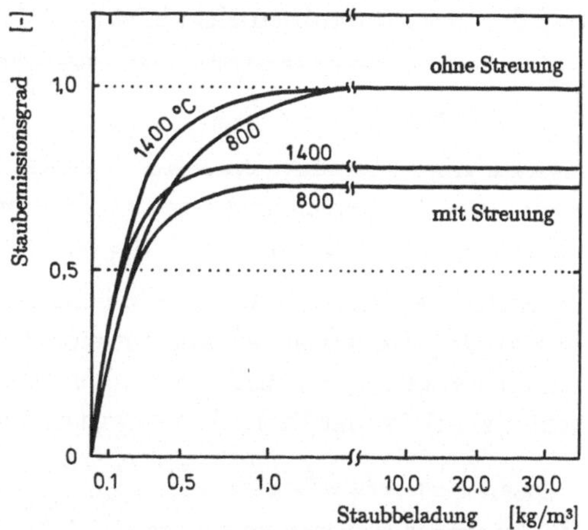

Bild 10.5.3: Staubemissivität als Funktion der Staubbeladung mit und ohne Berücksichtigung der Streuung (/10.5.8/)

Die Notwendigkeit der Berücksichtigung der Streuung bei höheren Beladungen kann aus Bild 10.5.3 ersehen werden.

Ohne die Berücksichtigung der Streuung werden schon bei relativ geringen Beladungen Emissivitäten des Staubes von eins erreicht, mit Streuung (hier spezifische Streueigenschaften) kann ein Wert von 0,75 kaum überschritten werden. Diese Tatsache spielt für die Energieumverteilung in der Flamme eine wichtige Rolle. Auf die Verhältnisse an den Einzelteilchen, die in ihrer Summe das Gesamtstreuverhalten bestimmen, wird in Kap. 13 näher eingegangen. Im weiteren sollen hier nur globale Eigenschaften angegeben und auf eine näherungsweise Berücksichtigung der Partikelphase eingegangen werden.

In den vorangegangenen Kapiteln war auf die Berechnung der Absorptions- bzw. Streukoeffizienten der einzelnen Gasspezies bzw. partikelförmigen Bestandteile eingegangen worden. Für die Gesamteigenschaften der Feuerraumsuspension wird angenommen, daß sich die einzelnen Anteile rein additiv überlagern. Damit sind im allgemeinen Fall die folgenden Anteile zu berücksichtigen.

- Gasphasenspezies (im wesentlichen CO_2 und H_2O): $k_{a,G}$,
- Ruß (bei Gas- und Ölverbrennung): $k_{a,R}$, $k_{s,R}$,
- Kohle bzw. Koks: $k_{a,K}$, $k_{s,K}$,
- Asche: $k_{a,A}$, $k_{s,A}$,

wobei sich der Gesamtabsorptionskoeffizient k_a zu:

$$k_a = k_{a,G} + k_{a,R} + k_{a,K} + k_{a,A} \qquad (10.5.12)$$

und der Gesamtstreukoeffizient k_s zu:

$$k_s = k_{s,R} + k_{s,K} + k_{s,A} \qquad (10.5.13)$$

ergibt. Bei der Berechnung einer Kohleverbrennung kann der Streukoeffizient von Ruß gegenüber dem für Kohle bzw. Asche vernachlässigt werden.

Im weiteren sollen zwei Näherungsbeziehungen für die einzelnen Absorptionsanteile angegeben werden. Sie lassen sich alle auf eine direkte Proportionalität zu einem Absorptionswirkungsgrad $\eta_{a,P}$, der Partikelkontinuumsdichte $\rho_{P,\alpha}$ (nicht Materialdichte) und der Querschnittsfläche a_P der Partikelwolke zurückführen:

$$k_{a,P,\alpha} = \eta_{a,\alpha}\, \rho_{P,\alpha}\, A_{P,\alpha} \quad . \qquad (10.5.14)$$

Wie nachgewiesen werden konnte (/10.5.21/) kann der über alle Wellenlängen integrierte Gesamtabsorptionskoeffizient als nahezu konstant angesehen werden. Die Kontinuumsdichte ist aus den in Kap. 7 bzw. 8 angeführten Zusammenhängen am Anfang und während des Verbrennungsprozesses bekannt. Das gleiche gilt für die Querschnittsfläche $A_{P,\alpha}$, wobei hier der Partikeldurchmesser d_{PE} verfügbar ist und daraus die Querschnittsfläche berechenbar ist.

Für das Produkt aus $\rho_{P,\alpha}$ und $A_{P,\alpha}$ gilt damit:

$$\rho_{P,\alpha} A_{P,\alpha} = \sum_s \left(\rho_{P,\alpha,s} A_{P,\alpha,s} \right)$$

$$= (\pi/4) \cdot \sum_s \left(\rho_{P,\alpha,s} N_{PE,\alpha} d_{PE,\alpha,s}^2 \right) \quad . \tag{10.5.15}$$

Damit geht in die Berechnung des Absorptionskoeffizienten die Anfangskorngrößenverteilung (Ausmahlung) und das Abbrandverhalten ein.

Zur weiteren Vereinfachung kann andererseits das Produkt $\eta_{a,P,\alpha} \cdot A_{P,\alpha}$ zu einer Größe $K_{a,P,\alpha}$ zusammengezogen werden und deren Wert als konstant während des Abbrandverlaufes betrachtet werden (/10.4.40/):

$$k_{a,P,\alpha} = K_{a,P,\alpha}\, \rho_{P,\alpha} \quad . \tag{10.5.16}$$

Mit einem solchen Ansatz wird allein die Abhängigkeit des Absorptionskoeffizienten von der Partikelkontinuumsdichte (Beladung) berücksichtigt.

10.5.3.2 Absorptionsverhalten von Kohle und Koks

Die Beschreibung des Absorptionsverhaltens von Kohle- und Koksteilchen erfolgt am besten über Gleichung 10.5.14, wobei hierbei Werte für den Absorptionswirkungsgrad $\eta_{a,P,K}$ nach Tab. 10.5.3 vorgeschlagen werden.

Die spezifische Teilchenquerschnittsfläche A_P läßt sich abschätzen zu (/10.1.4/):

Spezies α	$\eta_{a,P,K}$ [-]	ρ_K^M [kg/m^3]
Kohle	0,8–1,0	1200–1400
Koks	0,8–1,0	600–1000

Tab. 10.5.3: Parameterwerte für den Absorptionskoeffizienten von Kohle und Koks (/10.1.5/)

$$A_P = 3 / (2\rho_K^M \bar{d}_P^{RR}) \quad , \tag{10.5.17}$$

wobei $\bar{d}_P^{RR}$ den mittleren Gewichtsdurchmesser der Rosin-Rammler-Verteilung des Partikelkollektivs darstellt. Damit ergibt sich der Absorptionskoeffizient von Kohle und Koks:

$$k_{a,K} = \eta_{a,P,K} \cdot 3 / (2\, \rho_K^M\, \bar{d}_P^{RR}) \cdot \rho_K \tag{10.5.18}$$

10.5.3.3 Absorptionsverhalten von Asche

Hierbei kommt direkt Gl. 10.5.16 zur Anwendung, wobei diese Größe konstant während des Abbrands ist.

Spezies α	$K_{a,P,A}$ [m²/kg]
Steinkohle	
Ruhr	13-42
Saar	12-22
Braunkohle	
Helmstedt	9
Oberpfalz	19-25

Tab. 10.5.4: Meßwerte für die Konstante $K_{a,P,A}$ verschiedener Stäube (Flugasche)

Experimentell ermittelt wurden die Werte für $K_{a,P,A}$ für eine Reihe von Stäuben (/10.5.6/, /10.5.7/). Typische Werte sind in Tab.10.5.4 zusammengefaßt.

Der Absorptionskoeffizient für Asche ergibt sich damit zu:

$$k_{a,A} = K_{a,P,A}\, \rho_{P,A} \cdot \qquad (10.5.19)$$

Die wirksame Partikelquerschnittsfläche während des Abbrandvorganges ergibt sich aus den Beziehungen im Abschnitt "Partikelgrößenhaushalt" (Kap. 8.5.6).

10.5.3.4 Absorptionsverhalten von Ruß

Die Absorptionseigenschaften von Ruß sind am ehesten mit den von bandenstrahlenden Gaskomponenten vergleichbar. Dies hängt mit den sehr kleinen Teilchendurchmessern ($d_{PP,R}=3\cdot10^{-8}\text{-}10^{-7}$ m) und, im agglomerierten Zustand, mit der stark irregulären Form zusammen.

m	$b_{0,R,m}$	$b_{1,R,m}$	$k_{a,R,m}$
1	0,130	+0,000265	3460.
2	0,595	-0,000150	960.
3	0,275	- 0,000115	960.

Tab. 10.5.5: Parameterwerte für den Absorptionskoeffizienten $k_{a,R}$ von Ruß

Der Absorptionskoeffizient $k_{a,R}$ läßt sich damit näherungsweise mit dem "2-grey-1-clear"-Modell (Kap. 10.5.2) beschreiben. Bei dem in Tab. 10.5.5 angeführten Parametersatz wurden die Konstanten $k_{a,m}$ so gewählt, daß sich die gleichen Wichtungsfaktoren wie in Tab. 10.5.1 für die Gasphasenspezies ergeben.

Da hier keine der Konstanten null ist, ist der Modellname irreführend, soll aber wegen der sonst ähnlichen Gleichungsform beibehalten werden.

Wählt man einen konstanten Absorptionskoeffizienten, dann ergibt sich:

$$k_{a,R} = a_R \cdot T_R \cdot \rho_R \cdot \qquad (10.5.20)$$

Der Faktor a_R [m²/(kg K)] nimmt Werte zwischen 0,5 und 2,1 an. Für Ölflammen wurde ein Wert von 1,49 ermittelt (/10.1.5/). T_R ist die Temperatur des Rußteilchens, ρ_R die Kontinuumsdichte (Beladung) des Rußes, die bei Ölflammen als Anhaltswert zwischen $7\cdot10^{-5}$ und $9\cdot10^{-4}$ kg/m³ liegt (/10.1.5/).

10.6 Berechnung der Temperatur

10.6.1 Mittlere Gastemperatur

Zur energetischen Bilanzierung der Gasphase war die Gesamtenthalpie herangezogen worden, die sowohl die in Form von chemischer Bindungsenthalpie gebundene latente Energie als auch die fühlbare Energie beinhaltet:

$$h_G = \bar{c}_{p,m} t_G + \sum_\alpha (c_\alpha \cdot \Delta h_{B,\alpha}) \quad . \tag{10.6.1}$$

Hiernach ergibt sich mit der Definition für die spezifische Wärmekapazität für die Mischung die lokale Temperatur t_G (in Grad Celsius) aus der Gesamtenthalpie h_G gemäß:

$$t_G = \frac{h_G - \sum_\alpha (c_\alpha \cdot \Delta h_{B,\alpha})}{\sum_\alpha (c_\alpha \cdot \overline{c_{p,\alpha}})} \tag{10.6.2}$$

bzw. für die bei den übrigen Berechnungen verwendete Temperatur T_G in Kelvin:

$$T_G = \frac{h_G - \sum_\alpha (c_\alpha \cdot \Delta h_{B,\alpha})}{\sum_\alpha (c_\alpha \cdot \overline{c_{p,\alpha}})} + 273,15 \tag{10.6.3}$$

Bestimmungsgleichung für die **mittlere lokale Gastemperatur** aus der lokalen Gesamtenthalpie

Die Auswertung dieser Beziehung hat aber zur Folge, daß sich Fehler in der Berechnung der Spezieskonzentrationen auch auf die Temperaturverteilung auswirken, die wiederum Einfluß auf den Reaktionsablauf nimmt. Hierdurch ist also eine zusätzliche Kopplung zwischen dem Reaktions- und dem Wärmeübertragungsmodell hergestellt.

Wird keine gesonderte Bilanzgleichung für die Partikelphase aufgestellt und gelöst, also energetisch nicht zwischen Gas- und Partikelphase unterschieden, dann ist damit gleichzeitig die Partikeltemperatur T_P bestimmt:

$$T_P = T_G \quad , \tag{10.6.4}$$

wenn bei der Berechnung der spezifischen Wärmekapazität der Mischung die Partikelphase mit eingeschlossen wird.

Natürlich ergibt sich durch chemische Reaktion am Korn und Rezirkulation von Partikeln lokal eine Partikelüber- oder -untertemperatur, die weit über 100 K betragen kann. Dieser Fall wird in Kap. 10.6.3 behandelt. Zunächst soll jedoch auf die Ursachen, Bedeutung und Berechnung von Fluktuation der Gasphasentemperatur eingegangen werden.

10.6.2 Temperaturfluktuationen in der Gasphase

Bedingt durch den turbulenten Austausch von Turbulenzstrukturen (Ballen) treten in der Gasphase neben Konzentrations- auch in starkem Maße Temperaturfluktuationen auf. Die Analogie zwischen Stoff- und Energieaustausch legt nun nahe, diese Fluktuationen aus den Konzentrationsschwankungen bzw. den Schwankungen des Mischungsgrades abzuschätzen. Eine Bilanzgleichung für die Varianz der Mischungsgradfluktuationen war in Kap. 8.1.4 angegeben worden. Bei vollständiger Analogie müßte die turbulente Lewis-Zahl gleich eins oder die turbulenten Schmidt- bzw. Prandtl-Zahl gleich groß ($\sigma_h = \sigma_c = 0{,}7$) sein. Für kleine, nichtleuchtende Flammen liefert dieser Ansatz befriedigende Ergebnisse.

Bei großen, leuchtenden Flammen mit großen Temperaturgradienten, wie sie in der Technik üblich sind, versagt dieser Ansatz jedoch, da gerade der Strahlungsaustausch die Analogie stört oder anders ausgedrückt, die Strahlung einen Quellterm in der Enthalpietransportgleichung verursacht, der in der Mischungsgradgleichung nicht existent ist. Der Mischungsgrad war ja gerade per definitionem eine quelltermfreie Größe. Der Strahlungsaustausch wirkt dämpfend auf die Temperaturfluktuationen, da sich eine veränderte Strahlungsintensität mit der Zeitkonstante Eins durch die Lichtgeschwindigkeit einstellt (Gl.10.4.15). Diesen Umstand zu berücksichtigen gelingt durch die Ableitung einer Bilanzgleichung für die Varianz der fühlbaren Enthalpie, in der der Strahlungsquellterm mitberücksichtigt wird. Die Ableitung erfolgt analog zur Aufstellung der Transportgleichung für die kinetische Turbulenzenergie k aus der zeitgemittelten und nichtzeitgemittelten Reynolds- bzw. Navier-Stokes-Gleichung.

Damit erhält man prinzipiell zwei Möglichkeiten, die Temperaturfluktuationen abzuschätzen:

- Annahme, daß sich die Varianz der Temperaturfluktuationen kohärent zur Varianz des Mischungsgrades verhält ($\bar{g}_f = \overline{f^2} \sim \overline{T^2}$),
- Herleitung einer Transportgleichung für die Varianz der fühlbaren Enthalpie.

Zusammenfassend sind in Bild 10.6.1 die Austausch- und Quellterme für die Bilanzgleichungen "Varianz des Mischungsgrads" und "Varianz der fühlbaren Enthalpie" dargestellt. Die Transportgleichung selbst hat wieder die Standardform:

$$\frac{\partial}{\partial t}(\rho\varphi) + \frac{\partial}{\partial x_j}(\rho u_j \varphi) = \frac{\partial}{\partial x_j}\left(\Gamma_\varphi \frac{\partial \varphi}{\partial x_j}\right) + S_\varphi \tag{7.1.2.14}$$

Bilanzgleichung für die **Varianz der Mischungsgradfluktuationen** $\varphi = g_f$ bzw. die **Varianz der Fluktuationen der fühlbaren Enthalpie** $\varphi = g_h$

Varianz $\bar{g}_f$ des Mischungsgrades $\bar{f}$

$$S_{g_f} = \text{const}_{g,1} \frac{\mu_t}{\sigma_{g,t}} \left[\frac{\partial \bar{f}}{\partial x_j}\right]^2 - \text{const}_{g,2} \, \rho \, \frac{\epsilon}{k} \, \bar{g}_f \qquad (10.6.5)$$

Varianz $\bar{g}_h$ des fühlbaren Enthalpie $\bar{h}$

$$S_{g_h} = \text{const}_{g,1} \, c_P^2 \frac{\mu_t}{\sigma_{g,t}} \left[\frac{\partial \bar{T}}{\partial x_j}\right]^2 - \text{const}_{g,2} \, \rho \, \frac{\epsilon}{k} \, \bar{g}_h^2 \, -$$

$$- \, 32 \, \sigma \, k_a \, T^3 \, g_h^2 \, / \, c_P + 2 \, \sum_s \left[\dot{r}_{C,s}{}^{Ka} \, \Delta h_C \, E_{C,2} \, g_h^2 \, / \, (c_P \, R \, T_{P,s}^2)\right] \qquad (10.6.6)$$

Mit dem gemeinsamen Konstantensatz:

$$\sigma_{g,eff} = 0{,}9 \; ; \; \text{const}_{g,1} = 2{,}8 \; ; \; \text{const}_{g,2} = 2{,}0$$

Bild 10.6.1: Quellterme für die beiden Temperatur-Fluktuationsmodelle (/9.5.20/)

10.6.3 Mittlere Partikeltemperatur

Der Energiehaushalt der Partikelphase ist bestimmt durch die im Partikel ablaufenden chemischen Reaktionen und den Energieaustausch mit der umgebenden Gasphase (Leitung und Strahlung). Führt man unterschiedliche Temperaturen für die Gas- und Partikelphase ein, dann muß eine gesonderte Enthalpiebilanzgleichung für die Partikelphase aufgestellt und gelöst werden. Eine analoge Vorgehensweise war notwendig geworden, als beim Impulsaustausch eine Schlupfgeschwindigkeit zugelassen wurde. Dort traten zusätzliche Kräfte in der Gas- und Partikelphase auf (Wechselwirkungskräfte). Analog treten nun jeweils Enthalpiequell- und Senkenterme bzw. Austauschterme auf. Natürlich kann nun nicht mehr die Gesamtenthalpie bilanziert werden. Bedingt durch die getrennten Bilanzen müssen dann jedoch die Reaktionsenthalpien aller Umwandlungsreaktionen berücksichtigt werden. Dies sind auf der Gasphase alle Gasphasenreaktionen (Kap. 8.5.4), wobei die jeweiligen Reaktionsenthalpien multipliziert mit den Konzentrationsänderungen auftreten. Auf der Partikelseite sind Pyrolyse und Koksabbrand wärmetönende Reaktionen, wobei die Tönung durch die Pyrolyse gegenüber dem Koksabbrand zu vernachlässigen ist. Man erhält damit:

- für die Gasphase:

$$\frac{\partial}{\partial t}(\rho h_G) + \frac{\partial}{\partial x_j}(\rho u_{G,i} h_G) = \frac{\partial}{\partial x_j}\left[\frac{\mu_{eff}}{\sigma_{h,eff}} \frac{\partial h_G}{\partial x_j}\right] + S_G{}^{St} + \dot{q}_P{}^L + \dot{q}_P{}^{St} + \rho \, \dot{r}^{Fl} \, \Delta h_R{}^{Fl} \, ,$$

$$(10.6.7)$$

298

- für die Partikelphase:

$$\frac{\partial}{\partial t}(\rho h_P) + \frac{\partial}{\partial x_j}(\rho u_{P,i} h_P) = -\dot{q}_P{}^L - \dot{q}_P{}^{St} + \rho\, \dot{r}_P{}^{Ka}\, \Delta h_R{}^{Ka} \quad . \tag{10.6.8}$$

Natürlich treten bei der Partikelphase wieder größenspezifische Effekte auf, wodurch man die folgende Beziehung erhält:

$$\frac{\partial}{\partial t}(\rho h_{P,s}) + \frac{\partial}{\partial x_j}(\rho u_{P,i,s} h_{P,s}) = -\dot{q}_{P,s}{}^L - \dot{q}_{P,s}{}^{St} + \rho\, \dot{r}_{P,s}{}^{Ka}\, \Delta h_R{}^{Ka} \quad , \tag{10.6.9}$$

mit den Nebenbedingungen:

$$|\dot{q}_G{}^L| = \left|\sum_s \dot{q}_{P,s}{}^L\right| \quad \text{und} \tag{10.6.10}$$

$$|\dot{q}_G{}^{St}| = \left|\sum_s \dot{q}_{P,s}{}^{St}\right| \quad . \tag{10.6.11}$$

Für den Strahlungsaustausch der Partikelphase kann eine vereinfachte Bilanz für die Strahlungsintensität angesetzt werden (/8.5.9/):

$$-k_{s,P}\, I_P + I'_{s,P} = 0 \quad , \tag{10.6.12}$$

wobei angenommen wurde, daß die Partikelphase transparent für den Streuanteil der Richtungsstrahlungsintensität sein soll.

Die Absorptions- und Streukoeffizienten der Partikelphase ergeben sich zu (/8.5.9/):

$$k_{a,P,s} = \eta_a\, a_{P,s}\, \rho_P{}^M / 4 \quad . \tag{10.6.13}$$
$$k_{s,P,s} = \eta_s\, a_{P,s}\, \rho_P{}^M / 4 \quad . \tag{10.6.14}$$

Die spezifischen Oberflächen können dabei aus Gl. 8.5.57 berechnet werden. Die Wirkungsfaktoren η können aus Messungen (/10.5.6/,/10.5.7/) zu:

$$\eta_a = 0,85 \quad , \tag{10.6.15}$$
$$\eta_s = 0,15 \tag{10.6.16}$$

angenommen werden.

Damit lassen sich nun die obigen Austauschterme berechnen und daraus die Temperatur der Gas- und Partikelphase ableiten.

Wegen der großen spezifischen Wärmekapazität der Partikelphase sind deren Temperaturfluktuationen von untergeordneter Bedeutung.

0   Formelzeichen

(Kapitelspezifische Formelzeichen; eine Zusammenstellung übergeordnet gültiger Formelzeichen und Kennzahlen ist in Anhang 6 angeführt;   [*] Dimension hängt von der jeweiligen Verwendung ab)

Symbol	Bedeutung	Dimension
a_m	Wichtungsfaktor des "2-grey-1-clear"-Modells	-
b_0	Konstante des "2-grey-1-clear"-Modells	-
b_1	Konstante des "2-grey-1-clear"-Modells	$1/K$
c	Konzentration (Massenanteil)	-
$\bar{c}_p$	integrale spezifische Wärmekapazität (konst. Druck)	$kJ/(kg \cdot K)$
$\bar{c}_v$	integrale spezifische Wärmekapazität (konst. Volumen)	$kJ/(kg \cdot K)$
f	Mischungsgrad	-
g_f	Varianz des Mischungsgrads	-
g_h	Varianz der "fühlbaren" Enthalpie	kJ/kg
h	spezifische Enthalpie	kJ/kg
Hu	Heizwert (unterer)	kJ/kg
I	Strahlungsintensität	$kW/(m^2 \cdot sr)$
j	allgemeiner Austauschstrom	*
k	kinetische Turbulenzenergie	m^2/s^2
k_a	Absorptionskoeffizient	$1/m$
k_e	Emissionskoeffizient	$1/m$
k_s	Streukoeffizient	$1/m$
L	charakteristische Weglänge der Strahlung	m
m	Masse	kg
N	Anzahl	-
p	Druck, Partialdruck	Pa
$\dot{q}$	spez. Energiestrom (Wärmestrom)	kW/m^2
$\dot{r}$	Reaktionsrate	$1/s$
S	Quellterm	*
T	Temperatur (absolute)	K
u_j	Geschwindigkeitskomponente	m/s
x_j	Ortskoordinate	m
Δh_B	Bildungsenthalpie	kJ/kg oder J/mol
Δh_R	Reaktionsenthalpie	kJ/kg oder J/mol
zz	Austauschfaktoren im Hottel'schen Strahlungsmodell	m^2

Symbol	Bedeutung	Dimension
α	Absorptivität	-
ϵ	Emissivität	-
η	Wirkungsfaktor für Absorption und Streuung	-
κ	Kompressibilitätskoeffizient	1/bar
λ	Wärmeleitfähigkeit	$kW/(m \cdot K)$
ν	Frequenz	1/s
ρ	Dichte	kg/m^3
σ	Stefan-Boltzmann-Konstante	$kW/(m^2 \cdot K^4)$
σ_t	turbulente Schmidt-Prandtl-Zahl	-
φ	allgemeine Zustandsgröße	*

Indizes tief

Symbol	Bedeutung
a	Absorption
,A	Asche
b	Schwarzkörper (black body)
c	Konzentration
G	Gasphase
h	Enthalpie
,K	Kohle, Koks
p	Zählindex (allgemein)
P	Partikelphase
PE	Einzelpartikel
q	Zählindex (allgemein)
,R	Ruß
s	Streuung
,s	Korngrößenklasse
SL	Strahl
t	Transmission
,t	turbulent
α	Spezies
β	Teilreaktion

Indizes hoch

Symbol	Bedeutung
CV	convection vive
Fi	Fick'sche Diffusion
Fl	Flüchtigenabbrand
K	Konvektion
Ka	Koksabbrand
L	Leitung
M	materialbezogene Größe
RR	Rosin-Rammler-Verteilung
St	Strahlung

Sonderzeichen

Symbol	Bedeutung
"	flächenspezifische Größe
"'	volumenspezifische Größe
·	zeitliche Rate

o Literatur

Enthalpiebilanz

/10.1.1/ Gibb, J.: Furnace Performance Prediction. In: So, R.M.C et al (Ed.), Calculation of Turbulent Reactive Flows, Proceedings of the ASME, 1986

/10.1.2/ Schmidt, E.; Stephan, K.; Mayinger, F.: Technische Thermodynamik. Band 1: Einstoffsysteme. Springer-Verlag, Berlin, 1975

/10.1.3/ Schmidt, E.; Stephan, K.; Mayinger, F.: Technische Thermodynamik. Band 2: Mehrstoffsysteme und chemische Reaktionen. Springer-Verlag, Berlin, 1977

/10.1.4/ Bosnjakovic, F.: Technische Thermodynamik, I. und II. Teil. Verlag Steinkopf, Dresden, 1972, 1971

/10.1.5/ VDI-Wärmeatlas. VDI Verlag, Düsseldorf, 1988

/10.1.6/ Wärmetechnische Arbeitsmappe. VDI Verlag, Düsseldorf, 1988

Strahlungsaustausch

Grundlagen

/10.4.1/ Hottel, H.C.; Sarofim, A.F.: Radiative Transfer. McGraw-Hill, New York, 1967

/10.4.2/ Viskanta, R.; Mengüc, M.P.: Radiation Heat Transfer in Combustion Systems. Prog. Energy Combust. Sci., 13 (1987) pp 97-160

/10.4.3/ Viskanta, R.: Radiation Transfer and Interaction of Convection with Radiation Heat Transfer. In: Advances in Heat Transfer, Vol. 3, Academic Press, London, 1966

/10.4.4/ Gray, W.A.; Müller, R.: Engineering Calculation in Radiative Heat Transfer. Pergamon Press, Oxford, 1974

/10.4.5/ Tien, C.L.; Lee, S.C.: Flame Radiation. Prog. Energy Combust. Sci., 8 (1982), pp 41-59

/10.4.6/ Lihou, D.A.: Review of Furnace Design Methods. Trans. I. Chem. E., 55 (1977), pp 225-242

/10.4.7/ Hemsath, K.: Zur Berechnung der Flammenstrahlung. Dissertation, Universität Stuttgart, 1969

/10.4.8/ Zayouna, A.: Zur Beeinflussung der Strahlung und der Wärmeabgabe leuchtender Flammen. Dissertation, Universität Stuttgart, 1977

/10.4.9/ Hottel, H.C.; Sarofim, A.F.: The Status of Calculations of Radiation from Non-Luminous Flames. Institute of Fuel, 295(1973), pp 295-300

/10.4.10/ Bartelds, H.: Development and Verification of Radiation Models. Agard Conference Proceedings No. 275 on Combustor Modelling, 1976

/10.4.11/ Johnson, T.R.; Beer, J.M.: Radiative Heat Transfer in Furnaces: Further Development of the Zone Method of Analysis. 14th Symp. (Int.) Combustion, 1973, pp 639-649

/10.4.12/ Leckner, B.: Radiative Heat Transfer Calculations in Real Gases. Wärme- und Stoffübertragung, 7(1974), pp 236-247

/10.4.13/ Scholand, E.: Moderne Verfahren zur Berechnung des Strahlungsaustausches in brennstoffbeheizten Röhrenöfen. Chem.-Ing.-Tech., 53(1981)12, pp 942-950

/10.4.14/ Tietze, H.: Berechnung des Strahlungsaustausches zwischen Flammen und Brennräumen. Brennstoff - Wärme - Kraft, 25(1973)10, pp 383-388

/10.4.15/ Pich, R.: Vereinfachte Berechnung der Wandtemperaturen einseitig angestrahlter Feuerraumrohre. Brennstoff - Wärme - Kraft, 17(1965)6, pp 298-304

/10.4.16/ Ledinegg, M.: Die Temperaturverteilung in Flammen. VGB Kraftwerkstechnik, 52(1972)2, pp 127-135

/10.4.17/ Michelfelder, S.; Bartelds, H.; Lowes, T.M.; Pai, B.R.: Berechnung des Wärmeflusses und der Temperaturverteilung in Verbrennungskammern. Brennstoff - Wärme - Kraft, 26(1974)1, pp 5-13

/10.4.18/ Diaz, L.A.; Viskanta, R.: Experiments and Analysis on the Melting of a Semitransparent Material by Radiation. Wärme- und Stoffübertragung, 20 (1986), pp 311-321

/10.4.19/ Splett, S.: Berechnung der Wärmestrahlung eines Gaskörpers an eine graue Wand. Brennstoff - Wärme - Kraft, 17(1956)2, pp 70-71

Strahlungsmodelle

Fluß-Modell

/10.4.20/ Chu, C.-M.; Churchill, S.W.: Numerical Solution of Problems in Multiple Scattering of Electromagnetic Radiation. J. Physic. Chem., 59(1955), pp 855-863

/10.4.21/ Gosman, A.D.; Lockwood, F.C.: Incorporation of a Flux Model for Radiation into a Finite-Difference Procedure for Furnace Calculations. 14th Symposium (Int.) Comb., 1973, pp 661-671

/10.4.22/ Siddall, R.G.: Flux Methods for the Analysis of Radiant Heat Transfer. Institute of Fuel, 101(1974), pp 101-109

/10.4.23/ De Marco, A.G.; Lockwood, F.C.: A New Flux Model for the Calculation of Radiation in Furnaces. La Rivista dei Combustibili "Giornale Italiane delle Fiamme", 1975, pp 184-196

/10.4.24/ Abou Ellail, M.M.M.; Gosman, A.D.; Lockwood, F.C.; Megahed, I.E.A.: Aspects of the Prediction of Three-Dimensional Furnace Flows. IFRF 4th Members' Conference, 1976

/10.4.25/ Lockwood, F.C.; Shah, N.G.: An Improved Flux Model for the Calculation of Radiation Heat Transfer in Combustion Chambers. Proc. of the 16th National Heat Transfer Conference ASME Paper 76-HT-55, 1976

/10.4.26/ De Marco, A.G.: A New Flux Method for the Calculation of Radiation Heat Transfer in Three-Dimensional Combustion Chambers. Ente Nazionale per l'Energia Elettrica ENEL, 265(1975)

/10.4.27/ Fiveland, W.A.: Discrete-Ordinates Solutions of the Radiative Transport Equation for Rectangular Enclosures. Journal of Heat Transfer, 106(1984), pp 699-706

/10.4.28/ Fiveland, W.A.: Three-Dimensional Radiative Heat Transfer Solutions by the Discrete-Ordinates Method. 24th National Heat Transfer Conference and Exhibition, 72(1987), pp 9-18

/10.4.29/ Görner, K.: Simulation turbulenter Strömungs- und Wärmeübertragungsvorgänge in Großfeuerungsanlagen. VDI Fortschrittbericht, Reihe 6, Nr. 201, 1987

/10.4.30/ Görner, K.; Zinser, W.: Simulation industrieller Verbrennungssysteme. Chem.-Ing.-Tech. 59 (1987) Nr. 11, S. 834-844

Zonen-Methode / Hottel-Modell

/10.4.31/ Bauersfeld, G.: Weiterentwicklung des Zonenverfahrens zur Berechnung des Strahlungsaustausches in technischen Feuerungen. Dissertation, Universität Stuttgart, 1978

/10.4.32/ Beer, J.M.: Methods for Calculating Radiative Heat Transfer from Flames in Combustors and Furnaces. In: Afgan, Beer, Heat Transfer in Flames, 1974

/10.4.33/ Johnson, T.R.: Combustion and Heat Transfer Models for the Evaluation of Coal Fired Furnace Design. Proceedings of "Pulv. Coal Firings - The Effect of Mineral Matter", University of Newcastle, 1979

/10.4.34/ Steward, F.R.; Gürüz, H.K.: Mathematical Simulation of an Industrial Boiler by the Zone Method of Analysis. Heat Transfer in Flames, 1974, pp 47-71

/10.4.35/ Johnson, T.R., Beer, J.M.: The Zone Method Analysis of Radiant Heat Transfer: A Model for luminous Radiation. Institute of Fuel, 301(1973), pp 301-309

Zonen-Methode / Monte-Carlo-Modell

/10.4.36/ Steward, F.R.; Cannon, P.: The Calculation of Radiative Heat Flux in a Cylindrical Furnace using the Monte-Carlo-Method. Int. J. Heat Mass Transfer, Vol. 14, 1971, pp 245-262

/10.4.37/ Howell, J.R.: Application of Monte Carlo to Heat Transfer Problems. Advances in Heat Transfer, Vol. 5, Academic Press, New York, 1968

/10.4.38/ Heap, M.P.; Richter, W.: Einfluß der Brennstoffart auf die Wärmeübertragung in Feuerungen. VDI-Berichte Nr. 423, 1981, S. 225-234

/10.4.39/ Görner, K.; Dietz, U.: Strahlungsaustauschrechnung mit der Monte-Carlo-Methode. Chem.-Ing.-Tech., 62(1990)-Nr.1, S.23-33

/10.4.40/ Dietz, U.; Görner, K.: Heat Transfer Calculation for Industrial Furnaces by a Monte-Carlo Method. IFRF 9th Members' Conference, Noordwijkerhout, the Netherlands, 1989

/10.4.41/ Lewis, E.E.; Miller Jr., W.F.: The Monte-Carlo-Method. Compultional Methods of Neutron Physics. J. Wiley, New York, 1984, pp 296-357

/10.4.42/ Brown, F.B.; Martin, W.R.: Monte Carlo Methods for Radiation Transport Analysis on Vector Computers. Progress in Nuclear Energy, 14(1984)3, pp 296-299

/10.4.43/ Molinari, G.; Presti, P.; Pisanti, M.; Iovine, F.: Monte Carlo Simulation for the Radiative Heat Transfer Analysis in Steam Generators. First European Conference on Furnaces and Boilers, 1988

/10.4.44/ Richter, W.; Heap, M.: A Semistochastic Method for the Prediction of Radiative Heat Transfer in Combustion Chambers. Western States Section/The Combustion Institute, 1981 Spring Meeting, Paper 81-17

/10.4.45/ Richter, W.; Heap, M.: The Impact of Heat Release Pattern and Fuel Properties on Heat Transfer in Boilers. Paper prepared for the 1981 ASME Winter Annual Meeting

Momentenmethode

/10.4.46/ Özisik, M.N.: Radiative Transfer and Interaction with Conduction and Convection. J. Wiley, New York, 1973

/10.4.47/ Benim, A.C.: A Finite Element Solution of Radiative Heat Transfer in Participating Media Utilizing the Moment Method. Comp. Meth. Appl. Mech. Eng., 67(1988), pp 1-14

Descrete-Transfer-Modell

/10.4.48/ Lockwood, F.C.; Shah, N.G.: A New Radiation Solution Method for Incorporation in General Combustion Prediction Procedures. 18th Symp. (Int.) Comb., 1981, pp 1405-1414

Strahlungseigenschaften

/10.5.1/ Tien, C.L.: Thermal Radiation Properties of Gases. In: Advances in Heat Transfer, Vol. 5, Academic Press, New York, 1968

/10.5.2/ Schack, K.: Berechnung der Strahlung von Wasserdampf und Kohlendioxid. Chem.-Ing.-Tech. 42(1970)2, pp 53-58

/10.5.3/ Modak, A.T.: Radiation from Products of Combustion. Fire Research, 1 (1978/79), pp 339-361

/10.5.4/ Strömberg, L.: Heat Transfer from Flames to the Surrounding Walls. Interner Bericht Studswik, Schweden, 1977

/10.5.5/ Mie, G.: Beiträge zur Optik trüber Medien, speziell kolloider Metallösungen, Annalen der Physik, 4. Folge, 25 (1908), S. 377-445

/10.5.6/ Biermann, P., Vortmeyer, D.: Wärmestrahlung staubhaltiger Gase. Wärme- und Stoffübertragung, 2 (1969), S. 193-202

/10.5.7/ Biermann, P.: Wärmestrahlung staubhaltiger Gase in Dampfkesseln. Dissertation Universität Stuttgart, 1968

/10.5.8/ Brummel, H.-G., Kakaras, E.: Wärmestrahlungsverhalten von Gas-/Feststoffgemischen bei niedrigen, mittleren und hohen Beladungen. Wärme- und Stoffübertragung, 25 (1990), S. 129-140

/10.5.9/ Görner, K., Dietz, U.: Strahlungsaustauschrechnungen mit der Monte-Carlo-Methode. Theorie und Anwendungen auf technische Verbrennungssysteme. Chem.-Ing.-Technik, 62 (1990) Nr.1, S. 23-33

/10.5.10/ Schuerman, D.W. (Ed.): Light Scattering by Irregular Shaped Particles. Plenum Press, New York, 1980

/10.5.11/ Bohren, C.F.; Huffman, D.R.: Absorption and Scattering of Light by Small Particles. J. Wiley Interscience, New York, 1983

/10.5.12/ Van de Hulst, H.C.: Light Scattering by Small Particles. John Wiley and Sons, New York, 1957

/10.5.13/ Jones, A.R.: Scattering of Electromagnetic Radiation in Paticulate Laden Fluids. Prog. Energy Comb. Science, 5 (1979) pp 73-96

/10.5.14/ Waterman, P.C.: Matrix Formulation of Electromagnetic Scattering. Proceedings of the IEEE, 1965, pp 805-812

/10.5.15/ Barber, P.; Yeh, C.: Scattering of Electromagnetic Waves by Arbitrarily Shaped Dielectric Bodies. Applied Optics, 14 (1975) No. 12, pp 2864-2872

/10.5.16/ Waterman, P.C.: Symmetry, Unitority, and Geometry in Electromagnetic Scattering. Physical Review, 3 (1971) No. 4, pp 825-839

/10.5.17/ Davies, R.: The Effect of Finite Geometry in the Three-Dimensional Transfer of Solar Irradiance in Clouds. J. Atmospheric Sci., 35 (1978), pp 1712-1725

/10.5.18/ Lowe, A.; Mc C. Stuart, I.; Wall, T.F.: The Measurement and Interpretation of Radiation from Fly Ash Particles in Large Pulverized Coal Flames. 17th Symp. (Int.) Comb., 1978, pp 105-114

/10.5.19/ McKee, T.B.; Cox, S.K.: Scattering of Visible Radiation by Finite Clouds. Journal of the Atmospheric Sciences, Vol. 31, 1979, pp 1885-1892

/10.5.20/ Gibson, M.M.; Monahan, J.A.: A Simple Model of Radiation Heat Transfer from a Cloud of Burning Particles in a Confined Gas Stream. Int. J. Heat Mass Transfer, 14(1971), pp 141-147

/10.5.21/ Gupta, R.P.; Wall, T.F.: The Optical Properties of Fly Ash in Coal Fired Furnaces. Combustion and Flame, 61(1985), pp 145-151

/10.5.22/ Wall, T.F.; Stewart, I. McC.: The Measurement and Prediction of Solids- and Soot-Absorption Coefficients in the Flame Region of an Industrial P.F. Chamber. 14th Symp. (Int.) Comb., 1973, pp 689-697

/10.5.23/ Emmerich V.: Messung und Berechnung der Wärmestrahlung rußhaltiger Flammen und Flammengase. VGB Forschung in der Kraftwerkstechnik, 1983, pp 82-87

/10.5.24/ Brewster, M.Q.; Tien, C.L.: Radiative Transfer in Packed Fluidized Beds: Dependent Versus Independent Scattering. Journal of Heat Transfer, 104 (1982), pp 573-579

Teil II :

MATHEMATISCHE MODELLIERUNG
- VORAUSSETZUNGEN, TEILMODELLE UND GESAMTMODELLE -

Micro-Spheres für Laser-Doppler-Messungen
(Glashohlkugeln, mittlerer Korndurchmesser 40 μm)

Kapitel 11 :

BEWEGUNG VON TRÖPFCHEN UND PARTIKELN

11.1   Bewegung von Einzelpartikeln

11.1.1   Impulsbilanzgleichung

Zur Berechnung des Bewegungsverhaltens eines Einzelteilchens, das diskret in einer kontinuierlichen Phase suspendiert ist, muß zunächst eine Impulsbilanzgleichung bzw. eine Bewegungsgleichung angegeben werden. Im Gegensatz zur Eulerbeschreibung, bei der auf der linken Seite die substantielle Ableitung als Summe von zeitlicher Änderung und Konvektion auftritt:

$$\frac{D}{Dt} = \frac{\partial}{\partial t} + u_i\frac{\partial}{\partial x_j} \quad , \tag{11.1.1}$$

nimmt ein mitbewegter Beobachter in der Lagrangebeschreibung nur die zeitliche Änderung wahr, da er sich ja gerade mit der Konvektionsgeschwindigkeit u_i mitbewegt. Wird bei der Einzelteilchenbetrachtung von einer geringen Teilchendichte ausgegangen, dann spielen Wechselwirkungskräfte zwischen den Teilchen zunächst keine Rolle. Daher treten keine Terme auf, die bei einer kontinuierlichen Phase als Spannungen zu Tage treten. Bei der Partikelschwarmbewegung können die Wechselwirkungskräfte als Quasispannungen interpretiert werden. Damit bleiben auf der rechten Seite der Impulsbilanz nur noch die am Teilchen angreifenden äußeren Kräfte zu berücksichtigen und die Impulsbilanz für ein Einzelteilchen erhält die Form:

$$\frac{\partial}{\partial t}\left(m_{PE}u_{PE,i}\right) = \sum_n F_{PE,i}{}^n \quad . \qquad\qquad (11.1.2)$$

Der Index n bezeichnet dabei alle auftretenden äußeren Kräfte, PE ein Einzelteilchen, um damit eine eindeutige Abgrenzung von einer kontinuumsbezogenen Größe der Partikelphase in der Eulerbeschreibung zu erhalten. Geht man wiederum von einer kontinuierlichen Partikelgrößenverteilung auf eine diskrete Partikelgrößenklasseneinteilung mit dem Index s für die Größenklasse über, dann erhält man:

$$\frac{\partial}{\partial t}\left(m_{PE,s}u_{PE,i,s}\right) = \sum_n F_{PE,i,s}{}^n \quad . \qquad\qquad (11.1.3)$$

Dabei bezeichnet $m_{PE,s}$ die Masse eines Teilchens der Größenklasse s. Eine solche Diskretisierung in Größenklassen ist insofern wichtig, als nicht unendlich viele Teilchen verfolgt werden sollen, sondern nur solche mit ausgewählter, aber repräsentativer Größe.

Für die Teilchenmasse $m_{PE,s}$ gelten, bei Annahme einer Kugelgestalt, weiter die trivialen Zusammenhänge:

$$m_{PE,s} = \rho_{PE}{}^M \cdot V_{PE,s} = \rho_{PE}{}^M \cdot \pi d_{PE,s}{}^3 / 6 \quad . \qquad\qquad (11.1.4)$$

Für eine Partikelgrößenklasse s sollen nun alle Einzelteilchengeschwindigkeiten gleich groß sein, stochastische Effekte sollen also im Mittel die gleiche Wirkung auf alle Teilchen ausüben, so daß gilt:

$$u_{PE,s} = u_{P,s} \quad . \qquad\qquad (11.1.5)$$

Die Einzelpartikeldichte und die Kontinuumsmaterialdichte seien identisch:

$$\rho^M{}_{PE,s} = \rho^M{}_{P,s} \quad , \qquad\qquad (11.1.6)$$

was natürlich nur bei Unterstellung gleichen Abbrandverhaltens aller Teilchen einer Klasse zutrifft. Die Einzelpartikelmasse und die Kontinuumsmasse in einer Klasse hängen zusammen über die Teilchenanzahl $N_{PE,s}$:

$$m_{P,s} = N_{PE,s}\, m_{PE,s} \quad . \qquad\qquad (11.1.7)$$

Im weiteren gilt es nun, die an einem Teilchen angreifenden Kräfte zu erfassen bzw. zu modellieren. Prinzipiell müssen hierzu berücksichtigt werden:

- Strömungswiderstand (hervorgerufen durch die mittlere Gas- und Partikelgeschwindigkeit) F^W,
- Gravitationskraft F^{Gr},
- Wechselwirkungskraft bedingt durch turbulente Gas- und Partikelbewegung (turbulente Partikeldispersion) F^{tD},
- Kraft durch einen Druckgradienten F^{Dr},
- virtuelle Massenkraft F^{VM},
- Basset-Kraft F^{Ba},
- Saffman-Kraft F^{Sa},
- Magnus-Kraft F^{Ma} und
- Wechselwirkungskraft durch Stöße mit anderen Teilchen (Schwarmbewegung) F^{Sw}.

Dabei sind die einzelnen Kräfte von unterschiedlicher Größenordnung und müssen daher nicht generell vollständig berücksichtigt werden. Um ihre Dominanz in der Impulsbilanz zu erläutern, soll auf die ihnen zugrundeliegenden physikalischen Effekte eingegangen und dabei ihre mathematische Beschreibung angeführt werden.

o Die **Widerstandskraft** ist die Kraft, die ein Teilchen erfährt, wenn es sich mit einer Relativgeschwindigkeit zum Trägerfluid bewegt. Ist das Teilchen schneller als die Fluidphase, dann handelt es sich um eine verzögernde Kraft für das Teilchen, bei umgekehrten Verhältnissen wird das Teilchen beschleunigt, weshalb man hier oft von Schleppkraft spricht.

$F_{PE,i,s}^{W}$ läßt sich allgemein angeben zu:

$$F_{PE,i,s}^{W} = c_{W,s} A_{PE,i,s} \rho_G (u_{P,i,s} - u_{G,i}) |u_{P,i,s} - u_{G,i}| / 2 \quad , \tag{11.1.8}$$

wobei $c_{W,s}$ den Widerstandsbeiwert für die betrachtete Größenklasse s darstellt. Dieser hängt in starkem Maße von der geometrischen Form des betrachteten Teilchens ab. Bei Öltröpfchen kann wegen der wirksamen Oberflächenspannungen wohl von einer Kugelgestalt ausgegangen werden. Bei Kohle ist diese Gestalt nicht deterministisch charakterisierbar. Dies hängt mit Inhomogenitäten der Kohlesubstanz und dem eingesetzten Zerkleinerungsprozeß zusammen. Auf die Berücksichtigung einer irregulären Gestalt wird in Kap. 11.1.1.3 eingegangen werden. $A_{P,i,s}$ ist die in Bewegungsrichtung der Teilchen projezierte Fläche des Teilchens. Für eine Kugel beträgt diese:

$$A_{PE,i,s} = A_{PE,s} = \pi d_{PE,s}^2 / 4 \quad , \tag{11.1.9}$$

für unregelmäßige Körper muß hier ein äquivalenter Durchmesser $d_{PE,i,s,ä}$ angegeben werden:

$$A_{PE,i,s} = \pi d_{PE,i,s,ä}^2 / 4 \quad . \tag{11.1.10}$$

Auf dessen Bestimmung wird in Kap. 11.1.1.3 eingegangen.

In den weiteren Ausführungen dieses Kapitels soll die Kenntnis eines repräsentativen Durchmessers unterstellt werden.

Die Relativ- oder Schlupfgeschwindigkeit $u_{P,i,s}-u_{G,i}$ geht quadratisch in die Widerstandskraft ein. Durch die vorliegende Zerlegung in vorzeichenrichtigen Anteil und Betragsteil wird die vorzeichenrichtige Wirkung der Widerstandkraft auf das Teilchen berücksichtigt.

o Eine Berechnung der **Gravitationskraft**, die auf ein Teilchen wirkt, bereitet die geringste Schwierigkeit. Es kann direkt angegeben werden:

$$\begin{aligned} F_{PE,i,s}^{Gr} &= m_{PE,s} g_i \\ &= \rho_{P,s}^{M} \cdot \pi d_{PE,s}^3 \cdot g_i / 6 \quad . \end{aligned} \tag{11.1.11}$$

Bei unregelmäßig geformten Partikeln muß für den Durchmesser ein massenäquivalenter Wert eingesetzt werden, der sich i.a. von dem flächenäquivalenten unterscheidet.

o Der durch die Verdrängungswirkung der Partikels hervorgerufene **Auftrieb** ergibt sich in Analogie zu Gl. 11.1.11 zu:

$$F_{PE,i,s}{}^A = m_{G,s}\, g_i$$
$$= \rho_G{}^M \cdot \pi d_{PE,s}{}^3 \cdot g_i \,/\, 6 \quad . \tag{11.1.12}$$

Er ist jedoch wegen der stark unterschiedlichen Dichte von Gas- und Partikelphase im Vergleich zur Gewichtskraft zu vernachlässigen.

o Bei Druckgradienten in einer Strömung wirken prinzipiell die Druckkräfte nicht mehr isotrop und heben sich damit gegenseitig auf, sondern es muß mit einer **Druckkraft** auf das Teilchen gerechnet werden. Dieses wird natürlich nur wirksam für Druckgradienten, die groß sind in geometrischen Dimensionen des Partikeldurchmessers. Da an jeder Stelle der Teilchenoberfläche ein anderer Druck angreift, muß über die gesamte Oberfläche integriert werden. Eine Abschätzung zeigt, daß die maximale damit aufgebrachte Kraft:

$$F_{PE,i,s}{}^{Dr} \leq \Delta p_{G,i} \cdot \pi d_{PE,s}{}^2 \,/\, 4 \tag{11.1.13}$$

beträgt, wobei $\Delta p_{G,i}$ der Differenzdruck an den beiden extremen Ortspunkten ist

$$\Delta p_{G,i} = \left[p_{G,i}(x_{PE,i} + d_{PE,i,s}/2) - p_{G,i}(x_{PE,i} - d_{PE,i,s}/2) \right] \,/\, d_{PE,i,s} \quad . \tag{11.1.14}$$

o Die **turbulente Wechselwirkungskraft** ist als Folge der Relativgeschwindigkeit zwischen Gas-und Partikelphase prinzipiell in der Widerstandskraft enthalten. Wegen ihres stochastischen Charakters wird sie jedoch dort ausgeklammert, also nur eine Kraft aufgrund der mittleren Relativbewegung betrachtet, und mit gesonderten Modellansätzen beschrieben. Auf diese wird in Kap. 11.2 eingegangen.

o Eine **virtuelle Massenkraft** tritt dann auf, wenn das Teilchen gegenüber dem umgebenden Gas beschleunigt oder verzögert wird. Sie ist unabhängig von viskosen Kräften und im wesentlichen proportional zur relativen Beschleunigung bzw. Verzögerung (/11.1.4/):

$$F_{PE,i,s}{}^{VM} = c_{VM}\, \rho_P{}^M V_{P,s} \left[\frac{\partial}{\partial t} u_{G,i} - \frac{\partial}{\partial t} u_{P,i,s} \right] \quad . \tag{11.1.15}$$

Für Teilchen mit kugelförmiger Gestalt nimmt die Konstante c_{VM} den Wert 0,5 an.

Im Vergleich zur Trägheitskraft ist die virtuelle Massenkraft meist zu vernachlässigen, da, abgesehen von sehr scharfen Umlenkungen, gilt:

$$\left[\frac{\partial}{\partial t} u_{G,i} - \frac{\partial}{\partial t} u_{P,i,s} \right] \,/\, \frac{\partial}{\partial t} u_{P,i,s} \ll 1 \quad . \tag{11.1.16}$$

o Die **Basset-Kraft** ist auf eine instationäre Beschleunigung der Partikelgrenzschicht zurückzuführen. Form und Volumen der Grenzschicht ändern sich während eines Beschleunigungs-/Verzögerungsvorganges des Teilchens fortwährend. Damit hängt die Basset-Kraft von der zeitlichen Entwicklung der Relativbeschleunigung ab (/11.1.4/):

$$F_{PE,i,s}{}^{Ba} = \left[c_{Ba}\, d_{P,i,s}{}^{2}(\pi\rho_{G}{}^{M}\mu_{G})^{1/2} / 4 \cdot \left[\int_{0}^{t}\left[\frac{\partial}{\partial t}u_{G,i} - \frac{\partial}{\partial t}u_{P,i,s}\right]dt'\right] / (t-t')^{1/2}\right. \quad .$$
$$(11.1.17)$$

Die Konstante c_{Ba} liegt in der Größenordnung von 6. Vor allem für hochfrequente turbulente Fluktuationen könnte diese Kraft von einem gewissen Einfluß auf das Bewegungsverhalten des Teilchens sein. Turbulente Wechselwirkungen sollen aber in einem gesonderten Abschnitt modelliert werden, so daß hier diese Kraft zunächst nicht weiter untersucht werden soll.

Die Basset-Kraft kann für große Dichteunterschiede zwischen Gas- und Partikelphase:

$$\rho_{P}{}^{M} / \rho_{G}{}^{M} \gg 1 \tag{11.1.18}$$

vernachlässigt werden. Im Mittel verschwindet dieser Term auch, wenn stochastische (turbulente), im zeitlichen Mittel aber homogene Partikelbewegungen betrachtet werden.

o In Strömungsbereichen mit großen Geschwindigkeitsgradienten in Bezug auf die absoluten Partikelabmessungen tritt ein Effekt auf, der das Teilchen in Richtung der höheren Geschwindigkeit verschiebt. Die damit verbundene Kraft wird als **Saffman-Kraft** bezeichnet und beträgt (/11.1.4/):

$$F_{PE,i,s}{}^{Sa} = c_{Sa}\, d_{P,i,s}{}^{2}\, (\mu_{G}\rho_{G}{}^{M})^{1/2}\, (u_{P,i,s} - u_{G,i})\, \frac{\partial}{\partial x_{i}}u_{G,i} \quad . \tag{11.1.19}$$

Für die Konstante c_{Sa} ist der Wert 1,61 einzusetzen.

o Auf ein rotierendes Teilchen wirkt zusätzlich eine **Magnus-Kraft**, die neben der Relativ-geschwindigkeit zwischen Gas- und Partikelphase von der Drehzahl ω [1/s] des Teilchens abhängt (/11.1.4/):

$$F_{PE,i,s}{}^{Ma} = \pi\rho_{G}{}^{M}d_{P,i,s}{}^{3}\, (u_{G,i} - u_{P,i,s})\omega / 8 \quad . \tag{11.1.20}$$

Die Drehbewegung des Teilchens kann unterschiedliche Ursachen haben. So kann z.B. ein großer Geschwindigkeitsgradient in der Gasphase bedingt durch viskose Kräfte auf das Teilchen dieses in Drehung versetzen. Bei Kohlepartikel wurde ein fontänenartiger Ausstoß von flüchtigen Bestandteilen während der Pyrolyse beobachtet. Geht die Achsrichtung dieser Fontäne nicht durch den Partikelschwerpunkt, dann ergibt sich nach dem Drallsatz eine Drehbewegung.

Bei der Aufstellung der möglichen angreifenden Kräfte werden elektrische und magnetische von vornherein vernachlässigt, da sie i.a. wegen des Fehlens eines signifikanten elektrischen oder magnetischen Feldes nicht auftreten.

Eine Abschätzung der Größenordnung einzelner Kräfte unter den Bedingungen technischer Öl- und Kohlestaub-Feuerungen führt zu der Aussage, daß signifikant nur Gravitations- und Widerstandskraft zu berücksichtigen sind. Hiermit ergibt sich dann die Impulsbilanzgleichung für ein Einzelpartikel unter Vernachlässigung der turbulenten Wechselwirkung mit dem Trägergas zu:

$$\frac{\pi}{6}\frac{\partial}{\partial t}\left(\rho_P^M\, d_{PE,s}^3\, u_{P,i,s}\right) = F_{PE,i,s}^W + F_{PE,i,s}^{Gr} \quad , \tag{11.1.21}$$

mit der Widerstandskraft:

$$F_{PE,i,s}^W = c_{W,s}\, A_{PE,i,s}\, \rho_G\, (u_{P,i,s} - u_{G,i})\, |u_{P,i,s} - u_{G,i}|\, /\, 2 \quad ,$$

und der Gravitationskraft:

$$F_{PE,i,s}^{Gr} = \rho_P^M \cdot \pi d_{PE,s}^3 \cdot g_i\, /\, 6$$

11.1.2 Widerstandsbeiwert für nichtreagierende Teilchen

Der Widerstandsbeiwert c_W für eine laminare, schleichende Umströmung einer Kugel beträgt nach dem Stokes'schen Gesetz:

$$c_{W,s,l} = 24\, /\, Re_{P,s} \quad , \tag{11.1.22}$$

wobei $Re_{P,s}$ die mit der Relativgeschwindigkeit und den Teilchenabmessungen gebildete Partikel-Reynoldszahl:

$$Re_{P,s} = [\sum_i (u_{P,i,s} - u_{G,i})^2]^{1/2}\, d_{PE,s}\, \rho_G\, /\, \mu_G \tag{11.1.23}$$

darstellt und für $Re_{PE,s}$ bis etwa eins gilt.

Unter turbulenten Strömungsbedingungen hat das Stokes'sche Gesetz keine Gültigkeit mehr. Es ist jedoch naheliegend, über einen Korrekturfaktor $f_{K,s}$ den Einfluß der Turbulenz zu berücksichtigen. Damit ergibt sich:

$$c_{W,s} = 24\, /\, Re_{P,s} \cdot f_{K,s} \quad . \tag{11.1.24}$$

Für $f_{K,s}$ können verschiedene, experimentell bestimmte Näherungsgesetze angegeben werden.

- Nach Kaskas (/11.1.3/) gilt:

$$f_{K,s} = 1 + Re_P^{1/2}\, /\, 6 + Re_P\, /\, 60 \quad . \tag{11.1.25}$$

- Nach Crowe (in: /11.1.4/) oder Eisenklam (/11.1.5/) gilt:

$$f_{K,s} \doteq 1 + 0{,}15 \cdot Re_P^{0,687} \quad . \tag{11.1.26}$$

Eine Reihe weiterer Beziehungen wird von Soo (/11.1.2/), Kale (/11.1.6/) und Flemmer et al. (/11.1.7/) angegeben und diskutiert.

Bild 11.1.1 zeigt die Abhängigkeit des Widerstandsbeiwertes von der Partikel-Reynoldszahl. Darin sind sowohl Meßwerte eingetragen (Punkte) als auch der Verlauf der Approximationsfunktion, die für $Re_p < 10^5$ Gültigkeit besitzt. Ebenfalls eingezeichnet ist der funktionale Zusammenhang des Stokes'schen Gesetzes ($Re_p < 1$).

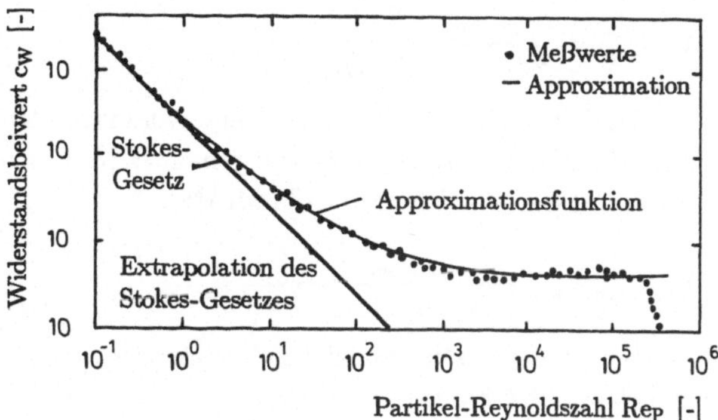

Bild 11.1.1: Widerstandsbeiwert als Funktion der Partikel-Reynoldszahl (/11.1.6/)

11.1.3 Einfluß einer irregulären geometrischen Gestalt

Die Charakterisierung von Partikeln mit irregulärer Gestalt bezüglich ihres Widerstandsbeiwertes stößt an das Problem der Angabe eines charakteristischen, äquivalenten Durchmessers. Hierfür werden meist die folgenden Näherungen verwendet:

- Durchmesser einer Kugel mit gleicher Oberfläche,
- Durchmesser einer Kugel mit gleichem Volumen oder
- Sauter-Durchmesser.

Weiter möglich sind darüber hinaus (/11.1.6/):

- Stokes-Durchmesser als Äquivalent aus dem Stokes Gesetz,
- "Freier-Fall"-Durchmesser als Äquivalent aus einem Versuch der Teilchenbewegung im freien Fall,
- Sieb-Durchmesser,
- Projektionsfläche in Strömungsrichtung und
- "Widerstands"-Durchmesser.

Da sich die beiden ersten Äquivalente aus rein geometrischen Überlegungen ergeben, sind sie direkt explizit angebbar. Der Sauterdurchmesser verknüpft charakteristische Oberflächen und Volumina:

$$d_{PE,\ddot{a}} = \frac{\sum_s (d_{PE,s}^3 \, N_{PE,s})}{\sum_s (d_{PE,s}^2 \, N_{PE,s})} \ . \tag{11.1.27}$$

Die weiteren Beziehungen nutzen die Definition der Widerstandskraft, um direkt zur Definition einer äquivalenten Querschnittsfläche zu kommen:

$$A_{PE,i,s,\ddot{a}} = \frac{F_{PE,i,s}^{W}}{\frac{1}{2}\rho_G(u_{P,i,s}-u_{G,i})c_{W,s}} \quad , \tag{11.1.28}$$

wobei damit natürlich die Kenntnis von c_W vorausgesetzt wird und die Messung von $F_{P,i,s}^{W}$ und der Relativgeschwindigkeit vorliegen muß. Meßtechnisch zugänglich, ohne zusätzliche Annahmen, ist eigentlich nur das Produkt:

$$A_{PE,i,s,\ddot{a}} \cdot c_{W,s} = \frac{F_{PE,i,s}^{W}}{\frac{1}{2}\rho_G(u_{P,i,s}-u_{G,i})} \quad . \tag{11.1.29}$$

Der Index i in der Bestimmungsgleichung von $A_{PE,i,s,\ddot{a}}$ gibt die Orientierung des Teilchens bezüglich der Strömungsrichtung bzw. einer Geschwindigkeitskomponente wieder.

11.1.4 Widerstandsbeiwert für verdampfende / pyrolysierende und abbrennende Teilchen

Die Grenzschicht um das Partikel ist Folge der Anströmung durch die sich relativ zu ihm bewegende Gasphase. Bei Öltröpfchen tritt durch die Verdampfung/Verdunstung, bei Kohlepartikel durch die Pyrolyse ein zusätzlicher Massenstrom von der Partikeloberfläche durch die Grenzschicht in die Umgebung auf. Bei heterogenen Abbrandreaktionen an der Partikeloberfläche muß Sauerstoff aus der Umgebung an die Oberfläche transportiert werden. Beide Massenströme verändern die Partikelgrenzschicht und haben damit eine Auswirkung auf das Produkt Widerstandsbeiwert mal Querschnittsfläche. Es ist nun üblich, die Querschnittsfläche unverändert als Normalenfläche des festen Teilchens zu belassen und eine Korrektur des Widerstandsbeiwertes c_W vorzunehmen. Eisenklam (/11.1.5/) schlägt hier die folgende Beziehung vor:

$$c_W^R = c_W \cdot \ln(1 + Ph) / Ph \quad , \tag{11.1.30}$$

wobei die Phasenumwandlungszahl Ph (im Angelsächsischen auch Transfernumber TN) abhängig vom physikalischen Prozeß bzw. vom Brennstoff zu bestimmen ist.

Hinter dieser Korrelation verbirgt sich die Beobachtung, daß sich die Sherwood-Zahl für reagierende Teilchen, Sh^R, zu der für nichtreagierende, Sh, verhält wie:

$$Sh^R / Sh = \ln(1 + Ph) / Ph \quad , \tag{11.1.31}$$

wobei jedoch reine Wärmeübertragung durch Konvektion und verschwindende Relativgeschwindigkeit, Re_P gleich null, angenommen wurde. Vor allem die erste Annahme ist unter den Bedingungen der technischen Verbrennung mit einem großen Energieübertragungsanteil durch Strahlung nicht aufrechtzuerhalten.

Für die Ölverbrennung ist hiermit eine Phasenumwandlungszahl für die Ölverdampfung und den Abbrand, bei Kohle für die Pyrolyse und den Koksabbrand anzugeben. Hierzu wird auf Kap. 12 und auf weiterführende Literatur verwiesen:

- Ölverbrennung: Eisenklam (/11.1.5/),
- Kohleverbrennung: Smoot (/11.1.4/).

11.2 Teilchenwechselwirkung mit einem turbulenten Fluid

11.2.1 Phänomenologische Beschreibung und grundlegende Zusammenhänge

Nach einer Modellvorstellung über die turbulente Bewegung einer kontinuierlichen Gasphase besteht diese aus sich individuell bewegenden Turbulenzballen. Eine zweite hierin diskret dispergierte Phase, bestehend aus Einzelteilchen, wird bei Eintritt in die Ballen von diesen beschleunigt oder verzögert und "konvektiv" mitgeführt, transportiert. Die Gasballen selbst unterliegen einer stochastischen Dynamik bezüglich ihres Bewegungsverhaltens und zerfallen mit einer gewissen Zeitkonstante im Sinne der Energiekaskade (Kap. 7.3.1.2), so daß sie nach einer typischen Lebenszeit nicht mehr existent sind und die in ihnen enthaltenen Teilchen von anderen Gasballen erfaßt werden. Da dieses Verhalten der Brown'schen Molekularbewegung, der molekularen Diffusion, sehr ähnlich ist, wird der Gesamtvorgang auch als turbulente Partikeldiffusion oder Partikeldispersion bezeichnet. Zu seiner Beschreibung können makroskopische, auf einer kontinuierlichen Betrachtung basierende Ansätze verwendet werden, die einen turbulenten Diffusionskoeffizienten einführen (Euler-Beschreibung) oder solche, die das stochastische Bewegungsverhalten in einer Lagrange-Beschreibung modellieren. Bei diesen als Monte-Carlo-Modelle bezeichneten Ansätzen wird eine große Anzahl von Einzelteilchen verfolgt und die turbulente Wechselwirkung direkt modelliert. Die große, notwendige Anzahl ergibt sich aus dem stochastischen Charakter der Bewegung, bei der jede einzelne Partikeltrajektorie rein zufällig entsteht, so daß erst aus einer Statistik die gewünschte Information erhalten wird. Bei der Brown'schen Molekularbewegung ist das Einzelmolekülverhalten ja auch nicht von Interesse, sondern nur ihr kollektives Verhalten.

Für die Überlegungen in den weiteren Abschnitten sind noch einige charakterisierende Größen notwendig.

Der Lagrange-Integralzeitmaßstab ergibt sich (/11.2.1/) zu:

$$T_L = (5/12) \cdot (k/\epsilon) \quad . \tag{11.2.1}$$

Er ist als mittlere Lebenszeit eines Turbulenzballens interpretierbar und charakterisiert damit die Turbulenzdynamik der Gasphase.

Das Trägheitsverhalten der Partikel bzw. ihr Folgevermögen bzgl. einer unterschiedlichen Gasgeschwindigkeit wird durch die Partikelrelaxationszeit charakterisiert. Sie kann aus einer vereinfachten Impulsbilanz, bei der nur die Widerstandskraft berücksichtigt wird, durch zweifache Integration erhalten werden:

$$t_P = (d_{PE}{}^2 \rho_P{}^M) / (18\mu_G f_{K,s}) \tag{11.2.2}$$

und ist als Zeitkonstante der Angleichung zwischen Gas- und Partikelgeschwindigkeit zu deuten (Bild 11.2.1).

$u_{P,i}{}^{\circ}$ bezeichnet die Geschwindigkeit des Partikels zu Beginn des Wechselwirkungsprozes-
ses, also z.B. bei Eintritt in einen
Gasballen, der sich mit der Geschwindigkeit $u_{G,i}$ bewegt. Hierbei ist ein
PT_1-Verhalten unterstellt, wobei nach
Ablauf der Zeit t_P 63 % der Relativgeschwindigkeit durch Beschleunigung des Partikels (bei den in Bild
11.2.1 gezeigten Verhältnissen) abgebaut wurde.

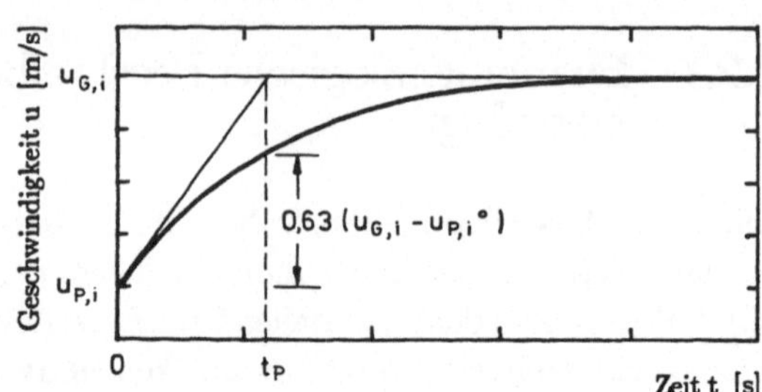

Bild 11.2.1: Partikelrelaxationszeit

11.2.2 Deterministischer Diffusionsansatz

Eine Wechselwirkung zwischen turbulenter Partikel- und Gasphase war schon bei der
Eulerbeschreibung der Gasphase eingegangen (Kap. 7.5). Dabei war aber nur eine Beeinflussung der Gasphasenturbulenzstruktur durch die Partikel berücksichtigt worden.

Für die Partikelphase kann nun ihrerseits die Massenbilanz aufgestellt werden, die sich
wiederum im Eulersystem ergibt zu (/11.2.1/):

$$\frac{\partial}{\partial t}(\rho_P \, c_P) + \frac{\partial}{\partial x_j}(u_{P,j} \, \rho_P \, c_P) = \frac{\partial}{\partial x_j}\left[D_{P,j}\frac{\partial c_P}{\partial x_j} \right] \quad . \tag{11.2.3}$$

Hierbei wird von inerten Partikeln ausgegangen (Quellterm gleich null). $D_{P,j}$ bezeichnet den
Partikeldiffusionskoeffizienten im zeitlichen Mittel (Langzeitbetrachtung). Nach Molerus
(/11.2.3/) kann der Massenanteil der Partikelphase als Wahrscheinlichkeit aufgefaßt werden,
ein Partikel in dem betrachteten Kontrollvolumen anzutreffen. In Analogie zur turbulenten
Viskosität hat $D_{P,i}$ nicht die Bedeutung eines molekularen Diffusionskoeffizienten, der
durch die Einzelteilchenbewegung hervorgerufen wird, sondern die eines Verteilungs- oder
Dispersionskoeffizienten, der von der Turbulenzstruktur der Gasphase und der Wechselwirkung zwischen Partikel- und Gasphase abhängt.

Die Aufstellung einer Impulsbilanz für die Partikelphase greift auf Gleichung 7.5.22 zurück.
Die Wechselwirkungskraft $f_P{}^{GP}$ besteht im wesentlichen aus der Widerstandskraft, so daß
sich eine Form ergibt (/11.2.4/):

$$\frac{\partial}{\partial t}(\rho_P u_{P,i}) + \frac{\partial}{\partial x_j}(\rho_P u_{P,i} u_{P,j}) = f_{P,i}{}^{GP} - u_{P,i}\dot{r}^{PW} + \rho_P g_i \tag{11.2.4}$$

mit:

$$f_{P,i}{}^{GP} = \tfrac{3}{4}\Theta_P(1-\Theta_P)c_W(\mu_G/d_{PE}{}^2)Re_P(u_{G,i}-u_{P,i}) \quad . \tag{11.2.5}$$

Analog erhält man für eine Partikelgrößenklasse s nach Gl. 7.5.30:

$$\frac{\partial}{\partial t}(\rho_{P,s}u_{P,i,s}) + \frac{\partial}{\partial x_j}(\rho_{P,s}u_{P,i,s}u_{P,j,s}) = f_{P,i,s}{}^{GP} - u_{P,i,s}\dot{r}_s{}^{PW} + \rho_{P,s}g_i \qquad (11.2.6)$$

mit:

$$f_{P,i,s}{}^{GP} = \tfrac{3}{4}\Theta_P(1-\Theta_P)c_{W,s}(\mu_G/d_{PE,s}{}^2)Re_{P,s}(u_{G,i}-u_{P,i,s}) \quad . \qquad (11.2.7)$$

Wichtig für das Partikelfolgeverhalten ist das Verhältnis von Partikelrelaxationszeit t_p (Gl. 11.2.2) zum Lagrange-Integralzeitmaßstab T_L (Gl. 11.2.1, /11.2.2/). Ist dieses Verhältnis groß, dann bleibt die Partikelbewegung von der Gasbewegung nahezu unbeeinflußt, für kleine Werte kann ein vollständiges Folgeverhalten unterstellt werden. Bild 11.2.2 zeigt das Verhältnis von Partikeldiffusionskoeffizienten zu turbulenten Gasdiffusionskoeffizienten in Abhängigkeit von T_L/t_p und der Dispersionsdauer t/T_L.

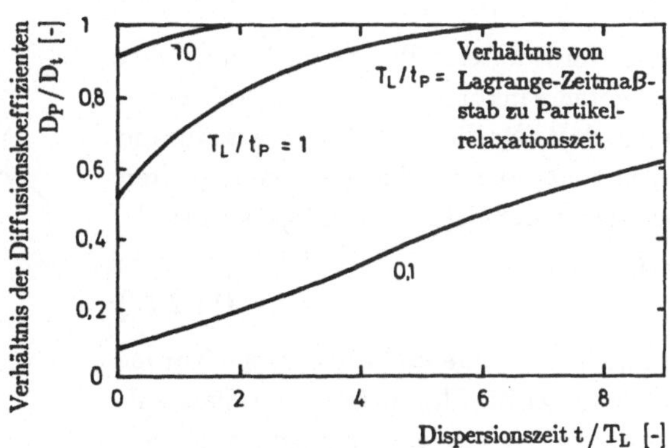

Bild 11.2.2: Abhängigkeit des Partikeldiffusionskoeffizienten vom Lagrange-Integralzeitmaßstab und der Dispersionszeit (Langzeitbetrachtung, /11.2.5/)

Durch diesen auf vereinfachenden Annahmen basierenden Ansatz sind natürlich auch verschiedene Größenklassen erfaßbar. Für jede Klasse ist ein $t_{p,s}$ zu errechnen und damit ein Diffusionskoeffizient $D_{P,s}$ zu bestimmen. Die Berechnung des Diffusionskoeffizienten der Gasphase kann in Analogie zum turbulenten Transport skalarer Größen erfolgen (Kap. 7.3.3), wobei gilt:

$$D_t = \Gamma_{\varphi,t} = \mu_t/\sigma_{\varphi,t} \quad . \qquad (11.2.8)$$

11.2.3 Stochastischer Dispersionsansatz

In diesem Abschnitt gilt es, die durch die turbulente Wechselwirkung zwischen Gas- und Partikelphase auftretende Kraft auf ein Teilchen $F_{PE,i,s}{}^{tD}$ zu beschreiben bzw. zu modellieren. Als Modellvorstellung diene die in Kap. 11.2.1 beschriebene Wechselwirkung zwischen einem Einzelpartikel und den Turbulenzballen (Bild 11.2.3). Danach tritt ein Partikel in einen Turbulenzballen ein, wird von diesem eine gewisse Zeit transportiert und wird dann von einem anderen Gasballen erfaßt, der eine andere Bewegungsrichtung aufweist.

318

Bedingt durch den stochastischen Charakter der Gasbewegung wird auch diese Kraft eine stochastische Wirkung ausüben, selbst also stochastisch sein. Daher liegt es nahe, ein Monte-Carlo-Modell zu formulieren, bei dem die Richtung der Kraftwirkung rein zufällig bestimmt

wird, der Betrag aber in Analogie zur Widerstandskraft aus der mittleren Gas-Turbulenzbewegung berechnet wird:

$$F_{PE,i,s}{}^{tD} = c_{W,s}\, A_{PE,i,s}\, \rho_G\, \hat{u}_{PE,i,s} |\hat{u}_{PE,i,s}| / 2 \quad , \tag{11.2.9}$$

Hierbei wurde unterstellt, daß die Partikel den turbulenten Fluktuationen schlupffrei folgen können, daß also die Erwartungswerte für die Fluktuationen der Partikelgeschwindigkeiten gleich denen der Gasgeschwindigkeiten sind:

$$E\{\hat{u}_{PE,i}\} = E\{\hat{u}_{G,i}\} \quad . \tag{11.2.10}$$

Mit dieser Annahme und für isotrope Turbulenz lassen sich die Fluktuationen der Partikelgeschwindigkeit aus der kinetischen Turbulenzenergie abschätzen zu:

$$|\hat{u}_{PE,i}| = (2\,k\,/\,3)^{1/2} \quad . \tag{11.2.11}$$

Setzt man diese Näherung in Gl. 11.2.9 ein, dann erhält man eine Abschätzung für den Betrag der Kraft, die aus der turbulenten Wechselwirkung resultiert:

$$|F_{PE,s}{}^{tD}| = c_{W,s}\, A_{PE,s}\, \rho_G\, k\,/\,3 \tag{11.2.12}$$

Die Wirkungsrichtung dieser Kraft wird nun als stochastisch angenommen und kann daher wiederum mit Hilfe von Zufallszahlen (vgl. Kap. 10.4.5.3) realisiert werden. Dazu müssen in einem Kugelkoordinatensystem (Bild 11.2.4) zwei zufällige Winkel α und β mit Hilfe von zwei Zufallszahlen $r_z{}^1$ und $r_z{}^2$ berechnet werden:

$$\alpha = r_z{}^1 \cdot 360^0 \quad , \tag{11.2.13}$$
$$\beta = r_z{}^2 \cdot 360^0 \quad . \tag{11.2.14}$$

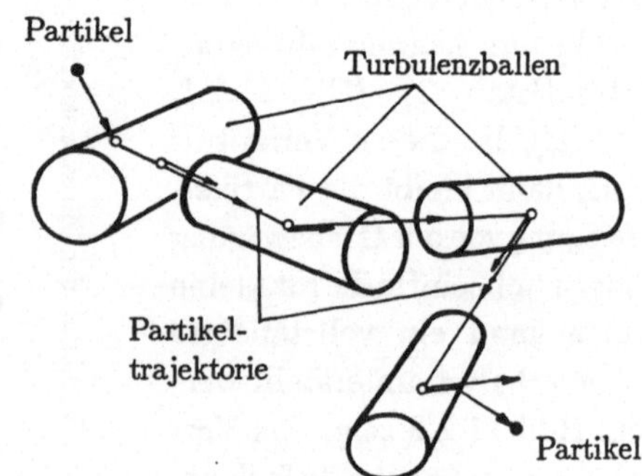

Bild 11.2.3: Modellvorstellung zum turbulenten Partikeltransport

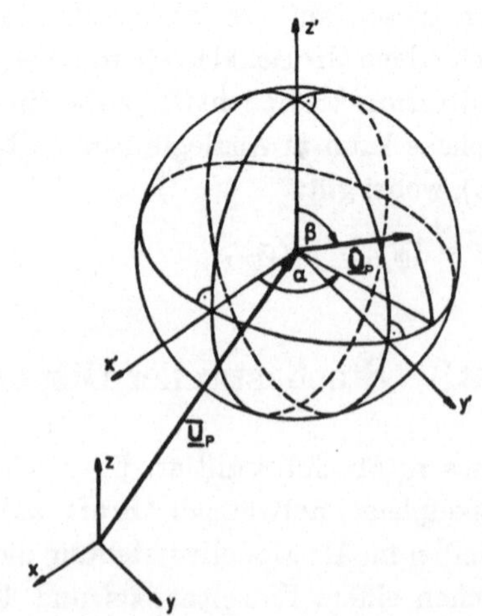

Bild 11.2.4: Wahl der stochastischen Versatzrichtung (/11.2.6/)

Die Transformationsgleichungen für den Richtungsvektor $s_{PE,i}$ lauten damit:

$$s_{PE,1} = \cos\alpha \cdot \sin\beta \quad , \tag{11.2.15}$$
$$s_{PE,2} = \sin\alpha \cdot \sin\beta \quad , \tag{11.2.16}$$
$$s_{PE,3} = \quad \cos\beta \quad . \tag{11.2.17}$$

Bei einer numerischen Berechnung würde natürlich nicht die Wechselwirkungskraft berechnet werden, um daraus den entsprechenden Versatz zu bestimmen, sondern man wird direkt in das Integrationsverfahren zur Partikeltrajektorienberechnung (Teilchenflugbahn) eingreifen. Die Berechnung der Teilchenflugbahn aufgrund der mittleren Gasbewegung kann z.B. für sehr kleine Zeitintervalle Δt unter Annahme konstanter Gas- und Partikelgeschwindigkeit in diesem Intervall direkt abschnittsweise erfolgen gemäß:

$$\Delta\bar{x}_{PE,i} = \bar{u}_{PE,i} \cdot \Delta t \quad . \tag{11.2.18}$$

Analog kann auch die Berechnung des Versatzes aufgrund der turbulenten Wechselwirkung erfolgen:

$$\Delta\hat{x}_{PE,i} = \hat{u}_{PE,i} \cdot \Delta t \quad . \tag{11.2.19}$$

Die differentielle Integrationszeit Δt sollte in der Größenordnung von 1/5 der Partikelrelaxationszeit liegen, um die Angleichung von Gas- und Partikelgeschwindigkeit numerisch auflösen zu können. Der neue Partikelort ergibt sich dann aus einer additiven Überlagerung des mittleren und des turbulenten Versatzes:

$$x_{PE,i} = x^o_{PE,i} + \Delta\bar{x}_{PE,i} + \Delta\hat{x}_{PE,i} \quad . \tag{11.2.20}$$

Dabei bezeichnet der Index "o" den Partikelort $x(r)$ vor dem Berechnungsintervall Δt. Dieses Vorgehen wird nun für die Gesamtflugzeit des Partikels sukzessive wiederholt (Bild 11.2.5). Damit ergibt sich als Nebeneffekt die Aufenthaltszeit des Partikels in einem vorgegebenen Kontrollvolumen (Flamme, Feuerraum).

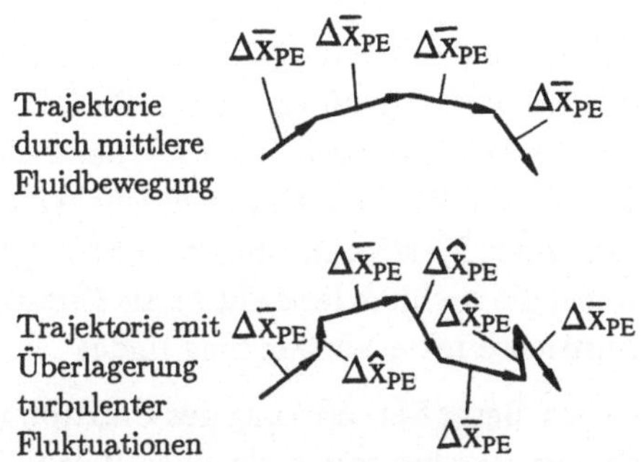

Bei dem soeben beschriebenen Verfahren wurde die Lebenszeit eines Turbulenzballens nicht berücksichtigt, sondern für jeden Rechenschritt Δt eine neue, zufällige Richtung bestimmt. Realistischer ist es, die turbulente Versatzrichtung für die Zeit T_L , also für mehrere Zeitschritte Δt, beizubehalten und erst danach eine neue Richtung zu berechnen.

$\Delta\bar{x}_{PE}$ $\Delta\bar{x}_{PE}$ $\Delta\bar{x}_{PE}$ $\Delta\bar{x}_{PE}$

Trajektorie durch mittlere Fluidbewegung

$\Delta\bar{x}_{PE}$ $\Delta\hat{x}_{PE}$ $\Delta\bar{x}_{PE}$ $\Delta\hat{x}_{PE}$ $\Delta\bar{x}_{PE}$

Trajektorie mit Überlagerung turbulenter Fluktuationen

$\Delta\bar{x}_{PE}$ $\Delta\hat{x}_{PE}$ $\Delta\bar{x}_{PE}$

Bild 11.2.5: Schema des Berechnungsverfahrens zur turbulenten Partikeldispersion

Bisher war auch ein ideales, turbulentes Partikelfolgevermögen unterstellt worden ($\hat{u}_{PE,i} \approx \hat{u}_{G,i}$). Um auch hierbei die realen Verhältnisse nachzubilden, kann ein Skalierungsfaktor für den turbulenten Versatz eingeführt werden. Dieser kann entweder gleichverteilt (z.B. 0,5) oder gemäß einer normierten Gaußverteilung (vollständig oder abgeschnitten, jeweils Standardabweichung 0,5) angenommen werden. Das jeweilige Dispersionsverhalten für eine Punktquelle ist in Bild 11.2.6 dargestellt.

Bild 11.2.6: Dispersionsverhalten bei verschiedenen Modellen (/9.5.19/)

11.3 Teilchenwechselwirkungen im Partikelschwarm

Bis zu einem Volumenanteil θ_P von etwa 0,001 bzw. bis zu einer Massenbeladung β_P von 1 kann davon ausgegangen werden, daß die Umströmungsverhältnisse um ein Partikel und damit sein Widerstandsbeiwert unbeeinflußt von anderen Partikeln bleibt. Bei höheren Beladungen ist mit einer Veränderung des Strömungsfelds im Nahbereich um das Teilchen und damit mit Wechselwirkungseffekten zu rechnen, wodurch sich der Widerstandsbeiwert z.T. deutlich verändern kann (Bild 11.3.1). Dieser Effekt kann über Näherungsfunktionen erfaßt werden (/11.3.1/), wobei die Archimedes-Zahl Ar als Parameter für Auftriebseffekte Verwendung findet.

Neben dieser Veränderung des Umströmungszustandes werden mit steigender Beladung auch gegenseitige Partikelstöße von Bedeutung sein. Damit zusammenhängende Effekte werden in erster Näherung vernachlässigt, da sie quasi isotrop wirken und damit zu keiner Partikelumverteilung führen.

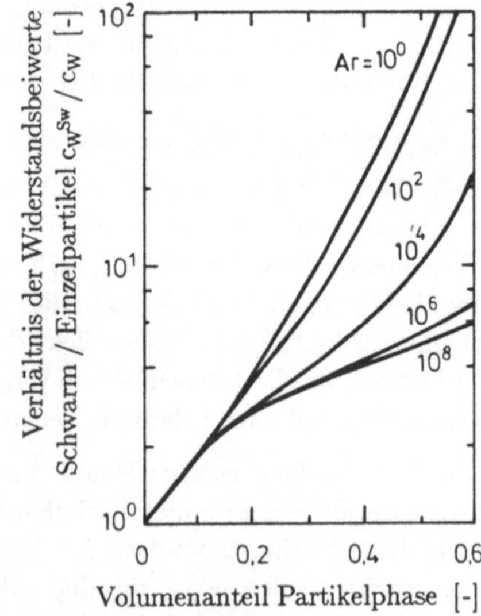

Bild 11.3.1: Veränderung des Widerstandsbeiwerts im Schwarm (/11.3.1/)

11.4   Strömung im Nahfeld eines Partikels

11.4.1   Eindimensionale Approximation

Bedingt durch die Relativbewegung zwischen dem Partikel und dem umgebenden Gas bildet sich um das Teilchen eine Grenzschicht aus. Bei den bisherigen Überlegungen wurde diese Grenzschicht als kugelförmige Hülle angesehen (Bild 11.4.1). Ein Einfluß einer einseitigen Anströmung auf die geometrische Form wird dabei ebenso wenig berücksichtigt wie eine Beeinflussung durch Energiefreisetzungsvorgänge (z.B. Koksoxidation an der Oberfläche) und Energietransferprozesse (Wärmeleitung und Strahlungsaustausch), die auf die Temperaturverteilung in der Grenzschicht wirken. Bedingt durch die Kugelgestalt der Grenzschichthülle ist es naheliegend, eine Beschreibung des Systems in Kugelkoordinaten vorzunehmen, wobei nur eine radiale Abhängigkeit berücksichtigt wird.

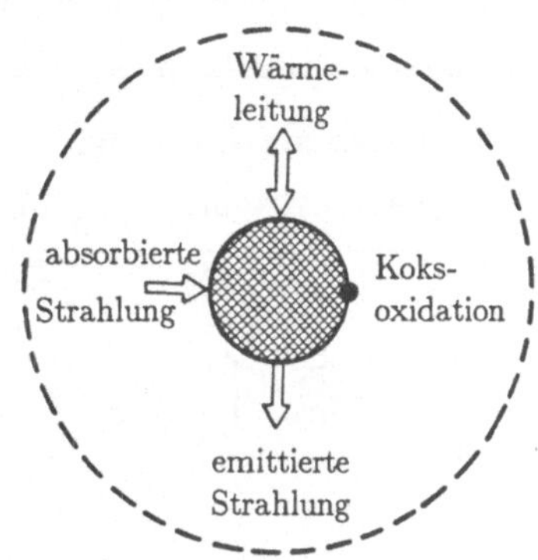

Bild 11.4.1: Symmetrische Teilchengrenzschicht

11.4.2   Dreidimensionale Beschreibung

11.4.2.1 Allgemeine Überlegungen

Um die Ausbildung einer real sich einstellenden Grenzschicht zu beschreiben (Bild 11.4.2), muß auf eine dreidimensionale Betrachtung der Teilchenumgebung übergegangen werden.

Hierzu bietet sich ein Kugelkoordinatensystem an, in dem neben der radialen Abhängigkeit auch eine vom Azimuth- und vom Polarwinkel berücksichtigt wird. Damit entsteht eine vollständig dreidimensionale Beschreibung, bei der nur gegebenenfalls eine Spiegelsymmetrie parallel zur Anströmrichtung berücksichtigt werden kann. Da diese Rechnungen numerisch sehr aufwendig sind, wird manchmal auf eine zweidimensionale Zylinderapproximation übergegangen, bei der die oben erwähnte Spiegelsymmetrieebene mit der Zylinderquerschnittsfläche identisch ist.

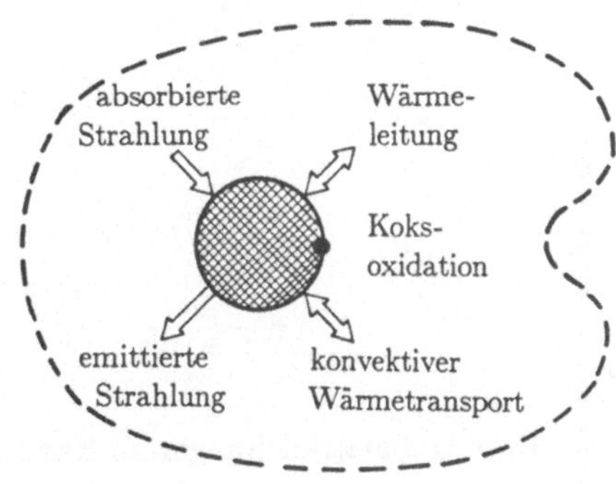

Bild 11.4.2: Asymmetrische Teilchengrenzschicht bei Berücksichtigung der Anströmung

11.4.2.2 Impulsbilanzgleichung

Die Impulsbilanzgleichung für die Gasphase um ein Teilchen ergibt sich zu:

Impulsbilanz in r-Richtung:

$$\rho \left[\frac{\partial u_r}{\partial t} + u_r \frac{\partial u_r}{\partial r} + \frac{u_\theta}{r} \frac{\partial u_r}{\partial \theta} + \frac{u_\phi}{r \sin\theta} \frac{\partial u_r}{\partial \phi} - \frac{u_\theta^2 + u_\phi^2}{r} \right] =$$

$$= - \frac{\partial p}{\partial r} + \left[\frac{1}{r^2} \frac{\partial}{\partial r} (r^2 \tau_{rr}) + \frac{1}{r \sin\theta} \frac{\partial}{\partial \theta} (\tau_{r\theta} \sin\theta) + \right. \tag{11.4.1}$$

$$\left. + \frac{1}{r \sin\theta} \frac{\partial \tau_{r\phi}}{\partial \phi} - \frac{\tau_{\theta\theta} + \tau_{\phi\phi}}{r} \right]$$

Impulsbilanz in θ-Richtung:

$$\rho \left[\frac{\partial u_\theta}{\partial t} + u_r \frac{\partial u_\theta}{\partial r} + \frac{u_\theta}{r} \frac{\partial u_\theta}{\partial \theta} + \frac{u_\phi}{r \sin\theta} \frac{\partial u_\theta}{\partial \phi} + \frac{u_r u_\theta}{r} - \frac{u_\phi^2 \cot\theta}{r} \right] =$$

$$= - \frac{1}{r} \frac{\partial p}{\partial \theta} + \left[\frac{1}{r^2} \frac{\partial}{\partial r} (r^2 \tau_{\theta r}) + \frac{1}{r \sin\theta} \frac{\partial}{\partial \theta} (\tau_{\theta\theta} \sin\theta) + \right. \tag{11.4.2}$$

$$\left. + \frac{1}{r \sin\theta} \frac{\partial \tau_{\theta\phi}}{\partial \phi} + \frac{\tau_{\theta r}}{r} - \frac{\cot\theta}{r} \tau_{\phi\phi} \right]$$

Impulsbilanz in Φ-Richtung:

$$\rho \left[\frac{\partial u_\phi}{\partial t} + u_r \frac{\partial u_\phi}{\partial r} + \frac{u_\theta}{r} \frac{\partial u_\phi}{\partial \theta} + \frac{u_\phi}{r \sin\theta} \frac{\partial u_\phi}{\partial \phi} + \frac{u_\phi u_r}{r} + \frac{u_\theta u_\phi}{r} \cot\theta \right] =$$

$$= - \frac{1}{r \sin\theta} \frac{\partial p}{\partial \phi} + \left[\frac{1}{r^2} \frac{\partial}{\partial r} (r^2 \tau_{\phi r}) + \frac{1}{r} \frac{\partial \tau_{\phi\theta}}{\partial \theta} + \right.$$

$$\left. + \frac{1}{r \sin\theta} \frac{\partial \tau_{\phi\phi}}{\partial \phi} + \frac{\tau_{\phi r}}{r} + \frac{2\cot\theta}{r} \tau_{\phi\theta} \right] + \rho g_\theta \tag{11.4.3}$$

Impulsbilanzgleichungen in **Kugelkoordinaten** für die Gasphase
(Spannungsterme sind in Anhang A2 angegeben)

Das Berechnungsgebiet beginnt an der Partikeloberfläche, an der die konvektiven und diffusiven Ströme angegeben werden müssen, und endet in einer Entfernung vom Partikel, in der kein Einfluß durch die Anwesenheit des Teilchens mehr vorhanden ist, in der also radiale Gradienten hervorgerufen durch das Teilchen identisch null sind und verschwinden.

Abhängig von der Partikel-Reynolds-zahl wird die Grenzschicht mehr oder minder deformiert sein (Bild 11.4.2). Als indirekter Indikator kann hierfür der Verlauf der Stromlinien herangezogen werden.

Vor allem geben aber die Isolinien der Wirbelstärke ein anschauliches Bild der Umströmung. Bild 11.4.3 zeigt die Verhältnisse für verschiedene Partikel-Reynoldszahlen (/11.4.1/, /11.4.2/).

Ein weiteres Beispiel einer Zylinderanströmung als Approximation eines Kohlepartikels mit Berücksichtigung eines an der Oberfläche austretenden Gasstromes (Kohlepyrolyse) zeigt Bild 11.4.4 (/11.4.3/), in dem das verwendete Gittersystem und die Stromlinien dargestellt sind. Die Entgasung wurde als in alle Raumrichtungen gleich angenommen und so zeigten sich besonders auf der Anströmseite Unterschiede gegenüber einem inerten, nicht entgasenden Teilchen.

Mittlerweile liegen auch vollständige dreidimensionale Berechnungen vom gleichen Autor vor. In der Symmetrieebene der 3 D-Berechnung sind die Ergebnisse jedoch identisch mit der 2 D-Approximation.

Bei einer 3 D-Rechnung können zusätzlich stochastische Effekte wie das fontänenartige Austreten von Pyrolysegasen berücksichtigt werden. Da ein solcher Effekt über die Magnus-Kraft zu einer Partikelrotation führen kann, die auch experimentell beobachtet wurde, ist eine solche Rechnung wertvoll für den Aufschluß über die Bedeutung dieses Phänomens.

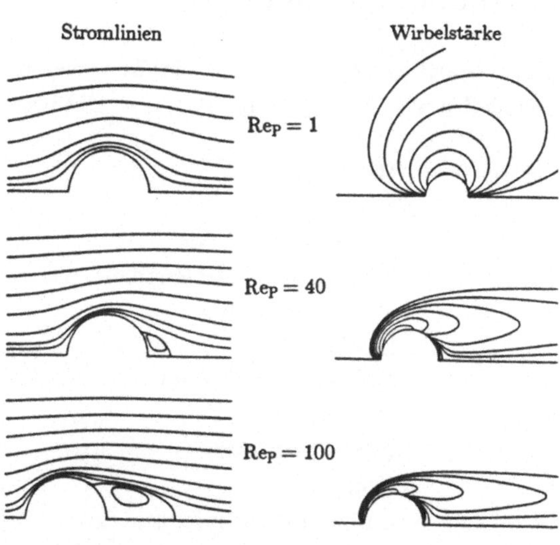

Bild 11.4.3: Stromlinien und Linien gleicher Wirbelstärke für eine umströmte Kugel als Funktion der Partikel-Reynoldszahl (/11.4.1/)

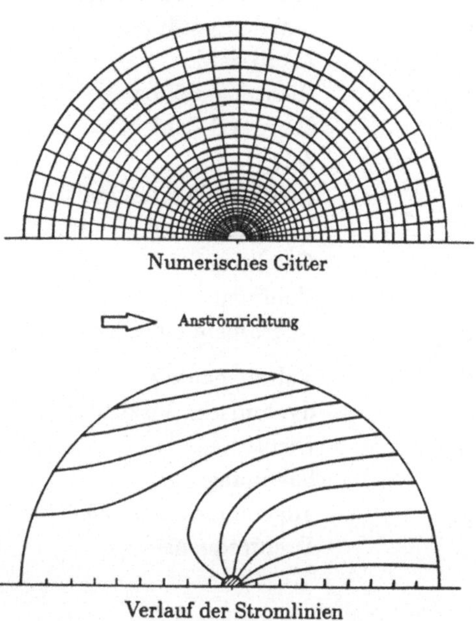

Bild 11.4.4: Numerisches Gitter und Umströmungsverhältnisse an einem pyrolysierenden Kohleteilchen (/11.4.3/)

o Formelverzeichnis

(Kapitelspezifische Formelzeichen; eine Zusammenstellung übergeordnet gültiger Formelzeichen und Kennzahlen ist in Anhang 6 angeführt;   [*] Dimension hängt von der jeweiligen Verwendung ab)

Symbol	Bedeutung	Dimension
A	Querschnittsfläche	m^2
c_p	Massenanteil der Partikelphase	-
c_w	Widerstandsbeiwert	-
d	Durchmesser	m
D	Diffusionskoeffizient	m^2/s
E	Erwartungswert	*
f_K	Korrekturfaktor	-
F	Kraft	N
k	kinetische Turbulenzenergie	m^2/s^2
m	Masse	kg
N	Anzahl	-
p	Druck	bar
Ph	Phasenumwandlungszahl	-
r	radiale Koordinate	m
r_z	Zufallszahl	-
s	Richtungsvektor	-
Sh	Sherwood-Zahl	-
t	Zeit	s
t_p	Partikelrelaxationszeit	s
T_L	Lagrange-Integralzeitmaßstab	s
u	Geschwindigkeit	m/s
V	Volumen	m^3
x_i	Koordinate eines kartesischen Systems	m
θ	Volumenanteil	-
μ	dynamische Viskosität	$kg/(m \cdot s)$
ρ	Dichte	kg/m^3
τ	Spannung	N/m^2
φ	allgemeine massenspezifische Größe	*
ω	Drehfrequenz	$1/s$

Indizes tiefgestellt

Symbol	Bedeutung
ä	äquivalent
G	Gasphase
i	Index für Koordinatenrichtung
P	Partikelphase (Euler)
PE	Einzelpartikel
r	radiale Richtung
s	Größenklasse
θ, ϕ	Winkelabhängigkeit

Sonderzeichen

Symbol	Bedeutung
$^-$	zeitlicher Mittelwert
$^\frown$	zeitlicher Schwankungswert
Δ	Differenz
o	Anfangswert

Indizes hochgestellt

Symbol	Bedeutung
Ba	Basset-Kraft
Dr	Druck
GP	Gas-Partikel-Wechselwirkung
Gr	Gravitation
M	materialbezogen
Ma	Magnus-Kraft
Pw	Phasenwechsel
R	reagierend
Sa	Saffman-Kraft
Sw	Schwarm
tD	turbulente Dispersion
VM	virtuelle Massenkraft
W	Widerstand

o   Literatur

Grundlagen

/11.1.1/ Brauer, H.: Grundlagen der Einphasen- und Mehrphasenströmungen. Verlag Sauerländer, Aarau, 1971

/11.1.2/ Soo, S.L.: Fluid Dynamics of Multiphase-Systems. Blaisdell Publ. Comp., Waltham, Mass., USA, 1967

/11.1.3/ Kaskas, A.: Berechnung der stationären und instationären Bewegung von Kugeln in ruhenden und strömenden Medien. DA, TU Berlin, 1964

/11.1.4/ Smoot, L.D.; Pratt, D.T.: Pulverized-Coal Combustion and Gasification. Plenum Press New York, 1979

/11.1.5/ Eisenklam, P.; Arunachalam, S.A.; Weston, J.A.: Evaporation Rates and Drag Resistance of Burning Drops. 11th Symp. (Int.) Comb., 1966, pp 715-728

/11.1.6/ Kale, S.R.: Characterization of Aerodynamic Drag Force on Single Particles: Final Report. West Virginia Univ., Morgantown, 1987 (DOE/MC/23161-2529)

/11.1.7/ Flemmer, R.L.C.; Banks, C.L.: On the Drag Coefficient of a Sphere. Powder Technology, 48(1986), pp 217-221

/11.1.8/ Rudinger, G.: Effect of Velocity Slip on the Burning Rate of Fuel Partikles. J. Fluid Eng./Transactions of the ASME, (1975), pp 321-326

/11.1.9/ Eklund, L.G.: Ein Algorithmus für die Berechnung der Kugelgeschwindigkeit. Chem.-Ing.-Tech., 58(1986) Nr.9, S.747

/11.1.10/ Riquarts, H.-P.: Die Bewegungen eines kugelförmigen Einzelkorns im turbulenten Strömungsfeld. Forsch. Ing.-Wes., 41(1975)Nr.1, S.16-28

Turbulenzeinfluß

/11.2.1/ Mostafa, A.A.; Elghobashi, S.E.: A Two-Equation Turbulence Model for Jet Flows Laden with Vaporizing Droplets. Int. J. Multiphase Flow, 11 (1985) NO. 4, pp 515-533

/11.2.2/ Ebert, F.: Zur Bewegung feiner Partikel, die in turbulent strömenden Medien suspendiert sind. Chem.-Ing. Tech., 55 (1983) Nr. 12, S. 931-939

/11.2.3/ Molerus, O.: Stochastisches Modell der Gleichgewichtsrichtung. Chem.-Ing.-Tech., 39 (1967) Nr. 13, S. 792-796

/11.2.4/ Durst, F.; Milojevic, D.; Schönung, B.: Eulerian and Lagrangian Prediction of Particulate Two-Phase Flows: A Numerical Study. Appl. Math. Modelling, 8 (1984), pp 101-115

/11.2.5/ Ebert, F.: Beschreibung der Bewegungsvorgänge diskret-disperser Systeme durch das Diffusionsmodell. Chem.-Ing.-Techn., 50 (1978) Nr. 3, S. 181-187

/11.2.6/ Görner, K.; Zinser, W.: Investigation into Turbulent Particle Transport in Utility Boiler Furnaces. IFRF 8th Members' Conference, Noordwijkerhout, the Netherlands, 1986

/11.2.7/ Hassan, M.M.A.; Lockwood, F.C.: Predicting Particle Motion in Turbulent Flows. IFRF, IJmuiden, Feb. 1981, Doc.nr. F 21/ca/45

/11.2.8/ Jenkins, A.D.: Simulation of Turbulent Dispersion Using a Simple Random Model of the Flow Field. Appl. Math. Modelling, 9(19859, pp 239-245

/11.2.9/ Weber, R.; Boysan, F.; Ayers, W.H.; Swithenbank, J.: Simulation of Dispersion of Heavy Particles in Cofined Turbulent Flows. AIChE Journal, 30(1984)No.3, pp 490-492

/11.2.10/ van Dop, H.; Nieuwstadt, F.T.M.; Hunt, J.C.R.: Random Walk Models for Particle Displacements in Inhomogeneous Unsteady Turbulent Flows. Phys. Fluids 28(1985)6, pp 1639-1653

/11.2.11/ Deardorff, J.W.; Peskin, R.L.: Lagrangian Statistics from Numerically Integrated Turbulent Shear Flow. The Physics of Fluids, 13(1970)No.3, pp 584-595

Konzentrationseinfluß(Schwarmverhalten)

/11.3.1/ Riquarts, H.-P-: Zur Berechnung von Partikelschwarmbewegungen in fluiden Strömungsfeldern. Forsch. Ing.-Wes., 43(1977)Nr.3, S.86-91

Strömung um ein Partikel

/11.4.1/ Cliffe, K.A.; Lever, D.D.: A Finite Element Study of Isothermal, Laminar FLow Past a Sphere at Low and Intermediate Reynolds Numbers. AERE Harwell Report, AERE-R 10868, U.K., 1983

/11.4.2/ Cliffe, K.A.; Lever, D.D.: A Comparison of Finite-Element Methods for Solving Flow Past a Sphere. AERE Harwell Report, TP. 1049, U.K., 1984

/11.4.3/ Musarra, S.P.; Fletcher, Th.H.; Niksa, S.; Dwyer, H.A.: Heat and Mass Transfer in the Vicinity of a Devolatilizing Coal Particle, Comb. Sci. Techn., 45 (1986), pp 289-307

Kapitel 12 :

**REAKTION UND STOFFAUSTAUSCH BEI
TRÖPFCHEN UND PARTIKELN**

12.1 Bilanzierung an Einzelpartikeln

12.1.1 Speziesbilanz an einem Einzelteilchen

Für die Bilanzierung der chemischen Spezies ist zwischen der Verteilung im Innern eines Teilchens und der Verteilung in der umgebenden Grenzschicht bis zum Erreichen der Umgebungsbedingung zu unterscheiden. Prinzipiell gelten hierfür die gleichen Bilanzen, es ist jedoch jeweils mit anderen dominanten Effekten zu rechnen. Im Teilcheninnern erfolgt der Stoffaustausch hauptsächlich durch Diffusionsvorgänge. Gleichzeitig laufen hier heterogene Oberflächenreaktionen ab, die bedingt durch Adsorptions- und Desorptionsvorgänge geschwindigkeitsbestimmend sein können. In der Grenzschicht findet konvektiver und diffusiver Austausch statt, wobei jedoch oft die Verteilung der Spezies innerhalb der Grenzschicht von untergeordneter Bedeutung ist, so daß mit einem Stoffübergangskoeffizienten das Gesamtaustauschverhalten der Grenzschicht beschrieben werden kann.

Ähnlich wie bei der Speziesbilanzgleichung in der Eulerbeschreibung ist auch hier zwischen Gesamtmassenbilanz und der Einzelspeziesbilanz zu unterscheiden. Darüber hinaus ist die Speziesbilanz eines Teilchens i.a. nicht als konzentrierter Parameter anzusehen, wie dies beim Impuls möglich war, da es sich um einen starren Körper handelt. Bedingt durch konvektive und diffusive Transportvorgänge im Teilchen und durch lokale Quellen und

Senken für einzelne Spezies, aber auch der Gesamtmasse ist mit einer örtlichen Abhängigkeit der Konzentrationsverteilung zu rechnen.

Um die Analogie zur Impulsbilanz (Gl. 11.1.2) aufzuzeigen, sollen jedoch die Spezieskonzentrationen in einem ersten Schritt als konzentrierte Parameter aufgefaßt werden. Dies entspricht dem Gesamtverhalten eines Teilchens, in dessen Innern chemische Reaktionen ablaufen und das im Stoffaustausch mit seiner Umgebung steht. Damit ergibt sich:

$$\frac{\partial}{\partial t}(m_{PE}c_\alpha) = \sum_n \dot{m}_{PE,\alpha}{}^n + S_{PE,\alpha} \quad . \tag{12.1.1}$$

Dabei steht $\dot{m}_{PE,\alpha}{}^n$ für einen Stoffstrom durch Transportvorgänge der Spezies α. Hierzu sind zu zählen:

- Stoffstrom durch Konvektion,
- Stoffstrom durch molekulare Diffusion,
- Stoffstrom durch Druckdiffusion,
- Stoffstrom durch Thermodiffusion (Thermophorese) und
- Stoffströme aufgrund von Volumenkräften.

Zunächst soll auf die Bedeutung der einzelnen Stoffströme eingegangen werden:

o Konvektion: Ein Stoffstrom aufgrund einer konvektiven Bewegung konstatiert sich durch eine Geschwindigkeit u, mit der die Eigenschaft c_α transportiert wird. Eine Beschreibung erfolgt analog zur Euler-Bilanzierung (Kap. 8).

o Molekulare Diffusion: Sie wird beschrieben durch das Fick'sche Gesetz:

$$\dot{m}_{PE,\alpha}{}^D = -\rho_G D_\alpha \frac{\partial c_\alpha}{\partial x_j} \quad . \tag{12.1.2}$$

o Druckdiffusion: Mit der in Kap. 11 beschriebene Druckkraft auf ein Teilchen ist auch ein Stoffstrom verbunden. Da hier jedoch nur kleine Druckgradienten betrachtet werden sollen (keine Stoßfronten), kann dieser Effekt vernachlässigt werden.

o Thermodiffusion (Thermophorese): Bei einem vorliegenden Temperaturgradienten werden Teilchen mit hoher Temperatur in Bereiche mit niedriger Gastemperatur transportiert. Ähnlich wie die Elektropherese kann dieser Vorgang zur Beschichtung von Oberflächen eingesetzt werden. Er setzt jedoch sehr große Temperaturgradienten in der Gasphase voraus, wie sie unter den hier vorliegenden Bedingungen nicht auftreten.

o Stoffströme aufgrund von Volumenkräften: Hierunter sind Kräfte durch elektrische und magnetische Felder auf geladene Teilchen (Ionen) zusammengefaßt. Abgesehen von Versuchen, die Ionenverteilung in Flammen zu beeinflussen, spielen solche Kräfte jedoch keine Rolle.

$S_{PE,\alpha}$ ist der Quell- bzw. Senkenterm durch chemische Reaktion, der aus der chemischen Umsetzung der Spezies resultiert. Bei Zwischenstufenprodukten muß hierbei gleichzeitig mit einer Quelle und Senke gerechnet werden.

Die Gesamtmassenbilanz ergibt sich damit zu:

$$\frac{\partial}{\partial t}(m_{PE}) = \sum_{\alpha} \sum_{n} \dot{m}_{PE,\alpha}{}^{n} + \sum_{\alpha} S_{PE,\alpha} \quad . \tag{12.1.3}$$

Unter Einbeziehung größenspezifischer Effekte ergibt sich:

$$\frac{\partial}{\partial t}(m_{PE,s} c_{\alpha,s}) = \sum_{n} \dot{m}_{PE,\alpha,s}{}^{n} + S_{PE,\alpha,s} \quad . \tag{12.1.4}$$

Hiermit können dann speziell auch Effekte beschrieben werden wie eine größenspezifische Konzentration von Schwermetallen in einzelnen Kornfraktionen, wenn mit $c_{\alpha,s}$ ein solches Schwermetall bezeichnet wird.

Die Gesamtmassenbilanz erhält man wieder durch Aufsummation von Gl. 12.1.3 über alle Größenklassen s:

$$\frac{\partial}{\partial t}(m_{PE}) = \sum_{s} \sum_{\alpha} \sum_{n} \dot{m}_{PE,\alpha}{}^{n} + \sum_{s} \sum_{\alpha} S_{PE,\alpha} \quad . \tag{12.1.5}$$

Über alle Spezies und Größenklassen muß natürlich die Massenerhaltung erfüllt sein, so daß gilt:

$$\sum_{s} \sum_{\alpha} S_{PE,\alpha,s} = 0 \quad . \tag{12.1.6}$$

Wichtig für die Kopplung mit einer Impulsbilanz des Einzelteilchens (Lagrange-Berechnung) oder der Partikelphase ist die zeitliche Veränderung der Partikelgrößenverteilung. Hierzu ist die Kenntnis der Partikelmasse in der Klasse s, $m_{PE,s}$, notwendig:

$$\frac{\partial}{\partial t}(m_{PE,s}) = \sum_{\alpha} \sum_{n} \dot{m}_{PE,\alpha,s}{}^{n} + \sum_{\alpha} S_{PE,\alpha,s} \quad . \tag{12.1.7}$$

Die Gesamtmasse der Partikelphase in der Klasse s errechnet sich durch Multiplikation mit der Anzahl der Teilchen in der Klasse $N_{PE,s}$:

$$\frac{\partial}{\partial t}(m_{P,s}) = N_{PE,s} \left(\sum_{\alpha} \sum_{n} \dot{m}_{PE,\alpha,s}{}^{n} + \sum_{\alpha} S_{PE,\alpha,s} \right) \quad . \tag{12.1.8}$$

Für die Masse eines Einzelteilchens gilt:

$$m_{PE,s} = \rho_{PE,s}{}^{M} V_{PE,s} = \rho_{PE,s}{}^{M} \pi d_{PE,s}{}^{3} / 6 \quad , \tag{12.1.9}$$

wobei sich grundsätzlich gleichzeitig die Materialdichte und der Partikeleinzeldurchmesser ändern können. Unterstellt man jedoch ein gleichartiges Abbrandverhalten aller Partikel einer Größenklasse, dann gilt:

$$\rho_{PE,s}{}^{M} = \rho_{P,s}{}^{M} \quad , \tag{12.1.10}$$

d.h. die Materialdichte der Einzelpartikel unterscheidet sich nicht von der Kontinuumsmaterialdichte der gleichen Klasse.

Für viele praktische Anwendungen wird sogar die Annahme einer gleichen Dichteänderung aller Klassen zulässig sein:

$$\rho_{PE,s}{}^{M} = \rho_{P,s}{}^{M} = \rho_{P}{}^{M} \quad , \tag{12.1.11}$$

womit sich für die Massenbilanz einer Größenklasse s schreiben läßt:

$$\frac{\partial}{\partial t}(\rho_{PE,s}{}^M V_{PE,s}) = \sum_\alpha \sum_n \dot{m}_{PE,\alpha,s}{}^n + \sum_\alpha S_{PE,\alpha,s} \qquad (12.1.12)$$

und sich für die Einzelspeziesbilanz ergibt:

$$\frac{\partial}{\partial t}(\rho_{PE,s}{}^M V_{PE,s} c_\alpha) = \sum_n \dot{m}_{PE,\alpha,s}{}^n + S_{PE,\alpha,s} \qquad (12.1.13)$$

Faßt man konvektiven und diffusiven Austausch mit der Umgebung unter dem Begriff des Stoffübergangs, beschrieben über einen Stoffübergangskoeffizienten β_α und der treibenden Konzentrationsdifferenz zwischen Teilchenoberfläche und Umgebung zusammen, dann ergibt sich die Analogie zum Impulsaustausch, wenn der Stoffübergangskoeffizient als Impulsaustauschkoeffizient multipliziert mit der Relativgeschwindigkeit aufgefaßt wird.

Der allgemeine Fall mit einer räumlichen Verteilung der Speziesverteilungen und damit mit örtlich veränderlichen Stoffströmen und Quelltermen läßt sich beschreiben durch die Gleichung (Darstellung in kartesischen Koordinaten; die entsprechende Darstellung in Kugelkoordinaten findet sich in Anhang 2):

$$\frac{\partial}{\partial t}(\rho_{PE}{}^M c_\alpha) + \frac{\partial}{\partial x_j}(\rho_{PE}{}^M u_j c_\alpha) = \frac{\partial}{\partial x_j}\left[D_{\alpha,j}\frac{\partial c_\alpha}{\partial x_j}\right] + S_{PE,\alpha} \qquad (12.1.14)$$

Allgemeine **Speziesbilanz an einem Einzelteilchen** (kartesisches System)

12.1.2 Speziesbilanzgleichung für die Grenzschicht um das Teilchen

Die Bilanzgleichung 12.1.14 gilt natürlich ebenfalls in der Grenzschicht um das Teilchen. Oft interessiert man sich jedoch nicht für den genauen Verlauf der Konzentrationen in der Grenzschicht, sondern nur für den Stofftransport durch die gesamte Grenzschicht bzw. den Stoffaustausch für das Teilchen. Hierzu wird Konvektion und Diffusion über den Stoffübergang erfaßt, wobei über einen Stoffübergangskoeffizienten der Spezies α, β_α, der globale Stoffstrom über die Grenzschicht mit dem Konzentrationsgradienten zwischen Partikeloberfläche, $c_{\alpha,PO}$ und der Umgebung, $c_{\alpha,\infty}$, verknüpft wird.

$$\dot{m}_{\alpha,PE}{}^{SÜ} = \beta_\alpha (c_{\alpha,PO} - c_{\alpha,\infty}) \cdot A^{GS} \qquad (12.1.15)$$

Die Stoffbilanz des Einzelteilchens ergibt sich damit zu:

$$\frac{\partial}{\partial t}(m_{PE} c_\alpha) = \beta_\alpha (c_{\alpha,PO} - c_{\alpha,\infty}) \cdot A^{GS} + S_{\alpha,PE} \qquad (12.1.16)$$

Quell- und Senkenterme in der Grenzschicht müssen bei dieser Betrachtung zunächst ausgeschlossen werden, da sie ja einen scheinbar anderen Stoffübergangskoeffizienten vortäuschen würden. A^{GS} stellt eine die gesamte Grenzschicht charakterisierende Austauschfläche dar. Oft wird hierfür die Partikeloberfläche gewählt, um eine Unabhängigkeit von sich verändernden Grenzschichtdicken zu erhalten.

Der Stoffübergangskoeffizient ist eine Funktion der Anströmbedingung (Re_p-Zahl), der Geometrie und der Randbedingungen. Er ist verknüpft mit der Sherwood-Zahl Sh gemäß der Definition:

$$Sh = \frac{\beta_\alpha \cdot d_{PE}}{\rho \cdot D_\alpha} \quad . \tag{12.1.17}$$

Für vernachlässigbare Schlupfgeschwindigkeit (nicht angeströmtes Teilchen) entfällt der Einfluß der Reynoldszahl und Sh nimmt den Grenzwert:

$$Sh = 2 \tag{12.1.18}$$

an.

Damit erhält man:

$$\beta_\alpha = 2 \cdot \rho \cdot D_\alpha / d_{PE} \quad . \tag{12.1.19}$$

Die Unterstellung einer vollständigen Analogie zwischen Impuls- und Stoffaustausch (Le=1) führt in der Partikelgrenzschicht zum Begriff der Colburn-Analogie, bei der Stoffaustausch- und Impulsaustauschkoeffizienten in Relation gesetzt werden. Die entsprechende Stantonzahl für den Stoffaustausch St' lautet:

$$St' = Sh / (Re \cdot Sc) \quad . \tag{12.1.20}$$

Der Diffusionskoeffizient D_α ist im allgemeinen nur als binärer Diffusionskoeffizient zweier Spezies ineinander verfügbar. Im weiteren soll jedoch eine ungestörte Überlagerung der Einzelspeziesdiffusionsvorgänge unterstellt werden. Der Diffusionskoeffizient für Sauerstoff in der Grenzschicht kann z.B. nach Gl. 8.5.28 berechnet werden. Für angeströmte, reagierende Partikel muß eine gesonderte Betrachtung erfolgen (Kap. 11.1.4). Berücksichtigt man die Teilchengrößenabhängigkeiten in Gl. 12.1.12 nicht, dann erhält man:

$$\frac{\pi}{6} \cdot \frac{\partial}{\partial t} (\rho_{PE}{}^M \, d_{PE}{}^3) = 2 \, D_\alpha \, (c_{\alpha,PO} - c_{\alpha,\infty}) \, \pi d_{PE} + S_{\alpha,PE} \quad . \tag{12.1.21}$$

Die allgemeine dreidimensionale Bilanzgleichung für die Grenzschicht läßt sich angeben zu:

$$
\begin{aligned}
&\frac{\partial}{\partial t} (\rho c_\alpha) + \frac{1}{r^2} \frac{\partial}{\partial r} (\rho r^2 u_r c_\alpha) + \frac{1}{r \sin\theta} \frac{\partial}{\partial \theta} (\rho u_\theta \sin\theta c_\alpha) + \\
&+ \frac{1}{r \sin\theta} \frac{\partial}{\partial \phi} (\rho u_\phi c_\alpha) = \frac{1}{r^2} \frac{\partial}{\partial r} \left[r^2 \frac{\mu_{eff}}{\sigma_{\alpha,eff}} \frac{\partial c_\alpha}{\partial r} \right] + \\
&+ \frac{1}{r^2 \sin\theta} \frac{\partial}{\partial \theta} \left[\frac{\mu_{eff}}{\sigma_{\alpha,eff}} \sin\theta \frac{\partial c_\alpha}{\partial \theta} \right] + \frac{1}{r^2 \sin^2\theta} \frac{\partial}{\partial \phi} \left[\frac{\mu_{eff}}{\sigma_{\alpha,eff}} \frac{\partial c_\alpha}{\partial \phi} \right] + S_\alpha
\end{aligned}
\tag{12.1.22}
$$

Speziesbilanzgleichung für die Korngrenzschicht (Polarkoordinaten)

12.1.3 Einfluß der Relativbewegung auf den Stoffaustausch

Für nicht angeströmte Teilchen konnte eine Sherwood-Zahl Sh von zwei unterstellt werden. Bei einer Relativbewegung zwischen Teilchen und ihrer Umgebung kommt der Einfluß der Partikel-Reynolds-Zahl zum Tragen.

Diese Abhängigkeit läßt sich nach Smoot (/11.1.4/) gemäß:

$$Sh = 2 + 0,654 \cdot Re^{1/2} \cdot Sc^{1/3} \tag{12.1.23}$$

angeben, wobei diese Beziehung durch die Annahme einer vollständigen Analogie zwischen Wärme- und Stoffaustausch aus einer empirischen Korrelation für den Wärmeaustausch (Wärmeübergang) abgeleitet wurde.

12.1.4 Speziesbilanzgleichung für das Teilcheninnere

Realiter sind die Vorgänge im Teilcheninneren von dreidimensionaler Natur, da eine einseitige Anströmung der Teilchen eine Verteilung der Randbedingung an der Partikeloberfläche zur Folge hat. Somit gilt Gl. 12.1.22 auch im Innern. Für viele Anwendungen wird es jedoch zulässig sein, für das Teilcheninnere diese "äußeren" Effekte zu vernachlässigen. Da Ausgleichs- bzw. Transportströme im Innern immer in radialer Richtung auftreten, wenn man eine homogene Verteilung der Stoff- und damit Transporteigenschaften unterstellt, sind diese Vorgänge mit einer eindimensionalen, nur radiusabhängigen Bilanzgleichung beschreibbar. Dies bedeutet mathematisch:

$$\varphi = \varphi(r) \quad , \tag{12.1.24}$$
$$\varphi \neq \varphi(\theta, \Phi) \quad . \tag{12.1.25}$$

Damit ergibt sich in einem Kugelkoordinatensystem der folgende Satz von beschreibenden Gleichungen für die im Porensystem ablaufenden Transportvorgänge:

$$\frac{\partial \rho}{\partial t} + \frac{1}{r^2} \frac{\partial}{\partial r} (\rho\, r^2\, \dot{u}_r) = 0 \tag{12.1.26}$$

Kontinuitätsbilanz (Gesamtmassenbilanz)
(Kugelkoordinatensystem eindimensional, radiale Richtung)

$$\rho \left[\frac{\partial \varphi}{\partial t} + u_r \frac{\partial \varphi}{\partial r} \right] = \frac{1}{r^2} \frac{\partial}{\partial r} \left(\Gamma_\varphi\, r^2\, \frac{\partial \varphi}{\partial r} \right) + S_\varphi \tag{12.1.27}$$

Transportgleichung für eine allgemeine Variable φ
(Kugelkoordinatensystem eindimensional, radiale Richtung)

$$\rho \left[\frac{\partial u_r}{\partial t} + u_r \frac{\partial u_r}{\partial r} \right] = - \frac{\partial p}{\partial r} - \frac{1}{r^2} \frac{\partial}{\partial r} (r^2 \, \tau_{rr}) \qquad (12.1.28)$$

mit dem Spannungsterm:

$$\tau_{rr} = - \mu \left[2 \frac{\partial u_r}{\partial r} - \frac{2}{3} \frac{1}{r^2} \frac{\partial}{\partial r} (r^2 \, u_r) \right] \qquad (12.1.29)$$

Impulsbilanzgleichung (Kugelkoordinatensystem eindimensional, radiale Richtung)

Im engen Porensystem kann meist die Konvektion gegenüber der Diffusion vernachlässigt werden, wodurch alle Terme mit u_r und damit die gesamte Impulsbilanz entfallen.

Der Diffusionskoeffizient Γ_c für den diffusiven Speziestransport bei Kohle setzt sich aus den verschiedenen Diffusionsregimen der Porendiffusion (Tab. 12.4.1) zusammen.

Hierdurch ergibt sich ein Ansatz:

$$\Gamma_c = D_{eff} = D_G + D_K + D_O + D_F \qquad (12.1.30)$$

Effektiver Porendiffusionskoeffizient bei verschiedenen Diffusionsregimen

Die Indizes "G", "K", "O" und "F" stehen für Gas-, Kapillar-, Oberflächen und Festkörperdiffusion.

Da die verschiedenen Regime vom Porendurchmesser abhängig sind, wird bei dieser Berücksichtigung nur jeweils ein Term wirksam.

12.2 Teilchengruppenverbrennung

Bei den bisherigen Überlegungen war davon ausgegangen worden, daß jedes Teilchen individuell, d.h. unabhängig von den benachbarten abbrennt. Nimmt die Teilchenkonzentration jedoch zu, dann ist insofern mit einer "Beeinflussung" durch die Nachbarteilchen zu rechnen, als die Konzentrationsverläufe in der Umgebung der Teilchen von der absoluten Anzahl der Teilchen in einer Gruppe abhängen. In Bild 12.2.1 sind diese Verhältnisse skizziert. Dabei sind mit Punkten die Einzelteilchen angedeutet, die gestrichelte Linie gibt die Gesamtheit der Gruppe an. Bei der Einzelteilchenverbrennung ist die Konzentrationsverteilung des Sauerstoffs in der Gruppe keine Funktion des Ortes, wenn man sich außerhalb der Grenzschicht um die Einzelteilchen befindet. Nimmt die Teilchenbeladung zu, dann sinkt die O_2-Konzentration zum Zentrum der Gruppe hin leicht ab. Bei der Hüllverbrennung ist

334

die Teilchenbeladung so hoch, daß
die im Innern der Gruppe freigesetzten Gase (Verdampfung bei Öl, Pyrolyse bei Kohle) an der äußeren Hüllfläche der Gruppe praktisch den gesamten Sauerstoff aufbrauchen und
dort abbrennen. Es entsteht eine Hüll-
flamme. Sowohl bei Öl, im Bereich
des Sprühkegels, als auch bei Kohle,
in Strähnen im Brennermundbereich,
kann dieser Effekt beobachtet werden.
In beiden Fällen ist dieser Effekt
jedoch von einem anderen zu trennen,
daß nämlich der Sauerstoff aus der
Sekundärluft, bedingt durch unzurei-
chende Mischung, noch nicht bis in
den Kern der Primärluft-/Öl- bzw.
Kohlemischung gelangt ist.

Zur Unterscheidung verschiedener
Regime bei der Einzelteilchen- bzw.
Gruppenverbrennung dient die "Gruppenverbrennungszahl" G, die den
Massentransport zwischen ihrer Umgebung innerhalb der Teilchengruppe
in Relation setzt zu dem Massen-

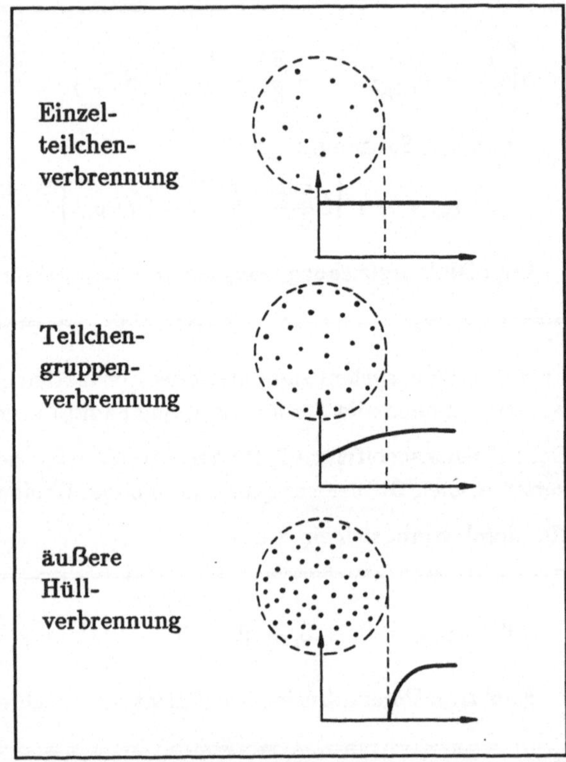

Bild 12.2.1: Konzentrationsverläufe von Sauerstoff
bei verschiedenen Verbrennungsregimen

transport zwischen der Gruppe und seiner Umgebung. Im Innern der Gruppe wird der
Massentransport dominiert durch die Freisetzung an gasförmigen Bestandteilen. Bei der
Ölverbrennung ist dies die Verdampfungsrate, bei Kohle die Pyrolyserate. Beide seien unter
$\dot{r}^G$ zusammengefaßt. Wird der Diffusionsmassenstrom von außen mit $\dot{m}^D$ bezeichnet, dann
erhält man eine allgemeine Definition für G:

$$G = \dot{r}^G / \dot{m}^D \ . \tag{12.2.1}$$

Die Kennzahl G ist abhängig von den Brennstoffeigenschaften, der Stöchiometrie und den
Konzentrationsverhältnissen in der Gruppenumgebung. Eine Abgrenzung als Funktion der
absoluten Teilchenanzahl und des Verhältnisses zwischen dem Abstand der Teilchen und
ihrem Durchmesser gibt das Bild 12.2.2 graphisch wieder.

Regime	lokale Verhältnisse	G	Beschreibung
Einzel-tropfen-verbrennung	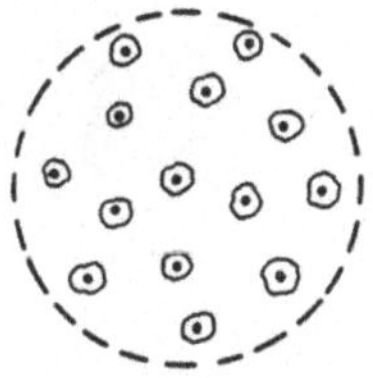	$< 10^{-2}$	Flammenhülle um jedes Öltröpfchen
Interne Gruppen-verbrennung		$10^{-1} - 10^{-2}$	Flammenhülle um die Tröpfchen einer äußeren Hüllschicht
Externe Gruppen-verbrennung	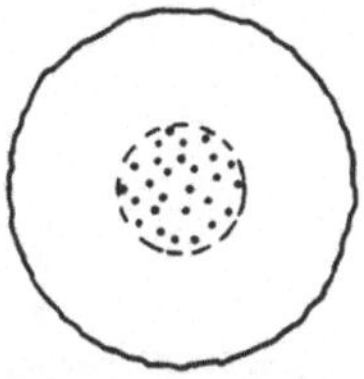	$10^{-1} - 10^{2}$	Alle Tröpfchen im Innern verdampfen, und es bildet sich um die Gruppe eine Flammen-hülle aus
Externe Hüll-verbrennung	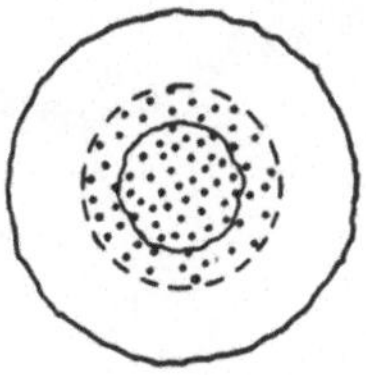	$> 10^{2}$	Teilchen in der innersten Zone verdampfen nicht, darum herum bildet sich eine Schicht mit verdampf-enden Tröpfchen. Um die Gruppe bildet sich eine Flammenhülle aus.

Bild 12.2.2: Verschiedene Regime bei der Ölverbrennung (nach /12.2.4/)

12.3 Abbrand von Öltröpfchen

12.3.1 Auftretende Phänomene

Nach der Zerstäubung (Zerdüsung) des Öls liegt eine mehr oder weniger breite Verteilung an Tropfengrößen vor. Die entstandenen Tropfen seien zunächst als kugelförmig (sphärisch) angenommen. Eine Energiezufuhr von außen durch Konvektion, Leitung und Strahlung führt zu einer Temperaturerhöhung im Innern des Teilchens, die von außen nach innen fortschreitet (Bild 12.3.1). Hierdurch wird zunächst an der äußeren Oberfläche die Siedebedingung erreicht, und es stellt sich ein Konzentrationsverlauf an flüchtigen Bestandteilen, zusammengefaßt als C_xH_y, ein, der von einem endlichen Wert in der Umgebung auf einen niedrigeren Wert an der Oberfläche absinkt. Mit steigender Temperatur im Tropfen wird die Verdampfungsrate zunehmend größer, es setzt auch Verdampfung im Innern des Teilchens ein, so daß auch ein Blasentransport aus dem Innern an die Oberfläche auftritt.

Beim Austreten der Gasblasen aus dem Tröpfchen kommt es zu "Eruptionen", zu einem Herausschleudern von Ölbestandteilen (Bild 12.3.2).

Die Konzentration an der Tropfenoberfläche steigt weiter an. In Bild 12.3.1 sind diese Verhältnisse zu einem frühen Zeitpunkt mit einer durchgezogenen Linie, zu einem späteren mit einer gestrichelten angedeutet.

Die Flüchtigen diffundieren durch die Grenzschicht nach außen, so daß sich an einer Hüllfläche um das Tröpfchen ein zündfähiges Gemisch einstellt. Liegt an dieser Stelle die thermische Zündbedingung vor (Zündtemperatur erreicht), dann stellt sich an dieser Stelle die Flammenhülle ein. Die Temperatur an dieser Stelle steigt über die Werte in der Umgebung und im Tropfen selbst an (Bild 12.3.3). Die Konzentrationen an Sauerstoff und Flüchtigen

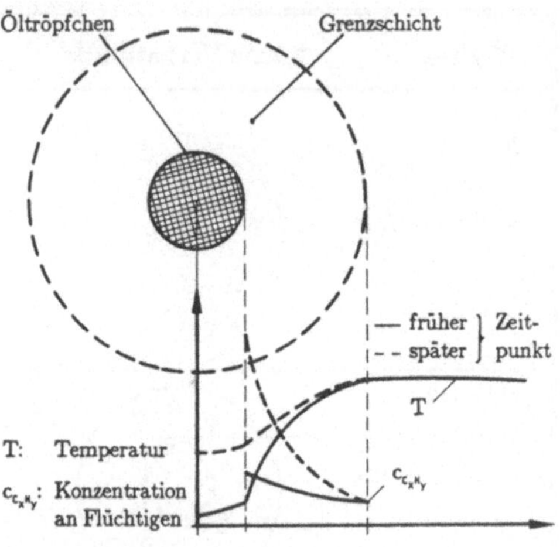

Bild 12.3.1: Verhältnisse an einem verdampfenden Öltröpfchen

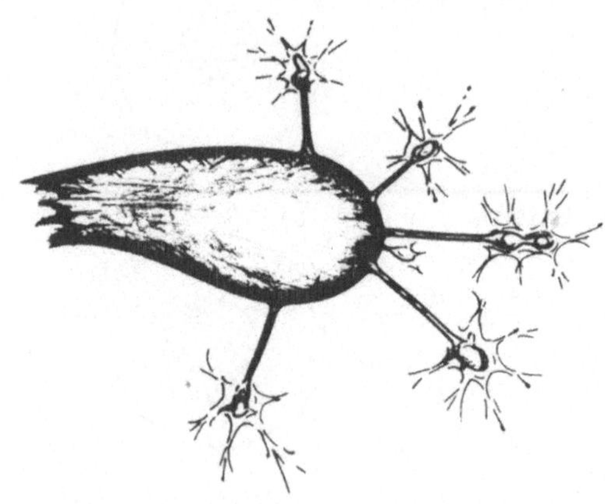

Bild 12.3.2: Geometrische Form eines verdampfenden und brennenden Öltröpfchens (/12.3.12/)

sinken an dieser Stelle auf null ab, wenn man laminare Verhältnisse unterstellt. Liegt auch in diesem Bereich lokale Ungemischtheit vor (turbulente Verhältnisse), dann lassen sich die in Kap. 8.2.6 getroffenen Aussagen entsprechend übertragen.

Für das bisher Angeführte war ein homogener Brennstoff mit einer definierten Siedetemperatur unterstellt worden. Bei technischen Brennstoffen handelt es sich jedoch meist um eine Mischung unterschiedlicher Fraktionen oder eine Mischung verschiedener Öle (Flugtreibstoff), so daß mit einem breiten Siedetemperaturbereich gerechnet werden muß. Bei der Verdampfung wird daher zuerst die leichter siedende Komponente verflüchtigt, wodurch sich die Zusammensetzung und Stoffeigenschaften der verbleibenden Flüssigphase verändern. Dies muß gegebenenfalls mit berücksichtigt werden.

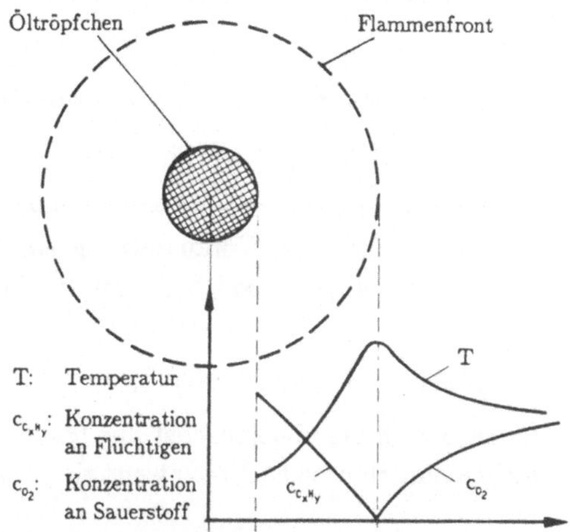

Bild 12.3.3: Verhältnisse an einem verdampfenden und simultan abbrennenden Öltröpfchen

12.3.2 Reine Verdampfung

In Kap. 8.4.3 wurde das d^2-Gesetz für die Ölverdampfung angegeben. Darüber hinaus existieren noch eine ganze Reihe weiterer, meist auf experimentellen Daten basierende Verdampfungsgesetze (/12.3.1/ - /12.3.8/).

Weiter angeführt werden soll nur die Bestimmung der Phasenumwandlungszahl Ph, da sie auch für die Berechnung des Widerstandsbeiwertes benötigt wird (/12.3.9/). Hierbei ist zwischen einer reinen Verdampfung, Ph^G, und einer simultanen Verdampfung-Verbrennung Ph^{GV} (Kap. 12.3.3) zu unterscheiden.

Für die reine Verdampfung gilt die Definition:

$$Ph^G = \bar{c}_B \, \Delta T / \, \Delta h_V^* \quad . \tag{12.3.1}$$

Darin steht $\bar{c}_B$ für die integrale spezifische Wärmekapazität des Brennstoffs, ΔT ist die Temperaturdifferenz zwischen der Tröpfchenoberflächentemperatur T_p und der Siedetemperatur T_S des Brennstoffs, Δh_V^* ist die modifizierte spezifische Verdampfungsenthalpie. Bei ihr ist noch zu unterscheiden in die:

- Tröpfchenaufheizphase:

$$\Delta h_V^* = \bar{c}_B \, (T_P - T_S) + \Delta h_V \tag{12.3.2}$$

und die

- reine Verdampfungsphase:

$$\Delta h_V^* = \Delta h_V \quad . \tag{12.3.3}$$

Hieraus ergibt sich dann die verallgemeinerte Verdampfungsrate zu:

$$\dot{r}^G = - (2\pi d_{PE}\lambda_G / \bar{c}_{p,G}) \cdot Ph \quad . \tag{12.3.4}$$

Unterstellt man wieder eine vollständige Analogie zwischen Wärme- und Stoffaustausch, dann kann unter der Voraussetzung einer Energieübertragung allein durch Leitung das Verhältnis der Sherwood-Zahl mit Verdampfung, Sh^G, und ohne, Sh, abgeleitet werden (/12.3.9/):

$$Sh^G / Sh = \ln(1+Ph) / Ph \quad . \tag{12.3.5}$$

Diese Beziehung gilt zunächst nur für eine Partikel-Reynolds-Zahl $Re_p = 0$, also für den nicht angeströmten Fall, oder wenn sich das Tröpfchen ohne Schlupfgeschwindigkeit bewegt.

12.3.3 Simultane Verdampfung und Abbrand

Für die simultane Verdampfung und Abbrand ist die Phasenübergangszahl Ph^{GV} definiert zu (/12.3.9/):

$$Ph^{GV} = \left[\bar{c}_B \Delta T + c_{O_2} \Delta h_{R,C_xH_y} / r_{ox} \right] / \Delta h_V^* \quad , \tag{12.3.6}$$

wobei zusätzlich zu den Größen in Gl. 12.3.1 der Sauerstoffmassenanteil in der Grenzschicht (Mittelwert), die Reaktionsenthalpie der Flüchtigen $\Delta h_{R,C_xH_y}$ und der stöchiometrische Sauerstoffbedarf r_{ox} auftreten. Die modifizierte spezifische Verdampfungsenthalpie wird gleich wie in Gl. 12.3.2 bzw. 12.3.3 definiert.

Daraus ergibt sich die Gesamtumsetzungsrate $\dot{r}^{GV}$ zu:

$$\dot{r}^{GV} = - (2\pi d_{PE}\lambda_G / \bar{c}_{p,G}) \cdot Ph \quad . \tag{12.3.7}$$

12.3.4 Teilchengruppenverbrennung bei der Ölverbrennung

Bei der Ölverbrennung ist die Gruppenverbrennungszahl definiert als Verhältnis der Tropfenverdampfungsrate zum Transport von gasförmigen Spezies durch Diffusion (/12.2.4/):

$$G = \dot{r}^G / \dot{m}^D \quad . \tag{12.3.8}$$

Hiernach sind dann insgesamt 4 Regime unterscheidbar:

- Einzeltropfenverbrennung,
- interne Gruppenverbrennung,
- externe Gruppenverbrennung und
- externe Hüllverbrennung.

Diese Einteilung als Funktion des Verhältnisses Tröpfchenabstand zu Tröpfchendurchmesser, der absoluten Tröpfchenanzahl und der Gruppenverbrennungszahl G zeigt Bild 12.3.4.

Chiu (/12.2.4/) weist darauf hin, daß bei vielen technischen Ölbrennern eine innere oder äußere Gruppenverbrennung vorliegt. Auf eine Modellierung soll hier nicht eingegangen werden, vermerkt sei nur, daß in /12.2.1/ entsprechende Ansätze angeführt sind.

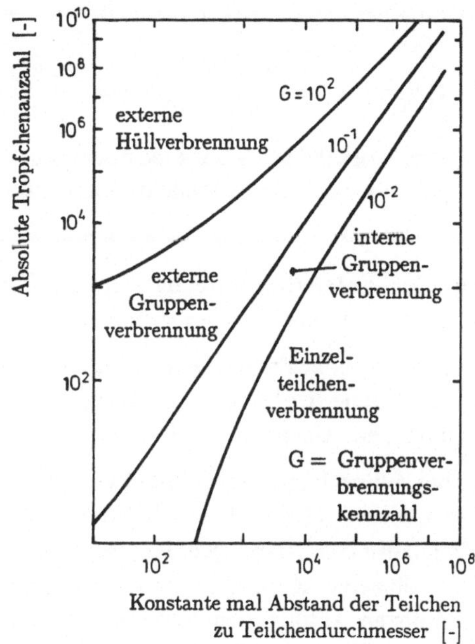

Bild 12.3.4: Abgrenzung verschiedener Regime über die Kennzahl G bei der Ölverbrennung (/12.2.4/)

12.4 Abbrand von Kohlepartikeln

12.4.1 Auftretende Phänomene

Die Impulsbilanz für Transportvorgänge im Innern eines Teilchens hat formal die gleiche Gestalt wie die für die Partikelgrenzschicht (Kugelkoordinatensystem).

Im Innern von Feststoffpartikeln (z.B. Kohle) ist jedoch ein ausgeprägtes Porensystem vorhanden. Bedingt durch die große Bandbreite der anzutreffenden Porendurchmesser ist mit verschiedenen Diffusionsregimen zu rechnen (Kap. 12.4.3). Die Summe aller Diffusionsvorgänge soll über einen Diffusionsansatz mit einem effektiven Diffusionskoeffizienten berücksichtigt werden. In diesen Poren spielt die Konvektion eine meist zu vernachlässigende Rolle. Sieht man von der dreidimensionalen Grenzschicht um das Teilchen ab, dann sind die Verhältnisse im Innern in guter Näherung eindimensional approximierbar, wobei nur eine radiale Abhängigkeit zu berücksichtigen ist. Mit dieser Vereinfachung erhält man die Speziesbilanzgleichung:

$$\rho \left[\frac{\partial c_\alpha}{\partial t} + u_r \frac{\partial c_\alpha}{\partial r} \right] = \frac{1}{r^2} \frac{\partial}{\partial r} \left(D_{c,eff} \, r^2 \frac{\partial c_\alpha}{\partial r} \right) + S_\alpha \qquad (12.4.1)$$

Transportgleichung für eine Spezies α
(Kugelkoordinatensystem eindimensional, radiale Richtung)

Bei der Euler-Beschreibung der Partikelphase "Kohle" war schon auf die globalen Mechanismen des Kohleabbrands eingegangen worden. Es waren dies:

- Pyrolyse oder Freisetzung von flüchtigen Bestandteilen,
- heterogene Reaktionen des Kokses und
- homogene Gasphasenreaktionen.

Dabei soll im folgenden auf die Pyrolyse nicht nochmals eingegangen werden. Sie kann mit den gleichen Modellen wie bei der Kontinuumsbeschreibung (vgl. Kap. 8.5.2) auch im Einzelkorn beschrieben werden. Bei den heterogenen Koksabbrandreaktionen sollen jedoch auch einzelne Reaktionsschritte angegeben werden, um so zu einem Verständnis der komplexen Abfolge von physikalisch/chemischen Effekten und chemischer Reaktion zu kommen. Der erste Schritt ist eine physikalische Adsorption bzw. Chemisorption. Bei ersterem werden Moleküle adsorbiert, bei zweiterem findet vorher eine Dissoziation der zu adsorbierenden Moleküle statt. Nach Ablauf der chemischen Oberflächenreaktionen werden die Reaktionsprodukte wieder desorbiert. Diese Prozesse laufen sowohl an der äußeren Oberfläche der Kohlepartikel als auch im inneren Porensystem ab. Die Gesamtkinetik wird daher von Porentransportvorgängen überlagert.

Der Porentransport spielt auch eine Rolle bei der Umsetzung der flüchtigen Bestandteile, die man sich ebenfalls an der festen Oberfläche freigesetzt vorstellen kann. Die Pyrolysegase werden durch die Poren an die Kornoberfläche transportiert und müssen dann durch die Korngrenzschicht diffundieren (Bild 12.4.1). Je nach vorliegenden Konzentrationsverhältnissen in den Poren bzw. in der Grenzschicht findet dabei eine Reaktion mit Sauerstoff statt. Der Transport von Flüchtigen durch die Poren und die Grenzschicht in die Umgebung und umgekehrt vom Sauerstoff ins Innere beeinflussen sich gegenseitig und werden auch durch den chemischen Umsatz beeinflußt.

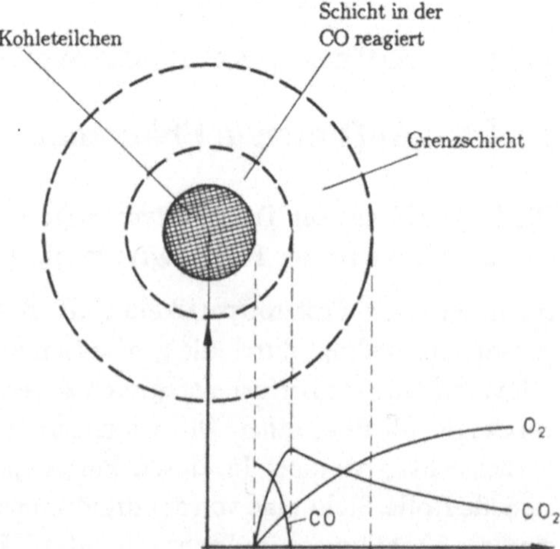

Bild 12.4.1: Verhältnisse an einem abbrennenden Kohleteilchen

Transportvorgänge im Innern der Teilchen können nicht isoliert vom plastischen Verhalten des Korn (Erweichen, Schwellen, Wiedererstarren und Schrumpfen) und dem zum Teil damit verbundenen morphologischen Verhalten (Änderung der Porenstruktur und Fragmentierung) gesehen werden.

12.4.2 Plastisches Verhalten

Unter dem Oberbegriff "Plastisches Verhalten" von Kohle seien hier die Vorgänge:

- Erweichen,
- Schwellen,
- Wiedererstarren und
- Schrumpfen

des Kohleteilchens während des Abbrandvorganges verstanden.

Spielt das plastische Verhalten eine entscheidende Rolle, dann müssen für die Modellierung geeignete Ansätze formuliert werden. Ein sehr schnelles Schwellen in der Anfangsphase der Umsetzung kann z.B. über eine größere Anfangsgrößenverteilung berücksichtigt werden. Erweichen, Wiedererstarren und Schrumpfen können über den Exponenten N_C (vgl. Kap. 8.5.6.3 und 12.4.3) auf die Veränderung der reaktiven Oberfläche eingehen, wenn die Gleichungen in Kap. 8.5.6 auf ein Teilchen des entsprechenden Durchmessers umgeschrieben werden.

12.4.3 Morphologisches Verhalten und Transportvorgänge im Innern eines Teilchens

Sowohl bei der Pyrolyse als auch beim Koksabbrand spielt die Porengrößenverteilung und deren Verschiebung eine wichtige Rolle, da hierdurch die Fläche der reaktiven Oberflächen für heterogene Oberflächenreaktionen und die Porendiffusionsvorgänge (Pyrolyseprodukte nach außen, Sauerstoff nach innen) bestimmt bzw. beeinflußt werden. Von der absoluten Porenweite hängt z.B. ab, welche Diffusionsart (/12.4.1/):

- molekulare (freie) Diffusion,
- Kapillar-(Knudsen-) Diffusion,
- Oberflächen-(Volmer-) Diffusion oder
- Festkörperdiffusion

dominant ist. Grundsätzlich laufen alle vier Diffusionsarten parallel ab, nur die unterschiedlichen Transportmechanismen sind in den verschiedenen Porendurchmessern von unterschiedlichem Einfluß. Liegt die Porenverteilung einer Kohle vor, dann kann entschieden werden, welcher Mechanismus berücksichtigt werden muß. Tab. 12.4.1 gibt die verschiedenen Porenweitenbereiche und Beziehungen für die Berechnung des jeweiligen Diffusionskoeffizienten an.

Diffusionsart	charakt. Porenweite [μm]	Diffusions- koeffizient [m^2/s]	Größenordnung von D (20°C) [m^2/s]
Freie Diffusion	$>$0,5	$D_G = c_G\, T^{3/2} / f(p,\sigma,M)$ $f(p,\sigma,M) = p\sigma^2 M^{1/2}$	0,1÷1
Kapillardiffusion (Knudsendiffusion)	10^{-2}÷0,5	$D_K = c_K\, T^{1/2} / f(M)$ $f(M) = M^{1/2}$	10^{-2}
Oberflächendiffusion (Volmerdiffusion)	10^{-3}÷10^{-2}	$D_O = c_O\, f(T)\, \exp(-(Q-E_o)/RT)$	10^{-3}
Festkörperdiffusion	$<10^{-3}$	$D_F = c_F\, \exp(-E_F/RT)$	10^{-5}

Tab. 12.4.1: Diffusionsregime bei der Porendiffusion

Zur Berechnung und Bilanzierung der Porenoberflächen (Porenflächenhaushalt) wird eine Modellvorstellung über die Porenstruktur, also die Morphologie des Teilcheninnern benötigt. Hierzu wurden eine Reihe von Porenstrukturmodellen entwickelt, die in Bild 12.4.2 skizziert sind.

Es handelt sich dabei um:

- Modell mit isolierten Porenkanälen,
- Modell mit zufälligen Porenkanälen,
- Porennetzmodell (Gittermodell) und
- Porenbaummodell.

Geht man davon aus, daß die Porenverteilung vor dem Zerkleinerungsprozeß homogen ist, dann erscheint das Netzmodell am realistischsten. Bei der Zerkleinerung werden jedoch, je nach Prozeß, zusätzliche Risse, bedingt durch mechanische Spannungen, von außen nach innen laufen, deren Struktur näher beim Porenbaummodell liegen dürfte. Die Summe aus natürlichen und "künstlichen" Poren und damit die tatsächliche Verteilung liegt damit vermutlich zwischen diesen beiden Grenzvorstellungen.

Beim Abbrand eines Kohleteilchens ändern sich der Partikeldurchmesser d_{PE} und die Materialdichte $\rho_P{}^M$. Hierbei treten die beiden Grenzfälle auf:

- Abbrand bei konstanter Dichte und abnehmendem Partikeldurchmesser (Fall 1, Bild 12.4.3 rechts, oben) und
- Abbrand bei abnehmender Dichte und konstantem Partikeldurchmesser (Fall 2, Bild 12.4.3 rechts, unten).

Korreliert man die Größen Dichte und Durchmesser mit dem Umsatz (Ausbrand, vgl. auch Kap. 8.5.6.3) U_{PE}:

$$m_{PE}(t) = m_{PE}(0) \cdot (1 - U_{PE}) \quad , \qquad (12.4.2)$$

dann erhält man (/12.4.4/):

$$d_{PE}(t) = d_{PE}(0) \cdot (1 - U_{PE})^{c_{u,1}} \quad , \qquad (12.4.3)$$

$$\rho^{M}_{P}(t) = \rho^{M}_{P}(0) \cdot (1 - U_{PE})^{c_{u,2}} \quad , \qquad (12.4.4)$$

wenn man ein gleichmäßiges Porensystem im gesamten Korn unterstellt, das als solches während des Abbrands erhalten bleibt.

Damit lassen sich die beiden obigen Grenzfälle einordnen:

- Fall 1: $c_{u,1} = 1/3$ und $c_{u,2} = 0$, $\qquad (12.4.5)$
- Fall 2: $c_{u,1} = 0$ und $c_{u,2} = 1$. $\qquad (12.4.6)$

Viele Kohlen bilden dagegen sogenannte Cenosphären (/12.4.20/), bei denen während des Abbrands außen eine Hülle erhalten bleibt, auf die auch die Reaktionsrate bezogen wird, während im Innern der Abbrand fortschreitet, wobei jedoch mit größeren Gas- und Flüssigkeitseinschlüssen (Teeren) zu rechnen ist. Eine Porenstruktur im Innern ist nicht anzutreffen. Hierfür lassen sich die Partikeldurchmesser- und Teilchendichteverläufe angeben zu (/12.4.4/):

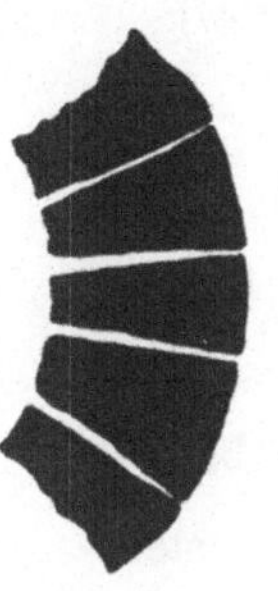
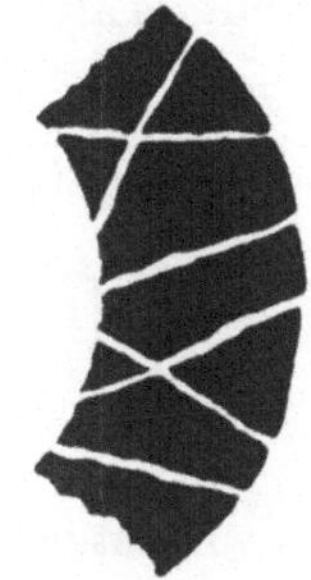

Modell mit isolierten Poren

Modell mit zufälligen Poren

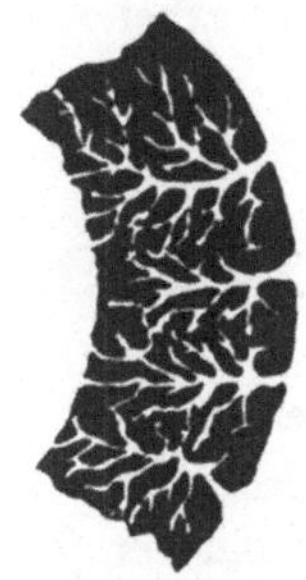

Porennetzmodell (Gittermodell)

Porenbaummodell

Bild 12.4.2: Verschiedene Porenstrukturmodelle (/12.4.2/)

$$d_{PE}(t) = d_{PE}(0) \cdot (1 - U_{PE} + U_{PE}\Psi_{PE}) \quad , \qquad (12.4.7)$$

$$\rho_{P}(t) = \rho_{P}(0) \cdot (1 - U_{PE}) / (1 - U_{PE} + U_{PE}\Psi_{PE}) \quad , \qquad (12.4.8)$$

wobei Ψ_{PE} die innere Porosität der Cenosphäre bezeichnet, die ihrerseits eine Funktion der Zeit ist.

Die tatsächlichen Werte für die Exponenten $c_{u,1}$ und $c_{u,2}$ liegen natürlich zwischen den oben angegebenen Grenzwerten. Anhaltswerte für verschiedene Kohlen führt Smith (/12.4.4/) an.

Damit kann der zeitliche Verlauf des Abbrandes angegeben werden, wobei Ausgangspunkt die spezifische, auf die äußere Oberfläche bezogene Reaktionsrate $\dot{r}_{PE}''$:

$$\dot{r}_{PE}'' = \dot{r}_{PE} / \left[\pi d_{PE}^{2}(0) \left[1 - U_{PE}(t) \right]^{2} \right] \qquad (12.4.9)$$

ist.

Damit erhält man (/12.4.4/):

$$\frac{\partial U}{\partial t} = \frac{6}{d_{PE}^2(0) \cdot \rho_P^M(0)} \cdot$$

$$\cdot \left[1-U(t)\right]^{1-c_{U,1}-c_{U,2}} \cdot$$

$$\cdot \dot{r}_{PE}'' \quad . \quad (12.4.11)$$

Die Reaktionsrate $\dot{r}_{PE}''$ steht meist aus experimentellen Untersuchungen zur Verfügung und kann auf diese Weise direkt in den zeitlichen Umsatzverlauf eingearbeitet werden.

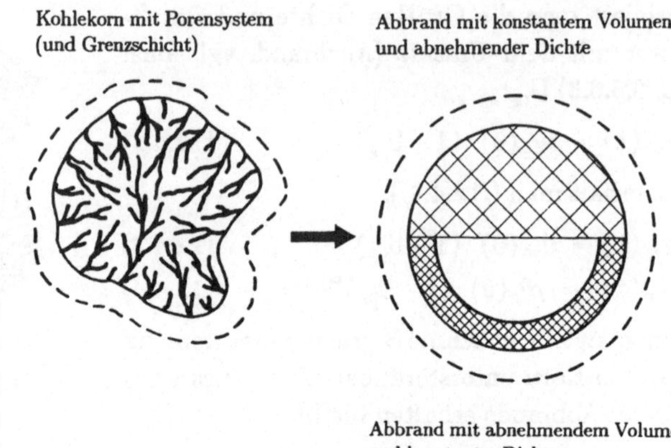

Bild 12.4.3: Verschiedene Kohleabbrandmodelle

12.4.4 Heterogene Oberflächenreaktionen

Der Ablauf heterogener Oberflächenreaktionen ist bestimmt durch die Teilschritte Adsorption oder Chemisorption des Oxidationsmittels oder allgemein der Gasphasenreaktionspartner, dem eigentlichen chemischen Umsatz und der Desorption der Reaktionsprodukte.

Nach der Adsorption von Gasphasenspezies laufen an den festen Oberflächen von Koks heterogene Oberflächenreaktionen ab. Die daran beteiligten Spezies sind im wesentlichen O_2, CO_2, H_2O und H_2 (/12.4.8/), die die Reaktionen nach Reaktionsschema 12.4.1 eingehen, wobei mit C* eine freie Bindungsstelle des Kokses bezeichnet ist.

Die entsprechenden Umsatzraten können unter Zugrundelegung verschiedener Kinetiken erfolgen. Hierzu zählen im wesentlichen:

- die Langmuir-Hinshelwood-Kinetik und
- die Elovich-Kinetik,

wobei jeweils zwischen reiner Adsorption und Adsorption mit simultaner Desorption zu unterscheiden ist.

Reaktionen mit Sauerstoff
$C^* + O_2 \leftrightarrow CO_2$ (R1)
$C^* + \tfrac{1}{2}O_2 \leftrightarrow CO$ (R2)
$CO + \tfrac{1}{2}O_2 \leftrightarrow CO_2$ (R3)
Reaktionen mit Kohlendioxid
$C^* + CO_2 \leftrightarrow 2CO$ (R4)
Reaktionen mit Wasserdampf
$C^* + H_2O \leftrightarrow CO + H_2$ (R5)
$CO + H_2O \leftrightarrow CO_2 + H_2$ (R6)
$C^* + CO_2 \leftrightarrow 2CO$ (R7)
$C^* + 2H_2 \leftrightarrow CH_4$ (R8)
Reaktionen mit Wasserstoff
$C^* + 2H_2 \leftrightarrow CH_4$ (R9)

RS 12.4.1: Heterogene Oberflächenreaktionen von Koks (/12.4.7/)

Für stationäre Bedingungen gibt Essenhigh (/12.4.12/) die folgenden Beziehungen für die Belegungsdichten bzw. die Reaktionsraten an, wobei sich die Indizes der Reaktionsgeschwindigkeiten auf die Reaktionsnummern des RS 12.4.1 beziehen (die zeitliche Änderung der Belegungsdichte entspricht einer Reaktionsgeschwindigkeit [1/s], die Belegungdichte bezieht sich auf die freien Bindungsstellen C^* und stellt eine Anzahldichte dar):

Reaktion mit Sauerstoff (R1):

- Die maximale Belegungsdichte ergibt sich dabei zu:

$$\theta_m = k_2\left[(1+4k_1p_{O_2}/k_2)^{1/2}-1\right]^2 / (4k_1p_{O_2}/k_2) \quad . \tag{12.4.12}$$

Reaktion mit Kohlendioxid (R4):

- Die Reaktionsrate erhält man aus der Beziehung:

$$\dot{r}_{CO_2} = (k_4p_{CO_2}) / \left[1+(k_4/k_2)p_{CO_2}+(k_{-4}/k_2)p_{CO_2}\right] \quad . \tag{12.4.13}$$

Reaktion mit Wasserdampf (R5):

- Die Reaktionsrate erhält man aus der Beziehung:

$$\dot{r}_{H_2O} = (k_5p_{H_2O}) / \left[1+(k_5/k_2)p_{H_2O}+(k_{-5}/k_2)p_{H_2}\right] \quad . \tag{12.4.14}$$

Reaktion mit Wasserstoff (R9):

- Die maximale Belegungsdichte ergibt sich dabei zu:

$$\theta_m = (K_9p_{H_2})^{1/2} / \left[1+(K_9p_{H_2})^{1/2}\right] \quad , \tag{12.4.15}$$

wobei K_9 die Gleichgewichtskonstante $K_9 = k_9/k_{-9}$ der Reaktion R9 bezeichnet.

Hieraus wird deutlich, daß zum Teil erhebliche Querempfindlichkeiten bei den Reaktionen auftreten. Die Reaktionsgeschwindigkeiten sind darüber hinaus nur schwer anzugeben. Durch diese beiden Tatsachen bestätigt sich nochmals die Notwendigkeit einer "Effektivkinetik" auch für den Koksabbrand (Kap. 8.5.3.3).

12.4.5 Teilchengruppenverbrennung bei der Kohleverbrennung

Die in Kap. 12.2 beschriebenen Verhältnisse lassen sich analog auf die Kohlenstaubverbrennung übertragen (Bild 12.4.4). Insbesondere sind vergleichbare Verhältnisse der Konzentrationsverläufe in der Staubwolke (Bild 12.2.1) und der Einzelflammenausbildung am Teilchen (Bild 12.2.2) anzutreffen. Entsprechend hohe Konzentrationen, die zur Abweichung von der Einzelteilchenverbrennung führen können, treten bei Staubfeuerungen nur im Brennernahfeld innerhalb von Staubsträhnen auf. Bei der zirkulierenden Wirbelschichtfeuerung wird mit einer erheblichen Beeinflussung durch diesen Effekt zu rechnen sein, während bei der stationären Wirbelschicht von einer vollständigen Gruppenverbrennung ausgegangen werden kann. Eine Hüllverbrennung kann hier nicht auftreten.

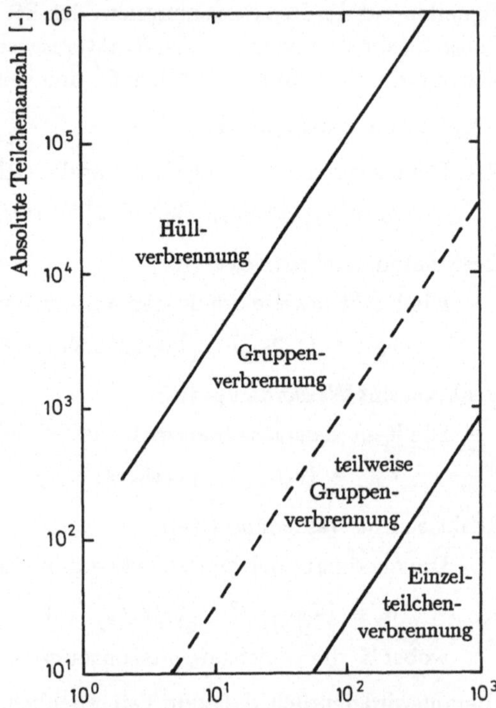

Bild 12.4.4: Abgrenzung verschiedener Regime über die Kennzahl G bei der Kohleverbrennung (/12.2.5/)

o Formelverzeichnis

(Kapitelspezifische Formelzeichen; eine Zusammenstellung übergeordnet gültiger Formelzeichen und Kennzahlen ist in Anhang 6 angeführt;   [*] Dimension hängt von der jeweiligen Verwendung ab)

Symbol	Bedeutung	Dimension
A	Oberfläche	m^2
c	Konzentration (Massenanteil)	-
$\bar{c}_p$	integrale spezifische Wärmekapazität	$kJ/(kg \cdot K)$
c_u	Konstante des Umsatzmodells	-
d	Durchmesser	m
D	Diffusionskoeffizient	m^2/s
G	Gruppenverbrennungszahl	-
Δh	spezifische Verdampfungsenthalpie	kJ/kg
m	Masse	kg
Q	Adsorptionsenergie	J/mol oder kJ/kg
r_{ox}	stöchiometrischer Sauerstoffbedarf	-
S	Quellterm	*
T	Temperatur	K
u	Geschwindigkeit	m/s
V	Volumen	m^3
β	Stoffübergangskoeffizient	$kg/(m^2 \cdot s)$
λ	Wärmeleitkoeffizient	$kW/(m \cdot K)$
ρ	Dichte	kg/m^3
σ	Moleküldurchmesser	$Å$
φ	allgemeine massenspezifische Größe	*

Indizes tief

Symbol	Bedeutung
B	Brennstoff
eff	effektiv
F	Festkörperdiffusion
G	Gasphase
G	Gasdiffusion
i	Index für Koordinatenrichtung
K	Kapillardiffusion
O	Oberflächendiffusion
P	Partikelphase (Euler)
PE	Einzelpartikel
PO	Partikeloberfläche
$\S$	Größenklasse
∞	Umgebung

Sonderzeichen

Symbol	Bedeutung
·	zeitliche Ableitung (Strom)

Indizes hoch

Symbol	Bedeutung
G	reine Verdampfung
GS	Grenzschicht
GV	Verdampfung und Abbrand
M	materialbezogen
$SÜ$	Stoffübertragung

o   Literatur

Gruppenverbrennung

/12.2.1/ Correa, S.M.; Sichel, M.: The Group Combustion of a Spherical Cloud of Monodispersed Fuel Droplets. 19th Symp. (Int.) Comb., 1982, pp 981-991

/12.2.2/ Kerstein, A.R.; Law, C.: Percalation in Combusting Sprays I: Transition from Cluster Combustion to Percolate Combustion in Non-Premixed Sprays. 19th Symp. (Int.) Comb., 1982, pp 961-969

/12.2.3/ Kerstein, A.R.: Percolation in Combusting Sprays II. Width of the Percolate Combusting Zone, Comb. Sci. Techn., 37 (1984), pp 47-57

/12.2.4/ Chiu, H.H.; Kim, H.Y.; Crake, E.J.: Internal Group Combustion of Liquid Droplets. 19th Symp. (Int.) Comb., 1982, pp 971-980

/12.2.5/ Annamali, K.; Ramalingam, S.C.: Group Combustion of Char/Carbon Particles. Combustion and Flame, 70 (1987), pp 307-332

Öltröpfchen

/12.3.1/ Williams, A.: Fundamentals of Oil Combustion. Prog. Energy Combust. Sci., 2 (1976), pp 167-179

/12.3.2/ Faeth, G.M.: Evaporation and Combustion of Sprays. Prog. Energy Combust. Sci., 9 (1983), pp 1-76

/12.3.3/ Faeth, G.M.: Current Status of Droplet and Liquid Combustion. Prog. Energy Combust. Sci., 3 (1977), pp 191-224

/12.3.4/ Law, C.K.: Recent Advances in Droplet Vaporization and Combustion. Prog. Energy Combust. Sci., 8 (1982), pp 171-201

/12.3.5/ Spalding, D.B.: The Combustion of Liquid Fuels. 4th Symp. (Int.) on Combust., 1952, pp 847-864

/12.3.6/ Choudhury, P.R.; Gerstein, M.: Analysis of a Fuel Spray Subjected to Coupled Evaporation and Decomposition. 19th Symp. (Int.) Comb, 1982, pp 993-997

/12.3.7/ Tochitani, Y.; Mori, Y.H., Komotori, K.: Vaporization of Single Liquid Drops in an Immiscible Liquid . Part I: Forms and Motions of Vaporizing Drops. Wärme- und Stoffübertragung, 10 (1977), S. 51-59

/12.3.8/ Tochitani, Y.; Mori, Y.H.; Komotori, K.: Vaporization of Single Liquid Drops in an Immiscible Liquid, Part II: Heat Transfer Characteristics. Wärme- und Stoffübertragung, 10 (1977), S. 71-79

/12.3.9/ Eisenklam, P,; Arunachalam, S.A.; Weston, J.A.: Evaporation RAtes and Drag Resistance of Burning Drops. 11th Symp. (Int.) Comb., 1966, pp 715-728

/12.3.10/ Godsave, G.A.E.: Burning of Fuel Droplets, Studies of the Combustion of Drops in a Fuel Spray - the Burning of Single Drops of Fuel. 4th Symp. (Int.) on Combust., 1952, pp 818-830

/12.3.11/ Sirigano, W.A.: An Integrated Approach to Spray Combustion Model Development. ASME 107th Winter Annual Meeting, Anaheim, California, U.S.A., 1986

/12.3.12/ Kobayasi, K.: An Experimental Study on the Combustion of a Fuel Droplet. 5th Symp. (Int.) Comb., 1955, pp141-148

/12.3.13/ Kumagai, S.; Isoda, H.: Combustion of Fuel Droplets in a Vibrating Air Field. 5th Symp. (Int.) Comb., 1954

/12.3.14/ Wiesenberger, J.: Brennzeit und Flammenlänge von zerstäubtem Heizöl. VDI-Berichte, Nr. 146, 1970, S.105-109

/12.3.15/ Yule, A.J., Bolado, R.: Fuel Spray Burning Regime and Initial Conditions. Comb. Flame, 55(1984), pp 1-12

/12.3.16/ Talley, D.G.; Yao, S.C.: A Semi-Empirical Approach to Thermal and Composition Transients Inside Vaporizing Fuel Droplets. 21st Symp. (Int.) Comb., 1986, pp 609-616

/12.3.17/ Dwyer, H.A.; Sanders, B.R.: A Detailed Study of Burning Fuel Droplets. 21st Symp. (Int.) Comb., 1986, pp 633-639

Kohlepartikel

/12.4.1/ Peters, W.; Jüntgen, H.: Die Diffusion als beherrschender Vorgang bei technischen Reaktionen an Kohle und Koks. Brennstoff-Chemie, (1965), Nr. 2 und 6, Sonderdruck

/12.4.2/ Simons, G.A.: The Role of Pore Structure in Coal Pyrolysis and Gasification. Prog. Energy Combust. Sci., 9 (1983), pp 269-290

/12.4.3/ Simons, G.A.: The Pore Tree Structure of Porous Char. 19th Symp. (Int.) Comb., 1982, pp 1067-1076

/12.4.4/ Smith, I.W.: The Combustion Rates of Coal Chars: A Review. 19th Symp. (Int.) Comb., 1982, pp 1045-1065

/12.4.5/ Sahu, R.; Flagan, R.C.; Gavalas, G.R.: Discrete Simulation of Cenospheric Coal-Char Combustion. Comb. and Flame, 77 (1989), pp 337-346

/12.4.6/ Klose, E.; Toufar, W.: Charakterisierung des Reaktionsverhaltens unterschiedlicher Kokse und seine Bedeutung für den Betrieb von Schachtofenprozessen. Erdöl, Erdgas, Kohle, 105 (1989) Nr. 11, S. 467-473

/12.4.7/ Walker, P.L.; Rusinko, F.; Austin, L.G.: Gas Reactions of Carbon. Advances in Catalysis, 11 (1959), pp 133-221

/12.4.8/ Walker, P.L. (Ed.): Chemistry and Physics of Carbon, Vol. 3, M. Dekker Inc., New York, 1968

/12.4.9/ Rowe, P.N.; Claxton, K.T.; Lewis, J.B.: Heat and Mass Transfer from a Single Sphere in an Extensive Flowing Fluid. Trans. Instn. Chem. Engrs, 43(1965), pp T14-T31

/12.4.10/ Sabnis, J.S.; Lyman, F.A.: Effect of Oscillating Flow on Combustion Rate of Coal Particles. Comb. Flame, 47(1982), pp 157-172

/12.4.11/ Ayling, A.B.; Smith, I.W.: Measured Temperatures of Burning Pulverized Fuel Particles , and the Nature of Primary Reaction Product. Combustion and Flame, 18(1972), pp 173-184

/12.4.12/ Essenhigh, R.H.: Fundamentals of Coal Combustion. In: Chem. Coal Util., 2nd. suppl. Vol., Elliot (Ed.), Wiley Interscience, New York, 1981, pp 1153-1312

/12.4.13/ Thring, M.W.; Essenhigh, R.H.: Thermodynamiks and Kinetics of Solid Combustion. In: Chemistry of Coal Utilization, Supl. Vol., J. Wiley, New York, 1963

/12.4.14/ Hertzberg, M.; Cashdollar, K.L.; Ng, D.L.; Conti, R.S.: Domains of Flammability and Thermal Ignitability for Pulverized Coals and Other Dusts: Particle Size Dependencies and Microscopic Residue Analysis. 19th Symp. (Int.) Comb., 1982, pp 1169-1180

/12.4.15/ Annamalai, K.: Critical Regimes of Coal Ignition. Eng. for Power, 101(1979)No.4, pp 576-583

/12.4.16/ Mussara, S.P.; Fletcher, Th.H.; Niksa, S.; Dwyer, H.A.: Heat and Mass Transfer in the Vicinity of a Devolatilizing Coal Particle. Comb. Sci. Techn., 45(1986), pp 289-307

/12.4.17/ Choi, S.; Hong, S.E.; Kim, J.S.; Kim, J.J.: Observation of Single Coal Particle Flames. Comb. Sci. Techn., (in preparation, 1990)

/12.4.18/ Choi, S.; Saggau, B.; Köhler, J.: Spectroscopic Observation of Burning Coal Particles. Int. Bericht KAIST, Dept. Mech. Eng., Taejon, Korea, 1990

/12.4.19/ Choi, S.: Observation of Volatile Cloud Formation During the Early Stages of Pulverized Coal Combustion. KAIST, Dept. Mech. Eng., KSME J., Taejon, Korea, 4(1990)No.1, pp 71-77

/12.4.20/ Beer, J.M.: The 1986 British Coal Utilisation Research Association Robens Coal Science Lecture: Combustion of Coal; a New Look at an Old Problem. J. Inst. Energy, (1987), pp 143-151

Kapitel 13 :

ENERGIEAUSTAUSCH BEI TRÖPFCHEN UND PARTIKELN

13.1   Enthalpiebilanz an einem Einzelpartikel

In Analogie zur Massenbilanzgleichung für ein Einzelteilchen (Gl. 12.1.1) kann sehr schnell die Enthalpiebilanzgleichung abgeleitet werden. Dabei entsprechen die Energieströme den Stoffströmen.

Man erhält:

$$\frac{\partial}{\partial t}(m_{PE}\, h_{PE}) = \sum_n \dot{q}_{PE}{}^n + S_{h,PE} \quad .\tag{13.1.1}$$

Auch hierbei treten wieder größenspezifische Effekte auf, womit man auf die Formulierung:

$$\frac{\partial}{\partial t}(m_{PE,s}\, h_{PE,s}) = \sum_n \dot{q}_{PE,s}{}^n + S_{h,PE,s}\tag{13.1.2}$$

übergehen müßte. Die Doppelindizierung mit PE und s wird beibehalten, obwohl mit dem Einzelpartikeldurchmesser die Zugehörigkeit zur entsprechenden Partikelgrößenklasse eindeutig ist. Im Vordergrund steht jedoch der Bezug auf ein einzelnes Teilchen.

Zusätzlich zu den Enthalpieströmen tritt hierbei noch ein Quellterm $S_{h,PE}$ auf, der die Wärmeentbindung durch chemische Reaktion im Korn oder an seiner Oberfläche beschreibt.

Zunächst soll jedoch auf die zu berücksichtigenden Enthalpieströme eingegangen werden.

Hierzu sind zu rechnen:

- Wärmeübergang durch die Anströmung des Teilchens $\dot{q}^K$,
- Wärmeleitung aus der Gasphase $\dot{q}^L$,
- Enthalpiestrom, der mit dem Diffusionsstrom verbunden ist $\dot{q}^{CV}$,
- Strahlungsaustausch mit der Umgebung $\dot{q}^{St}$.

Konvektion und Leitung wird meist zum Wärmeübergang an ein Teilchen zusammengefaßt. Der Enthalpiestrom, der mit einem Stoffstrom verbunden ist, kann analog zum Impuls- und Stoffübergang über die Phasenumwandlungszahl Ph beschrieben werden. In vielen Fällen ist jedoch der Strahlungsaustausch zwischen der Partikelphase und seiner Umgebung (Gasphase, Partikelphase und Feuerraumwände) von großer Bedeutung. Für Partikel kleiner 100 μm ist die Leitung gegenüber dem Energietransfer durch Strahlung dominant, für sehr große Teilchen überwiegt der Wärmeaustausch durch Strahlung.

Neben dem Problem der Strahlungsaustauschbilanzierung sind in diesem Zusammenhang vor allem die optischen Eigenschaften der Partikel zu nennen. Je nach Beladung ist dabei mit unterschiedlichen Effekten zu rechnen (Kap. 13.2 und 13.3).

Unter Berücksichtigung der obigen Effekte (ohne $\dot{q}^{CV}$) ergibt sich die Enthalpiebilanzgleichung mit T_0 als Teilchenoberflächentemperatur zu:

$$\frac{\pi}{6} \frac{\partial}{\partial t} (\rho_{PE}^M \, d_{PE}^3 \, h_{PE}) = \pi d_{PE}^2 \, \alpha \, (T_0 - T_\infty) + \dot{Q}_{PE}^{St} + S_{PE}^R \quad . \tag{13.1.3}$$

Zur Berechnung des Wärmeübergangskoeffizienten α stehen Beziehungen analog zu denen für den Stoffaustausch zur Verfügung. Speziell entspricht der Sherwood-Zahl Sh die Nusselt-Zahl Nu:

$$Nu = \frac{\alpha \cdot d_{PE}}{\lambda} \quad . \tag{13.1.4}$$

Auch der Einfluß der Relativbewegung ergibt sich analog. Man erhält für die Abhängigkeit von der Reynolds-Zahl:

$$Nu = 2 + 0{,}654 \cdot Re^{1/2} \cdot Pr^{1/3} \quad , \tag{13.1.5}$$

wobei sich bei Vernachlässigung der Schlupfgeschwindigkeit (Re=0) wieder ergibt:

$$Nu = 2 \quad . \tag{13.1.6}$$

Damit erhält man für den Stoffübergangskoeffizienten α:

$$\alpha = 2 \cdot \lambda \, / \, d_{PE} \quad . \tag{13.1.7}$$

Eingesetzt in die Bilanzgleichung erhält man letztendlich:

$$\frac{\pi}{6} \frac{\partial}{\partial t} (\rho_{PE}^M \, d_{PE}^3 \, h_{PE}) = \pi d_{PE} \cdot 2 \cdot \lambda \cdot (T_0 - T_\infty) + \dot{Q}_{PE}^{St} + S_{PE}^R \quad . \tag{13.1.8}$$

Damit gilt es nun, den Strahlungsaustauschanteil $\dot{Q}_{PE}^{St}$ (Kap. 13.2 und 13.3) sowie den Quellterm durch Reaktion S_{PE}^R (Kap. 13.4) zu modellieren.

13.2 Strahlungsaustauschverhalten von Einzelteilchen

13.2.1 Grundlagen und Definitionen

Ein einzelnes Teilchen emittiert aufgrund seiner Oberflächentemperatur $T_{PE,s}$ die Energie:

$$\dot{Q}_{PE,e}{}^{St} = \sigma_e \cdot A_{PE,O} \cdot T_{PE}{}^4 \quad . \tag{13.2.1}$$

Gleichzeitig absorbiert und streut es Energie aus seiner Umgebung bedingt durch seine im Strahlengang liegende Querschnittsfläche. Ist die Strahlungswärmestromdichte aus der Umgebung bekannt (Kap. 10), dann kann daraus die absorbierte Energie berechnet werden:

$$\dot{Q}_{PE,a}{}^{St} = \epsilon \cdot A_{PE,Q} \cdot \dot{q}''{}^{St} \quad . \tag{13.2.2}$$

Der gestreute Anteil trägt zum Energiehaushalt des Teilchens nicht bei.

Damit stellt sich das Problem, die Absorptivität bzw. Emissivität von Teilchen anzugeben, wobei wieder das Streuverhalten in den Vordergrund tritt, da sich Absorption und Streuung komplementär ergänzen:

$$1 = \sigma_a + \sigma_s \quad . \tag{13.2.3}$$

Die Wechselwirkung einzelner Teilchen mit thermischer Strahlung kann über die Mie-Theorie beschrieben werden /13.2.1, 13.2.2/. Diese Theorie ist sehr komplex, eine Beschreibung der optischen Eigenschaften damit sehr aufwendig. Für einzelne Grenzfälle wurden daher Näherungslösungen entwickkelt. Ob diese auch anwendbar sind, darüber entscheidet im wesentlichen das Verhältnis der betrachteten Wellenlänge λ zum Partikeldurchmesser d_p. Der Partikelparameter a_p ist definiert zu:

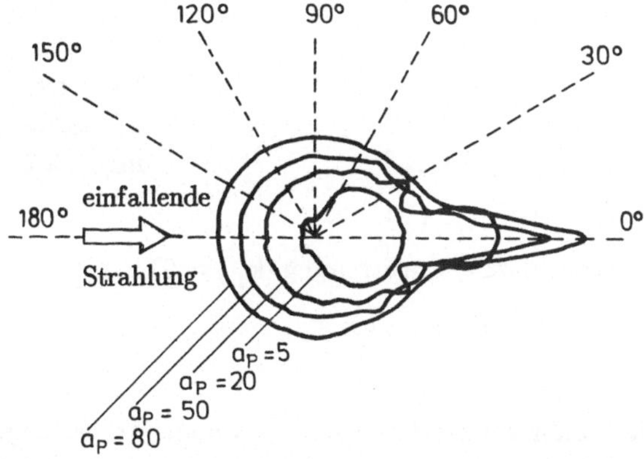

Bild 13.2.1: Streuverhältnisse an einem Partikel

$$a_p = \pi d_p / \lambda \quad . \tag{13.2.1}$$

Damit erhält man die Grenzbetrachtungen:

- $a_p \ll 1$: Rayleigh-Streuung,
- $a_p > 5$: Mie-Streuung und
- $a_p \gg 1$: Geometrische Optik.

Die Streuverhältnisse an einem Einzelpartikel, abhängig von diesem Partikelparameter a_p, sind in Bild 13.2.1 dargestellt. Dabei ist die richtungsabhängige Streuintensität aufgetragen und zwar in der Form, daß eine Integration über den gesamten Raumwinkelbereich die Summe der vom Teilchen gestreuten Energie ergibt.

354

Einen schematisierten Vergleich der Verteilung der Streuintensität I_s bei der Rayleigh- und der Mie-Streuung zeigt Bild 13.2.2. Daraus ist zu ersehen, daß bei der Rayleigh-Streuung die direkte Vorwärts- und Rückwärts-Streuung dominant ist, während unter den Verhältnissen der Mie-Streuung eindeutig die Vorwärts-Streuung überwiegt.

Führt man den Extinktionskoeffizienten $k_{ex,\lambda}$:

$$k_{ex,\lambda} = k_{a,\lambda} + k_{s,\lambda} \tag{13.2.2}$$

und das Streualbedo $\omega_{s,\lambda}$:

$$\omega_{s,\lambda} = k_{s,\lambda} / k_{ex,\lambda}$$
$$= k_{s,\lambda} / (k_{a,\lambda} + k_{s,\lambda}) \tag{13.2.3}$$

ein, wobei ein Albedo allgemein einen beträchtlichen Energiestrom zum Gesamtenergiestrom ins Verhältnis setzt, dann erhält man für die spektrale Emissivität ϵ_λ bzw. Absorptivität α_λ den Zusammenhang (/13.2.5/):

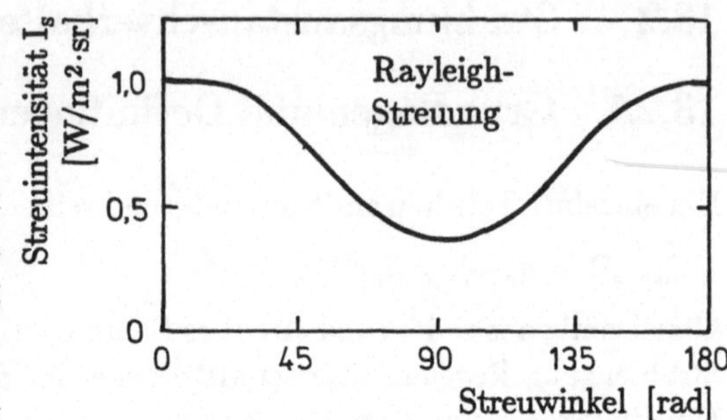

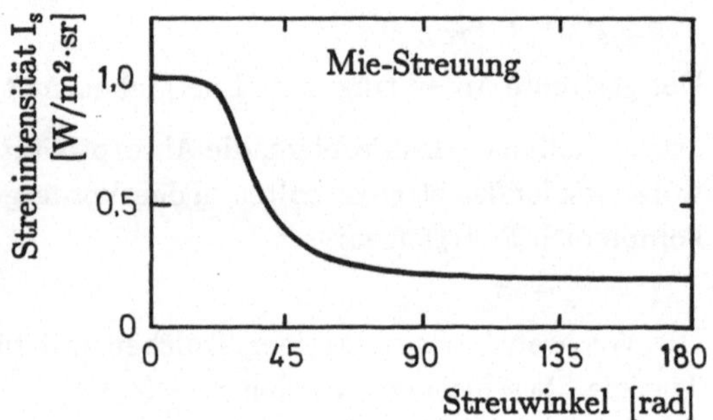

Bild 13.2.2: Winkelabhängigkeit der Streuintensität bei der Rayleigh- und der Mie-Streuung (/13.2.8/)

$$\epsilon_\lambda = \alpha_\lambda = (k_{a,\lambda} / k_{ex,\lambda})$$
$$\cdot \left[1 - \exp(-k_{ex,\lambda} L) \right] \;, \tag{13.2.4}$$

der für vernachlässigbare Streuung ($k_{s,\lambda} = 0$) in die Beziehung:

$$\epsilon_\lambda = \alpha_\lambda = 1 - \exp(-k_{ex,\lambda} L) \tag{13.2.5}$$

übergeht.

Integriert man wieder über den gesamten Wellenlängenbereich, dann erhält man den bekannten Zusammenhang:

$$\epsilon_P = 1 - \exp(-k_{a,P} \cdot L) \;. \tag{13.2.6}$$

Aus Bild 13.2.1 ist zu ersehen, daß praktisch für jeden Partikelparameter a_P die Vorwärtsstreuung dominant ist. Gerade unter dieser Bedingung kann die Vorwärtsstreuung als Verminderung der Absorption interpretiert werden.

Der Absorptionskoeffizient einer Partikelwolke hängt vom lokalen Volumenanteil θ_P bzw. der Teilchenanzahldichte im Volumen, der Summe der Partikelquerschnittsflächen $A_{P,Q}$ bzw. den Durchmessern d_P und einem Absorptionswirkungsgrad $\eta_{a,P}$ der Partikelwolke ab:

$$k_{a,P} = \eta_{a,P} \cdot \theta_P \cdot A_{P,Q} \;. \tag{13.2.7}$$

Der Zusammenhang zwischen wirksammer Querschnittsfläche A_P der Partikelwolke und den Einzelpartikeldurchmessern $d_{PE,s}$ der Partikelgrößenklassen lautet:

$$A_{P,Q} = (\pi/4) \cdot \sum_s (N_{PE,s} \cdot d_{PE,s}^2) \quad . \tag{13.2.8}$$

Es sei hier nochmals darauf hingewiesen, daß $\eta_{a,P}$ hier den Gesamtabsorptionswirkungsgrad bezeichnet. Der spektrale Absorptionswirkungsgrad $\eta_{a,\lambda,P}$ weist eine starke Wellenlängenabhängigkeit auf (/13.2.6/). Integriert man jedoch über den gesamten Wellenlängenbereich, dann verbleibt eine praktisch zu vernachlässigende Temperaturabhängigkeit und man erhält Werte für $\eta_{a,P}$ zwischen 0,7 und 0,95.

Damit läßt sich der folgende, näherungsweise Ansatz für den Gesamtabsorptionskoeffizienten $k_{a,P}$ angeben:

$$k_{a,P} = \eta_{a,P} \cdot \Theta_P \cdot \frac{\pi}{4} \sum_\alpha (N_{PE,s} \cdot d_{PE,s}^2) \quad . \tag{13.2.9}$$

In den folgenden Kapiteln soll nun auf die speziesspezifischen Eigenschaften eingegangen werden.

13.2.2 Absorptions- und Streuverhalten von Kohlen, Koksen und Aschen

Exemplarisch soll zunächst am Beispiel von Flugasche auf das Emissions- und Streuverhalten von charakteristischen Partikeln der Feststoffverbrennung eingegangen werden.

Das Streuverhalten einzelner Partikel, die bei der Kohlenstaubverbrennung eine wichtige Rolle spielen (Rohkohle, Koks und Asche), wurde von einer Reihe von Autoren untersucht: /13.2.2/, /13.2.3/. Hierbei wurden Werte für den komplexen Brechungsindex $m(\lambda)$:

$$m(\lambda) = n(\lambda) + i \cdot k(\lambda) \quad . \tag{13.2.10}$$

ermittelt, die in Tabelle 13.2.1 angeführt sind.

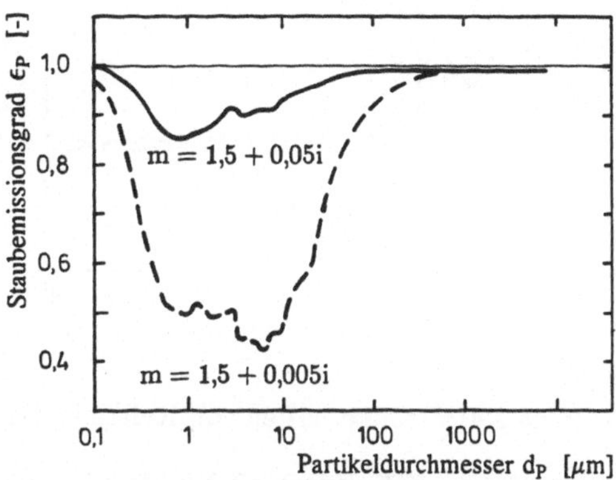

Bild 13.2.3: Staubemissionsgrad als Funktion des komplexen Brechungsindexes m (/13.2.7/)

Bild 13.2.3 zeigt eine Modellrechnung für eine große Bandbreite von Partikeldurchmessern, einer Temperatur von 800 °C und einen komplexen Berechnungsindex $m(\lambda) = 1,5 + 0,05i$ und $1,5 + 0,005i$ (/13.2.7/), der auch von Gupta (/13.2.6/) für verschiedene Aschen und einen ähnlichen Temperaturbereich (1200 - 1800 K) vorgeschlagen wird.

Spezies	Brechungsindex m(λ)
Rohkohle	1,9 - 0,1 i
Koks	1,93 - 1,02 i
Flugasche	1,5 - 0,001 i
Ruß	2,0 - 0,39 i

Tabelle 13.2.1: Komplexer Brechungsindex verschiedener partikelförmiger Spezies /13.2.2/

Das Streuverhalten als Funktion des Streuwinkels und des Partikelparameters a_p zeigt Bild 13.2.4.

Daraus ist zu ersehen, daß sich Rohkohle (Koks) näherungsweise mit der Mie-Streuung beschreiben läßt, während Aschen im Übergangsbereich zur Rayleigh-Streuung liegen.

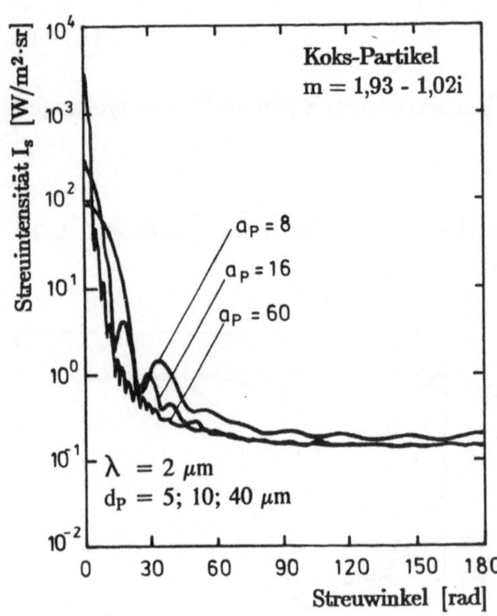

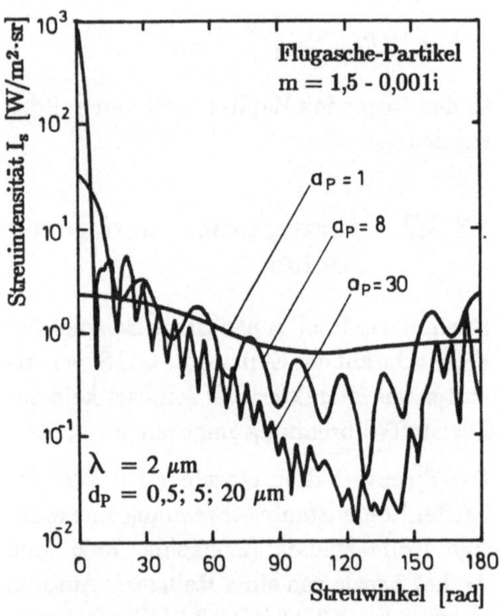

Bild 13.2.4: Streuverhalten von Rohkohle (Koks) und Flugasche (/13.2.2/)

Spezies	Streualbedo $\omega_{s,\lambda}$
Rohkohle	0,5-0,6
Koks	0,5-0,6
Flugasche	0,9-0,99
Ruß	0,001-0,2

Tabelle 13.2.2: Streualbedo partikelförmiger Spezies (/13.2.2/)

Werte für das Streualbedo können Tabelle 13.2.2 entnommen werden.

Sind keine spezifischen Werte für den Absorptionswirkungsgrad $\eta_{a,A}$ von Asche bekannt, dann wird meist ein Wert von $\eta_{a,A} = 0,85$ verwendet. Damit ist ein wahrscheinlicher Wert als Mittelwert einer größeren Bandbreite bezeichnet.

Die entsprechende graphische Auftragung ist in Bild 13.2.5 dargestellt.

Eine Abhängigkeit von Partikelparameter a_p ist dabei hauptsächlich beim Ruß zu erkennen. Werte für das Streualbedo durchlaufen bei ihm zwei Größenordnungen, während bei Rohkohle, Koks und Flugasche kaum eine Abhängigkeit zu erkennen ist.

Der Wert für die Emissivität bzw. Absorptivität von Ruß von $\epsilon = \alpha = 0{,}05$ erstaunt zunächst etwas, da Ruß als ideal schwarzer Körper angesehen wird. Dies ist jedoch vor dem Hintergrund von Bild 13.2.5 verständlich. Erst durch eine entsprechende Teilchendichte wird eine Gesamtemissivität oder -absorptivität einer Partikelwolke in der Größenordnung von $\epsilon=\alpha=1$ erzielt.

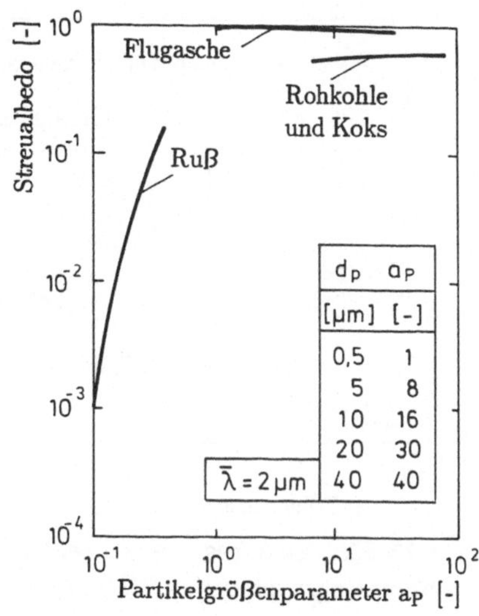

Bild 13.2.5: Streualbedo verschiedener partikelförmiger Spezies

13.3 Strahlungsaustauschverhalten bei hoher Beladung

Zur Entscheidung der Frage, ob ein Strahl bei einem Streuprozeß mit jeweils nur einem Teilchen oder mit mehreren gleichzeitig wechselwirkt, wird das Verhältnis von mittlerer freier Weglänge Λ^{St} zur Wellenlänge der Strahlung λ herangezogen werden. Die mittlere freie Weglänge kann dabei aus der Beziehung:

$$\Lambda^{St} = d_p \left[(\pi/6 \, \theta_p)^{1/3} - 1 \right]$$

$$(13.3.1)$$

berechnet werden. Schematisiert sind die Verhältnisse in Bild 13.3.1 angedeutet.

Bis zu einem Verhältnis von Λ^{St}/λ von 0,3 kann von unabhängiger Streuung ausgegangen werden (/13.3.1/). Bei technischen Verbrennungssystemen liegt daher in den meisten Fällen unabhängige Streuung vor (Bild 13.3.2). Nur für die feinen Rußpartikel und für extrem hohe

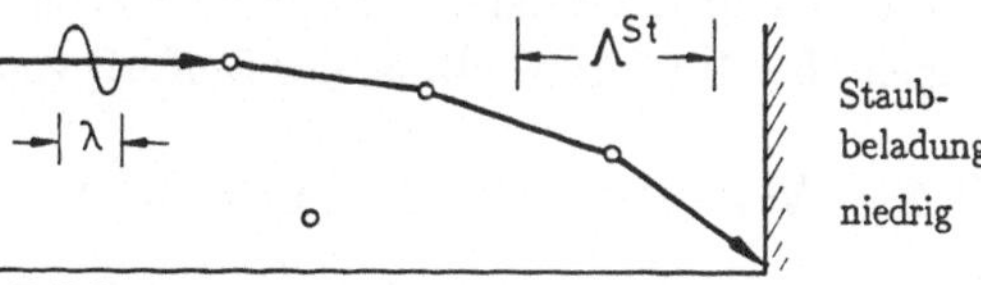

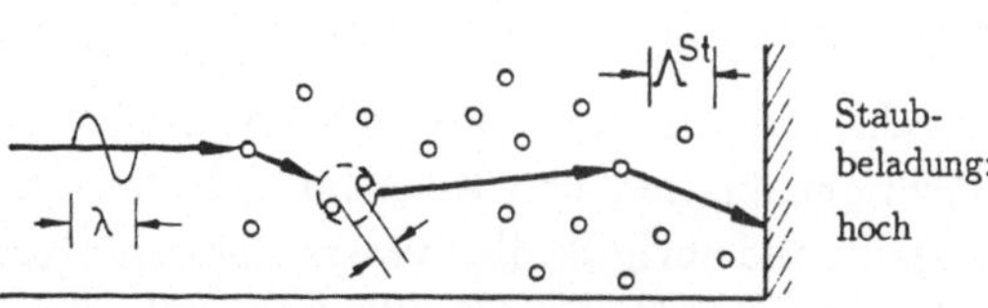

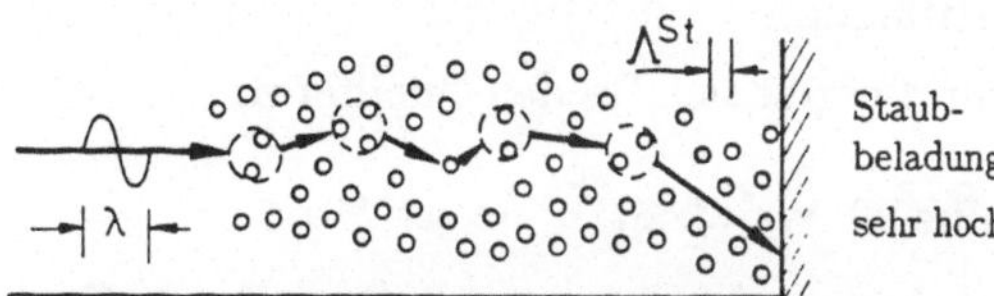

Bild 13.3.1: Schematische Verhältnisse bei der unabhängigen und der abhängigen Streuung an Partikeln bzw. Partikelwolken (/13.2.7/)

358

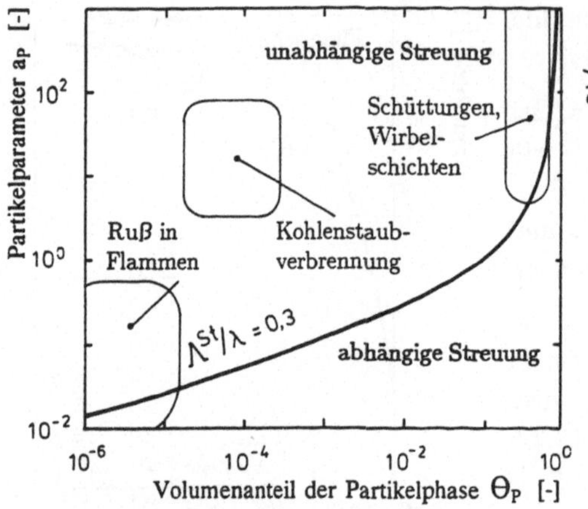

Bild 13.3.2: Streuregime bei technischen Verbrennungssystemen (/13.2.7/)

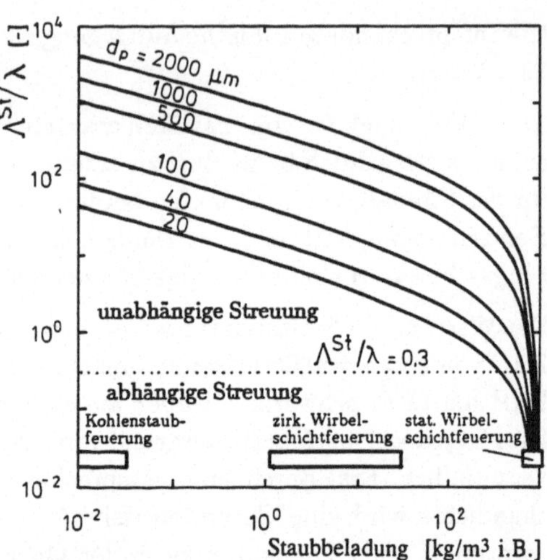

Bild 13.3.3: Abhängige und unabhängige Streuung in technischen Verbrennungssystemen (/13.2.7/)

Beladungen bei der Wirbelschicht bzw. Schüttschicht (Rost) muß mit abhängiger Streuung gerechnet werden.

Neben der Beladung ist nach Gl. 13.3.1 noch der Partikeldurchmesser als Einflußgröße zu nennen. Wie Bild 13.3.3 zeigt, ist dieser bei niedrigen Beladungen, wie sie in Staubfeuerungen und zirkulierenden Wirbelschichtfeuerungen auftreten, von Bedeutung. Bei Beladungen über 100 kg/m³ i.B. ist der Einfluß von d_p gering.

13.4 Wärmetönung durch chemische Reaktion

Zur vollständigen Auswertbarkeit der Enthalpiebilanzgleichung 13.1.1 muß noch der Quellterm durch chemische Reaktion angegeben werden.

Berücksichtigt man die wesentlichen Reaktionen beim Kohleabbrand, nämlich Pyrolyse, Flüchtigenabbrand und Koksabbrand, dann bleibt als wärmetönende Reaktion nur der Koksabbrand übrig, da die Pyrolyse meist als temperaturneutrale Reaktion abläuft (/13.4.1/) und der Abbrand der Flüchtigen erst in der Grenzschicht oder aber außerhalb dieser stattfindet.

Damit ergibt sich für den Quellterm:

$$S_{PE}^R = \dot{Q}_{PE}^R = \frac{\partial m_{PE}}{\partial t} \cdot c_{C,waf} \cdot \Delta h_{R,C} \quad , \tag{13.4.1}$$

wobei $c_{C,waf}$ den Massenanteil an fixem Kohlenstoff in der wasserfreien Kohlesubstanz angibt. Für die Reaktionsenthalpie von Kohlenstoff kann ein Wert von $\Delta h_{R,C} = 9250$ kJ/kg angesetzt werden (/9.5.19/).

Zur Auswertung von Gl. 13.4.1 muß auch die Teilchenmassenabnahme bekannt sein. Sie läßt sich aus den Gleichungen 12.4.3 bzw. 12.4.7 berechnen.

13.5 Teilchentemperaturberechnung

13.5.1 Vereinfachte Berechnung der mittleren Teilchentemperatur

Mit Gl. 13.1.2 und der Kenntnis der lokalen Gastemparatur T_G bzw. der lokalen Strahlungswärmestromdichte kann die Teilchentemperatur berechnet werden. Unter der Voraussetzung geringer Partikelbeladung wird ein Teilchen aber im wesentlichen mit der Feuerraumwand im Strahlungsaustausch stehen, so daß der Netto-Strahlungsaustausch über die Wandtemperatur T_W abgeschätzt werden kann. Da in großen Dampferzeugerfeuerungen die Feuerraumwände aus gekühlten, wasser- bzw. dampfdurchströmten Rohren bestehen, deren Temperatur aus den Verdampfungsbedingungen berechenbar ist, ist die Wandtemperatur abschätzbar und in großen Bereichen konstant (Ausnahme: Vorwärm- und Überhitzerzonen). Für den Teilchentemperaturtransienten erhält man damit:

$$\frac{\partial T_{PE}}{\partial t} = \frac{6\alpha_G}{\rho_{PE}{}^M \cdot \bar{c}_P} \frac{1}{d_{PE}} (T_{PE}-T_G) - \frac{6\epsilon\sigma}{\rho_{PE}{}^M \cdot \bar{c}_P} \frac{1}{d_{PE}}(T_{PE}{}^4-T_W{}^4) - \frac{1}{d_{PE}{}^3} \frac{\partial d_{PE}{}^3}{\partial t} \cdot c_{C,waf} \cdot \Delta h_{R,C} \quad (13.5.1)$$

Durch Integration über die gesamte Partikeltrajektorie unter Berücksichtigung der lokalen Gastemperatur kann somit die Partikel-Temperatur-Geschichte bestimmt werden.

13.5.2 Verteilung der Grenzschichttemperatur

Die Grenzschichttemperaturverteilung kann in Analogie zu Gl. 12.1.22 berechnet werden. Dabei ergibt sich in Polarkoordinaten eine Bilanzgleichung der Form von Gl. 13.5.2.

$$\frac{\partial}{\partial t}(\rho c_p T_{GS}) + \frac{1}{r^2}\frac{\partial}{\partial r}(\rho c_p r^2 u_r T_{GS}) + \frac{1}{r\sin\theta}\frac{\partial}{\partial\theta}(\rho c_p u_\theta \sin\theta T_{GS}) +$$

$$+ \frac{1}{r\sin\theta}\frac{\partial}{\partial\phi}(\rho c_p u_\phi T_{GS}) = \frac{1}{r^2}\frac{\partial}{\partial r}\left[c_p r^2 \frac{\mu_{eff}}{\sigma_{\alpha,eff}}\frac{\partial T_{GS}}{\partial r}\right] + \quad (13.5.2)$$

$$+ \frac{1}{r^2\sin\theta}\frac{\partial}{\partial\theta}\left[c_p \frac{\mu_{eff}}{\sigma_{\alpha,eff}}\sin\theta\frac{\partial T_{GS}}{\partial\theta}\right] + \frac{1}{r^2\sin^2\theta}\frac{\partial}{\partial\phi}\left[c_p \frac{\mu_{eff}}{\sigma_{\alpha,eff}}\frac{\partial T_{GS}}{\partial\phi}\right] + S_\alpha$$

Temperaturbilanzgleichung für die Korngrenzschicht (Polarkoordinaten)

Die Konzentrations- und damit in der Folge auch die Temperaturverhältnisse in der Grenzschicht sind durch die Massenströmen von der Partikeloberfläche in die Umgebung (Pyrolyseprodukte) und in umgekehrter Richtung (Sauerstofftransport) beeinflußt. Abhängig von diesem Verhältnis stellt sich der Abstand der Flammenfront um das Teilchen ein. Indirekt dominiert wird die Temperaturverteilung also vom Flüchtigengehalt und der Aufheizrate.

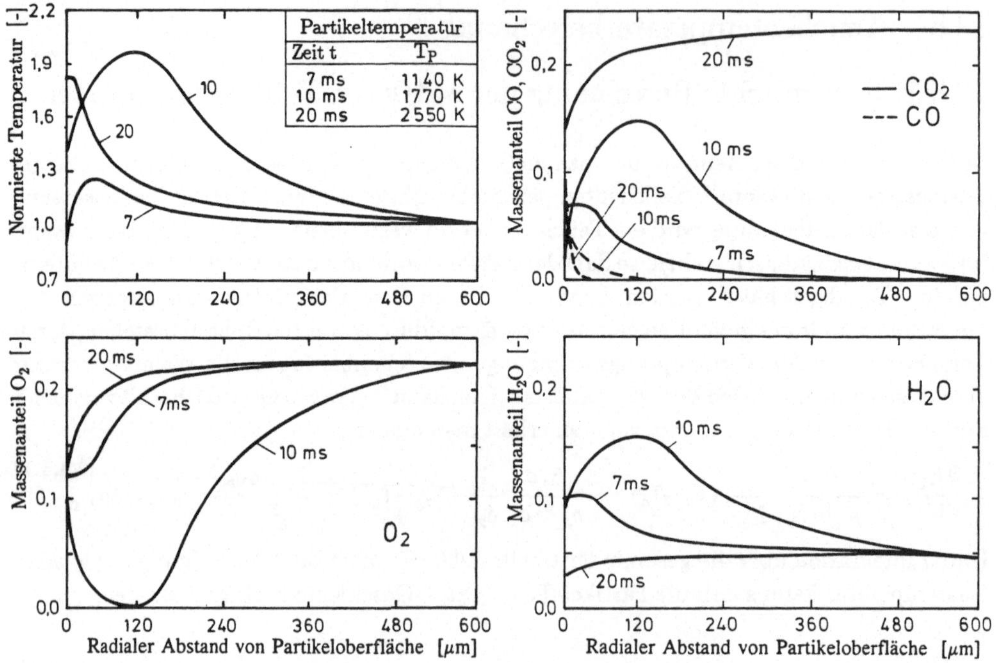

Bild 13.5.1: Zeitlicher Verlauf der Temperatur und von charakteristischen Konzentrationen in der Grenzschicht eines reagierenden Kohleteilchens (/13.2.2/)

Ein gezeigtes Simulationsbeispiel kann daher nur qualitativen Charakter haben. In Bild 13.5.1 sind die radialen Profile für die Temperatur und charakteristische Konzentrationen zu verschiedenen Zeiten (t = 7, 10, 20 ms) dargestellt. Hierbei bildet sich die Flammenfront zunächst an der Teilchenoberfläche aus, um dann nach außen zu wandern (t=10 ms). Nach 20 ms ist ein Großteil der Flüchtigen freigesetzt und die Flammenhülle kontrahiert wieder, auch in Bezug auf die Teilchenoberfläche, deren Durchmesser sich ja auch verkleinert. Die Flammenfront ist in der Anlaufphase durch eine niedrige, im weiteren Verlauf durch eine verschwindende Sauerstoffkonzentration gekennzeichnet. In allen Fällen ist die CO-Konzentration außerhalb der Grenzschicht identisch null, was die Vernachlässigung dieser Spezies als Zwischenprodukt rechtfertigt. Das Pyrolyseprodukt CH_4 ist nur in der Anlaufphase in der Nähe der Teilchenoberfläche vorhanden. Mit steigender Teilchentemperatur wird es in der Folge sofort an der Kornoberfläche oxidiert.

o   Formelverzeichnis

(Kapitelspezifische Formelzeichen;   eine Zusammenstellung übergeordnet gültiger Formelzeichen und Kennzahlen ist in Anhang 6 angeführt;   [*] Dimension hängt von der jeweiligen Verwendung ab)

Symbol	Bedeutung	Dimension
a_P	Partikelparameter	-
A	Fläche	m^2
c	Massenanteil	-
d	Durchmesser	m
h	spezifische Enthalpie	kJ/kg
Δh_R	Reaktionsenthalpie	kJ/kg
I	Strahlungsintensität	$kW/(m^2 \cdot sr)$
k	Imaginärteil des komplexen Brechungsindexes	-
k_a	Absorptionskoeffizient für Strahlung	$1/m$
L	charakteristische Weglänge	m
m	Masse	kg
$m(\lambda)$	komplexer Brechungsindex	-
n	Realteil des komplexen Brechungsindexes	-
N	Anzahl	-
$\dot{q}$	Wärmestrom	kW
S	Quellterm	*
t	Zeit	s
T	Temperatur	K
α	Wärmeübergangskoeffizient	$kW/(m^2 \cdot K)$
ϵ	Emissivität	-
η	Wirkungsgrad	-
θ	Volumenanteil	-
λ	Wellenlänge	m
Λ^{st}	mittlere freie Weglänge der Strahlung	m
ρ	Dichte	kg/m^3
ω	Streualbedo	-

Indizes tief

Symbol	Bedeutung
C	Kohlenstoff, Koks
GS	Grenzschicht
P	Partikelphase
PE	Einzelpartikel
Q	Querschnitt
s	Partikelgrößenklasse

Indizes hoch

Symbol	Bedeutung
CV	konvection vive
K	Konvektion
L	Leitung
R	Reaktion
St	Strahlung

o   Literatur

/13.1.1/ Mussara, S.P.; Fletcher, Th.H.; Niksa, S.; Dwyer, H.A.: Heat and Mass Transfer in the Vicinity of a Devolatilizing Coal Particle. Comb. Sci. Techn., 45(1986), pp 289-307

/13.1.2/ Talley, D.G.; Yao, S.C.: A Semi-Empirical Approach to Thermal and Composition Transients Inside Vaporizing Fuel Droplets. 21st Symp. (Int.) Comb., 1986, pp 609-616

/13.1.3/ Dwyer, H.A.; Sanders, B.R.: A Detailed Study of Burning Fuel Droplets. 21st Symp. (Int.) Comb., 1986, pp 633-639

/13.2.1/ Mie, G.: Beiträge zur Optik trüber Medien, speziel kolloidaler Metallösungen. Annalen der Physik, 4 (1908) Nr. 3, S. 377-445

/13.2.2/ Takeshi, M., Okazaki, K.: Temperature History of Burning Particles with Scattering, Absorbing and Emitting in Pulverized Coal Combustion. Symp. on Coal Combustion, Beijing, China, 1987

/13.2.3/ Foster, P.J., Howarth, C.R.: Optical Constants of Carbons and Coals in the Infrared. Carbon, 6(1968), pp 719-729

/13.2.4/ Van de Hulst, H.C.: Light Scattering by Small Particles. John Wiley, New York, 1957

/13.2.5/ Viskanta, R.; Mengüc, M.P.: Radiation Heat Transfer in Combustion Systems. Prog. Energy Combust. Sci., 13(1987), pp 97-160

/13.2.6/ Gupta, R.P.; Wall, T.F.: The Optical Properties of Fly Ash in Coal Fired Furnaces. Combustion and Flame, 61(1985), pp 145-151

/13.2.7/ Brummel, H.-G.; Kakaras, E.: Wärmestrahlungsverhalten von Gas-/Feststoffgemischen bei niedrigen, mittleren und hohen Beladungen. Wärme- und Stoffübertragung, 25(1990), S. 129-140

/13.2.8/ Jones, A.R.: Scattering of Electromagnetic Radiation in Particulate Laden Fluids. Prog. Energy Combust. Sci., 5(1979), pp 73-96

/13.2.9/ Solomon, P.R.; Carangelo, R.M.; Best, Ph.E.; Markham, J.R.; Hamblen, D.G.: The Spectral Emittance of Pulverized Coal and Char. 21st Symp. (Int.) Comb., 1986, pp 437-446

/13.2.10/ Gupta, R.P.; Wall, T.F.; Truelove, J.S.: Radiative Scatter by Fly Ash in Pulverized-Coal-Fired Furnaces: Application of the Monte Carlo Method to Anisotropic Scatter. Int. J. Heat Tranfer, 26(1983) No.11, pp 1649-1660

/13.3.1/ Brewster, M.Q., Tien, C.L.: Radiative Transfer in Packed Fluidized Beds: Dependent Versus Independent Scattering. J. Heat Transfer, 104(1982), pp 573-578

/13.4.1/ Tromp, P.J.J; Moulijn, J.A.: Quantitative Heat Effects Assiciated with Pyrolysis of Coals. 1989 Int. Conf. Coal Science, Tokyo, 1989, pp 499-502

/13.5.1/ Choi, S.; Kruger, Ch.: Modeling Coal Particle Behavior under Simultaneous Devolatilisation and Combustion. Comb. Flame, 61(1985), pp 131-144

Kapitel 14 :

KOPPLUNG ZWISCHEN KONTINUUMS- UND EINZELTEILCHENBESCHREIBUNG

14.1 Allgemeine Zusammenhänge

Um eine Kopplung zwischen einer Kontinuumsberechnung (Euler) und einer Einzelteilchenberechnung (Lagrange) herzustellen, werden an einem Kontrollvolumen die Zusammenhänge aufgezeigt.

Für eine Einzelteilchenberechnung müssen theoretisch alle Partikel, die sich in der Flamme oder im Feuerraum bewegen oder aufhalten, bilanziert werden. Dies gilt für jeden Eintrittsort (Brenner, Düse) und jede Partikelgröße. Eine reale Berechnung ist hiermit natürlich nicht durchführbar, so daß man sich auf eine repräsentative Anzahl von Startorten (Eintrittsorten) und eine repräsentative Anzahl von Partikelgrößenklassen beschränken muß. Repräsentativ in diesem Zusammenhang bedeutet, daß sich statistisch gesehen die verfolgten Partikel so verhalten wie das Gesamtkollektiv, daß insbesondere die Erwartungswerte für den Partikelphasenimpuls (-geschwindigkeit), die Spezieskonzentrationen und die Partikeltemperaturen übereinstimmen.

Zunächst sei jedoch auf übergeordnete Zusammenhänge wie Partikelanzahlstrom, Teilchenmassenstrom und Partikelphasenvolumenanteil eingegangen (/14.1.1/). Hierfür muß ein zusätzlicher Index "r" zur Kennzeichnung des Partikelstartortes eingeführt werden. Er wird als skalarer Zähler für alle repräsentativen Startorte im dreidimensionalen Raum (durch drei Koordinaten bzw. drei Indizes exakt beschrieben) verwendet.

364

Ausgangspunkt für die Herleitung der Zusammenhänge ist die Definition des Volumenanteils $\Theta_P = V_P/V$. Berücksichtigt man hierbei, daß sich das Volumen V_P der Partikelphase aus der Gesamtheit aller Partikelgrößenklassen s, gestartet von allen Startpunkten r ergibt:

$$V_P = \sum_r \sum_s (N_{PE,r,s} \cdot V_{PE,r,s}) \quad , \tag{14.1.1}$$

dann erhält man mit der Definition des Volumenstroms der Partikelphase $\dot{V}_P = V_P/\Delta t$:

$$\Theta_P = \sum_r \sum_s (\dot{N}_{PE,r,s} \cdot V_{PE,r,s} \cdot \Delta t_{r,s}) \, / \, V \quad . \tag{14.1.2}$$

Dabei bezeichnet $\Delta t_{r,s}$ die Aufenthaltszeit eines Teilchens gestartet am Startpunkt r, zugehörig einer Größenklasse s, im betrachteten Kontrollvolumen, wobei das Kontrollvolumen zweckmäßigerweise mit der Diskretisierung für die Eulerbeschreibung übereinstimmen sollte. Zu beachten ist, daß natürlich nicht alle gestarteten und verfolgten Partikel durch das bilanzierte Kontrollvolumen fliegen werden.

Führt man anstelle des Partikelvolumens noch die Partikelmasse $m_{PE,v,s}$ ein, dann ergibt sich:

$$\Theta_P = \sum_r \sum_s (\dot{N}_{PE,r,s} \cdot m_{PE,r,s} \cdot \Delta t_{r,s}) \, / \, (V \cdot \rho_{PE}{}^M) \quad . \tag{14.1.3}$$

Hierin steht $\dot{N}_{PE,r,s}$ für den Partikelanzahlstrom, für den gilt:

$$\dot{N}_{PE} = \sum_r \sum_s \dot{N}_{PE,r,s} \quad , \tag{14.1.4}$$

womit sich durch Multiplikation mit dem Gesamtberechnungsintervall Δt die Anzahl der verfolgten Teilchen ergibt:

$$N_{PE} = \dot{N}_{PE} \cdot \Delta t \quad . \tag{14.1.5}$$

Andererseits gilt für den Partikelanzahlstrom $\dot{N}_{PE,r,s}$:

$$\dot{N}_{PE,r,s} = 6 \cdot \dot{m}_P \cdot \Theta_{P,r} \cdot \Theta_{P,s} \, / \, (\pi \cdot \rho_{PE}{}^M \cdot d_{PE,s}{}^3) \quad , \tag{14.1.6}$$

wobei $\Theta_{P,r}$ den Volumenanteil der Partikelphase vom Startpunkt r kommend und $\Theta_{P,s}$ den Volumenanteil der Partikelphase der Größenklasse s zugehörend bezeichnet.

Über den Partikelanzahlstrom kann sofort eine Beziehung für den Partikelmassenstrom $\dot{m}_{P,r,s}$ angegeben werden:

$$\dot{m}_{P,r,s} = m_{PE,r,s} \cdot \dot{N}_{PE,r,s} \quad . \tag{14.1.7}$$

Aus der Beziehung Gl. (14.1.7) können in den weiteren Kapiteln direkt Zusammenhänge für die Impuls-, Wärme- und Stoffübertragung von der Partikel- auf die Gasphase hergeleitet werden, da der Massenstrom Träger von Energie und einer Stoffeigenschaft (Spezieskonzentration) ist.

365

Für die lokale Gesamtmasse, Enthalpie und Einzelspeziesmasse erhält man (der Index "q" bezeichnet als skalarer Zähler den augenblicklichen Aufenthaltsort im dreidimensionalen Raum):

$$\dot{m}_{P,q,s} = m_{PE,q,s} \cdot \dot{N}_{PE,r,s} \quad , \tag{14.1.8}$$

$$\dot{h}_{P,q,s} = m_{PE,q,s} \cdot \dot{N}_{PE,r,s} \cdot \bar{c}_P \cdot T_{PE,q,s} \quad , \tag{14.1.9}$$

$$\dot{m}_{\alpha,P,q,s} = m_{PE,q,s} \cdot \dot{N}_{PE,r,s} \cdot c_{\alpha,PE,q,s} \quad . \tag{14.1.10}$$

Der Teilchenanzahlstrom möge sich zunächst nicht ändern:

$$\dot{N}_{PE,q,s} = \dot{N}_{PE,r,s} \quad . \tag{14.1.10}$$

Damit ergeben sich dann die Gesamt-Massen-, Energie- (Enthalpie-) und Speziesströme:

$$\dot{m}_{P,q} = \sum_r \sum_s m_{PE,q,s} \cdot \dot{N}_{PE,r,s} \quad , \tag{14.1.11}$$

$$\dot{h}_{P,q} = \sum_r \sum_s m_{PE,q,s} \cdot \dot{N}_{PE,r,s} \cdot \bar{c}_P \cdot T_{PE,q,s} \quad , \tag{14.1.12}$$

$$\dot{m}_{\alpha,P,q} = \sum_r \sum_s m_{PE,q,s} \cdot \dot{N}_{PE,r,s} \cdot c_{\alpha,PE,q,s} \quad . \tag{14.1.13}$$

Der Impulsaustausch zwischen den Phasen (Wechselwirkungskräfte) wird in Kap. 14.2 behandelt.

14.2 Kopplung der Impulsbilanz

Die Kopplung der Impulsbilanzen zwischen Gas- und Partikelphase erfolgt zweckmäßigerweise über den Phasenwechselwirkungsterm $f_{P,i}{}^{GP}$ in Gl. (7.5.20) oder (7.5.30). Man erhält diesen, wenn man die beiden wesentlichen Wechselwirkungskräfte - die Widerstandskraft und den Auftrieb - mit dem Partikelanzahlstrom multipliziert und über die Aufenthaltszeit im Kontrollvolumen $\Delta_q t_{r,s}$ integriert (V_q ist das Volumen des betrachteten Kontrollvolumens):

$$f_{P,r,s}{}^{G\dot{P}} = \tfrac{1}{2} \cdot \dot{N}_{PE,r,s} \cdot A_{PE,s} \cdot \int_{\Delta_q t_{r,s}} \rho_G \cdot c_{W,s} \cdot (u_{P,s} - u_G) \cdot |u_{P,s} - u_G| \, dt \, / \, V_q \, +$$
$$+ \dot{m}_{PE,r,s} \cdot g \cdot (1 - \rho_G{}^M / \rho_P{}^M) \cdot \Delta_q t_{r,s} \, / \, V_q \quad . \tag{14.2.1}$$

Der gesamte Wechselwirkungsterm ergibt sich aus der Summation über alle Startorte und Größenklassen:

$$f_P{}^{GP} = \sum_r \sum_s f_{P,r,s}{}^{GP} \quad . \tag{14.2.2}$$

Abhängig von der lokalen Flugbahnorientierung im Kontrollvolumen muß noch eine Komponentenzerlegung in die jeweilige Raumrichtung erfolgen. Hierauf wird zur Wahrung der Übersichtlichkeit verzichtet.

14.3 Kopplung der Speziesbilanz

Eine Kopplung der Speziesbilanzen ist dann notwendig, wenn man Verdampfungs-, Pyrolyse- und Abbrandvorgänge am Einzelkorn untersucht und das Ergebnis in eine Flammen- oder Feuerraumberechnung einbinden möchte. Hierdurch kann direkt der Phasenwechselterm $\dot{r}^{PW}$ (Gl. 7.5.20 oder 7.5.30) angegeben werden, indem man den Einzelteilchenmassenstrom $\dot{r}_{PE}^{PW}$ über das Zeitintervall $\Delta_q t_{r,s}$ integriert (für jedes r und s ergibt sich i.a. eine andere Aufenthaltszeit):

$$\dot{r}^{PW} = \sum_r \sum_s \left[\int_{\Delta_q t_{r,s}} \dot{r}_{PE,r,s}^{PW} \, dt \right] \quad . \tag{14.3.1}$$

In gleicher Weise ergeben sich die Speziesmassenströme, bedingt durch chemische Reaktion, zwischen den beiden Phasen.

14.4 Kopplung der Energiebilanz

Eine Kopplung der konvektiv/diffusiven Energieströme erfolgt entsprechend den Spezies- massenströmen:

$$\dot{q}^{KD} = \sum_r \sum_s \left[\int_{\Delta_q t_{r,s}} \dot{q}_{PE,r,s}^{KD} \, dt \right] \quad . \tag{14.4.1}$$

Beim Strahlungsaustausch war eine vereinfachende Bilanzgleichung für die Partikelphase angegeben worden (Gl. 10.6.12). Die aufgrund der Partikeleigentemperatur netto emittierte Energie (gesamt emittierte abzüglich absorbierte Energie)

$$\tilde{\dot{q}}^{St} = \sum_r \sum_s \left[\int_{\Delta_q t_{r,s}} \dot{q}_{PE,r,s}^{St} \, dt \right] \tag{14.4.2}$$

muß der Gesamtstrahlungsintensität zugerechnet werden.

Gleichzeitig muß aufgrund der Absorptivität der Partikel eine Reduzierung der Strahlungs- intensität berücksichtigt werden.

o   Formelverzeichnis

(Kapitelspezifische Formelzeichen;   eine Zusammenstellung übergeordnet gültiger Formelzeichen und Kennzahlen ist in Anhang 6 angeführt;   [*] Dimension hängt von der jeweiligen Verwendung ab)

Symbol	Bedeutung	Dimension
A	Querschnittsfläche	m^2
c_p	Massenanteil der Partikelphase	-
$\overline{c}_p$	integrale spezifische Wärmekapazität	$kJ/(kg \cdot K)$
c_w	Widerstandsbeiwert	-
d	Durchmesser	m
f	volumenspezifische Kraft	N/m^3
F	Kraft	N
m	Masse	kg
N	Anzahl	-
$\dot{q}$	Wärmestrom	kW
$\dot{r}$	Reaktionsrate	$1/s$
t	Zeit	s
u	Geschwindigkeit	m/s
V	Volumen	m^3
V_q	betrachtetes Kontrollvolumen	m^3
Δt	Zeitintervall	s
θ	Volumenanteil	-
μ	dynamische Viskosität	$kg/(m \cdot s)$
ρ	Dichte	kg/m^3

Indizes tiefgestellt

Symbol	Bedeutung
G	Gasphase
i	Koordinatenrichtung
r	Partikelstartort
P	Partikelphase (Euler)
PE	Einzelpartikel
q	augenblicklicher Ort
s	Größenklasse

Indizes hochgestellt

Symbol	Bedeutung
D	Diffusion
GP	Gas-Partikel-Wechselwirkung
K	Konvektion
PW	Phasenwechsel
R	reagierend
St	Strahlung

Sonderzeichen

Symbol	Bedeutung
$\overline{}$	zeitlicher Mittelwert
$\widehat{}$	zeitlicher Schwankungswert
Δ	Differenz
o	Anfangswert

o　Literatur

/14.1.1/ Durst, F.; Milojevic, D.; Schönung, B.: Eulerian and Lagrangian Prediction of Particulate Two-Phase Flows: A Numerical Study. Appl. Math. Modelling, 8 (1984), pp 101-115

/14.1.2/ Soo, S.L.: Fluid Dynamics of Multi-phase-Systems. Blaisdell Publ. Comp., Waltham, Mass., USA, 1967

/14.1.3/ Smoot, L.D.; Pratt, D.T.: Pulverized-Coal Combustion and Gasification. Plenum Press New York, 1979

/14.1.4/ Rudinger, G.: Effect of Velocity Slip on the Burning Rate of Fuel Particles. J. Fluid Eng./ Transactions of the ASME, (1975), pp 321-326

Teil II :

MATHEMATISCHE MODELLIERUNG
- VORAUSSETZUNGEN, TEILMODELLE UND GESAMTMODELLE -

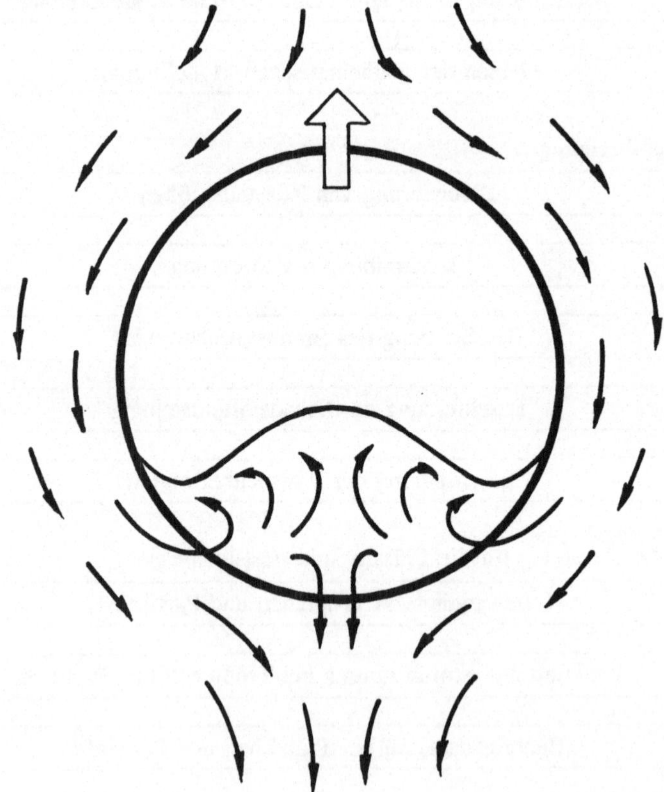

**Verhältnisse in der Umgebung einer Gasblase
in einer blasenbildenden Wirbelschicht
(nach H.-D. Schilling)**

Kapitel 15 :

MODELLIERUNGSANSÄTZE FÜR WIRBELSCHICHTFEUERUNGEN

15.1 Besonderheiten der Wirbelschichtmodellierung

Phänomenologisch betrachtet verhält sich in strömungstechnischer Hinsicht eine Wirbelschichtfeuerung ähnlich wie eine Staubfeuerung. Ein wesentlicher Unterschied ist die deutlich höhere Feststoffbeladung, was dazu führt, daß die in Kap. 7 angeführte Turbulenzmodellierung nicht mehr anwendbar ist. Dies bezieht sich insbesondere auf die Modifizierung der turbulenten Viskosität, durch die der Einfluß der Partikelphase auf die Turbulenzstruktur der Gasphase näherungsweise berücksichtigt wurde. Auch eine Einzelteilchenbeschreibung (Kap. 11) wird deutlich erschwert, da durch die hohe Teilchenkonzentration neben der Interaktion Partikel - turbulentes Trägerfluid in hohem Maße auch direkte Stöße der Teilchen untereinander auftreten. Vergleichbar große Probleme treten ebenso bei der Beschreibung des Wärmeübertragungsverhaltens auf. Der mit steigender Beladung abnehmende freie Strahlweg (Einzelstrahl der thermischen Strahlung) wird immer kleiner und damit die Häufigkeit einer Wechselwirkung mit einer Festkörperoberfläche höher. Insgesamt sinkt der Anteil der thermischen Strahlung an der Wärmeübertragung und neben dem konvektiven Transport über die Gasphase spielt eine direkte Energieübertragung durch Teilchenstöße eine Rolle. Hierzu sind Annahmen über Kontaktzeit und -fläche äußerst schwierig zu formulieren.

Bei stark expandierten Wirbelschichten können einige heuristische Annahmen gemacht werden. Sie werden jedoch bei der Beschreibung von stationären Wirbelschichten unrealistisch. Daher ist es sinnvoll, auf einer mehr globalen Stufe der Beschreibung von physikalischen Vorgängen eine mathematische Modellierung zu versuchen.

Dies führt zu sogenannten Schichtenmodellen, bei denen innerhalb einer Schicht mit konzentrierten Parametern für die Zustandsgrößen gerechnet wird. Zulässig ist diese Annahme, da eine sehr intensive Quervermischung in einer betrachteten Wirbelschichthöhe vorliegt. Gerade diese Quervermischung nimmt in der Reihenfolge stationäre Wirbelschicht, zirkulierende Wirbelschicht, druckaufgeladene stationäre Wirbelschicht und druckaufgeladene zirkulierende Wirbelschicht ab, während die Beladung von der stationären zur zirkulierenden abnimmt und von der atmosphärischen zur druckaufgeladenen zunimmt.

In den beiden folgenden Kapiteln werden einige ausgewählte Modellansätze für stationäre und zirkulierende atmosphärische Wirbelschichten angeführt.

15.2 Eindimensionale Wirbelschichtmodelle

15.2.1 Vereinfachungen und Annahmen

Bild 15.2.1 zeigt schematisch, welche Bestandteile und Wechselwirkungen ein mathematisches Modell zur Beschreibung einer stationären Wirbelschicht aufweisen muß, um die auftretenden physikalischen Effekte zu beschreiben. Bei einer stationären Wirbelschichtfeuerung ist inbesondere zwischen dem eigentlichen Wirbelschichtmodell und dem Freiraummodell zu unterscheiden. Teilchen, die aus der Wirbelschicht herausgeschleudert werden, kehren wegen der geringeren Gasgeschwindigkeit sofort wieder in die Schicht zurück. Dieses Herausschleudern wird über die "Splash"-Rate berücksichtigt.

In der Wirbelschicht selbst wird neben der kontinuierlichen Gasphase und der als quasi kontinuierlich angenommenen Partikelphase noch der Effekt der Blasenbildung beobachtet, der bei einer mathematischen Beschreibung mit klassischen differentiellen Modellen erhebliche Schwierigkeiten bereitet. Zirkulierende Wirbelschichten verhalten sich prinzipiell ähnlich, nur daß hier eine Unterscheidung in Freiraum und Wirbelschicht entfällt. Eine höhenabhängige Partikelkonzentration wird hierbei über eine vertikale Porositätsverteilung beschrieben. Für eine solche zirkulierende Wirbelschichtfeuerung, einschließlich Feststoffabscheidung und -rückführung, wurde ein Modell entwickelt (/15.2.1/) und für praktische Berechnungen eingesetzt. Die Modellannahmen seien hier kurz aufgeführt, auf die Modellgleichungen (nach /15.2.1/) wird im folgenden Kapitel eingegangen:

- Gas- und Partikelphase werden als über den Querschnitt homogene Phasen betrachtet (konzentrierter Parameter in horizontaler Richtung).

- Die Feststoffbeladung ist als Funktion der Reaktorhöhe bekannt und vorgebbar.

- Entmischungserscheinungen wie Blasen und Strähnen werden nicht berücksichtigt.

- Eine Vermischung entgegen der Hauptströmungsrichtung (Rückvermischung) wird für die Partikelphase sowohl im Reaktor (interne Rückvermischung) als auch über den Heißgaszyklon und den Aschekühler (Bild 15.2.2, externe Rückvermischung) berücksichtigt. Für die Gasphase wird eine Rückvermischung nicht unterstellt.

- Zugegebene Gas- und Partikelströme werden verzögerungsfrei auf die in der Zugabehöhe herrschende Temperatur aufgeheizt. Dies ist eine Folge der Beschreibung durch konzentrierte Parameter innerhalb einer Höhenschicht.

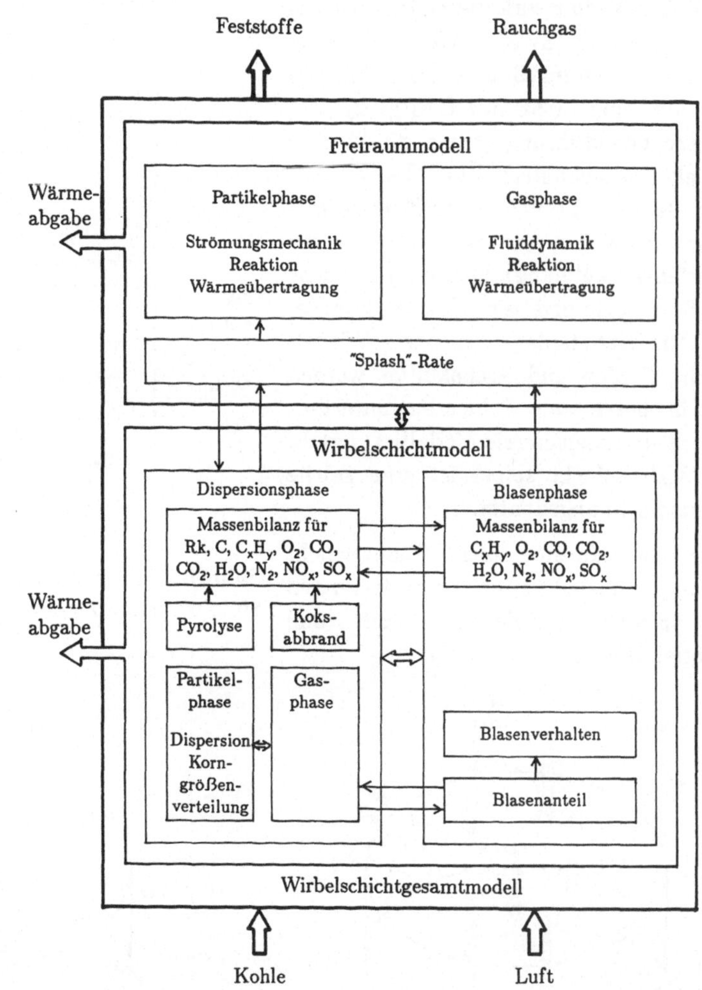

Bild 15.2.1: Bestandteile und Wechselwirkungen eines mathematischen Modells für eine stationäre Wirbelschicht (/15.2.2/)

rameter innerhalb einer Höhenschicht.

- Die Freisetzung und der Abbrand von flüchtigen Bestandteilen und Koks erfolgt ohne Berücksichtigung des Zeitverhaltens.

- Das gleiche gilt für die Freisetzung bzw. Entstehung von Schadstoffkomponenten.

Auf dieser Basis läßt sich das in der Folge dargestellte "Schichten"-Modell formulieren.

15.2.2 Bilanzgleichungen

Am Beispiel einer zirkulierenden Wirbelschichtfeuerung (ZWSF, Bild 15.2.2) sei dieses Vorgehen angedeutet. Es handelt sich dabei um eine ZWSF mit Heißgaszyklon. Die Ascherückführung erfolgt direkt oder indirekt (Aschekühler). Über der Wirbelschichthöhe sind verschiedene Einblaseöffnungen für Kohle, Additive (Kalkstein zur Direktentschwefelung), rückgeführte Asche und Rauchgase und Sekundärluft vorgesehen. Die Hauptanlagenteile wie Wirbelschicht, Zyklon und Aschekühler werden nun in horizontale Schichten unterteilt (örtlich eindimensionale Modellierung). In der Wirbelschicht selbst ist eine solche Bilanzschicht angedeutet.

Betrachtet man eine solche Bilanzschicht isoliert, dann sind an ihr alle auftretenden bzw. physikalisch relevanten Stoff- und Energieflüsse zu berücksichtigen.

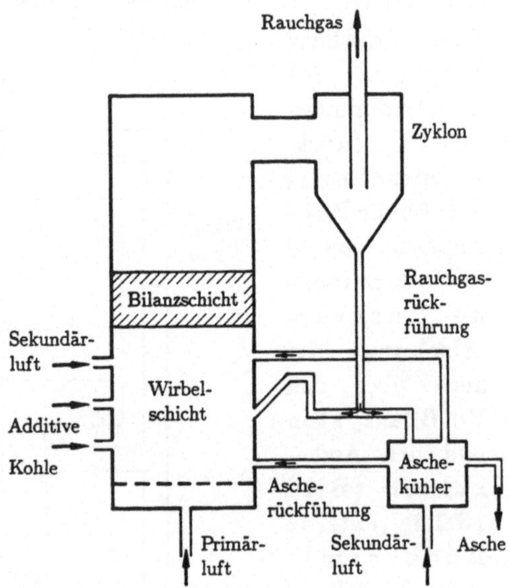

Bild 15.2.2: Zirkulierende Wirbelschichtfeuerung mit Bilanzschicht (/15.2.2/)

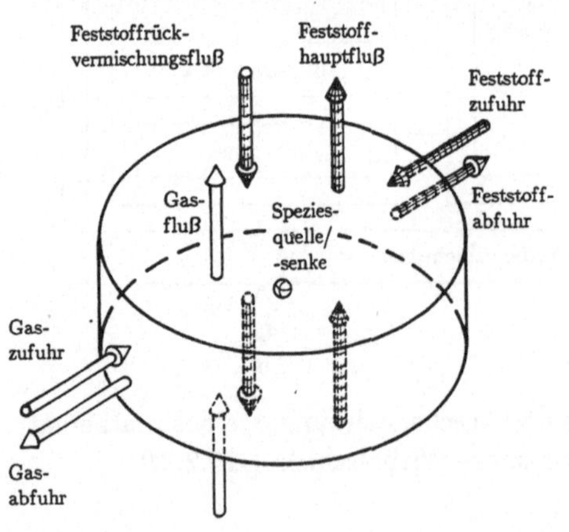

Bild 15.2.3: Stoffflüsse an einer Bilanzschicht

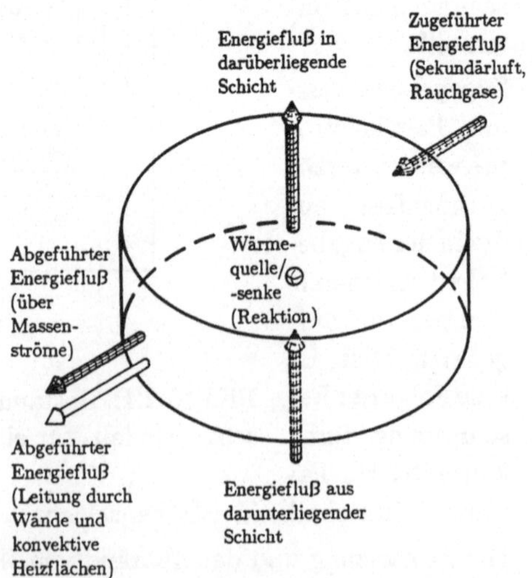

Bild 15.2.4: Energieflüsse an der Bilanzschicht

Bild 15.2.3 zeigt dies für die Stoff-, Bild 15.2.4 für die Energieflüsse. Hiermit läßt sich dann für eine solche Schicht jeweils eine diese Flüsse berücksichtigende Bilanzgleichung aufstellen, die zusätzlich innere Quell- und Senkenterme durch chemische Reaktion (Speziesumsatz und Wärmetönung) berücksichtigen muß.

Werden mit "ein" und "aus" die aus den und in die jeweils benachbarten Schichten ein- und austretenden Flüsse, mit "zu" und "ab" die von und nach außen zu- und abgeführten Flüsse bezeichnet, dann lassen sich folgende Massenbilanzen aufstellen:

o **Gesamtmasse m:**

$$\frac{\partial m}{\partial t} = \dot{m}_{ein} - \dot{m}_{aus} + \dot{m}_{RV,ein} - \dot{m}_{RV,aus} + \dot{m}_{zu} - \dot{m}_{ab} \qquad (15.2.1)$$

$$|\quad I \quad|\quad\quad II \quad\quad|\quad III \quad|$$

Hierbei beschreiben:

Term I : Nettomassenstrom aus darunter- und darüberliegenden Schichten, aber ohne Feststoffrückvermischungsstrom

Term II : Nettofeststoffrückvermischungsstrom

Term III: Netto über die Reaktorwand zu- und abgeführter Massenstrom

o **Masse der Gasphase** (Gesamtgasmasse) Index "G":

$$\frac{\partial m_G}{\partial t} = \dot{m}_{G,ein} - \dot{m}_{G,aus} + \dot{m}_{G,zu} - \dot{m}_{G,ab} + \dot{r}_G^{PW} + \dot{r}_G^R \qquad (15.2.2)$$

$$|\quad I \quad|\quad III \quad|\; IV \;|\; V \;|$$

Hierbei beschreiben:

Term I : Nettomassenstrom aus darunter- und darüberliegenden Schichten, aber ohne Feststoffrückvermischungsstrom, hier bezogen auf die Gasphase,

Term II : nicht existent, da nur Feststoff rückvermischt wird,

Term III: Netto über die Reaktorwand zu- und abgeführter Massenstrom, hier bezogen auf die Gasphase,

Term IV : Massenänderung durch Phasenwechselvorgänge, z.B. der Pyrolyse von Kohle,

Term V : chemische Reaktion, bei der meist Masse aus der Feststoff- in die Gasphase übergeht.

Die Terme IV und V werden meist zusammengefaßt zu einem Reaktionsterm, wobei die Phasenwechselvorgänge über Pseudoreaktionsschritte beschrieben werden.

o **Masse der Partikelphase** (Gesamtfeststoffmasse) Index "P"

$$\frac{\partial m_P}{\partial t} = \dot{m}_{P,ein} - \dot{m}_{P,aus} + \dot{m}_{RV,ein} - \dot{m}_{RV,aus} + \dot{m}_{P,zu} - \dot{m}_{P,ab} + \dot{r}_P^{PW} + \dot{r}_P^{R} \qquad (15.2.3)$$

$$\quad |\qquad I \qquad |\qquad II \qquad |\qquad III \qquad |\ IV\ |\ V\ |$$

Hierbei beschreiben:

Term I : Nettomassenstrom aus darunter- und darüberliegenden Schichten, aber ohne Feststoffrückvermischungsstrom, hier bezogen auf die Partikelphase,

Term II : Nettofeststoffrückvermischungsstrom,

Term III: Netto über die Reaktorwand zu- und abgeführter Massenstrom, hier bezogen auf die Partikelphase,

Term IV : Massenänderung durch Phasenwechselvorgänge, z.B. der Pyrolyse von Kohle,

Term V : chemische Reaktion, bei der meist Masse aus der Feststoff- in die Gasphase übergeht.

Die Terme IV und V werden meist zusammengefaßt zu einem Reaktionsterm, wobei die Phasenwechselvorgänge über Pseudoreaktionsschritte beschrieben werden.

Die Gesamtmassenbilanz ergibt sich durch Addition der Massenbilanzen für die Gas- und die Partikelphase, wenn man folgende Zusammenhänge berücksichtigt:

o Phasenwechselterme:

$$\dot{r}_P^{PW} = - \dot{r}_G^{PW} \qquad (15.2.4)$$

o Reaktionsterme:

$$\dot{r}_P^{R} = - \dot{r}_G^{R} \qquad (15.2.5)$$

Bei beiden Zusatzbedingungen liegt die Erhaltung der Gesamtmasse zugrunde.

In Rost- und Wirbelschichtfeuerungen wird oft mit dem Begriff der Porosität Ψ, einem Volumenanteil, in Staubfeuerungen meist mit der Beladung β, einem Massenverhältnis, gearbeitet. Auf die entsprechenden Zusammenhänge wurde schon in Kap. 3.3.3 hingewiesen. Die mit "M" bezeichneten Dichten bezeichnen Material- und **nicht** Schütt- oder "Kontinuums"-dichten.

Kennt man den vertikalen Verlauf der Porosität oder der Beladung, dann genügt eine der drei Bilanzen Gl. (15.2.1) - (15.2.3) zur Beschreibung der Gesamt- und Phasenmassen. Es ergeben sich insbesondere die Zusammenhänge, wenn m_G bilanziert wird:

$$m_P = m_G\,\beta = m_G\left[(1-\Psi)/\Psi\right]\,(\rho_P^M / \rho_G^M) \quad , \qquad (15.2.6)$$

$$m = m_G\,(1+\beta) = m_G\left[1 + \left[(1-\Psi)/\Psi\right]\,(\rho_P^M / \rho_G^M)\right] \quad . \qquad (15.2.7)$$

Führt man eine in Richtung der Hauptströmung durchlaufende Indizierung (Laufindex i) ein, dann ist es zweckmäßig, die ein- und austretenden Stoff- und Energieflüsse gemäß Bild 15.2.5 (Analogon zu Bild 15.2.3) zu bezeichnen.

Berücksichtigt man analoge chemische Global-reaktionen für die Kohleumsetzung wie in Kap. 8.5, dann sind Bilanzen aufzustellen für:

- Rohkohle,
- Koks,
- Flüchtige,
- Sauerstoff und
- Enthalpie.

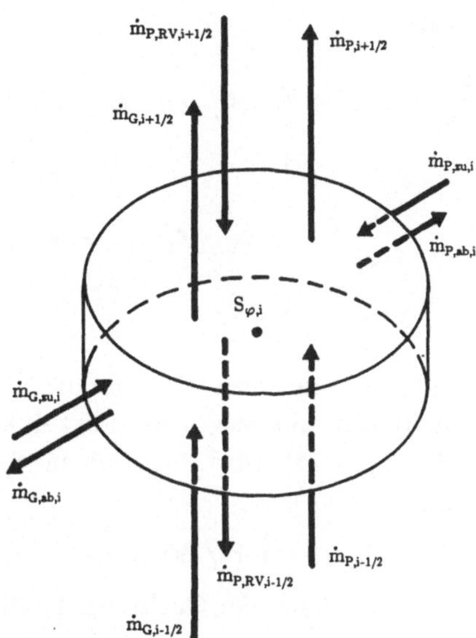

Bild 15.2.5: Indizierung an einer Bilanzschicht

Es ergeben sich die Einzelspeziesbilanzen bzw. die Enthalpiebilanz wie folgt:

o Rohkohle:

$$\frac{\partial}{\partial t}(m_i\, c_{RK,i}) = \dot{m}_{i-1/2}\, c_{RK,i-1} - \dot{m}_{i+1/2}\, c_{RK,i} + \dot{m}_{RV,i+1/2}\, c_{RK,i+1} - \dot{m}_{RV,i-1/2}\, c_{RK,i}$$

$$\begin{array}{cccc} | & \mathrm{I} \qquad | & \mathrm{II} & | \end{array}$$

$$+\, \dot{m}_{zu,i}\, c_{RK,zu,i} - \dot{m}_{ab,i}\, c_{RK,i} - m_i\, k_1\, c_{RK} \quad . \tag{15.2.8}$$

$$\begin{array}{ccc} | & \mathrm{III} & | \quad \mathrm{IV / V} \quad | \end{array}$$

Die Pseudoreaktionsgeschwindigkeit k_1 zur Beschreibung der Pyrolysereaktion (vgl. Kap. 8.5.2, Reaktion erster Ordnung) wird wieder über einen Arrheniusansatz modelliert (Globalreaktion "1 - Pyrolyse"):

$$k_1 = k_{0,1}\, \exp\left[-E_1/(RT)\right] \quad . \tag{15.2.9}$$

Dabei ergibt sich der Senkenterm durch Pyrolyse:

$$S_{RK,i}{}^{PW} = -\, m_i\, k_1\, c_{RK,i} \quad . \tag{15.2.10}$$

o Koks:

$$\frac{\partial}{\partial t}(m_i\, c_{C,i}) = \dot{m}_{i-\frac{1}{2}}\, c_{C,i-1} - \dot{m}_{i+\frac{1}{2}}\, c_{C,i} + \dot{m}_{RV,i+\frac{1}{2}}\, c_{C,i+1} - \dot{m}_{RV,i-\frac{1}{2}}\, c_{C,i}$$

$$\qquad\qquad\quad | \qquad\quad I \qquad\quad | \qquad\quad II \qquad\quad |$$

$$+\, \dot{m}_{zu,i}\, c_{C,zu,i} - \dot{m}_{ab,i}\, c_{C,i} + m_i\, k_1\, c_{RK,i}\,|\nu_{C,1}/\nu_{RK,1}| - m_i\, k_2\, c_{C,i} \;.$$

$$\qquad | \qquad\qquad III \qquad\qquad | \qquad\qquad IV\,/\,V \qquad\qquad |$$

$$\tag{15.2.11}$$

Teilterm 1 aus Term IV/V gibt die "Erzeugung" von Koks aufgrund der Pyrolyse wieder. Die Pseudoreaktionsgeschwindigkeit k_2 zur Beschreibung des Koksabbrands (Teilterm 2, vgl. Kap.8.5.3) wird über einen Arrheniusansatz modelliert (Globalreaktion "2 - Koksabbrand"):

$$k_2 = k_{0,2}\, \exp\!\left[-E_2/(RT)\right] \;. \tag{15.2.12}$$

Dabei ergibt sich der Quellterm durch Koksentstehung und -abbrand:

$$S_{C,i} = m_i\, k_1\, c_{RK,i}\,|\nu_{C,1}/\nu_{RK,1}| - m_i\, k_2\, c_{C,i} \;. \tag{15.2.13}$$

o Flüchtige Bestandteile:

$$\frac{\partial}{\partial t}(m_i\, c_{Fl,i}) = \dot{m}_{i-\frac{1}{2}}\, c_{Fl,i-1} - \dot{m}_{i+\frac{1}{2}}\, c_{Fl,i} + \dot{m}_{zu,i}\, c_{Fl,zu,i} - \dot{m}_{ab,i}\, c_{Fl,i}$$

$$\qquad\qquad\quad | \qquad\quad I \qquad\quad | \qquad\quad III \qquad\quad |$$

$$+\, m_i\, k_1\, c_{RK,i}\,|\nu_{Fl,1}/\nu_{RK,1}| - m_i\, k_3\, c_{Fl,i} \tag{15.2.14}$$

$$\qquad | \qquad\qquad IV\,/\,V \qquad\qquad |$$

Die Pseudoreaktionsgeschwindigkeit k_3 zur Beschreibung des Flüchtigenabbrands (vgl. Kap.8.5.4) wird über einen Arrheniusansatz modelliert (Globalreaktion "3 - Flüchtigenabbrand"):

$$k_3 = k_{0,3}\, \exp\!\left[-E_3/RT)\right] \;. \tag{15.2.15}$$

Dabei ergibt sich der Quellterm durch Flüchtigenentstehung (Pyrolyse) und -abbrand:

$$S_{Fl,i} = m_i\, k_1\, c_{RK,i}\,|\nu_{Fl,1}/\nu_{RK,1}| - m_i\, k_3\, c_{Fl,i} \tag{15.2.16}$$

o **Sauerstoff:**

$$\frac{\partial}{\partial t}(m_i\, c_{O_2,i}) = \dot{m}_{i-\frac{1}{2}}\, c_{O_2,i-1} - \dot{m}_{i+\frac{1}{2}}\, c_{O_2,i} + \dot{m}_{zu,i}\, c_{O_2,zu,i} - \dot{m}_{ab,i}\, c_{O_2,i}$$

$$\qquad\qquad |\qquad\qquad \mathrm{I} \qquad\qquad | \qquad\qquad \mathrm{III} \qquad\qquad |$$

$$- m_i\, k_2\, c_{C,i}\,|\nu_{O_2,2}/\nu_{C,2}| - m_i\, k_3\, c_{Fl,i}\,|\nu_{O_2,3}/\nu_{Fl,3}| \qquad (15.2.17)$$

$$|\qquad\qquad\qquad \mathrm{IV}\,/\,\mathrm{V} \qquad\qquad\qquad |$$

Der Senkenterm setzt sich additiv aus Anteilen zur Koks- und Flüchtigenverbrennung zusammen:

$$S_{O_2,i} = - m_i\, k_2\, c_{C,i}\,|\nu_{O_2,2}/\nu_{C,2}| - m_i\, k_3\, c_{Fl,i}\,|\nu_{O_2,3}/\nu_{Fl,3}| \qquad (15.2.18)$$

o **Energiebilanz (Enthalpiebilanz):**

$$\frac{\partial}{\partial t}(m_i\, h_i) = \dot{m}_{P,i-\frac{1}{2}}\, h_{P,i-1} - \dot{m}_{P,i+\frac{1}{2}}\, h_{P,i} + \dot{m}_{G,i-\frac{1}{2}}\, h_{G,i-1} - \dot{m}_{G,i+\frac{1}{2}}\, h_{G,i}$$

$$|\qquad\qquad\qquad\qquad \mathrm{I} \qquad\qquad\qquad\qquad |$$

$$\dot{m}_{RV,i+\frac{1}{2}}\, h_{P,i+1} - \dot{m}_{RV,i-\frac{1}{2}}\, h_{P,i}$$

$$|\qquad\qquad \mathrm{II} \qquad\qquad |$$

$$+ \dot{m}_{P,zu,i}\, h_{P,zu,i} - \dot{m}_{P,ab,i}\, h_{P,i} + \dot{m}_{G,zu,i}\, h_{G,zu,i} - \dot{m}_{G,ab,i}\, h_{G,i}$$

$$|\qquad\qquad\qquad\qquad \mathrm{III} \qquad\qquad\qquad\qquad |$$

$$+ m_i\, k_2\, c_{C,i}\, Hu_C + m_i\, k_3\, c_{Fl,i}\, Hu_{Fl} + \alpha_i\, A_i\,(t_W - t_i). \qquad (15.2.19)$$

$$|\qquad\qquad \mathrm{IV}\,/\,\mathrm{V} \qquad\qquad | \qquad \mathrm{VI} \qquad |$$

Mit den Ansätzen für die Wärmeentbindung (Term IV/V) verbindet sich die Annahme, daß sich die latente Energie (Heizwert) der Rohkohle RK vollständig im Koks und den Flüchtigen wiederfindet. Hiermit ist insbesondere verbunden, daß die Pyrolyse nicht wärmetönend abläuft:

$$Hu_{RK} = Hu_{Fl} + Hu_C \ . \qquad (15.2.20)$$

Term VI gibt die Energieextraktion aus der Schicht wieder. Sie ist im obigen Fall über einen effektiven Wärmeübergangskoeffizienten für die innere Oberfläche formuliert, der auch die Strahlungswärmeübertragung umfaßt.

15.3 Dreidimensionale Wirbelschichtmodelle

15.3.1 Teilmodelle

Bei der eindimensionalen Modellierung wurden Temperaturen und Konzentrationen in
horizontalen Schichten als konzentrierte Parameter angesehen. In Großanlagen wird diese
Vereinfachung im Bereich der Kohle- (oder allgemein der Brennstoff-) Aufgabe und der
verschiedenen Luftzuführungen nicht mehr zulässig sein. Messungen in stationären
Wirbelschichten, in denen die Quervermischung intensiver verläuft, haben gezeigt, daß
solche dreidimensionalen Effekte bis zur Schichtoberfläche erhalten bleiben (Bild 15.3.1).

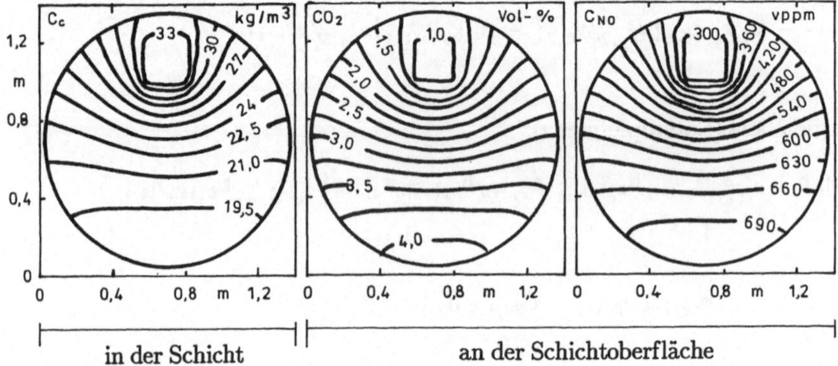

Bild 15.3.1: Meßwerte von horizontalen Konzentrationsverteilungen in einer stationären
Wirbelschicht (/15.2.2/)

Eine Berücksichtigung von horizontalen Verteilungen wirft die Frage nach einem geeigneten
Dispersions- oder Quervermischungsmodell auf. Modelle hierfür werden von Werther
/15.2.8/ für stationäre Wirbelschichten angeführt. Sie sollten prinzipiell auf zirkulierende
Wirbelschichten übertragbar sein; dies ist jedoch Gegenstand laufender Untersuchungen.

Wichtig für das örtliche Abbrandverhalten ist natürlich auch die axiale und radiale
Verteilung der Brennstoffkorngröße (vgl. Kap. 8.5.6). Summarisch werden damit zusammenhängende Effekte als Korngrößenhaushalt bezeichnet (Kap. 15.3.3).

15.3.2 Dispersionsmodell für die Quervermischung

Die Kenntnis des Quervermischungsverhaltens spielt eine zentrale Rolle in einer
mehrdimensionalen Beschreibung von Wirbelschichten. Neben den Konzentrationen wird
hierdurch der Korngrößenhaushalt dominant beeinflußt. Bei blasenbildenden Wirbelschichten ist die Entstehung, der Transport und gegebenenfalls eine Koaleszenz der Blasen von
Einfluß auf das Quervermischungsverhalten.

Der Stoffaustauschkoeffizient (bezogen auf die Austauschfläche A) β_A setzt sich additiv aus einem konvektiven und einem diffusiven Anteil zusammen (/15.2.8/):

$$\beta_A = u_L + 0,76 \, \Psi_L \, / \, (1-\Psi_L) \, D_A^{1/2} \, (g/d_B)^{1/4} \quad . \tag{15.3.1}$$

Dabei bezeichnet u_L die Lockerungsgeschwindigkeit für die Schicht, Ψ_L die zugehörige Schichtporosität, D_A den Diffusionskoeffizienten und d_B den äquivalenten lokalen Blasendurchmesser.

Eine weitere Möglichkeit der Berechnung besteht in der additiven Überlagerung des Stoffaustauschkoeffizienten zwischen einer Blasen-"Wolke" (cloud) und der Blase selbst, $\Psi_{W,B}$, und des Austausches zwischen dieser Wolke und der übrigen Suspension, $\Psi_{W,S}$ (15.2.8/).

$$1/\Psi_A = 1/\Psi_{W,B} + 1/\Psi_{W,S} \quad . \tag{15.3.2}$$

Natürlich müssen in diesem Zusammenhang auch Blasenkoaleszenzvorgänge, also ein Blasengrößenhaushalt, in die Betrachtungen eingezogen werden.

15.3.3 Korngrößenbilanz

Die beiden wesentlichen Effekte, die in zirkulierenden Wirbelschichtfeuerungen das Korngrößenspektrum beeinflussen, sind:

- das Abbrandverhalten und
- die Fragmentierung von Brennstoffteilchen.

Auf das Abbrandverhalten wurde in Kap. 8.5.3 eingegangen, auf die Fragmentierung in Kap. 8.5.6.6. Untersuchungen zur Fragmentierung in Wirbelschichten werden von Beer (/8.5.81/) vorgenommen.

Da dieses Forschungsgebiet als noch nicht abgeschlossen angesehen werden kann, seien hier nur experimentelle Untersuchungen zur radialen Feststoffbeladung bzw. der Korngrößenverteilung (R 90-Wert) angeführt (Bild 15.3.2).

Danach ist eine ausgeprägte Randgängigkeit im Reaktor zu erkennen. Die Feststoffbeladung hat in Achsnähe ein Minimum und steigt zum Rand hin um den Faktor 3 an. Der Feinkornanteil ist in Wandnähe am niedrigsten, er unterschreitet den Achswert etwa um den Faktor 2,5. Beide Effekte haben ihre Ursachen in der nicht vollständigen Quervermischung.

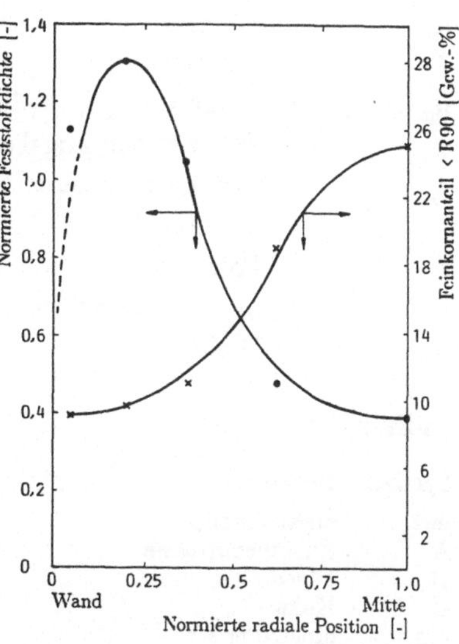

Bild 15.3.2: Radiale Verteilung der Feststoffbeladung und der Korngrößenverteilung (/15.3.1/)

o   Formelverzeichnis

(Kapitelspezifische Formelzeichen;   eine Zusammenstellung übergeordnet gültiger Formelzeichen und Kennzahlen ist in Anhang 6 angeführt;   [*] Dimension hängt von der jeweiligen Verwendung ab)

Symbol	Bedeutung	Dimension
A	Oberfläche	m^2
c	Massenanteil	-
d_B	äquivalenter lokaler Blasendurchmesser	m
D_A	Diffusionskoeffizient	m^2/s
E	Aktivierungsenergie	kJ/kg oder $kJ/kmol$
h	spezifische Enthalpie	kJ/kg
H_u	Heizwert (unterer)	kJ/kg
k	Reaktionsgeschwindigkeit	$1/s$
k_o	Reaktionsgeschwindigkeitskonstante	$1/s$
m	Masse	kg
$\dot{m}$	Massenstrom	kg/s
$\dot{r}$	Quellterm durch chemische Reaktion	kg/s
S	Quellterm	*
t_i/t_w	Innen-/Wandtemperatur	^oC
T	Temperatur	K
u_L	Lockerungsgeschwindigkeit	m/s
α	Wärmeübergangskoeffizient	$kJ/(m^2 \cdot K)$
β_A	Stoffaustauschkoeffizient bezogen auf die Austauschfläche	m/s
ψ	Porosität	-
ν	massenbezogener stöchiometrischer Koeffizient	-
ρ	Dichte	kg/m^3

Indizes tief

Symbol	Bedeutung
aus	ausströmend
A	Austauschfläche
B	Blase
C	Koks
ein	einströmend
Fl	Flüchtige
G	Gasphase
L	Lockerungszustand
O_2	Sauerstoff
P	Partikelphase
RK	Rohkohle
RV	Rückvermischung
S	Suspension
W	Wolke

Indizes hoch

Symbol	Bedeutung
PW	Phasenwechsel
R	chemische Reaktion, reagierend

o   Literatur

/15.2.1/   Weiß, V.: Mathematische Modellie-
ung zirkulierender Wirbelschichten
für die Kohleverbrennung. Disserta-
tionUniversität-Gesamthochschule-
Siegen, 1987

/15.2.2/   Fett, F.N.; Werther, J.: Modellierung
der Wirbelschichtfeuerung an ausgewählten Fallbeispielen. BWK, 41
(1989)Nr.5, S.213-221

/15.2.3/   Weiß, V.; Fett, F.N.: Mathematische
ModellierungzirkulierenderWirbel-
schichten für die Kohleverbrennung.
BWK, 40(1988)Nr. 3, S. 57-67

/15.2.4/   Rajan, R.R.; Wen, C.Y.: A Comprehensive Model for Fluidized Bed
Coal Combustors. AIChE Journal,
26(1980)No.4, pp 642-655

/15.2.5/   Bellgardt, D.;Schössler, M.;Werther,
J.: Lateral Non-Uniformities of
Solids and Gas Concentration in
Fluidized Bed Reactors. Powder
Techn., 53(1987), pp 205-216

/15.2.6/   Bellgardt, D.; Schößler, M.; Werther,
J.: Untersuchung des Reaktions- und
Vermischungsverhaltens bei der
Kohleverbrennung in niedrig expan-
dierten Wirbelschichten - Möglich-
keiten zur Beeinflussung der Schad-
stoffemission.VDI-Berichte,Nr.645,
S. 169-184

/15.2.7/   Selcuk, N.; Pekyilmaz, A.: Testing of a
Model for Fluidized Bed Coal Com-
bustors - Effect of Char Combustion
Modell. 21st Symp. (Int.) Comb., 1986,
pp 585-592

/15.2.8/   Werther, J.: Mathematische Modellierung von Wirbelschichten. Chem.-Ing.-
Tech., 56(1984)Nr.3, S.187-196

/15.3.1/   Herbertz, H.-G.; Vollmer, H.; Albrecht,
J.;Schaub, G.: Die zirkulierende Wirbel-
schicht als Feuerungssystem für Brenn-
stoffe mit hohen oder schwankenden
Aschegehalten - Möglichkeiten zur
Kontrolle des Korngrößenhaushaltes.
Int.   VGB-Konf.,"Wirbelschichtfeue-
rung und Dampferzeugung",Essen, 1988

Teil III :

LÖSUNG DES GLEICHUNGSSYSTEMS
- EIGENSCHAFTEN DER GLEICHUNGEN UND METHODEN ZU IHRER LÖSUNG -

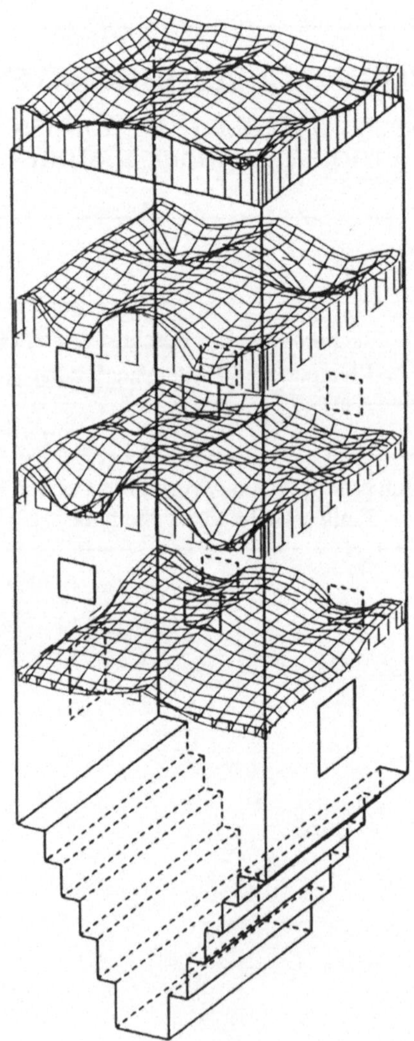

Vertikale Strömungskomponente in einer Dampfkesselfeuerung

(Dietz, U.; Schnell, U.; Epple, B.; Görner, K.: Modelluntersuchungen zur
Kohlenstaubverbrennung und deren Übertragung auf großtechnische
Feuerungssysteme. 7. DVV-Kolloquium, Aachen, 1990, S. 128–137)

Kapitel 16 :

MATHEMATISCHE EIGENSCHAFTEN DER BESCHREIBENDEN GLEICHUNGEN UND NUMERISCHE LÖSUNGSMETHODEN

16.1 Eigenschaften der Gleichungen

Mit dem Aufstellen von Transportgleichungen für den Impuls, die Konzentrationen und die Temperatur und der Angabe von Randbedingungen in Raum und Zeit ist das vorliegende Problem mathematisch gesehen festgelegt. Um daraus die gewünschten räumlichen Verteilungen zu erhalten, müssen die Gleichungen integriert werden. Auf analytischem Weg gelingt es nicht, eine geschlossene Lösung anzugeben.

Eine Möglichkeit der Integration ist die punkt- oder abschnittsweise Approximation der gesuchten Lösungsfunktionen. Hierzu dient eine Überführung der Differentialquotienten in Differenzenquotienten, wodurch die Differentialgleichungen in Differenzengleichungen übergehen. Die verwendeten Differenzenschemata (Approximation der Differentiale) und die anschließende Lösung des algebraischen Gleichungssystems legen das Lösungsverfahren fest. Damit ergeben sich zwei wesentliche Schritte für eine numerische Lösung:

- Diskretisierung der (partiellen) Differentialgleichungen und
- Anwendung eines geeigneten Algorithmusses für deren Lösung.

Der erste Schritt bestimmt sehr entscheidend die Genauigkeit der erzielten Lösung, der zweite entscheidet über die Wirtschaftlichkeit der numerischen Integration, aber ebenso über die Genauigkeit der Lösung.

Zur Auswahl eines Lösungsverfahrens ist die Kenntnis der Eigenschaften der Ausgangs-
gleichungen notwendig, da jedes Verfahren auf einen speziellen Gleichungstyp zuge-
schnitten ist. Zur Veranschaulichung dieser Eigenschaften werden die zu lösenden Gleichungen durch eine geeignete Transformation der unabhängigen Variablen auf die allgemeine Form (hier kartesische Koordinaten) überführt:

$$\frac{\partial}{\partial x_j}\left[a_j\frac{\partial\varphi}{\partial x_j}\right] + b_j^1\frac{\partial\varphi}{\partial x_j} + b_j^2\frac{\partial\varphi}{\partial t} + c_j\,\varphi + d_j = 0 \qquad (16.1.1)$$

Allgemeine Form partieller Differentialgleichungen

Da hierbei Ableitungen nach Ort und Zeit auftreten, handelt es sich um eine **partielle
Differentialgleichung**. Ist mindestens einer der Koeffizienten a_j ungleich null, dann hat die
zugehörige Gleichung die **Ordnung zwei**. Die Ordnung eines Systems entspricht der höchsten
Ordnung der zum System gehörenden Gleichungen.

Die Unterscheidung nach dem **Typus** der Gleichungen führt auf einen Vergleich der
Koeffizienten. Die Gleichung ist:

- **elliptisch**, wenn alle $a_j \neq 0$ sind und dasselbe Vorzeichen aufweisen,
- **hyperbolisch**, wenn alle $a_j \neq 0$ sind und alle außer einem dasselbe
  Vorzeichen haben,
- **parabolisch**, wenn ein $a_j = 0$ ist und das zugehörige (gleiches j) $b_j^1 \neq 0$.

Eine weitere Untergliederung ist bei Petrowski (/16.1.3/) zu finden, wo auch auf Fälle
verwiesen wird, bei denen ein unterschiedlicher Typus in Teilgebieten des Gesamtlösungs-
gebietes auftritt. Als Beispiel sei ein Freistrahl in einen halbunendlichen Raum angeführt,
bei dem im Strahlbereich ein anderer Typus vorherrscht als im übrigen Strömungsgebiet.

Die **Linearität** der Gl. (16.1.1) ist dann gegeben, wenn diese in Bezug auf alle Funktionen
und ihre Ableitungen linear ist. Gilt dies nur für die höchste Ableitung, so spricht man von
Quasilinearität.

Bei der **Kopplung** unabhängiger Variablen im System ist noch zwischen einer schwachen
Kopplung (z.B. eine passive skalare Zustandsgröße, wie die Temperatur, ist über die Dichte
mit dem Impulstransport gekoppelt) und einer starken Kopplung (z.B. tritt die Temperatur
im Quellterm der Speziestransportgleichungen auf) zu unterscheiden.

Der Typus läßt sich veranschaulichen, wenn die Störung einer Zustandsgröße, die sich im
stationären Zustand befindet, betrachtet wird. Es ergibt sich dann ein "Einflußgebiet" für
eine in einem Punkt aufgebrachte Störung. Dieses Einflußgebiet ist für den zweidimensionalen Fall in Bild 16.1.1 angedeutet. Bei einer elliptischen Gleichung wirkt sie sich nach allen
Raumrichtungen aus. Im parabolischen Fall ist die Strömungsgeschwindigkeit so groß, daß
nur eine Auswirkung in Querrichtung beobachtbar ist. Die hyperbolische Gleichung
beschreibt eine Eigenschaft, die zwischen beiden liegt.

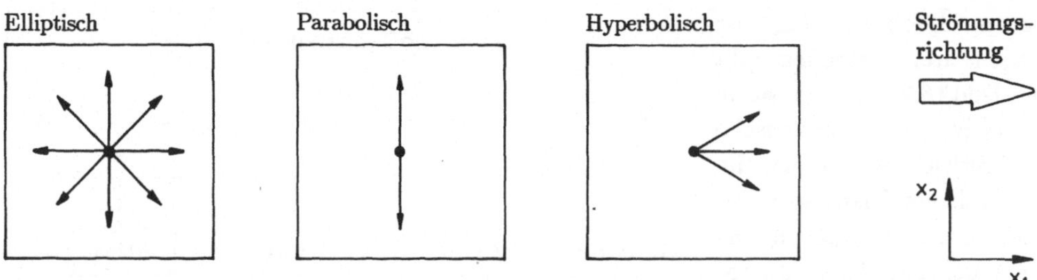

Bild 16.1.1: Zur Veranschaulichung des Typus einer partiellen Differentialgleichung (/16.1.1/)

Zusammenfassend läßt sich damit die folgende Charakterisierung der vorliegenden Transportgleichungen vornehmen.

Charakterisierung des vorliegenden Transportgleichungssystems:

Ordnung des Systems:	**2. Ordnung**
Typus des Systems:	**elliptischer Typ** (in den meisten Teilgebieten)
Linearität:	**stark nichtlinear** (z.B. über die Quellterme mit Arrheniusansätzen oder durch den Strahlungsaustausch)
Kopplung:	**starke und schwache Kopplungen** gleichzeitig (über Dichte und Quellterme)

16.2 Überblick über Numerische Lösungsmethoden

Zur numerischen Lösung des vorliegenden Gleichungssystems gibt es eine ganze Reihe von Ansätzen (numerische Lösungsmethoden).

- **Finite Differenzen Methode "FDM"** (Benutzung einer Taylor-Reihen-Entwicklung),
- **Finite Elemente Methode "FEM"** (Ansatz einer Formfunktion zur Beschreibung der Zustandsgrößen und Fehlerminimierung zwischen tatsächlicher und Näherungslösung),
- **Interpolationsmethode** (Polynome dienen zur Approximation der abhängigen Variablen. Hierzu gehört auch die **Finite Analytische Methode "FAM"**) und
- **Spektralmethoden** (abhängige Variable wird über eine Fourier-Transformation in den Frequenzbereich transformiert. Hierzu gehört die Semi-Analytische Methode).

Hiermit sind bei weitem nicht alle verfügbaren Methoden genannt, sondern nur die wesentlichen, für eine Strömungs- bzw. Verbrennungsrechnung eingesetzten.

390

Einen Überblick über die ersten drei Methoden gibt das Bild 16.2.1. Hierin wurde versucht, das geometrische Diskretisierungsschema, die wesentlichen Charakteristika und die hauptsächlichen Vorteile der einzelnen Methoden hervorzuheben.

Die am weitesten verbreitete Methode ist die **Finite Differenzen Methode (FDM)** oder auch **Finite Volumen Methode**. Bei ihr wird mit einem geeigneten Algorithmus an diskreten Stellen des Lösungsraumes die Lösung approximiert und daraus stückweise die Lösungsfunktion (Näherung) zusammengesetzt. Anwendungen der Methode auf Verbrennungssysteme sind in /16.2.1/ und /16.2.2/ zu finden.

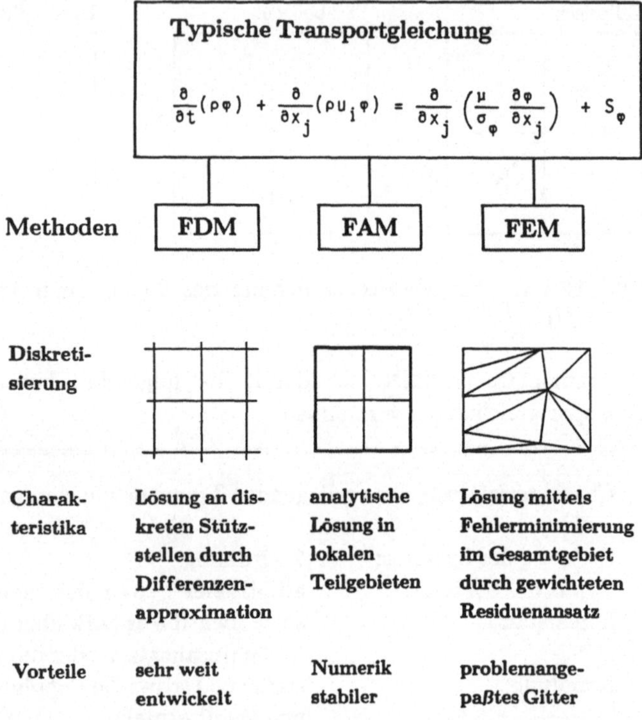

$$\frac{\partial}{\partial t}(\rho\varphi) + \frac{\partial}{\partial x_j}(\rho u_j \varphi) = \frac{\partial}{\partial x_j}\left(\frac{\mu}{\sigma_\varphi}\frac{\partial\varphi}{\partial x_j}\right) + S_\varphi$$

Bild 16.2.1: Einordnung der Lösungsmethoden FDM, FEM und FAM (/16.2.5/)

Die **Finite Elemente Methoden (FEM)** erscheint wegen ihrer Gitterflexibitität vor allem für komplexe Geometrien geeignet. Auch hierbei sind verschiedene Ansätze möglich. Bei der Galerkinmethode wird eine Fehlerminimierung im Gesamtgebiet durch einen gewichteten Residuenansatz angestrebt. Anwendungen der Methode auf Verbrennungssysteme sind in /16.2.3/ enthalten.

Die **Finite Analytische Methode (FAM)** steht beim Einsatz für Probleme der Verbrennungstechnik noch weitgehend am Anfang, scheint jedoch wegen ihrer numerischen Stabilität und Robustheit Vorteile aufzuweisen (/16.2.4/).

Auf weitere Unterscheidungsmerkmale wird in /16.1.4/ und /16.2.5/ eingegangen.

Der Entwicklungsstand der verschiedenen Lösungsmethoden für praktische Flammen- und Feuerraumberechnungen (technische Brennstoffe) läßt sich anhand des Bildes 16.2.2 aufzeigen.

Danach gelingt es bei der Finiten Analytischen Methode, mit befriedigender Genauigkeit und einem guten Konvergenzverhalten, laminare Strömungssituationen zu berechnen. Eine Erweiterung auf turbulente Strömungen ist prinzipiell erfolgt (/16.2.4/), jedoch sind hierbei noch Schwierigkeiten im Bereich der Übertragung des k-ϵ-Turbulenzmodells zur Anwendung bei dieser Methode zu beheben.

Mit der FEM gelingt es beim augenblicklichen Entwicklungsstand sehr befriedigend, Gasflammen zu berechnen. Dies schließt die Beschreibung von turbulenten Strömungskonfigurationen, homogenen Gasphasenreaktionen und die Strahlungswärmeübertragung ein. Eine Übertragung z.B. des k-ϵ-Turbulenzmodells und des Shvab-Zel'dovich-Mechanismusses bereitet nur geringe Probleme. Beim Strahlungsaustausch ist es nicht zweckmäßig, auf die Flußmethode zurückzugreifen, da es bei beliebigen Elementeformen (z.B. Dreieckselemente im 2D-Fall) i.a. keine zu den Koordinaten- und damit Flußrichtungen orthogonale Kontrollelementoberflächen gibt. Daher wurde hierfür die Momentenmethode als generalisierte Flußmethode eingesetzt. An einer Erweiterung zur Erfassung von Zweiphaseneffekten und von entsprechenden reaktionskinetischen Beschreibungen gearbeitet (/16.2.6/,/16.2.7/).

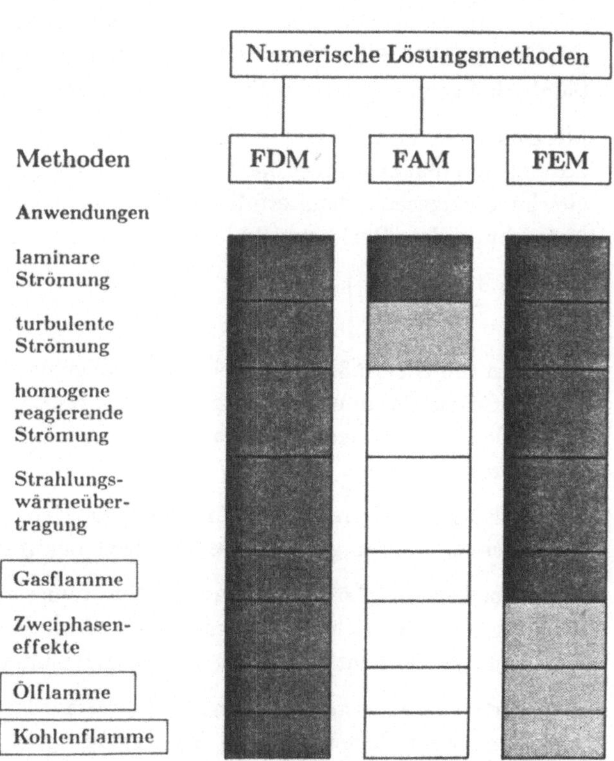

Bild 16.2.2: Entwicklungsstand der numerischen Lösungsmethoden FDM, FEM, FAM für die Beschreibung von Verbrennungssystemen (/16.2.5/)

für Öl- und Kohlenstaubflammen wird gegenwärtig gearbeitet.

Finite-Differenzen-Methoden decken prinzipiell auch diese Gebiete ab. Auch hier wird an Detailverbesserungen für physikalische Teilmodelle gearbeitet (/16.2.8/ - /16.2.15/).

16.3 Definitionen zum numerischen Lösungsverfahren

Zum Verständnis des folgenden Kapitels seien hier noch einige Definitionen in Zusammenhang mit der numerischen Lösung angeführt:

- Die **Lösung** einer gewöhnlichen oder partiellen Differentialgleichung ist jedes Funktionssystem, das, in die Gleichung eingesetzt, diese in eine Identität bezüglich der unabhängigen Variablen überführt (/16.1.2/). Bei nichtlinearen gekoppelten Systemen von Differentialgleichungen muß mit der Existenz mehrerer solcher Lösungen gerechnet werden.

- Mit Hilfe eines **numerischen Lösungsverfahrens** kann eine Approximation der gesuchten Lösungsfunktion angegeben werden. Wird die Näherungslösung φ^* in die Differentialgleichung eingesetzt, dann erfüllt sie diese nicht zur Identität, sondern nur mit einer Abweichung, dem Residuum R:

$$R = \frac{\partial}{\partial x_j}\left[a_j \frac{\partial \varphi^*}{\partial x_j}\right] + b_j{}^1 \frac{\partial \varphi^*}{\partial x_j} + b_j{}^2 \frac{\partial \varphi^*}{\partial t} + c_j\, \varphi^* + d_j \tag{16.3.1}$$

Zur Form von Gl. (16.3.1) vergleiche die verallgemeinerte Gl. (16.1.1).
Die Größe des Residuums ist damit ein Maß für die Approximationsgüte. Der Verlauf des Residuums während der Iterationen kann zur Kontrolle des Iterationsfortschritts herangezogen werden.

- Unter **Algorithmus** versteht man eine endliche Menge von Rechenoperationen, die zum Auffinden einer Lösung des gegebenen Gleichungssystems führt.

- Die **Konsistenz** einer Lösung ist dann gegeben, wenn sie mit zunehmendem Iterationsfortschritt gegen die "richtige" Lösung konvergiert. Bei einer eindeutigen Lösung der Gleichung ist die "richtige" Lösung die, deren Residuum im Grenzfall verschwindet.

- Zur Beurteilung eines numerischen Lösungsverfahrens ist das **Konvergenz**-Verhalten von ganz besonderer Bedeutung. Von Konvergenz spricht man, wenn mit zunehmendem Iterationsfortschritt die Lösung im Mittel immer genauer wird, das Residuum sich im Mittel also immer weiter verkleinert. Die Konvergenzgeschwindigkeit ist ein Maß für die Anzahl der für eine konvergierte Lösung notwendigen Iterationsschritte. Ein Verfahren mit hoher Konvergenzgeschwindigkeit ist daher einem mit niedriger vorzuziehen. Der Konvergenzradius ist dagegen ein Maß dafür, wieweit eine Startwerteverteilung von der gesuchten Verteilung der Lösungsfunktion entfernt liegen darf, um zu einer Konvergenz zu kommen. Im anderen Fall tritt Divergenz auf und die Lösungsfunktion kann bedingt durch numerische Schwingungen oder durch ein Aufklingen des Residuums nicht erreicht werden.

o   Formelverzeichnis

(Kapitelspezifische Formelzeichen;   eine Zusammenstellung übergeordnet gültiger Formelzeichen und
Kennzahlen ist in Anhang 6 angeführt;   [*] Dimension hängt von der jeweiligen Verwendung ab)

Symbol	Bedeutung	Dimension
a_j	Vorfaktor von Gl. (16.1.1)	-
b_j	Vorfaktor von Gl. (16.1.1)	-
c_j	Vorfaktor von Gl. (16.1.1)	-
d_j	Vorfaktor von Gl. (16.1.1)	-
R	Residuum	*
φ	allgemeine Variable	*

Indizes tief

Symbol	Bedeutung
j	Zählindex

Abkürzungen

FEM	Finite-Elemente-Methode
FDM	Finite-Differenzen-Methode
FAM	Finite-Analytische-Methode

o   Literatur

/16.1.1/   Rodi, W.: Numerische Berechnung turbulenter Strömungen in Forschung und Praxis. Begleitband zum gleichlautenden Hochschulkurs, Karlsruhe, 1988

/16.1.2/   Petrowski, I.G.: Vorlesungen über die Theorie der gewöhnlichen Differentialgleichungen. Teubner Verlagsgesellschaft, Leipzig, 1954

/16.1.3/   Petrowski, I.G.: Vorlesungen über partielle Differentialgleichungen. Teubner Verlagsgesellschaft, Leipzig, 1955

/16.1.4/   Patankar, S.V.: Recent Developments in Computational Heat Transfer. Journal of Heat Transfer (1988), S. 1033-1045

/16.1.5/   von Rosenberg, D.U.: Methods for the Numerical Solution of Partial Differential Equations. American Elsevier Publishing Company, 1969

/16.1.6/   Mitchel, A.R.: Computational Methods in Partial Differential Equations, John Wiley & Sons, 1969

/16.1.7/   Amer, W.F.: Numerical Methods for Partial Differential Equations. Academic Press, New York, 1977

/16.2.1/   Zinser, W.: Zur Entwicklung mathematischer Flammenmodelle für die Verfeuerung technischer Brennstoffe. VDI Fortschrittberichte, Reihe 6, Nr. 171, VDI Verlag, Düsseldorf, 1985

/16.2.2/   Görner, K.: Simulation turbulenter Strömungs- und Wärmeübertragungsvorgänge in Großfeuerungsanlagen. VDI Fortschrittberichte, Reihe 6, Nr. 201, VDI Verlag, Düsseldorf, 1987

/16.2.3/   Benim, A.C.: Finite Elemente zur Berechnung turbulenter Diffusionsflammen, VDI Fortschrittberichte, Reihe 6, Nr. 222, 1988

/16.2.4/   Suh, S.-H.: Die finite analytische Methode zur Simulation von Strömungsproblemen. VDI Fortschrittberichte, Reihe 7, Nr. 164, VDI Verlag, Düsseldorf, 1989

/16.2.5/ Schnell, U.; Görner, K.; Benim, A.C.: Mathematische Modellierung von Kohlenstaubflammen. 3. TECFLAM-Seminar, Karlsruhe, 1987

/16.2.6/ Benim, A.C.: Finite Element Computations of Pulverized Fuel Flames. 6th Int. Conf. Num. Meth. Lam. Turb. Flow, Swansea, 1989, pp 1699-1709

/16.2.7/ Benim, A.C.; Schnell, U.: Finite Element Simulation of Turbulent Reacting Flows with Emphasis on Pulverized Coal Combustion and Nitrogen Oxide Formation. In: Gruber et al, Comp. Mech. Publ., Springer Verlag, Berlin,1989

/16.2.8/ Wirtz, S.: Mathematische Modellierung der Kohlenstaubverbrennung. Dissertation, Ruhr-Universität Bochum, 1989

/16.2.9/ Weber, R.; Visser, B.M.: Mathematical Modelling of Swirling Pulverized Coal Flames. 7. DVV-Kolloquium, Aachen, 1990, S. 170-185

/16.2.10/ Bockhorn, H.: Direkt-Schließungsansätze für Modelle turbulenter Flammen. 4. TECFLAM-Seminar, Stuttgart, 1988, S. 117-133

/16.2.11/ Blümcke, E.; Eickhoff, H.; Hassa, C.: Modelluntersuchungen zur turbulenten Partikeldispersion in Drallströmungen. 3. TECFLAM-Seminar, Karlsruhe, 1987, S. 103-116

/16.2.12/ Döbbeling, K.; Hillemanns, R.; Lenze, B.: Meß- und Rechenergebnisse von turbulenten Drallströmungen. 2. TECFLAM-Seminar, Stuttgart, 1986, S. 51-68

/16.2.13/ Kremer, H.: Modellierung technischer Flammen mit Hilfe der Reichardt'schen Wärmeleitungsanalogie.7.DVV-Kolloquium, Aachen, 1990, S. 36-51

/16.2.14/ Bockhorn, H.: Zur Struktur turbulenter Diffusionsflammen. Habilitationsschrift, TH Darmstadt, 1989

/16.2.15/ Maidhof, S.; Janika, J.: Höhere Turbulenzmodelle für Flammen. 7. DVV-Kolloquium, Aachen, 1990, S. 52-68

/16.3.1/ Meschkowski, H.: Mathematisches Begriffswörterbuch. BI Hochschultaschenbuch, Bd.99, BI Wissenschaftsverlag, Mannheim, 1976

/16.3.2/ Jordan-Engeln, G.; Reuter, F.: Numerische Mathematik für Ingenieure. BI Hochschultaschenbuch, Bd.104, BI Wissenschaftsverlag, Mannheim, 1978

/16.3.3/ Jordan-Engeln, G.; Reuter, F.: Formelsammlung zur Numerischen Mathematik mit FORTRAN IV-Programmen. BI Hochschultaschenbuch, Bd.106, BI Wissenschaftsverlag, Mannheim, 1978

/16.3.4/ Gröbner, W.: Matrizenrechnung. BI Hochschultaschenbuch, Bd.103, BI Wissenschaftsverlag, Mannheim, 1966

Kapitel 17 :

NUMERISCHE LÖSUNGSVERFAHREN BEI DER FINITEN DIFFERENZEN METHODE

17.1 Approximation von Differentialquotienten

Der erste Schritt zur Erzielung einer numerischen Lösung einer Differentialgleichung ist
die Diskretisierung des Lösungsraums und in der Folge die Überführung der Differentialquotienten in Differenzenquotienten. Hierbei ist zwischen Orts- und Zeit-Differentialquoti-
enten zu unterscheiden. Die räumliche Diskretisierung des Lösungsraums bestimmt direkt
die Lage der räumlichen Stützstellen. Welche Stützstellen zur Approximation der Differentialquotienten herangezogen werden, bestimmt die Ordnung des Differenzenschemas. Die
zeitliche Diskretisierung kann sowohl explizit, implizit oder in einer Mischform erfolgen.
Interessiert man sich nur für eine stationäre Lösung, dann kann auf das zeitabhängige
Glied in der Transportgleichung verzichtet werden. Die Wahl der Zeitdiskretisierung bestimmt dominant die Konvergenzgeschwindigkeit (die Zeit, in der eine Lösung aufgefunden wird), während die Ortsdiskretisierung hauptsächlich die Genauigkeit der Lösung
prägt. Eine problemangepaßte Auswahl der Orts- und Zeitdiskretisierung stellt eine notwendige, aber nicht hinreichende Bedingung für eine konsistente numerische Lösung dar.
Die Konsistenz, d.h. ein schlüssiger Satz von approximierten Lösungsfunktionen, muß
jeweils zusätzlich überprüft werden. Insbesondere muß eine Unabhängigkeit der Approximationsfunktion vom gewählten Gitter vorliegen, was i.a. durch Rechnungen in einem
zunehmend feiner werdenden Gitter nachgewiesen werden kann.

17.2 Ortsdiskretisierung

17.2.1 Differenzenschemata erster Ordnung

Zur Diskretisierung einer örtlichen **Ableitung 1. Ordnung** kann prinzipiell zwischen den folgenden **Approximationen 1. Ordnung** unterschieden werden (äquidistantes Gitter):

Zentraldifferenz:

$$\frac{\partial \varphi}{\partial x} = \frac{\varphi_{i+1} - \varphi_{i-1}}{2\Delta x} \quad , \qquad (17.2.1)$$

Rückwärtsdifferenz:

$$\frac{\partial \varphi}{\partial x} = \frac{\varphi_i - \varphi_{i-1}}{\Delta x} \quad , \qquad (17.2.2)$$

Vorwärtsdifferenz:

$$\frac{\partial \varphi}{\partial x} = \frac{\varphi_{i+1} - \varphi_i}{\Delta x} \quad . \qquad (17.2.3)$$

Dies bedeutet, daß in Vorwärts- und Rückwärtsrichtung jeweils nur die benachbarten Funktionswerte von φ_i eingehen.

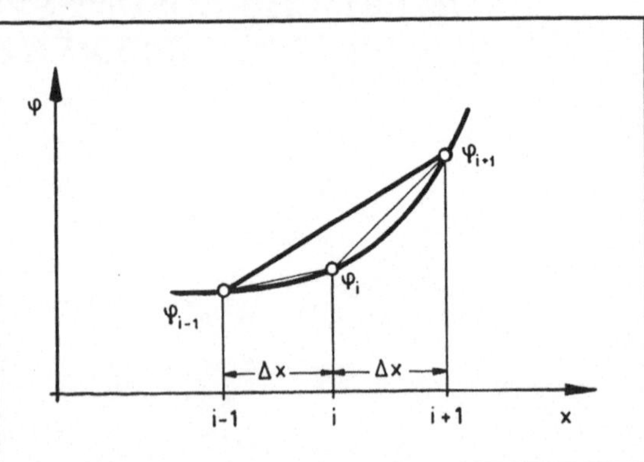

Bild 17.2.1: Örtliche Approximationsschemata erster Ordnung

Für örtliche Ableitungen 1. Ordnung, die die Geschwindigkeit u als transportierende Größe enthalten, wird eine spezielle Approximationsform ("upwind - Differenz") oder eine Approximation höherer Ordnung notwendig sein, um eine stabile Lösung zu erreichen. Approximationen höherer Ordnung beziehen auch weiter entfernt liegende Funktionswerte in die Approximation mit ein.

Analog gilt für (örtliche) **Ableitungen 2. Ordnung** und einer **Approximation 1. Ordnung** (äquidistantes Gitter):

$$\frac{\partial^2 \varphi}{\partial x^2} = \frac{\varphi_{i+1} - 2\varphi_i + \varphi_{i-1}}{(\Delta x)^2} \qquad (17.2.4)$$

Vor der Einführung des versetzten Gitters und der Upwind-Differenzen soll auf die Schwierigkeiten der Anwendung von Zentraldifferenzen auf den konvektiven Term eingegangen werden. Bei der Approximation der Stützstellenwerte und der Anwendung von Zentraldifferenzen nach Bild 17.2.2 gilt:

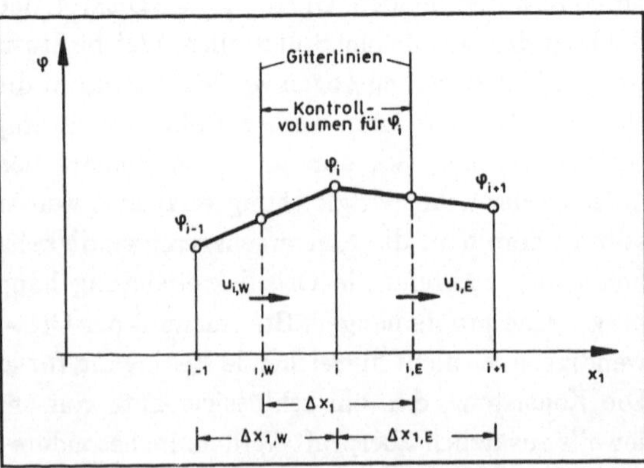

Bild 17.2.2: Geometrische Verhältnisse bei der Zentraldifferenzen-Approximation

$$\varphi_{i,W} = \frac{\varphi_{i-1} + \varphi_i}{2} \quad , \tag{17.2.5}$$

$$\varphi_{i,E} = \frac{\varphi_i + \varphi_{i+1}}{2} \quad , \tag{17.2.6}$$

$$\frac{\partial \varphi}{\partial x_1}\Big|_{i,W} = \frac{\varphi_i - \varphi_{i-1}}{\Delta x_{1,W}} \quad , \tag{17.2.7}$$

$$\frac{\partial \varphi}{\partial x_1}\Big|_{i,E} = \frac{\varphi_{i+1} - \varphi_i}{\Delta x_{1,E}} \quad . \tag{17.2.8}$$

Am Beispiel einer elliptischen Transportgleichung der Form:

$$\frac{\partial}{\partial t}(\rho\varphi) + \frac{\partial}{\partial x_1}(\rho u_1 \varphi) = \frac{\partial}{\partial x_1}\left[\Gamma_\varphi \frac{\partial \varphi}{\partial x_1}\right] \tag{17.2.9}$$

soll die Anwendung der Differenzenapproximation verdeutlicht werden. Zunächst wird diese Gl. unter der Annahme einer konstanten Dichte ρ und konstantem Austauschkoeffizienten Γ_φ auf die Form:

$$\frac{\partial \varphi}{\partial t} = \underbrace{- u_1 \frac{\partial \varphi}{\partial x_1} - \varphi \frac{\partial u_1}{\partial x_1}}_{\substack{\text{Konvektion} \\ RS_K}} + \underbrace{\frac{\Gamma_\varphi}{\rho}\left[\frac{\partial^2 \varphi}{\partial x_1^2}\right]}_{\substack{\text{Diffusion} \\ RS_D}} = RS \tag{17.2.10}$$

gebracht (RS steht für die "Rechte Seite" der Gleichung).

Zur Untersuchung der Stabilität von Differenzenschemata wird neben der direkten Stabilitätsuntersuchung oft eine **Sensitivitätsanalyse** durchgeführt, um den Einfluß einzelner Parameter zu erfassen.

Hierbei ist die (absolute) Sensitivität S wie folgt definiert:

$$S_P(\varphi_Z) = \frac{\partial (RS_P)}{\partial \varphi_Z} \tag{17.2.11}$$

S = Sensitivität (absolut),
P = Physikalischer (Teil-)Term,
φ_Z = Zielgröße der Sensitivitätsanalyse.

Für Gl. (17.2.11) läßt sich damit ein Stabilitätskriterum angeben:

$$S_P(\varphi_Z) = \begin{cases} > 0 & \text{instabil ,} \\ = 0 & \text{neutral ,} \\ < 0 & \text{stabil .} \end{cases} \tag{17.2.12}$$

Daneben wird oft noch eine prozentuale Sensitivität s verwendet:

$$s_P(\varphi_Z) = \frac{\partial (RS_P)}{\partial \varphi_Z} \cdot \frac{\varphi_Z}{RS_P} \quad . \tag{17.2.13}$$

Mit diesen Definitionen läßt sich nun für die rechte Seite RS von Gl. (17.2.10) eine **Sensitivitätsanalyse** (Sensitivität S) durchführen:

Anwendung der Sensitivitätsanalyse auf den konvektiven Term:

$$S_K(\varphi_i) = \frac{\partial(RS_K)}{\partial\varphi_i} \quad . \tag{17.2.14}$$

a) Örtlich konstante Geschwindigkeit $(\partial u_1/\partial x_1 = 0)$:

Der konvektive Anteil der rechten Seite lautet bei Anwendung von Zentraldifferenzen):

$$RS_K = - u_1 \frac{\partial\varphi}{\partial x_1} = - u_1 \frac{\varphi_{i+1} - \varphi_{i-1}}{\Delta x_{1,W} + \Delta x_{1,E}} \quad . \tag{17.2.15}$$

Damit ergibt sich eine Sensitiviät bezüglich des konvektiven Teils der rechten Seite:

$$S_K(\varphi_i) = \frac{\partial(RS_K)}{\partial\varphi_i} = 0 \quad . \tag{17.2.16}$$

Da die Sensitivität null ist (φ_i ist nicht im Ausdruck enthalten), verhält sich dieser Anteil neutral.

b) Allgemeiner Fall:

Der konvektive Anteil der rechten Seite lautet:

$$RS_K = - u_1 \frac{\partial\varphi}{\partial x_1} - \varphi \frac{\partial u_1}{\partial x_1} = - u_1 \frac{\varphi_{i+1} - \varphi_{i-1}}{\Delta x_{1,W} + \Delta x_{1,E}} - \varphi \frac{u_{1,W} - u_{1,E}}{\Delta x_{1,W} + \Delta x_{1,E}} \quad . \tag{17.2.17}$$

Damit ergibt sich eine Sensitiviät bezüglich des konvektiven Teils der rechten Seite:

$$S_K(\varphi_i) = \frac{\partial(RS_K)}{\partial\varphi_i} = - \frac{u_{1,W} - u_{1,E}}{\Delta x_{1,W} + \Delta x_{1,E}} \quad . \tag{17.2.18}$$

Die Stabilität hängt jetzt von der Richtung und dem Betrag der Geschwindigkeit ab.

Beispiel: $\quad |u_{1,W}| < |u_{1,E}| \quad$ und
$$u_{1,W} > 0$$
$$u_{1,E} > 0$$
$$\rightarrow S_K(\varphi_i) > 0$$
$$\rightarrow \text{instabil}$$

Anwendung der Sensitivitätsanalyse auf den diffusiven Term:

$$S_D(\varphi_i) = \frac{\partial(RS_D)}{\partial\varphi_i} \quad . \tag{17.2.19}$$

Der diffusive Anteil der rechten Seite lautet:

$$RS_D = \frac{\Gamma_\varphi}{\rho} \left[\frac{\Delta x_{1,W}\,(\varphi_{i+1}-\varphi_i) - \Delta x_{1,E}\,(\varphi_i-\varphi_{i-1})}{\Delta x_1 \cdot \Delta x_{1,E} \cdot \Delta x_{1,W}} \right] \quad . \tag{17.2.20}$$

Damit ergibt sich eine Sensitiviät bezüglich des diffusiven Teils der rechten Seite:

$$S_D(\varphi_i) = \frac{\partial(RS_D)}{\partial\varphi_i} = \frac{\Gamma_\varphi}{\rho} \left[-\frac{1}{\Delta x_1 \cdot \Delta x_{1,E}} - \frac{1}{\Delta x_1 \cdot \Delta x_{1,W}} \right] \quad . \tag{17.2.21}$$

Da Γ_φ/ρ immer positiv ist, wirkt der diffusive Anteil **immer stabilisierend.**

Entscheidend für die Gesamtstabilität S ist daher der Ausdruck:

$$S = S_K + S_D \tag{17.2.22}$$

Um unter allen Bedingungen eine stabile Lösung zu erzielen wird auf die sogenannten "Upwind-Differenzen" übergegangen, bei denen durch die Berücksichtigung der Strömungsrichtung immer ein stabiler Sensitivitätsterm des konvektiven Anteils der rechten Seite RS erzielt werden kann. Zunächst soll jedoch auf die versetzte Gitterdefinition eingegangen werden.

17.2.2 Die versetzte Gitterdefinition

Die versetzte Gitterdefinition bedeutet, daß die skalaren Eigenschaftswerte, wie Temperaturen, Konzentrationen u.a., an anderen Stellen definiert sind, als die vektoriellen Geschwindigkeitskomponenten. Beim zentrierten Gitter (/17.2.1/) sind die Eigenschaftswerte im geometrischen Mittelpunkt der durch die Diskretisierung entstandenen Volumenzellen angelegt, während die Geschwindigkeitskomponenten in die jeweiligen Raumrichtungen bis zur Gitterlinie selbst verschoben sind (Bild 17.2.3). Dies hat zur Folge, daß die Geschwindigkeitskomponenten direkt an der Stelle berechnet werden, an der sie eine Eigenschaft (z.B. einen Skalar) in die betrachtete Zelle konvektiv transportieren. Die Geschwindigkeit an dieser Stelle muß also nicht zuerst interpoliert werden.

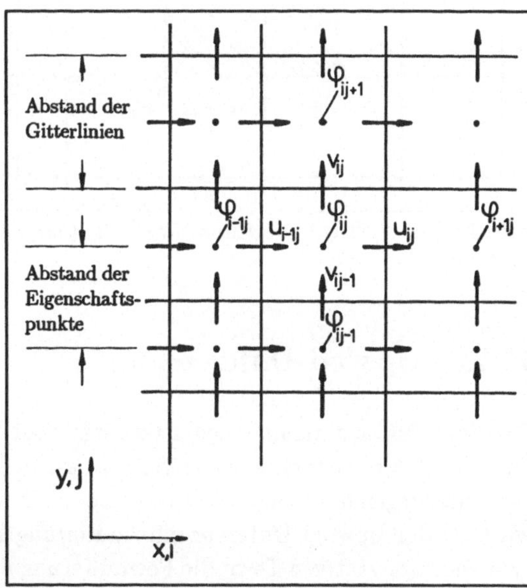

Bild 17.2.3: Versetzte Gitterdefinition

Vor- und Nachteile der versetzten Gitterdefinition lassen sich wie folgt angeben:

Vorteile:

- Anzahl der Interpolationen wird verringert (geringerer Informationsverlust),
- Erfüllung der Kontinuitätsgleichung nur mit dieser Definition oder einer Interpolation höherer Ordnung möglich,
- nur so (oder mit einer Interpolation höherer Ordnung) wird eine notwendige Bedingung für die Konsistenz der Lösung der Navier-Stokes-Gleichungen erfüllt, da sonst auch eine konstante oder oszillierende Verteilung des Druckes eine Lösung darstellt.

Nachteil ist eine etwas aufwendigere Programmierung.

Für den zweidimensionalen Fall ist die Lage der Geschwindigkeitskomponenten u (u_1) und v (u_2) und der jeweiligen Kontrollelemente in Bild 17.2.4 dargestellt, wobei die Indizes i und j die einzelnen Elemente charakterisieren.

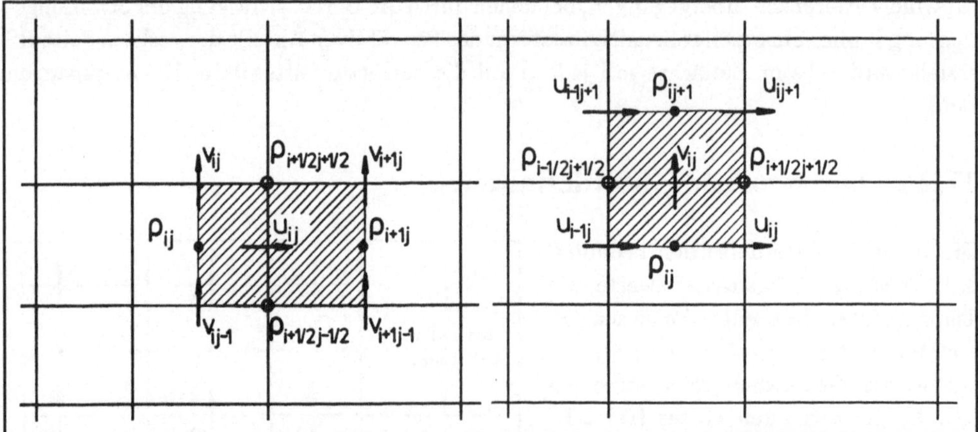

Bild 17.2.4: Kontrollvolumina für die u- und v-Geschwindigkeitskomponenten

17.2.3 Upwind-Differenzen

Für die Stabilität der numerischen Lösung ist bei den konvektiven Termen eine Berücksichtigung der Strömungsrichtung von Vorteil, da durch den konvektiven Stofftransport die jeweils stromauf liegende Eigenschaft in das Kontrollvolumen transportiert wird. Diese Tatsache wird bei der Upwind-Differenzenformulierung berücksichtigt, wobei sich dann für einen typischen konvektiven Term die Formulierung ergibt:

$$u_i \frac{\partial \varphi}{\partial x} = u_i \frac{\varphi_x - \varphi_{x-\Delta x}}{\Delta x} + 0[\Delta x] \quad . \tag{17.2.23}$$

Hierin kann die Strömungsrichtung wie folgt berücksichtigt werden (vgl. Bild 17.2.1):

$u_i > 0$: $\varphi_x \to \varphi_i$ Rückwärtsdifferenz   (17.2.24)

$\varphi_{x-\Delta x} \to \varphi_{i-1}$,

$u_i < 0$: $\varphi_x \to \varphi_{i+1}$ Vorwärtsdifferenz   (17.2.25)

$\varphi_{x-\Delta x} \to \varphi_i$.

Bei kleinem Verhältnis von konvektivem zu diffusivem Transport ist ein Übergang auf zentrale Differenzen vorteilhaft, da dann der parabolische Charakter der Transportgleichung zunehmend zu einem elliptischen hin verschoben wird.

Führt man für das Upwind-Differenzen-Verfahren wiederum eine Sensitivitätsanalyse durch, so ergibt sich Sensitivität bezüglich des Konvektionsterms

$$S_K(\varphi_i) = \frac{\partial(RS_K)}{\partial\varphi_i} = -\varphi\left[\frac{u_{1,W} - |u_{1,W}|}{2\Delta x_{1,W}} - \frac{u_{1,E} - |u_{1,E}|}{2\Delta x_{1,E}}\right] . \qquad (17.2.26)$$

Für die so bestimmte Sensitivität gilt immer:

$$S_K(\varphi_i) < 0 . \qquad (17.2.27)$$

Durch die Upwind-Differenzenbildung wird jedoch ein Approximationsfehler eingebracht, der als numerische Diffusion bezeichnet wird. Dies soll die folgende Umformung der Upwind-Differenz für RS_K in eine Zentraldifferenz aufzeigen.

Mit konstantem positivem u_1 ($\partial u_1/\partial x_1 = 0$) und konstantem Δx_i (äquidistantes Gitter) gilt:

$$RS_K = -u_1\frac{\partial\varphi}{\partial x_1} = -u_1\frac{\varphi_i - \varphi_{i-1}}{\Delta x_1} . \qquad (17.2.28)$$

Damit ergibt sich ein sogenannter numerischer Diffusionskoeffizient Γ_{num}:

$$\Gamma_{num} = \tfrac{1}{2}\cdot u_1\cdot\Delta x_1 , \qquad (17.2.29)$$

so daß sich, um diesen Fehler klein zu halten, die Forderung:

$$Re_G = \tfrac{1}{2}\cdot u_1\cdot\Delta x_1 \ll 2 \qquad (17.2.30)$$

ergibt. Re_G ist die mit dem Gitterlinienabstand gebildete Gitter-Reynolds-Zahl.

17.2.4 Das Hybrid-Verfahren

Der Fall, in dem der diffusive Anteil überwiegt ($S_D > S_K$), kann durch die lokale Gitter-Peclet-Zahl:

$$Pe = \rho\, u_i\, \Delta x_i / \Gamma_i \qquad (17.2.31)$$

bestimmt werden.

402

Für den Impulsaustausch wird die Peclet-Zahl Pe zur Gitter-Reynolds-Zahl (Re_G)

$$Re_G = \rho\, u_i\, \Delta x_i\, /\, \mu \qquad (17.2.32)$$

und es kann damit ein Erfahrungswert angegeben werden:

$$Re_G = \begin{cases} <2 & \text{Zentraldifferenzen stabil} \\ >2 & \text{Zentraldifferenzen instabil.} \end{cases} \qquad (17.2.33)$$

Beim Einsatz des Hybridverfahrens wird dies ausgenutzt:

$$Re_G = \begin{cases} <2 & \text{Verwendung von Zentraldifferenzen} \\ >2 & \text{Verwendung von Upwinddifferenzen.} \end{cases} \qquad (17.2.34)$$

17.2.5 Differenzenschemata höherer Ordnung

Durch eine Differenzenapproximation der Differentialquotienten ist, geometrisch betrachtet, ein Approximations-"Stern" festgelegt, der angibt, welche umliegenden Funktionswerte mit welcher Wichtung in die Berechnung eingehen. Durch die Hinzunahme weiterer auch entfernterer Stützstellen kann der Approximationsfehler verkleinert werden. Auf der anderen Seite leidet hierdurch die Flexibilität des Lösungsverfahrens in Bezug auf die Globalgeometrie, da am Berechnungsrand eine besondere Behandlung der außerhalb liegenden Punkte erfolgen muß.

Durch eine quadratische Upwind-Interpolation kann die Approximationsgüte des Standard-upwind-Verfahrens verbessert werden. Dieses Verfahren ist unter dem Namen QUICK (/17.2.2/), eine Weiterentwicklung unter QUICKEST (/17.2.3/) publiziert worden.

Das zugehörige Differenzenschema kann nach Bild 17.2.6 wie folgt angegeben werden:

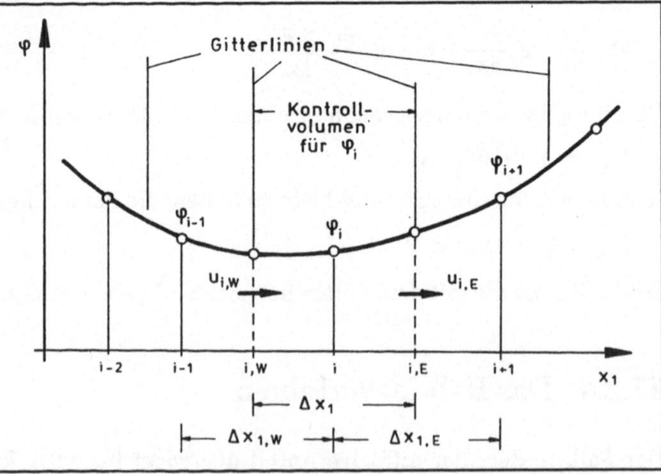

Bild 17.2.6: Geometrische Verhältnisse beim QUICK-Verfahren

"East"-Wert-Approximation:

$$\varphi_{i,E} = \tfrac{1}{2}\,(\varphi_i + \varphi_{i+1}) - \tfrac{1}{8}\,(\varphi_{i-1}-2\varphi_i+\varphi_{i+1}) \qquad \text{für } u_{i,E}>0 \quad , \tag{17.2.35}$$

"West"-Wert-Approximation:

$$\varphi_{i,W} = \tfrac{1}{2}\,(\varphi_{i-1} + \varphi_i) - \tfrac{1}{8}\,(\varphi_{i-2}-2\varphi_{i-1}+\varphi_i) \qquad \text{für } u_{i,W}>0 \quad , \tag{17.2.36}$$

"East"-Differentialapproximation:

$$\frac{\partial\varphi}{\partial x_i}\Big|_{i,E} = \frac{\varphi_{i+1} - \varphi_i}{\Delta x_E} \quad , \tag{17.2.37}$$

"West"-Differentialapproximation:

$$\frac{\partial\varphi}{\partial x_i}\Big|_{i,W} = \frac{\varphi_i - \varphi_{i-1}}{\Delta x_W} \quad . \tag{17.2.38}$$

Mit diesem Verfahren kann der Fehler durch numerische Diffusion deutlich herabgesetzt werden (/17.2.4/).

17.2.6 Das ADI-Verfahren

Als nächstes soll ein Lösungsalgorithmus zur Lösung von mehrdimensionalen Differentialgleichungen vorgestellt werden. Seine Arbeitsweise läßt sich anschaulich bei der Anwendung auf eine **elliptische Differentialgleichung** der Form:

$$\frac{\partial}{\partial t}(\rho\varphi) + \frac{\partial}{\partial x_i}(\rho u_i\varphi) = \frac{\partial}{\partial x_i}\left[\Gamma_\varphi \frac{\partial\varphi}{\partial x_i}\right] \tag{17.2.39}$$

beschreiben. Ein technisches Beispiel ist z.B. ein katalytischer Rohrreaktor, bei dem die Konzentrationsverteilung vorhergesagt werden soll. Das Problem sei zweidimensional, wobei ein radiales Strömungsprofil Berücksichtigung findet.

Für die Gleichung (stationäre Form von Gl.17.2.39):

$$\frac{\partial}{\partial x_1}(\rho u_1\varphi) + \frac{\partial}{\partial x_2}(\rho u_2\varphi) = \frac{\partial}{\partial x_1}\left[\Gamma_\varphi \frac{\partial\varphi}{\partial x_1}\right] + \frac{\partial}{\partial x_2}\left[\Gamma_\varphi \frac{\partial\varphi}{\partial x_2}\right] \tag{17.2.40}$$

kann unter der Annahme eines örtlich nicht variablen Austauschkoeffizienten Γ_φ (Γ_φ ist ein konzentrierter Parameter) mit einer Vorwärtsdifferenz für den konvektiven Term und einer Zentraldifferenz für den diffusiven Term die folgende Differenzengleichung abgeleitet werden (in den folgenden Ausführungen wird der Index i für die "1"-Richtung, der Index j für die "2"-Richtung verwendet):

404

$$\frac{(\rho\,u_1\,\varphi)_{i+1} - (\rho\,u_1\,\varphi)_i}{\Delta x_1} + \frac{(\rho\,u_2\,\varphi)_{j+1} - (\rho\,u_2\,\varphi)_j}{\Delta x_2} = \qquad (17.2.41)$$

$$\Gamma_\varphi \left[\frac{\varphi_{i+1} - 2\varphi_i + \varphi_{i-1}}{(\Delta x_1)^2} + \frac{\varphi_{j+1} - 2\varphi_j + \varphi_{j-1}}{(\Delta x_2)^2} \right]$$

oder umgeordnet (mit $\Delta x_i = 1$):

$$\left[(\rho\,u_1)_{i+1} - \Gamma_\varphi\right]\varphi_{i+1} - \left[(\rho\,u_1)_i - 2\Gamma_\varphi\right]\varphi_i + \left[- \Gamma_\varphi\right]\varphi_{i-1} +$$

$$\left[(\rho\,u_2)_{j+1} - \Gamma_\varphi\right]\varphi_{j+1} - \left[(\rho\,u_2)_j - 2\Gamma_\varphi\right]\varphi_j + \left[- \Gamma_\varphi\right]\varphi_{j-1} = 0 \quad . \qquad (17.2.42)$$

Bei diesem zweidimensionalen Problem werden zwei aufeinanderfolgende Iterationsschritte (Schritt q mit erstem und zweitem Teilschritt, sweep 1 und 2) durchgeführt:

Iterationsschritt q (erster Teilschritt in i-Richtung):

Führt man nun eine Lösung implizit in i-Richtung, aber explizit in der j-Richtung durch, dann erhält man (implizite/explizite, zeitliche Diskretisierung vgl. Kap.17.3):

$$\left[\left[(\rho\,u_1)_{i+1} - \Gamma_\varphi\right]\varphi_{i+1}\right]^{n+1} - \left[\left[(\rho\,u_1)_i - 2\Gamma_\varphi\right]\varphi_i\right]^{n+1} + \left[\left[- \Gamma_\varphi\right]\varphi_{i-1}\right]^{n+1} +$$

$$\left[\left[(\rho\,u_2)_{j+1} - \Gamma_\varphi\right]\varphi_{j+1}\right]^{n} - \left[\left[(\rho\,u_2)_j - 2\Gamma_\varphi\right]\varphi_j\right]^{n} + \left[\left[- \Gamma_\varphi\right]\varphi_{j-1}\right]^{n} = 0 \qquad (17.2.43)$$

oder

$$\left[\left[(\rho\,u_1)_{i+1} - \Gamma_\varphi\right]\varphi_{i+1}\right]^{n+1} - \left[\left[(\rho\,u_1)_i - 2\Gamma_\varphi\right]\varphi_i\right]^{n+1} + \left[\left[- \Gamma_\varphi\right]\varphi_{i-1}\right]^{n+1} = \left[RS_j\right]^{n} \quad .$$

$$(17.2.44)$$

Die allgemeine Formulierung auf dem Zeitniveau n+1 lautet damit:

$$a_{i+1}\,\varphi_{i+1} - a_i\,\varphi_i + a_{i-1}\,\varphi_{i-1} = RS_j$$

$$(17.2.45)$$

oder in Matrizenschreibweise

$$A \cdot \varphi = RS \quad . \qquad (17.2.46)$$

Hierauf können nun prinzipiell zwei Lösungsmethoden angewendet werden:

eine **direkte Lösung**:

$$\varphi = A^{-1} \cdot RS \quad , \qquad (17.2.47)$$

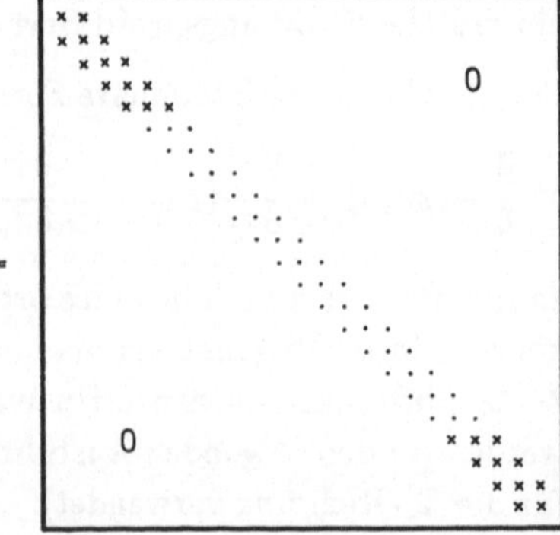

Bild 17.2.7: Form der Systemmatrix A

die jedoch für große Gleichungssysteme sehr speicherplatzintensiv wird, oder

- ein sogenannter **Tridiagonalalgorithmus** (Thomas-Algorithmus), der die Form der Systemmatrix A nach Bild 17.2.7 berücksichtigt (Kreuze markieren besetzte Elemente der Matrix, alle anderen Elemente sind identisch null):

Tridiagonalalgorithmus (Thomas-Algorithmus, Koeffizienten a_i in Analogie zu Gl. 17.2.45):

$$\text{Schritt 1:} \quad \beta_i = -a_i - (a_{i-1} \cdot a_{i+1}) / \beta_{i-1} \quad \text{mit } \beta_1 = -a_1 \tag{17.2.48}$$

$$\text{Schritt 2:} \quad \gamma_i = (RS_j - a_{i-1}\gamma_{i-1}) / \beta_i \quad \text{mit } \gamma_1 = RS_1 / a_i$$

$$\text{Schritt 3:} \quad \varphi_i = \gamma_i - (a_{i+1} \cdot \varphi_{i+1}) / \beta_i \quad \text{mit } \varphi_I = \gamma_I \quad .$$

Stellt man dieses Vorgehen in der Raum-Ebene dar, so erklärt sich der Begriff des Linienverfahrens, der hierfür verwendet wird (Bild 17.2.8, darin bezeichnen die verschiedenen Symbole: o Stützstelle auf der Zeitstufe n, x Stützstelle auf der Zeitstufe n+1 und □ örtlich eingehende Werte).

Iterationsschritt q (zweiter Teilschritt in j-Richtung, gleiches Iterationsniveau z.B. gleiches Zeitniveau):

Im nächsten Durchlauf wird in i-Richtung explizit und in j-Richtung implizit fortgeschritten:

$$\left[\left[(\rho u_1)_{i+1} - \Gamma_\varphi\right]\varphi_{i+1}\right]^n - \left[\left[(\rho u_1)_i - 2\Gamma_\varphi\right]\varphi_i\right]^n + \left[\left[- \Gamma_\varphi\right]\varphi_{i-1}\right]^n +$$

$$\left[\left[(\rho u_2)_{j+1} - \Gamma_\varphi\right]\varphi_{j+1}\right]^{n+1} - \left[\left[(\rho u_2)_j - 2\Gamma_\varphi\right]\varphi_j\right]^{n+1} + \left[\left[- \Gamma_\varphi\right]\varphi_{j-1}\right]^{n+1} = 0 \tag{17.2.49}$$

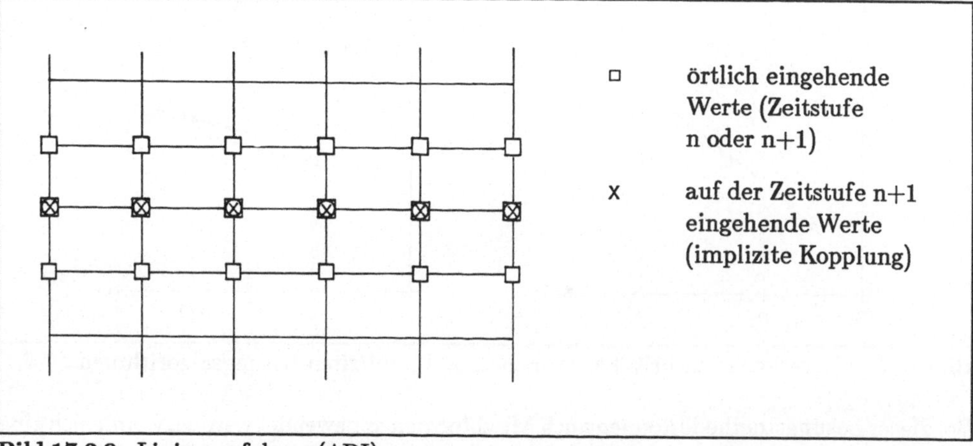

Bild 17.2.8: Linienverfahren (ADI)

Daher wird dieses Gesamtverfahren als **A**lternative **D**irection **I**mplicit (ADI)-Verfahren bezeichnet, was auf den impliziten Charakter und die wechselnden Iterationsrichtungen verweist.

17.3 Zeitdiskretisierung

17.3.1 Allgemeine Unterscheidung

Zur Klassifikation der Algorithmen dient auch die Einteilung in:

- explizite Algorithmen
  und
- implizite Algorithmen.

Ausgangspunkt ist die Approximation der zeitlichen Ableitungen bei transienten Formulierungen bzw. der Iterationsfortschritt bei stationären Formulierungen.

Am Beispiel des transienten Terms (zeitliche Änderung) aus Gleichung (6.1.17) sei dies erläutert:

Expliziter Algorithmus:

$$(\rho\varphi)^{n+1} = (\rho\varphi)^n + \Delta t \cdot RS^n \quad . \tag{17.3.1}$$

Impliziter Algorithmus:

$$(\rho\varphi)^{n+1} = (\rho\varphi)^n + \Delta t \cdot RS^{n+1} \quad . \tag{17.3.2}$$

Hierbei bezeichnet n den Zeitschrittindex, wobei während des Iterationsschrittes vom Zeitschritt n zum Zeitschritt n + 1 gerechnet wird.

Bild 17.3.1 zeigt die Verhältnisse in einer graphischen Darstellung.

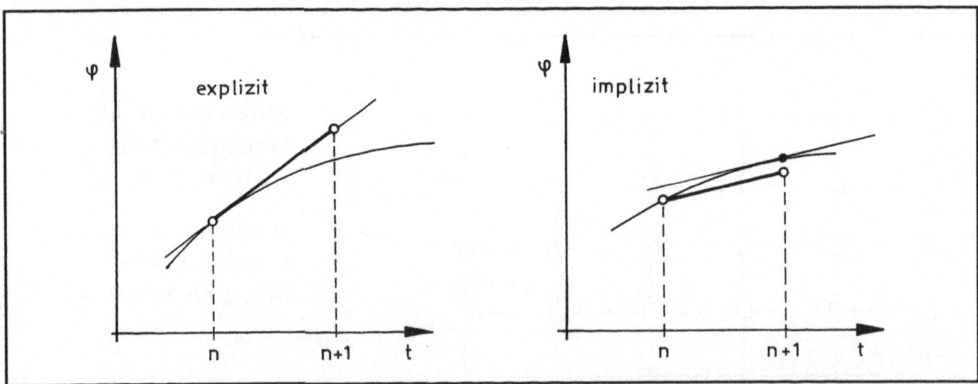

Bild 17.3.1: Iterationsfortschritt bei expliziten und impliziten Lösungsalgorithmen

Bei dieser Lösungsmethode können auch Mischformen angewendet werden, womit sich eine allgemeine Form angeben läßt.

Allgemeine Form

$$(\rho\varphi)^{n+1} = (\rho\varphi)^n + \Delta t \cdot \left[\kappa \cdot RS^n + (1-\kappa) \cdot RS^{n+1}\right] \quad . \tag{17.3.3}$$

Damit ergeben sich die beiden Grenzfälle und das Crank-Nicolson-Verfahren (O[ ] bezeichnet die Fehlerordnung bezüglich eines Inkrements, hier Δt):

$$\left.\begin{array}{ll}\kappa = 1{,}0: \text{rein explizites Verfahren} & O\,[\Delta t] \\ \kappa = 0{,}5: \text{Crank-Nicolson-Verfahren} & O\,[(\Delta t)^2] \\ \kappa = 0{,}0: \text{rein implizites Verfahren} & O\,[\Delta t]\end{array}\right\} \qquad (17.3.4)$$

Wird bei dieser Methode ein impliziter Anteil berücksichtigt, so muß φ^{n+1} bzw. RS^{n+1} durch eine überlagerte Iteration (mit Index "p" gekennzeichnet) bestimmt werden.

$$\left[RS^{n+1}\right]^{P+1} = \left[RS^{n+1}\right]^{P} + \frac{\partial(RS)}{\partial(\rho\varphi)}\left[\left[(\rho\varphi)^{n+1}\right]^{P+1} - \left[(\rho\varphi)^{n+1}\right]^{P}\right] \qquad (17.3.5)$$

Die gefundene Näherungslösung für RS^{n+1} kann nun in Gl. 17.3.3 eingesetzt und diese Gleichung damit ausgewertet werden.

17.3.2 Explizite Lösungsverfahren

17.3.2.1 Maximale Zeitschrittweite

Zum Nachweis der Stabilität eines numerischen Lösungsverfahrens kann die **von Neumann'-sche Stabilitätsanalyse** eingesetzt werden. Hierzu wird ein komplexer Schwingungsansatz auf die Variablen der zu untersuchenden Gleichung angewandt und untersucht, wie sich deren Amplitude zu aufeinanderfolgenden Zeiten verhält. Theoretisch muß dieser Ansatz auf alle Variablen des gekoppelten Systems Anwendung finden; in praxi ist dieses Vorgehen jedoch nicht handhabbar.

Setzt man jedoch den Schwingungsansatz nur zur Untersuchung der **transportierenden** Größe u_i ein, gemäß:

$$u_i(t) = \Psi_i^{\,n} \cdot e^{i\alpha x} \cdot e^{i\beta y} \cdot e^{i\gamma z} \quad , \qquad (17.3.6)$$
$$u_i(t+\Delta t) = \Psi_i^{\,n+1} \cdot e^{i\alpha x} \cdot e^{i\beta y} \cdot e^{i\gamma z} \quad , \qquad (17.3.7)$$

dann kann mit der Dämpfungsbedingung:

$$\Psi_i^{\,n+1} / \Psi_i^{\,n} \leq 1 \qquad (17.3.8)$$

ein Kriterium für die maximal zulässige Zeitschrittweite Δt_{CFL} angegeben werden:

$$\Delta t_{CFL} = 1 / \left[\frac{u_i}{\Delta x_i} + \frac{\mu}{\rho}(\Delta x_i)^{-2}\right] \quad . \qquad (17.3.9)$$

Diese als **Courant-Friedrich-Lewy-Kriterium** bekannte Bedingung muß als notwendige, aber nicht hinreichende Bedingung für eine numerische Stabilität angesehen werden.

17.3.2.2 Dynamische Zeitschrittweitensteuerung

Bei einer expliziten zeitlichen Diskretisierung ergibt sich der Korrekturwert für die Änderung der Zustandsgröße vom Zeitniveau n auf das Zeitniveau n + 1 nach

$$(\rho\varphi)^{n+1} = (\rho\varphi)^n + \Delta t \cdot \omega \cdot RS^n \quad . \tag{17.3.10}$$

Der absolute Wert der Korrektur wird hiernach durch den Relaxationsfaktor

$$0 < \omega < 1 \tag{17.3.11}$$

und die Zeitschrittweite Δt

$$0 < \Delta t < t_{CFL} \tag{17.3.12}$$

bestimmt.

Wird ω und Δt an den Residuenverlauf R^n angepaßt, d.h. mit fortschreitendem Iterationsverlauf gesteigert, dann kann hierdurch die Konvergenzgeschwindigkeit vergrößert werden.

Zur Beurteilung der Stabilität des verwendeten Verfahrens kann die Überwachung des Residuums R^n der Transportgleichung verwendet werden, das den durch Approximationsungenauigkeiten bedingten Fehler der Gesamtgleichung beschreibt:

$$R^n = (\rho\varphi)^n + \Delta t \cdot \omega \cdot RS(\varphi^n) - (\rho\varphi)^{n-1} \quad . \tag{17.3.13}$$

Eine Dynamisierung von ω bzw. Δt erfolgt nun nach den Kriterien (für Δt):

$$
\begin{array}{lll}
R^{n+1} < R^n: & \Delta t^{n+1} > \Delta t^n & , \\
R^{n+1} = R^n: & \Delta t^{n+1} = \Delta t^n & , \\
R^{n+1} > R^n: & \Delta t^{n+1} < \Delta t^n & , \\
R^{n+1} \gg R^n: & \text{Verwerfen der Iteration} & .
\end{array}
\tag{17.3.14}
$$

Für die Steigerungsraten der Zeitschrittweiten können keine allgemeingültigen Kriterien formuliert werden.

17.4 Integration der Partikeltrajektorien

Um auf das Weg-Zeit-Gesetz der Partikel, ihre Partikeltrajektorien, zu kommen, muß Gl. (11.1.2) integriert werden. Unter der Voraussetzung konstanter Geschwindigkeit von Gas- und Partikelphase im Integrationsintervall Δt kann eine analytische Lösung angegeben werden. Dies setzt jedoch, um das Partikelrelaxationsverhalten aufzulösen, eine Zeitschrittweite Δt:

$$\Delta t = t_p / 5 \tag{17.4.1}$$

voraus, wodurch lokal sehr kleine Zeitschrittweiten auftreten können.

Um dies zu umgehen, kann auf ein Runge-Kutta-Integrationsverfahren übergegangen werden.

Für die z.T. sehr starke Krümmung der Partikeltrajektorien (scharfe Umlenkungen der Strömung) ist die Verwendung eines Runge-Kutta-Verfahrens 4. Ordnung vorteihaft, dessen allgemeine Formulierung die Form:

$$y_{i+1} = y_i + h\,(ak_1 + bk_2 + ck_3 + dk_4) \qquad (17.4.2)$$

aufweist. y bezeichnet die unabhängige Variable, h in diesem Fall das Zeitintervall.

Für die Wahl der Wichtungsfaktoren a,b,c und d und der approximierten Ableitungen k_i gibt es verschiedene Ansätze. Ein auf Kutta zurückgehender Ansatz lautet (/17.4.1/):

$$y_{i+1} = y_i + h\,(k_1 + 2k_2 + 2k_3 + k_4)/6 \qquad (17.4.3)$$

$$k_1 = \left.\frac{\partial y}{\partial x}\right|_{x_i,y_i} \qquad (17.4.4)$$

$$k_2 = \left.\frac{\partial y}{\partial x}\right|_{x_i+\frac{1}{2}h,\,y_i+\frac{1}{2}hk_1} \qquad (17.4.5)$$

$$k_3 = \left.\frac{\partial y}{\partial x}\right|_{x_i+\frac{1}{2}h,\,y_i+\frac{1}{2}hk_2} \qquad (17.4.6)$$

$$k_4 = \left.\frac{\partial y}{\partial x}\right|_{x_i+h,\,y_i+h} \qquad (17.4.7)$$

x_i kennzeichnet das jeweils "alte" Zeitniveau, x_{i+1} das "neue".

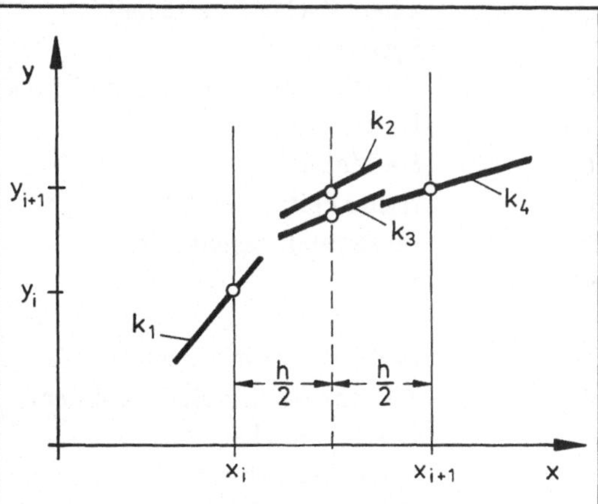

Bild 17.4.1: Runge-Kutta-Verfahren 4. Ordnung mit Parametersatz von Kutta

Dieser Algorithmus läßt sich geometrisch gemäß Bild 17.4.1 veranschaulichen.

Macht man das Zeitintervall h von der Partikelrelaxationszeit abhängig (dynamische Steuerung), dann läßt sich dieser Algorithmus sehr effektiv einsetzen.

o Formelverzeichnis

(Kapitelspezifische Formelzeichen; eine Zusammenstellung übergeordnet gültiger Formelzeichen und Kennzahlen ist in Anhang 6 angeführt;   [*] Dimension hängt von der jeweiligen Verwendung ab)

Symbol	Bedeutung	Dimension
a_i	algebraischer Koeffizient	-
A	Systemmatrix	*
k_i	Koeffizienten (Gradienten/Transienten) der Gl. 17.4.2	*
$O[\ ]$	Fehlerordnung	*
R	Residuum	*
RS	rechte Seite einer Gleichung	*
s	prozentuale Sensitivität	-
S	Sensitivität	*
t	Zeit	s
t_P	Partikelrelaxationszeit	s
Δt	Zeitschrittweite, Zeitinkrement	s
u	Geschwindigkeit	m/s
x	Ortskoordinate	m
Δx_i	Gitterlinienabstand	m
γ	Zwischengröße beim Thomas-Algorithmus	-
Γ	Austauschkoeffizient	*
κ	Wichtungsfaktor	-
ρ	Dichte	kg/m^3
φ	allgemeine massenspezifische Größe	*
ω	Relaxationsfaktor	-

Indizes tief

Symbol	Bedeutung
CFL	Courant-Friedrich-Lewy
D	Diffusion
E	Ost (east)
G	Gitter
i	Ortsindex
K	Konvektion
P	physikalische Größe, physikalischer Teilterm
W	West (west)

Indizes hoch

Symbol	Bedeutung
n	Zeitniveau

o   Literatur

/17.2.1/   Marsal, D.: Die numerische Lösung partieller Differentialgleichungen. Bibliographisches Institut, Zürich, 1976

/17.2.2/   Carnaham, B.; Luther,H.A.; Wilkes, J.O.: Applied Numerical Methods. John Wiley and Sons, New York, 1969

/17.2.3/   Petrowski I.G.: Vorlesungen über die Theorie der gewöhnlichen Differentialgleichungen. Teubner Verlag, Leipzig, 1954

/17.2.4/   Petrowski, I.G.: Vorlesungen über partielle Differentialgleichungen. Teubner Verlag, Leipzig, 1955

/17.2.5/   von Rosenberg, D.U.: Methods for the Solution of Partial Differential Equations. Elsevier Publ. Comp., New York, 1969

/17.2.6/   Ames, W.: Numerical Methods for Partial Differential Equations. Academic Press, New York, 1977

/17.2.7/   Mitchell, A.R.: Computational Methods in Partial Differential Equations. John Wiley and Sons, New York, 1969

/17.2.8/   Rubin, S.G.; Khosla, P.K.: Navier-Stokes Calculations with a Coupled Strongly Implicit Method. Computer and Fluids, 9(1981), pp 163-180

/17.2.9/   Pollard, A.; Siu, A.L.-W.: The Calculation of Some Laminar Flows Using Various Discretization Schemes. Computer Methods in Appl. Mech. and Eng., 35(1982), pp 293-313

/17.2.10/.   Spalding, D.B.: A Novel Finite Difference Formulation for Differetial Expressions Involving both First and Second Derivatives. Int. J. Num. Meth. in Eng., 4(1972), pp 551-559

/17.2.11/   Leonard, B.P.: A Stable and Accurate Convective Modelling Procedure Based on Quadratic Upstream Interpolation. Computer Methods in Appl. Mech. and Eng., 19(1979), pp 59-98

/17.2.12/   Jang, D.S.; Jetli, R.; Acharya, S.: Comparison of the PISO, SIMPLER, and SIMPLEC Algorithms for the Treatment of the Pressure-Velocity Coupling in Steady Flow Problems. Num. Heat Transf., 10(1986), pp 209-288

/17.2.13/   Van Doormaal, J.P.; Raithby, G.D.: Enhancements of the SIMPLE Method for Predicting Incompressible Fluid Flows. Num. Heat Transfer, 7(1984), pp 147-163

/17.2.14/   Peacemen, D.W.; Rachford, H.H.: The Numerical Solution of Parabolic and Elliptic Differential Equations. J. Soc. Indust. Appl. Math., 3(1955)No.1, pp 28-41

/17.2.15/   Birkhoff, G.; Varga, R.S.: Implicit Alternating Direction Methods. Trans. Am. Math. Soc., 92(1959), pp 13-24

/17.2.16/   Mitchel, A.R.; Fairweather, G.: Improved Forms of the Alternating Direction Methods of Douglas, Peaceman and Rachford for Solving Parabolic and Elliptic Equations. Numerische Mathematik, 6(1964), S.285-292

/17.2.17/   Issa, R.I.: Solution of the Discretised Fluid Flow Equations by Operator-Splitting. J. Comp. Phy., 62(1985), pp 40-65

/17.2.18/   Issa, R.I.; Gosman, A.D.; Watkins, A.P.: The Coputation of Compressible and Incompressible Recirculating Flows by a Non-Iterative Implicit Scheme. J. Comp. Phy., 62(1986), pp 66-82

/17.2.19/   Raithby, G.D.: SKEW Upstream Differencing Schemes for Problems Involving Fluid Flow. Computer Methods Appl. Mech. Eng., 9(1976), pp 153-164

/17.2.20/   Raithby, G.D.: A Critical Evaluation of Upstream Differencing Applied to Problems Involving Fluid Flow. Computer Methods Appl. Mech. Eng., 9(1976), pp 75-103

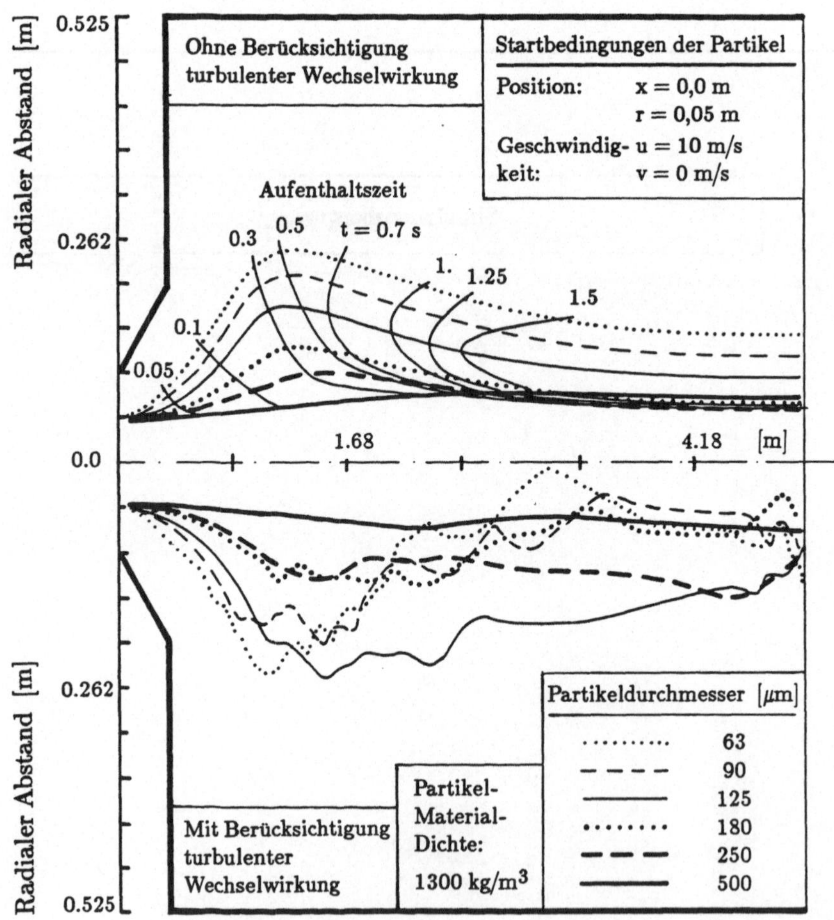

**Turbulente Partikeltrajektorien und Linien gleicher Aufenthaltszeit
in einer Braunkohlenstaubflamme**
Einfluß des Partikeldurchmessers und der Turbulenz
(Schnell, U,; Görner, K.: Interaction of Pyrolysis Kinetics with Heat Transfer and
Fluid Flow in Brown Coal Flames. 1989 Int. Conf. Coal Sci., Tokyo, 1989)

Kapitel 18 :

SIMULATIONSBEISPIELE

18.1 Voraussetzungen, Randbedingungen und Vorgehensweise

In diesem Kapitel soll an ausgewählten Berechnungsbeispielen die Leistungsfähigkeit der aufgezeigten mathematischen Teilmodelle bzw. des Gesamtmodells demonstriert werden. Dabei wird zwischen zweidimensionalen Einzelflammen- und dreidimensionalen Feuerraumberechnungen (Dampferzeugerfeuerungen) unterschieden. Die Beispiele beziehen sich auf Kohlenstaub als Brennstoff.

Ein wesentlicher Problempunkt bei der Erstellung bzw. Weiterentwicklung von Simulationsprogrammen ist die Überprüfung bzw. Verifikation der Rechenergebnisse. Dies wird vor dem Hintergrund verständlich, daß oft kein detailliertes Datenmaterial zur Verfügung steht. Seine Begründung kann dies einerseits in den geometrischen Abmessungen und damit der Zugänglichkeit der Feuerräume von Dampferzeugern finden. Die Querausdehnungen betragen hier zwischen 10-15 m bei einer Höhe des Strahlungsfeuerraums von 40-45 m für eine gängige Blockleistung von 600 MW_{el}. Auf der anderen Seite sollten möglichst alle bilanzierten Spezies, die Temperatur mit ihren Fluktuationen und alle drei Geschwindigkeitskomponenten als Feldmessungen vorliegen. Bei Kohlenstaubflammen wird das allgemeine meßtechnische Problem (spezifische Nachweisprobleme bei den Einzelspezies wie Probenahme, -aufbereitung und Querempfindlichkeiten) durch die partikelbeladene Strömung noch verschärft. Dies betrifft sowohl die Gasphasenspezies als auch die Partikelphase (Rohkohle, Koks und Asche).

Hieraus wird verständlich, daß sich eine Modellentwicklung zunächst an einer zweidimensionalen, maßstabsverkleinerten und damit gut zugänglichen Versuchsanlage orientiert, an der definierte Randbedingungen einstellbar sind.

Hieran kann modernste, berührungslose Laserdiagnostik in Kombination mit konventioneller Absaugsondentechnik ansetzen. Nur so ist eine Kohlenstaubflamme meßtechnisch zugänglich, und es kann durch Profilmessungen ein detailliertes "Bild" der Flamme aufgenommen werden (/18.1.1/ - /18.1.15/). Das so gewonnene Datenmaterial dient dann einerseits dem Verständnis der ablaufenden Vorgänge und Wechselwirkungen des Verbrennungsvorganges einschließlich der Schadstoffentstehung und andererseits als Basis für eine belastbare Programmüberprüfung und zu einer Modellreduktion (mathematisches Simulationsprogramm). Die Modellreduktion soll dabei gerade soweit vorgenommen werden, daß die an das Programm gestellten Anforderungsprofile noch erfüllt werden. Mit einer solchen Vorgehensweise wird der numerische Aufwand stark vermindert und dadurch eine Anwendung der Simulationstechnik auf industrielle Fragestellungen ermöglicht.

In diesem Sinne ist das Kap. 18.2 zu verstehen. Mit einer zweidimensionalen Modellentwicklung für Einzelflammen werden Teilmodelle überprüft und verifiziert. Ein detaillierter Vergleich mit dem experimentellen Meßdatenmaterial gestattet eine Weiterentwicklung der Modelle und ist gleichzeitig Basis für die Modellreduktion. Dermaßen reduzierte Teilmodelle werden dann in dreidimensionale Codes übertragen und angewandt. Dies wird dann zulässig sein, wenn im Feuerraum keine zusätzlichen physikalischen Effekte auftreten. Dann entstehen auch keine Scale-up-Probleme, ein ganz wesentlicher Vorteil von Simulationsrechnungen.

Für Dampferzeugerfeuerungen ist eine Gesamtberechnung (Geschwindigkeiten, Temperaturen und Konzentration) möglich, aber immer noch sehr rechenzeitintensiv, was oft gegen eine praktische Anwendung in der Industrie spricht. Hier haben sich entkoppelte Berechnungen unter möglichst realistischer Abschätzung der übrigen Phänomene bewährt. Dazu zählen Geschwindigkeits- und Mischungsfeldberechnungen (Kap. 18.3.1) oder die Temperaturberechnung (Kap. 18.3.2). Ein Beispiel für eine Feuerraumgesamtberechnung ist in Kap. 18.3.3 angeführt.

Die hier dargestellten Beispiele können nur als knapper Ausschnitt aus möglichen Anwendungsfällen gesehen werden. Für weiterführende Betrachtungen wird auf die angefügte Literaturliste verwiesen, wobei auch dort keine Vollständigkeit angestrebt werden konnte.

18.2   Einzelflammenberechnungen (Kohlenstaub)

18.2.1 Geschwindigkeiten, Temperaturen und Schlüsselspezies für eine abgehobene unverdrallte Flamme (Steinkohle)

Als Testbeispiel für eine unverdrallte Kohlenstaubflamme wurde eine abgehobene Flamme gewählt, die im Rahmen von Versuchen bei der Internationalen Flammenforschungsgemeinschaft (IFRF) in IJmuiden (NL) vermessen wurde (/18.2.1/). Ein typisches Flammenbild zeigt das Bild 18.2.1. Es handelt sich dabei um eine horizontale Brennkammer, die in einem großen Bereich optisch zugänglich ist. Der gezeigte Bildausschnitt ist durch die vorgegebene Öffnung begründet.

Deutlich zu erkennen ist hierbei der von links kommende, aus dem Brennermund austretende Kohlenstaubstrahl, der erst nach 1,5 - 1,6 m durchzündet. Man spricht dabei von einer abgehobenen Flamme. Die Temperatur steigt dann sehr schnell an und erreicht Maximalwerte von 1600 °C. Die gewonnenen Meßwerte werden in der Folge nicht gesondert angeführt, sondern sind in den Bildern, die den Vergleich mit Simulationsergebnissen zeigen, als Punktsymbole eingezeichnet.

Die Simulationsrechnung wurde mit einem vollständigen Modell durchgeführt. Dies schließt eine Strömungsfeldberechnung (Kap. 7.2.1) unter Anwendung des k-ϵ-Turbulenzmodells (Kap. 7.3.2.4) und unter Berücksichtigung des Einflusses der Partikelphase auf die Gasphase und ihr Turbulenzverhalten (Kap. 7.5.4.2) genauso ein, wie eine getrennte Temperaturberechnung für die Gas- und Partikelphase (Kap. 10.6.3). Zur Beschreibung der reaktionskinetischen Umsetzung mit der begleitenden Wärmefreisetzung werden 7 Spezies über Transportgleichungen bilanziert (Rohkohle, Koks, C_xH_y, CO, CO_2, H_2O, und N_2, Kap. 8.5), bei denen die Korngrößenverteilung von Rohkohle und Koks über 6 Partikelgrößenklassen approximiert wird. Eine ebenfalls durchgeführte NO-Berechnung unter Berücksichtigung der thermischen und der Brennstoff-NO-Bildung erfordert die zusätzliche Bilanzierung von HCN und NO (Kap. 9.5), wobei z.B. die OH-Radikalkonzentration abgeschätzt werden mußte. Typische Ergebnisse zur NO-Berechnung sind in Kap. 18.2.3 angeführt.

Bild 18.2.2 zeigt die berechnete Temperaturverteilung (Farbe im Hintergrund) und das Geschwindigkeitsfeld (Vektorplot). Dabei wird rein phänomenologisch die Ähnlichkeit zwischen optischem Flammenbild und Rechnung deutlich, ein Vergleich von axialen und radialen Profilen muß dies jedoch untermauern (Bild 18.2.4).

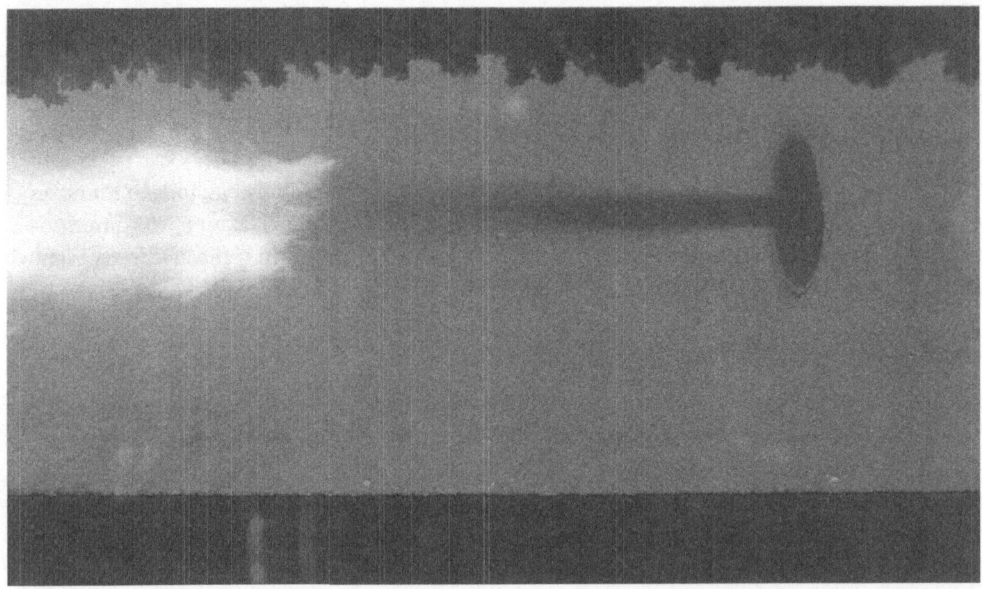

Bild 18.2.1: Fotografie einer abgehobenen Kohlenstaubflamme (/18.2.1/, Originalfarbbild siehe Anhang 7)

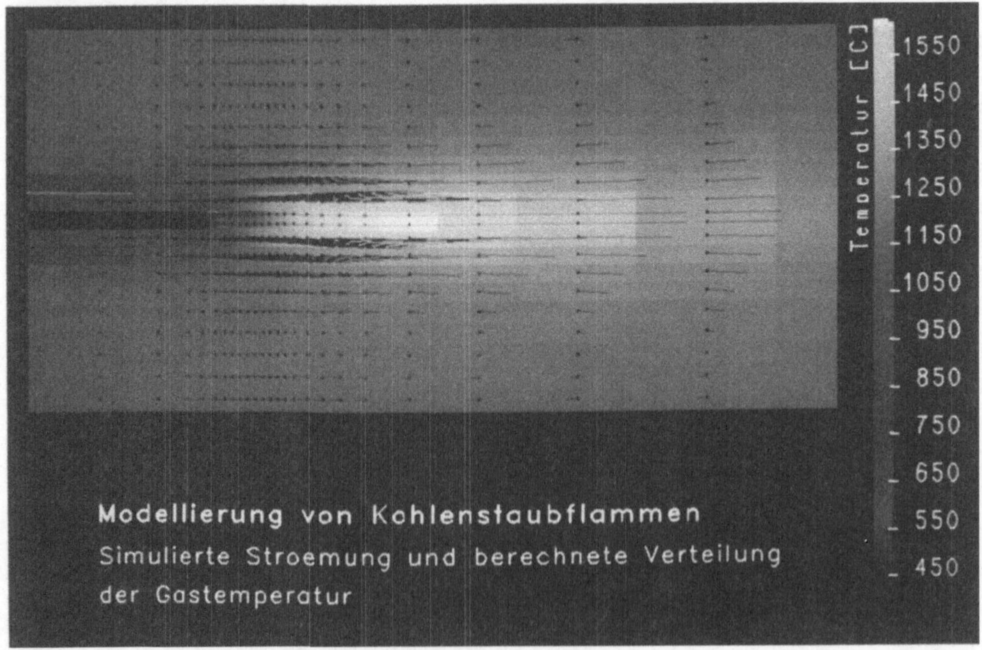

Bild 18.2.2: Simulationsergebnis für eine abgehobene Kohlenstaubflamme (/18.2.2/, Originalfarbbild siehe Anhang 7)

Zunächst ist das berechnete Geschwindigkeitsfeld (Bild 18.2.3) dargestellt, das das durch die Feuerungswände induzierte Rezirkulationsgebiet sehr deutlich erkennen läßt. Diese Rückführung heißer Flammengase trägt neben der Strahlung bei dieser Flamme sehr entscheidend zur Stabilisierung bei. Durch die Rezirkulation wird neben dem Energierücktransport auch ein sauerstoffabgereicherter Stoffstrom in die Flammenwurzel eingemischt. Dieser Umstand reduziert das Sauerstoffangebot auf der Flammenachse und verzögert so etwas die Umsetzung,

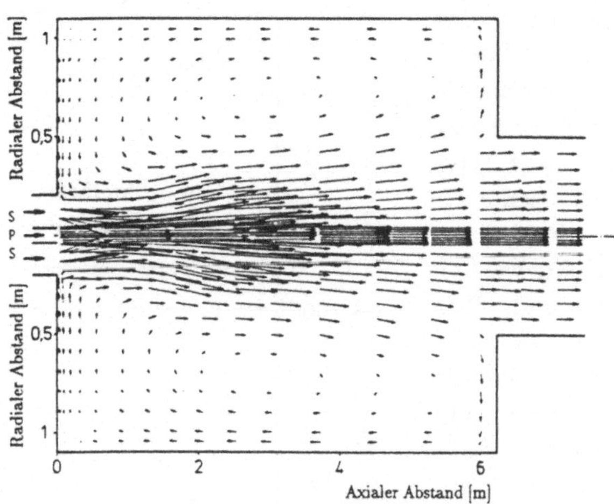

Bild 18.2.3: Berechnetes Geschwindigkeitsfeld als Vektorplot (/18.2.11/)

was die Flammentemperatur absenkt und sich in Verbindung mit dem abgesenkten Sauerstoffangebot mindernd auf die NO-Entstehung auswirkt (Kap. 18.2.3).

Die folgende Darstellung zeigt nun im Detail die Vergleiche für die Axialgeschwindigkeit der Gasphase, für die mittleren Gastemperaturen und ausgewählte Spezies in axialen Profilen (Bild 18.2.4). Dabei wird ersichtlich, daß die berechnete Geschwindigkeitsverteilung doch ein sehr getreues Abbild der Messung liefert. Dies ist eine wichtige Voraussetzung für alle folgenden Vergleiche, da sowohl die Energie- als auch die Spezieskonzentrationsverteilung vom konvektiven Transport stark geprägt sind. Der Verlauf der gemessenen als auch der berechneten Gastemperatur zeigt sehr schön der Charakter der abgehobenen Flamme, bei der eine Durchzündung des Brennstoffs etwa in einem Abstand von 1,6 m vom Brennermund entfernt erfolgt. Der berechnete Gradient der Gastemperatur fällt im Vergleich zu der Messung etwas geringer aus. Dies hängt im wesentlichen mit der vorhergesagten Pyrolyserate zusammen, die unter den gegebenen Verhältnissen etwas unterschätzt wird. Die Zündung setzt auch in Strömungsrichtung gesehen etwas zu früh ein und die maximale Flammentemperatur wird geringfügig überschätzt. Ähnlich wie bei der Geschwindigkeit wird aber der Wert am Feuerraumende sehr genau vorhergesagt. Sowohl für die eben beschiebene Temperaturverteilung als auch für die an den Abbrandreaktionen beteiligten Spezies ist die Verteilung der Sauerstoffkonzentration von großer Wichtigkeit. Der Sauerstoff muß sich, von der Sekundärluft kommend, in Richtung Flammenachse einmischen. Im Durchzündbereich, wo auch die Flüchtigen freigesetzt werden und sehr schnell abbrennen, wird der Sauerstoff in großem Umfang umgesetzt, was sich in dem großen axialen Konzentrationsgradienten konstatiert. Hier sinkt die minimal gemessene Konzentration sogar auf Werte unterhalb des Auslaßwertes ab, um sich dann in der Folge durch weitere Zumischung wieder zu erhöhen.

Gegenüber der axialen Sauerstoffkonzentrationsverteilung zeigen die typischen gasförmigen Reaktionsprodukte wie CO, CO_2 und H_2O eine gegenläufige Verteilung, sie steigen im Durchzündbereich sehr rasch an. Stellvertretend für diese Spezies ist in Bild 18.2.4 die berechnete und gemessenen, axiale Verteilung des Kohlendioxids dargestellt. Bis zum Zündbereich wurde eine Konzentration von nahe null gemessen. Die Rechnung sagt hier einige Vol.-% CO_2 voraus, was auch sehr schön mit dem etwas zu niedrig berechneten Sauerstoffverlauf in diesem Bereich korrespondiert.

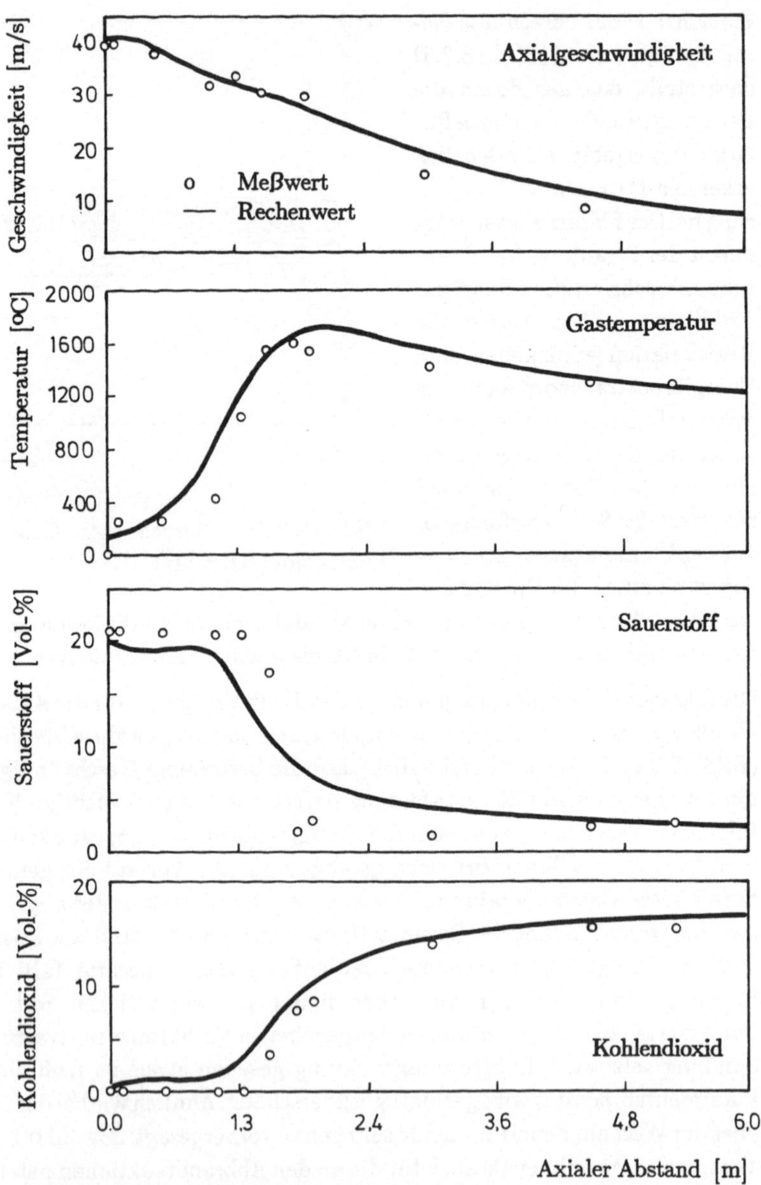

Bild 18.2.4: Berechnete mittlere Gastemperatur und ausgewählte Spezieskonzentrationen in axialen Schnitten (nach /18.2.?/)

Insgesamt kann vermerkt werden, daß die wesentlichen physikalisch/ chemischen Effekte mit einer sehr zufriedenstellenden Übereinstimmung zu Meßwerten vorhergesagt werden konnten.

18.2.2 Einfluß des Dralls bei einer Steinkohlenstaubflamme

Drall als Mittel zur Stabilisierung von Flammen (intensivere Vermischung, innere Rezirkulation) ist eine weitverbreitete Maßnahme bei technischen Brennern. Auch die Flammenlänge kann über den Drall verändert werden (höherer Drall führt zu kürzeren Flammen). Eine drallbehaftete Strömung bereitet bedingt durch die anisotrope Turbulenzstruktur Schwierigkeiten bezüglich der Anwendung von Turbulenzmodellen (Kap. 7.3.2). Für isotherme Strömungskonfigurationen wurden dazu ausführliche Meßreihen durchgeführt (/18.2.5/, /18.2.6/) und verschiedene Modellansätze (Turbulenzmodelle: k-ϵ-Modell und algebraisches Spannungsmodell) getestet (/18.2.7/). Hieraus ergibt sich, daß zwar mit höheren Turbulenzmodellen eine bedingte Verbesserung der Rechenergebnisse erzielbar ist, daß der numerische Aufwand aber erheblich ansteigt. Darüberhinaus konnte gezeigt werden, daß bei reagierenden Strömungen (Flammen) die Turbulenzanisotropie durch die starke Volumenexpansion reduziert wird, was die Notwendigkeit für höhere Turbulenzmodelle abmildert (/18.2.9/,/18.2.10/).

Exemplarisch wird am Beispiel einer vertikalen Kohlenstaubflamme (/18.2.11/) der simulierte Einfluß des Dralls aufgezeigt. Bild 18.2.5 zeigt auf der rechten Hälfte eine Flamme mit schwachem Drall, bei der auf der Flammenachse vornehmlich Vorwärtsströmung beobachtet wird. Bedingt durch den eingeschlossenen Charakter der Strömung tritt ein langes äußeres Rückströmgebiet auf. Die linke Hälfte des Bildes, bei großem Drall, zeichnet sich durch ein ausgeprägtes inneres Rezirkulationsgebiet aus. Die äußere Rezirkulation ist zu einem kleinen Wirbel degeneriert, der von der plötzlichen Erweiterung stammt. Ein Vergleich zwischen Rechnung und Messung (/18.2.12/) für die Flamme mit starkem Drall ist in Bild 18.2.6 dargestellt. Die globale Übereinstimmung ist befriedigend, wenn auch gewisse Diskrepanzen im Detail vorhanden sind, die auf die Turbulenzmodellierung zurückzuführen sind.

18.2.3 NO-Berechnungen für eine Steinkohlenstaubflamme

Für die NO-Berechnungen in Kohlenstaubflammen findet das NO-Modell Anwendung, das in Kap. 9.5 beschrieben wurde, wobei der Brennstoff- und thermische NO-Bildungsmechanismus Berücksichtigung fanden. Da die Sauerstoffkonzentration und die Temperatur in der Flamme mit die wichtigsten Einflußgrößen auf die NO-Bildung darstellen, ist ein Vergleich zwischen Rechen- und Meßwerten für diese beiden Größen in Bild 18.2.7 angeführt. Der in Kap. 9.5.3 beschriebene Einfluß der Ausmahlung auf die Brennstoff-NO-Bildung kann in Bild 18.2.8 ersehen werden. Wegen der nicht reduzierenden Bedingungen im Flammenkern (vgl. Sauerstoffverteilung) tritt eine Erhöhung der NO-Konzentrationen bei feinerer Ausmahlung auf, was bei dem hohen Drallgrad auf eine zusätzliche Anregung des thermischen NO-Bildungspfades zurückzuführen ist. Versuche unter reduzierenden Bedingungen konnten eine Absenkung der NO-Werte mit feinerer Ausmahlung nachweisen (/18.1.14/).

422

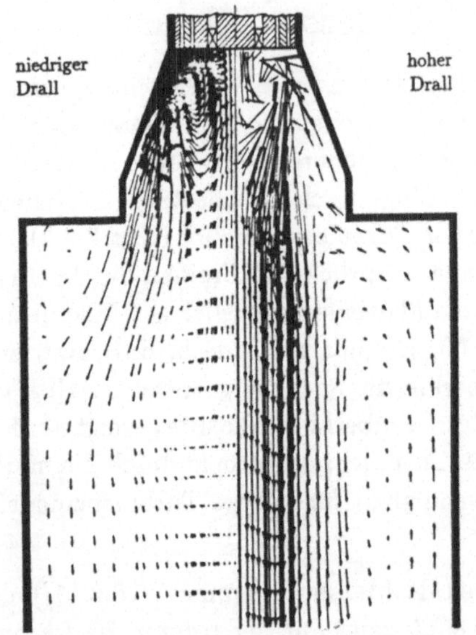

Bild 18.2.5: Vergleich des Geschwindigkeitsfeldes für eine Flamme mit hohem und niedrigem Drall (/18.2.11/)

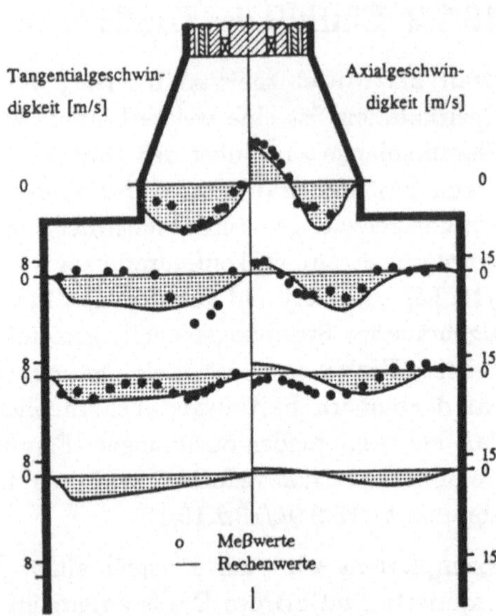

Bild 18.2.6: Vergleich des Axial- und TangentialgeschwindigkeitsfeldesfüreineFlamme mit hohem Drall (/18.2.11/)

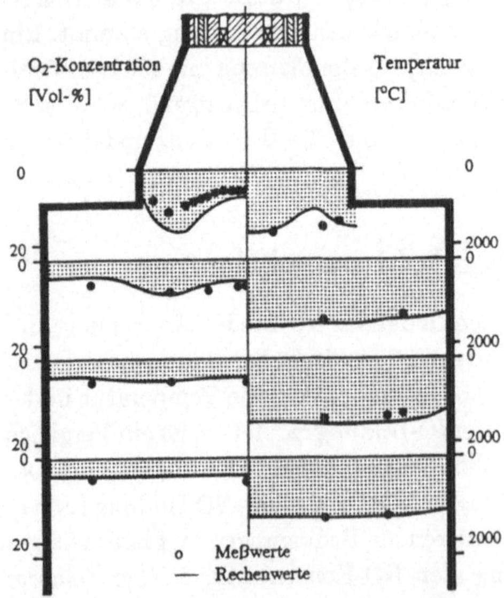

Bild 18.2.7: Vergleich der Sauerstoffkonzentration und der Temperatur mit Meßwerten (/18.2.11/)

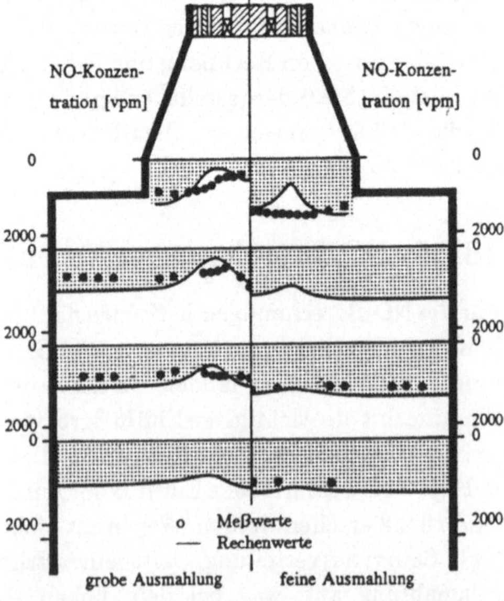

Bild 18.2.8: Vergleich der NO-Konzentrationen bei feiner und grober Ausmahlung der Kohle mit Meßwerten (/18.2.11/)

Auch für die in Kap. 18.2.1 gezeigte abgehobene Flamme wurde eine NO-Berechnung durchgeführt. Das Ergebnis der Simulationsrechnung in einer zweidimensionalen Darstellung ist in Bild 18.2.9 aufgezeigt.

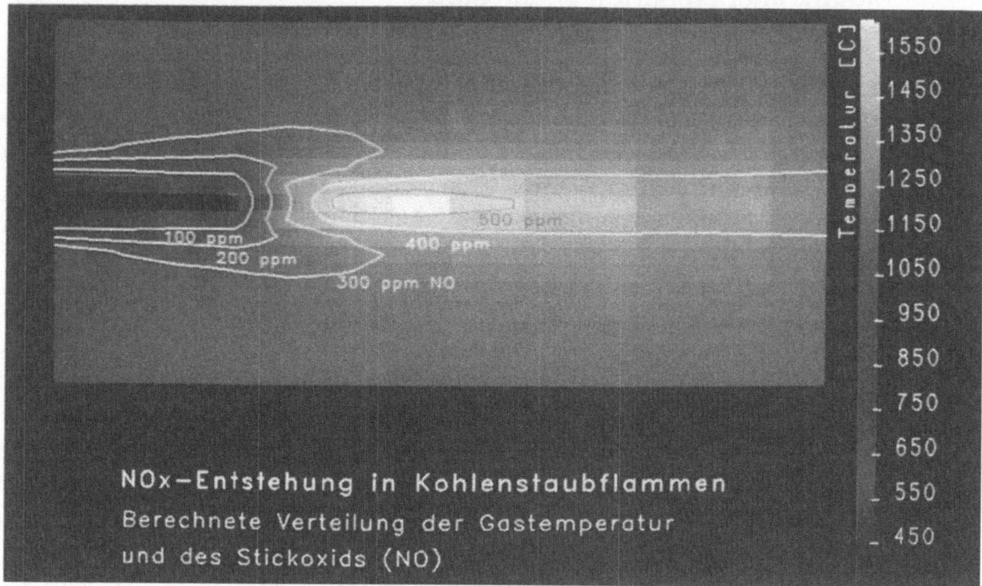

Bild 18.2.9: Simulation der NO-Verteilung für eine abgehobene Kohlenstaubflamme (/18.2.2/, Originalfarbbild siehe Anhang 7)

Dabei ist über den farblichen Hintergrund wiederum die Temperaturverteilung dargestellt (vgl. Bild 18.2.2). Die Isolinien geben die berechnete NO-Verteilung wieder. Im Bereich höchster Temperatur tritt auch das NO-Maximum auf (thermischer Pfad). Die beiden "Keulen" der 300 ppm Isolinie sind durch die Sauerstoffzumischung bzw. das erhöhte Sauerstoffangebot zu erklären. Ein quantitativer Vergleich zwischen Messung und Rechnung ist in Bild 18.2.10 gezeigt. Er fällt mit einer für technischen Berechnungen von Kohlenstaubflammen sehr befriedigenden Übereinstimmung aus.

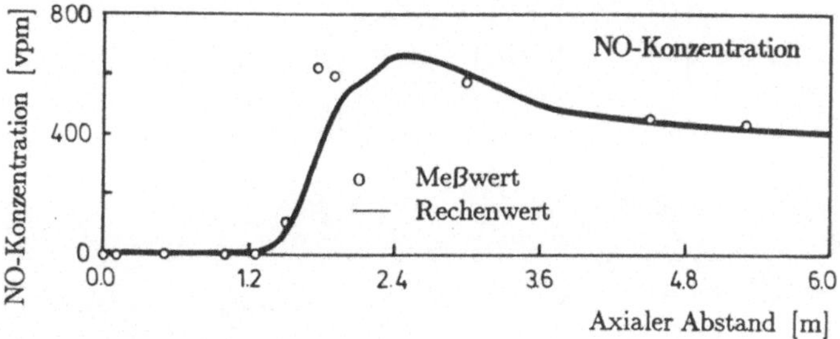

Bild 18.2.10: Vergleich der axialen NO-Verteilung zwischen Messung und Rechnung (/18.2.12/)

18.3 Feuerraumberechnungen (Kohlenstaub)

18.3.1 Geschwindigkeiten und Mischungsfelder für einen braun- und steinkohlebefeuerten Feuerraum

Eine Berechnung des Strömungsfeldes in Dampferzeugerfeuerungen ist in vielfacher Hinsicht interessant und von praktischer Relevanz. Zum einen beeinflußt das globale Strömungsfeld die Einzelflammenform und die Wechselwirkung von Einzelflammen, andererseits wird aber auch die Neigung zur Kesselverschmutzung und -verschlackung von der Strömung mitbeeinflußt. Bei Maßnahmen zur NO_x-Reduktion wird die Hauptleistungszone unter- oder nahstöchiometrisch gefahren und der Restausbrand durch Ausbrandluftzugabe über Einzeldüsen realisiert (Kap. 9.5.6). Eine weitere Maßnahme ist die Rauchgasrückführung (externe Rückführung von kalten Rauchgasen), bei der der Sauerstoffpartialdruck und die Temperatur im Feuerraum abgesenkt bzw. eine Vergleichmäßigung und ein Abbau von Spitzentemperaturen herbeigeführt wird. Die beiden letzten Beispiele stellen ein typisches Einmischproblem dar, das deshalb anhand der Einmischung einer wässrigen Harnstofflösung mit Hilfe von Ausbrandluft und/oder eines Rauchgasstroms untersucht wurde (/18.3.1/, /18.3.2/).

Dieses Beispiel eigenet sich auch insofern sehr gut, da bei dieser Anwendung sowohl eine Euler-Kontinuumsbeschreibung für die Strömung (Kap. 7) als auch eine Lagrange-Monte-Carlo-Simulation für die Tröpfchenphase (wässrige Harnstofflösung) Anwendung findet (Kap. 11). Die Kontinuumsbeschreibung dient dabei der Charakterisierung des Gas-

strömungs-felds, während die Einzelteil-chenbetrach-tung das tur-b u l e n t e Mischverhal-ten des Addi-tivstroms ab-bilden soll. Die Rechnung wurde als rei-n e s S t r ö-mungs-/Mi-schungspro-blem ohne c h e m i s c h e U m s e t z u n g behandelt.

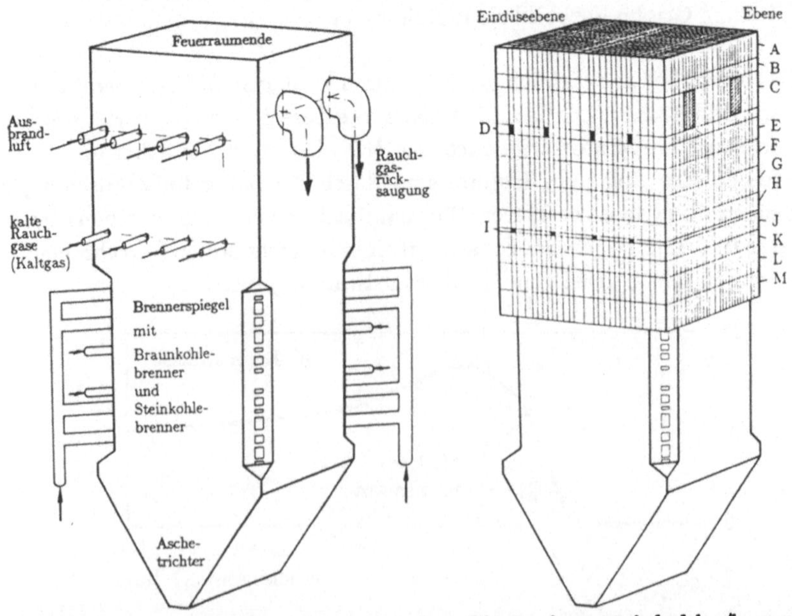

Bild 18.3.1: Geometrie und numerisches Gitter einer steinkohle-/braunkohlegefeuerten Dampferzeugerfeuerung (Strahlungsfeuerraum, /18.3.1/)

In Bild 18.3.1 ist links die Geometrie des Feuerraums dargestellt. Dabei besteht der Brennerspiegel aus Braun- und Steinkohleeinzelbrennern, die an den Ecken des Feuerraums zu einer Tangentialfeuerung angeordnet sind.

Eine Rezirkulation heißer Rauchgase ist für die Trocknung der Braunkohle in den Mühlen notwendig. Die Absaugeschächte greifen kurz vor den konvektiven Heizflächen an den zwei Seitenwänden an. An den beiden übrigen Seiten sind die Düsen für die Rauchgasrezirkulation (Kaltgas) und die Ausbrandluft angebracht. Der Harnstoff, der als Reduktionsmittel zum Einsatz kommt, wird je nach Kessellast über die Kaltgas- oder die Ausbrandluftdüsen zugemischt und so die Rauchgase bzw. die Ausbrandluft als Impulsverstärkung für die Harnstofflösung verwendet. Die unterschiedlichen Eindüsungshöhen sind deswegen notwendig, da sich mit der thermischen Leistung auch das vertikale Temperaturprofil verschiebt.

Im rechten Teil von Bild 18.3.1 ist das verwendete numerische Gitter angedeutet, das an der Oberkante der Brennerspiegel und damit über der Hauptleistungszone ansetzt. Angedeutet ist dort auch die Lage der Ausbrandluft- und Kaltgasdüsen und die Rauchgasrezirkulationsschächte.

Diese Untersuchungen wurden unter der Annahme einer isothermen aber heißen Strömung durchgeführt. Eine solche Vereinfachung ist dann zulässig, wenn eine Einmischung außerhalb der Hauptleistungszone vorliegt.

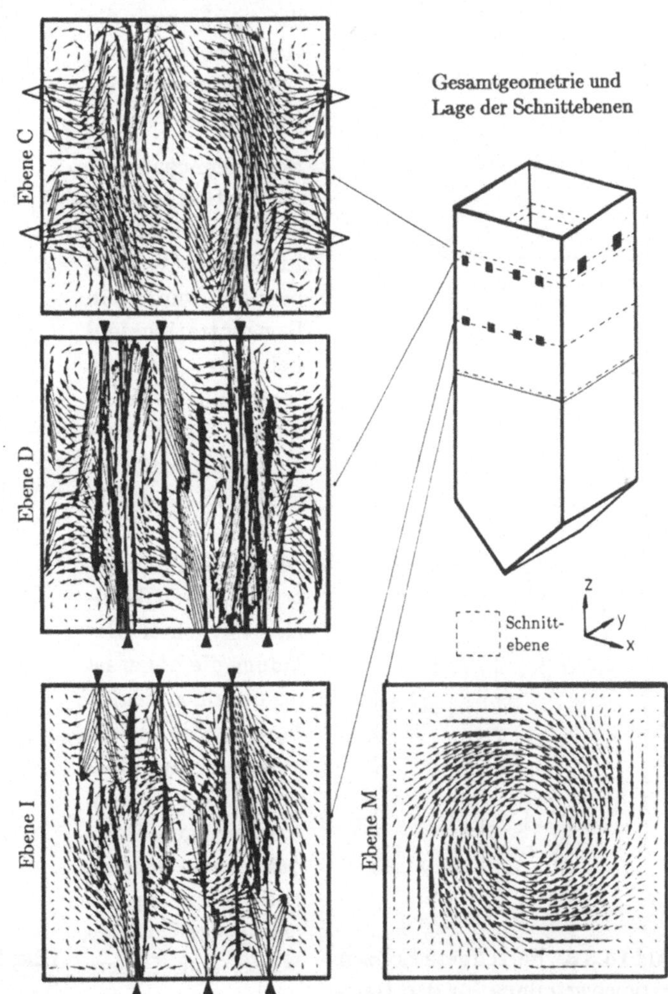

Bild 18.3.2: Berechnete Geschwindigkeitsverteilung in verschiedenen Querschnittsebenen (nach /18.3.1/)

426

Bezüglich Anzahl und Beaufschlagung der Eindüsestellen wurden verschiedene Varianten untersucht (/18.3.1/). Exemplarisch soll hier die Variante mit drei Düsen auf jeder Seite mit ungleicher Massenstromverteilung auf die Düsen dargestellt werden (Bild 18.3.2). Dabei zeigt die unterste dargestellte Ebene die durch die tangential angestellten Brenner induzierte Drehströmung. Gleichzeitig beaufschlagte Kaltgas- und Ausbrandluftdüsen beeinflussen diese Strömung doch sehr entscheidend. So stellen sich insbesondere jeweils an der Strahlwurzel kleinere horizontale Rezirkulationsgebiete ein, die auch auf die Harnstoffeinmischung einen Einfluß haben.

Bei einer Zugabe der Harnstofflösung über die Ausbrandluftdüsen (Vollastbetrieb) wurde ein Konzentrationsfeld bei der Eulerbeschreibung vorhergesagt, das in horizontalen Schnitten in Bild 18.3.3 dargestellt ist. Dabei bezeichnet die gepunktete Fläche Bereiche mit einer Beladung die höher ist als die einer idealen horizontalen Gleichverteilung, während die weißen Flächen eine geringere Beladung kennzeichnen. Die gleichzeitig eingetragenen Isolinien lassen eine feinere Auflösung bzw. Abstufung durch die Rechnung erkennen.

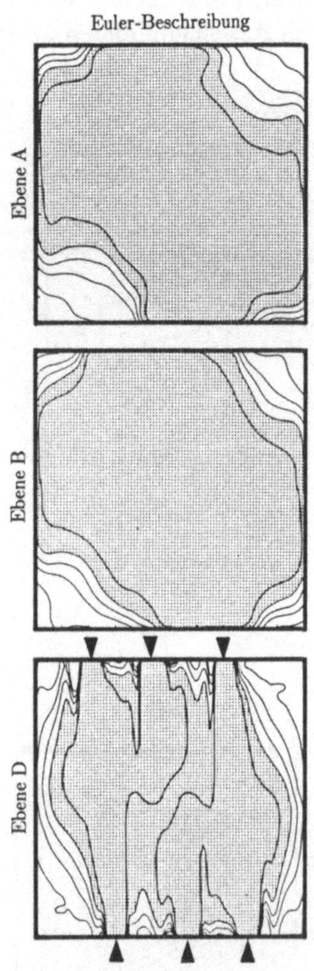

Bild 18.3.3: Berechnete Konzentrationsverteilung für den Harnstoff (Kontinuumsbeschreibung nach Euler) in verschiedenen Ebenen (/18.3.2/)

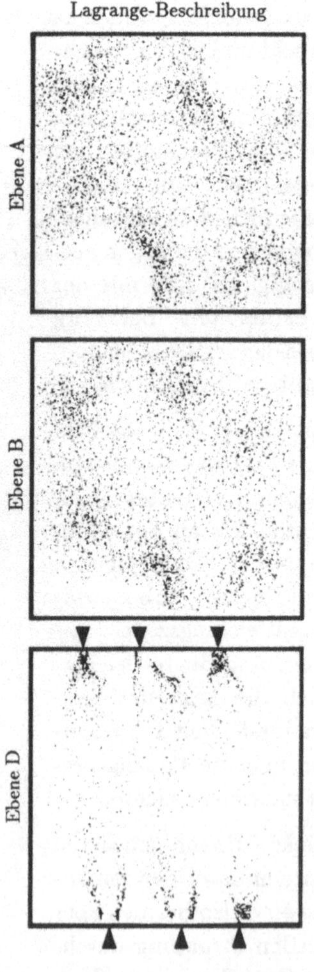

Bild 18.3.4: Berechnete Konzentrationsverteilung für den Harnstoff(Einzelteilchenbeschreibung nach Lagrange) in verschiedenen Ebenen (/18.3.2/)

Will man eine detailiertere Untersuchung zum Beitrag einzelner Düsen zur Gesamtkonzentrationsverteilung durchführen, dann wird dies über ein Monte-Carlo-Modell realisiert. Zunächst muß jedoch die Gleichwertigkeit von Euler- und Lagrangeberechnung nachgewiesen werden. Hierzu sind die Ergebnisse der Einzelteilchenbeschreibung in Bild 18.3.4 für die gleichen Düsen und Düsenbeaufschlagungen dargestellt. Der Vergleich mit Bild 18.3.3 ist sehr zufriedenstellend. Da bei der geringen absoluten Partikelbeladung keine Rückwirkung der Partikel auf die Gasphasenströmung berücksichtigt werden muß, hat man somit mit der

Lagrange-Beschreibung ein leistungsstarkes Werkzeug für eine Eindüsungsoptimierung in der Hand. In Bild 18.3.5 wurden die Tröpfchen aus den einzelnen Düsen markiert und getrennt dargestellt. Eine Superposition aller Bilder in der jeweiligen Ebene ergibt die Gesamtverteilung, wobei die Punktdichte ein Maß für die lokale Konzentration darstellt. Daraus ist zu erkennen, daß einzelne Düsen doch sehr unterschiedliches Verteilungsverhalten zeigen, was durch die unterschiedliche Anstellung der Einzelstrahlen an die Drehströmung erklärt werden kann. Weitere Untersuchungen sind in /18.3.1/,/18.3.2/dargestellt.

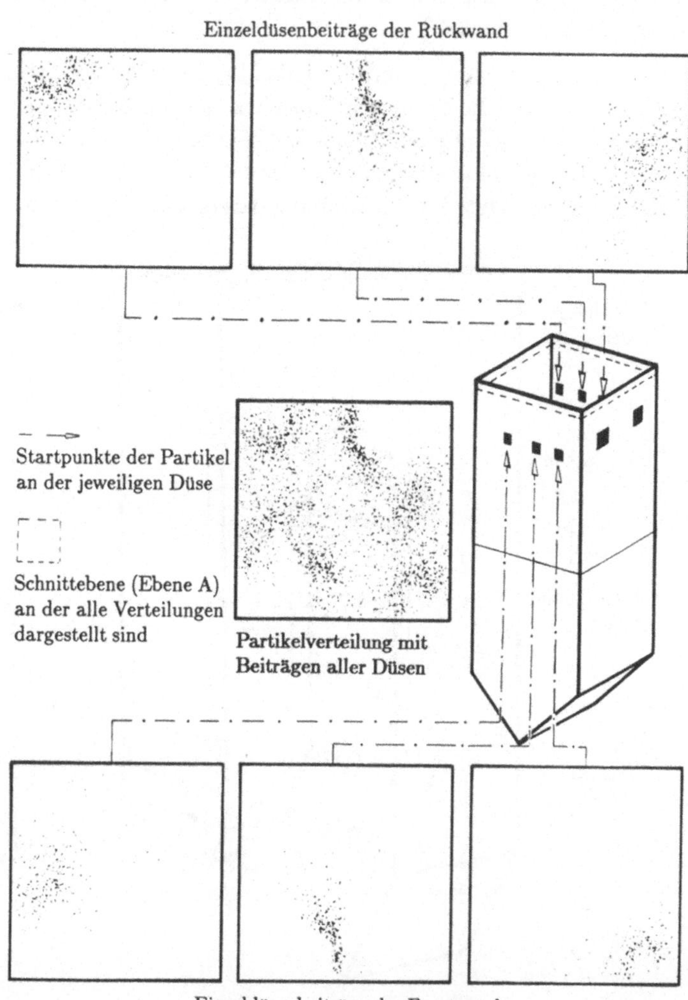

Bild 18.3.5: Berechneter Beitrag einzelner Düsen zu der Tröpfchenverteilung am Feuerraumende (/18.3.2/)

18.3.2 Temperaturverteilung für einen braunkohlebefeuerten Feuerraum

Zur Untersuchung der Auswirkung eines geänderten Kesselbetriebs (Einzelbrenner- oder Brennerlagenabschaltungen, Leistungsverschiebung zwischen einzelnen Brennerlagen) oder der Realisierung von Primärmaßnahmen (Luftstufung oder Rauchgasrezirkulation) auf die Temperaturverteilung im Kessel kann eine entkoppelte Strahlungsaustauschrechnung dienen, bei der Annahmen über die Wärmefreisetzung und die Strömung getroffen werden müssen (/18.3.3/ - /18.3.5/).

Als Berechnungsbeispiel sei ein braunkohlegefeuerter Feuerraum herausgegriffen (Bild 18.3.6). Hierbei sind die Brenner in 3 Lagen zu jeweils 8 Brennern in einer Boxeranordnung angebracht. Der Gesamtkessel ist zweizügig aufgebaut, wobei das Berechnungsgebiet beim Querzug (erste konvektive Heizflächen) endet. In Bild 18.3.7 ist dieser Teil und die für die Berechnung verwendete Zoneneinteilung dargestellt.

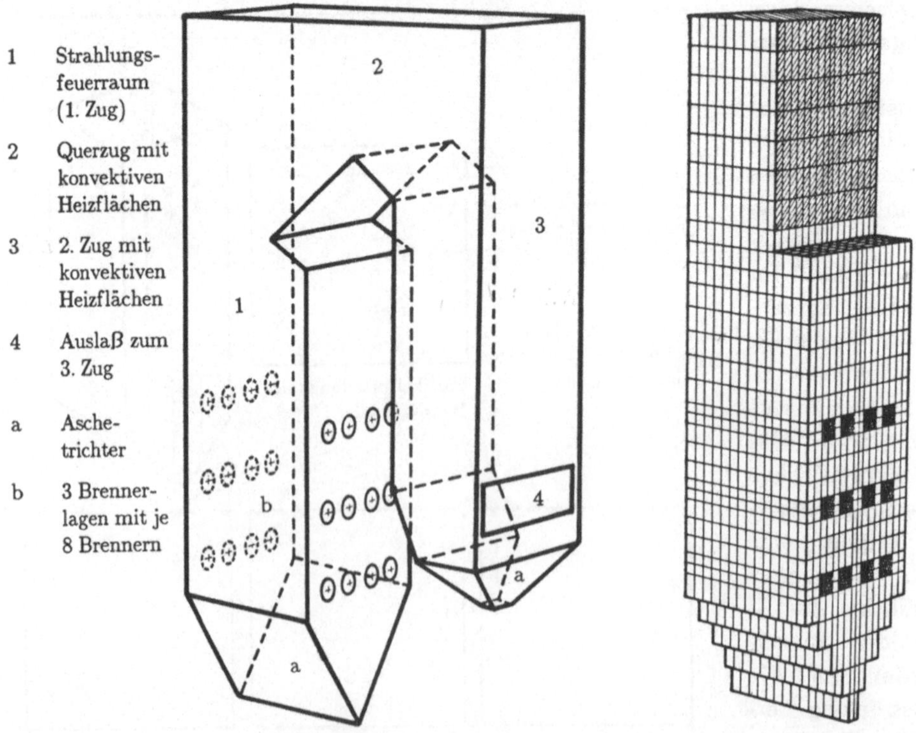

Bild 18.3.6: Kesselansicht des braunkohlegefeuerten Dampferzeugers (der Strahlungsfeuerraum wurde simuliert)

Bild 18.3.7: Zoneneinteilung für den braunkohlegefeuerten Feuerraum, 1. Zug (/18.3.4/)

Die Annahme der Wärmefreisetzung geht von einer vertikalen Verteilung gemäß Bild 18.3.8 aus. Im Feuerraum wird eine Blockprofilströmung angenommen, wobei die 90°-Umlenkung zum zweiten Zug nur näherungsweise berücksichtigbar ist. Mit dem in Kap. 10 beschriebenen Monte-Carlo-Modell wurde auf dieser Basis seine dreidimensionale Strahlungsaustauschrechnung durchgeführt, die als Ergebnis eine dreidimensionale Temperaturverteilung liefert. Ein typisches Ergebnis ist hierbei die berechnete Netto-Strahlungswärmestromdichte an die Kesselwände (Bild 18.3.9), eine für die Auslegung wichtige Größe.

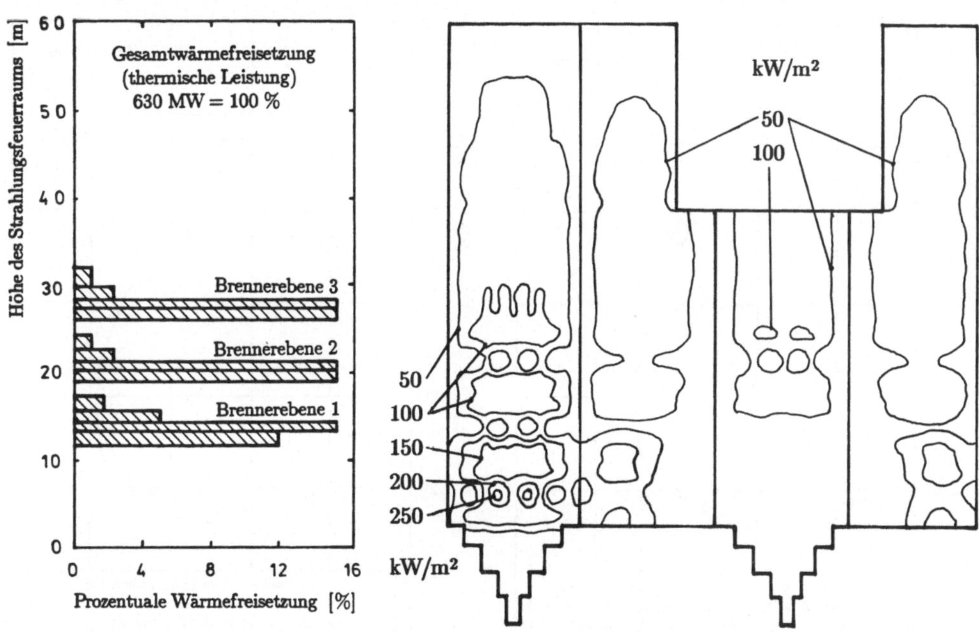

Bild 18.3.8: Vertikale Wärmefreisetzungsverteilung (/18.3.4/)

Bild 18.3.9: Berechnete Verteilung der Nettostrahlungswärmestromdichte (/18.3.4/)

Zur Veranschaulichung einzelner Einflußfaktoren auf das Temperaturfeld wird in den folgenden Bildern nur jeweils das vertikale Temperaturprofil dargestellt, wobei die Temperatur auf einem Höhenniveau durch eine flächengewichtete Mittelung der gesamten Ebene errechnet wird.

Bild 18.3.10 zeigt den Einfluß einer Rauchgas- (Kaltgas-) Rezirkulation, wobei die Ergebnisse ohne und mit 15 % Rezirkulation (bezogen auf den Gesamtrauchgasstrom) Meßwerten gegenübergestellt wurde. BE1 und BE2 markieren die Lage der Brennerebenen . Die rezirkulierten Rauchgase werden auf der Höhe von 40 m zugeführt. Die Absenkung der Maximaltemperatur im Brennergürtel um 100 K im Rücksaugebetrieb wird vom Modell sehr befriedigend vorhergesagt.

430

Auch der Einfluß des Kesselwandverschmutzungsgrads, der durch Rußblasen beeinflußbar ist, wurde simuliert. Eine saubere Wand (nach Rußblasen) wurde mit einer Wandemissivität $\epsilon_W = 0{,}85$, eine leicht verschmutzte mit $\epsilon_W = 0{,}7$ approximiert. Neben der Veränderung im Brennergürtelbereich tritt in diesem Fall auch eine Temperaturverschiebung am Feuerraumende auf. Diese Rechnung steht in sehr gutem Einklang mit Meßwerten (Bild 18.3.11).

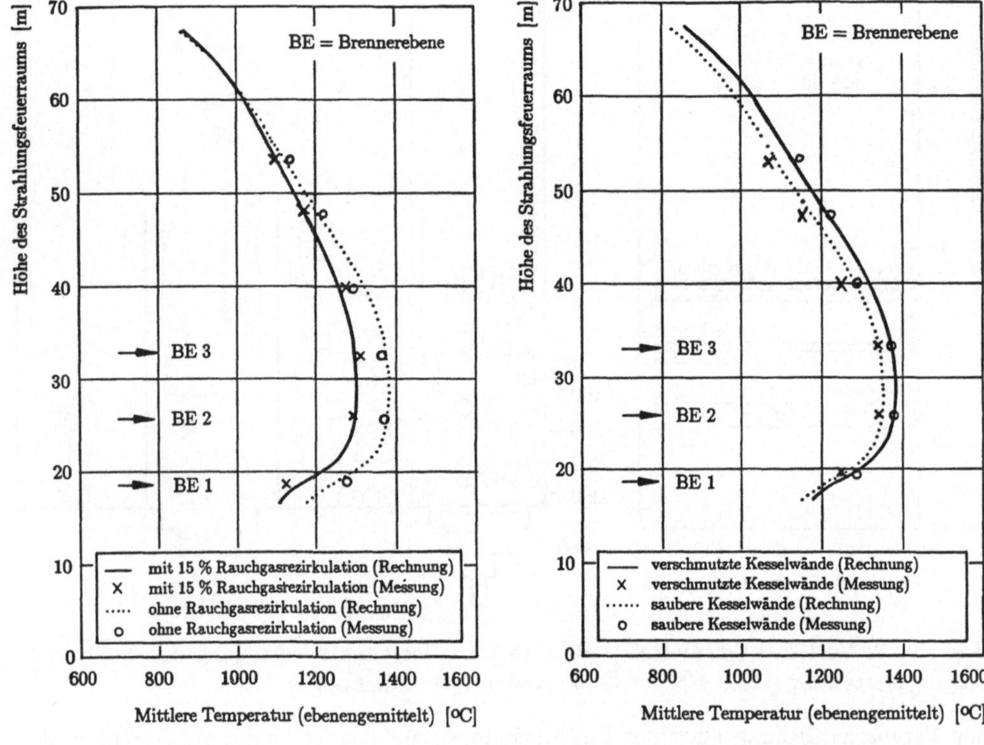

Bild 18.3.10: Einfluß einer 15%-igen Rauchgasrezirkulation auf das vertikale Temperaturprofil (/18.3.4/)

Bild 18.3.11: Einfluß der Kesselwandverschmutzung auf das vertikale Temperaturprofil (/18.3.4/)

Da eine solche Simulationsrechnung mit relativ geringem numerischen Aufwand zu realisieren ist, eignet sie sich besonders für die Begleitung einer Feuerungsauslegung oder von Umrüstungsmaßnahmen z.B. zur NO_x-Minderung.

18.3.3 Feuerraumgesamtberechnungen

Die Demonstration von Möglichkeiten zur Feuerraumberechnung soll an einer vierlagigen Boxerfeuerung mit höhenversetzten Brennerebenen (vertikale Kämmung) erfolgen. Eine zusätzliche Besonderheit ist hierbei die Einleitung von Rauchgasen aus zwei anderen Verbrennungssystemen unterhalb der untersten Brennerebene an den Seitenwänden. Der Kesselquerschnitt ist in Bild 18.3.12, das numerische Gitter für den Strahlungsfeuerraumteil im Bild 18.3.13 gezeigt. Dabei wurde in Bild 18.3.12 der untersuchte Strahlungsfeuerraum gepunktet hinterlegt.

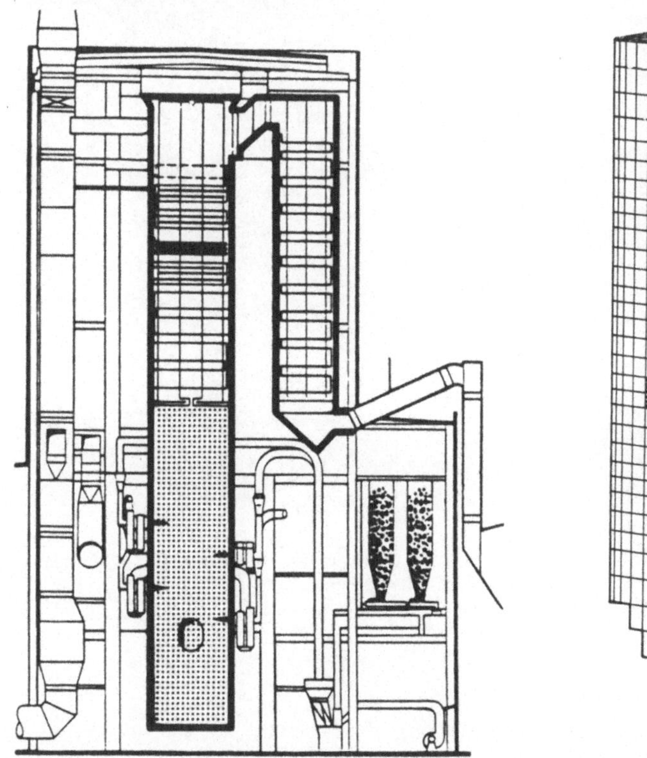

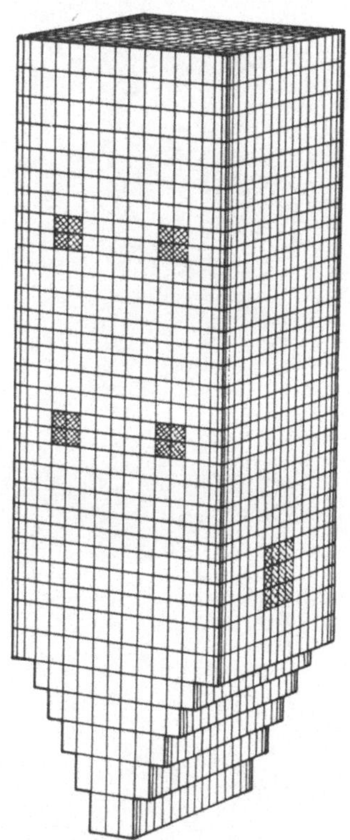

Bild 18.3.12: Querschnitt durch den Kessel (der berechnete Strahlungsfeuerraum ist gepunktet hinterlegt und die 4 Brennerlagen angedeutet, /18.3.8/)

Bild 18.3.13: Numerisches Gitter des Strahlungsfeuerraums (/18.3.7/)

Verwendung findet bei den im folgenden gezeigten Ergebnissen das dreidimensionale Strömungsmodell (Kap. 7.2.1 und 7.2.2.3) unter Einbeziehung des k-ϵ-Turbulenzmodells (Kap. 7.3.2.4), ein Kohleabbrandmodell nach Kap. 8.5 und ein Monte-Carlo-Strahlungsaustauschmodell nach Kap. 10.4.5.3.

Das berechnete Geschwindigkeitsfeld ist in jeweils 4 horizontalen Schnittebenen anhand der Horizontalgeschwindigkeitskomponenten (Vektorplot, Bild 18.3.14) und der Vertikalkomponente (Bild 18.3.15) dargestellt. Dabei sind sehr deutlich die durch die Flammen induzierten horizontalen Rezirkulationsgebiete und die Verdrängungswirkung der Einzelflammen bezüglich der Vertikalströmung zu erkennen. Auf Oberkante der Einzelbrenner geht diese Komponente auf null zurück.

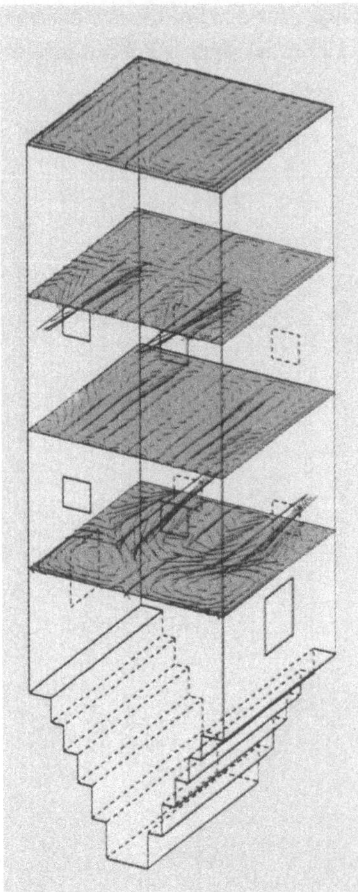

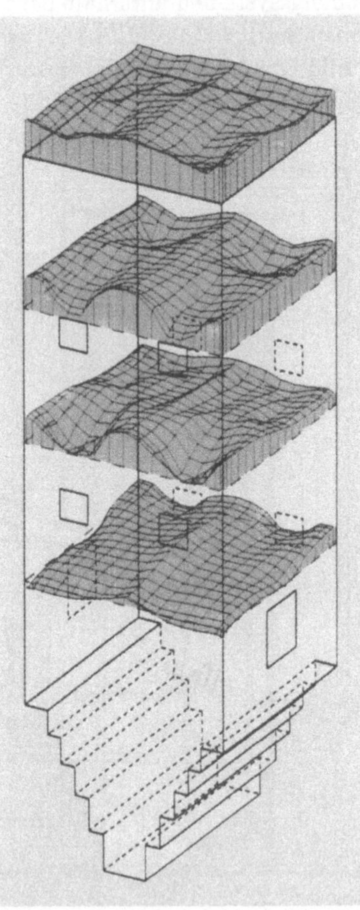

Bild 18.3.14: Berechnete Horizontalkomponenten des Geschwindigkeitsfeldes in verschiedenen Schnittebenen (/18.3.7/, Originalbild siehe Anhang 7)

Bild 18.3.15: Berechnete Vertikalkomponente des Geschwindigkeitsfeldes in verschiedenen Schnittebenen (/18.3.7/, Originalbild siehe Anhang 7)

Eine Mischungsgradberechnung nach Kap. 8.1.4 verfolgt das Ziel, einerseits die Einmischung des Brennstoff zu charakterisieren (ohne chemische Umsetzung) und andererseits die Basis für eine Berechnung der Gasphasenkonzentrationen (Kap. 8.2.5) zu legen. Die berechnete Verteilung von f ist in Bild 18.3.16 dargestellt.

In der Temperaturverteilung (Bild 18.3.17) ist auf der untersten dargestellten Ebene sehr gut die sich ausbildende Flamme zu erkennen. Auf der dritten Ebene, die ebenfalls einen Schnitt durch die Brenner darstellt, ist dies wegen der größeren Vertikalgeschwindigkeit nicht mehr so ausgeprägt ersichtlich. Die Temperaturverteilung im Austrittsquerschnitt (Feuerraumende) weist die typische parabolische Verteilung auf, die durch Energieextraktion über die Feuerraumwände geprägt ist.

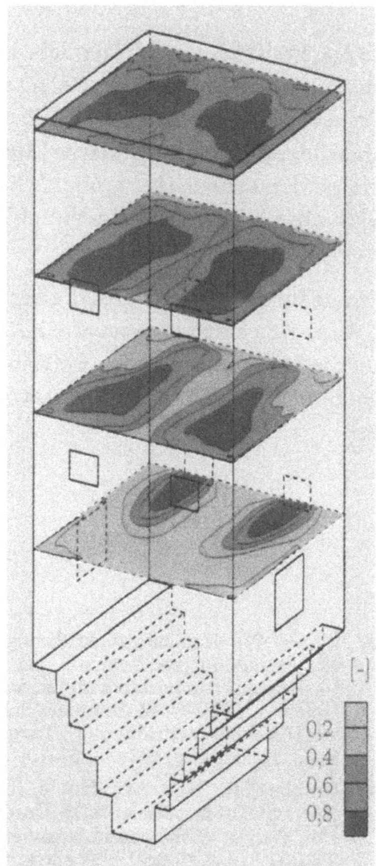

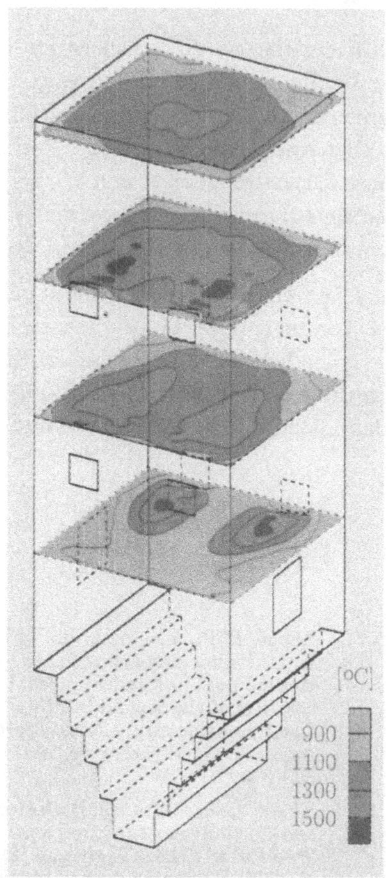

Bild 18.3.16: Berechnete Verteilung des Mischungsgrades in verschiedenen Schnittebenen (/18.3.7/, Originalbild siehe Anhang 7)

Bild 18.3.17: Berechnete Temperaturverteilung in verschiedenen Schnittebenen (/18.3.7/, Originalbild siehe Anhang 7)

434

18.4 Schlußbemerkungen

Dieser knappe Überblick zu den Möglichkeiten der Simulationstechnik bei technischen Verbrennungssystemen kann natürlich keine Vollständigkeit beanspruchen. Daher sei im Bereich der Simulation von Einzelkohlenstaubflammen und der Feuerraumsimulation auf weiterführende Beiträge verwiesen (/16.2.1/-/16.2.9/). Natürlich finden solche Modelle auch Eingang bei der Berechnung von Gas- und Ölflammen und -feuerungen (/16.2.10/-/16.2.14/). Eine Anwendung auf industrielle Verbrennungssysteme ist im Bereich der mehrdimensionalen differentiellen Modelle nicht sehr weit verbreitet. Wegen geometrischer oder prozeßbedingter Besonderheiten werden hier oft eindimensionale Schichtenmodelle eingesetzt.

Die rapide steigende Rechnerleistung bei gleichzeitigem Preisrückgang ermöglicht eine immer detailgetreuere Abbildung von technischen Verbrennungssystemen. Dies bezieht sich zum einen auf die berücksichtigbaren physikalischen Effekte, zum andern auf die Auflösung der Rechenergebnisse (Feinheit des Rechengitters), durch die spezielle physikalische Effekte (kleinere Rückströmgebiete und Wirbel) erst detektiert werden können (bei grobem Gitter werden sie aufgrund der Approximationsprozedur durch eine "Mittelwertbetrachtung" im Element nur von der globalen Auswirkung berücksichtigt).

Kürzere Rechenzeiten ermöglichen zunehmend den Einsatz für Fragestellungen, die aus der Praxis kommen. Die Simulationsrechnungen aus Kap. 18 entstammen alle einem industriellen Interesse, die Rechenergebnisse haben auf die Auslegung oder den Betrieb der untersuchten Verbrennungseinrichtungen Einfluß genommen. Ein verstärkter Einsatz der Simulationstechnik ist anzustreben und auch möglich.

o Literatur

/18.1.1/ Abbot, M.P.; Brodbek, H.; Thiele, K.-U.: Signal Processing for LDA in Heavy Fuel Oil Fired Furnace. Proceedings of the Second Int. Conf. on Laser Anemometry - Advances and Applications, Strathclyde 1987, pp 369-379

/18.1.2/ Thiele, K.-U.; Brodbek, H.: Velocity and Turbulence Measurements by Two-Color-LDA in Light and Heavy Fuel Oil Flames. Laser Anemometry in Fluid Mechanics. Ladoan-Instituto Superior Tecnico, Lisbon, 1988, pp 513-525

/18.1.3/ Zinser, W.: Rauchgasrückführung als NO_x-Minderungsmaßnahme bei der Verfeuerung von leichtem und schwerem Heizöl. 1. TECFLAM-Seminar: "Schadstoffe bei der Verbrennung", Tagungsband, Heidelberg, 1985, S. 67-76

/18.1.4/ Brodbek, H.; Käß, M.; Thiele, K.-U.; Görner, K.: Experimentelle Untersuchungen an Kohlenstaubflammen. 3. TECFLAM-Seminar: "Flammenforschung: Diagnostik und Modelle", Tagungsband, Karlsruhe, 1987, S. 117-130

/18.1.5/ Käß, M.; Brodbek, H.; Spiegelhalder, R.; Pfau, B.: Einflüsse von Ausmahlung und Lufteintrittsbedingungen auf die Strömungsverhältnisse, die NO_x-Bildung und den Ausbrand in Kohlenstaubflammen. 4. TECFLAM-Seminar: "Turbulente Verbrennung: Mischung und Reaktion", Tagungsband, Stuttgart 1988, S. 71-86

/18.1.6/ Käß, M.; Spiegelhalder, R.; Brodbek, H.: Profilmessungen in Kohlenstaubflammen - Wechselwirkungen, Zwischenströmung, Temperatur und Gaskonzentration. 5. TECFLAM-Seminar: "Verbrennungsmodellierung und Laserdiagnostik", Tagungsband, Stuttgart 1989, S. 7-23

/18.1.7/ Görner, K.: Messungen in Kohlenstaubflammen. BMFT-Status-Seminar: "Verbrennungsforschung" und 6. DVV-Kolloquium: "Verbrennungseigenschaften von Kohlen", Tagungsband, Essen, 1988, S. D1-D19

/18.1.8/ Brodbek, H.: Geschwindigkeits- und Turbulenzmessungen in industriellen Öl- und Kohlenstaubflammen mittels der Laser-Doppler-Anemometrie. LASER Technologie und Anwendung, 2. Ausg., Vulkan Verlag, Essen, 1990

/18.1.9/ Thiele, K.-U.; Brodbek, H.: Application of a Two-Color-LDV in a Pulverized Coal Flame Industrial Sized. International Flame Research Foundation, 9th Members' Conference, Noordwijkerhout, the Netherlands, 1989, pp ??

/18.1.10/ Thiele, K.-U.: Application of Laser-Doppler-Velocimetry in High-Loaded Two-Phase-Flows. Investigations in Pulverized Coal Combustion in the Burner Field. ICALEO '87, San Diego, USA, 1987

/18.1.11/ Käß, M.: Experimentelle Untersuchungen von Stickstoffoxidemissionen und Ausbrand an einer Versuchsanlage zur Kohlenstaubverbrennung. Dissertation Universität Stuttgart, 1991

/18.1.12/ Brodbek, H.: Messung von Geschwindigkeits- und Turbulenzfeldern in Kohlenstaubflammen mit dem LASER-Doppler-Verfahren Dissertation Universität Stuttgart, 1991

/18.1.13/ Thiele, K.-U.: Strömungsuntersuchungen in idealisierten Kohlenstaubsträhnen mit Hilfe der Laser Doppler Anemometrie. Dissertation Universität Stuttgart, 1991

/18.1.14/ Spiegelhalder, R.: Untersuchungen zur Stufenverbrennung (Brennstoff- und/oder Luftstufung) zur NO_x-Reduzierung bei der Kohlenstaubverbrennung. DFG-Forschungsvorhaben Do 227/7-1, Zwischenbericht, 1990

/18.1.15/ Mechenbier, R.: Experimentelle Untersuchung der Stickstoffoxid-Reduktion durch Brennstoffstufung mit Methan bei der Kohlenstaubverbrennung. Dissertation, Ruhr-Universität Bochum, 1989

Einzelflammensimulation (Kohlenstaub)

/18.2.1/ Michel, J.-B.; Payne, R.: Detailed Measurements of Long Pulverized Coal Flames for the Characterization of Pollutant Formation. IFRF-Report, Doc.-No. F 09/a/23, IJmuiden 1980

/18.2.2/ Schnell, U.: Private Kommunikation, 1990

/18.2.3/ Schnell, U.; Görner, K.; Benim, A.C.: Mathematische Modellierung von Kohlenstaubflammen - Methode und Teilmodelle. 3. TECFLAM-Seminar: "Flammenforschung: Diagnostik und Modelle", Karlsruhe, 1987

/18.2.4/ Schnell, U.; Käß, M.: Vergleich von Rechnung und Messung an der TECFLAM-Kohlenstaubversuchsbrennkammer. 5. TECFLAM-Seminar: "Verbrennungsmodellierung und Lasermeßtechnik", Tagungsband, Stuttgart, 1989, S. 25-39

/18.2.5/ Hagiwara, A.; Bortz, S.; Weber, R.: Theoretical and Experimental Studies on Isothermal, Expanding Swirling Flows with Application to Swirl Burner Design. Results of the NFA 2-1 Investigations. IFRF Doc. No. F 259/a/3, 1986

/18.2.6/ Schmid, C.; Bortz, S.; Weber, R.: Further Experimental Studies on Isothermal, Expanding Swirling Flows with Application to Swirl Burner Design. Results of the NFA 2-2 Investigations. IFRF Doc. No. F 259/a/4, 1987

436

/18.2.7/   Schnell, U.: Numerische Berechnung turbulenter brennernaher Drallströmungen. Forschung im Ingenieurwesen, 55(1989)Nr.6, S.186-192

/18.2.8/   Weber, R.; Boysan, F.; Swithenbank, J.; Roberts, P.A.: Computations of Near Field Aerodynamics of Swirling Expanding Flows. 21st Symp. (Int.) Comb., 1986, pp 1435-1443

/18.2.9/   Weber, R.; Visser, B.M.; Boysan, F.: Assessement of Turbulence Modeling for Engineering Prediction of Swirling Vortices in the Near Burner Zone. Int. J. Heat Fluid Flow, 11(1990)No.3, pp 225-235

/18.2.10/   Visser, B.M.; Smart, J.P.; van de Kamp, W.L.; Weber, R.: Measurements and Predictions of Quarl Zone Properties of Swirling Pulverized Coal Flames. 23rd Symp. (Int.) Comb., Orleans, France, 1990

/18.2.11/   Schnell, U.: Berechnung der Stickoxidemissionen von Kohlenstaubfeuerungen. Dissertation Universität Stuttgart, 1990

/18.2.12/   Görner, K.; Zinser W.: Simulation industrieller Verbrennungssysteme. Chem.-Ing.-Tech., 59(1987)Nr.11, S. 834-844

Feuerraumsimulation (Kohlenstaub)

/18.3.1/   Görner, K.; Epple, B.: Einmischung von NO_x-Reduktionsmitteln in den Feuerraum von Dampferzeugern am Beispiel des OKA-Kombinations-DENOX-Verfahrens. 4. TECFLAM-Seminar, Stuttgart, 1988, S. 87-101

/18.3.2/   Görner, K.; Epple, B.: Flow and Mixing Calculations for Utility Boiler Furnaces with Special Application to OKA-Combined-DENOX-Prozess.IFRF 9th Members' Conference, Noordwijkerhout, the Netherlands, 1989

/18.3.3/   VKW (Vereinigte Kesselwerke Düsseldorf): Kraftwerkstechnik im Dienst moderner Energieerzeugung. Firmenschrift Nr. P 1004 d - 2/83, 1983

/18.3.4/   Görner, K.; Dietz, U.: Strahlungsaustauschrechnung mit der Monte-Carlo-Methode. Chem.-Ing.-Tech., 62(1990) Nr.1, S.23-33

/18.3.5/   Dietz, U.; Görner, K.: Heat Transfer Calculation for Industrial Furnaces by a Monte-Carlo Method. IFRF 9th Members' Conference, Noordwijkerhout, the Netherlands, 1989

/18.3.6/   Görner, K.: Modelling and Simulation of Utility Boiler Furnaces. 1st Europ. Conf. Ind. Furnaces Boilers, Lisbon, Portugal, Tagungsband, 1988

/18.3.7/   Dietz, U.; Schnell, U.; Epple, B.; Görner, K.: Modelluntersuchungen zur Kohlenstaubverbrennung und deren Übertragung auf großtechnische Feuerungssysteme. 7. DVV-Kolloquium, Aachen, Tagungsband S.124-137, 1990

/18.3.8/   VKW private Kommunikation, 1990

ANHANG

Anhang 1 :

EIGENSCHAFTEN TECHNISCHER BRENNSTOFFE

A1.1 Übersicht

In technischen Verbrennungseinrichtungen kommt ein sehr breites Spektrum an Brennstoffen zum Einsatz. Tab. A1.1.1 soll hierzu einen Überblick geben. Dabei werden Gas, Öl und Kohle (Torf, Holz) primär als Heizwertträger eingesetzt, mit dem Ziel, durch eine Energieumwandlung elektrischen Strom und/oder Heizenergie bzw. Prozeßdampf zu erzeugen. Bei der Verbrennung von Müll, Schlamm und toxischen Stoffen steht die Entsorgung und damit Entlastung der Umwelt im Vordergrund. Der Brennstoff als Heizwertträger spielt dabei eine untergeordnete Rolle. Aber auch bei den hierbei eingesetzten Verbrennungsanlagen kommen zunehmend Abwärmenutzung und Stromerzeugung zur Anwendung.

Anlagen für die Verbrennung von **Gas** und **Öl** werden gezielt für ein spezielles Brennstoffband ausgelegt, für das dann hohe Wirkungsgrade erreichbar sind. Für diese Brennstoffe sind die Konsistenz und verbrennungstechnische Eigenschaften (Heizwert, Dichte oder Elementarbestandteile) Werte, die über lange Zeiträume konstant sind. Einen Überblick über charakteristische Größenordnungen sollen die Tabellen A1.2.2 und A1.2.3 geben.

Bei **Kohle** ist je nach Ursprungsort eine größere Bandbreite dieser Eigenschaften anzutreffen (Tab. A1.2.4). Aus wirtschaftlichen Gesichtspunkten werden zunehmend in einer Feuerungsanlage abwechselnd Kohlen unterschiedlicher Provenienz eingesetzt. Dies stellt an den Bau, vor allem aber an den Betrieb solcher Anlagen erhöhte Anforderungen.

Brennstoff	Art der Verbrennung	Beispiel für den Einsatz	Index
Gas	homogen	Flammrohrfeuerung Industrieofen	B.1
Öl			B.2
leichtes Heizöl	heterogen (Sprühkegel) homogen (übrige Flamme)	Flammrohrfeuerung Drehrohrofen Industrieofen	B.2.1
schweres Heizöl	heterogen (Sprühkegel) homogen (übrige Flamme)	Flammrohrfeuerung Drehrohrofen Industrieofen	B.2.2
Kohle Steinkohle	heterogen		B.3 B.3.1
stückig		Wirbelschichtfeuerung (stationär, zirkulierend) Rostfeuerung	
staub- förmig		Flugstaubfeuerung (trocken, schmelzflüssig) Drehrohrofen	
Braunkohle			B.3.2
stückig		Wirbelschichtfeuerung (stationär, zirkulierend) Rostfeuerung Haushaltsofen (Brikett)	
staub- förmig		Flugstaubfeuerung (trocken, schmelzflüssig) Drehrohrofen	
Torf	heterogen	Rostfeuerung (Walzenrost, Schubrost) Drehrohrofen	B.4
Holz stückig fasrig		heterogen Rostfeuerung Brennkammer	B.5
Industrielle Rückstände			B.6
gasförmig	homogen	Brennkammer	
flüssig	heterogen	Brennkammer	
pastös	heterogen	Drehrohrofen Wirbelschichtfeuerung	
fest	heterogen	Drehrohrofen Wirbelschichtfeuerung Rostfeuerung	
Müll Hausmüll Sondermüll	heterogen	Rostfeuerung (Walzenrost, Schubrost) Drehrohrofen	B.7
Schlamm	heterogen	Drehrohrofen Brennkammer	B.8
Toxische **Stoffe**	heterogen, (homogen)	Brennkammer Drehrohrofen	B.9

Tab. A1.1.1: Technische Brennstoffe und Verbrennungseinrichtungen (/A1.1.4/)

Müll oder **Klärschlamm** ist von seiner Zusammensetzung und damit seinen Eigenschaften her nicht im gleichen Maße charakterisierbar. Sie sind gekennzeichnet durch große Schwankungsbreiten im Heizwert und vor allem im Gehalt an umweltgefährdenden Stoffen (Schwefel, Chlor, Schwermetalle u.a.). Durch eine geeignete Verbrennungsführung muß das Entstehen oder Entweichen toxischer Stoffe vermieden oder zumindest soweit wie möglich reduziert werden. Dies stellt große Anforderungen an den Betrieb und die Überwachung derartiger Anlagen. Bei der Planung der Anlagen müssen die Betriebszustände, die zu einer sicheren Behandlung der Abfall- und Begleitstoffe führen, vorausberechnet und dann konstruktiv eingehalten werden. Besonderes Augenmerk muß dabei auch der Werkstoffauswahl zukommen, da Begleitstoffe wie z.B. Chlor (Chlorkohlenwasserstoffe, PVC u.a.) zu Korrosion der Anlagenteile führen können.

Bei der Verbrennung (thermisch/chemische Zersetzung) **toxischer Stoffe** steht die Beseitigung dieser Stoffe absolut im Vordergrund. Hierzu müssen meist noch zusätzlich Heizwertträger eingesetzt werden, um das Erreichen eines erforderlichen Temperaturniveaus zur Zersetzung zu gewährleisten. Als Beispiel sei die Vernichtung von Dioxinen angeführt. Ähnlich wie bei Müllverbrennungsanlagen ist hier ein flexibler Betrieb von Nöten, um sich auf unterschiedliche Stoffe oder Stoffzusammensetzungen einstellen zu können. Die Betriebsüberwachung ist dabei von wesentlicher Bedeutung.

Eine Einteilung der verschiedenen Brennstoffe nach ihrem Atomzahlverhältnis vermittelt Bild A1.1.1. Daraus ist zu entnehmen, daß bei den festen fossilen Energieträgern mit zunehmendem Inkohlungsgrad das O/C-Verhältnis abnimmt. So weist Holz ein O/C-Verhältnis von 0,6-0,7 auf, während dies bei Anthraziten auf 0,05 gesunken ist und bei reinem Graphit den Wert 0 erreicht. Noch ausgeprägter ist die Abnahme des H/C-Verhältnisses ersichtlich. Gasförmige und flüssige Energieträger zeichnen sich durch ein H/C-Verhältnis von ca. 2 bei gleichzeitig niedrigem O/C-Verhältnis von unter 0,1 aus.

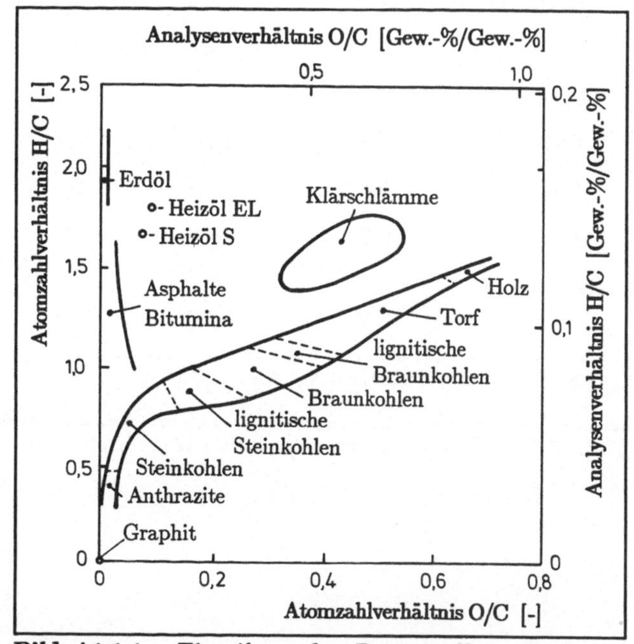

Bild A1.1.1: Einteilung der Brennstoffe nach ihrem Atomzahlverhältnis

Bei Klärschlämmen ist je nach Herkunft mit einer relativ breiten Verteilung beider Atomzahlverhältnisse zu rechnen.

A1.2 Eigenschaften technischer Brennstoffe

A1.2.1 Eigenschaften technischer Gase

In diesem und den folgenden Kapiteln sind die wichtigsten verbrennungstechnischen Eigenschaften von fossilen Energieträgern zusammengestellt. Für weitere Eigenschaften wird auf die einschlägige Fachliteratur verwiesen.

B.1 Gas (technische Verbrennungsgase)

Gas	Heizwert [MJ/kg]	Dichte $[kg/m^3_N]$	Elementarbestandteile			
			CH_4	H_2	CO	CO_2
Erdgas *	29,1-54,4	0,7-0,97	76-93	-	-	0,3-16
Kokereigas	35,0	0,5	25	55	6	2
Stadtgas	25,8	0,66	22	44	12	4
Wassergas	16,2	0,68	0,5	50	42	4
Gichtgas	2,5	1,32	-	1,5	27	12
Generatorgas aus						
Steinkohle	6,2	1,09	3	15	28	4
Koks	5,4	1,13	0,5	13	28	5
Braunkohle	6,7	1,08	2	16	31	4
Gas aus						
Druckvergasung	9,9	0,93	4,6	42	25	25

* Stellenweise mit höherem N_2- oder H_2S-Gehalt

Tab. A1.2.1: Eigenschaften technischer Gase (/A1.1.1/)

A1.2.2 Eigenschaften technischer Öle

B.2	Öl				
Öl	Heizwert [MJ/kg]	Dichte [kg/l]	Elementarbestandteile [Gew.%]		
			C	H	S
Heizöl EL	41,8	0,86-0,88	85	13	0,5-1,0
Heizöl S	39,0	0,95-0,97	84	11	3,5-4,2
Steinkohlenteer	38,0	1,02-1,1	90	6,5	0,6

Tab. A1.2.2: Eigenschaften technischer Öle (/A1.1.1/)

A1.2.3 Eigenschaften von Kohle

Rohkohle besteht aus fixem Kohlenstoff, Flüchtigen Bestandteilen, Asche und Wasser. Fixer Kohlenstoff und Asche bilden den Koks. Für eine Angabe von Analysenwerten ist daher immer der Bezugszustand zu nennen. Die hierbei verwendeten Abkürzungen im deutschen und angelsächsischen Sprachgebrauch sind in Tab. A1.2.4 zusammengestellt.

Bezugszustand	Abk.	basis	abbr
roh	(roh)	as received	(ar)
analysen-feucht	(an)	as analysed as determined	(ad)
wasserfrei	(wf)	dry	(d)
lufttrocken	(lftr)	air dried	(ad)
wasser- und aschefrei	(waf)	dry ash free moisture and ash free	(daf) (maf)
wasser- und mineralstofffrei	(wmf) matter free	dry, mineral	(dmmf)
lufttrocken und aschefrei	(lftr af)	air dried ash free	(ad maf)

Tab. A1.2.3: Bezugszustände für die Angabe der Analysenwerte bei Kohle (/A1.2.8/)

B.3   Kohle

Kohlenart	Heizwert [MJ/kg]	Flüchtige [%] wf	Elementarbestandteile [Gew.%]				
			C	H	O	S	N
Steinkohle							
Anthrazit	29-33	6-10	92	3	2,5	1	1,5
Magerkohle	29-33	10-14	91	3,5	3	1	1,5
Eßkohle	30-32	14-19	90	4	3,5	1	1,5
Fettkohle	30-32	19-28	86-90	5	5	1	1
Gaskohle	29-33	28-35	82-87	5,5	7	1	1
Gasflammkohle	24-31	35-40	80-85	5,5	8	1	1
Sinterkohle	32-34	40-50	75-82	5,5	9	1	1
Koks	30	<1	97	0,5	0,5	0,5	1
Braunkohle							
ältere	15-22	40-55	74	5,5	14-30	0,5	1,5
jüngere	4-10	50-60	68	5,5	17-31	1	1

Tab. A1.2.4: Eigenschaften von Kohle (/A1.1.1/, /A1.2.4/)

A1.2.4 Eigenschaften von Holz und Torf

B.4   Holz
B.5   Torf

Brennstoff	Heizwert [MJ/kg]	Flüchtige [%] wf	Elementarbestandteile [Gew.%]				
			C	H	O	S	N
Torf	1-20	50-79	60	6	25-35	<0.5	1,5
frisch	1	65-70	55	6	25-35	<0,5	1,5
lufttrocken	10-15	60-65	60	6	25-35	<0,5	1,5
gepreßt	15-20	50-60	65	6	25-35	<0,5	1,5
Holz		12-20	60-85	50	6	44	<0,5
Laubhölzer	12-19	85	49	6	45	<0,5	<0,5
Nadelhölzer	13-20	85	51	6	43	<0,5	<0.5

Tab. A1.2.5: Eigenschaften von Torf und Holz (/A1.2.7/)

A1.2.5 Eigenschaften von Hausmüll

In Tab. A1.2.6 sind typische Werte für europäischen Hausmüll zusammengestellt.

B.7.1	Hausmüll							
Brennstoff	Heizwert [MJ/kg]	Wasser [Gew.-%]	Brennbares [Gew.-%]	Elementarbestandteile [Gew.%] C	H	O	S	N
Hausmüll	6-10	25-30	40-50	20-25	2-5	10-20	<0.5	<0,5

Tab. A1.2.6: Eigenschaften von Hausmüll (/A1.2.7/)

Da die Werte jedoch regional sehr breit streuen, ist in Bild A1.2.1 ein Müllverbrennungsdreieck dargestellt.

Hierin ist auch japanischer Müll eingetragen, der sich von der Zusammensetzung sehr stark vom europäischem unterscheidet (vor allem höherer Wasseranteil).

Ein Vergleich dieser Werte mit dem für eine Müllverbrennung geeigneten Bereich zeigt, daß europäischer Hausmüll fast immer verbrennbar ist, während dies für japanischen nicht zutrifft.

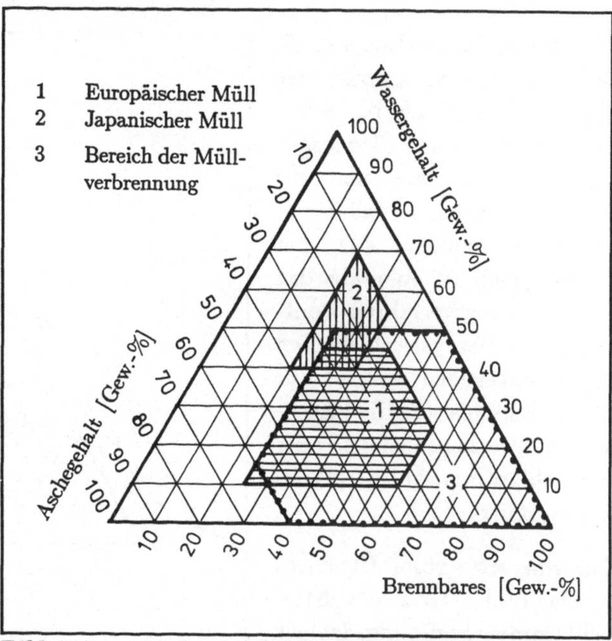

Bild A1.2.1: Verbrennungsdreieck für Müll und Bereich der Verbrennbarkeit (/A1.2.7/)

A1.2.6   Eigenschaften von Klärschlämmen

B.8	Klärschlamm							
Brennstoff	Heizwert [MJ/kg]	Wasser [Gew.-%]	Brennbares [Gew.-%]	Elementarbestandteile [Gew.%]				
				C	H	O	S	N
Klär-schlamm	2-10	10-80	20-50	10-30	2-8	5-25	<1	<5

Tab. A1.2.7: Eigenschaften von Klärschlamm (/A1.2.7/)

Die Streubreite der Eigenschaften von Klärschlämmen ist noch vielfältiger als bei Müll. Dies hängt mit den Einzugsgebiet der Kläranlage und der darin vertretenen Industriezweige zusammen. Für den Wassergehalt ist ebenfalls das Entwässerungsverfahren entscheidend. Bezugswerte können damit angegeben werden für den Frischschlamm, die Frischschlammtrockensubstanz oder Klärschlammgranulat (Trokkensubstanz).

Für eine erste grobe Übersicht ist in Bild A1.2.2 ein Klärschlammverbrennungsdreieck zusammengestellt.

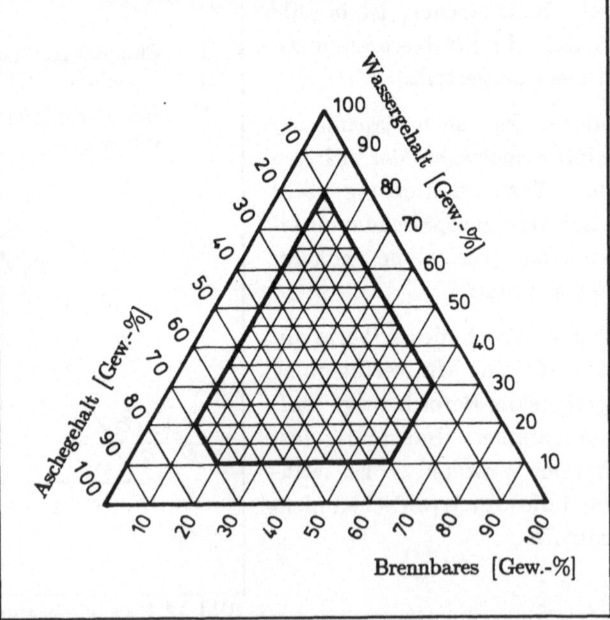

Bild A1.2.2: Verbrennungsdreieck für Klärschlamm und Bereich der Verbrennbarkeit (/A1.2.?/)

Ein Bereich für die Verbrennbarkeit wurde dabei nicht eingetragen, da der Klärschlamm meist mit anderen brennbaren Substanzen mitverbrannt wird.

A1.3   Einsatz technischer Brennstoffe
A1.3.1   Steinkohle

Die Einsatzbereiche für Stein- und Braunkohle sind sehr vielschichtig. Die folgenden beiden Tabellen geben hierzu einen Überblick.

B.3.1 Steinkohle

Einsatzbereiche	Umwandlung der Kohle	Produkte
Wärme- und Stromerzeugung	Verbrennung Vergasung/Verbrennung	–
Kokserzeugung	Pyrolyse (Entgasung)	Koks Kokereigas Steinkohlenteer Teeröle
Kohlevergasung	Vergasung mit H_2O (allotherme Vergasung) Vergasung mit Verbrennung (autotherme Vergasung) hydrierende Vergasung	CO, H_2, CH_4
Kohlehydrierung	Aufspaltung unter Wasserstoffanlagerung	Schweröl, Benzin
Sonstige	Entgasung	Aktivkohlen Aktivkokse

Tab. A1.3.1: Einsatz von Steinkohle (/A1.1.2/)

A1.3.2 Braunkohle

B.3.2 Braunkohle

Einsatzbereiche	Umwandlung der Kohle	Produkte
Wärme- und Stromerzeugung	Verbrennung Vergasung/Verbrennung	–
Kokserzeugung	Pyrolyse (Entgasung)	Koks Kokereigas
Kohlevergasung	Vergasung mit H_2O (allotherme Vergasung) Vergasung mit Verbrennung (autotherme Vergasung) hydrierende Vergasung	CO, H_2, CH_4
Sonstige	Entgasung	Aktivkohlen Aktivkokse

Tab. A1.3.2: Einsatz von Steinkohle (/A1.1.2/)

A1.3.3 Klärschlämme

Kommunale Klärschlämme fallen in einer großen Anzahl von Klärwerken zur Fließwasserreinigung bzw. -aufbereitung an.

Der hohe Wassergehalt wird über mechanische Verfahren wie Eindicker und Filterpressen auf ca. 40 % reduziert. Für eine weitere Reduktion auf 5 bis 10 % Wassergehalt können direkt beheizte Drehrohröfen eingesetzt werden. Die eigentliche thermische Behandlung des so konditionierten Schlammes kann über eine Verbrennung, Pyrolyse (Entgasung) oder Vergasung erfolgen. Eine Hauptschwierigkeit bei allen drei Verfahren stellt der hohe Aschegehalt zwischen 40 und 60 % (wf) dar. Hauptunterschied der drei Verfahren ist der Restkohlenstoffgehalt bzw. Gehalt an organischen Bestandteilen, der die Deponierbarkeit bestimmt. Pyrolyse und Vergasung von Schlamm führen zu unterschiedlichen Produktgaszusammensetzungen. Vor allem hierdurch wird die weitere Einsatzmöglichkeit z.B. zur Verbrennung in Gasmotoren (Pyrolyse) oder zur Methanol- oder Wasserstofferzeugung (Vergasung) bestimmt. Dieser muß meist eine Gasreinigung zur Einhaltung der Apparatespezifikationen vorgeschaltet werden.

Für die Deponierfähigkeit und die Einhaltung von Rauchgasemissionsgrenzwerten ist besonders auf Spurenelemente wie Metalle und Schwermetalle, Halogene u.a., schon in geringen Beimengungen toxische Stoffe zu achten.

o Literatur

/A1.1.1/ Günther,R.: Verbrennung und Feuerungen. Springer Verlag, Berlin, 1984

/A1.1.2/ Ziegler, A.: Die Rolle der Kohle als Energie- und Rohstoffträger. Chem.-Ing.-Techn., 60(1988)Nr.3, S.187-192

/A1.1.3/ N.N.: Industrial Oil Fuels and LPG; Properties and Useful Data. Shell Marketing-Oil Report 817, 1980

/A1.1.4/ N.N.: Steinmüller Taschenbuch. Vulkan-Verlag, Essen, 1984

/A1.2.1/ Feldmann, J.: Steinkohle im energiewirtschaftlichen Spannungsfeld. Brennstoff Wärme Kraft, 39(1987)Nr.5, S.225-232

/A1.2.2/ Wittchow, E.: Brennstoffe (in:Adrian u. a.: Fossil beheizte Dampfkraftwerke). Verlag Resch, Gräfelfing, 1986

/A1.2.3/ Witte. U.: Steinmüller Taschenbuch Dampferzeugertechnik. Vulkanverlag, Essen, 1984

/A1.2.4/ N.N.: EVT Wärmetechnisches Taschenbuch. Selbstverlag, 1981

/A1.2.5/ Struschka,M.; Straub,D.; Baumbach, G.: Schadstoffemissionen aus Kleinfeuerungen. VDI Fortschrittbericht Nr.

/A1.2.6/ N.N.: Ruhrkohlenhandbuch. Verlag Glückauf, Essen, 1984

/A1.2.7/ Thome-Kozmiensky, K.J.: Systeme und Aggregate der Müllverbrennung. In: Müllverbrennung und Rauchgasreinigung, Hrsg. Thome-Kozmiensky, EF-Verlag, Berlin, 1983

Anhang 2 :

BILANZGLEICHUNGEN FÜR
VERSCHIEDENE KOORDINATENSYSTEME

Abhängig vom vorliegenden geometrischen Problem ist jeweils ein spezielles Koordinatensystem zur Formulierung der Bilanzen von Vorteil. Hierzu zählen das kartesische, das Zylinder-und das Kugelkoordinatensystem.

In Literaturstellen werden oft spezielle, physikalische Ansätze für einzelne Systeme angegeben. Hier besteht der Wunsch, diese auf andere Systeme zu übertragen, wozu die folgende Zusammenstellung helfen soll. Das kartesische System ist daher in eine Komponentenschreibweise, eine indizierte Schreibweise (Einstein'sche Summationskonvention) und die Operatorschreibweise unterteilt.

Bei einer Programmentwicklung ist es auch wünschenswert, alle drei Systeme zu implementieren und nur durch geeignete Parameter zu aktivieren. Zu diesem Zweck dient eine "allgemeine Formulierung", die durch geeignete Wahl der Parameter a, b und c selektiv das jeweilige System auswählt.

A2.1 Kontinuitätsgleichung

o Kartesisches Koordinatensystem:

- Komponentenschreibweise:

$$\frac{\partial \rho}{\partial t} + \frac{\partial}{\partial x}(\rho u_x) + \frac{\partial}{\partial y}(\rho u_y) + \frac{\partial}{\partial z}(\rho u_z) = 0 \tag{A2.1.1}$$

- Indizierte Schreibweise (Einsteinsche Summationskonvention):

$$\frac{\partial \rho}{\partial t} + \frac{\partial}{\partial x_j}(\rho u_j) = 0 \tag{A2.1.2}$$

- Operatorschreibweise:

$$\frac{\partial \rho}{\partial t} + \mathrm{div}(\rho u) = 0 \tag{A2.1.3}$$

o Zylinderkoordinatensystem:

$$\frac{\partial \rho}{\partial t} + \frac{1}{r}\frac{\partial}{\partial r}(\rho r u_r) + \frac{1}{r}\frac{\partial}{\partial \theta}(\rho u_\theta) + \frac{\partial}{\partial z}(\rho u_z) = 0 \tag{A2.1.4}$$

o Kugelkoordinatensystem:

$$\frac{\partial \rho}{\partial t} + \frac{1}{r^2}\frac{\partial}{\partial r}(\rho r^2 u_r) + \frac{1}{r\,\sin\theta}\frac{\partial}{\partial \theta}(\rho u_\theta \sin\theta) + \frac{1}{r\,\sin\theta}\frac{\partial}{\partial \phi}(\rho u_\phi) = 0 \tag{A2.1.5}$$

Allgemeine Form der Kontinuitätsgleichung für alle drei Koordinatensysteme

$$\frac{\partial \rho}{\partial t} + \frac{1}{x_1^a}\frac{\partial}{\partial x_1}(\rho x_1^a u_{x_1}) + \frac{1}{x_1^b(\sin x_2)^c}\frac{\partial}{\partial x_2}\left[\rho u_{x_2}(\sin x_2)^c\right] +$$

$$+ \frac{1}{x_1^c(\sin x_3)^c}\frac{\partial}{\partial x_3}(\rho u_{x_3}) = 0 \tag{A2.1.6}$$

Zuordnungs- und Konstantentabelle für die einzelnen Koordinatensysteme:

	x_1	x_2	x_3	a	b	c
Kartesische Koordinaten:	x	y	z	0	0	0
Zylinderkoordinaten:	r	θ	z	1	1	0
Kugelkoordinaten:	r	θ	Φ	2	1	1

A2.2 Impulstransportgleichung

x_1-Richtung:

o Kartesisches Koordinatensystem (x-Koordinate):

- Komponentenschreibweise:

$$\rho \left[\frac{\partial u_x}{\partial t} + u_x \frac{\partial u_x}{\partial x} + u_y \frac{\partial u_x}{\partial y} + u_z \frac{\partial u_x}{\partial z} \right] =$$

$$= - \frac{\partial p}{\partial x} + \left[\frac{\partial \tau_{xx}}{\partial x} + \frac{\partial \tau_{xy}}{\partial y} + \frac{\partial \tau_{xz}}{\partial z} \right] + \rho g_x \qquad (A2.2.1)$$

mit den Spannungskomponenten:

$$\tau_{xx} = \mu \left[2 \frac{\partial u_x}{\partial x} - \frac{2}{3} D_{xyz} \right] \qquad (A2.2.2)$$

$$\tau_{xy} = \mu \left[\frac{\partial u_x}{\partial y} + \frac{\partial u_y}{\partial x} \right] \qquad (A2.2.3)$$

$$\tau_{xz} = \mu \left[\frac{\partial u_x}{\partial z} + \frac{\partial u_z}{\partial x} \right] \qquad (A2.2.4)$$

und der Divergenz D_{xyz}:

$$D_{xyz} = \frac{\partial u_x}{\partial x} + \frac{\partial u_y}{\partial y} + \frac{\partial u_z}{\partial z} \qquad (A2.2.5)$$

o Zylinderkoordinatensystem (r-Koordinate):

$$\rho \left[\frac{\partial u_r}{\partial t} + u_r \frac{\partial u_r}{\partial r} + \frac{u_\theta}{r} \frac{\partial u_r}{\partial \theta} - \frac{u_\theta^2}{r} + u_z \frac{\partial u_r}{\partial z} \right] =$$

$$= - \frac{\partial p}{\partial r} + \left[\frac{1}{r} \frac{\partial}{\partial r} (r\tau_{rr}) + \frac{1}{r} \frac{\partial \tau_{r\theta}}{\partial \theta} - \frac{\tau_{\theta\theta}}{r} + \frac{\partial \tau_{rz}}{\partial z} \right] \qquad (A2.2.6)$$

mit den Spannungskomponenten:

$$\tau_{rr} = \mu \left[2 \frac{\partial u_r}{\partial r} - \frac{2}{3} D_{r\theta z} \right] \qquad (A2.2.7)$$

$$\tau_{r\theta} = \mu \left[r \frac{\partial}{\partial r} \left(\frac{u_\theta}{r} \right) + \frac{1}{r} \frac{\partial u_r}{\partial \theta} \right] \qquad (A2.2.8)$$

$$\tau_{\theta\theta} = \mu \left[2 \left(\frac{1}{r} \frac{\partial u_\theta}{\partial \theta} + \frac{u_r}{r} \right) - \frac{2}{3} D_{r\theta z} \right] \qquad (A2.2.9)$$

$$\tau_{rz} = \mu \left[\frac{\partial u_z}{\partial r} + \frac{\partial u_r}{\partial z} \right] \qquad (A2.2.10)$$

und der Divergenz $D_{r\theta z}$:

$$D_{r\theta z} = \frac{1}{r} \frac{\partial (r u_r)}{\partial r} + \frac{1}{r} \frac{\partial u_\theta}{\partial \theta} + \frac{\partial u_z}{\partial z} \qquad (A2.2.11)$$

o Kugelkoordinatensystem (r-Koordinate):

$$\rho \left[\frac{\partial u_r}{\partial t} + u_r \frac{\partial u_r}{\partial r} + \frac{u_\theta}{r} \frac{\partial u_r}{\partial \theta} + \frac{u_\phi}{r \sin\theta} \frac{\partial u_r}{\partial \phi} - \frac{u_\theta^2 + u_\phi^2}{r} \right] =$$

$$= -\frac{\partial p}{\partial r} + \left\{ \frac{1}{r^2} \frac{\partial}{\partial r} (r^2 \tau_{rr}) + \frac{1}{r \sin\theta} \frac{\partial}{\partial \theta} (\tau_{r\theta} \sin\theta) + \right.$$

$$\left. + \frac{1}{r \sin\theta} \frac{\partial \tau_{r\phi}}{\partial \phi} - \frac{\tau_{\theta\theta} + \tau_{\phi\phi}}{r} \right\} \qquad (A2.2.12)$$

mit den Spannungskomponenten:

$$\tau_{rr} = \mu \left[2 \frac{\partial u_r}{\partial r} - \frac{2}{3} D_{r\theta\phi} \right] \qquad (A2.2.13)$$

$$\tau_{r\theta} = \mu \left[r \frac{\partial}{\partial r} \left(\frac{u_\theta}{r} \right) + \frac{1}{r} \frac{\partial u_r}{\partial \theta} \right] \qquad (A2.2.14)$$

$$\tau_{r\phi} = \mu \left[\frac{1}{r \sin\theta} \frac{\partial u_r}{\partial \phi} + r \frac{\partial}{\partial r} \left(\frac{u_\phi}{r} \right) \right] \qquad (A2.2.15)$$

$$\tau_{\theta\theta} = \mu \left[2 \left(\frac{1}{r} \frac{\partial u_\theta}{\partial \theta} + \frac{u_r}{r} \right) - \frac{2}{3} D_{r\theta\phi} \right] \qquad (A2.2.16)$$

$$\tau_{\phi\phi} = \mu \left[2 \left(\frac{1}{r \sin\theta} \frac{\partial u_\phi}{\partial \phi} + \frac{u_r}{r} + \frac{u_\theta \cot\theta}{r} \right) - \frac{2}{3} D_{r\theta\phi} \right] \qquad (A2.2.17)$$

und der Divergenz $D_{r\theta\phi}$:

$$D_{r\theta\phi} = \frac{1}{r^2} \frac{\partial (r^2 u_r)}{\partial r} + \frac{1}{r \sin\theta} \frac{\partial (u_\theta \sin\theta)}{\partial \theta} + \frac{1}{r \sin\theta} \frac{\partial u_\phi}{\partial \phi} \qquad (A2.2.18)$$

Allgemeine Form der Navier-Stokes-Gleichung für alle drei Koordinatensysteme (x_1-Richtung)

$$\rho\left[\frac{\partial u_1}{\partial t} + u_1\frac{\partial u_1}{\partial x_1} + \frac{u_2}{x_1^b}\frac{\partial u_1}{\partial x_2} + \frac{u_3}{(x_1\,\sin x_2)^c}\frac{\partial u_1}{\partial x_3} - b\left(\frac{u_2^2 + u_3^{2c}}{x_1}\right)\right] =$$

$$= -\frac{\partial p}{\partial x_1} + \left[\frac{1}{x_1^a}\frac{\partial}{\partial x_1}(x_1^a\,\tau_{11}) + \frac{1}{x_1^b\sin x_2^c}\frac{\partial}{\partial x_2}(\tau_{12}\,\sin x_2^{\,c}) + \right.$$

$$\left. + \frac{1}{(x_1\,\sin x_2)^c}\frac{\partial\tau_{13}}{\partial x_3} - b\left(\frac{\tau_{22} + c\,\tau_{33}}{x_1}\right)\right] \qquad (A2.2.19)$$

mit den Spannungskomponenten:

$$\tau_{11} = \mu\left[2\frac{\partial u_1}{\partial x_1} - \frac{2}{3}D_{x_1 x_2 x_3}\right] \qquad (A2.2.20)$$

$$\tau_{12} = \mu\left[x_1^b\frac{\partial}{\partial x_1}\left(\frac{u_2}{x_1^b}\right) + \frac{1}{x_1^b}\frac{\partial u_1}{\partial x_2}\right] \qquad (A2.2.21)$$

$$\tau_{13} = \mu\left[x_1^c\frac{\partial}{\partial x_1}\left(\frac{u_3}{x_1^c}\right) + \frac{1}{(x_1\,\sin x_2)^c}\frac{\partial u_1}{\partial x_3}\right] \qquad (A2.2.22)$$

$$\tau_{22} = \mu\,b\left[2\left(\frac{1}{x_1^b}\frac{\partial u_2}{\partial x_2} + \frac{u_1}{x_1}\right) - \frac{2}{3}D_{x_1 x_2 x_3}\right] \qquad (A2.2.23)$$

$$\tau_{33} = \mu\,c\left[2\left(\frac{1}{x_1\,\sin x_2}\frac{\partial u_3}{\partial x_3} + \frac{u_1}{x_1} + \frac{u_2\,\cot x_2}{x_1}\right) - \frac{2}{3}D_{x_1 x_2 x_3}\right] \qquad (A2.2.24)$$

und der Divergenz $D_{x_1 x_2 x_3}$:

$$D_{x_1 x_2 x_3} = \frac{1}{x_1^a}\frac{\partial}{\partial x_1}(x_1^a\,u_{x_1}) + \frac{1}{x_1^b(\sin x_2)^c}\frac{\partial}{\partial x_2}\left(u_{x_2}(\sin x_2)^c\right) +$$

$$+ \frac{1}{x_1^c(\sin x_2)^c}\frac{\partial}{\partial x_3}u_{x_3} \qquad (A2.2.25)$$

Zuordnungs- und Konstantentabelle für die einzelnen Koordinatensysteme:

	x_1	x_2	x_3	u_1	u_2	u_3	a	b	c
Kartesische Koordinaten:	x	y	z	u_x	u_y	u_z	0	0	0
Zylinderkoordinaten:	r	θ	z	u_r	u_θ	u_z	1	1	0
Kugelkoordinaten:	r	θ	Φ	u_r	u_θ	u_Φ	2	1	1

454

x_2-Richtung:

o Kartesisches Koordinatensystem (y-Koordinate):

- Komponentenschreibweise:

$$\rho \left[\frac{\partial u_y}{\partial t} + u_x \frac{\partial u_y}{\partial x} + u_y \frac{\partial u_y}{\partial y} + u_z \frac{\partial u_y}{\partial z} \right] =$$

$$= -\frac{\partial p}{\partial y} + \left[\frac{\partial \tau_{xy}}{\partial x} + \frac{\partial \tau_{yy}}{\partial y} + \frac{\partial \tau_{zy}}{\partial z} \right] + \rho g_y \qquad (A2.2.26)$$

mit den Spannungskomponenten:

$$\tau_{yx} = \mu \left[\frac{\partial u_x}{\partial y} + \frac{\partial u_y}{\partial x} \right] \qquad (A2.2.27)$$

$$\tau_{yy} = \mu \left[2 \frac{\partial u_y}{\partial y} - \frac{2}{3} D_{xyz} \right] \qquad (A2.2.28)$$

$$\tau_{yz} = \mu \left[\frac{\partial u_z}{\partial y} + \frac{\partial u_y}{\partial z} \right] \qquad (A2.2.29)$$

und der Divergenz D_{xyz}:

$$D_{xyz} = \frac{\partial u_x}{\partial x} + \frac{\partial u_y}{\partial y} + \frac{\partial u_z}{\partial z} \qquad (A2.2.30)$$

o Zylinderkoordinatensystem (θ-Koordinate)

$$\rho \left[\frac{\partial u_\theta}{\partial t} + u_r \frac{\partial u_\theta}{\partial r} + \frac{u_\theta}{r} \frac{\partial u_\theta}{\partial \theta} + \frac{u_r u_\theta}{r} + u_z \frac{\partial u_\theta}{\partial z} \right] =$$

$$= -\frac{1}{r} \frac{\partial p}{\partial \theta} + \left[\frac{1}{r^2} \frac{\partial}{\partial r} (r^2 \tau_{\theta r}) + \frac{1}{r} \frac{\partial \tau_{\theta\theta}}{\partial \theta} + \frac{\partial \tau_{\theta z}}{\partial z} \right] \qquad (A2.2.31)$$

mit den Spannungskomponenten:

$$\tau_{\theta r} = \mu \left[r \frac{\partial}{\partial r} \left(\frac{u_\theta}{r} \right) + \frac{1}{r} \frac{\partial u_r}{\partial \theta} \right] \qquad (A2.2.32)$$

$$\tau_{\theta\theta} = \mu \left[2 \left(\frac{1}{r} \frac{\partial u_\theta}{\partial \theta} + \frac{u_r}{r} \right) - \frac{2}{3} D_{r\theta z} \right] \qquad (A2.2.33)$$

$$\tau_{\theta z} = \mu \left[\frac{\partial u_\theta}{\partial z} + \frac{1}{r} \frac{\partial u_z}{\partial \theta} \right] \tag{A2.2.34}$$

und der Divergenz $D_{r\theta z}$:

$$D_{r\theta z} = \frac{1}{r} \frac{\partial (r u_r)}{\partial r} + \frac{1}{r} \frac{\partial u_\theta}{\partial \theta} + \frac{\partial u_z}{\partial z} \tag{A2.2.35}$$

o Kugelkoordinatensystem (θ-Koordinate):

$$\rho \left[\frac{\partial u_\theta}{\partial t} + u_r \frac{\partial u_\theta}{\partial r} + \frac{u_\theta}{r} \frac{\partial u_\theta}{\partial \theta} + \frac{u_\phi}{r \sin\theta} \frac{\partial u_\theta}{\partial \phi} + \frac{u_r u_\theta}{r} - \frac{u_\phi^{\,2} \cot\theta}{r} \right] =$$

$$= - \frac{1}{r} \frac{\partial p}{\partial \theta} + \left[\frac{1}{r^2} \frac{\partial}{\partial r} (r^2 \tau_{\theta r}) + \frac{1}{r \sin\theta} \frac{\partial}{\partial \theta} (\tau_{\theta\theta} \sin\theta) + \right.$$

$$\left. + \frac{1}{r \sin\theta} \frac{\partial \tau_{\theta\phi}}{\partial \phi} + \frac{\tau_{\theta r}}{r} - \frac{\cot\theta}{r} \tau_{\phi\phi} \right] \tag{A2.2.36}$$

mit den Spannungskomponenten:

$$\tau_{\theta r} = \mu \left[r \frac{\partial}{\partial r} \left(\frac{u_\theta}{r} \right) + \frac{1}{r} \frac{\partial u_r}{\partial \theta} \right] \tag{A2.2.37}$$

$$\tau_{\theta\theta} = \mu \left[2 \left(\frac{1}{r} \frac{\partial u_\theta}{\partial \theta} + \frac{u_r}{r} \right) - \frac{2}{3} D_{r\theta\phi} \right] \tag{A2.2.38}$$

$$\tau_{\theta\phi} = \mu \left[\frac{\sin\theta}{r} \frac{\partial}{\partial \theta} \left(\frac{u_\phi}{\sin\theta} \right) + \frac{1}{r \sin\theta} \frac{\partial u_\theta}{\partial \phi} \right] \tag{A2.2.39}$$

$$\tau_{\phi\phi} = \mu \left[2 \left(\frac{1}{r \sin\theta} \frac{\partial u_\phi}{\partial \phi} + \frac{u_r}{r} + \frac{u_\theta \cot\theta}{r} \right) - \frac{2}{3} D_{r\theta\phi} \right] \tag{A2.2.40}$$

und der Divergenz $D_{r\theta\phi}$:

$$D_{r\theta\phi} = \frac{1}{r^2} \frac{\partial (r^2 u_r)}{\partial r} + \frac{1}{r \sin\theta} \frac{\partial (u_\theta \sin\theta)}{\partial \theta} + \frac{1}{r \sin\theta} \frac{\partial u_\phi}{\partial \phi} \tag{A2.2.41}$$

Allgemeine Form der Navier-Stokes-Gleichung für alle drei Koordinatensysteme (x_2-Richtung)

$$\rho \left[\frac{\partial u_2}{\partial t} + u_1 \frac{\partial u_2}{\partial x_1} + \frac{u_2}{x_1^b} \frac{\partial u_2}{\partial x_2} + \frac{u_3}{(x_1 \sin x_2)^c} \frac{\partial u_2}{\partial x_3} + \right.$$

$$\left. + b\left(\frac{u_1 u_2}{x_1}\right) - c\left(\frac{u_3^2 \cot x_2}{x_1}\right) \right] = - \frac{1}{x_1^b} \frac{\partial p}{\partial x_2} + \tag{A2.2.42}$$

$$+ \frac{1}{x_1^{2b}} \frac{\partial}{\partial x_1} (x_1^{2b} \tau_{12}) + \frac{1}{x_1^b \sin x_2^c} \frac{\partial}{\partial x_2} (\tau_{22} \sin x_2^c) +$$

$$+ \frac{1}{(x_1 \sin x_2)^c} \frac{\partial \tau_{32}}{\partial x_3} + c\left[\frac{\tau_{12}}{x_1} - \frac{\cot x_2}{x_1} \tau_{33}\right]$$

mit den Spannungskomponenten:

$$\tau_{21} = \mu \left[x_1^b \frac{\partial}{\partial x_1} \left(\frac{u_2}{x_1^b} \right) + \frac{1}{x_1^b} \frac{\partial u_1}{\partial x_2} \right] \tag{A2.2.43}$$

$$\tau_{22} = \mu \left[2 \left(\frac{1}{x_1^b} \frac{\partial u_2}{\partial x_2} + b \frac{u_1}{x_1} \right) - \frac{2}{3} D_{x_1 x_2 x_3} \right] \tag{A2.2.44}$$

$$\tau_{23} = \mu \left[\left(\frac{\sin x_2^c}{x_1^b} \right) \frac{\partial}{\partial x_2} \left(\frac{u_3}{\sin x_2^c} \right) + \frac{1}{(x_1 \sin x_2)^c} \frac{\partial u_2}{\partial x_3} \right] \tag{A2.2.45}$$

$$\tau_{33} = \mu c \left[2 \left(\frac{1}{x_1 \sin x_2} \frac{\partial u_3}{\partial x_3} + \frac{u_1}{x_1} + \frac{u_2 \cot x_2}{x_1} \right) - \frac{2}{3} D_{x_1 x_2 x_3} \right] \tag{A2.2.46}$$

und der Divergenz $D_{x_1 x_2 x_3}$:

$$D_{x_1 x_2 x_3} = \frac{1}{x_1^a} \frac{\partial}{\partial x_1} (x_1^a u_{x_1}) + \frac{1}{x_1^b (\sin x_2)^c} \frac{\partial}{\partial x_2} \left[u_{x_2} (\sin x_2)^c \right] +$$

$$+ \frac{1}{x_1^c (\sin x_2)^c} \frac{\partial}{\partial x_3} u_{x_3} \tag{A2.2.47}$$

Zuordnungs- und Konstantentabelle für die einzelnen Koordinatensysteme:

	x_1	x_2	x_3	u_1	u_2	u_3	a	b	c
Kartesische Koordinaten:	x	y	z	u_x	u_y	u_z	0	0	0
Zylinderkoordinaten:	r	θ	z	u_r	u_θ	u_z	1	1	0
Kugelkoordinaten:	r	θ	Φ	u_r	u_θ	u_Φ	2	1	1

x₃-Richtung:

o Kartesisches Koordinatensystem:

- Komponentenschreibweise (z-Koordinate):

$$\rho \left[\frac{\partial u_z}{\partial t} + u_x \frac{\partial u_z}{\partial x} + u_y \frac{\partial u_z}{\partial y} + u_z \frac{\partial u_z}{\partial z} \right] =$$

$$= - \frac{\partial p}{\partial z} + \left[\frac{\partial \tau_{zx}}{\partial x} + \frac{\partial \tau_{zy}}{\partial y} + \frac{\partial \tau_{zz}}{\partial z} \right] + \rho g_z \qquad (A2.2.48)$$

mit den Spannungskomponenten:

$$\tau_{zx} = \mu \left[\frac{\partial u_z}{\partial x} + \frac{\partial u_x}{\partial z} \right] \qquad (A2.2.49)$$

$$\tau_{zy} = \mu \left[\frac{\partial u_z}{\partial y} + \frac{\partial u_y}{\partial z} \right] \qquad (A2.2.50)$$

$$\tau_{zz} = \mu \left[2 \frac{\partial u_z}{\partial z} - \frac{2}{3} D_{xyz} \right] \qquad (A2.2.51)$$

und der Divergenz D_{xyz}:

$$D_{xyz} = \frac{\partial u_x}{\partial x} + \frac{\partial u_y}{\partial y} + \frac{\partial u_z}{\partial z} \qquad (A2.2.52)$$

o Zylinderkoordinatensystem (z-Koordinate):

$$\rho \left[\frac{\partial u_z}{\partial t} + u_r \frac{\partial u_z}{\partial r} + \frac{u_\theta}{r} \frac{\partial u_z}{\partial \theta} + u_z \frac{\partial u_z}{\partial z} \right] =$$

$$= - \frac{\partial p}{\partial z} + \left[\frac{1}{r} \frac{\partial}{\partial r} (r\tau_{zr}) + \frac{1}{r} \frac{\partial \tau_{z\theta}}{\partial \theta} + \frac{\partial \tau_{zz}}{\partial z} \right] + \rho g_z \qquad (A2.2.53)$$

mit den Spannungskomponenten:

$$\tau_{zr} = \mu \left[\frac{\partial u_z}{\partial r} + \frac{\partial u_r}{\partial z} \right] \qquad (A2.2.54)$$

$$\tau_{z\theta} = \mu \left[\frac{1}{r} \frac{\partial u_z}{\partial \theta} + \frac{\partial u_\theta}{\partial z} \right] \qquad (A2.2.55)$$

$$\tau_{zz} = \mu \left[2 \frac{\partial u_z}{\partial z} - \frac{2}{3} D_{r\theta z} \right] \tag{A2.2.56}$$

und der Divergenz $D_{r\theta z}$:

$$D_{r\theta z} = \frac{1}{r} \frac{\partial(ru_r)}{\partial r} + \frac{1}{r} \frac{\partial u_\theta}{\partial \theta} + \frac{\partial u_z}{\partial z} \tag{A2.2.57}$$

o Kugelkoordinatensystem (Φ-Koordinate):

$$\rho \left[\frac{\partial u_\phi}{\partial t} + u_r \frac{\partial u_\phi}{\partial r} + \frac{u_\theta}{r} \frac{\partial u_\phi}{\partial \theta} + \frac{u_\phi}{r \sin\theta} \frac{\partial u_\phi}{\partial \phi} + \frac{u_\phi u_r}{r} + \frac{u_\theta u_\phi}{r} \cot\theta \right] =$$

$$= - \frac{1}{r \sin\theta} \frac{\partial p}{\partial \phi} + \left[\frac{1}{r^2} \frac{\partial}{\partial r} (r^2 \tau_{\phi r}) + \frac{1}{r} \frac{\partial \tau_{\phi\theta}}{\partial \theta} + \right. \tag{A2.2.58}$$

$$\left. + \frac{1}{r \sin\theta} \frac{\partial \tau_{\phi\phi}}{\partial \phi} + \frac{\tau_{\phi r}}{r} + \frac{2\cot\theta}{r} \tau_{\phi\theta} \right] + \rho g_\theta$$

mit den Spannungskomponenten:

$$\tau_{\phi r} = \mu \left[\frac{1}{r \sin\theta} \frac{\partial u_r}{\partial \phi} + r \frac{\partial}{\partial r} \left(\frac{u_\phi}{r} \right) \right] \tag{A2.2.59}$$

$$\tau_{\theta\phi} = \mu \left[\frac{\sin\theta}{r} \frac{\partial}{\partial \theta} \left(\frac{u_\phi}{\sin\theta} \right) + \frac{1}{r \sin\theta} \frac{\partial u_\theta}{\partial \phi} \right] \tag{A2.2.60}$$

$$\tau_{\phi\phi} = \mu \left[2 \left(\frac{1}{r \sin\theta} \frac{\partial u_\phi}{\partial \phi} + \frac{u_r}{r} + \frac{u_\theta \cot\theta}{r} \right) - \frac{2}{3} D_{r\theta\phi} \right] \tag{A2.2.61}$$

und der Divergenz $D_{r\theta\Phi}$:

$$D_{r\theta\phi} = \frac{1}{r^2} \frac{\partial(r^2 u_r)}{\partial r} + \frac{1}{r \sin\theta} \frac{\partial(u_\theta \sin\theta)}{\partial \theta} + \frac{1}{r \sin\theta} \frac{\partial u_\phi}{\partial \phi} \tag{A2.2.62}$$

Allgemeine Form der Navier-Stokes-Gleichung für alle drei Koordinatensysteme (x_3-Richtung)

$$\rho \left[\frac{\partial u_3}{\partial t} + u_1 \frac{\partial u_3}{\partial x_1} + \frac{u_2}{x_1^{\,b}} \frac{\partial u_3}{\partial x_2} + \frac{u_3}{(x_1 \sin x_2)^c} \frac{\partial u_3}{\partial x_3} \right.$$

$$\left. + c \left(\frac{u_2 u_1}{x_1} \right) + c \left(\frac{u_2 u_3}{x_1} \cot x_2 \right) \right] = - \frac{1}{(x_1 \sin x_2)^c} \frac{\partial p}{\partial x_3} +$$

$$+ \left[\frac{1}{x_1^{\,a}} \frac{\partial}{\partial x_1} (x_1^{\,a} \tau_{13}) + \frac{1}{x_1^{\,b}} \frac{\partial \tau_{23}}{\partial x_2} + \frac{1}{(x_1 \sin x_2)^c} \frac{\partial \tau_{33}}{\partial x_3} \right.$$

$$\left. + c \left(\frac{\tau_{12}}{x_1} + \frac{2 \cot x_2}{x_1} \tau_{23} \right) \right] + \rho g_3 \qquad \text{(A2.2.63)}$$

mit den Spannungskomponenten:

$$\tau_{31} = \mu \left[x_1^{\,c} \frac{\partial}{\partial x_1} \left(\frac{u_3}{x_1^{\,c}} \right) + \left(\frac{1}{(x_1 \sin x_2)^c} \right) \frac{\partial u_1}{\partial x_3} \right] \qquad \text{(A2.2.64)}$$

$$\tau_{23} = \mu \left[\left(\frac{1}{x_1^{\,c} \sin x_2^{\,c}} \right)^b \frac{\partial u_2}{\partial x_3} + \left(\frac{\sin x_2^{\,c}}{x_1^{\,b}} \right) \frac{\partial}{\partial x_2} \left(\frac{u_3}{\sin x_2^{\,c}} \right) \right] \qquad \text{(A2.2.65)}$$

$$\tau_{33} = \mu \left[2 \left(\left(\frac{1}{x_1 \sin x_2} \right)^c \frac{\partial u_3}{\partial x_3} + c \left(\frac{u_1}{x_1} + \frac{u_2 \cot x_2}{x_1} \right) \right) \right] - \frac{2}{3} D_{x_1 x_2 x_3} \qquad \text{(A2.2.66)}$$

und der Divergenz $D_{x_1 x_2 x_3}$:

$$D_{x_1 x_2 x_3} = \frac{1}{x_1^{\,a}} \frac{\partial}{\partial x_1} (x_1^{\,a} u_{x_1}) + \frac{1}{x_1^{\,b} (\sin x_2)^c} \frac{\partial}{\partial x_2} \left[u_{x_2} (\sin x_2)^c \right] +$$

$$+ \frac{1}{x_1^{\,c} (\sin x_2)^c} \frac{\partial}{\partial x_3} u_{x_3} \qquad \text{(A2.2.67)}$$

Zuordnungs- und Konstantentabelle für die einzelnen Koordinatensysteme:

	x_1	x_2	x_3	u_1	u_2	u_3	a	b	c
Kartesische Koordinaten:	x	y	z	u_x	u_y	u_z	0	0	0
Zylinderkoordinaten:	r	θ	z	u_r	u_θ	u_z	1	1	0
Kugelkoordinaten:	r	θ	Φ	u_r	u_θ	u_Φ	2	1	1

Geschlossene Darstellung für alle drei Koordinatenrichtungen

o Transportgleichung in indizierter Schreibweise (Einstein'sche Summationskonvention, nur kartesisches System):

$$\rho \left[\frac{\partial u_i}{\partial t} + u_j \frac{\partial u_i}{\partial x_j} \right] = - \frac{\partial p}{\partial x_i} + \frac{\partial \tau_{ij}}{\partial x_j} + \rho g_i \qquad (A2.2.68)$$

mit den Spannungstermen:

$$\tau_{ij} = \mu \left[\frac{\partial u_i}{\partial x_j} + \frac{\partial u_j}{\partial x_i} - \frac{2}{3} D_{xyz} \, \delta_{ij} \right] \qquad (A2.2.69)$$

und der Divergenz $D_{x_i x_i}$:

$$D_{xyz} = \frac{\partial u_i}{\partial x_i} \qquad (A2.2.70)$$

o Transportgleichung in Operatorschreibweise:

$$\frac{\partial (\rho u)}{\partial t} + \mathrm{div} \, (\rho u u) = \mathrm{grad} \, p + \mathrm{div} \, (\mu \, \mathrm{grad} \, u - \frac{2}{3} \, \mathrm{div} \, u) \qquad (A2.2.71)$$

A2.3 Turbulenzmodelle

A2.3.1 k-ϵ-Turbulenzmodell

Transportgleichung für die kinetische Turbulenzenergie k

o Kartesisches Koordinatensystem:

- Komponentenschreibweise:

$$\frac{\partial}{\partial t} (\rho k) + \frac{\partial}{\partial x} (\rho u_x k) + \frac{\partial}{\partial y} (\rho u_y k) + \frac{\partial}{\partial z} (\rho u_z k) =$$

$$= \frac{\partial}{\partial x} \left[\frac{\mu_{eff}}{\sigma_{k,eff}} \frac{\partial k}{\partial x} \right] + \frac{\partial}{\partial y} \left[\frac{\mu_{eff}}{\sigma_{k,eff}} \frac{\partial k}{\partial y} \right] + \frac{\partial}{\partial z} \left[\frac{\mu_{eff}}{\sigma_{k,eff}} \frac{\partial k}{\partial z} \right] + \qquad (A2.3.1)$$

$$+ P - \rho \varepsilon$$

mit dem Produktionsterm P:

$$P = \mu_t \left[2 \left\{ \left[\frac{\partial u_x}{\partial x} \right]^2 + \left[\frac{\partial u_y}{\partial y} \right]^2 + \left[\frac{\partial u_z}{\partial z} \right]^2 \right\} + \left[\frac{\partial u_x}{\partial y} + \frac{\partial u_y}{\partial x} \right]^2 + \right.$$

$$\left. + \left[\frac{\partial u_x}{\partial z} + \frac{\partial u_z}{\partial x} \right]^2 + \left[\frac{\partial u_y}{\partial z} + \frac{\partial u_z}{\partial y} \right]^2 \right] \qquad (A2.3.2)$$

- Indizierte Schreibweise (Einsteinsche Summationskonvention):

$$\frac{\partial}{\partial t}(\rho k) + \frac{\partial}{\partial x_j}(\rho u_j k) = \frac{\partial}{\partial x_j}\left[\frac{\mu_{eff}}{\sigma_{k,eff}}\frac{\partial k}{\partial x_j}\right] + P - \rho\varepsilon \qquad (A2.3.3)$$

mit dem Produktionsterm P:

$$P = \left[\mu_t\left(\frac{\partial u_i}{\partial x_j} + \frac{\partial u_j}{\partial x_i}\right) - \frac{2}{3}\rho k\delta_{ij}\right]\frac{\partial u_j}{\partial x_i} \qquad (A2.3.4)$$

o Zylinderkoordinatensystem:

$$\frac{\partial}{\partial t}(\rho k) + \frac{1}{r}\frac{\partial}{\partial r}(\rho r u_r k) + \frac{1}{r}\frac{\partial}{\partial\theta}(\rho u_\theta k) + \frac{\partial}{\partial z}(\rho u_z k) =$$

$$= \frac{1}{r}\frac{\partial}{\partial r}\left[r\frac{\mu_{eff}}{\sigma_{k,eff}}\frac{\partial k}{\partial r}\right] + \frac{1}{r}\frac{\partial}{\partial\theta}\left[\frac{\mu_{eff}}{\sigma_{k,eff}}\frac{\partial k}{\partial\theta}\right] + \frac{\partial}{\partial z}\left[\frac{\mu_{eff}}{\sigma_{k,eff}}\frac{\partial k}{\partial z}\right] +$$

$$+ P - \rho\varepsilon \qquad (A2.3.5)$$

mit dem Produktionsterm P:

$$P = \mu_t\left[2\left\{\left[\frac{\partial u_r}{\partial r}\right]^2 + \left[\frac{1}{r}\frac{\partial u_\theta}{\partial\theta} + \frac{u_r}{r}\right]^2 + \left[\frac{\partial u_z}{\partial z}\right]^2\right\} + \right. \qquad (A2.3.6)$$

$$\left. + \left[r\frac{\partial}{\partial r}\left(\frac{u_\theta}{r}\right) + \frac{1}{r}\frac{\partial u_r}{\partial\theta}\right]^2 + \left[\frac{\partial u_z}{\partial r} + \frac{\partial u_r}{\partial z}\right]^2 + \left[\frac{1}{r}\frac{\partial u_z}{\partial\theta} + \frac{\partial u_\theta}{\partial z}\right]^2\right]$$

o Kugelkoordinatensystem:

$$\frac{\partial}{\partial t}(\rho k) + \frac{1}{r^2}\frac{\partial}{\partial r}(\rho r^2 u_r k) + \frac{1}{r\sin\theta}\frac{\partial}{\partial\theta}(\rho u_\theta \sin\theta\, k) +$$

$$+ \frac{1}{r\sin\theta}\frac{\partial}{\partial\phi}(\rho u_\phi k) = \frac{1}{r^2}\frac{\partial}{\partial r}\left[r^2\frac{\mu_{eff}}{\sigma_{k,eff}}\frac{\partial k}{\partial r}\right] +$$

$$+ \frac{1}{r^2\sin\theta}\frac{\partial}{\partial\theta}\left[\frac{\mu_{eff}}{\sigma_{k,eff}}\sin\theta\frac{\partial k}{\partial\theta}\right] + \frac{1}{r^2\sin^2\theta}\frac{\partial}{\partial\phi}\left[\frac{\mu_{eff}}{\sigma_{k,eff}}\frac{\partial k}{\partial\phi}\right]$$

$$+ P - \rho\varepsilon \qquad (A2.3.7)$$

mit dem Produktionsterm P:

$$P = \mu_t\left[2\left\{\left[\frac{\partial u_r}{\partial r}\right]^2 + \left[\frac{1}{r}\frac{\partial u_\theta}{\partial\theta} + \frac{u_r}{r}\right]^2 + \left[\frac{1}{r\sin\theta}\frac{\partial u_\phi}{\partial\phi} + \frac{u_r}{r} + \frac{u_\theta\cot\theta}{r}\right]^2\right\} + \right.$$

$$\left. + \left[r\frac{\partial}{\partial r}\left(\frac{u_\theta}{r}\right) + \frac{1}{r}\frac{\partial u_r}{\partial\theta}\right]^2 + \left[\frac{1}{r\sin\theta}\frac{\partial u_r}{\partial\phi} + r\frac{\partial}{\partial r}\left(\frac{u_\phi}{r}\right)\right]^2 + \right.$$

$$\left. + \left[\frac{1}{r}\frac{\partial u_\phi}{\partial\theta} + \frac{1}{r\sin\theta}\frac{\partial u_\theta}{\partial\phi} - \frac{\cot\theta}{r}u_\phi\right]^2\right] \qquad (A2.3.8)$$

Allgemeine Form der Transportgleichung für k für alle drei Koordinatensysteme

$$\frac{\partial}{\partial t}(\rho k) + \frac{1}{x_1^a}\frac{\partial}{\partial x_1}(\rho x_1^a u_1 k) + \frac{1}{x_1^b \sin x_2^c}\frac{\partial}{\partial x_2}(\rho u_2 k \sin x_2^c) +$$

$$+ \frac{1}{x_1^c \sin x_2^c}\frac{\partial}{\partial x_3}(\rho u_3 k) = \frac{1}{x_1^a}\frac{\partial}{\partial x_1}\left[x_1^a \frac{\mu_{eff}}{\sigma_{k,eff}}\frac{\partial k}{\partial x_1}\right] +$$

$$+ \frac{1}{x_1^a \sin x_2^c}\frac{\partial}{\partial x_2}\left[\frac{\mu_{eff}}{\sigma_{k,eff}}\sin x_2^c \frac{\partial k}{\partial x_2}\right] +$$

$$+ \frac{1}{(x_1 \sin x_2)^c}\frac{\partial}{\partial x_3}\left[\frac{\mu_{eff}}{\sigma_{k,eff}}\frac{\partial k}{\partial x_3}\right] + P - \rho\varepsilon$$

(A2.3.9)

mit dem Produktionsterm P:

$$P = \mu_t\left[2\left\{\left(\frac{\partial u_1}{\partial x_1}\right)^2 + \left(\frac{1}{x_1^b}\frac{\partial u_2}{\partial x_2} + \left(\frac{u_1}{x_1}\right)^b\right)^2 +\right.\right.$$

$$+ \left.\left(\left(\frac{1}{x_1 \sin x_2}\right)^c \frac{\partial u_3}{\partial x_3} + \left(\frac{u_1}{x_1} + \frac{u_2 \cot x_2}{x_1}\right)^c\right)^2\right\} +$$

$$+ \left(x_1^b \frac{\partial}{\partial x_1}\left(\frac{u_2}{x_1^b}\right) + \frac{1}{x_1^b}\frac{\partial u_1}{\partial x_2}\right)^2 +$$

$$+ \left(x_1^c \frac{\partial}{\partial x_1}\left(\frac{u_3}{x_1^c}\right) + \frac{1}{(x_1 \sin x_3)^c}\frac{\partial u_1}{\partial x_3}\right)^2 +$$

$$+ \left.\left(\left(\frac{\sin x_2^c}{x_1^b}\right)\frac{\partial}{\partial x_2}\left(\frac{u_3}{\sin x_2^c}\right) + \frac{1}{(x_1 \sin x_2)^c}\frac{\partial u_2}{\partial x_3}\right)^2\right.$$

(A2.3.10)

Zuordnungs- und Konstantentabelle für die einzelnen Koordinatensysteme:

	x_1	x_2	x_3	a	b	c
Kartesische Koordinaten:	x	y	z	0	0	0
Zylinderkoordinaten:	r	θ	z	1	1	0
Kugelkoordinaten:	r	θ	Φ	2	1	1

Transportgleichung für die Dissipation an kinetischer Turbulenzenergie ϵ

o Kartesisches Koordinatensystem:

- Komponentenschreibweise:

$$\frac{\partial}{\partial t}(\rho\epsilon) + \frac{\partial}{\partial x}(\rho u_x \epsilon) + \frac{\partial}{\partial y}(\rho u_y \epsilon) + \frac{\partial}{\partial z}(\rho u_z \epsilon) =$$

$$= \frac{\partial}{\partial x}\left[\frac{\mu_{eff}}{\sigma_{\epsilon,eff}}\frac{\partial\epsilon}{\partial x}\right] + \frac{\partial}{\partial y}\left[\frac{\mu_{eff}}{\sigma_{\epsilon,eff}}\frac{\partial\epsilon}{\partial y}\right] + \frac{\partial}{\partial z}\left[\frac{\mu_{eff}}{\sigma_{\epsilon,eff}}\frac{\partial\epsilon}{\partial z}\right] +$$

$$+ c_{1,\epsilon}\,P\,\frac{\epsilon}{k} - c_{2,\epsilon}\,\rho\,\frac{\epsilon^2}{k} \qquad\qquad (A2.3.11)$$

mit dem Produktionsterm P wie in der k-Gleichung (A2.3.2).

- Indizierte Schreibweise (Einsteinsche Summationskonvention):

$$\frac{\partial}{\partial t}(\rho\epsilon) + \frac{\partial}{\partial x_j}(\rho u_j \epsilon) = \frac{\partial}{\partial x_j}\left[\frac{\mu_{eff}}{\sigma_{\epsilon,eff}}\frac{\partial\epsilon}{\partial x_j}\right] + c_{1,\epsilon}\,P\,\frac{\epsilon}{k} - c_{2,\epsilon}\,\rho\,\frac{\epsilon^2}{k} \quad (A2.3.12)$$

mit dem Produktionsterm P wie in der k-Gleichung (A2.3.4).

o Zylinderkoordinatensystem:

$$\frac{\partial}{\partial t}(\rho\epsilon) + \frac{1}{r}\frac{\partial}{\partial r}(\rho r u_r \epsilon) + \frac{1}{r}\frac{\partial}{\partial\theta}(\rho u_\theta \epsilon) + \frac{\partial}{\partial z}(\rho u_z \epsilon) =$$

$$= \frac{1}{r}\frac{\partial}{\partial r}\left[r\frac{\mu_{eff}}{\sigma_{\epsilon,eff}}\frac{\partial\epsilon}{\partial r}\right] + \frac{1}{r}\frac{\partial}{\partial\theta}\left[\frac{\mu_{eff}}{\sigma_{\epsilon,eff}}\frac{\partial\epsilon}{\partial\theta}\right] + \frac{\partial}{\partial z}\left[\frac{\mu_{eff}}{\sigma_{\epsilon,eff}}\frac{\partial\epsilon}{\partial z}\right] +$$

$$+ c_{1,\epsilon}\,P\,\frac{\epsilon}{k} - c_{2,\epsilon}\,\rho\,\frac{\epsilon^2}{k} \qquad A2.3.1.15 \qquad\qquad (A2.3.13)$$

mit dem Produktionsterm P wie in der k-Gleichung (A2.3.6).

o Kugelkoordinatensystem:

$$\frac{\partial}{\partial t}(\rho\epsilon) + \frac{1}{r^2}\frac{\partial}{\partial r}(\rho r^2 u_r \epsilon) + \frac{1}{r\sin\theta}\frac{\partial}{\partial\theta}(\rho u_\theta \sin\theta\,\epsilon) +$$

$$+ \frac{1}{r^2\sin\theta}\frac{\partial}{\partial\phi}(\rho u_\phi \epsilon) = \frac{1}{r^2}\frac{\partial}{\partial r}\left[r^2\frac{\mu_{eff}}{\sigma_{\epsilon,eff}}\frac{\partial\epsilon}{\partial r}\right] +$$

$$+ \frac{1}{r\sin\theta}\frac{\partial}{\partial\theta}\left[\frac{\mu_{eff}}{\sigma_{\epsilon,eff}}\sin\theta\frac{\partial\epsilon}{\partial\theta}\right] + \frac{1}{r^2\sin^2\theta}\frac{\partial}{\partial\phi}\left[\frac{\mu_{eff}}{\sigma_{\epsilon,eff}}\frac{\partial\epsilon}{\partial\phi}\right] +$$

$$+ c_{1,\epsilon}\,P\,\frac{\epsilon}{k} - c_{2,\epsilon}\,\rho\,\frac{\epsilon^2}{k} \qquad\qquad (A2.3.14)$$

mit dem Produktionsterm P wie in der k-Gleichung (A2.3.8).

Allgemeine Form der Transportgleichung für ϵ für alle drei Koordinatensysteme

$$\frac{\partial}{\partial t}(\rho\epsilon) + \frac{1}{x_1^a}\frac{\partial}{\partial x_1}(\rho x_1^a u_1 \epsilon) + \frac{1}{x_1^b \sin x_2^c}\frac{\partial}{\partial x_2}(\rho u_2 \epsilon \sin x_2^c) +$$

$$+ \frac{1}{x_1^c \sin x_2^c}\frac{\partial}{\partial x_3}(\rho u_3 \epsilon) = \frac{1}{x_1^a}\frac{\partial}{\partial x_1}\left[x_1^a \frac{\mu_{eff}}{\sigma_{\epsilon,eff}}\frac{\partial\epsilon}{\partial x_1}\right] +$$

$$+ \frac{1}{x_1^a \sin x_2^c}\frac{\partial}{\partial x_2}\left[\frac{\mu_{eff}}{\sigma_{\epsilon,eff}}\sin x_2^c \frac{\partial\epsilon}{\partial x_2}\right] +$$

$$+ \frac{1}{(x_1 \sin x_2)^c}\frac{\partial}{\partial x_3}\left[\frac{\mu_{eff}}{\sigma_{\epsilon,eff}}\frac{\partial\epsilon}{\partial x_3}\right] + c_{1,\epsilon}\, P\, \frac{\epsilon}{k} - c_{2,\epsilon}\,\rho\,\frac{\epsilon^2}{k}$$

$$(A2.3.15)$$

mit dem Produktionsterm P wie in der Transportgleichung für k Gl.(A2.3.10).

Zuordnungs- und Konstantentabelle für die einzelnen Koordinatensysteme:

	x_1	x_2	x_3	a	b	c
Kartesische Koordinaten:	x	y	z	0	0	0
Zylinderkoordinaten:	r	θ	z	1	1	0
Kugelkoordinaten:	r	θ	Φ	2	1	1

A2.4 Transportgleichung für eine skalare Größe

A2.4.1 Nichtzeitgemittelte Transportgleichung

o Kartesisches Koordinatensystem:

- Komponentenschreibweise:

$$\frac{\partial}{\partial t}(\rho\varphi) + \frac{\partial}{\partial x}(\rho u_x \varphi) + \frac{\partial}{\partial y}(\rho u_y \varphi) + \frac{\partial}{\partial z}(\rho u_z \varphi) = \qquad (A2.4.1)$$

$$= \frac{\partial}{\partial x}\left[\frac{\mu_{eff}}{\sigma_{\varphi,eff}}\frac{\partial\varphi}{\partial x}\right] + \frac{\partial}{\partial y}\left[\frac{\mu_{eff}}{\sigma_{\varphi,eff}}\frac{\partial\varphi}{\partial y}\right] + \frac{\partial}{\partial z}\left[\frac{\mu_{eff}}{\sigma_{\varphi,eff}}\frac{\partial\varphi}{\partial z}\right] + S_\varphi$$

- Indizierte Schreibweise (Einsteinsche Summationskonvention):

$$\frac{\partial}{\partial t}(\rho\varphi) + \frac{\partial}{\partial x_j}(\rho u_j \varphi) = \frac{\partial}{\partial x_j}\left[\frac{\mu_{eff}}{\sigma_{\varphi,eff}}\frac{\partial\varphi}{\partial x_j}\right] + S_\varphi \qquad (A2.4.2)$$

o Zylinderkoordinatensystem:

$$\frac{\partial}{\partial t}(\rho\varphi) + \frac{1}{r}\frac{\partial}{\partial r}(\rho r u_r \varphi) + \frac{1}{r}\frac{\partial}{\partial \theta}(\rho u_\theta \varphi) + \frac{\partial}{\partial z}(\rho u_z \varphi) = \tag{A2.4.3}$$

$$= \frac{1}{r}\frac{\partial}{\partial r}\left[r\frac{\mu_{eff}}{\sigma_{\varphi,eff}}\frac{\partial\varphi}{\partial r}\right] + \frac{1}{r}\frac{\partial}{\partial\theta}\left[\frac{\mu_{eff}}{\sigma_{\varphi,eff}}\frac{\partial\varphi}{\partial\theta}\right] + \frac{\partial}{\partial z}\left[\frac{\mu_{eff}}{\sigma_{\varphi,eff}}\frac{\partial\varphi}{\partial z}\right] + S_\varphi$$

o Kugelkoordinatensystem:

$$\frac{\partial}{\partial t}(\rho\varphi) + \frac{1}{r^2}\frac{\partial}{\partial r}(\rho r^2 u_r \varphi) + \frac{1}{r\,\sin\theta}\frac{\partial}{\partial\theta}(\rho u_\theta \sin\theta\varphi) + \tag{A2.4.4}$$

$$+ \frac{1}{r\,\sin\theta}\frac{\partial}{\partial\phi}(\rho u_\phi\varphi) = \frac{1}{r^2}\frac{\partial}{\partial r}\left[r^2\frac{\mu_{eff}}{\sigma_{\varphi,eff}}\frac{\partial\varphi}{\partial r}\right] +$$

$$+ \frac{1}{r^2\,\sin\theta}\frac{\partial}{\partial\theta}\left[\frac{\mu_{eff}}{\sigma_{\varphi,eff}}\sin\theta\frac{\partial\varphi}{\partial\theta}\right] + \frac{1}{r^2\,\sin^2\theta}\frac{\partial}{\partial\phi}\left[\frac{\mu_{eff}}{\sigma_{\varphi,eff}}\frac{\partial\varphi}{\partial\phi}\right] + S_\varphi$$

o Operatorschreibweise:

$$\frac{\partial}{\partial t}(\rho\varphi) + \mathrm{div}\,(\rho u\varphi) = \mathrm{div}\left[\frac{\mu}{\sigma_\varphi}\,\mathrm{grad}\,\varphi\right] + S_\varphi \tag{A2.4.5}$$

Allgemeine Form der Transportgleichung für eine nichtzeitgemittelte Variable φ für alle drei Koordinatensysteme

$$\frac{\partial}{\partial t}(\rho\varphi) + \frac{1}{x_1^a}\frac{\partial}{\partial x_1}(x_1^a u_1\varphi) + \frac{1}{x_1^b\,\sin x_2^c}\frac{\partial}{\partial x_2}(\rho u_2\varphi\,\sin x_2^c) + \tag{A2.4.6}$$

$$+ \frac{1}{x_1^c\,\sin x_2^c}\frac{\partial}{\partial x_3}(\rho u_3\varphi) = \frac{1}{x_1^a}\frac{\partial}{\partial x_1}\left[x_1^a\frac{\mu_{eff}}{\sigma_{\varphi,eff}}\frac{\partial\varphi}{\partial x_1}\right] +$$

$$+ \frac{1}{x_1^a\,\sin x_2^c}\frac{\partial}{\partial x_2}\left[\frac{\mu_{eff}}{\sigma_{\varphi,eff}}\sin x_2^c\frac{\partial\varphi}{\partial x_2}\right] +$$

$$+ \frac{1}{(x_1\,\sin x_2)^c}\frac{\partial}{\partial x_3}\left[\frac{\mu_{eff}}{\sigma_{\varphi,eff}}\frac{\partial\varphi}{\partial x_3}\right] + S_\varphi$$

Zuordnungs- und Konstantentabelle für die einzelnen Koordinatensysteme:

	x_1	x_2	x_3	a	b	c
Kartesische Koordinaten:	x	y	z	0	0	0
Zylinderkoordinaten:	r	θ	z	1	1	0
Kugelkoordinaten:	r	θ	ϕ	2	1	1

A2.4.2 Zeitgemittelte Transportgleichung

o Kartesisches Koordinatensystem:

- Komponentenschreibweise:

$$\frac{\partial}{\partial t}\,(\bar{\rho}\bar{\varphi}) + \frac{\partial}{\partial x}\,(\bar{\rho}\bar{u}_x\bar{\varphi}) + \frac{\partial}{\partial y}\,(\bar{\rho}\bar{u}_y\bar{\varphi}) + \frac{\partial}{\partial z}\,(\bar{\rho}\bar{u}_z\bar{\varphi}) \tag{A2.4.7}$$

$$= \frac{\partial}{\partial x}\left[\frac{\mu_{eff}}{\sigma_{\varphi,eff}}\frac{\partial\bar{\varphi}}{\partial x} - \bar{\rho}\overline{\hat{u}_x\hat{\varphi}}\right] + \frac{\partial}{\partial y}\left[\frac{\mu_{eff}}{\sigma_{\varphi,eff}}\frac{\partial\bar{\varphi}}{\partial y} - \bar{\rho}\overline{\hat{u}_y\hat{\varphi}}\right]$$

$$+ \frac{\partial}{\partial z}\left[\frac{\mu_{eff}}{\sigma_{\varphi,eff}}\frac{\partial\bar{\varphi}}{\partial z} - \bar{\rho}\overline{\hat{u}_z\hat{\varphi}}\right] + S_{(\bar{\varphi}+\hat{\varphi})}$$

- Indizierte Schreibweise (Einsteinsche Summationskonvention):

$$\frac{\partial}{\partial t}\,(\bar{\rho}\bar{\varphi}) + \frac{\partial}{\partial x_j}\,(\bar{\rho}\bar{u}_j\bar{\varphi}) = \frac{\partial}{\partial x_j}\left[\frac{\mu_{eff}}{\sigma_{\varphi,eff}}\frac{\partial\bar{\varphi}}{\partial x_j} - \bar{\rho}\overline{\hat{u}_j\hat{\varphi}}\right] + S_{(\bar{\varphi}+\hat{\varphi})} \tag{A2.4.8}$$

o Zylinderkoordinatensystem:

$$\frac{\partial}{\partial t}\,(\bar{\rho}\bar{\varphi}) + \frac{1}{r}\frac{\partial}{\partial r}\,(\bar{\rho}r\bar{u}_r\bar{\varphi}) + \frac{1}{r}\frac{\partial}{\partial\theta}\,(\bar{\rho}\bar{u}_\theta\bar{\varphi}) + \frac{\partial}{\partial z}\,(\bar{\rho}\bar{u}_z\bar{\varphi}) \tag{A2.4.9}$$

$$= \frac{1}{r}\frac{\partial}{\partial r}\left[r\frac{\mu_{eff}}{\sigma_{\varphi,eff}}\frac{\partial\bar{\varphi}}{\partial r} - \rho r\overline{\hat{u}_r\hat{\varphi}}\right] + \frac{1}{r}\frac{\partial}{\partial\theta}\left[\frac{\mu_{eff}}{\sigma_{\varphi,eff}}\frac{\partial\bar{\varphi}}{\partial\theta} - \rho\overline{\hat{u}_\theta\hat{\varphi}}\right]$$

$$+ \frac{\partial}{\partial z}\left[\frac{\mu_{eff}}{\sigma_{\varphi,eff}}\frac{\partial\bar{\varphi}}{\partial z} - \rho\overline{\hat{u}_z\hat{\varphi}}\right] + S_{(\bar{\varphi}+\hat{\varphi})}$$

o Kugelkoordinatensystem:

$$\frac{\partial}{\partial t}\,(\bar{\rho}\bar{\varphi}) + \frac{1}{r^2}\frac{\partial}{\partial r}\,(\rho r^2\bar{u}_r\bar{\varphi}) + \frac{1}{r\sin\theta}\frac{\partial}{\partial\theta}\,(\bar{\rho}\bar{u}_\theta\sin\theta\bar{\varphi}) \tag{A2.4.10}$$

$$+ \frac{1}{r\sin\theta}\frac{\partial}{\partial\phi}\,(\bar{\rho}\bar{u}_\phi\bar{\varphi}) = \frac{1}{r^2}\frac{\partial}{\partial r}\left[r^2\frac{\mu_{eff}}{\sigma_{\varphi,eff}}\frac{\partial\bar{\varphi}}{\partial r} - \rho r^2\overline{\hat{u}_r\hat{\varphi}}\right]$$

$$+ \frac{1}{r\sin\theta}\frac{\partial}{\partial\theta}\left[\frac{\mu_{eff}}{\sigma_{\varphi,eff}}\sin\theta\frac{\partial\bar{\varphi}}{\partial\theta} - \rho\sin\theta\overline{\hat{u}_\theta\hat{\varphi}}\right]$$

$$+ \frac{1}{r\sin\theta}\frac{\partial}{\partial\phi}\left[\frac{\mu_{eff}}{\sigma_{\varphi,eff}}\frac{\partial\bar{\varphi}}{\partial\phi} - \rho\overline{\hat{u}_z\hat{\varphi}}\right] + S_{(\bar{\varphi}+\hat{\varphi})}$$

o Operatorschreibweise:

$$\frac{\partial}{\partial t}\,(\bar{\rho}\bar{\varphi}) + \text{div}\,(\bar{\rho}\bar{u}\bar{\varphi}) = \text{div}\left[\frac{\mu}{\sigma_\varphi}\,\text{grad}\,\bar{\varphi} - \bar{\rho}\overline{\hat{u}_y\hat{\varphi}}\right] + S_{\bar{\varphi}+\hat{\varphi}} \tag{A2.4.11}$$

Allgemeine Form der Transportgleichung für eine zeitgemittelte Variable φ für alle drei Koordinatensysteme

$$\frac{\partial}{\partial t}(\bar{\rho}\bar{\varphi}) + \frac{1}{x_1^{\,a}}\frac{\partial}{\partial x_1}(x_1^{\,a}\bar{u}_1\bar{\varphi}) + \frac{1}{r^b\,\sin x_2^{\,c}}\frac{\partial}{\partial x_2}(\bar{\rho}\bar{u}_2\bar{\varphi}\,\sin x_2^{\,c}) +$$

$$+ \frac{1}{x_1^{\,b}\,\sin x_2^{\,c}}\frac{\partial}{\partial x_3}(\bar{\rho}\bar{u}_3\bar{\varphi}) = \frac{1}{x_1^{\,a}}\frac{\partial}{\partial x_1}\left[x_1^{\,a}\frac{\mu_{eff}}{\sigma_{\varphi,eff}}\frac{\partial\bar{\varphi}}{\partial x_1} - \bar{\rho}x_1^{\,a}\overline{\hat{u}_1\hat{\varphi}}\right] +$$

$$+ \frac{1}{x_1^{\,b}\,\sin x_2^{\,c}}\frac{\partial}{\partial x_2}\left[\frac{\mu_{eff}}{\sigma_{\varphi,eff}}\sin x_2^{\,c}\frac{\partial\bar{\varphi}}{\partial x_2} - \bar{\rho}\sin x_2^{\,c}\overline{\hat{u}_2\hat{\varphi}}\right] +$$

$$+ \frac{1}{(x_1\,\sin x_2)^c}\frac{\partial}{\partial x_3}\left[\frac{\mu_{eff}}{\sigma_{\varphi,eff}}\frac{\partial\bar{\varphi}}{\partial x_3} - \bar{\rho}\overline{\hat{u}_3\hat{\varphi}}\right] + S_{(\bar{\varphi}+\hat{\varphi})} \qquad (A2.4.12)$$

Zuordnungs- und Konstantentabelle für die einzelnen Koordinatensysteme:

	x_1	x_2	x_3	a	b	c
Kartesische Koordinaten:	x	y	z	0	0	0
Zylinderkoordinaten:	r	θ	z	1	1	0
Kugelkoordinaten:	r	θ	Φ	2	1	1

o   Formelverzeichnis

(Kapitelspezifische Formelzeichen; eine Zusammenstellung übergeordnet gültiger Formelzeichen und Kennzahlen ist in Anhang 6 angeführt;   [*] Dimension hängt von der jeweiligen Verwendung ab)

Symbol	Bedeutung	Dimension
a, b, c	Exponenten für die allgemeine Formulierung	-
g_i	Erdbeschleunigung	m/s^2
$c_{1,\epsilon}, c_{2,\epsilon}$	Konstanten des k-ϵ-Modells	-
k	kinetische Turbulenzenergie	m^2/s^2
p	Druck	N/m^2
P	Produktionsterm für k	$kg/(m \cdot s^3)$
r	radiale Koordinate	m
x_i	allgemeine kartesische Koordinate	m
ϵ	Dissipation an k	m^2/s^3
θ	Azimuthwinkel	rad
μ	dynamische Viskosität	$kg/(m \cdot s)$

Symbol	Bedeutung	Dimension
ρ	Dichte	kg/m^3
σ	Schmidt-Prandtl-Zahl	-
τ	Spannung	N/m^2
φ	allgemeine massenspezifische Größe	*
Φ	Polarwinkel	rad

Indizes tief

Symbol	Bedeutung
eff	effektiv
i, j	Koordinatenrichtungen
x	x-Richtung, x_1-Richtung
y	y-Richtung, x_2-Richtung
z	z-Richtung, x_3-Richtung

o Literatur

/A2.1.1/ Bird R.B.; Steward, W.E.; Lightfoot, E.N.: Transport Phenomena. Wiley Interscience, New York, 1960

/A2.1.2/ Jischa, M.: Konvektiver Impuls-, Wärme- und Stoffaustausch. Vieweg-Verlag, Braunschweig, 1982

Anhang 3 :

STOFFEIGENSCHAFTEN VON BRENNSTOFF UND VERBRENNUNGSPRODUKTEN

A3.1 Allgemeine Bemerkungen

Bei der mathematischen Modellbildung von fast allen Zustandgrößen gehen Stoffeigenschaften in die entsprechenden Bilanzgleichungen ein. Für die anschließende Simulation müssen diese Stoffeigenschaften und ihre Abhängigkeiten von Temperatur, Druck und anderen Einflußgrößen angegeben werden. Neben der Dichte ist dabei die spezifische integrale Wärmekapazität $\bar{c}_p$ für die Gas- und Partikelphasenspezies die wichtigste Größe, mit deren Hilfe die Temperatur aus der Enthalpie berechenbar ist. Bei einer Einzelteilchenberechnung ist meist auch die Wärmeleitung im Partikelinnern mitzuberücksichtigen. Hierzu werden Wärmeleitkoeffizienten für Kohle und Koks angegeben.

Werte für die laminare Viskosität werden nicht angeführt, da sie unter turbulenten Strömungsbedingungen gegenüber der turbulenten zu vernachlässigen sind.

Für den in technischen Verbrennungssystemen anzutreffenden Temperaturbereich wird die spezifische integrale Wärmekapazität als Funktion der Temperatur dargestellt. Da von verschiedenen Autoren unterschiedliche funktionale Zusammenhänge angeführt werden, sind diese jeweils genannt und graphisch aufgeführt.

A3.2 Kohle, Koks und Asche

Kohle
$c_p = a + b\cdot\vartheta + c\cdot\vartheta^2 + d\cdot\vartheta^3$ $\qquad$ [kJ/(kg·K)]
Funktion 1: $\hfill$ /A3.1.6/ $\vartheta = 0,001\cdot T;\ \ T:[K]$ $a = 1,1227\quad b = 1,6203\quad c = -0,6011$ $d = 0,0994$

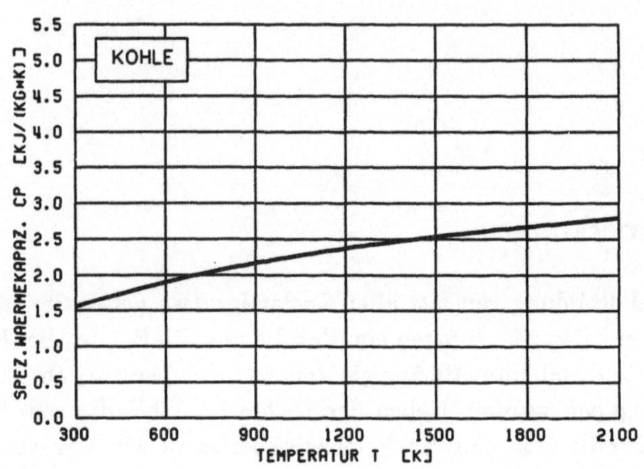

Kohle	ρM [kg/m³]	λ [W/(m·K)]	Quelle
Braunkohle	1200-1400	0,35	A 3.1.8
Steinkohle	1200-1300	0,2-0,25	A 3.1.8
Koks	900-950	0,7-0,75	A 3.1.8

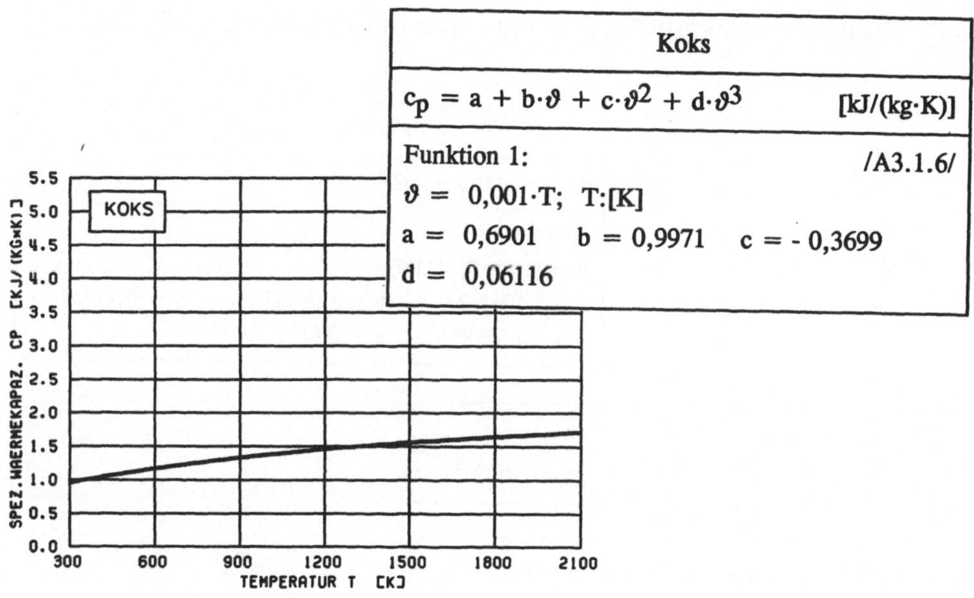

Koks	
$c_p = a + b\cdot\vartheta + c\cdot\vartheta^2 + d\cdot\vartheta^3$	[kJ/(kg·K)]
Funktion 1:	/A3.1.6/

$\vartheta = 0,001\cdot T; \quad T:[K]$

$a = 0,6901 \qquad b = 0,9971 \qquad c = -0,3699$

$d = 0,06116$

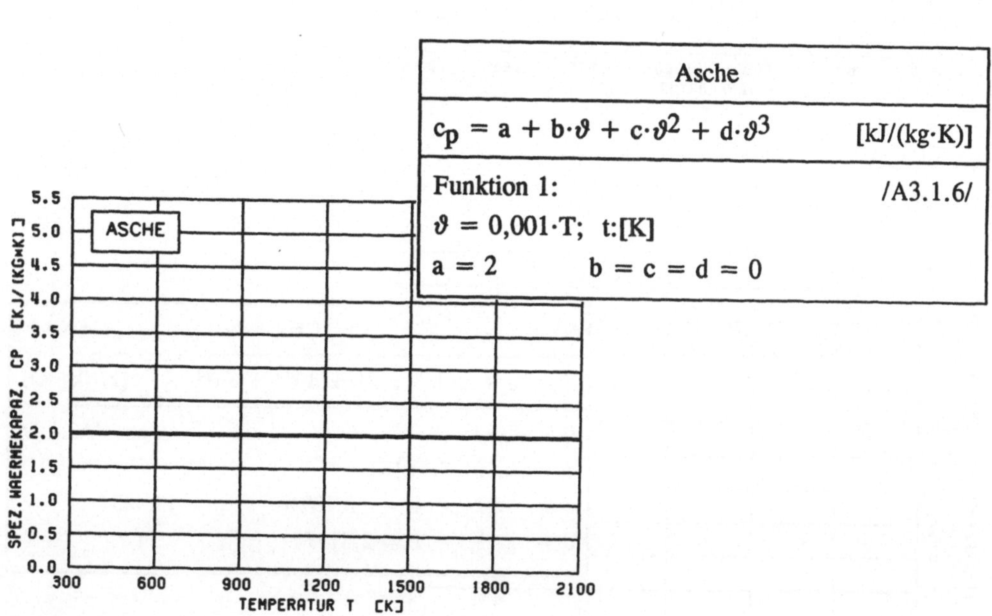

Asche	
$c_p = a + b\cdot\vartheta + c\cdot\vartheta^2 + d\cdot\vartheta^3$	[kJ/(kg·K)]
Funktion 1:	/A3.1.6/

$\vartheta = 0,001\cdot T; \quad t:[K]$

$a = 2 \qquad b = c = d = 0$

A3.3 Flüchtige Bestandteile (allgemein bei Kohle) und Methan

Flüchtige Bestandteile
$c_p = a + b\cdot\vartheta + c\cdot\vartheta^2 + d\cdot\vartheta^3 + e\cdot\vartheta^4$ [kJ/(kg·K)]
Funktion 1: $\vartheta = 0{,}001\cdot T$;   T:[K]   a = 2,1037427   b = 1,74583   c = 0,17939   d = - 0,38386   e = 0,9132

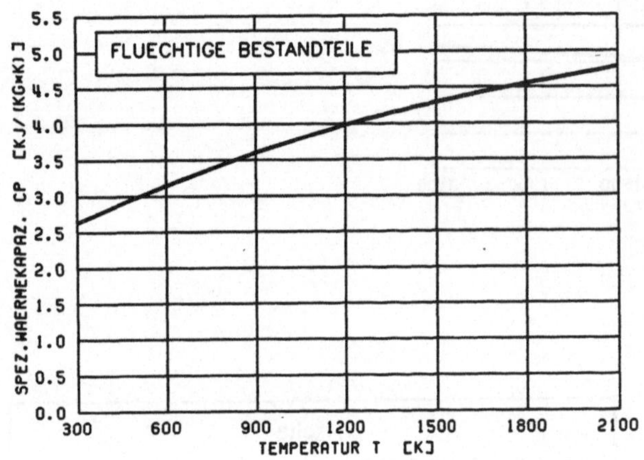

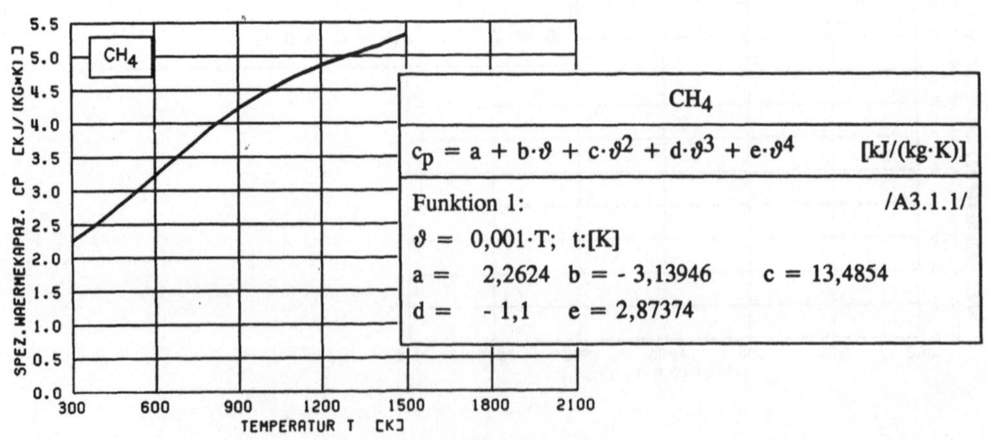

CH₄
$c_p = a + b\cdot\vartheta + c\cdot\vartheta^2 + d\cdot\vartheta^3 + e\cdot\vartheta^4$ [kJ/(kg·K)]
Funktion 1:   /A3.1.1/ $\vartheta = 0{,}001\cdot T$;   t:[K]   a = 2,2624   b = - 3,13946   c = 13,4854   d =   - 1,1   e = 2,87374

A3.4 Luft und Sauerstoff

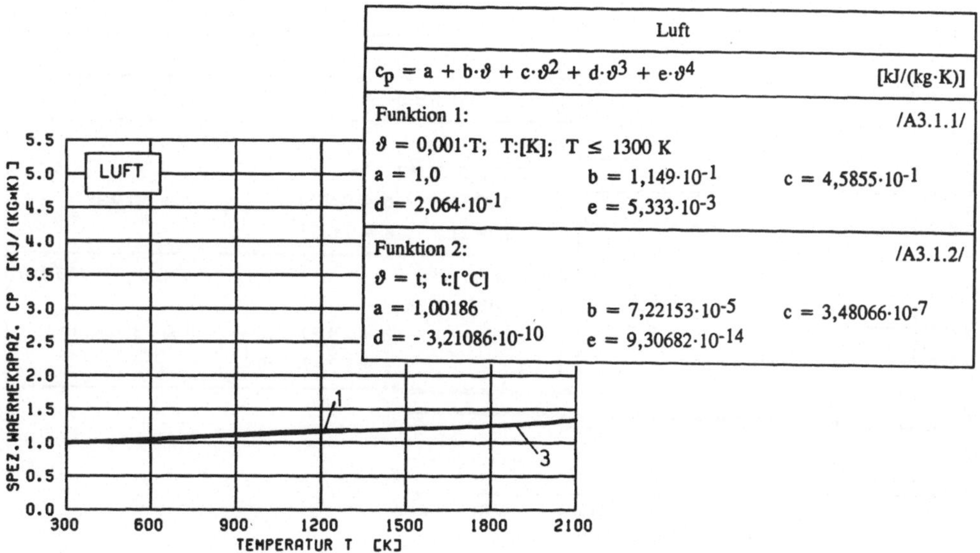

Luft		
$c_p = a + b \cdot \vartheta + c \cdot \vartheta^2 + d \cdot \vartheta^3 + e \cdot \vartheta^4$		[kJ/(kg·K)]
Funktion 1: /A3.1.1/		
$\vartheta = 0{,}001 \cdot T$; T:[K]; T ≤ 1300 K		
a = 1,0	b = $1{,}149 \cdot 10^{-1}$	c = $4{,}5855 \cdot 10^{-1}$
d = $2{,}064 \cdot 10^{-1}$	e = $5{,}333 \cdot 10^{-3}$	
Funktion 2: /A3.1.2/		
$\vartheta = t$; t:[°C]		
a = 1,00186	b = $7{,}22153 \cdot 10^{-5}$	c = $3{,}48066 \cdot 10^{-7}$
d = $- 3{,}21086 \cdot 10^{-10}$	e = $9{,}30682 \cdot 10^{-14}$	

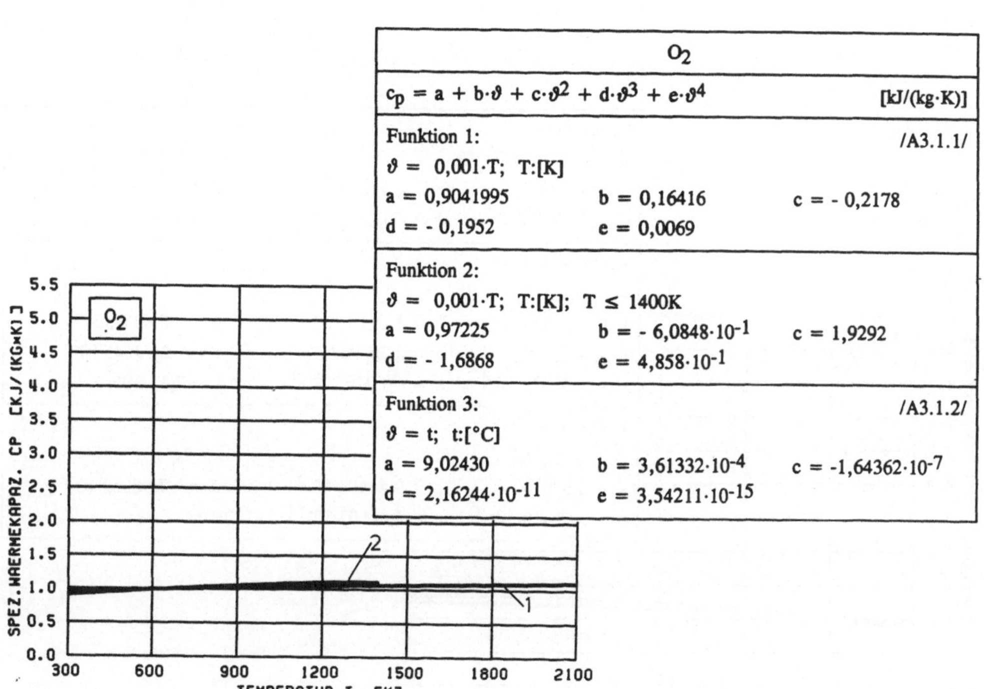

O_2		
$c_p = a + b \cdot \vartheta + c \cdot \vartheta^2 + d \cdot \vartheta^3 + e \cdot \vartheta^4$		[kJ/(kg·K)]
Funktion 1: /A3.1.1/		
$\vartheta = 0{,}001 \cdot T$; T:[K]		
a = 0,9041995	b = 0,16416	c = - 0,2178
d = - 0,1952	e = 0,0069	
Funktion 2:		
$\vartheta = 0{,}001 \cdot T$; T:[K]; T ≤ 1400K		
a = 0,97225	b = $- 6{,}0848 \cdot 10^{-1}$	c = 1,9292
d = - 1,6868	e = $4{,}858 \cdot 10^{-1}$	
Funktion 3: /A3.1.2/		
$\vartheta = t$; t:[°C]		
a = 9,02430	b = $3{,}61332 \cdot 10^{-4}$	c = $-1{,}64362 \cdot 10^{-7}$
d = $2{,}16244 \cdot 10^{-11}$	e = $3{,}54211 \cdot 10^{-15}$	

A3.5 Kohlenmonoxid und Kohlendioxid

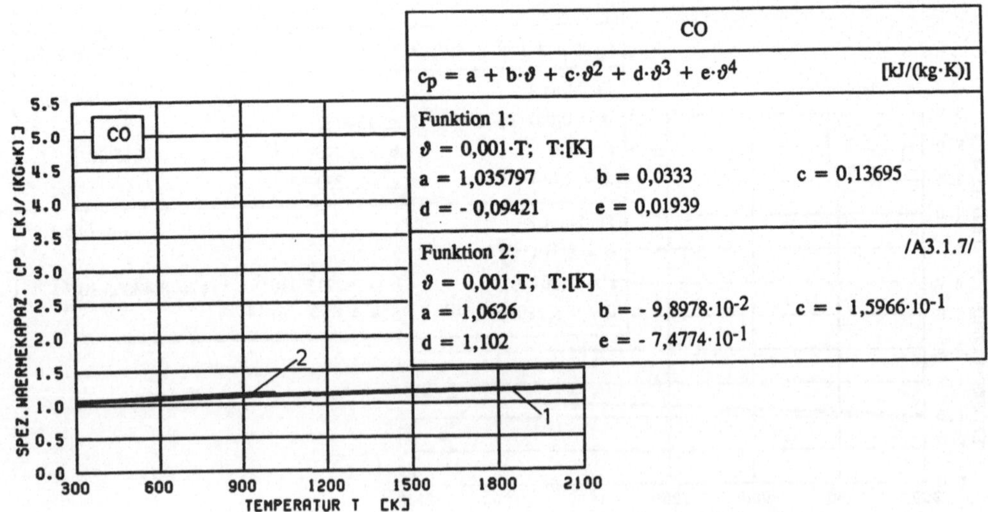

CO		
$c_p = a + b\cdot\vartheta + c\cdot\vartheta^2 + d\cdot\vartheta^3 + e\cdot\vartheta^4$		[kJ/(kg·K)]

Funktion 1:
$\vartheta = 0{,}001\cdot T; \quad T:[K]$

a = 1,035797	b = 0,0333	c = 0,13695
d = - 0,09421	e = 0,01939	

Funktion 2: /A3.1.7/
$\vartheta = 0{,}001\cdot T; \quad T:[K]$

a = 1,0626	b = - 9,8978·10⁻²	c = - 1,5966·10⁻¹
d = 1,102	e = - 7,4774·10⁻¹	

CO_2		
$c_p = a + b\cdot\vartheta + c\cdot\vartheta^2 + d\cdot\vartheta^3 + e\cdot\vartheta^4 + f\cdot\vartheta^5 + g\cdot\vartheta^6 + h\cdot\vartheta^7 + i\cdot\vartheta^{-2}$		[kJ/(kg·K)]

Funktion 1:
$\vartheta = 0{,}001\cdot T; \quad T:[K]$

a = 0,81995447	b = 0,51054	c = - 0,28936
d = 0,09758	e = - 0,0141	f-i = 0

Funktion 2: /A3.1.1/
$\vartheta = 0{,}001\cdot T; \quad T:[K]$

a = 0,6549	b = 1,0513	c = - 0,635156
d = 0,19578	e = 0,265063	f = - 2,79241·10⁻⁴
g = 4,42027·10⁻⁴	h = - 3,2205·10⁻⁵	i = 7,11·10⁻³

Funktion 3: /A3.1.2/
$\vartheta = t; \quad t:[°C]$

a = 0,828204	b = 9,81404·10⁻⁴	c = - 7,90052·10⁻⁷
d = 3,28413·10⁻¹⁰	e = 5,46602·10⁻¹⁴	

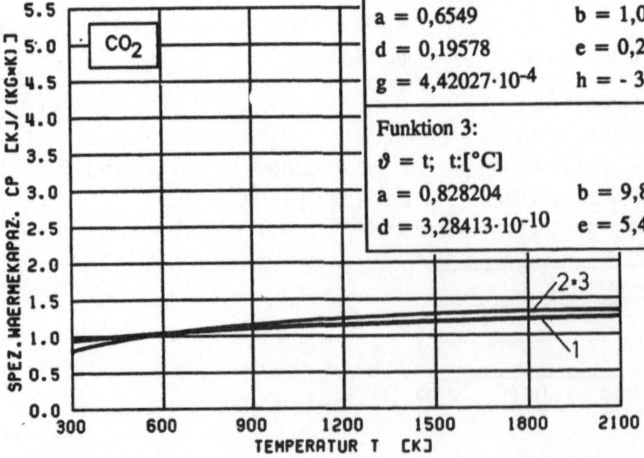

A3.6 Wasserdampf und Stickstoff

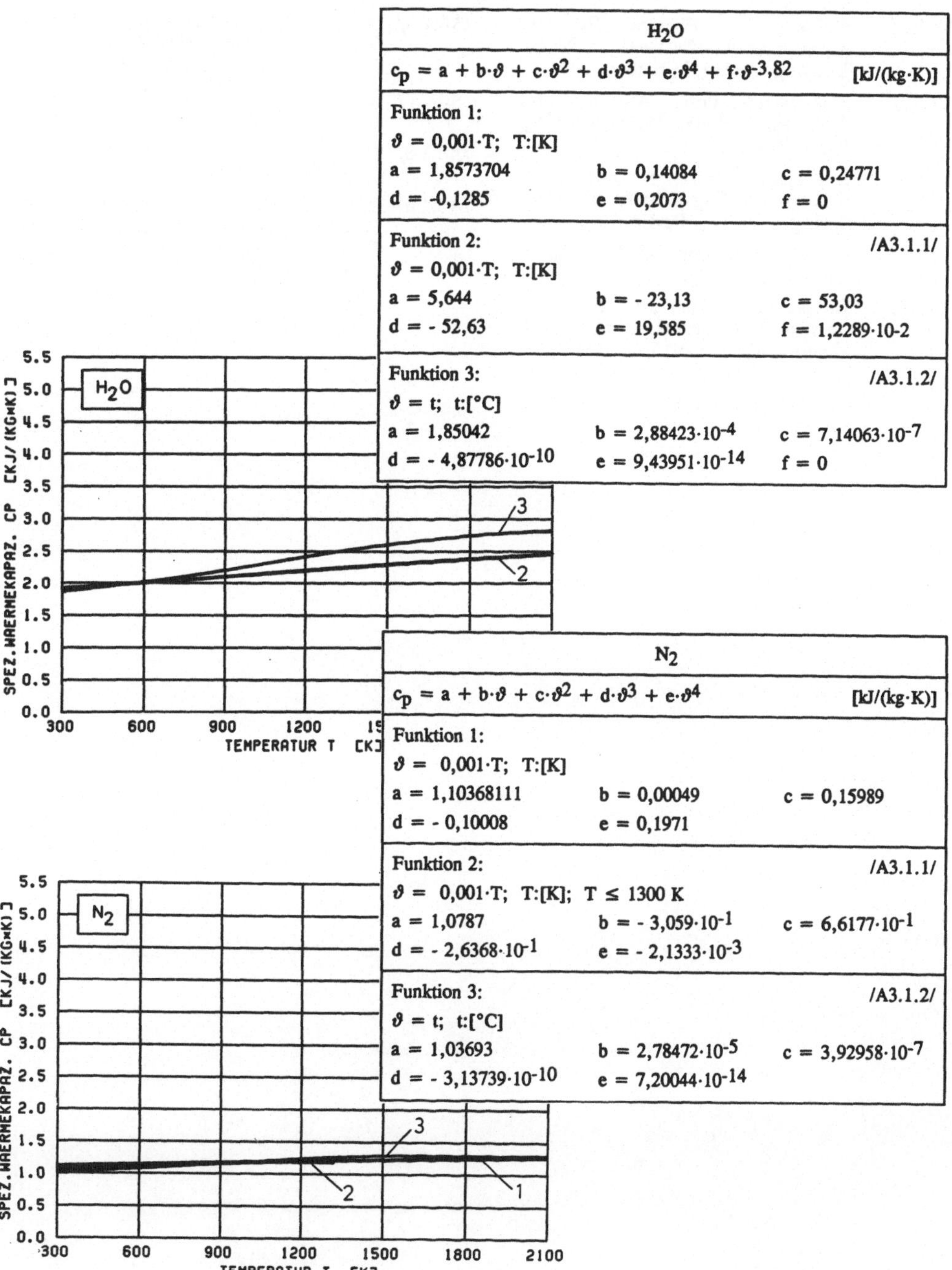

H_2O		
$c_p = a + b\cdot\vartheta + c\cdot\vartheta^2 + d\cdot\vartheta^3 + e\cdot\vartheta^4 + f\cdot\vartheta^{-3,82}$		[kJ/(kg·K)]

Funktion 1:
$\vartheta = 0,001\cdot T;\ T:[K]$

a = 1,8573704	b = 0,14084	c = 0,24771
d = -0,1285	e = 0,2073	f = 0

Funktion 2: /A3.1.1/
$\vartheta = 0,001\cdot T;\ T:[K]$

a = 5,644	b = - 23,13	c = 53,03
d = - 52,63	e = 19,585	f = 1,2289·10-2

Funktion 3: /A3.1.2/
$\vartheta = t;\ t:[°C]$

a = 1,85042	b = 2,88423·10^{-4}	c = 7,14063·10^{-7}
d = - 4,87786·10^{-10}	e = 9,43951·10^{-14}	f = 0

N_2		
$c_p = a + b\cdot\vartheta + c\cdot\vartheta^2 + d\cdot\vartheta^3 + e\cdot\vartheta^4$		[kJ/(kg·K)]

Funktion 1:
$\vartheta = 0,001\cdot T;\ T:[K]$

a = 1,10368111	b = 0,00049	c = 0,15989
d = - 0,10008	e = 0,1971	

Funktion 2: /A3.1.1/
$\vartheta = 0,001\cdot T;\ T:[K];\ T \leq 1300\ K$

a = 1,0787	b = - 3,059·10^{-1}	c = 6,6177·10^{-1}
d = - 2,6368·10^{-1}	e = - 2,1333·10^{-3}	

Funktion 3: /A3.1.2/
$\vartheta = t;\ t:[°C]$

a = 1,03693	b = 2,78472·10^{-5}	c = 3,92958·10^{-7}
d = - 3,13739·10^{-10}	e = 7,20044·10^{-14}	

o Literatur

/A3.1.1/ Stelzer, J.F.: Physical Property Algorithms-Stoffwertealgorithmen. Thiemig-Verlag, München, 1984

/A3.1.2/ FDBR-Handbuch: Wärme- und Strömungstechnik. Vulkan-Verlag, Essen, 1975

/A3.1.3/ Baehr, H.D.; Schwier, K.: Die thermodynamischen Eigenschaften der Luft. Springer-Verlag, Berlin, 1961

/A3.1.4/ Gase - Handbuch der Fa. Messer Griesheim. Eigenverlag, 3. Auflage

/A3.1.5/ Industrial Oil fuels and LPG; Properties and Useful Data. Shell, Eigenverlag, Report 817, 1980

/A3.1.6/ Merrick, D.: Metallurgical Coke Manufacture: A Mathematical Study. PhD-Thesis, University of London, 1977

/A3.1.7/ Ruhrkohlen-Handbuch. Verlag Glückauf, Essen, 19874

/A3.1.8/ Steinmüller Taschenbuch, Vulkan-Verlag, Essen, 1984

/A3.1.9/ Adrian, F.; Quittek, Ch.; Wittchow, E.: Fossil beheitzte Dampfkraftwerke. Technischer Verlag Resch, Gräfelfing, 1986

Anhang 4 :

A4.1 Definition der Wahrscheinlichkeit

Zur Definition der **Wahrscheinlichkeit P(A)** für ein Ereignis A geht man von den Verhältnissen in Bild A4.1.1 aus. Gezeigt ist hier der zeitliche Verlauf einer turbulent schwankenden Zustandsgröße (vgl. Bild 7.3.1.). Mit der Schreibweise:

$$p(t) = \begin{cases} 1 \text{ für } \varphi < \varphi_c \\ 0 \text{ für } \varphi \geq \varphi_c \end{cases} \qquad (A4.1.1)$$

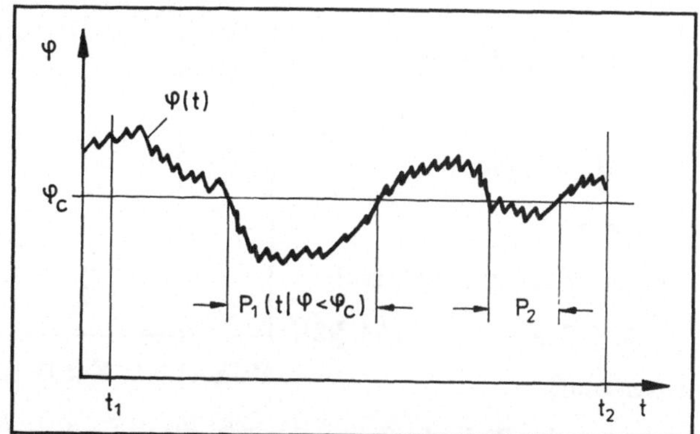

Bild A4.1.1: Zur Definition der Wahrscheinlichkeit

erhält man für die Wahrscheinlichkeit des Ereignisses A im Fall: $A \equiv \varphi < \varphi_c$

$$P(\varphi < \varphi_c) = \int_{t_1}^{t_2} p(t)dt = \sum_n P_n\,(\varphi < \varphi_c) \; . \qquad (A4.1.2)$$

A4.2 Definition der differentiellen Wahrscheinlichkeit

Die differentielle Wahrscheinlichkeit, daß φ_c einen Wert in einem Intervall $\varphi_c{}^k$ und $\varphi_c{}^{k+1}$ annimmt, ist gemäß Bild A4.2.1 definiert zu:

$$P\left[\varphi_c{}^k \leq \varphi < \varphi_c{}^{k+1}\right]$$

$$= \int\limits_{t_1}^{t_2} \varphi(t)\,dt \qquad (A4.2.1)$$

$$= \sum_n P_n \left[\varphi_c{}^k \leq \varphi < \varphi_c{}^{k+1}\right].$$

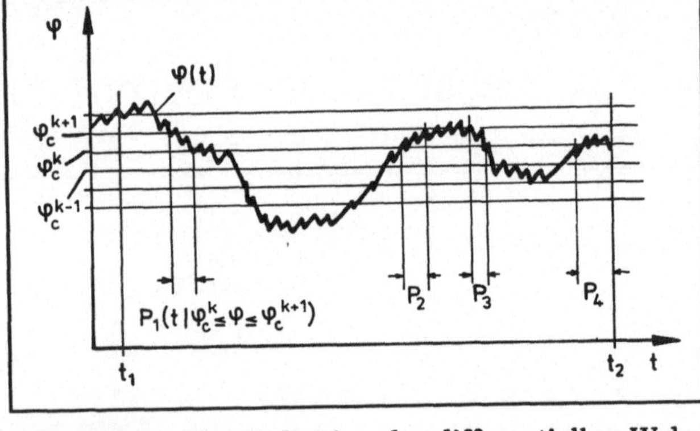

Bild A4.2.1: Zur Definition der differentiellen Wahrscheinlichkeit

A4.3 Definition der Verteilungsfunktion

Die **Verteilungsfunktion** erhält man mit der Definition (Bild A4.3.1):

$$P(\varphi < \varphi_c) = F(\varphi_c)$$

$$= \int\limits_{\varphi_{min}}^{\varphi_c} f(\varphi_c)\,d\varphi_c \; , \qquad (A4.3.1)$$

womit sich sofort ergibt, daß:

$$0 \leq F(\varphi_c) \leq 1 \qquad (A4.3.2)$$

gelten muß.

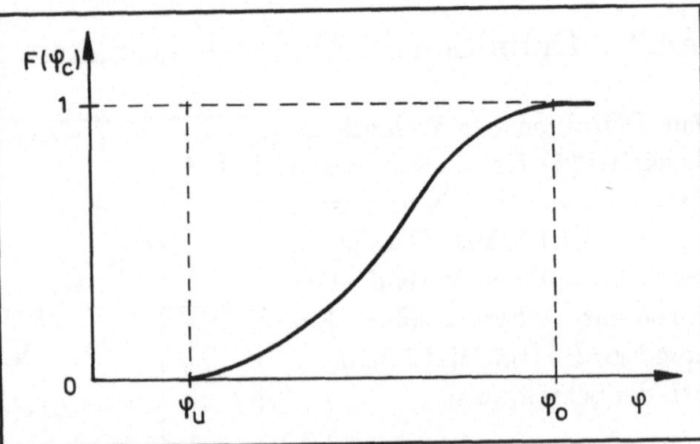

Bild A4.3.1: Zur Definition der Verteilungsfunktion

Ist φ eine physikalische Zustandsgröße, dann ist deren Wertebereich meist in bestimmten Grenzen vorgegeben. Z.B. kann ein Massenbruch c_α einer Spezies α nur Werte:

$$0 \leq c_\alpha \leq 1 \qquad (A4.3.3)$$

annehmen. Daher ändert sich die Verteilungsfunktion nicht, wenn auf den Bereich:

$$- \infty \leq \varphi \leq + \infty \qquad (A4.3.4)$$

übergegangen wird.

Die Verteilungsfunktion erhält dann die Gestalt:

$$F(\varphi_c) = \int\limits_{-\infty}^{\varphi_c} f(\varphi_c)d\varphi_c \ . \tag{A4.3.5}$$

Die Tatsache des endlichen physikalischen Gültigkeitsbereichs:

$$\varphi_u \leq \varphi \leq \varphi_0 \tag{A4.3.6}$$

stellt sich in der Verteilungsfunktion wie folgt dar:

$$F(\varphi_c) = \begin{cases} 0 & \text{für } \varphi_c \leq \varphi_u \\ \int\limits_{\varphi_u}^{\varphi_c} f(\varphi_c)d\varphi_c & \text{für } \varphi_u < \varphi_c < \varphi_0 \\ 1 & \text{für } \varphi_c \geq \varphi_0 \end{cases} \tag{A4.3.7}$$

Die Verteilungsfunktion ist eine nicht-fallende Funktion.

A4.4 Definition der Verteilungsdichtefunktion

Aus der Verteilungsfunktion läßt sich die **Verteilungsdichtefunktion B(φ_c)** ableiten nach der Definition (Bild A4.4.1):

$$B(\varphi_c) = \frac{\partial(F(\varphi_c))}{\partial\varphi_c} \cdot \tag{A4.4.1}$$

Zu der Verteilungsfunktion aus Bild A4.3.1 ist in Bild A4.4.1 die entsprechende Verteilungsdichtefunktion skizziert und darin die Zusammenhänge zur Verteilungsfunktion und verschiedenen Wahrscheinlichkeiten eingetragen.

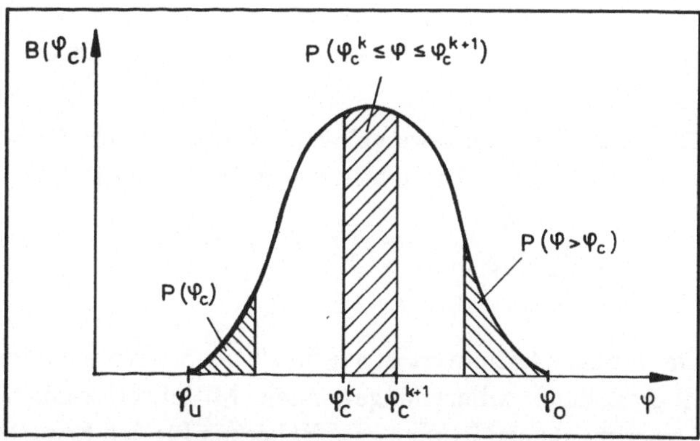

Bild A4.4.1: Zur Definition der Verteilungsdichtefunktion

Die Verteilungsdichtefunktion erfüllt die Bedingungen:

$$\int\limits_{-\infty}^{+\infty} B(\varphi_c)d\varphi_c = 1 \tag{A4.4.2}$$

und

$$0 \leq B(\varphi_c) \leq 1 \ . \tag{A4.4.3}$$

480

Weitere wichtige Charakterisierungseigenschaften einer Verteilungsfunktion sind die n-ten Momente und die n-ten zentralen Momente der Funktion. Hierbei gilt für das

- **n-te Moment:**

$$E\left\{\varphi_C{}^n\right\} = \int_{-\infty}^{+\infty} \varphi_C{}^n \, dF(\varphi_C) = \int_{-\infty}^{+\infty} \varphi_C{}^n \, B(\varphi_C)d\varphi_C \qquad (A4.4.4)$$

und das

- **n-te zentrale Moment:**

$$E\left\{[\varphi_C - E(\varphi_C)]^n\right\} = \int_{-\infty}^{+\infty} \left\{\varphi_C - E(\varphi_C)\right\}^n \, dF(\varphi_C) = \int_{-\infty}^{+\infty} \left\{\varphi_C - E(\varphi_C)\right\}^n \, B(\varphi_C)d\varphi \quad . (A4.4.5)$$

Hiervon sind von praktischer Bedeutung:

$$1. \text{ Moment} \quad \rightarrow \quad \begin{cases} \text{Erwartungswert} \\ \text{Mittelwert} \end{cases} \quad E\{\varphi_C\} = <\varphi> \quad , \qquad (A4.4.6)$$

$$2. \text{ zentrales Moment} \quad \rightarrow \quad \text{Varianz} \qquad E\{(\varphi_C - <\varphi>)^2\} = \sigma^2 \quad , \qquad (A4.4.7)$$

$$\rightarrow \quad \text{Standardabweichung} \quad \left[E\{(\varphi_C - <\varphi>)^2\}\right]^{1/2} = \sigma \quad . (A4.4.8)$$

Oft ist der Erwartungswert einer stochastischen Größe bei einer Messung nicht zugänglich, sondern nur der zeitliche Mittelwert $\bar{\varphi}$ für den gilt:

$$\varphi = \frac{1}{\Delta t} \int_{t}^{t+\Delta t} \varphi \, dt \quad . \qquad (A4.4.9)$$

Der zeitliche Mittelwert ist nur für stationäre Prozesse sinnvoll. Macht man das Zeitintervall Δt groß, dann variiert der gewonnene Mittelwert wenig bei mehrmaliger Wiederholung des Experiments und ist eine gute Näherung für den Erwartungswert $E(\varphi)$.

A4.5 Verbundene Wahrscheinlichkeitsfunktion

In turbulenten Strömungen spielen neben diesen einfachen Verteilungsfunktionen vor allem verbundene Wahrscheinlichkeits- und Wahrscheinlichkeitsdichtefunktionen eine Rolle, die die Korrelationen mehrerer statistisch abhängiger Variablen beschreiben.

Ein Ereignis A liegt dann vor, wenn gleichzeitig zwei oder mehrere Bedingungen für verschiedene Zustandsgrößen erfüllt werden. Bei zwei Bedingungen erhält man z.B. für A:

$A \equiv (\varphi^1 < \varphi_c^{\ 1}, \varphi^2 < \varphi_c^{\ 2})$. In Analogie zu den Gleichungen A4.1.1 und A4.1.2 ergibt sich damit:

$$p_{12}(t) = \begin{cases} 1 \ \text{für} \ \varphi^1 < \varphi_c^{\ 1}, \ \varphi^2 < \varphi_c^{\ 2} \\ 0 \ \text{für alle anderen Fälle} \end{cases} \tag{A4.5.1}$$

und für die Wahrscheinlichkeit:

$$p_{12} \ (\varphi^1 < \varphi_c^{\ 1}, \ \varphi^2 < \varphi_c^{\ 2}) = \int_{t_1}^{t_2} p_{12}(t)\,dt \ . \tag{A4.5.2}$$

Damit läßt sich für die **verbundene Verteilungsfunktion F_{12}** sofort wieder angeben:

$$F_{12} \ (\varphi_c^{\ 1}, \ \varphi_c^{\ 2}) = P(\varphi^1 < \varphi_c^{\ 1}, \ \varphi^2 < \varphi_c^{\ 2}) \ , \tag{A4.5.3}$$

mit den Nebenbedingungen:

$$0 < F_{12} < 1 \ , \tag{A4.5.4}$$

$$F_{12} \ (-\infty, \varphi_c^{\ 2}) = F_{12}(\varphi_c^{\ 1}, -\infty) = 0 \ , \tag{A4.5.5}$$

$$F_{12} \ (\infty, \varphi_c^{\ 2}) = F_2(\varphi_c^{\ 2}) \ , \tag{A4.5.6}$$

$$F_{12} \ (\varphi_c^{\ 1}, \infty) = F_1(\varphi_c^{\ 1}) \ . \tag{A4.5.7}$$

Auch die verbundene Verteilungsfunktion ist eine nicht-fallende Funktion beider Variablen.

Die **verbundene Verteilungsdichtefunktion B_{12}** ergibt sich in Analogie zu Gl. A4.4.1 zu:

$$B_{12} \ (\varphi_c^{\ 1}, \ \varphi_c^{\ 2}) = \frac{\partial(F_{12}(\varphi_c^{\ 1}, \varphi_c^{\ 2}))}{\partial \varphi_c^{\ 1} \ \partial \varphi_c^{\ 2}} \ . \tag{A4.5.8}$$

Sie weist die folgenden Eigenschaften auf:

$$0 < B_{12} < 1 \ , \tag{A4.5.9}$$

$$\int_{-\infty}^{\infty} B_{12}(\varphi_c^{\ 1}, \varphi_c^{\ 2}) \ d\varphi_c^{\ 1} = B_2(\varphi_c^{\ 2}) \ , \tag{A4.5.10}$$

$$\int_{-\infty}^{\infty} B_{12}(\varphi_c^{\ 1}, \varphi_c^{\ 2}) \ d\varphi_c^{\ 2} = B_1(\varphi_c^{\ 1}) \ , \tag{A4.5.11}$$

woraus sich ableiten läßt, daß die nichtverbundenen Einzelwahrscheinlichkeitsdichtefunktionen aus den verbundenen ableitbar sind. Die Umkehrung dieser Aussage gilt aber im allgemeinen nicht.

482

Die ersten zentralen Momente der nichtverbundenen Wahrscheinlichkeitsdichtefunktionen, die Varianzen, werden jetzt durch die Covarianz σ^2_{12} ersetzt:

$$\sigma^2_{12} = \int\limits_{-\infty}^{\infty} \int\limits_{-\infty}^{\infty} (\varphi_c^{\ 1} - \langle\varphi_c^{\ 1}\rangle)(\varphi_c^{\ 2} - \langle\varphi_c^{\ 2}\rangle)\ B_{12}\ d\varphi_c^{\ 1}\ d\varphi_c^{\ 2}\ . \qquad (A4.5.12)$$

Normiert man mit den Einzelvarianzen, dann erhält man den Korrelationskoeffizienten Υ:

$$\Upsilon = \frac{\sigma^2_{12}}{\sigma_1\ \sigma_2}\ . \qquad (A4.5.13)$$

Υ liegt im Bereich:

$$-1 < \Upsilon < +1\ , \qquad (A4.5.14)$$

wobei $\Upsilon = 0$ die völlige Unkorreliertheit beider Größen beschreibt.

Bei turbulenten reagierenden Strömungen müßten für eine vollständige Beschreibung verbunden Wahrscheinlichkeitsdichtefunktionen für die Geschwindigkeitskomponenten, sämtliche relevanten Spezieskonzentrationen und die Enthalpie angegeben werden. Dies erscheint nicht möglich. Verbundene Wahrscheinlichkeitsdichtefunktionen von Temperaturen und einzelnen Spezieskonzentrationen sind jedoch bei der Beschreibung der Schadstoffentstehung von großer Wichtigkeit. Da die exakten Verteilungsfunktionen im allgemeinen nicht angebbar sein werden, wird mit modellierten Transportgleichungen oder direkt mit Näherungsfunktionen gearbeitet.

o   Literatur

/A4.1.1/   Bosch, K.: Angewandte mathematische Statistik: Rowohlt Taschenbuch Verlag, 1976

/A4.1.2/   Bosch, K.: Elementare Einführung in die Wahrscheinlichkeitsrechnung. Rowohlt Taschenbuch Verlag, 1976

/A4.1.3/   Papoulis, A.: Probability, Random Variables and Stochastic Processes. McGraw-Hill Book Company, 1984

/A4.1.4/   Kreyszig, E.: Statistische Methoden und ihre Anwendungen. 7. Auflage, Vandenhoech & Ruprecht, 1979

/A4.1.5/   Lumley, J.L.: Stochastic Tools in Turbulence. Academic Press, 1970

Anhang 5 :

COMBUSTION SYMPOSIEN

o   Symposia (International) on Combustion

Die "Symposia (International) on Combustion" zählen zu den wichtigsten Tagungen auf dem Gebiet der Verbrennungsforschung. Die entsprechenden Tagungsbände sind im vorliegenden Buch häufig zitiert, wobei jedoch nur der Erscheinungsort des Bandes angegeben wird. Zur Orientierung, wo die Tagungen stattgefunden haben, und da an anderen Stellen oft nur der Tagungsort zitiert wird, soll die folgende, vollständige Liste dienen.

1./2.   76th meeting of the American Chemical Society at Swampscott, Massachusetts, Semptember 10-14, 1928. The Combustion Institute, Pittsburgh, Pennsylvania, 1965. und 94th meeting of the American Chemical Society at Swampscott, Rochester, New York, September 9-10, 1937. The Combustion Institute, Pittsburgh, Pennsylvania, 1965

3.   Symposium on combustion and flame and explosion phenomena, Madison, Wisconsin, Sept. 7-11, 1948. The Williams & Wilkins Company, Baltimore, Maryland, 1949

4.   Massachusetts Institute of Technology, Cambridge, Massachusetts, Sept. 1-5, 1952. The Wiliams & Wilkins Company, Baltimore, Maryland, 1953

5.   The University of Pittsburgh, Pittsburgh, Pennsylvania, August 30 - Sept. 3, 1954. Reinhold Publishing Cooporation, New York, 1955

6.   Yale University, New Haven, Connecticut, August 19-24, 1956. Reinhold Publishing Coorporation, New York, 1957

7.   London and Oxford, 28. August - 3. September, 1958. Butterworths Scientific Publications, London, 1959

8.   The California Institute of Technology, Pasadena, California, Aug. 28 - Sept. 3, 1960. The Williams & Wilkins Company, Baltimore, 1962

9.   Corvell University, Ithaca, New York, Aug. 27 - Sept. 1, 1962. Academic Press (New York and London), 1963

10.   The University of Cambridge, Cambridge, England, Aug. 17-21, 1964. The Combustion Institute, Pittsburgh, Pennsylvania, 1965

11.   University of California, Berkeley, California, August 14-20, 1966. The Combustion Institute, Pittsburgh, Pennsylvania, 1967

12.   University of Poitiers, Poitiers, France, Juli 14-20, 1968. The Combustion Institute, Pittsburgh, Pennsylvania, 1969

13.   University of Utah, Salt Lake City, Utah, August 23-29, 1970. The Combustion Institute, Pittsburgh, Pennsylvania, 1971

14.   The Pennsylvania State University, University Park, Pennsylvania, August 20-25, 1972. The Combustion Institute, Pittsburgh, Pennsylvania, 1973

15.   The Toshi Hall, Tokyo, Japan, August 25-31, 1974. The Combustion Institute, Pittsburgh, Pennsylvania, 1974

16.   The Massachusetts Institute of Technology, Cambridge, Massachusetts, August 15-20, 1976. The Combustion Institute, Pittsburgh, Pennsylvania, 1976

17.   The University of Leeds, Leeds, England, Aug. 20-25, 1978. The Combustion Institute, Pittsburgh, Pennsylvania, 1978

18.   University of Waterloo, Waterloo, Canada, Aug. 17-22, 1980. The Combustion Institute, Pittsburgh, Pennsylvania, 1981

19.   Technion Institute of Technology, Haifa, Israel, August 8-13, 1982. The Combustion Institute, Pittsburgh, Pennsylvania, 1982

20.   The University of Michigan, Ann Arbor, Michigan, August 12-17, 1984. The Combustion Institute, Pittsburgh, Pennsylvania, 1984

21.   The Technical University of Munich, West Germany, August 3-8, 1986. The Combustion Institute, Pittsburgh, Pennsylvania, 1986

22.   University of Washington, Seattle, WA, USA, August 14-18, 1988. The Combustion Institute, Pittsburgh, Pennsylvania, 1989

23.   University of Orleans, Orleans, France, July 22-27 1990. The Combustion Institute, Pittsburgh, Pennsylvania, (in Vorbereitung)

Anhang 6 :

FORMELZEICHEN

Symbol	Bedeutung	Dimension
a_m	Koeffizient, Wichtungsfaktor	-
c	Massenanteil	-
d	Durchmesser	m
D	Diffusionskoeffizient	m^2/s
E	Erwartungswert	*
f	Mischungsgrad	-
g	Varianz einer Größe	*
h	spezifische Enthalpie	kJ/kg
I	Strahlungsintensität	$kW/(m^2 \cdot sr)$
k	kinetische Turbulenzenergie	m^2/s^2
L	charakteristische Länge	m
m	Masse	kg
N	Anzahl	-
O[ ]	Größenordnung	*
p	Druck	Pa
P	Wahrscheinlichkeitsdichtefunktion	*
$\dot{r}$	Reaktionsrate	1/s
S	Quellterm	*

486

Symbol	Bedeutung	Dimension
t	Zeit	s
T	Temperatur	K
u	Geschwindigkeit	m/s
V	Volumen	m^3
x_i	Ortskoordinate	m
Γ	allgemeiner Austauschkoeffizient	*
ϵ	Dissipation an kinetischer Turbulenzenergie	m^2/s^3
η	Wirkungsgrad	-
θ	Volumenanteil	-
μ	dynamische Viskosität	$kg/(m \cdot s)$
ρ	Dichte	kg/m^3
τ	Spannung	N/m^2
φ	allgemeine massenspezifische Größe	*

Indizes tief

Symbol	Bedeutung
G	Gasphase
i	Koordinatenrichtung
l	laminar
P	Partikelphase
PE	Einzelpartikel
s	Partikelgrößenklasse
t	turbulent
α	Reaktionspartner, Spezies
β	Teilreaktion

Sonderzeichen

Symbol	Bedeutung
"	flächenspezifische Größe
"'	volumenspezifische Größe
$\cdot$	zeitliche Rate einer Größe
$-$	zeitlicher Mittelwert
$\frown$	zeitlicher Schwankungswert

Abkürzungen

Symbol	Bedeutung
BPV	Bypass-Ventil
DE	Dampferzeuger
E	Einspritzung
ECO	Ekonomiser
G	Generator
GT	Gasturbine
HD	Hochdruck
HKW	Heizkraftwerk
HW	Heizwerk
KW	Kraftwerk
M	Motor
MD	Mitteldruck
ND	Niederdruck
SWS	stationäre Wirbelschicht
SWSF	stationäre Wirbelschichtfeuerung
SAWS	stationäre, aufgeladene Wirbelschicht
SAWSF	stationäre, aufgeladene Wirbelschicht-feuerung
TS	Teilstrom
VS	Vollstrom

Dimensionslose Kennzahlen

Bedeutung	Definition
Partikel-Archimedes-Zahl	$\mathrm{Ar_P} = \rho \cdot d_P{}^3 \cdot \rho_G \,/\, \left[\nu^2 \cdot (\rho_P - \rho_G)\right]$
Turbulente Damköhler-Zahl	$\mathrm{Da_t} = t_F \,/\, t_K$
Gruppenverbrennungszahl	$G = \dot{r}^G \,/\, \dot{m}^D$
Turbulente Karlovitz-Zahl	$\mathrm{Ka_t} = t_F \,/\, t_K$
Nusselt-Zahl	$\mathrm{Nu} = \alpha \cdot d_{PE} \,/\, \lambda$
Peclet-Zahl	$\mathrm{Pe} = \rho \bar{c}_p \cdot u \cdot l \,/\, \lambda = \mathrm{Re} \cdot \mathrm{Pr}$
Gitter-Peclet-Zahl	$\mathrm{Pe_G} = \psi \cdot u_i \cdot \Delta x_G \,/\, \Gamma_i$
Phasenübergangs-Zahl	$\mathrm{Ph} = c \cdot \Delta T \,/\, \Delta h_V$
Prandtl-Zahl	$\mathrm{Pr} = \mu \cdot \bar{c}_p \,/\, \lambda$
Reynolds-Zahl	$\mathrm{Re} = u \cdot d \,/\, \nu$
Gitter-Reynolds-Zahl	$\mathrm{Re_G} = u_i \cdot \Delta x_G \,/\, \nu$
Partikel-Reynolds-Zahl	$\mathrm{Re_P} = (u_P - u_G) \cdot d_{PE} \cdot \rho_G \,/\, \mu_G$
Schmidt-Zahl	$\mathrm{Sc} = \nu \,/\, \Gamma$
Sherwood-Zahl	$\mathrm{Sh} = \beta \cdot d_{PE} \,/\, \rho \cdot D$
Stanton-Zahl	$\mathrm{St} = \alpha \,/\, u \cdot \rho \cdot \bar{c}_p = \mathrm{Nu} \,/\, (\mathrm{Re} \cdot \mathrm{Pr})$
Stanton'-Zahl	$\mathrm{St}' = \beta \,/\, u = \mathrm{Sh} \,/\, (\mathrm{Re} \cdot \mathrm{Sc})$

FARBTAFELN

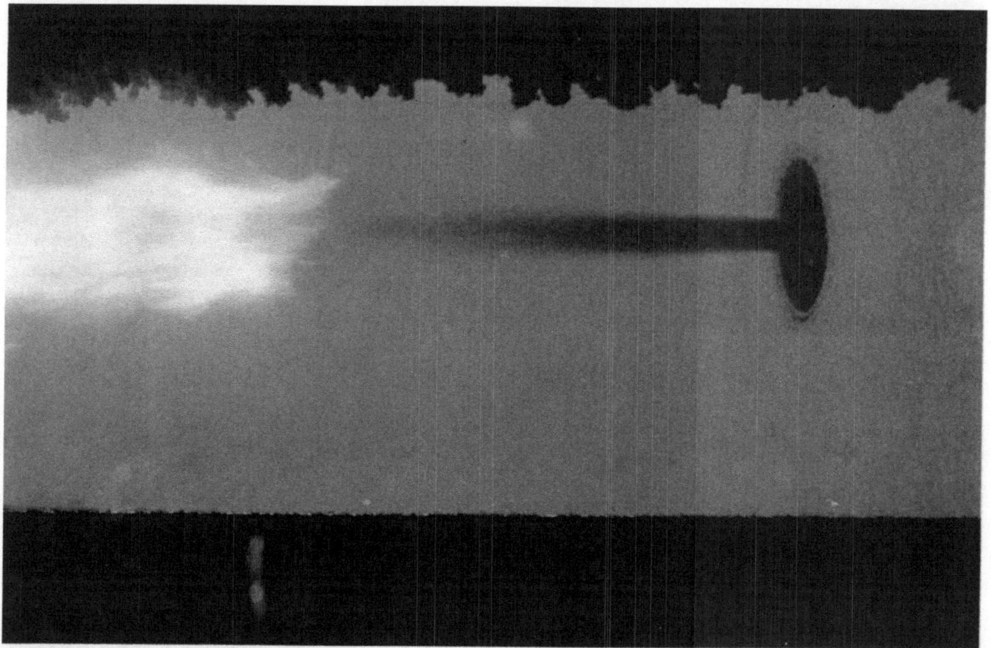

Bild 18.2.1: Fotografie einer abgehobenen Kohlenstaubflamme (/18.2.1/)

490

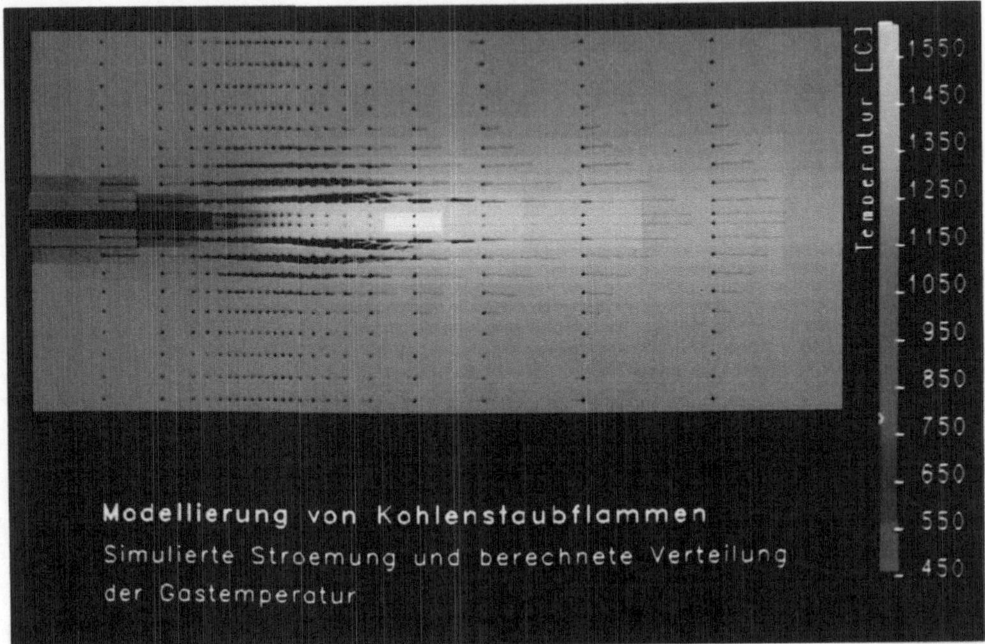

Bild 18.2.2: Simulationsergebnis für eine abgehobene Kohlenstaubflamme (/18.2.2/)

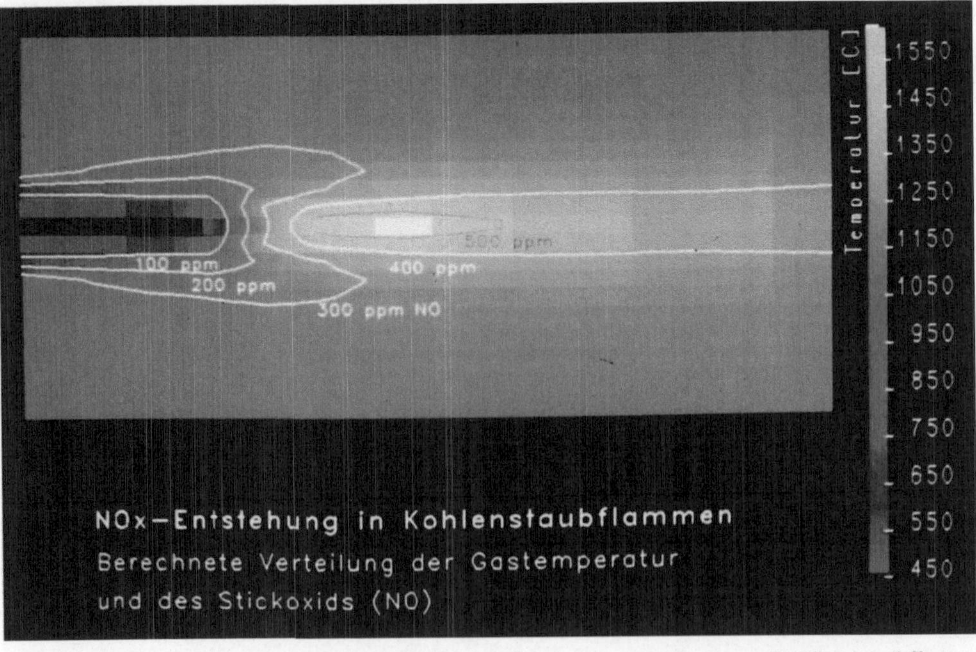

Bild 18.2.9: Simulation der NO-Verteilung für eine abgehobene Kohlenstaubflamme (/18.2.2/)

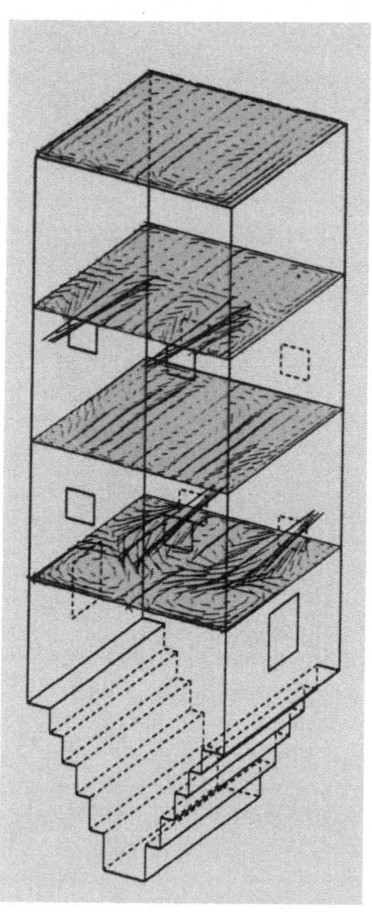

Bild 18.3.14: Berechnete Horizontalkomponenten des Geschwindigkeitsfeldes in verschiedenen Schnittebenen (/18.3.7/)

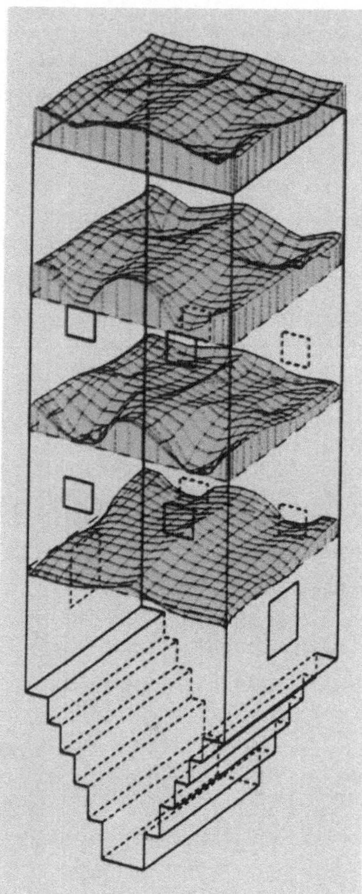

Bild 18.3.15: Berechnete Vertikalkomponente des Geschwindigkeitsfeldes in verschiedenen Schnittebenen (/18.3.7/)

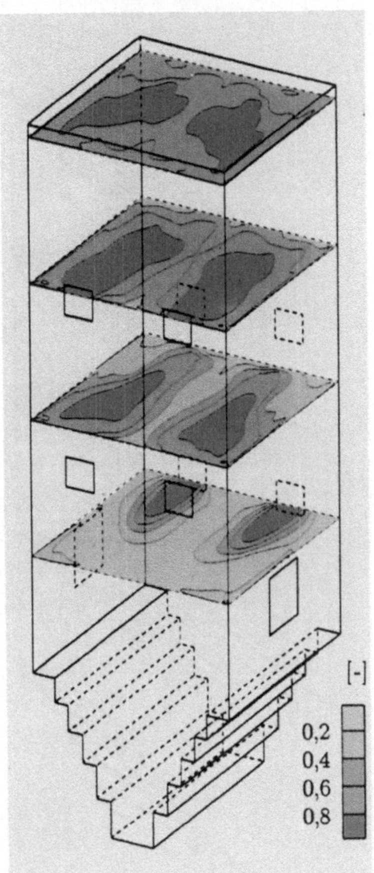

Bild 18.3.16: Berechnete Verteilung des Mischungsgrades in verschiedenen Schnitt-ebenen (/18.3.7/)

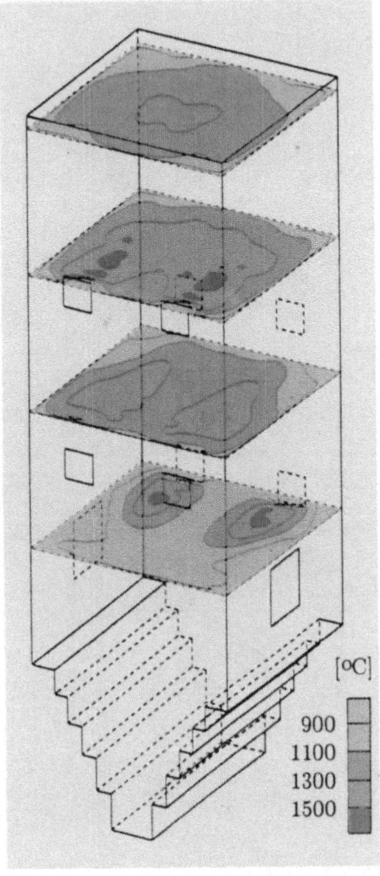

Bild 18.3.17: Berechnete Temperaturver-teilung in verschiedenen Schnittebenen (/18.3.7/)

Sachverzeichnis